Holzbearbeitungsmaschinen und Holzbearbeitung des In- und Auslandes

Nach dem heutigen Stande der Technik

Von

J. Gillrath
Betriebsingenieur

Mit 611 Textabbildungen

Springer-Verlag Berlin Heidelberg GmbH 1929

ISBN 978-3-662-32069-3   ISBN 978-3-662-32896-5 (eBook)
DOI 10.1007/978-3-662-32896-5
Softcover reprint of the hardcover 1st edition 1929

Alle Rechte, insbesondere das der Übersetzung
in fremde Sprachen, vorbehalten.

Vorwort.

Erkenntnisse, die heute in Metallbearbeitungsbetrieben allgemein verbreitet sind, werden in holzverarbeitenden Betrieben noch nicht ausgenutzt, obwohl die Wege zur Erzielung wirtschaftlicher Erfolge in beiden Fällen außerordentlich ähnlich sind. Moderne Arbeitsverfahren sind aber auch in der Holzbearbeitungsindustrie um so notwendiger geworden, als uns durch den Friedensschluß 1919 große Waldbestände verlorengegangen sind, die gebliebenen Vorräte sonach an Wert gewonnen haben und andererseits Steuern, hohe soziale Abgaben usw. immer mehr den Gewinn verkleinern. Rationalisierung der Betriebe, d. h. Herstellung hochwertiger Produkte unter geringstem Aufwand an Zeit und Kraft, ist zur Forderung des Tages geworden, der sich kein auf seine Erhaltung bedachtes Werk entziehen kann. Dieser Forderung kann die in- und ausländische Holzbearbeitungsmaschinen-Industrie entsprechen, die gerade in den letzten Jahren eine große Anzahl gut durchdachter Neukonstruktionen auf den Markt gebracht hat, darunter viele Sondermaschinen, die die Herstellungskosten bedeutend verringern.

Der Verfasser ist bestrebt gewesen, ein Bild von der Einrichtung und Wirkungsweise dieser Maschinen zu geben, vor allem aber ihre Eingliederung in den Arbeitsgang darzustellen. Nur die am richtigen Platz verwendete Maschine wird ihre Höchstleistung erreichen können, und diese nur dann erhalten, wenn sie richtig behandelt und die an ihr erforderlichen Ausbesserungen sachgemäß ausgeführt werden. Großer Wert wurde deshalb auf „praktische Winke" gelegt, deren Befolgung die Wirtschaftlichkeit eines Betriebes wesentlich beeinflussen kann. Der Verminderung unproduktiver Ausgaben wurde entsprechende Aufmerksamkeit geschenkt. Anzustreben ist Fließarbeit, durch welche die Produktion gesteigert, die außerordentlich hohen Kosten der Stapelung und des Transportes von Rundholz und Schnittmaterial verringert werden. Nicht von der Größe, sondern von der Organisation eines Betriebes hängt der Erfolg ab.

Wo neue Einrichtungen zu kostspielig sind, läßt sich auch durch zweckmäßige Umbauten viel erreichen.

Aber nicht nur eingehende Kenntnis der Produktionsmittel, auch solche des Rohstoffes, des Holzes, ist notwendig, das eine früher nie geahnte, vielseitige Verwendung gefunden hat. Wirklich sachgemäße Gewinnung, Behandlung und Verarbeitung der Hölzer erfordert reichliche, praktische Erfahrung.

Auf diese sieht der Verfasser zurück, der als Leiter großer Holzbearbeitungsbetriebe im In- und Auslande seit dem Jahre 1896 Gelegenheit hatte, mit den neuesten deutschen, amerikanischen, englischen und schwedischen Maschinen zu arbeiten und daher wohl beurteilen kann, wie und wo diese Maschinen am vorteilhaftesten zu verwenden sind.

So möge denn dieses Buch, das langjährige Erfahrungen der Allgemeinheit preisgibt, dem holzverarbeitenden Gewerbe und der Industrie zum Fortschritt dienlich sein und Nutzen bringen.

Braunschweig, im Januar 1929.

J. Gillrath.

Inhaltsverzeichnis.

	Seite
I. Das Fällen der Bäume	1
A. Baumfällmaschine „Sector"	2
B. Die Baumfäll- und Ablängsmaschine „Rinco'	7
C. Die Gewinnung der Stöcke	10
II. Der Holztransport vom Walde zum Sägewerk	14
A. Heber und Winden, Drahtseilbahnen	14
B. Die Fuhrwerksbahn	36
C. Waldbahnen	39
D. Kabelkrane für Holzförderung	47
III. Einrichtung, Maschinen und Betrieb des Sägewerkes	57
A. Transport- und Hilfsmittel	59
B. Anlage eines Wasser-Holzsägewerkes; Lage, Geräte und Maschinen	65
C. Anlage des Sägewerkes für Weich- und Laubholzeinschnitt; Lage und Geräte	75
D. Das Sägewerksgebäude	78
E. Mechanisch-automatische Sägespäne- und Holzabfällefeuerung, Bauart Lambion & Förstermann, Eisenach	78
F. Deutsche Vollgatter oder Schwedengatter	82
G. Schwedengatter von Bolinders	85
H. Hochleistungs-Vollgatter „Gigant" von Kirchner	88
J. Verschiedene andere Gatter	91
K. Vertikalgatter oder Horizontalgatter	98
L. Vertikale Blockbandsägen	103
M. Trennbandsäge HBAM mit selbsttätigem Vorschub	113
N. Der neue patentamtlich geschützte Trennapparat HZI	116
O. Trennkreissägen	118
P. Der Richtlichtapparat von Gebr. Wiegelmann, Neheim (Westfalen)	138
Q. Ursachen des Krummschneidens eines Gatters	143
R. Fließarbeit im Sägewerk	145
S. Amerikanische Sägewerke	154
IV. Die Sägen sowie Maschinen und Apparate zum Schärfen, Schränken und Löten derselben	157
A. Gattersägen	158
B. Horizontalgattersägeblätter	160
C. Bandsägeblätter	161
D. Kreissägeblätter	163
E. Hanibalsägen	167
F. Hobelkreissägeblätter	170
G. Konisch geschliffene Spaltkreissägeblätter	170
H. Auswahl und Behandlung von Gattersägeblättern	171
J. Automatische Sägeschärfmaschinen	177
K. Sägeschärfautomaten von Friedrich Schmaltz, G. m. b. H., Offenbach a. M.	180
L. Allgemeine Vorzüge des selbsttätigen Maschinenschärfens, verglichen mit Handfeilerei	181
M. Das Löten von Bandsägeblättern	205

	Seite
V. Maschinen für Furnier- und Sperrholzwerke	211
A. Die Fabrikation von Sperrholz und seine Verwendung	234
VI. Maschinen für Hobelwerke	270
VII. Maschinen für Holzbearbeitungsbetriebe und Tischlereien	307
A. Allgemeines über Dickenhobelmaschinen	360
B. Schleifen und Abziehen von Hobelmessern	364
C. Hobelmaschinen	367
D. Automatische Leimfügemaschinen	370
E. Abrichtehobelmaschinen	376
F. Die Fräsmaschinen	385
G. Zapfenschneidmaschinen	394
H. Zinkenfräsmaschinen	404
J. Ziehklingenmaschinen	413
K. Sandpapierschleifmaschinen	419
L. Bandschleifmaschinen	431
M. Scheiben- und Spindel-Schleifmaschinen	440
N. Kettenfräsmaschinen	445
O. Bohrmaschinen	466
P. Elektrische Hilfsmaschinen	485
Q. Spezialmaschinen	497
R. Das Dämpfen und Biegen des Holzes	531
S. Maschinen für Brennholz-Zerkleinerung	538
VIII. Holzpflege	539
A. Holz-Verlade- und Stapelvorrichtungen	540
B. Behandlung der Hölzer vom Einschnitt bis zur Verarbeitung	542
IX. Künstliche Holztrocknung	550
X. Die Wälzlager	572
A. Querkugellager, kurz Querlager genannt	573
B. Längslager	575
C. Wechsellager	576
D. Rollenlager	576
Sachverzeichnis	581

Druckfehler-Berichtigung.

S. 32 Zeile 6. Es ist zu setzen: Abb. 41 statt Abb. 40.

S. 60 Zeile 4. Es ist zu setzen: Aus den Abb. 74, 75 und 76 statt Aus vorstehenden 3 Abbildungen.

S. 66 Zeile 19. Es ist zu setzen: Holzbearbeitungsmaschine statt Holzbearbeitungsmaschinen.

S. 88. Die Überschrift muß lauten: H. Hochleistungs-Vollgatter „Gigant" von Kirchner.

S. 94 Zeile 8. Es ist zu setzen: Abb. 99 statt Abb. 97.

S. 131. Die Überschrift muß lauten: Doppelte Besäumkreissägen statt Trennkreissägen.

S. 133. Die Überschrift muß lauten: Doppelte Besäum- und Lattenkreissäge statt Trennkreissägen.

S. 135. Die Überschrift muß lauten: Doppelbauholzkreissäge statt Trennkreissägen.

S. 137. Die Überschrift muß lauten: Pendelsägen für Brennholz statt Trennkreissägen.

S. 151 Zeile 6. Es ist zu setzen: Rahmenweite statt Rahmenwerk.

S. 170 Zeile 36. Es ist zu setzen: Spaltkreissägeblatt statt Schaltkreissägeblatt.

S. 171. In der Abbildungsunterschrift ist zu setzen: Spaltkreissägeblatt statt Schaltkreissägeblatt.

S. 240 Zeile 1 von unten. Es ist zu setzen: feinjähriges statt einjähriges.

S. 264 Zeile 9. Es ist zu setzen: Hubtisch statt ubtisch.

S. 368 Zeile 27. Es ist zu setzen: Grenzrachenlehre statt Grenzrechenlehre.

S. 391 Zeile 26. Es ist zu setzen: einrichten statt erreichen.

S. 416 Zeile 8. Es ist zu setzen: wird in folgenden Größen gebaut statt wird folgenden Größen gebaut.

S. 558 Zeile 1. Es ist zu setzen: und parallel besäumten statt und besäumten.

I. Das Fällen der Bäume.

Das gebräuchlichste und meist angewandte Verfahren ist auch heute noch das Fällen mit Axt und Schrotsäge bzw. Bauchsäge. Hierbei wird auf der Seite der Fallrichtung des Baumes möglichst tief am Boden eine Kerbe eingehauen. Von der entgegengesetzten Seite wird hierauf

Abb. 1. Fällen eines Douglas-Fir-Baumes.

der Stamm mit der Schrotsäge, etwas schräg nach abwärts, so eingeschnitten, daß der Sägeschnitt auf der größten Tiefe der Kerbe zugeht. Um nun einerseits das Einklemmen des Sägeblattes zu verhindern, andererseits aber das Fällen des Stammes nach einer bestimmten Richtung zu ermöglichen, werden hinter der Säge zwei bis drei Keile in den Sägeschnitt eingetrieben. Durch das stärkere Eintreiben des einen oder anderen Keiles läßt sich bei windstillen Tagen mit ziemlicher Sicherheit die Fallrichtung des Baumes bestimmen. Abb. 1 zeigt das Fällen eines Douglas-Fir-Baumes (Oregon-Pine) in den Urwäldern der pazifischen Küste von Nordamerika; diese Baumriesen erreichen ein Alter von zirka 500 Jahren, eine Höhe bis 380 Fuß engl., einen Durchmesser bis 15 Fuß engl., und einige haben einen Kubikinhalt von 142 cbm aufgewiesen. In gewissen Gegenden erreichen ganze Waldungen eine Durchschnittshöhe von 250 Fuß und der Durchschnittsdurchmesser der Bäume beträgt zirka 5 Fuß engl.

Wie die Abb. 1 zeigt, erfolgt das Fällen in den Urwäldern des Staates Oregon ebenfalls nach dem alten Verfahren mittels Axt und Schrotsäge, nur mit dem Unterschiede, daß die Fällkerbe nicht dicht am Erdboden, sondern wegen der abnormen Stockstärke und Auswüchse in

Abb. 2. „Sector"-Baumfällmaschine beim Fällen.

zirka 3 m Höhe eingehauen wird. In Amerika erfolgt das Fällen der Bäume teilweise auch durch Durchschneiden mit elektrisch glühend gemachten Platindrähten.

A. Baumfällmaschine „Sector".

Seit langen Jahren wird von verschiedenen Seiten versucht, eine praktische Baumfällmaschine auf den Markt zu bringen. Bereits während des Weltkrieges wurde von dem schwedischen Ingenieur A. v. Westfelt eine solche erfunden, in Schweden unter dem Namen „Sector"-Baumfällmaschine hergestellt und in der deutschen Armee vielfach verwendet, obschon die Konstruktion noch nicht vollständig durchgearbeitet und reif war. Inzwischen hat die Firma Wagener, Komm.-Ges. Cüstrin-Neustadt, die Fabrikation und Vertrieb der „Sector"-Baumfällmaschine übernommen, und zwar so verbessert, daß das Problem der

Kettensäge als gelöst betrachtet werden kann und die Maschine in der jetzigen Ausführung als eine in jeder Beziehung vollkommene Hochleistungsmaschine zu bezeichnen ist, worüber anerkennende Urteile maßgeblicher Persönlichkeiten aus Forstkreisen vorliegen. Abb. 2 zeigt

Abb. 3. „Sector"-Baumfällmaschine beim Abkürzen und Zerlegen von Stämmen.

eine „Sector"-Baumfällmaschine beim Fällen eines Baumes, Abb. 3 beim Abkürzen und Zerlegen von Stämmen, Abb. 4 die „Sector"-Säge mit Sägebügel, Antriebsmotor und beweglicher Kuppelwelle und Abb. 5 die Gelenksägekette (Glied D in der Stellung zum Auseinandernehmen der Säge).

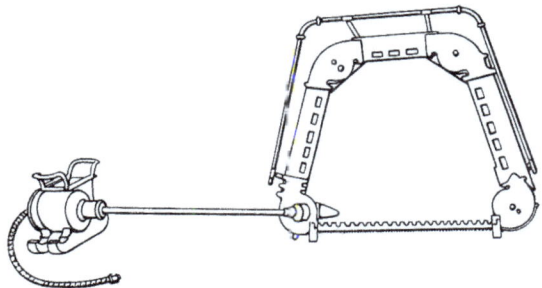
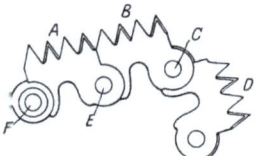

Abb. 4. „Sector"-Säge mit Sägebügel, Antriebsmotor und beweglicher Kuppelwelle.

Abb. 5. Gelenksägenkette.

Bei der „Sector"-Säge älterer Konstruktion ergaben sich im Betriebe nicht unbeträchtliche Störungen, weil die Zähne des Sägeblattes nicht stark genug geschränkt werden konnten, um einen so breiten Sägeschnitt zu erlangen, daß auch die Köpfe der Nietbolzen, durch die die einzelnen Glieder der Kettensäge miteinander verbunden waren, reibungslos durch den Sägeschnitt geführt werden konnten. Es ist jetzt gelungen, eine Gelenkverbindung herzustellen, bei der die Bolzen C in Abb. 5 über das etwa 4 mm starke Sägeblatt überhaupt nicht vorstehen,

1*

ferner eine Art Bajonettverschluß zu schaffen, der gestattet, die einzelnen Glieder der Kettensäge in einer ganz bestimmten Stellung (s. Abb. 5 D) einzeln auszuwechseln. Durch Wahl hervorragend harten und zähen Chromnickelstahles und durch Verbreiterung des Blattes auf 44 mm gelang es, eine Gelenksägekette von so hoher Zugfestigkeit zu schaffen, daß eine Verschränkung der Zähne fast überflüssig wurde, und daß nunmehr in der Gelenksäge ein Sägeblatt von hervorragender Elastizität, Schärfe und Lebensdauer vorliegt. Damit ist das Kernproblem gelöst. Alle anderen Verbesserungen in der Durchbildung des Bügels, der Anordnung und Lagerung der Leiträder der Gelenkkette, des Antriebes, der verlängerbaren und zusammenschiebbaren Welle, der Ein- und Ausrückvorrichtung und der Schaffung eines passenden Antriebsmotors waren nur noch reine Konstruktionsfragen, die allerdings nicht leicht waren, aber in hervorragender Weise gelöst erscheinen. Die Gelenksäge läuft, wie aus Abb. 4 ersichtlich ist, in einem trapezförmigen Bügel oder Rahmen, der an der einen Seite offen ist. Diese Öffnung wird von der Kettensäge überspannt. In den 4 Ecken des Trapezes liegen in auswechselbaren Kugellagern die Kettenräder. Das Sägeblatt bewegt sich mit großer Geschwindigkeit wie bei einer Tischlerbandsäge über 4 Leitrollen und schneidet, je nach Größe des Bügels, Stämme bis zu 1,25 m im Durchmesser in wenigen Minuten glatt durch. Die Kettensäge liegt völlig geschützt in dem Rahmen, so daß Verletzungen der Arbeiter beim Halten des Rahmens ausgeschlossen sind. Der Rahmen ist fast ganz aus Aluminium hergestellt. Die Gehäuse für die Kettenräder sind zweischalig und auseinandernehmbar. Zum Spannen der Gelenksäge ist eine Spannvorrichtung angebracht. Wie aus Abb. 2 und 3 ersichtlich ist, kann die Säge in jeder Lage, sowohl zum Fällen der Bäume, als auch zum Abkürzen der Stämme verwendet werden, außerdem senkrecht auf einem Tisch montiert zum Schneiden von Gruben-, Brennholz usw., also auch als Ersatz für die schwer transportablen und viel Kraft verbrauchenden Kreissägen. Bei mit diesem Apparat maschinell betriebenem Einschlag wird die Hauptperiode in den Forsten wesentlich verkürzt und eine ganz bedeutende Ersparnis von Arbeitskräften und somit an Löhnen erreicht. Ein weiterer Vorteil liegt darin, daß die „Sector"-Maschine beim Fällen unmittelbar über dem Erdboden angesetzt werden kann, so daß eine sehr ergiebige Ausbeute des Nutzholzes erreicht wird.

Beim Abkürzen kommt die Maschine besonders für Sägewerke in Frage. Mit 3—5-PS-Elektromotor angetrieben, bringt man die Maschine an die Stämme, um diese an Ort und Stelle beliebig zu zerlegen, Ausführung wie Abb. 4.

Der Antriebsmotor für den Forstbetrieb besteht zur Zeit aus einem Zweizylinder-5—6-PS-Benzinmotor. Der Kraftbedarf ist ein außerordentlich geringer. Bei zehnstündigem Betrieb benötigt der Motor nur 5—8 l Benzin. Bei ununterbrochenem Laufen etwa 1,7 l pro Stunde. Motor mit Welle und Kuppelung wiegt nur 50 kg. Er kann also leicht von 2 Mann in jede beliebige Stellung gebracht werden. Dazu ist die Welle mit einem Kugelgelenk versehen, das gestattet, die Welle bis zu einer Neigung von etwa 30^0 zu biegen. Daß der Motor von dem „Sector" völlig getrennt und für sich allein verwendet werden kann, ebenso daß sich der „Sector" auch zum Ablängen von Balken verwenden läßt, sei nur nebenbei erwähnt. Die Sektorsäge wird vorerst in 4 Größen für Bäume bis zu 550, 750, 1000 und 1250 mm Durchmesser ausgeführt und geliefert. Das Gewicht der Säge einschließlich Rahmens beträgt je nach Größe 22—38 kg. Die Säge ist also sehr leicht und leicht zu handhaben; selbst für die größte Säge genügen 2 Arbeiter. Bei den Versuchen und der Vorführung des „Sectors" im Jagen 243 der Oberförsterei Biesenthal am 16. Mai 1926 wurden nachstehende Durchschnittsleistungen mit 4 Mann Bedienung beim Fällen von Kiefern nach dem Bericht des Geheimen Baurat Herrn Schubert erzielt:

Stärkeklasse Stammdurchmesser in cm	Schnittleistung in Betriebssekunden
15—20 cm	4
21—30 cm	18
31—40 cm	29
41—50 cm	49
51—60 cm	59

In 15 Minuten reiner Arbeitszeit schnitten sie 1 fm Reiser. Den besten Handsägen gegenüber leistet die Säge nach Ansicht der Forstbeamten das Sechsfache. Durch Einführung der „Sector"-Maschine im Forstbetriebe sind nach Ansicht des Herrn Oberförsters Dr. Hilf unbedingt nennenswerte Ersparnisse in bezug auf Zeit, Arbeiter und Holzwerbungskosten zu erzielen. Nach den vorgenommenen Versuchen scheint sie die erste im forstlichen Hauungsbetrieb wirtschaftlich arbeitende Maschine zu sein. Bei der im Mai 1925 in der Oberförsterei Biesenthal im Kiefernaltholzkahlschlag vorgenommenen Prüfung der Maschine wurden nach dem Forstreferendar Herrn A. Gerlinghoff drei Wege gewählt, um nach allen Richtungen hin Resultate zu erhalten. Es traf sich besonders günstig, daß gerade in diesem Winter auf Veranlassung des Herrn Oberförster Hilf Handsägeprüfungen und Untersuchungen über den Handhauungsbetrieb vorgenommen waren. Ohne letztere Unterlagen, die bisher nirgends vorhanden waren, wäre eine Berechnung der Wirtschaftlichkeit der „Sector"-Maschine überhaupt nicht möglich gewesen, weil keine zu vergleichenden Zahlen vorhanden gewesen wären. Die Prüfung der Maschine wurde nun in der Ausführung an die Prüfungen der Handsägen angelehnt und dann ein Vergleich gezogen. Es wurden geprüft:

1. Die Schnittleistungen bei hemmungslosen Schnitten. Darunter sind solche Schnitte zu versehen, bei denen alle beim Sägen vorkommenden Hindernisse nach Möglichkeit ausgeschaltet sind.

2. Schnittleistungen im praktischen Hauungsbetrieb, das sind während des Kahlschlages gemessene Schnittzeiten einschließlich der vorkommenden Stauungen wie Klemmen usw.

3. Die gesamte Leistung im praktischen Hauungsbetrieb, unter Berücksichtigung aller maßgeblichen Momente. Letztere Prüfung wurde mit Hilfe von Zeitstudien ausgeführt, und zwar für die verschiedenen Sortimente. Die Ergebnisse wurden mit denen des Handsägebetriebes verglichen und auf Grund der sich ergebenden Mehr- oder Minderleistung bzw. Mehr- oder Minderkosten die Berechnung der Wirtschaftlichkeit aufgestellt.

Berechnung der Wirtschaftlichkeit.

Wenn man, was sich aus den Zeitstudien ergab, durch die Einführung des „Sectors" beim Hauungsbetrieb in Kiefernaltholzschlägen eine Leistungssteigerung um 33% annimmt, so wird der dritte Teil der Arbeiter überflüssig. Beispielsweise ergab sich, daß 16 Arbeiter im „Sector"-Betrieb dasselbe leisten wie 23 Arbeiter im Handbetrieb. Will man nun eine Wirtschaftlichkeitsberechnung aufmachen, so muß die Lohnsparung für 7 Holzhauer während einer Hauungsperiode die Amortisationskosten und Betriebskosten für den „Sector" decken. Nehmen wir eine dreimonatige Hauungsfrist während des Jahres und den Monat zu 25 Tagen an, so ergibt sich eine Ersparnis von 525 Arbeitstagen. Berechnet man den Arbeitslohn pro Mann und Tag einschließlich Sozialzulagen mit 5 M., so bedeutet das eine Geldersparnis von 2625 M. Die Baumfällmaschine „Sector" kostet rund 2000 M. Es wird angenommen, daß die Maschine mindestens 2 Hauungsperioden von je 3 Monaten gut übersteht. Die Betriebsunkosten und Amortisation für die Maschine werden schätzungsweise betragen:

Abschreibung für das erste Jahr 50% . . . . 1000 M.
Verzinsung für 1 Jahr 9% . . . . 180 „
Benzin für 75 Tage, je Tag zirka 8 l . . . . 192 „
Schmieröl, zirka 60 l . . . . 48 „
Reparaturkosten, Kosten für Unterbringung der Säge, Transportkosten u. dgl., Sägeersatzglieder, einmalige völlige Überholung nach 3 Monaten . . . . 405 „

Summe 1825 M.

Diese Zahlen wurden absichtlich hochgegriffen, demnach bleibt für die Baumfällmaschine ein finanzieller Überschuß von 800 M. für das erste Jahr. Die Prüfung ergab für den „Sector" folgende Leistungen, verglichen mit besten Handsägen:

1. 130—230% Mehrleistung bei hemmungslosen Schnitten.
2. 345% Mehrleistung beim Schneiden im Betrieb unter Berücksichtigung aller Verlustzeiten (Laufzeit, Aufstellen der Maschine, Schmieren, Betriebsstoff-Nachfüllen usw.).
4. 30% Zeitersparnis bzw. Verkürzung der gesamten Arbeitszeit beim Hauen.
5. 33% Arbeiter-Ersparnis.
6. 10% Holzwerbungskosten-Ersparnis.

Es unterliegt keinem Zweifel, daß bei vollkommen geschulten Arbeitern und zweckmäßigster Organisation des Betriebes die Zahlen der Punkte 3, 4, 5 und 6 sich bedeutend vergrößern werden. Vorliegende Resultate sind in dreitägigen Versuchen und Zeitstudien aufgestellt worden und können natürlich nicht den Anspruch auf endgültig feststehende Ergebnisse erheben, sie sind vielmehr vorläufige Resultate, die durch längere Erfahrungen und Prüfungen zu ergänzen wären.

B. Die Baumfäll- und Ablängmaschine „Rinco".

Die in Abb. 6 und 7 dargestellte, patentierte Baumfäll- und Ablängmaschine „Rinco", D. R. P. der Firma E. Ring & Co. Berlin, ist erst seit kurzem neu auf den Markt gebracht und wird von Forstverwaltungen und Sägewerken glänzend begutachtet. Die in allen Teilen aus ausgesucht erstklassigem Material hergestellte Motorsäge „Rinco" besteht aus 2 Hauptteilen, der Sägevorrichtung mit Kette, Führungsschiene usw. und dem mit ihr gekuppelten Antriebsmotor. Die endlos wirkende Sägekette läuft über eine stählerne Führungsschiene und hat abwechselnd Schneid- und Räumzähne. Die einzelnen Kettenglieder sind durch eine sinnreiche Vernietung so miteinander verbunden, daß schadhafte Glieder ersetzt werden können. Die Räumzähne haben einen Führungsansatz, der in einer Nute der Führungsschiene läuft, wodurch jedes Zwängen und Festsetzen der Sägekette während des Schnittes unmöglich gemacht und ein gerader, glatter Schnitt gewährleistet ist. Die Sägekette hat eine Umlaufgeschwindigkeit von über 6 m in der Sekunde. Sie kann, ähnlich wie eine Fahrradkette, durch ein Schraubverbindungsglied in wenigen Sekunden von der Führungsschiene abgenommen und in der einfachsten Art an einer Schmirgelscheibe geschärft werden. Als Antriebsmotor dient ein direkt gekuppelter „Bekamo"-Hochleistungs-Kompressor-Motor von 175 ccm Zylinderinhalt bei 58 mm Bohrung und 66 mm Hub. Als Betriebsstoff wird Benzin oder Benzol mit gutem Motoröl im Verhältnis von 1:10 gemischt verwendet, wodurch die Schmierung automatisch erfolgt. Der luftgekühlte und nach dem Zweitakt, also ohne Ventile, arbeitende Motor entwickelt eine Dauerleistung von etwa 5,5 PS und damit eine Antriebskraft, die auch in den schwierigsten Fällen ein Festsetzen der Sägekette ausschließt. „Rinco" kann für jede Holzart an-

Abb. 6. „Rinco" Baumfäll- und Ablängmaschine beim Ablängen. (E. Ring & Co., Berlin.)

Abb. 7. „Rinco" Baumfäll- und Ablängmaschine beim Fällen. (E. Ring & Co., Berlin.)

gewendet werden und wird in zwei Ausführungen geliefert, die eine Verwendung für folgende Baumdurchmesser ermöglichen:

Die Baumfäll- und Ablängmaschine „Rinco".

Größe I für Schnittmöglichkeit bis 70 cm Durchmesser bei etwa 36 kg Gewicht.

Größe II für Schnittmöglichkeit bis 85 cm Durchmesser 38,5 kg Gewicht.

Die erstaunliche Einfachheit und Handlichkeit der „Rinco", die ein Radfahrer bequem im Rucksack zur Arbeitsstätte schaffen kann, dürfte in den Augen jedes Fachmannes ihr Hauptvorzug sein. Die Maschine arbeitet in jeder Stellung und in jedem Gelände ohne Veränderung der Apparatur. Die Inbetriebsetzung der Maschine erfolgt in denkbar einfachster Weise durch eine am Motor angebrachte Handkurbel, die ein schnelles und sicheres Anspringen des Motors herbeiführt. Außerdem befindet sich am Motor noch ein Hilfsantrieb in Form einer durch einen Zugriemen zu betätigenden Anwerfrolle. Die Steuerung und Regulierung der Maschine während des Ganges erfolgt durch Bowdenzüge mit Handhebeln, welche am Handgriff der Motorseite der Maschine angebracht und bequem zu bedienen sind. Der Betrieb der „Rinco" erfordert, einerlei, ob auf Fällung oder Ablängung gearbeitet wird, 2 Mann und bei Waldarbeit noch eine Hilfskraft zum Ankerben und Eintreiben der Fallrichtungskeile. Die Maschine wird nach dem Durchsägen des Stammes während des Fallens desselben durch einfaches Abheben von der Schnittfläche bei laufendem Antriebsmotor abgenommen und ist sofort weiter schnittbereit. „Rinco" kann in jedem, auch in dem unebensten Gelände angewendet werden, da eine umständliche Einstellung des Antriebsmotors nicht erforderlich ist.

Dabei kann der Stamm unmittelbar über dem Boden geschnitten werden, was gegenüber dem Handschnitt einen Mehranfall von etwa 10 cm Holz bedeutet und bei umfangreichen Einschlägen wesentlich ins Gewicht fällt. Die Hauptverwendungsmöglichkeit der „Rinco" liegt begreiflicherweise auf dem Gebiet des Fällens und Ablängens von Rundholz, darüber hinaus kann man sie aber noch zum Schneiden von Schwellen, Bau-, Gruben-, Schleif- und Brennholz benutzen. Der Verbrauch an Betriebsstoff ist bei Höchstinanspruchnahme täglich nur etwa 6 M. Der Preis der Maschine beträgt 1150—1235 M. Die Maschine leistet mit gut eingearbeiteter Mannschaft und scharfer Sägekette bei Weichholz-Kahlschlag etwa 170 Stämme von 40—60 cm Durchmesser täglich, was einem Holzgewinn von etwa 120 fm entspricht. Um diese Höchstleistungen zu erzielen, ist selbstverständlich Bedingung, daß stets mit erstklassigen sauber geschärften Sägeketten gearbeitet wird, und ich empfehle bei Dauerbetrieb, stets einige geschärfte Sägeketten zur Auswechslung bereit zu halten. Gegenüber dem Betrieb mit der Handsäge erzielt man mit der „Rinco" eine enorme Mehrleistung.

Erfahrungsgemäß beträgt bei Anwendung der Handsäge die Leistung von 2 Mann täglich etwa 10 fm. Um die Tagesleistung der „Rinco" zu erreichen, würden also etwa 24 Mann erforderlich sein, d. h. 21 Mann mehr, als für die 3 Mann Bedienung erfordernde „Rinco" nötig sind. Das ergibt rechnerisch folgendes Bild:

Ersparnis:

21 Mann je 4 M.	84 M.
Mehrgewinn an Holz infolge Tiefschnitts etwa 3 fm	25 „
	109 M.
Betriebsstoff der Maschine pro Tag ab	6 „
	103 M.
Abzug für Verzinsung und Unvorhergesehenes etwa 25%	25 „
Somit Ersparnis bei Kahlschlag pro Tag	78 M.

Die vorstehende Berechnung ist natürlich nicht als Normalfall zu werten, sie zeigt aber für jeden Fachmann zur Genüge, daß sich eine „Rinco" zum Anschaffungspreis von 1150 M für jeden Großbetrieb, der ihr nur einigermaßen Verwendungsmöglichkeit bietet, sehr schnell bezahlt macht. Abb. 7 zeigt das Fällen eines 85 cm starken Stammes in der reinen Arbeitszeit von 72 Sekunden. Wie schon erwähnt, sind dieses Höchstleistungen, welche in der Praxis selbstverständlich nicht erreicht werden. Das eine steht jedoch fest, daß mit einer solchen Maschine bei richtiger Behandlung und scharfen Sägeketten Ersparnisse zu erzielen sind und den Waldarbeitern die schwerermüdende Arbeit des Fällens erleichtert wird. Zweiflern steht es ja frei, sich eine solche Maschine auf Probe zu kaufen, wobei doch jedes Risiko ausgeschlossen ist.

Für solche Betriebe, in denen „Rinco" in der Hauptsache zum Ablängen des Langholzes Verwendung findet, ist die Leistung und Rentabilität der Motorsäge ebenfalls günstig. Sie wird ihre Anwendungsmöglichkeit und Nützlichkeit auf großen Rundholz- und Bauplätzen in ganz besonderem Maße beweisen.

Die Fürstlich von Pleßsche Forstverwaltung in Wüstegiersdorf und mehrere große Sägewerke äußern sich lobend über die „Rinco" und die Maschine wird sich sicher nach und nach einführen, denn eine gute Neuerung bricht sich Bahn.

C. Die Gewinnung der Stöcke.

Die Gewinnung der unterirdischen Holzmasse, d. h. der sogenannten Stöcke, die sich im Boden befinden, und größtenteils als Brennholz Verwendung finden, erfolgt durch Roden, Sprengen oder durch Stubben- bzw. Stockrodemaschinen. Bei verschiedenen Holzarten, z. B. Nußbaum, wird das Stockholz zu Nutzzwecken verwendet, da dasselbe die schönste Maser- und Fladerbildung zeigt und infolgedessen begehrt und wertvoll ist. In Amerika verwendet man zur Vernichtung großer Stöcke bzw. Baumstümpfe Salpeter, und zwar bohrt man im Sommer ein Loch von etwa 3 cm Durchmesser und 20 cm Tiefe mitten in den Stock. Dieses

Loch wird mit Salpeter gefüllt und mit einem Holzpflock verschlossen. Im nächsten Sommer wird der Holzpflock entfernt, das Loch mit Petroleum gefüllt und angezündet, worauf der Stock langsam aufbrennt. Abb. 8 zeigt eine Stockrodemaschine „Belzebub" der Firma Ewald Belz, Ferndorf Kreis Siegen, die das schwierige und kostspielige Stubben bzw. Stockroden sowohl bei Kahlschlägen als auch in Beständen infolge sinnreicher Bauart bei geringem Kräfteaufwand in zweckmäßiger und billiger Weise ohne Sprengen ermöglicht. Bei Kahlschlägen, die in herkömmlicher Weise abgeholzt worden sind, bildet die Frage der rationellen Stubbenrodung den Gegenstand ernster Erörterung zwischen Waldbesitzer bzw. Forstverwaltung und dem Rodungsunternehmer. Auch wenn mit eigenen Leuten gearbeitet werden soll, erfordert diese Frage

Abb. 8. Stockrodemaschine „Belzebub". (Ewald Belz, Ferndorf.)

eine sachliche Prüfung. Der neue Stockroder „Belzebub" erfüllt restlos alle Forderungen, die an eine gute Rodemaschine gestellt werden müssen. Die Maschine hebt 4—6 Stubben pro Stunde, je nach Größe und Bodenbeschaffenheit, durch 2—4 Arbeiter.

Das Gewicht beträgt 230—290 kg; die Maschine wird in 2 Größen gebaut, Type I, Gesamtgewicht 230 kg, für Stubben bis 40 cm Durchmesser, Type II, Gesamtgewicht 290 kg, für Stubben über 40 cm Durchmesser. Die Maschine besteht aus nachstehenden Teilen: ein eisernes Hebewerk, eine Hauptstütze aus Eisenrohr nebst loser Grundplatte, 1 Hilfsstütze aus Eisenrohr mit fester Grundplatte, 1 Greiferzange aus Stahl, 1 Stubbenseil oder an Stelle der Greiferzange ein zweites Stubbenseil. Die Maschine ist nach Abb. 8 über dem zu rodenden Stock bzw. Stubben aufzustellen, wobei zu beachten ist, daß das Hebewerk fast senkrecht steht. Abstützung desselben mit der Hauptstütze, die auf die lose Grundplatte gestellt wird. Die Hilfsstütze wird nach der Seite angestellt, nach der sich beim Ziehen die Maschine neigt. Die Zange, für kleine und mittlere Stubben am besten geeignet, greift in die Wurzeln und schließt sich beim Ziehen von selbst. Die Zange ist auch entbehrlich und man arbeitet dann mit dem Stubbendrahtseil. Dieses wird unter einigen Wurzeln durchgesteckt und dann mit den Enden in den Zughaken der Maschine gehängt. Durch fortgesetztes Heben und Niederdrücken des Hebelarmes zieht man die Stubbe in 5—7 Minuten mit allen Wurzeln, je nach Bodenbeschaffenheit. Das Abklopfen der Erde geschieht schon während des Ziehens. Das Wurzelloch wird hierbei wieder gefüllt, und zwar kommt die gute Erde wieder obenauf zu liegen. Das Herunterlassen der gezogenen Stubbe geht sehr leicht und schnell vonstatten, ebenso das Weitersetzen der Maschine, die zu diesem

Abb. 9. Stubbenrodemaschine „Hexe" (Ewald Belz, Ferndorf.)

Zwecke nicht umgelegt zu werden braucht. Abb. 9 zeigt eine patentamtlich geschützte Stubbenrodemaschine „Hexe" der Firma Ewald Belz, Ferndorf bei Siegen, welche mit der alleinigen Kraft von 2 bis 3 Arbeitern 50—60 Stubben täglich zieht. Diese Maschine arbeitet von einer Stelle aus in größerem Umkreise, soweit die Zugseile reichen. Durch Hinzunahme weiterer Zugseile kann die Reichweite beliebig vergrößert werden. Ein Weitersetzen der Maschine ist nur selten nötig, daher sehr schnelles und leichtes Arbeiten für die Bedienung. Die Transportfähigkeit ist eine leichte, da der eigentliche Maschinenkörper von 2 Mann getragen werden kann. Man kann mit dieser Maschine auch ohne weiteres im Bestande roden und sie kann infolge ihrer kräftigen Konstruktion die stärkste Belastung ertragen. Die Maschine besteht aus den eisernen Maschinenkörper mit 2 Druckhebeln und komplettem Flaschenzug, Gewicht zirka 130 kg, 5 Stahldrahtzugseilen von 20 mm Durchmesser, davon je 1 Stück 10, 5, 4, 3, 2 und 1 m Länge, beiderseits mit

Ösen zum Einhängen der Verbindungshaken; 7 starken schmiedeeisernen Verbindungshaken oder Laschen für die Zugseile; ein Stahldrahtseil von 20 mm Durchmesser, 3 m Länge, beiderseits mit Öse, zum Befestigen des Maschinenkörpers an einer Stubbe. Ein starker Doppelhaken dazu. Zwei starke Haken aus Ia Stahl zum Ausziehen der Stubbe diese Haken können einzeln und auch gleichzeitig gebraucht werden. Ein starker Doppelhaken zu diesen Haken als Verbindungsstück zum Zugseil. Ein Stahldrahtseil von 20 mm Durchmesser, 3 m Länge, beiderseits mit Öse, zum Ausziehen der Stubbe in besonderen Fällen. Eine eiserne Stütze für das Zugseil, 1 m hoch, oben mit seitlich beweglicher Seilführungsrolle mit vorderer Abstützung, um ein Umkippen zu vermeiden, zusammenklappbar und von einem Mann leicht zu transportieren. Das Gesamtgewicht der Maschine beträgt zirka 330 kg. Die Handhabung ist sehr einfach und aus Abb. 9 ersichtlich. Der Maschinenkörper wird an einer starken Stubbe mittels des Drahtseiles und Doppelhakens befestigt und auf einen kurzen Balken gelegt. Darauf ist der Flaschenzug so weit auszuziehen, daß nur mehr eine Seilwindung auf der Trommel verbleibt. Sämtliche Zugseile legt man nun in eine Linie, und zwar so, daß das längste Seil an die zu ziehende Stubbe das kürzeste an den Flaschenzug der Maschine kommt. Die Verbindungshaken werden eingelegt und man setzt jetzt die großen Stahlhaken an die zu rodende Stubbe derart, daß die Spitzen in das Wurzelwerk greifen und die Innenseite des Hakens sich an die Stubbe anlegt. Die beiden Haken können dicht aneinander sitzen, aber auch die Stubbe an verschiedenen Stellen anfassen, da sie an dem Doppelhaken, der die Verbindung mit dem Zugseil herstellt, beweglich sind. Bei leichteren Stubben kann ohne weiteres auch nur mit einem Stubbenhaken gerodet werden. Ist nun die Verbindung von der Maschine bis zu den Stubbenhaken hergestellt, so wird die Seilstütze, etwa 1—2 m von der zu ziehenden Stubbe entfernt, unter das Zugseil geschoben, und zwar so, daß die Abstützung nach der Maschine zu erfolgt. Das Seil ist hierauf in die Führungsrolle zu legen. Man achte darauf, daß die Seilstütze möglichst genau in der Zugrichtung steht. Dann sind die beiden Druckhebel in Bewegung zu setzen und die Stubbe kommt schnell mit allen Wurzeln heraus. Bei leichten Stubben ist wechselweise und bei schweren gleichzeitig zu drücken; im ersteren Falle wird eine größere Schnelligkeit erzielt. Die Erde kann bereits beim Ziehen der Stubbe abgeklopft werden. Ist die Stubbe heraus, dann kommt die nächste in gleicher Weise an die Reihe. Im Halbkreis der Zugseile werden so alle Stubben gerodet, erst dann braucht die Maschine weitergesetzt zu werden. Man kann auch noch mehr Seile benützen, um die Reichweite auszudehnen. Eine Herauskommen der Befestigungsstubbe ist nicht zu befürchten, wenn man hierzu eine stärkere Stubbe aussucht. Hier ist der Zug dicht am Boden.

Die andere Stubbe wird hingegen schräg hochgezogen, löst sich mithin bedeutend leichter aus der Erde, als die Befestigungsstubbe, selbst wenn dieser kleiner ist. Alle beweglichen Teile der Maschine, sowie auch die Seile sind, um ein leichtes Arbeiten zu ermöglichen, reichlich zu schmieren. Die Zertrümmerung bzw. Zerkleinerung der beim Stockroden gewonnenen Stubben erfolgt bei größeren Waldbetrieben vielfach durch Sprengung mit Pulver, Dynamit oder auch unter Anwendung von Sprengkapseln, Sprengschrauben u. dgl. In Süddeutschland werden von den Waldarbeitern vielfach zum Spalten der Stubben Spaltkeile nach Abb. 10 aus Siemens-Martin-Stahl bzw. Flußstahl mit zirka 60 kg Festigkeit verwandt. Das obere Aufsatzstück besteht aus Weißbuchenholz, welches mit einem eisernen Ring versehen ist, um das Spalten des Holzkopfes zu vermeiden. Dieser Keil wird mit einem eisernen Hammer in das zu spaltende Holz eingetrieben. Selbstverständlich kann auch ein Holzhammer dazu verwendet werden, sobald er schwer genug ist. Das weißbuchene Aufsatzstück kann von jedem Holzfäller selbst erneuert werden und hält sehr lange vor, wenn es vor Nässe geschützt wird.

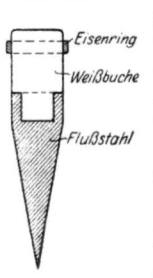

Abb. 10. Spaltkeil.

II. Der Holztransport vom Walde zum Sägewerk.

A. Heber und Winden, Drahtseilbahnen.

Beim Holztransport muß eine Unterscheidung gemacht werden zwischen der Beförderung des Holzes innerhalb des Forstes zu einem geeigneten Sammelplatz und dessen Weiterbeförderung zum Sägewerk, zur Wasserablage, zur Eisenbahn oder dgl. Das Sammeln des Holzes im Forste selbst, auch Rücken genannt, wird bei kleineren Holzmengen sowohl durch menschliche als auch tierische Kräfte bewerkstelligt. Z. B. werden im Bayrischen und Böhmer Hochwald starke Fichten- und Tannenstämme im Winter aus Höhenlagen von 1000—1500 m unter den schwierigsten Verhältnissen über Schnee und Eis zu Tal geschleift. Am billigsten, und wo es angeht auch am vorteilhaftesten, ist der Transport unserer Nadelhölzer auf Wasserläufen. Schon kleine Flüsse und selbst größere Bäche werden zur Holzbeförderung, und zwar vor allem durch das sog. Triften der einzelnen Stücke, herangezogen. Auf größere Entfernungen sowie auf größeren Flüssen geschieht der Transport des Holzes durch Flößen, wobei die Stücke nicht einzeln, sondern in großer Zahl zu einem sog. Floß verbunden und durch Flößmannschaften, welche sich auf dem Floß eine provisorische Wohnstätte eingerichtet haben, ihrem Bestimmungsort zugeführt werden. Abb. 11 zeigt ein Floß von riesiger Größe auf einem Fluß im Staate Washington (U. S. A.) Abb. 12 und 13 zeigen einen verbesserten Holzblockwagen der Firma Ewald Belz, Ferndorf (Kr. Siegen), zum Holzrücken im Walde und auf dem Platze. Der Wagen dient hauptsächlich zum Fortschaffen von Langhölzern aus den einzelnen Waldschlägen heraus, sowie auf Ablege- und Zimmerplätzen zum schnelleren Heranrücken der Stämme an die Sägewerke. Das Heranrücken des Langholzes aus dem Schlage geschieht mit diesem Wagen ohne Beschädigung des im Walde stehenden jüngeren Holzes und ohne große Anstrengung der Leute und Pferde.

Abb. 11. Flößen von Oregon Pine nach dem Sägewerk.

Beim Gebrauch wird der Wagen über den zu befördernden Stamm der Länge nach so weit herübergefahren, daß die eiserne Greiferzange den Stamm ungefähr in seinem Schwerpunkt faßt. Die Spitze der Deichsel wird nun so hoch gehoben, daß die Greiferzange mit ihren Spitzen gut und sicher in den Stamm eindringen kann. Hierauf wird die Deichsel vermittels der mitgelieferten 4 m langen Eisenkette niedergeholt. Mit derselben Kette wird nun die Deichsel fest an den Stamm gezogen und sicher befestigt. Ist der Holzstamm ungefähr in seinem Schwerpunkt gefaßt worden, so wird er an der Zange in absolutem Gleichgewicht schweben. Die Pferde ziehen an einer besonderen Kette, welche um die Spitze des Stammes geschlungen wird, und gehen vor dem Stamme vorweg, durch die Leine des Fahrers regiert, während ein Arbeiter am hinteren

Abb. 12 u. 13. Verbesserter Holzblockwagen zum Holzrücken im Walde und auf dem Platze. (Ewald Belz, Ferndorf.)

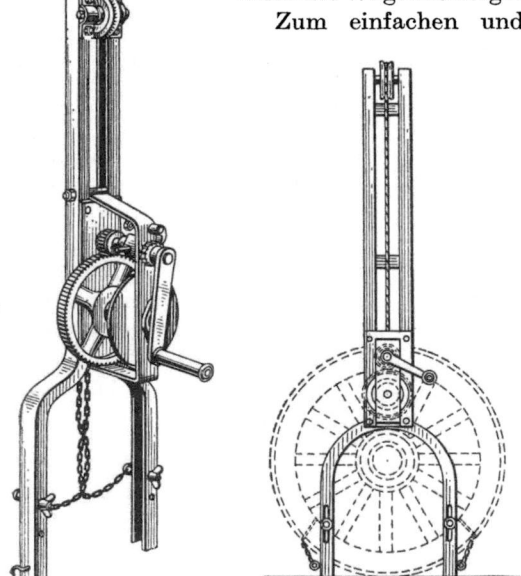

Abb. 14. u. 15. Verladewinde für Rundholz. (Ewald Belz, Ferndorf.)

Ende des nun leicht beweglichen Stammes letzteren dirigiert. Das Entladen des Wagens erfolgt in umgekehrter Reihenfolge.

Zum einfachen und mühelosen Beladen von Langholzwagen, Lastautos usw. mit einem und mehreren Rundholzstämmen verwendet man vorteilhaft eine Verladewinde nach Abb. 14, 15 und 16 oder einen Holzheber „Herkules", Lieferant die Firma Ewald Belz, Ferndorf (Kr. Siegen). Die Verladewinde kann bequem an jedem Rade und Wagen angebracht werden, ist von einer Person leicht zu handhaben und überall auf dem Wagen leicht mitzuführen. Das Aufladen mit dieser Winde ist ein gefahr- und müheloses, was ein sicheres und flottes Arbeiten ermöglicht. Die Winde besitzt eine besonders große Seiltrommel, um möglichst viel Drahtseil darauf zu bekommen, damit die Hölzer auch von weither oder vom Wasser direkt auf den Wagen gerollt werden können. Ein weiterer Vorteil besteht darin, daß mit dieser Winde auf jeden Wagen zugeladen werden kann, was mit der sog. Hebelade

Abb. 16. Verladewinde zum Beladen von Wagen mit Rundholz. (Ewald Belz, Ferndorf.)

nicht der Fall ist. Die Verladewinde ist ganz aus Eisen angefertigt, daher unverwüstlich. Die Befestigung erfolgt mittels Spannschrauben an das Rad, was sehr flott geht. Die U-Beine werden zur Radnabe für das Vorderrad 60 cm, für das Hinterrad 68 cm hoch ausgeführt, evtl. auch höher. Diese Verladewinde ist 1,60 m hoch und zirka 70 kg schwer. Jede Winde wird mit einem 15 m langen Drahtseil geliefert. Der Holzheber „Herkules" D. R. G. M., Abb. 17, ist ebenfalls ein einfaches und praktisches Werkzeug zum Beladen von Langholzwagen. Abb. 17 zeigt die Konstruktion und die Anwendung des Hebers. Diese ist im allgemeinen so wie bei den bekannten Hebeladen, so daß der Arbeiter den Heber „Herkules" ohne jede Schwierigkeit sofort benutzen kann. Derselbe besteht aus einem 2,80 m hohen eisernen Gestell mit eingebautem Flaschenzug, bestem dauerhaften Drahtseil und Verlängerungshebel und wiegt zirka 60 kg. Es können in einem Zuge bis zu zirka 6 fm Holz gehoben werden. Ein Mann ist in der Lage, das Auf- und Abladen der Stämme allein leicht und ohne besondere Anstrengung auszuführen. Die Arbeit vollzieht sich folgendermaßen: Unter einem Ende der zu einer Ladung zusammengelegten Stämme wird eine Kette durchgezogen. Hier stellt man den Heber fast senkrecht hin und stützt ihn durch ein Holz über die Stämme hinweg ab. Das jen-

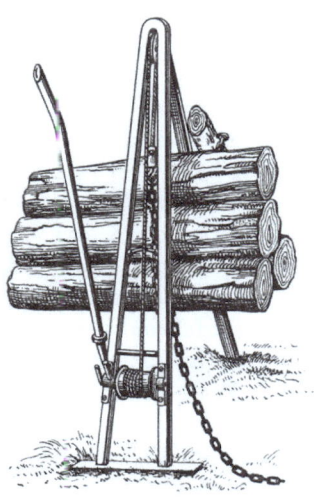

Abb. 17. Holzheber „Herkules", D.R.G.M. (Ewald Belz, Ferndorf.)

seitige Ende der Kette ist an einem Holzpflocke zu befestigen, den man mit seinem Kopfteil quer auf die Stämme legt. Das beim Heber liegende Kettenende hängt man in den am Drahtseil befindlichen Haken. Nun ist das Verlängerungsstück aus Eisenrohr an den kurzen Hebel zu stecken und das Heben kann beginnen. Durch fortgesetztes Niederdrücken des verlängerten Hebels wird die ganze Last schnell und leicht gehoben, dann schiebt man zunächst den Hinterwagen unter die Stämme. Darauf läßt man unter Benutzung der Sperrhakenvorrichtung am Heber die Last auf den Wagen herab. Der vorerwähnte Holzpflock richtet sich beim Heben von selbst auf und bildet so für die Last die erforderliche Stütze. Das Heben am anderen Ende, wo der Vorderwagen untergeschoben wird, vollzieht sich in gleicher Weise. Beim Abladen ist umgekehrt zu verfahren. Alles geht rasch und ohne sonderliche Mühe vonstatten. Unfälle sind wegen der soliden Bauart des Hebers nicht zu befürchten und das Plagen und Schinden der Fuhrleute nach dem veralteten Verfahren vermittels Wagenwinde fällt fort. Bekanntlich ist das Befördern von 8 m langem Langholz ohne Begleitperson gesetzlich verboten. Um nun den Begleitmann zu sparen und 8 m langes Langholz ohne Begleitperson zu fahren und dabei nicht gegen das Gesetz zu verstoßen, empfiehlt ein alter Praktiker, der Zimmermeister Gustav Pohlisch sen., nachstehendes Verfahren: Die Lampel oder Deichsel des hinteren Wagens muß so lang sein, daß diese durch den Schloßnagel mit dem vorderen Wagen fest verbunden ist. Dadurch ist der genau so lange Langholzwagen nur ein durch eine längere Lampel verlängerter, aber in sich selbst als Ganzes zusammenhängender, fest verbundener Wagen, der die Begleitperson erspart und auch nicht gegen das Gesetz verstößt. Nach dem Gesetz kommt es nicht auf die Länge des Holzes, sondern auf die Zusammenstellung des Wagens an. Bei einem durch Auseinandernehmen verlängerten Wagen, wie solcher in den meisten Fällen beim Langholzfahren verwendet wird, ist der vordere mit dem hinteren nur durch das aufgeladene Langholz verbunden, da hängt die Lampel oder Deichsel des Hinterwagens nur lose an einer Kette, und da muß der hintere Wagen bei jedem Fahren um die Ecke, in eine andere Straße oder bei sonstiger Straßenbiegung von der Begleitperson gelenkt werden. Also ist bei einem nach gewöhnlicher Art auseinandergenommenen Langholzwagen auch eine Begleitperson notwendig, wie es das Gesetz vorschreibt.

Abb. 18 und 19 zeigen ein einfaches Gerät zum Aufstapeln und Heben von Holzstämmen, geschützt durch D. R. G. M. Nr. 859096 von Sven Olof Bovin, Biegarden (Schweden). Die nachstehende Erfindung betrifft eine Vorrichtung zur Erleichterung der Aufstapelung und Hebung von Holzstämmen. Die Einrichtung besteht aus einem

Gerät, welches teils mit einer Befestigungsordnung versehen ist, die bestimmt ist, das Gerät nach dessen Anbringung an die aufgestapelten Holzstämme usw. oder sonst an dem Gegenstand festzuhalten, an den der zu hebende Holzstamm zu legen ist, teils aber auch mit einer Konsole oder einer Stütze ausgerüstet ist, auf welche das eine Ende des Stammes aufgelegt und in dieser Lage festgehalten wird, während das andere Ende des Holzstammes in gleicher Weise gehoben wird. Beim Aufstapeln von Rundholz u. dgl. waren bislang für die Ausführung der Arbeit durch Menschenkraft meistens 2 Arbeiter erforderlich, einer, um das gehobene erste Ende des Stammes in seiner Lage festzuhalten, so daß dieses nicht abglitt, während die zweite Person das entgegengesetzte Ende hob. Mittels einer Einrichtung gemäß dieser Erfindung können die meisten Hebungs- und Aufstapelungsarbeiten nur von einer Person

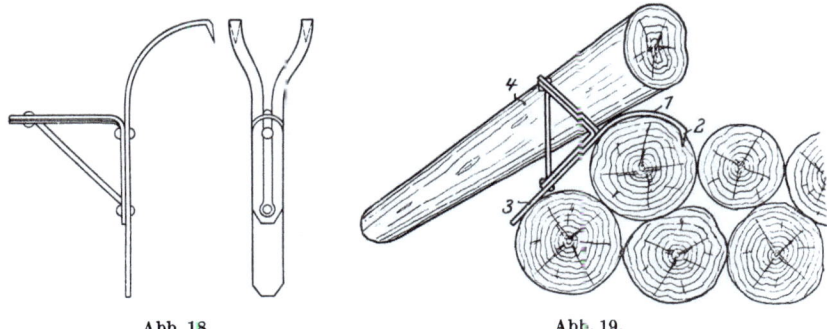

Abb. 18.   Abb. 19.

Abb. 18 u. 19. Gerät zum Aufstapeln und Heben von Holzstämmen von Sven Olof Bovin, Biegarden, Schweden.

ausgeführt werden, wodurch die Arbeit erleichtert und auch weniger zeitraubend wird, als es bisher der Fall war. Abb. 18 zeigt eine Ausführungsform des Gerätes von zwei rechtwinklig zueinander stehenden Seiten. Abb. 19 zeigt das Gerät in der Arbeitslage. Das Gerät ist mit zwei bogenförmigen Teilen (1) versehen, die dazu bestimmt sind, gegen den Stamm anzuliegen, und zwar in dessen Querrichtung, und die an ihren freien Enden mit je einer Spitze (2) versehen sind, welche in der Arbeitslage des Gerätes, siehe Abb. 19, in das Holz eindringen und dadurch dazu beitragen, das Gerät an diesem als Halt dienenden Stamme festzuhalten. Die bogenförmigen Teile (1) laufen in einen geraden Teil (3) zusammen, welcher mit einer Stütze oder Konsole (4) versehen ist, auf die das eine Ende des Holzstammes aufgelegt wird, nachdem das Gerät, wie in Abb. 19 ersichtlich, an seinen Platz gebracht worden ist. Infolge des Winkels, welchen die Konsole in der Arbeitslage des Gerätes zum Horizontalplan bildet, s. Abb. 19, hält die Konsole (4) den Stamm in seiner Lage fest, ohne daß dieser irgendeiner

2*

Klemmwirkung ausgesetzt wird. Es wird dadurch das Heben des anderen Endes des Stammes in die gewünschte Lage erleichtert, ohne daß die hierbei erforderliche Drehungsbewegung des Stammes in irgendeiner Weise von dem Gerät oder den unten liegenden Stämmen behindert wird. Mehrere Ausführungsformen dieser Einrichtung sind natürlich innerhalb des Rahmens der Erfindung denkbar. So z. B. können die bogenför-

Abb. 20. Abtransport der gefällten Holzstämme in den Urwäldern der Westküste Amerikas.

migen Teile 1 derart verlängert werden, daß sie mindestens die Hälfte des Stammumfanges umfassen können, wodurch die auf der Zeichnung gezeichneten Spitzen 2 entbehrlich werden. Selbstverständlich eignet sich diese Hebevorrichtung mit einem Mann Bedienung nur für lange und nicht allzu starke Rundhölzer. Der Abtransport der gefällten Holzstämme ist in den Urwäldern und Hochgebirgen sehr schwierig und mit großen Unkosten verknüpft. Abb. 20 zeigt wie die gefällten Stämme in den Urwäldern der Westküste Amerikas durch große Dampf- oder

Motorwinden mittels riesiger Drahtseile auf Zieh- und Schleifwegen an die Verladungsstellen geschafft werden. Da die Stämme meistens eine Länge von 23, 36 und 40 Fuß engl. sowie einen Durchmesser von 36 bis 80 Zoll engl. aufweisen, kann man ermessen, welche Kraft erforderlich ist, solche Riesen in gebirgigem Gelände zu befördern. Billige Abfuhr des Holzes ist vielfach die wichtigste, immer aber eine sehr wesentliche Voraussetzung für rationelle Abholzung; aus diesem Grunde sind seit Jahrzehnten Drahtseilbahnen bei den großen Holzabtrieben speziell in Ungarn, Skandinavien, Afrika und auf dem Balkan in Gebrauch. Gerade aus den Bedürfnissen des Holztransportes im Hochgebirge ist die Drahtseilbahn überhaupt entstanden; vermag sie doch wie kein anderes Transportmittel die schwierigsten Geländehindernisse zu bewältigen. Große Waldungen in dem zerklüfteten und für jedes andere Transportmittel unzugänglichen Gebirgslande der Karpathen waren vor Einführung der Drahtseilbahnen gänzlich wertlos. Bei den Drahtseilbahnen, d. h. Schwebebahnen, bei welchen als Antriebsorgan ein endloses Drahtseil dient und auch gespannte Drahtseile als Gleis verwendet werden, kommt noch eine große Anzahl weiterer Vorteile hinzu. Die Drahtseilbahnen beanspruchen nämlich nur eine außerordentlich geringe Bodenfläche für die Stützenkonstruktionen der Fahrbahn und gestatten aus diesem Grunde, sowie durch ihre Fähigkeit, Steigungen von 45^0 mit Leichtigkeit zu überwinden, Bahnanlagen auch in stark gebirgigem Terrain ohne kostspielige Hilfsbauten wie Brücken, Tunnels, Einschnitte usw. Seilbahnen wurden daher schon in alter Zeit angewendet; jedoch benutzte man damals nur ein einziges Seil, welches über Rollen geleitet wurde und sowohl zum Tragen als auch zum Fortbewegen der an ihm befestigten Gefäße diente. Man kannte natürlich damals nur Hanfseile. Es ist aber klar, daß der Bau von stationären Seilbahnen für dauernden Betrieb keinen Erfolg versprechen konnte, solange man lediglich auf die Benutzung von Hanfseilen beschränkt war. Erst durch die im Jahre 1834 bekannt gewordene Erfindung des Drahtseiles durch den Oberbergrat Albert in Klausthal wurde die Seilbahnfrage ihrer Lösung einen erheblichen Schritt näher gebracht, und es bemühten sich in England Hogdson und in Deutschland Freiherr von Dükker um die Ausbildung der Seilbahn auf das eifrigste. Während Hogdson das Einseilprinzip beibehielt, wobei bemerkt sei, daß für kleine Förderleistungen heute noch das primitivere einseilige System vielfach verwendet wird, ging Dücker dazu über, ein besonderes Seil als Fahrbahn und ein zweites als Zugorgan zu benutzen. Er hatte jedoch in seinen Bestrebungen wenig Erfolg, da es ihm nicht gelang, die Einzelheiten seiner Anlagen in geeigneter Weise auszugestalten. Es zeigte sich hier wieder einmal die in der Technik so häufige Erscheinung, daß eine an sich gesunde technische Idee infolge mangelhafter konstruktiver Durchbildung in der praktischen Anwendung versagt. Der Begründer des heutigen Seilbahnsystems, der bekannte Ingenieur Th. Otto, war einer der ersten, welcher mit Energie und Erfolg daran ging, alle Einzelheiten des Streckenbaues und des rollenden Materials gründlich auszugestalten, und es gelang ihm bereits Anfang der 70er Jahre des vorigen Jahrhunderts, die Drahtseilbahnen zu einem wirklich betriebssichern Transportmittel zu erheben. Die Entwicklung des Systems hat dann in den mehr als 30 Jahren seines Bestehens mit den sich immer steigernden Anforderungen des Verkehrswesens Schritt gehalten, und es kann, wie die nachstehend beschriebenen und abge-

Abb. 21. Drahtseilbahn für Holztransport mit einer freien Spannung von 1400 m.
(J. Pohlig A.-G., Köln a. Rh.)

bildeten Anlagen beweisen, auf dem Gebiete des Holztransportes speziell im gebirgigen Gelände getrost den Wettkampf mit dem heute so hoch entwickelten Eisenbahnbetrieb aufnehmen. Es sind speziell die Firmen J. Pohlig A.-G., Köln, und Adolf Bleichert & Co. A.-G., Leipzig, führend im Bau von Drahtseilbahnen für den Holztransport. Die Konstruktionsteile, aus denen sich eine Drahtseilbahn zusammensetzt, kann man in zwei Hauptgruppen einteilen: nämlich in feststehende und bewegliche. Zu den ersten gehören die Geleisstrecke mit ihren Stützen, Spannvorrichtung und Stationen, zu den letzteren gehören das Zugseil und die Wagen. Die Gleisstrecke der Pohlig-Drahtseilbahnen besteht aus zwei Drahtseilen, die bei normalen Terrainverhältnissen in Abständen von 40—200 m von hölzernen oder eisernen Stützen getragen werden. Bei Überschreitung breiter Flußtäler, oder wenn andere Umstände das Aufstellen von Seilunterstützungen in normaler Entfernung verhindern, kann man jedoch weit größere Stützenentfernungen zulassen. So zeigt Abb. 21 eine freie Spannung von 1400 m Länge. Pohlig hat außerdem schon Spannweiten von 1050, 1150 und 1300 m ausgeführt. Die beiden, als Gleis für die Hin- und Rückfahrt der Wagen dienenden Seile, Tragseile genannt, werden parallel zueinander in einer Entfernung von 1,5—2,5 m verlegt und durch eine besondere, weiter unten beschriebene Einrichtung in gleichmäßig gespanntem Zustande erhalten. Der Durchmesser der beiden Tragseile ist für gewöhnlich verschieden, da meistens nur in einer Richtung Material gefördert wird und daher das Tragseil, auf dem die leeren Wagen an ihren Ausgangspunkt zurückkehren, viel weniger beansprucht wird als der Laststrang. Was die Konstruktion der Tragseile anbetrifft,

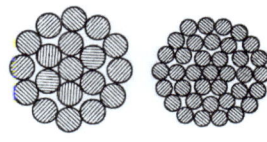

Abb. 22. Spiralseile für Drahtseilbahnen, Querschnitt.
(J. Pohlig A.-G., Köln a. Rh.)

so verwendete man früher ausschließlich und auch heute noch vielfach, besonders bei Bahnen von nicht großer Leistung, das bekannte Spiralseil, dessen Querschnitt in Abb. 22 dargestellt ist; es besteht aus zwei oder mehreren Lagen von Runddrähten, die spiralförmig um einen einzelnen Draht, der die sog. Seele bildet, geschlagen sind. Die Bruchfestigkeit der einzelnen Drähte variiert je nach den Ansprüchen, die gestellt werden, zwischen 55 und 150 kg pro Quadratmillimeter und dementsprechend auch die Bruchfestigkeit der Seile. Bei Bahnen für größere Förderleistungen verwendet man die neuere sog. verschlossene

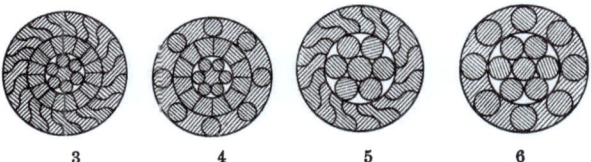

Abb. 23. Querschnitte von verschlossenen Seilen für Drahtseilbahnen.
(J. Pohlig A.-G., Köln a. Rh.)

Seilkonstruktion; wie die Querschnitte in Abb. 23 zeigen, werden die äußeren Lagen dieser Seile aus Fassondrähten gebildet, welche sich in der äußersten Lage zum Teil überlappen. Dadurch erhält das ganze Seil eine vollkommen glatte, zylindrische Oberfläche, und die Drähte hindern sich infolge der Überlappung gegenseitig am Ausspringen, falls ein Draht brechen sollte. Die zylindrische Oberfläche des Seiles hat noch einen besonderen Vorteil, daß die Laufwerke der Wagen das Seil nicht nur in einzelnen Punkten, sondern in einer größeren Fläche berühren, wodurch natürlich der Verschleiß vermindert wird. Die Spezialkonstruktion eines verschlossenen Seiles, dessen Querschnitt in

Abb. 23, Nr. 5, dargestellt ist, hat sich besonders gut bewährt. Die Seile Nr. 4 und 6 in Abb. 23 nennt man halbverschlossene Seile. Die Tragseile werden für gewöhnlich in Längen von 200—400 m verwendet und miteinander durch Muffen verbunden, deren Konstruktion aus Abb. 24 vollkommen ersichtlich ist. Die Verbindungen der einzelnen

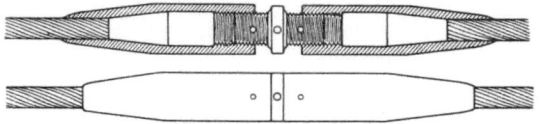

Abb. 24. Muffenverbindung der Tragseile.

Seilstränge mittels dieser Muffen geschieht in der Weise, daß nach Aufschieben einer Muffenhälfte am Seilende die Einzeldrähte zu einem Büschel, entsprechend der Form der Muschelhälften, aufgebogen werden. Darauf wird die Muffe mit Metall ausgegossen, so daß aus den Drähten und der Gußmasse ein einheitliches konisches Metallstück entsteht. Zahlreiche vorgenommene Zerreißversuche haben ergeben, daß diese Verbindung stärker ist als das Seil, da bei den Versuchen das Seil immer neben der Muffe in dem gesunden Querschnitt riß und nicht etwa die Seilenden aus der Muffe gezogen wurden. Die Unterstützungen, auf denen die Tragseile gelagert werden, konstruiert man entweder aus Holz oder Eisen; für Holzstützen hat sich im Laufe der Zeit die in Abb. 25 dargestellte Form herausgebildet. Während Unterschiede in der

Abb. 25. Holzstütze für Drahtseilbahnen.

Konstruktion selten vorkommen, variiert ihre Höhe außerordentlich; denn durch Wechsel in der Höhe der Unterstützungen hat man es in der Hand, Unebenheiten des Geländes in gewissen Grenzen auszugleichen. In welchem Maße von diesem Mittel Gebrauch gemacht wird, kann man daraus ersehen, daß die Firma J. Pohlig schon wiederholt Stützen von 40 und 45 m Höhe ausgeführt hat, während die normale Stützenhöhe zirka 6—10 m beträgt. Auf den Stützen ruhen die Seile in sog. Seilauflagerschuhen bzw. Seildrehschuhen, deren richtige Ausbildung für die Lebensdauer der Tragseile von außerordentlicher Wichtigkeit ist. Abb. 26 gibt eine Darstellung eines drehbaren Auflagerschuhes. Außer mit Seilauflagerschuhen sind die Stützen auch noch mit zwei Zugseiltragrollen versehen, welche in der Regel unter den Tragseilen angebracht sind und dazu dienen, das im allgemeinen von den Wagen getragene bewegliche Zugseil zeitweilig aufzunehmen. Die auf den Stützen verlegten Tragseile sind teils infolge der Belastung während des Betriebes sowie durch Temperaturdifferenzen starken Längenänderungen ausgesetzt; außerdem ändert sich auch der Durchhang der Seile zwischen den Stützen infolge der wechselnden Belastung fortwährend. Es ist daher nicht angängig, beide Enden eines Tragseilstranges fest zu verankern, sondern man kann nur das eine Ende festlegen, während das andere über eine Rolle geführt und mit einem entsprechend der Bruchfestigkeit des Seiles gewählten Gewicht versehen wird, welches das Seil in konstanter, gleichmäßiger Spannung

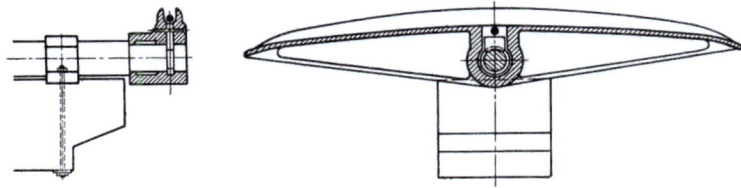

Abb. 26. Seildrehschuh.

hält. Solche Einrichtungen zum Spannen der Tragseile sind in Abständen von etwa 1500—2000 m erforderlich, und zwar bringt man sie zum Teil in den Stationen unter, zum Teil werden sie auf der freien Strecke als sog. Streckenspannvorrichtungen eingebaut. Letztere sind natürlich in der Weise ausgebildet, daß das Passieren der Wagen durchaus nicht beeinträchtigt und auch keine Bedienung der Anlage an diesen Stellen notwendig wird. Ebenso wie die Stützen führt man die Spannvorrichtungen entweder in Holz- oder Eisenkonstruktionen aus. Bei Drahtseilbahnen, deren Länge zirka 10000 m nicht überschreitet, kommt man, wenn nicht besonders ungünstige Terrainverhältnisse vorliegen, mit je einer Station am Anfang und am Ende der Strecke aus. Bei längeren Bahnen muß man, um nicht infolge der wechselnden Beanspruchung zu starke Zugseile zu erhalten, Zwischenstationen einfügen, an denen das bewegliche Zugseil unterbrochen wird. Die Zwischenstationen sind als zweiseitig offene Hallen konstruiert, während die Stationen am Anfang und am Ende einer Seilbahnlinie naturgemäß als Kopfstation ausgebildet sind. Sowohl an den End- als auch in den Zwischenstationen bewegen sich die Wagen auf Hängeschienen; der Übergang der Laufbahn vom Tragseil auf die Schiene geschieht durch eine besonders geformte Überlaufschiene. Die Hängeschienen können an den Stationen beliebig ausgedehnt werden, um die Wagen nach den Be- und Entladestellen zu bewegen, wobei auch, wenn mehrere Gleise sich als vorteilhaft erweisen, ihre Verbindung untereinander durch Weichen und Drehscheiben erfolgen kann. Es empfiehlt sich, für die Führung einer Drahtseilbahn stets eine gerade Linie zu wählen; falls sich jedoch eine solche nicht einhalten läßt, müssen an den Winkelpunkten, je nach der Fahrgeschwindigkeit, die angewendet werden soll, eine oder mehrere Umführungsscheiben angeordnet werden. Die Wagen fahren um diese Scheiben ohne sich vom Zugseil zu lösen vollkommen automatisch herum, und zwar sowohl bei Bahnen, bei denen das Zugseil unterhalb, als auch bei solchen, bei denen es neben dem Tragseil liegt. Zur Fortbewegung der Wagen auf der Laufbahn dient, wie bereits erwähnt, ein außerordentlich biegsames endloses Drahtseil, das während der ganzen Betriebsdauer in ständiger Bewegung begriffen ist. Das Zugseil läuft von den beiden Enden der Seilbahnstrecke über Seilscheiben, deren eine mit einem Antriebsvorgelege in Verbindung steht, dessen Bewegung durch eine besondere Betriebsmaschine oder von einer vorhandenen Kraftanlage aus durch Transmission erfolgt. Auch das Zugseil muß natürlich mit einer Einrichtung versehen werden, die Längenänderungen kompensiert, und zwar benutzt man zu diesem Zwecke ebenfalls eine geeignete Gewichtsbelastung; die Anordnung wird in der Weise getroffen, daß eine Spannscheibe in einem Schlitten gelagert ist, an dem eine über Rollen geführte, mit Gewicht belastete Kette angreift. Die Wagen, welche von dem Zugseil fortbewegt werden, bilden den wichtigsten und gleichzeitig denjenigen Teil der Anlage, in dem die größte Summe von konstruktiver Arbeit vereinigt ist. Entsprechend ihrer Aufgabe, zur Fortbewegung auf dem Tragseil sowie zur Aufnahme des Fördergutes zu dienen und außerdem die Verbindung mit dem Zugseil herzustellen, bestehen die Wagen aus vier Teilen: dem Laufwerk, dem Gehänge, dem Fördergefäß oder Wagenkasten und dem Kupplungsapparat. Das Laufwerk wird von zwei stählernen Seitenschildern gebildet, die in der Mitte durch ein gußeisernes Zwischenstück verbunden sind. In den Seitenschildern sind die zwei aus Stahl hergestellten Laufräder auf Hohlachsen gelagert, welche mit konsistentem Fett gefüllt werden, wodurch die Schmierung für längere Zeit vollkommen automatisch besorgt wird. Falls bei einer Drahtseilbahn besonderer Wert auf große Kraftersparnis gelegt wird, sind die Laufwerke mit Rollen bzw. Kugellagern zu versehen, wodurch die Reibungswiderstände auf die Hälfte bzw. auf ein Drittel herabgemindert werden. Das Gehänge wird aus Flacheisen hergestellt und trägt an seinem obersten Ende einen Bolzen, mit dem es im Laufwerk zwischen den beiden Laufrollen drehbar aufgehängt wird, während sein unterer Teil so ausgebildet ist, daß er das Fördergerät aufnehmen kann. Abb. 27 zeigt ein patentiertes vierrädriges Laufwerk der Firma J. Pohlig A.-G., Köln, für Langholz. Abb. 28 zeigt einen 4,3 t schweren Baumstamm an zwei Bleichert-Vierradlaufwagen mit Automatkupplern. Der Kupplungsapparat hat

Abb. 27. Vierrädriges Laufwerk. (J. Pohlig A.-G., Köln.)

die Aufgabe, den Wagen so fest mit dem Zugseil zu verbinden, daß auch bei höchster Belastung und in den stärksten Steigungen das Fördergerät sicher mitgenommen wird. Trotzdem soll sich die Kupplung

Abb. 28. Einzellast von 4,3 t an zwei Bleichert-Vierrad-Laufwerken mit Automatkupplern.

dort, wo es der Betrieb erfordert, in einfachster und leichtester Weise lösen lassen. Damit sind aber die Anforderungen, die man an einen guten Kupplungsapparat stellen muß, noch lange nicht erschöpft. Das Ein- und Auskuppeln soll nämlich im Interesse des Betriebes möglichst

28   Der Holztransport vom Walde zum Sägewerk.

Abb. 29. Drahtseilbahnstrecke auf dem Hochplateau in ca. 2000 m Höhe.
(J. Pohlig A.-G., Köln.)

vollkommen automatisch erfolgen; ferner darf das zuverlässige Funktionieren durch klimatische Einflüsse, starke Feuchtigkeit bzw. Schlüpf-

Abb. 30. Belade- und Winkelstation.

rigkeit des Zugseils, Eis- und Rauhreifbildung auf ihm in keiner Weise beeinträchtigt werden, und schließlich soll das Zugseil im Apparat möglichst wenig leiden. Die Herstellung eines Apparates, der allen diesen Bedingungen genügt, ist gewiß keine leichte Aufgabe, und daher sehen wir auch, wenn wir die Patentliteratur der letzten Jahre durchblättern, eine solche Fülle von Patentanmeldungen auf diesem engbegrenzten Gebiete wie kaum auf einem andern. Eine ungeheure Menge von Arbeit und Scharfsinn ist an diese Aufgabe verschwendet worden, Hunderte von Seilklemmen wurden patentiert und sind spurlos von der Bildfläche verschwunden, ohne sich je in der Praxis bewährt zu haben. Die Anlagekosten einer Drahtseilbahn variieren, je nach den gestellten Anforderungen, zwischen 10000 und 100000 M. pro Kilometer, während die Betriebskosten maximal zirka 20 Pf. für das t/km ausmachen, welcher Betrag sich unter besonders günstigen Verhältnissen bis auf 1 Pf. pro t/km ermäßigt. Abb. 29 zeigt eine von der Firma J. Pohlig, A.-G., Köln, ausgeführte Drahtseilbahn zum Transport von Baumstämmen und Scheitholz für die Fabrica de Hartie Busteni, C. & S. Schiel, Sucri bei

Abb. 31. Winkelstation.

Abb. 32. Blick auf die 11940 m lange Strecke.
Abb. 30 bis 32. Drahtseilbahn der Szekler Waldindustrie A.-G. bei Gylmes, Ungarn.

Busteni in Rumänien. Die Länge der Strecke beträgt 15 km, das Förderquantum 720 cbm täglich und die Bahn steigt bis zu einer Höhe von 2000 m. Abb. 30—32 zeigen drei Ansichten einer Drahtseilbahn, ausgeführt von der Firma J. Pohlig, A.-G., Köln, für die Szekler Waldindustrie, A.-G., bei Gylmes in Ungarn, zum Transport von Langholz, Länge der Strecke 11940 m. Abb. 33 bis 37 zeigen eine von der Firma Adolf Bleichert & Co., Leipzig, für die Firma Wilkins & Wiese,

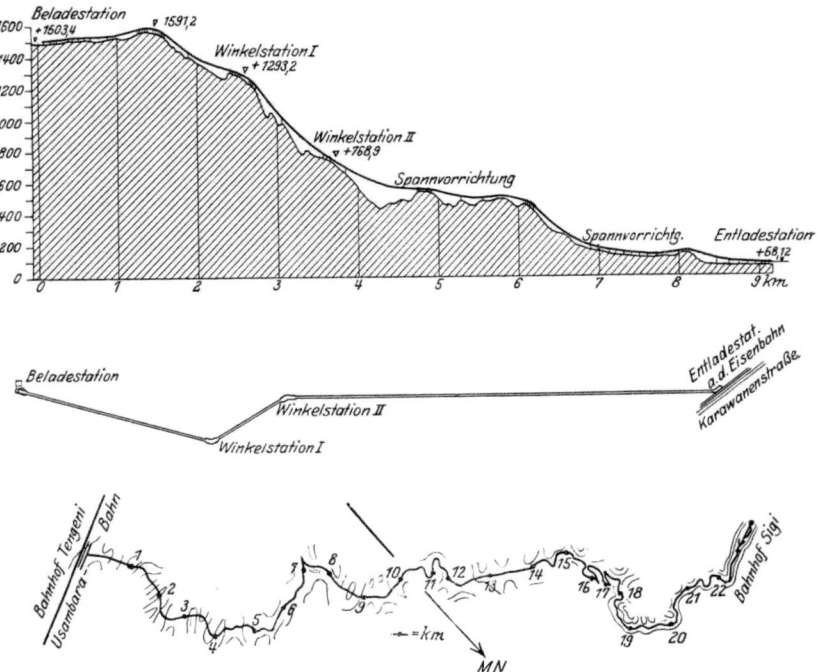

Abb. 33. Bleichertsche Drahtseilbahn für Holzförderung in Ostafrika der Sigi Exportgesellschaft.

im Usambaragebirge, an der ostafrikanischen Nordbahn, zum Transport von Langholz ausgeführte Anlage. Diese Drahtseilbahn hat auf einer Länge von nur 9 km ein Gefälle von 1523 m, das noch dazu ungleichmäßig auf die einzelnen Abschnitte der Linie verteilt ist. Um trotz des außerordentlich schwierigen Geländes ein günstiges Längsprofil zu erreichen, ist die Bahn nicht gradlinig geführt, wodurch sie aber nur sehr wenig verlängert wird, so daß der Unterschied zwischen der tatsächlichen Bahnlänge und der Luftlinie nicht mehr als 8% beträgt. Ein ganz anderes Bild bietet die Waldeisen-

Abb. 34. Streckenbild der Usambarabahn. Abb. 33 mit 86% Steigung und 900 m freier Spannweite.

bahn der Sigi Export-Gesellschaft, Abb. 33. Obwohl hier der Höhenunterschied nur 252 m beträgt, setzt sich diese Bahn zum größten Teil aus Kurven und Spitzkehren zusammen, so daß sie um 60%

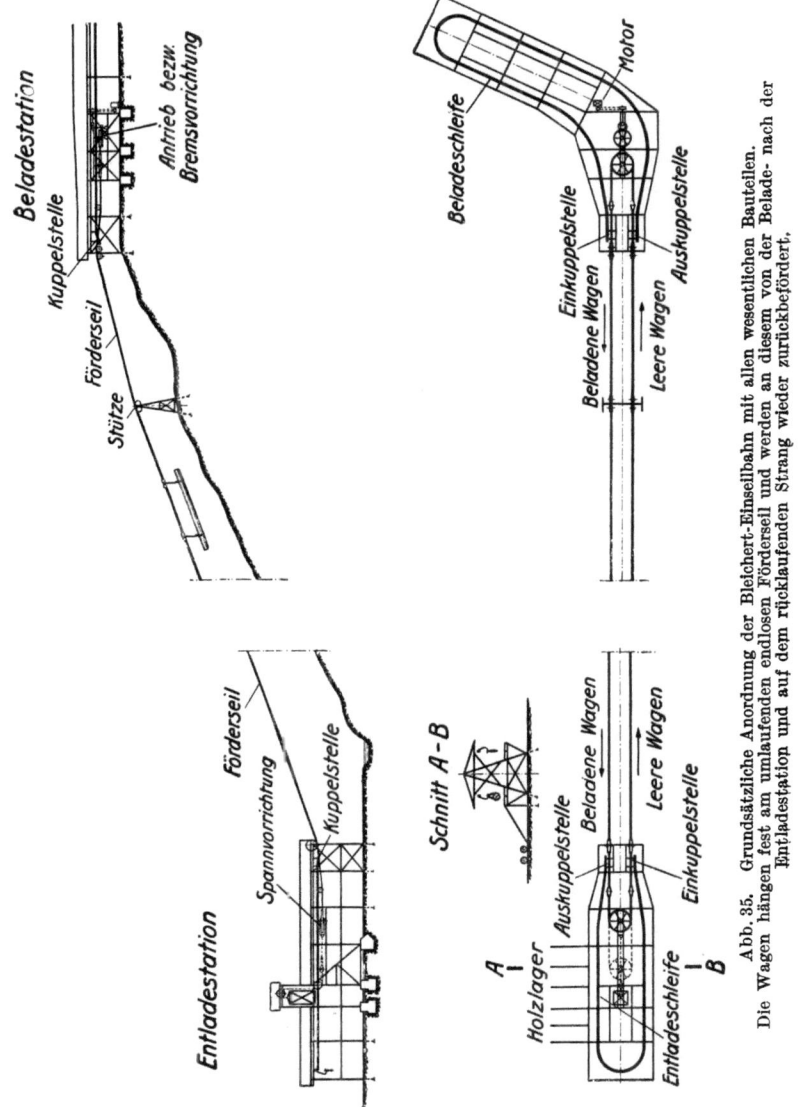

Abb. 35. Grundsätzliche Anordnung der Bleichert-Einseilbahn mit allen wesentlichen Bauteilen. Die Wagen hängen fest am umlaufenden endlosen Förderseil und werden an diesem von der Belade- nach der Entladestation und auf dem rücklaufenden Strang wieder zurückbefördert.

länger ist als die Luftlinie. Die Drahtseilbahn vermag im allgemeinen die Beladestelle im Walde mit der Entladestelle an der Eisenbahn, am Fluß oder an der Säge geradlinig zu verbinden, denn sie ist praktisch unabhängig vom Gelände. Steigungen von 80%, Abb. 34, freie Spannweiten von 1500 m und Einzellasten von 4 t (Abb. 28), bieten ihr keine Schwierigkeiten und sind teilweise

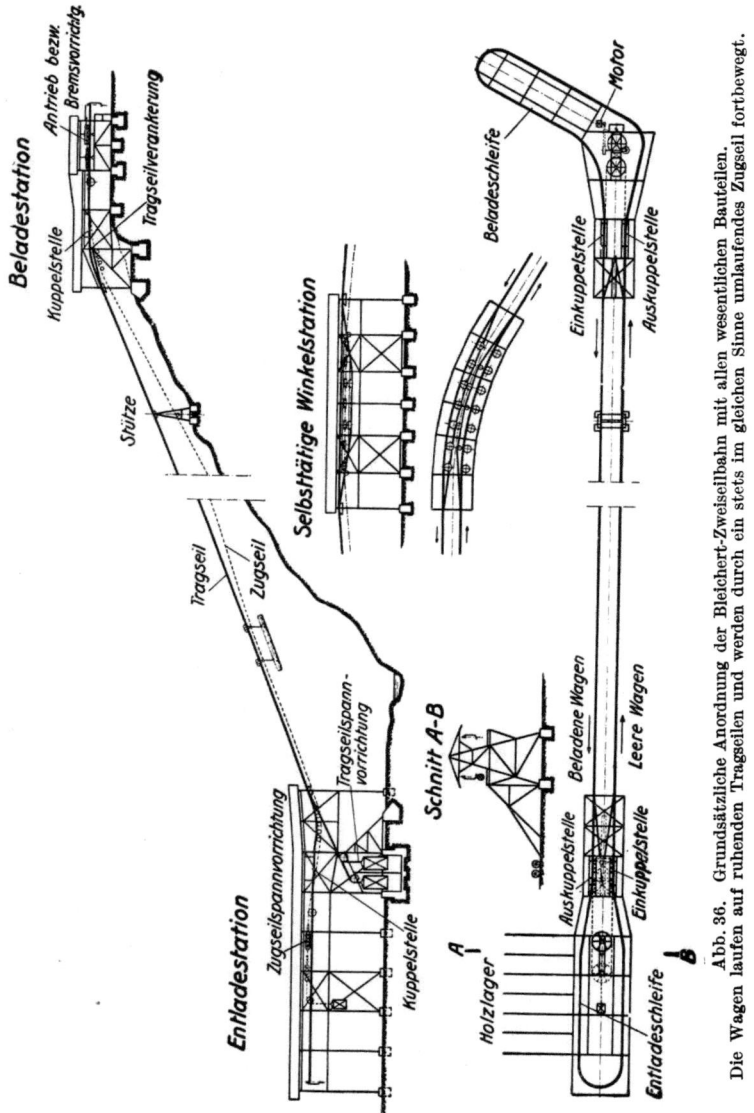

Abb. 36. Grundsätzliche Anordnung der Bleichert-Zweiseilbahn mit allen wesentlichen Bauteilen. Die Wagen laufen auf ruhenden Tragseilen und werden durch ein stets im gleichen Sinne umlaufendes Zugseil fortbewegt.

noch übertroffen worden. Abb. 38 zeigt das Verladen und Abb. 39 das Entladen schwerer Baumstämme mit Hilfe eines Schmalspur-Ladewagens. Abb. 40 zeigt eine Drahtseilbahn für Holzförderung im verschneiten Hochgebirge; Abb. 40 eine solche in den Ostpyrenäen zur Förderung von 7,3 t Stammholz pro Stunde, bei 8,8 km Länge; Abb. 42

Abb. 37. Ein mit Stammholz beladener Drahtseilbahnwagen mit zwei Vierradkupplern wird in der Beladestation nach der Kuppelstelle geschoben.

eine hölzerne Portalstütze von 45 m Höhe einer Holzdrahtseilbahn in Oberösterreich von 9,5 km Länge, sämtlich ausgeführt von der Firma

Abb. 38. Verladen schwerer Baumstämme mit Hilfe eines Ladewagens.
(Bauart Bleichert.)

Adolf Bleichert & Co. A.-G., Leipzig. Zur Förderung von Schnitt- und Grubenholz benützt Bleichert die Gehänge nach Abb. 43 und 44,

34   Der Holztransport vom Walde zum Sägewerk.

Abb. 39. Das Entladen geschieht entsprechend dem Beladen, siehe Abb. 38. (Bauart Bleichert.)

Abb. 40. Bleichertsche Drahtseilbahn in den Ostpyrenäen zur Förderung von 7,3 t/h Stammholz bei 8,8 km Länge.

Abb. 41. Bleichertsche Drahtseilbahn für Holzförderung im verschneiten Hochgebirge.

Abb. 42.
Eine Bleichertsche hölzerne Portalstütze von 45 m Höhe einer Holzdrahtseilbahn in Oberösterreich von 9,5 km Länge.

woraus alles Nähere ersichtlich ist. Das Heranschaffen der Hölzer im Hochgebirge an die Verladestation der Drahtseilbahn geschieht meistens durch Zugtiere oder auf sog. Bremsberganlagen.

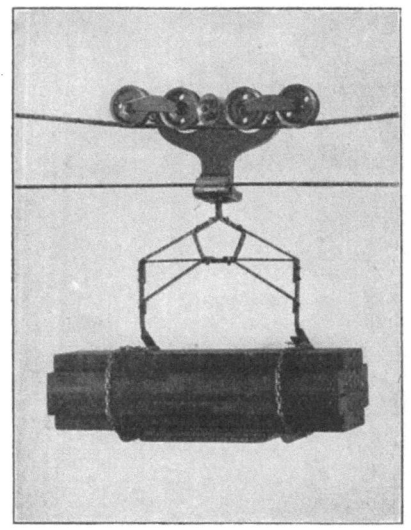
Abb. 43. Gehänge für Schnittholzförderung.

Abb. 44. Plattform für Grubenholzförderung.

B. Die Fuhrwerksbahn.

Einer Fuhrwerksbahn liegt das Prinzip zugrunde, gewöhnlich beladene oder unbeladene Fuhrwerke auf Feldbahnen zu befördern, so daß eine Umladung des Holzes weder am Anfangs- noch am Endpunkte der Bahn stattfindet. Dieses von der Firma Orenstein & Koppel A.-G., Berlin, auf den Markt gebrachte Beförderungsmittel wird dort mit Vorteil Verwendung finden, wo Hölzer in Massen von dem Ursprungsort nach der Verwendungs- oder Verladungsstelle auf schwer passierbaren, aufgeweichten oder sumpfigen Waldwegen transportiert werden müssen, ferner da, wo die Feldbahn eine Unterbrechung durch Bahnkreuzungen, Ortschaften usw. erleiden muß. Es wird hierdurch die Möglichkeit gegeben, das Material an der Gewinnungsstelle direkt auf die Land-Langholzwagen zu laden und diese mittels der nahen Verladegrube direkt auf die Transporteure der Bahnanlage aufzufahren. Die Fuhrwerke werden dann auf der Gleisanlage bis zur Entladegrube an der Stelle weitertransportiert, wo die Bahn die Unterbrechung erfährt, um von hier aus auf der Chaussee entweder nach der Verarbeitungsstelle oder nach der Beladegrube am Anfangspunkt der Fortsetzung der Bahnanlage zu fahren. Der Hauptvorteil der Bahn besteht darin, mehrere mit Material beladene Landwagen mit einem Gespann nacheinander zur Verladegrube zu fahren, und die Wagen, zu einem Zuge vereinigt, auf der Gleisanlage mit demselben Gespann weitertransportieren zu können. Zum Transport eines einzelnen mit 30 bis 40 Ztr. Material beladenen Wagens auf Wald- und Feldwegen sind zwei kräftige Pferde erforderlich, welche meistens nur langsam vorwärts kommen können, während auf der Gleisanlage mindestens die vierfache Last in ungefähr einem Drittel der Zeit befördert wird. Es kommt hier also nicht allein auf die Ersparnis an, welche durch die kürzere Zeit und das größere zu transportierende Gewicht bei gleicher Kraftleistung erzielt, sondern auch darauf, daß das Pferdematerial sehr geschont wird. Aus vorstehendem wird man ermessen können, welche wirtschaftlichen Vorteile die Anlage einer Fuhrwerksbahn im Vergleich zu dem Verkehr mit Lastwagen auf aufgeweichten, sumpfigen Waldwegen zur Folge hat. Für die Rentabilität kommt noch der nicht zu unterschätzende Umstand in Betracht, daß die Unterhaltung der Gleisanlage einer Fuhrwerksbahn und deren Transporteure nur sehr geringe Kosten verursacht, während die Unterhaltung von Wald- und sonstigen Kommunikationswegen dauernd größere Geldopfer erfordert, um diese nur einigermaßen in passierbarem Zustande zu erhalten.

Anlage und Konstruktion.

Als Schienen sind zweckmäßig solche von 70 mm Höhe und 10 kg pro Meter Gewicht zu empfehlen, als Schwellen auf weichem Boden nur breite kieferne Holzschwellen. Für letztere empfiehlt sich eine Breite von 150 mm und eine Höhe von 90 mm oder mehr, während die Länge mindestens das einundeinhalbfache der Spurweite betragen muß. Zur Planumherstellung genügt einfaches Ebnen des Terrains mittels Schaufel und Hacke. Die Bettung kann ganz fortfallen, wenn das Planum geebnet ist und die Schienen und Holzschwellen in den oben angegebenen Dimensionen angewendet werden.

Die Belade- und Entladegrube.

Die Ladegrube ist, wie aus Abb. 45 ersichtlich, fest in den Erdboden eingebaut; die Längswände der Grube sind oben durch kräftige Balken eingefaßt, auf welchen die besonders profilierten, starken Fahrschienen für die Lastwagenräder befestigt sind. Zur Abstützung der Längsbalken sind Verstrebungshölzer vorgesehen, welche mit den Schwellenenden in der Grube verzapft und verschraubt sind. Die Holzkonstruktion der Grube ist hierdurch zu einem starken Gitterwerk ausgebildet. Durch diese Anordnung kommen die Fahrschienen der Fuhrwerke in die Ebene des Planums zu liegen, wodurch das Auffahren der Lastwagen über die Grube außerordentlich erleichtert wird, während die in der Grube liegenden Bahngeleise nach dem Grubenende zu geneigt sind. Die an einem Endpunkte der Bahn ankommenden Lastwagen fahren ohne Umladung mit Hilfe der Ladegrube auf die Transporteure. Die Radnaben der Vorderachse legen sich in die halbrunden Ausschnitte des Führungsklotzes der Tragkonstruktion des vorderen Trucks und die Naben der Hinterachse in den Führungsklotz des anderen Trucks, wie aus der

Abb. 45. Fuhrwerksbahn in dem Gräfl. Bernstorffschen Forstamt.
Das Auffahren des mit Stämmen beladenen Landwagens auf die Transporteure [Trucks].
(Orenstein & Koppel A.-G., Berlin.)

Abb. 45 deutlich ersichtlich ist. Das Abfahren der Lastwagen von den Transporteuren am anderen Endpunkte der Bahn, an welchem sich ebenfalls eine Ladegrube befinden muß, geschieht in der Weise, daß beim Abwärtsrollen des vorderen Transporteurs auf dem geneigten Bahngleis der Grube zuerst wieder die Räder der Vorderachse des Lastwagens auf

Abb. 46. Transporteur einer Fuhrwerksbahn
ohne Drehschemel.
(Orenstein & Koppel A.-G., Berlin.)

Abb. 47. Transporteur einer Fuhrwerksbahn
mit Drehschemel.
(Orenstein & Koppel A.-G., Berlin.)

die Fahrschienen rollen und dann auf gleiche Weise die Räder der hinteren Achse. Sodann kann der Lastwagen, durch die beiden Fahrschienen für die Lastwagenräder geführt, von der Ladegrube weitergefahren werden. Die Transporteure der Fuhrwerksbahn werden aus Stahl und Eisen hergestellt; dieselben bestehen aus einem U-Eisenrahmen, auf welchem die Tragkonstruktion für die Lastwagen angebracht ist. Letztere besteht aus zwei an der oberen Seite halbrund ausgearbeiteten Holzböcken, welche zur Aufnahme der Radnaben des Wagens dienen, der aus zwei U-Eisen hergestellte Querträger, an dessen Enden die Holzböcke angebracht sind, ist entweder wie in Abb. 46 dargestellt, auf dem Rahmen montiert, wenn keine bzw. nur größere Kurven von mehr als 180 m Radius zu passieren sind, oder nach Art der Drehschemel der Langholzwagen auf einem Kranz drehbar, wie Abb. 47 zeigt, wenn kleinere Kurven mit einem Radius nicht unter 35 m zu passieren sind. Die Böcke können auch verschiebbar angeordnet werden, was den Vorteil bietet, Lastwagen verschiedener Spurweite und Konstruktion verwenden zu können, wie Abb. 48 zeigt. Die in Abb. 49 dargestellte Fuhrwerksbahn in dem Gräfl. Bernstorffschen Forstamt zeigt einen mit Stammholz beladenen Zug auf der Strecke.

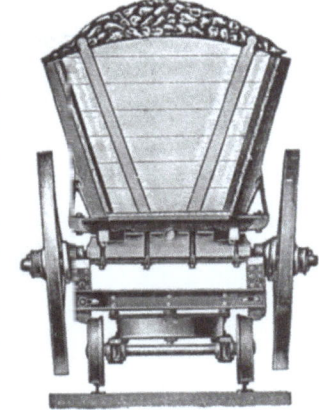

Abb. 48. Transporteur einer Fuhrwerksbahn, verstellbar für verschiedene Spurweiten. (Orenstein & Koppel A.-G., Berlin.)

Abb. 49. Fuhrwerksbahn in dem Gräfl. Bernstorffschen Forstamt. Der mit Stammholz beladene Zug auf der Strecke. (Orenstein & Koppel A.-G., Berlin.)

C. Waldbahnen.

Daß die großen Vorteile, welche die Waldbahnen bieten, auch in der Forstwirtschaft gewürdigt werden, dürfte aus dem Erlaß des preußischen Ministeriums für Landwirtschaft, Domänen und Forstwirtschaft hervorgehen, in welchem die Regierungen aufgefordert werden, sich mit den Oberförstereien wegen Beschaffung von Waldbahnen in Verbindung zu setzen. Als Antriebskraft dieser Bahnen dienen Zugtiere, Motor- und

Dampflokomotiven oder elektrische Lokomotiven für Oberleitungs- oder Akkumulatorenbetrieb. Zum Transport von Stammholz, Scheitholz, Grubenholz, Knüppeln und Brettern dienen Waldbahnwagen,

Abb. 50. Transportabler Kran zum Beladen von Waldbahnwagen.
(Orenstein & Koppel A.-G., Berlin.)

welche meistens durch Kombination von 2 Trucks zu einem Wagen (s. Abb. 50) vereinigt werden. Die Untergestelle (Trucks), welche in der Regel aus Eisen hergestellt sind, entsprechen Abb. 50. Für größere

Abb. 51. Transport von Knüppeln in den Fürstl. Hohenloheschen Forsten durch eine Waldbahn (Pferdebetrieb.) (Orenstein & Koppel A.-G., Berlin.)

Belastungen werden entsprechend stärkere Untergestelle verwandt. Zum Transport von Langholz werden die Untergestelle mit einem Drehschemel versehen, welcher aus 2 U-Eisenträgern besteht, zwischen welche

Spitzen genietet sind, um den Hölzern eine feste Lage zu geben. An den beiden Enden befinden sich zwei umlegbare Rungen, welche oben mit Ketten und Einschlaghaken versehen sind. Die Tragfähigkeit von

Abb. 52. Transport von Stammholz in den Fürstl. Hohenloheschen Forsten durch eine Waldbahn mit Pferdebetrieb. (Orenstein & Koppel A.-G., Berlin.)

je 2 Trucks für Zugtierbetrieb beträgt zusammen zirka 3500 kg. Für Lokomotivbetrieb werden dieselben stärker ausgeführt und haben infolgedessen auch eine entsprechend höhere Tragfähigkeit. Wie schon

Abb. 53. Umladen von Stammholz von den Doppeltruckwagen in Güterwagen in den Fürstl. Pleßschen Forsten. (Orenstein & Koppel A.-G., Berlin.)

erwähnt, soll man, um einen sicheren Betrieb zu ermöglichen und Entgleisungen zu vermeiden, bei Waldbahnen nur stabile, kräftige Schienen und nicht unter 150 mm breite Holzschwellen verwenden. Die Stärke der Schwellen soll möglichst nicht unter 100 mm und die Länge mindestens das einundeinhalbfache der Spurweite betragen. Die nachstehenden Abbildungen zeigen Fabrikate und Anlagen, ausgeführt von der Firma Orenstein & Koppel A.-G., Berlin. Zum Aufladen von Stammholz auf die Waldbahnwagen bedient man sich vorteilhaft transportabler Krane, welche an jeder beliebigen Stelle aufgestellt und leicht transportiert werden können. Abb. 50 zeigt eine derartige einfache Ladevorrichtung in Tätigkeit; das Aufladen auch langer Stämme erfolgt mit dieser Vorrichtung mühelos. Abb. 51 zeigt eine Waldbahn mit Pferdebetrieb zum Transport von Knüppeln in den Fürstl. Hohenloheschen Forsten, Abb. 52 eine solche zum Transport von Stammholz. Abb. 53 zeigt das Umladen von Stammholz von den Doppeltruckwagen in Güterwagen

Abb. 54. Transport von Brettern, Stamm- und Scheitholz durch eine Waldbahn in den bayr. Staatsforsten. (Orenstein & Koppel A.-G., Berlin.)

in den Fürstl. Pleßschen Forsten. Abb. 54 zeigt eine Waldbahn mit Dampflokomotivantrieb zum Transport von Brettern, Stamm- und Scheitholz in den bayerischen Staatsforsten. Abb. 55 zeigt eine Waldbahn mit Dampflokomotivantrieb zum Transport von Knüppeln in den Fürstl. Pleßschen Forsten. In den letzten Jahren werden in Waldbahnbetrieben vielfach Motorlokomotiven verwandt; dieselben haben dank ihrer vielen Vorzüge vor anderen Beförderungsmitteln eine außerordentlich starke Verbreitung gefunden. Ihr Hauptvorteil vor der Dampflokomotive ist vor allem, daß sie in jedem Augenblick fahrbereit ist, während die Dampflokomotive mehrere Stunden vor der Inbetriebsetzung angeheizt werden muß. Überaus einfach ist die Bedienung der Maschine, die einen gelernten Lokomotivführer nicht erfordert; jeder intelligente Arbeiter kann an Hand der Bedienungsvorschriften die

Motorlokomotive führen. Der Motorlokomotivbetrieb ist sehr billig, da Brennstoff und Ölverbrauch nur gering sind wie aus folgenden Angaben ersichtlich. Insbesondere sind auch die durch den Fortfall des Brennstoffverbrauches in den Betriebspausen niedrigen Unterhaltungs-

Abb. 55. Transport von Knüppeln in den Fürstl. Pleßschen Forsten durch eine Waldbahn mit Lokomotivbetrieb. (Orenstein & Koppel A.-G., Berlin.)

kosten, die für den Waldbetrieb besonders wichtige hohe Feuersicherheit, die Unschädlichkeit der Abgase weitere Punkte, die wesentlich zugunsten der Motorlokomotive sprechen. Gegenüber der elektrischen Oberleitungsmaschine hat die Motorlokomotive den Vorteil, eine in sich abgeschlossene Kraftquelle darzustellen, die unabhängig von einer besonderen Zentrale ist. Außerdem werden die Betriebsstörungen und Unglücksfälle, die mit der Stromzuleitung von elektrischen Lokomotiven häufig verbunden sind, vermieden. Gegenüber der elektrischen Akkumulatorenlokomotive haben Motorlokomotiven einen wesentlich größeren Aktionsradius und wesentlich geringeres Eigengewicht, so daß

Abb. 56. Blick in eine Montania-Motorlokomotive in zweiachsiger Ausführung. (Orenstein & Koppel A.-G., Berlin.)

sie auch auf relativ leichten Gleisen verkehren können. Die Motorlokomotive ist daher eine Zugmaschine, die wie keine andere den Bedürfnissen der forstwirtschaftlichen Betriebe entspricht. Abb. 56 zeigt eine Montanie-Motorlokomotive, 20 PS Leistung, der Firma Orenstein & Koppel, Berlin.

Bei Berechnung der Zugkräfte ist ein Bahnwiderstand von 12 kg pro 1 t Anhängelast zugrunde gelegt. Als Benzol ist angenommen 90%iges gereinigtes Handelsbenzol, spez. Gew. 0,88—0,89, Heizwert 10000 WE/kg — Spiritus 90%ig — Benzin mit spez. Gew. 0,72—0,77, Heizwert 11000 WE/kg — Petroleum mit spez. Gew. 0,721—0,824, Heizwert 10500 WE/kg. Die in Abb. 56 dargestellte Lokomotive hat einen stehenden Mehrzylinderexplosionsmotor und wird zur Verwendung von vorstehenden vier verschiedenen Betriebsstoffen gebaut. Die Leistung dieser Motorlokomotive ist bei Verwendung von Benzol, Spiritus und Benzin 20 PS, bei Petroleum 18 PS. Das Leergewicht beträgt bei 500—785 mm Spurweite 3,6—4,75 t. Der Brennstoffverbrauch ist pro Pferdestärke und Stunde in Gramm bei Verwendung von Benzin 240 g, Spiritus 375 g, Benzol 240 g, Petroleum 300 g. Die Geschwindigkeit beträgt 5—10 km pro Stunde. Die Bruttoanhängelast auf gerader Horizontale beträgt bei

Abb. 57. Schmalspurlokomotive für Holzfeuerung. (Henschel & Sohn, Kassel.)

5 km Geschwindigkeit 51 t, bei 10 km Geschwindigkeit 29—33 t. Die Bruttoanhängelast auf einer geraden Steigung von 1 : 100 bei 5 km Geschwindigekit 26 t, bei 10 km 14—16 t. Die Bruttoanhängelast auf einer geraden Steigung von 1 : 50 bei 5 km Geschwindigkeit 17 t, bei 10 km 8,8—10 t. Motorlokomotiven werden geliefert mit einer Motorleistung von zirka 7—60 PS. Eine 10-PS-Motorlokomotive verbraucht pro Pferdestärke und Stunde in Gramm: Benzol 260 g, Spiritus 360 g, Benzin 260 g und Petroleum 300 g, das Leergewicht beträgt 2,6 t bei 450—770 mm Spurweite. Die Geschwindigkeit beträgt 4—8 km pro Stunde, und zwar auf gerader Horizontale bei 31,5—35 t Bruttoanhängelast 4 km und bei 18 bis 20 t Bruttoanhängelast 8 km. Die Bruttoanhängelast auf einer geraden Steigung von 1 : 100 bei 4 km Geschwindigkeit 16—18 t, bei 8 km 9—10 t. Die Bruttoanhängelast auf einer geraden Steigung von 1 : 50 bei 4 km Geschwindigkeit 10—11 t, bei 8 km 5,4—6 t. Abb. 57 zeigt eine Schmalspurlokomotive für Holzfeuerung von Henschel, Kassel, welche für eine Spurweite von 600—610 mm mit 10—100 PS, und für 750—762 mm

Spurweite mit 10—160 PS Leistung geliefert wird. Diese Lokomotiven unterscheiden sich von den Lokomotiven gleicher Stärke für Steinkohlenfeuerung durch einen größeren Kessel, größere Feuerbüchse und bedeutend größeren Rost. Für die Holzvorräte sind reichlich bemessene Räume vorgesehen. Zur Verhütung des Funkenauswurfs, welcher bei Waldbahnen unbedingt vermieden werden muß, dient ein sicher wirkender Funkenschornstein. Die Verdampfungsfähigkeit ist für das Quadratmeter wasserumspülter Heizfläche bei Holzfeuerung 2—3 PS. Eine 30 PS $^4/_4$ gek. Schmalspurlokomotive für Holzfeuerung fördert bei 600—610 mm Spurweite eine Anhängelast von 151 t auf gerader Ebene, auf gerader

Steigung von	5%	70 t	Anhängelast
,,	,, 10%	43 t	,,
,,	,, 20%	22 t	,,
,,	,, 30%	13 t	,,
,,	,, 40%	8 t	,,
,,	,, 50%	5 t	,,

Abb. 58. Abtransport von Douglas-Tanne auf einer Waldeisenbahn in den Urwäldern des Staates Oregon (U. S. A.).

Die Geschwindigkeit beträgt bei vorstehender Leistung 9—15 km/St. Der kleinste Krümmungshalbmesser beträgt 20 m. Der Zylinderdurchmesser ist 180 mm, der Hub 250 mm und der Treibraddurchmesser 550 mm. Der Dampfüberdruck ist 12 kg/qcm. Die Rostfläche ist 0,42 qm. die Heizfläche insgesamt 14 qm und das Leergewicht beträgt 7,5 t. Aus vorstehenden Angaben ersieht man, daß auch eine Lokomotive mit Holzfeuerung ansehnliche Leistungen zu vollbringen vermag und speziell in kohlenarmen Gegenden zum Betriebe von Waldbahnen am Platze ist.

Abb. 58 zeigt den Abtransport von Douglas-Tanne auf einer Waldeisenbahn in den Urwäldern des Staates Oregon (U. S. A.). Von den unheimlichen

46   Der Holztransport vom Walde zum Sägewerk.

Dimensionen dieser Baumriesen kann man sich einen Begriff machen, wenn man die Größe der auf dem Wagen stehenden Leute mit dem Durchmesser der Baumstämme vergleicht. An Hand des Bildes kann man sich ebenfalls von der primitiven Bauart der auf den amerikanischen Urwaldbahnen verkehrenden Holztransportwagen überzeugen. Die Längs- und Querträger sind sämtlich aus Holz angefertigt. Abb. 59 zeigt das Verladen von Oregon Pine (Douglas Fir), auf deutsch Douglas-Tanne, in dem großen Holzhafen Seattle im Staate Washington, an

Abb. 59. Verladen von Oregon-Pine in dem großen Holzhafen Seattle im Staate Washington an der pazifischen Küste in Überseedampfer.

der pazifischen Küste, in Überseedampfer. Wie aus dem Bilde ersichtlich, vollzieht sich der Verladung der Hölzer mit Hilfe neuzeitlicher mechanischer Verladevorrichtungen. Seattle ist der Hauptverladeplatz für Oregon Pine und die Eröffnung des Panamakanals war für die dortige Holzindustrie von größter Wichtigkeit, da hierdurch die europäischen Märkte diesem so wichtigen Holzproduktionsgebiet beträchtlich näher gerückt wurden. Früher mußten die Schiffe entweder um das Kap Horn oder durch den Suezkanal fahren, was gegenüber der jetzigen Panamaroute ungefähr die doppelte Reisedauer war. Die verkürzte Reisedauer hat nicht nur günstigere Verschiffungsmöglichkeiten und Frachtraten zur Folge, sondern es ist auch ein Vorteil darin zu erblicken, daß das Holz nicht mehr so lange im Schiffsraum zu lagern hat und keine so lange Vorausbestellung mehr nötig ist.

D. Kabelkrane für Holzförderung.

Abb. 60 zeigt einen von der Firma A. Bleichert & Co. A.-G., Leipzig, für die Firma C. F. Förster in Riesa a. d. Elbe gelieferten schwenkbaren Doppelkabelkran mit 150 m Spannweite und 5 t Tragfähigkeit. Der Kabelkran ist eine Schwebebahn mit Drahtseilen zum Heben und Fortbewegen von Lasten. Zwischen 2 Türmen aus Holz oder Eisen ist ein Tragseil gespannt, auf dem eine Katze mit heb- und senkbarem Lasthaken oder Greifer läuft, so daß die Lasten an jeder beliebigen Stelle des Arbeitsfeldes aufgenommen und abgesetzt werden können. Ent-

Abb. 60. Schwenkbarer Doppelkabelkran der Firma C. F. Förster, Riesa a. d. Elbe, Spannweite 150 m, Tragfähigkeit 5 t. (Geliefert von Bleichert & Co. A.-G., Leipzig.)

sprechend der Gestalt des zu bedienenden Arbeitsplatzes verwendet man Kabelkrane verschiedener Bauart (Abb. 61), und zwar für schmale, gleichbleibende Arbeitsplätze den ortsfesten Kabelkran: die beiden Türme verändern ihre Stellung nicht; für unregelmäßig gestaltete Arbeitsplätze den schwenkbaren Kabelkran: ein Turm steht fest, der andere wird um diesen auf einem kreisförmigen Gleis herumgeschwenkt; für rechteckige Arbeitsplätze den fahrbaren Kabelkran: beide Türme fahren gleichzeitig auf parallelen Gleisen. Die Fahr-, wie Hub- und Senkbewegungen der Last werden durch Seile von einer Winde abgeleitet, die entweder fest auf einem Turm oder fahrbar auf der Katze angeordnet sein kann. Die Antriebswinde wird mit Hub- und Fahrtrommel, gegebenenfalls auch mit Greifertrommel ausgerüstet. Beim Kabelkran mit Seillaufkatze bedient der Führer den Kran von einem hochgelegenen Steuerhaus aus, das ihm einen guten Überblick auf das

Arbeitsfeld bietet. Eine sehr einfache und zuverlässige Anzeigevorrichtung gibt dem Führer auch bei Nebel und während der Nacht Aufschluß

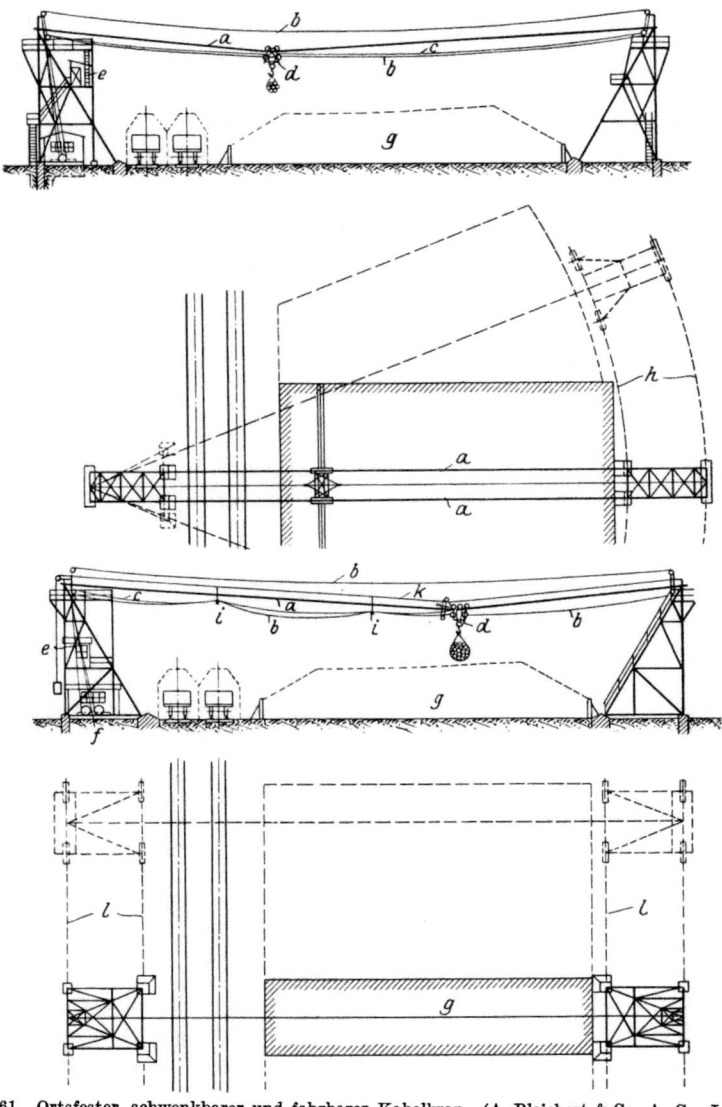

Abb. 61. Ortsfester, schwenkbarer und fahrbarer Kabelkran. (A. Bleichert & Co. A.-G., Leipzig.)
a Tragseil,
b Fahrseil,
c Hubseil,
d Laufkatze,
e Führerstand,
f Winde,
g Holzstapel,
h Gleise für schwenkbaren Kabelkran,
i Reiter für das Hubseil,
k Knotenseil,
l Gleise für fahrbaren Kabelkran.

über den jeweiligen Stand der Last. Beim Kabelkran mit Seillaufkatze ist eine Stützung des Hubseiles erforderlich, um den leeren Lasthaken absenken zu können. Zu diesem Zweck werden sog. Reiter benützt, die auf einem Knotenseil durch die Katze aufgereiht und auf dem Rückweg wieder aufgenommen werden. Die Erfahrungen von mehreren hundert von Bleichert gebauten Anlagen haben ergeben, daß die Kabelkrane mit Seillaufkatze und gemeinsamer Hub- und Fahrwende in der Regel die zweckmäßigste Anordnung darstellen. In gewissen Sonderfällen kommt die Anwendung einer Führerstandkatze in Frage. Dabei wird das Hub- und Fahrwerk mit dem elektrischen Motor auf die Katze verlegt, so daß für die Stromzuführung besondere Schleifleitungen erforderlich werden. Die Vorteile der mit Seillaufkatzen ausgerüsteten Kabelkrane gegenüber den mit Führerstandkatzen arbeitenden beruhen vor allem auf dem niedrigen Katzengewicht. Dadurch können sämtliche Abmessungen kleiner gehalten werden, so daß für die Konstruktionsteile, die Seile und die Fundamente sich geringere Gewichte ergeben. Die hierdurch erzielte Ersparnis kann bis zu 50 % betragen. Als besonderer Vorteil der Führerstandkatze wird die bessere Übersicht für den Führer mit Unrecht angegeben, denn in der Senkrechten ist aus dem Führerstand heraus ein Erkennen der Stellung der darunter hängenden Last bekanntlich überhaupt fast unmöglich, in der Wagerechten aber ist die Beurteilung vom Turme aus erfahrungsgemäß wenigstens ebensogut möglich, wie von der Katze aus, besonders wenn der Führer noch durch eine sicher wirkende Anzeigevorrichtung dabei unterstützt wird. Das Fahrwerk der Türme kann je nach der Häufigkeit bzw. Geschwindigkeit des Verfahrens von Hand oder durch Motor betrieben werden; dabei wird die Bewegung entweder durch Zahnradvorgelege unmittelbar auf die Laufräder oder durch ein Seil übertragen, das um die Trommel einer Turmfahrwinde geschlungen und an den Enden der Fahrbahn befestigt ist. Ortsfeste Krane können in einer Bleichert durch Patent geschützten Ausführung in geringem Maße seitenbeweglich gemacht werden, indem an Stelle der Türme einfache, durch Seile verspannte Masten Anwendung finden, die beweglich gelagert sind und durch Längenänderung der Halteseile nach den Seiten schräg gestellt werden können. Für die Holzförderung verwendet man zwei verschiedene Ausführungsformen der Kabelkrane: Kabelkrane für Stamm- und Schnittholzförderung und Kabelkrane für Zellulose- und Grubenholzförderung. In ersterem Falle sind lange Stämme von oft erheblichem Gewicht zu transportieren. Derartige Krane hat Bleichert bis zu 20 t Tragfähigkeit ausgeführt. Deshalb werden 2 Laufkatzen vorgesehen (Abb. 60), die auf getrennten Tragseilen laufen und miteinander durch einen Querbalken verbunden sind. Hierdurch wird einmal die Belastung für jedes Tragseil in niedrigeren Grenzen gehalten und außerdem die Anbringung der für den Transport langer Stämme erforderlichen, breiten Gehänge erleichtert. Solche Doppelkrane finden vor allem auf Holzstapelplätzen und Sägewerken Verwendung (Abb. 60), wo sie die Be- und Entladung des Holzes aus dem Schiff oder der Eisenbahn sowie die Stapelung auf dem Lagerplatz,

Abb. 62. Einer der drei Kabelkrane der Strömsbruks Aktiebolaget, Sulfitfabrik, Strömsbruk (Schweden) für Holzförderung und Stapelung. (A. Bleichert & Co., Leipzig.)

die Förderung nach der Säge und die Beladung von Fuhrwerken und anderen Verkehrsmitteln zu übernehmen haben. Schnittholz wird in großen

Abb. 63. Fahrbarer Kabelkran mit Greifer zur Entladung von Grubenholz aus Lastkähnen. Spannweite 165 m, Ausladung 25 m, Leistung 70 t/h. „Kohle", A.-G., Magdeburg. (A. Bleichert & Co., Leipzig.)

Bunden durch besondere Gehänge transportiert, die ein Herausgleiten einzelner Stücke sicher verhindern. Um den Arbeitsbereich auf Eisenbahngleise, Schwemmrinnen, Floßhäfen, Schiffsanlegeplätze u. dgl. auszudehnen, die infolge der örtlichen Verhältnisse in den vom Kabelkran überspannten Raum nicht einbezogen werden können, wird der Turm an der Aufnahmestelle als geneigte Portalstütze ausgebildet (Abb. 62), die oft noch mit einem hochklappbaren Ausleger versehen wird. Für Zelluloseholz und Grubenholz kommen Kabelkrane geringerer Tragfähigkeit, und zwar bis etwa 7 t in Frage (Abb. 63). Die Hölzer werden in Bündeln transportiert, die auf besonderen, oft im Betriebe selbst hergestellten Gestellen (Abb. 64) gebildet und durch Ketten zusammengehalten werden. Abb. 65 zeigt einen Kabelkran mit Greifer, welcher einen mit Zelluloseholz beladenen Lastkahn entladet. Das Anwendungsgebiet der Kabelkrane liegt bei Spannweiten von etwa 80 m an aufwärts, für die Verladebrücken außerordentlich schwer und damit teuer werden. Bei der genannten Grenze von 80 m und weniger wird aber der Kabelkran teurer als eine Ver-

Abb. 64. Bündeln der Stämme mit Hilfe von Trichter und Kette. (A. Bleichert & Co., Leipzig.)

ladebrücke, und zwar infolge der großen Gewichte, die zum Spannen des Tragkabels notwendig sind. Außerdem beanspruchen die Türme

Abb. 65. Ein Kabelkran mit Greifer entlädt einen mit Zelluloseholz beladenen Lastkahn. (A. Bleichert & Co., Leipzig.)

des Kabelkranes bei diesen geringen Spannweiten unverhältnismäßig große Grundflächen, was eine ungünstige Raumausnützung des Arbeitsfeldes zur Folge hat. In den letzten Jahren ist nun die Entwicklung

4*

eines neuen Fördermittels gelungen, das dem Kabelkran auch diesen Verwendungsbereich eröffnet, der sog. Brückenkabelkran.

Allgemeines über Brückenkabelkräne. Beim Brückenkabelkran werden die Türme durch einen Brückenträger starr miteinander verbunden; als Fahrbahn für die Katze dienen wie beim Kabelkran Tragkabel, die an den Enden des Verbindungsträgers unterhalb seiner neutralen Zone befestigt sind, so daß der Träger fast reinen Druckbelastungen unterworfen ist und nur eine Biegungsbeanspruchung erfährt, die der durch das Eigengewicht verursachten entgegenwirkt und diese aufzuheben bestimmt ist. Die bei gewöhnlichen Verladebrücken in dem als Katzen-

Abb. 66. Fahrbarer Brückenkabelkran, Spannweite 70 m, Leistung 38 t/h. Gewerkschaft Deutschland, Oelsnitz i. Erzgebirge. (A. Bleichert & Co. Leipzig.)

fahrbahn dienenden Hauptträger auftretenden Biegungsbeanspruchungen fallen beim Brückenkabelkran fort. Deshalb können hier der Verbindungsträger und damit auch die gesamte übrige Konstruktion sowie die Fundamente bzw. Schwellenlagerungen wesentlich leichter ausgeführt werden als bei Verladebrücken bisher üblicher Bauart. Damit sinken entsprechend der Anschaffungspreis und die Betriebskosten. Das Verfahren, Heben und Senken der Last, wie auch das Schwenken oder Verfahren des Kranes erfolgt elektromotorisch. Das Führerhaus ist seitlich an einer Stütze angebracht und enthält die gleiche Anzeigevorrichtung, wie sie beim gewöhnlichen Kabelkran verwendet wird, um die jeweiligen Stellungen der Last auch bei Nebel und des Nachts im Führerhaus erkennen zu können. Die Turmfuhrwerke haben getrennte Antriebsmotoren; ein etwäiges

Schräglaufen der Brücke kann daher durch entsprechendes Schalten ausgeglichen werden.

Verwendungsmöglichkeiten des Brückenkabelkrans. Derartige Brückenkabelkrane finden die verschiedenartigste Verwendung. So zeigt Abb. 66 einen fahrbaren Brückenkabelkran zur Bedienung eines rechteckigen, Abb. 67 einen schwenkbaren Brückenkabelkran zur Bedienung eines unregelmäßig gestalteten Holzlagerplatzes. Die Brückenkabelkrane können auch mit Auslegern ausgestaltet werden, um die Fahrbahn in den Bereich von Schiffen und Eisenbahnwagen zu führen. Selbstverständlich kann der Kran auch andere Stückgüter und Massengüter fördern.

Abb. 67. Schwenkbarer Brückenkabelkran von 78 m Spannweite und 36 t/h Förderleistung. Arthur Francke Sponnagel Nachf., Liegnitz.
(A. Bleichert & Co., Leipzig.)

Vorteile des Kabelkranes für die Holzförderung. Aus dem Grund-

Abb. 68. Fahrbare Verladebrücke, 30 m Spannweite, 5 t Tragfähigkeit, mit seitlichem festen Führerstand für Holz. Bosnische Forstindustrie Doberlin, Bosnien.
(Erbaut von der Maschinenfabrik Augsburg-Nürnberg A.-G.)

sätzlichen seiner Bauart ergeben sich die zahlreichen Vorzüge des Kabelkranes, von welchen nur einige genannt sein mögen: Große Spannweiten bis zu 600 m und große Tragfähigkeit bei geringem Eigengewicht und nur 1—3 Mann Bedienung, daher niedrige Anlage und Betriebskosten. Der Kran fördert auch über unebenes Gelände, wo andere

Transportmittel nur durch wiederholtes Umhängen der Last unter Zuhilfenahme von Menschenarbeit anwendbar sind. Das Holz kann durch den Kabelkran unmittelbar aus den Schwemmrinnen und Floßhäfen in Eisenbahnwagen verladen, auf Lagerplätzen gestapelt oder direkt nach dem Sägewerk gefördert werden. Beachtungswert sind dabei die großen Stapelhöhen, die bis zu 15 m, also fast das Vierfache des durch Flurförderer Erreichbaren betragen, und die Gefahrlosigkeit des Stapelns. Für den Antrieb des Kranes kann jede bekannte Kraftmaschine verwendet werden. Die Zuverlässigkeit und Wirtschaftlichkeit des Förderbetriebes mit Kabelkranen renommierter Firmen bestätigen die Betriebserfahrungen. Abb. 68 zeigt eine fahrbare Verladebrücke, 30 m Spann-

Abb. 69. Verladebrücke für Holz von 2,5 t Tragfähigkeit und 11,85 m Stützweite.
Ernst Petzold jr., Spiegelau, Bayr. Wald.
(Erbaut von der Maschinenfabrik Augsburg-Nürnberg A.-G.)

weite, 5 t Tragfähigkeit, mit seitlichem festen Führerhaus, für Stammholz, ausgeführt von der Maschinenfabrik Augsburg-Nürnberg A.-G., für die Bosnische Forstindustrie Doberlin in Bosnien. Abb. 69 zeigt eine Verladebrücke für Holz von 2,5 t Tragfähigkeit und 11,85 m Stützweite zum Verladen von Stammholz vom Sammelplatz auf Eisenbahnwagen Ausführung Maschinenfabrik Augsburg-Nürnberg A.-G. für die Firma Ernst Petzold jr., Spiegelau (Bayr. Wald).

Wenn zum Beladen von Eisenbahnwagen kein Kran zur Verfügung steht, verwendet man vorteilhaft sog. Langholzladewinden. Abb. 70 zeigt die Anwendungsart beim Verladen von Langholz auf Eisenbahnwagen; diese Winden werden paarweise verwendet; mit ihnen können auch die schwersten Stämme in Waggons verladen werden. Das Gewicht der Maschine ist leicht und spielt infolgedessen eine nebensächliche Rolle. Ein glatter, runder Stamm läßt sich leichter aufladen, als ein wesentlich leichterer, aber krumm gewachsener Stamm. Wenn

Kabelkrane für Holzförderung. 55

die Kräfte auf der Kurbel zu groß werden, ist die schiefe Ebene der
Traghölzer etwas flacher zu legen, damit 2 Mann an jeder Seite imstande sind, den Stamm hochzuwinden. Ausdrücklich sei bemerkt,
daß die Stämme auf der schiefen Ebene nicht geschleift, sondern gerollt
werden. Die Kette wird über die Überleitrolle in der Ladewinde zum
Stamm geführt, um den Stamm geschlungen und das Ende der Kette
wieder in der Traverse der Winde eingehängt. Beim Kurbeln hängt

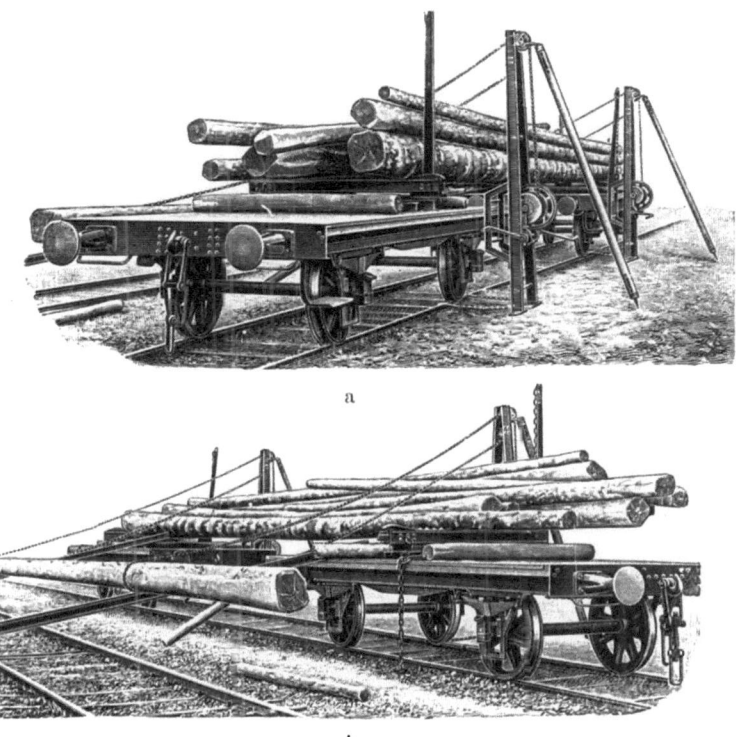

Abb. 70. Langholzwinden beim Verladen von Langholz auf Eisenbahnwagen.
(Jul. Wolff & Co., Heilbronn a. N.)

also der Stamm in der Kette, ähnlich wie eine lose Rolle. Der Hersteller dieser Verladewinden ist die Firma Jul. Wolff & Co., Heilbronn a. N.; dieselbe Firma liefert auch einfache Spezialkräne, um
Langhölzer vom Schmalspurwagen in einem Hub auf den Normalspurwagen umzuladen. Abb. 71 zeigt eine solche Langholz-Umlade-Vorrichtung; es werden dazu zwei Überladkrane benützt. Da die Länge
der Stämme und damit die Entfernung der beiden Langholzwagen
voneinander sehr verschieden sein kann, wird der eine Überladkran
feststehend ausgeführt, der andere fahrbar, um die Differenzen der
Stammlängen ausgleichen zu können. Normalerweise hat ein Lang-

holzwagen 15000 kg Tragkraft. Da die Hölzer immer auf 2 Wagen verladen werden, kommen also Ladungen bis 30000 kg in Frage. Da aber beim Aufladen der Hölzer nicht immer mit der nötigen

Abb. 71. Spezialkran, um Langhölzer von Schmalspurwagen in einem Hub auf den Normalspurwagen umzuladen. (Jul. Wolff & Co., Heilbronn a. N.)

Sorgfalt verladen wird und es vorkommen kann, daß auf der einen Seite eine Mehrzahl von Stammenden verladen werden, so wird jedem der Krane eine Tragkraft von 18000 kg gegeben, damit eine etwaige Überlastung ausgeschlossen ist. An beiden Überladkranen ist ein Gehänge angeordnet, welches unter die Stämme geschoben wird und beim Kurbeln die Stämme aus dem Drehschemel heraushebt. Nach Niederlegen der Rungen wird die ganze Ladung auf den Normalspurwagen herübertraversiert und dort zwischen die Rungen eingesetzt und abgeladen, so daß das umständliche Umladen der einzelnen Holzstämme vermieden wird. Zum Verladen und Entladen von Langholz und anderen Holzarten haben sich die sog. Derrickkrane der Firma Schmidt-Tychsen, Kiel-Heikendorf, infolge ihrer einfachen, gut

Abb. 72. Normaler 3-Tonnen-Derrickkran mit festen Beinen. (Schmidt-Tychsen, Kiel-Heikendorf.)

durchdachten Konstruktion und billigen Bauart auf Holzverladeplätzen gut eingeführt; dieselben sind normalisiert für 3, 5, 10, 15 und 20 t Tragkraft. Abb. 72 zeigt einen normalen 3-Tonnen-Derrickkran mit festen Beinen in Holzkonstruktion; dieser Derrickkran kann eine Drehbewegung von 260°ausführen, so daß mit demselben eine größere Lagerfläche bestrichen werden kann. Abb. 73 zeigt zwei eiserne seilversteifte Derrickkrane mit 28 m Ausleger und 7 t Tragkraft. Ausgerüstet mit einzieh-

Abb. 73. 7-Tonnen eiserne seilversteifte Derricks mit 28 m Ausleger.
(Schmidt-Tychsen, Kiel-Heikendorf.)

barem Ausleger kann dieser seilversteifte Derrickkran eine Drehbewegung von 360° ausführen. Die Drehseile zum Halten des Mastes werden seitlich des Kranes verankert. Der Antrieb dieser Krane erfolgt durch Dampf, Rohöl, Benzol oder Elektromotor.

III. Einrichtung, Maschinen und Betrieb des Sägewerkes.

Die Forderung der Neuzeit heißt in erster Linie: ,,Löhne sparen!" Nachdem gerade die Löhne und Sozialabgaben im Vergleich zu den Verhältnissen vor dem Kriege und zum Umsatz eine ganz bedeutend höhere Summe ausmachen, müßten wir auf dem besten Wege sein, uns den amerikanischen Verhältnissen mehr und mehr anzupassen. Dies zwingt auch die deutsche Sägewerks-Industrie, falls sie lebens- und konkurrenzfähig bleiben will, sich unbedingt umzustellen und sich der amerikanischen Anschauungsweise in bezug auf ihren Maschinenpark und

Betrieb anzupassen. Dort werden nicht diejenigen Maschinen für die vorteilhaftesten gehalten, welche im Einkauf am billigsten sind, sondern dort wird, wie es jeder richtig rechnende Kaufmann und Betriebsleiter eigentlich von selbst tun müßte, die am meisten Zeit sparende Hochleistungsmaschine angeschafft, selbst wenn der Unternehmer sich mühsam das Geld für den höheren Anschaffungspreis zusammenborgen muß. Er weiß eben, und daß mit Recht, daß er in kurzer Zeit nicht nur das geborgte Geld abzahlen und damit die angeschaffte Maschine rasch amortisieren wird, sondern daß ihm vor allem dann dauernde, bessere Verdienste gewährleistet sind, als das Weiterwursteln mit seinen bisherigen veralteten, wenig leistungsfähigen Maschinen. Auch die schwedische Sägewerksindustrie, deren technische Höhe allgemein und mit Recht anerkannt und unbestritten ist, arbeitet längst nur noch mit Hochleistungsgattern, von denen eins mindestens so viel leistet, wie zwei veraltete deutsche Gatter. Da unsere deutschen führenden Holzbearbeitungsmaschinenfabriken mindestens gleichwertige Hochleistungsgatter bauen, ist der deutsche Sägewerksbesitzer durchaus nicht auf das Ausland angewiesen. Wir müssen uns alle, ob wir wollen oder nicht, endlich mit dem Wort „Fließarbeit" vertraut machen, was dem Amerikaner schon seit Jahren in Fleisch und Blut übergegangen ist. Man sage nicht, Fließarbeit paßt nicht in Sägewerksbetriebe, ich behaupte, Fließarbeit paßt für jeden Betrieb, vor allem aber für solche, die in der Lage sind, Serienarbeit herzustellen. Fließarbeit heißt so arbeiten, daß alles Hand in Hand geht, absolut keine Stockung eintritt und ein Leerlauf der Kräfte vermieden wird, oder örtlich fortschreitende, zeitlich genau bestimmte, absolut lückenlose Folge von Arbeitsgängen unter Anwendung der besten technischen Hilfsmittel und strenger Auswahl der dazu passenden menschlichen Arbeitskräfte. In einem kurzen Satze ausgedrückt: vollwertige Produkte unter Aufwand der geringsten Zeit und Kraft herzustellen. Wenn mancher Betriebsleiter und Meister eines Sägewerkes über vorstehenden Satz, welcher mit wenigen Worten so vieles und Wichtiges sagt, in Ruhe nachdenken würde, kommt er felsenfest zu der Überzeugung, daß auch in seinem Betrieb noch vieles zu verbessern und vor allem unnütze Leerlaufarbeit zu beseitigen ist. Unter Leerlaufarbeit verstehe ich in diesem Falle nicht das Leerlaufen einer Maschine, sondern Arbeiten, die durch richtiges Disponieren und Verwendung neuzeitlicher Einrichtungen in einer bedeutend kürzeren Zeit als bisher verrichtet werden können. Gerade in Sägewerken wird in dieser Hinsicht noch schwer gesündigt, da man dort oft noch ganz veraltete Transportvorrichtungen und Transportmethoden antrifft, wodurch nicht nur die Betriebsunkosten, sondern auch das fertige Produkt unnötig verteuert wird. Hier heißt es auch: Den richtigen Mann am richtigen Platz, und ich werde auf diesen wichtigen Punkt später noch näher zurückkommen. Der Sägewerksindustrie kann deshalb nicht dringend genug geraten werden, trotz der allgemeinen schlechten wirtschaftlichen Lage sich ernstlich mit der Frage zu befassen, ihre Sägewerke umzustellen und sie durch modernste Einrichtungen und Betriebsführung rentabler zu gestalten.

A. Transport- und Hilfsmittel.

Ein jeder Betrieb, ob klein oder groß, verlangt eine individuelle Behandlung. Wer seinen Betrieb vollständig der Neuzeit anpassen will, der scheue die Auslagen nicht, die ihm eine zweckentsprechende Beratung durch einen wirklich tüchtigen Fachmann verursacht. Vermiedene Fehler und nicht zu entrichtendes Lehrgeld bringen die Beratungskosten wieder schnell ein. Die höchsten Unkosten, die aber eigentümlicherweise am wenigsten beachtet werden, entstehen durch den Transport des Rundholzes vom Lagerplatz bzw. vom Wasser zu den Sägegattern und von dort zur Stapelung bzw. Verladung. Die Höhe der Transportkosten ist nicht allein durch die Lohnhöhe der Arbeiter, sondern durch Nichtverwendung neuzeitlicher technischer Hilfsmittel und unproduktive Tätigkeit bedingt. Man soll die Arbeiter nach Möglichkeit ständig mit denselben Arbeiten beschäftigen und so lange suchen, bis man den richtigen Mann am richtigen Platz hat. Auch winzige Zeitteilchen summieren sich und wachsen in einem Jahre zu verlustbringenden Größen an. Man mache es sich zur Grundbedingung, schon von der Stammlagerung an, die beste Transportmöglichkeit vorzusehen und da sprechen selbstverständlich auch Größe und Lage des Platzes mit. Vor allem sorge man auf dem Lagerplatz für ausreichende gut und solide verlegte Schmalspurgleise und zweckentsprechende Hebevorrichtungen wie sie in diesem Buche in allen erdenklichen, neuzeitlichen Ausführungen abgebildet und näher beschrieben sind. Wer nicht in der Lage ist, einen das ganze Lagergelände bestreichenden Kabelkran anzulegen, findet in den genormten Derrickkranen aus Holz, wozu nur die Beschlagteile zugekauft werden brauchen, billigen Ersatz. Für das Sägewerk selbst ist in erster Linie ein Stammwender zu empfehlen, der, direkt über dem Gatterwagen angebracht, es dem Säger ermöglicht, den Stamm ohne fremde Hilfe zu wenden. Es ist dieses eine einfache, zeitsparende Vorrichtung. Für den Transport des geschnittenen Holzes verwendet man in Schweden, Finnland und Amerika schon längst Rollen-, Gurt-, Stahlband- oder Kettentransporteure. Sollen die Bohlen und Bretter an einer bestimmten Stelle vom Transporteur automatisch seitlich abrollen, so sind an dieser Abrollstelle anstatt glatter Rollen solche mit steilem Gewinde angebracht und das steile Gewinde bewirkt das seitliche Abrollen der Bretter vom Transporteur. Bei dem Rollentransporteur sind sämtliche Rollen durch Ketten angetrieben wie Abb. 74 und

60 Einrichtung, Maschinen und Betrieb des Sägewerkes.

75 zeigt. Ein Bolinders Blockablader, der schwere Stämme selbsttätig vom Wasseraufzug auf die Blockwagen legt und den Raum zwischen Aufzugrinne und Blockwagen durch eine Pendelbrücke überbrückt, ist in

Abb. 74. Rollentransporteure mit Kettenantrieb zur Fortbewegung von Bohlen und Brettern. (Bolinders, Stockholm-Berlin C 2.)

Abb. 75. Schraubenrollen mit Kettenantrieb für Abladung. (Bolinders, Stockholm-Berlin C 2.)

Abb. 76 dargestellt. Aus vorstehenden 3 Abbildungen ist ersichtlich, daß in Schweden großer Wert auf den automatischen, zeitsparenden Transport von Rundholz wie auch Bohlen und Bretter gelegt wird. Ich gebe zu, daß die Verhältnisse dort insofern günstiger sind, daß Schweden meistens einheitliche Exportware in bestimmter Längen, Breiten und Stärken erzeugt, wohingegen in Deutschland nur wenige Werke dieser Art vorhanden sind. Wo aber eine bestimmte Schnittware in großen Mengen erzeugt und weiter verarbeitet wird, z. B. auf Spund- und schwedischen Hobelmaschinen, soll man unbedingt selbsttätige Transporteure oder Rollenbahnen einbauen, da dann das unnötige Stapeln fortfällt und sich das Holz automatisch von einem Arbeitsplatz zum anderen bewegt. Die Anschaffungskosten solcher Transporteure sind auch nicht so hoch, wie meistens angenommen wird, da die ganze Holzkonstruktion im Sägewerk selbst hergestellt werden kann und nur die Eisenteile von der Fabrik bezogen werden müssen. Man berücksichtige aber nur eine solche Holzbearbeitungsmaschinenfabrik oder Fabrik für Transportanlagen, welche die nötige Erfahrung besitzt und in der Lage ist, durch Referenzen nachzuweisen, daß sie eine größere Anzahl solcher Anlagen zur Zufriedenheit der Besteller geliefert hat. Bei einfachen kurzen Strecken kann der Rollenbetrieb in Fortfall kommen, die Bahn wird dann als Schwerkraftbahn ausgeführt, d. h. das Holz rollt durch die eigene Schwere die etwas geneigte aus Bohlen herge-

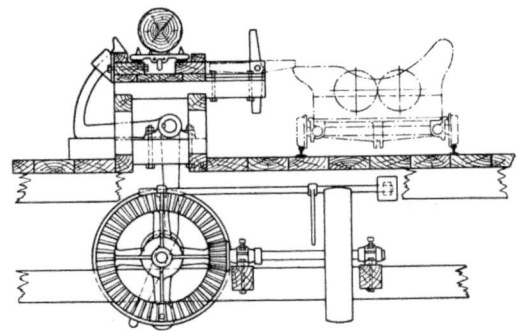

Abb. 76. Blockablader mit Pendelbrücke.
(Bolinders, Stockholm-Berlin C 2.)

stellte Bahn hinab. Es ist wohl klar, daß in jedem Sägewerk noch weitere Kraft, Arbeit und Zeit sparende Transport- und Hilfsmittel angewandt werden können. Die Verschiedenheit, speziell der deutschen Anlagen, läßt aber keine Verallgemeinerungen zu und es muß immer von Fall zu Fall entschieden werden, was am zweckmäßigsten ist. Welche große Verbreitung die Anwendung von selbsttätigen Transportmitteln in amerikanischen Sägewerken gefunden hat, zeigt uns Ford in dem Film „Die Fordschen Werke". Dort wird der zu sägende Stamm aus dem Wasser mit einer Geschwindigkeit von etwa 30 m/min durch Transporteure über die schräg aufsteigende Bahn in das Innere des Sägewerkes befördert und hier durch eine große Kappsäge automatisch auf bestimmte Längen geschnitten. Die abgekürzten Enden werden dann durch angetriebene Greiferarme auf das etwas geneigte Ladedeck gestoßen, hier ist wieder eine automatisch wirkende Vorrichtung angebracht, welche die Stämme auf den Gatterwagen befördert und in die zum Sägen geeignete Lage bringt, worauf der Stamm durch eine sinnreiche Vorrichtung auf dem

Wagen unrückbar festgehalten wird. Das von der Säge geschnittene Holz fällt dann auf einen Rollentransporteur, welcher es mit einer Geschwindigkeit von etwa 75 m/min der automatischen Besäumsäge zuführt, insofern das Holz auf einer Blockbandsäge geschnitten wurde. Die besäumte Bohle wird jetzt auf automatischem Wege der verstellbaren, mit 18 heb- und senkbaren Kreissägen ausgerüsteten Abkürzsäge zugeführt, die, in jeder beliebigen Länge einstellbar, das Holz auf die gewünschte Länge abkürzt. Die abgelängten Stücke werden auf einem Band weiter gefördert und gleichzeitig von einem Sortierer sortiert. Sämtlicher Abfall gelangt, nachdem er zerkleinert ist, durch Transporteure ins Kesselhaus oder einen Vorratsbehälter. In jedem neuzeitlichen amerikanischen Sägewerksbetrieb ist man bestrebt, jeden Transport und jedes Heben durch Menschenhand zu vermeiden und an deren Stelle eine mechanische Vorrichtung zu setzen. Leider haben sich alle diese wirklich geldsparenden Einrichtungen in unseren deutschen Sägewerken noch wenig einführen können, obwohl gerade wir darauf bedacht sein sollten, jede unproduktive Tätigkeit zu vermeiden. Der vorstehend geschilderte Weg des Holzes in einem neuzeitlichen amerikanischen Sägewerk zeigt uns wirkliche, zeitsparende Fließarbeit. Es ist selbstverständlich, daß nicht alle amerikanischen Sägewerke neuzeitlich eingerichtet sind; auch dort trifft man solche an mit veralteter Einrichtung und schlecht arbeitenden Maschinen, welche keine ordnungsmäßige Schnittware erzeugen können. Ich selbst habe seit dem Jahre 1895 amerikanische Kiefer in großen Mengen verarbeiten lassen, und zwar in den Stärken von $4/4$ bis 5 Zoll engl. und es ist auch heute noch keine Seltenheit bei amerikanischer Kiefern- und Tannenschnittware (Redpine und Oregonpine), sogar bei $4/4$ Zoll engl. starken Brettern, Stärkendifferenzen von 5—10 mm und vereinzelt noch mehr zu finden. Ebenfalls ist dies auf Kreissägen geschnittene amerikanische Kiefern- und Tannenholz sehr oft so schlecht geschnitten, daß die Schnittfläche aussieht wie ein gewelltes Waschbrett, wodurch naturgemäß ein hoher Hobelverlust entsteht. Dieses sei zur Ehre der deutschen Sägewerksindustrie gesagt, welche fast durchweg eine sauber und exakt geschnittene Schnittware an den Markt bringt, womit nicht gesagt sein soll, daß die Amerikaner dazu nicht in der Lage seien. Der unheimlich große Holzvorrat in den Urwäldern Amerikas trägt mit dazu bei, daß der Amerikaner bis jetzt nicht so sparsam mit dem Rohprodukt „Holz" wirtschaftete wie der Deutsche, die Zeit wird aber kommen, wo auch drüben die Holzverschwendung aufhört und stark verschnittene Bretter und Bohlen der Vergangenheit angehören. Uns Deutschen hat der Weltkrieg wertvolle Provinzen mit großen Wäldern genommen, so daß bei uns eine große Holzknappheit vorhanden ist und wir große Holzmengen aus dem Auslande, speziell aus Polen, beziehen müssen. Bereits vor dem Kriege betrug die Holzeinfuhr 15 Mill. fm jährlich. Das uns durch den Weltkrieg verlorengegangene Waldgebiet hat eine Größe von 1,4 Mill. ha. Berücksichtigt man ferner, daß während der Kriegsjahre ein übermäßig starker Einschlag stattgefunden hat, so begreift man, daß der Ertrag des deutschen Waldes jetzt kleiner sein muß als in der Vorkriegszeit. Um die Menge zur Verfügung zu haben, die in der Vorkriegszeit normalerweise zur Verfügung stand, brauchen wir heute eine stärkere Einfuhr. Das ist allerdings erst dann erforderlich, wenn der Holzverbrauch wieder so groß ist wie in der Vorkriegszeit. Damals rechnete man mit einem jährlichen Verbrauch von etwa 43 Mill. fm. Schätzungsweise entfielen davon 20 Mill. auf das Baugewerbe, $7^1/_2$ Mill. auf die holzverarbeitende Industrie, 7 Mill. auf den Bergbau, 6 Mill. auf die Papierindustrie, $1^1/_2$ Mill. auf die Herstellung von Schwellen und Telegraphenstangen und etwa 1 Mill. fm. auf die Ausfuhr. In der Vorkriegszeit war Rußland unser Hauptlieferant für Rundholz; 1913 lieferte es 59,5 % der Gesamtmenge. 1925 betrug sein Anteil nur 3,2 %, wobei allerdings berücksichtigt werden muß, daß es wertvolle Waldgebiete an Polen verloren hat. Ob es möglich sein wird, die russische Rundholzeinfuhr wesentlich zu steigern, ist sehr fraglich, denn auch die russische Regierung legt wie alle übrigen den Hauptwert auf die Ausfuhr von Schnittholz, um die Sägewerke und Arbeiter im eigenen Lande zu beschäftigen. Gegenwärtig ist die Tschechoslowakei unser Hauptlieferant für Rundholz. Rußland war vor dem Weltkriege der bestbedachte Schnittholzlieferant; sein Anteil betrug an der deutschen Einfuhr 23,5 %. Dann folgte Schweden mit 22,6 %, Finnland mit 21,1 %, Amerika mit 15,6 %, Österreich mit 13,2 %; diese 5 Länder lieferten 96 % der Gesamtmenge des Nadelschnittholzes. 1925 war Polen der beste Schnittholzlieferant, dann folgt die Tschechoslowakei. Aus vorstehenden Zahlen ist ersichtlich, was uns an wertvollem Waldbesitz genommen wurde, und wir haben allen Grund, mit dem uns verbliebenen Rest äußerst sparsam umzugehen und eine rationelle Waldwirtschaft zu treiben. Je größer nun irgendeine Rohstoffknappheit ist, um so besser und sorgfältiger muß die weiterverarbeitende Industrie ausgerüstet sein. Das bedeutet für die deutsche Sägewerksindustrie, daß alles Rundholz, insbesondere aber das aus dem Auslande bezogene, nirgends besser und billiger eingeschnitten werden darf, als in Deutschland. Um aber dieses zu ermöglichen, ist unbedingt eine neuzeitliche Betriebsorganisation am Platze. In der deutschen Metallindustrie hat man der Frage der Transportkostenverminderung stellenweise mehr Beachtung geschenkt. Welchen Wert mechanische Transportmittel haben können, geben am besten die Auslassungen aus der Industrie an. In Heft 9/1925 der Zeitschrift „Maschinenbau" berechnet der Verfasser eines Artikels, daß sich jede mechanische Beförderungsanlage bezahlt mache, die, bei einem Preis bis höchstens 12000 M., die Tätigkeit eines Transportarbeiters, dessen Stundenlohn 0,40 M. betrage, überflüssig mache. Da jedoch Transportarbeiter mit 40 Pf. Stundenlohn heute nur in gewissen Gegenden zur Verfügung stehen und in Städten mit etwa 60—80 Pf. pro Stunde gerechnet werden muß, vermindert sich die Anlagesumme von 12000 auf 8000 M. Es gibt aber noch andere Faktoren, die an sich vielleicht klein, trotzdem geeignet sind, die Produktion empfindlich zu stören bzw. zu benachteiligen. Hierzu gehört in erster Linie die mehr oder weniger fachgemäße Anordnung der Bearbeitungsmarschinen und gerade hierbei werden sehr oft schwere Fehler begangen. Die Maschinen im Säge- und Hobelwerk sollen so angeordnet sein, daß unbedingt jeder unnütze Transport des Schnittmaterials vermieden wird und das Fertigprodukt die einzelnen Holzbearbeitungsmaschinen in der richtigen Reihenfolge durchläuft. Ersparte Transporte und Handgriffe bedeuten in jedem Falle Gewinn, leider wird dieses in vielen Sägewerken und Holzbearbeitungswerkstätten zu wenig beachtet und viel unproduktive Arbeit geleistet, welche bei richtiger Anordnung der Bearbeitungsmaschinen vermieden werden könnte. Man spare auch nicht an der Beleuchtung. Ungenügende Beleuchtung gibt leicht Anlaß zu Unfällen und hat ungewollte Minderleistung, wenn nicht fehlerhafte Arbeiten im Gefolge. An der Beleuchtung sparen wollen, heißt Geld hinauswerfen. Ebenfalls soll man der Heizbarkeit des Sägeraumes etwas mehr Aufmerksamkeit schenken. Große Kälte verringert nicht allein die Leistungsfähigkeit der Leute, auch mancher rätselhafte Bruch von Maschinenteilen ist im Winter auf Kälteeinwirkungen zurückzuführen. Ein wunder Punkt ist in vielen Sägewerken die Qualität der Sägen und Werkzeuge. Grundsätzlich soll man nur das Beste kaufen, weil dieses im Gebrauch das Billigste ist, und nie den Preis in den Vordergrund stellen. Dabei soll nicht gesagt sein, daß man einfach jeden Preis zahlt; an erster Stelle ist jedoch stets die Güte der Ware zu berücksichtigen. Zu gutem Werkzeug gehört selbstverständlich auch gute Behandlung desselben, denn das beste Werkzeug taugt nichts und leistet nichts, wenn der, der damit umgeht, es nicht herzurichten versteht. Mit schlecht geschränkten und geschärften Sägen kann niemals eine Höchstleistung erzielt werden, dagegen gibt gutes Werkzeug in gutem Zustande Höchstleistungen, und kleine Leistungsprämien an Säger, Maschinenmeister u. dgl. haben den Geber noch nie gereut, da dadurch die Arbeitslust- und -freude gefördert wird. Viele werden sagen, es lohnt sich nicht, bei den jetzigen schwierigen Geld- und Absatzverhältnissen den Betrieb neuzeitlich einzurichten und zu modernisieren, jedoch können und werden die jetzt bestehenden Verhältnisse (Unmöglichkeit der normalen Bedarfsdeckung infolge Geldmittelmangels der Verbraucher) nicht bleiben. Kommen aber andere Zeiten mit großen Anforderungen, dann heißt es für die Säge- und Hobelwerke schaffen, damit nicht die neuzeitlich eingerichteten Werke und die ausländische Konkurrenz die besten Aufträge einheimsen. Es gibt dagegen nur ein wirksames Schutzmittel und das ist „Leistungsfähigkeit". Eine solche Leistungsfähigkeit kann aber nur erreicht werden, wenn unsere deutschen Säge- und Hobelwerke neuzeitlich ausgebaut werden. Man beherzige: je schwieriger die Verhältnisse werden, um so größer muß der Nutzeffekt der Anlage sein. Die rasche Entwicklung der Technik und die Entwicklung der Sägewerks- und Hobelindustrie in Schweden, Finnland und Amerika müßte eigentlich einen jeden belehrt haben, daß es mit der guten alten Zeit vorbei ist. Wer vorwärts will, muß sich der neuen Zeit anpassen, muß sein Werk auf der Höhe halten. Der Erfolg hängt aber nicht von der Größe des Werkes, sondern einzig und allein von seiner guten Organisation ab. Wer in seinem Betrieb die Grundbedingung der neuzeitlichen zeitsparenden Betriebsorganisation „mit kleinstem Kraftaufwand die größte Leistung vollbringen" voll und ganz durchgeführt hat, der darf überzeugt sein, daß seine Anlage auch in den schwierigsten Zeiten allen Anforderungen gewachsen ist. In den weitaus meisten Fällen wird heute selbstverständlich nur eine Reorganisation mit den bescheidensten Mitteln in Betracht kommen. Es werden sich also in diesem Falle alle kostspieligen Neu- und Umbauten von selbst verbieten und man wird durch eine möglichst einfache Umstellung und Verbesserung der vorhandenen Maschinen u. dgl. versuchen müssen, die Produktionskosten auf ein Minimum zu beschränken. In der heutigen Zeit, wo in vielen Betrieben kaum so viel Geldmittel vorhanden sind, um den laufenden Betrieb aufrechtzuerhalten, wird es naturgemäß schwierig sein, noch Geld für Umstellungen verfügbar zu machen. Es heißt in diesem Falle sich nach der Decke strecken. Was würde in diesem Falle auch die beste Umstellung des Betriebes nützen, stände sie nicht in richtigem Verhältnis zu dem in Frage kommenden Kapital und andererseits zur Größe und zu den Erfordernissen des betreffenden Werkes. Ein Zuviel, eine Überorganisation kann dann dem Betriebe leicht den Lebensatem rauben, also anstatt seiner Förderung seine Lahmlegung nach sich ziehen. Man beachte daher immer die Größe des Betriebes, das zur Verfügung stehende Kapital, und prüfe, ob der erforderliche Absatz auch wirklich zu erreichen ist.

B. Anlage eines Wasser-Holzsägewerkes; Lage, Geräte und Maschinen.

Bei der Anlage eines neuen Sägewerkes gehe man nicht zu einer Spezialmaschinenfabrik, die die billigsten Maschinen, aber nicht die leistungsfähigsten baut, und lasse sich an Hand einer schön bunt bemalten Zeichnung Schundware aufschwätzen, sondern man wende sich an eine renommierte Firma, die über die nötigen Erfahrungen verfügt und

Gewähr leistet, daß mit der zu bauenden Anlage bei geringster Betriebs- und Arbeitskraft die größte Leistung an guter Schnittware erzielt wird. Auf Grund meiner über dreißigjährigen Betriebsleiterpraxis rate ich jedem dringend davon ab, eine neu konstruierte, aber noch nicht im Dauerbetrieb ausprobierte Holzbearbeitungsmaschine zu kaufen, da eine solche Maschine dem Käufer stets nur Ärger verursachen wird. Eine Neukonstruktion kann nie vollkommen sein, was mir jeder tüchtige Praktiker bestätigen wird; deshalb Hände weg davon, man kaufe nur solche Maschinen, worüber der Lieferant in der Lage ist, genügend Referenzen anzugeben. Noch besser ist, die Mühen und Kosten auf sich zu nehmen und die anzuschaffende Maschine an mehreren Stellen im Betriebe zu besichtigen, damit man sich selbst ein Urteil über die Leistungsfähigkeit der Maschine bilden kann. Ein tüchtiger Verkäufer bzw. Schwätzer versteht es, selbst wertlose Maschinen einem Nichtfachmann oder leichtgläubigen Fachmann anzuhängen bzw. aufzureden, und dieser kann sich dann mit einem solchen Monstrum abplagen oder es ins alte Eisen werfen. Ebenfalls ist die größte Vorsicht beim Kauf von alten, gebrauchten Maschinen geboten, gerade die schnellaufende Holzbearbeitungsmaschinen kann so viel unsichtbare Fehler aufweisen, daß man sich zum Kauf einer solchen nur dann entschließen soll, wenn mit absoluter Sicherheit festgestellt werden kann, daß alles intakt und dieselbe gut und einwandfrei arbeitet.

Wie muß nun ein Sägewerk mit seinen Maschinen und Einrichtungen angelegt sein? Nehmen wir an, es handelt sich um ein neu zu erbauendes Wasser-Holzsägewerk, d. h. um ein Werk, dessen Inhaber das einzuschneidende Holz per Wasser beziehen will. Zu einer guten Sägewerksanlage gehört vor allen Dingen ein möglichst ebener und der Größe des Werkes entsprechender, ja nicht zu kleiner Platz, möglichst hoch gelegen und ohne sumpfigen Untergrund, an der betreffenden Wasserstraße gelegen und wenn möglich mit Gleisanschluß oder aber in der Nähe einer Bahnstation. Das Sägewerk selbst legt man möglichst in der Mitte des Platzes an. Am Wasser ist eine Aufzug- und Putzbrücke herzustellen. Die Aufzugbrücke soll vom Lande aus schräg ins Wasser führen und dient zum Herausziehen der Holzstämme aus dem Wasser auf die Putzbrücke, die sich direkt an die Aufzugbrücke anschließt. Beide Brücken werden aus starken Querschwellen gebaut, auf die man 5—8 cm starke und zirka 16 cm breite Bohlen nagelt. Um ein vorzeitiges Abschleifen der Bohlen durch das Heraufziehen der Holzstämme zu verhindern, bringt man zwischen den Bohlen T-Eisen oder Gleitschienen von etwa 7 cm Profilhöhe an; wenn sich die Brücke durch den Eisenbeschlag auch teurer stellt, so ist sie im Gebrauch doch billig, weil unverwüstlich. Unter den Brücken ist in der ganzen Länge ein Raum für das untere Ende der endlosen Aufzugkette einzubauen. Die Glieder

der Kette sind 18—22 mm stark und bis 150 mm lang; es ist besonders auf gutes, nicht zu sprödes Material und prima Schweißung zu achten. Der Antrieb der Kette erfolgt durch sog. Blockaufzugwinden (s. Abb. 77) und die endlose Kette wird, sowohl oben als auch unten durch Tragrollen gestützt bzw. geführt. Die oberen Tragrollen sind so tief anzubringen, daß sie dem heraufzuziehenden Rundholz nicht hinderlich sind. Zum Antrieb der Blockaufzugwinde verwendet man einen gekapselten Elektromotor.

Abb. 77. Blockaufzugwinde. (Kirchner & Co., A.-G., Leipzig.)

Die Aufzugwinden werden für eine Zugkraft von 1500 bis 4500 kg, evtl. auch mehr gebaut und die Stärke des Motors richtet sich nach der Zugkraft und nach der Neigung der Aufzugbrücke, denn je steiler die Brücke ist, desto mehr Kraft ist naturgemäß erforderlich. Bei Verwendung einer Winde mit doppelter Räderübersetzung kann man bei einer Brückenneigung von zirka 50^0 mit einem 5-PS-Motor rechnen. Zum Befestigen des Holzes an der endlosen Aufzugkette bedient man sich

Abb. 78. Mitnehmerhaken. (Kirchner & Co., A.-G., Leipzig.)

in Deutschland meistens eines sog. Mitnehmerhakens oder Frosches (Abb. 78), während man in Schweden und Amerika in der endlosen Kette, in 2 m Abstand, auf Schienen laufende einachsige Laufwagen nach Abb. 79 einbaut. In der Achse dieses Laufwagens sind zum Halten des Rundholzes 4 spitze Stahldübel angebracht, so daß ein Anschlingen des Holzes mittels Kette nicht erforderlich ist. Bei Verwendung eines Mitnehmerhakens nach Abb. 78, welcher in der endlosen Kette einzuhaken ist,

Abb. 79. Endlose 22 mm starke Spezialkette mit Laufwagen für Blockaufzüge. (Bolinders, Stockholm-Berlin C 2.)

muß der zu befördernde Stamm mit einer 2—3 m langen Kette durch Umschlingen an den Mitnehmerhaken befestigt werden. Es empfiehlt sich, an jedem Kettenende zum Einschlingen des Holzes und zum Einhaken in den Mitnehmerhaken einen Ring anzuschweißen. Beim Hochziehen leichterer Hölzer können zwei und mehr zugleich an-

68 Einrichtung, Maschinen und Betrieb des Sägewerkes.

geschlungen werden. In Schweden verwendet man zum Hochziehen des Rundholzes aus dem Wasser auch fahrbare sog. Blockelevatoren nach Abb. 80, deren Antrieb ebenfalls durch Elektromotoren erfolgt.

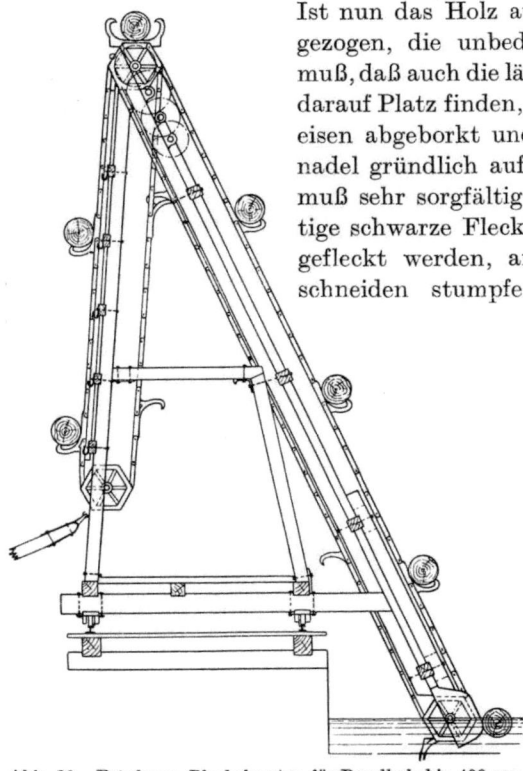

Abb. 80. Fahrbarer Blockelevator für Rundholz bis 400 mm Stammdurchmesser. (Bolinders, Stockholm-Berlin C 2.)

Ist nun das Holz auf die Putzbrücke heraufgezogen, die unbedingt so lang gebaut sein muß, daß auch die längsten Rundhölzer bequem darauf Platz finden, so wird es mit dem Schäleisen abgeborkt und dann mit einer Revidiernadel gründlich auf Nägel untersucht. Dieses muß sehr sorgfältig geschehen, jeder verdächtige schwarze Fleck muß untersucht und angefleckt werden, anderenfalls es beim Einschneiden stumpfe Sägen und unliebsame Betriebsstörungen gibt. Ist ein abgebrochener Nagel im Holz gefunden, so ist derselbe mit einer schmalen Axt oder Stemmeisen so weit freizulegen, daß er mit einem sog. Hasenmaul nach Abb. 81 gefaßt und ausgezogen werden kann. Um beim Freihauen der Nägel eine Beschädigung der Blöcke nach Möglichkeit zu vermeiden, soll man keine normale, breite Axt verwenden. Beim Abborken und Untersuchen des Stammes benutzt man vorteilhaft Kanthaken nach Abb. 82, womit man die runden Stämme bequem und leicht rollen und kanten kann. Nun wird das Holz abgelängt, was auf einem größeren und gut geleiteten Sägewerk nicht mit einer Handschrotsäge, sondern durch eine Baumstamm-Quersäge, Kappsäge oder „Sector"-Säge, wie in den Abb. 3, 6, 83, 84 u. 85 veranschaulicht, erfolgen soll. Die Ersparnis an Arbeitslohn beträgt, wie durch Ermittelungen festgestellt ist, gegenüber der Handarbeit mittels Schrotsäge, mehr als die Hälfte, so daß die Anschaffung einer

Abb. 81. Hasenmaul zum Ausziehen von Nägeln aus Rundholz. (Kirchner & Co., Leipzig.)

Baumstamm-Quersäge Sägewerken, die größere Mengen Weich- oder Hartholz zu kürzen haben, nur empfohlen werden kann. Als am meisten in Anwendung sind 2 Arten von Quersägen zu nennen: 1. Die Stammquersäge nach Abb. 83 u. 85, welche sowohl stationär für Riemen- und elektrischen Antrieb, als auch fahrbar geliefert wird, und 2. die Kappsäge nach Abb. 84, welche Kirchner und andere führende Firmen ebenfalls in nachstehender Ausführung liefern.

Abb. 82. Kanthaken zum bequemen Kanten von Rundholz. (Kirchner & Co., Leipzig.)

Die stationäre Stammabkürzsäge findet am besten vor der Schneidemühle neben dem Gleise der Holzeinfuhr Aufstellung. Ist es notwendig, die Quersäge transportabel zu gestalten, so ruht die Maschine, wie Abb. 84 zeigt, auf einem auf Schienengleis laufenden Wagen. Um nun aber nicht nach jedem Schnitt die Maschine weiter schaffen zu müssen, was sehr zeitraubend ist, führt man nicht die Maschine jedem einzelnen Holzstamm, sondern eine Anzahl von Stämmen der Maschine zu. Sind diese fertig abgelängt, wird die Säge erst weiter transportiert. Zu diesem Zwecke legt man, wenn kein fahrbarer Kabelkran das Rundholzlager bestreicht, neben das Transportgleis der Maschine noch ein zweites, auf dem die Blockwagen laufen. Soll nun ein Stamm in mehrere Stücke geschnitten werden, so wird nach

Abb. 83. Stammquersäge. (Kirchner & Co., Leipzig.)

jedem erfolgten Schnitt nicht die Säge, sondern der auf dem Blockwagen ruhende Stamm vorgeschoben, was sich einfacher bewirken läßt als bei der für den Standort eingestellten und befestigten Maschine. Die in Abb. 83 dargestellte Stammquersäge wird von Kirchner in zwei Größen gebaut, und zwar für Stammdurchmesser bis 900 und 1500 mm. Der Hub der Fuchsschwanzsäge beträgt 545 bzw. 680 mm, die Hubanzahl 150 bzw. 125 in der Minute. Der Kraftbedarf bei elektrischem

Einzelantrieb ist 6—9 PS. Das Gestell der Maschine besteht aus einer starken gußeisernen Fundamentplatte mit Konsolen. Letztere dienen zur Aufnahme der Strebe für den die Sägeblattführung übernehmenden Arm und der Lager für die Kurbelscheibenwelle. Selbige rotiert in nachstellbaren Phosphorbronzeschalen, deren Schmierung durch konsistentes Fett erfolgt. Das Fuchsschwanzblatt, welches in einer nachstellbaren Führung gleitet, erhält die hin- und hergehende Bewegung durch eine Lenkerstange, die von einer Kurbelscheibe betätigt wird. Der durch ein Gegengewicht ausbalancierte Arm mit Führung für das Sägeblatt wird während der Arbeit langsam durch Handrad und Schnecke mit zugehörigem Zahnsegment gesenkt und nach vollendetem Schnitt in derselben Weise wieder nach oben befördert. Da das Sägeblatt in Ruhestellung in nahezu senkrechte Lage gebracht werden kann, so braucht man die Stammquersäge nicht nach jedem Schnitt abzurücken. Nach erfolgter Stammausrichtung kann daher sogleich ein neuer Schnitt vorgenommen werden. Die Handhabung der Säge ist eine überaus einfache. Der Stamm wird durch zwei, an der Fundamentplatte befestigte verstellbare Klammerhaken festgehalten. Das Fuchsschwanzsägeblatt für die kleinere Maschine ist 2000 mm lang und 220/120 mm breit; bei der größeren bis 2600 mm lang und 275/150 breit. Wie bei allen Sägen, ist auch bei dieser Fuchsschwanzsäge Bedingung, nur erstklassige Sägeblätter, sachgemäß geschärft und geschränkt zu verwenden, denn nur dann kann eine zufriedenstellende Leistung erzielt werden.

Kappsäge.

Die in Abb. 84 dargestellte Kappsäge wird von Kirchner in drei Größen ausgeführt, und zwar mit 750 mm Sägeblattdurchmesser für Rundstämme bis 250 mm Durchmesser, mit 1000 mm Sägeblattdurchmesser für Rundstämme bis 350 mm Durchmesser und mit 1200 mm Sägeblattdurchmesser für Rundstämme bis 450 mm Durchmesser. Der Kraftbedarf ist 6, 9 und 12 PS bei elektrischem Einzelantriebe. Da mit Kappsägen nur Stämme bis 450 mm Durchmesser abgekürzt werden können, finden solche nur da Verwendung, wo schwächeres Rundholz eingeschnitten wird. In Schweden und Finnland sind in jedem Sägewerk Kappsägen anzutreffen und die Leistung ist bei Rundholz bis zu 450 mm Durchmesser eine größere als bei der Fuchsschwanzsäge. Das Kreissägenblatt der Kappsäge soll mit einer sekundlichen Umfangsgeschwindigkeit von 30—50 laufen. In Schweden und Finnland laufen Kappsägen durchweg mit 50 sekundlicher Umfangsgeschwindigkeit, dagegen in Deutschland mit 30—45. Die Stärke des Sägeblattes soll nicht weniger als den zweihundertsten Teil des Durchmessers betragen, dieses ist bei 1000 mm Blattdurchmesser 5 mm, denn $1000:200 = 5$. Um das Flattern der Kreissägenblätter zu vermeiden, sorge man stets für einwandfreien Schliff und Schränkung, letztere soll 50—75% der Blattstärke betragen, z. B. Blattstärke 5 mm, hiervon 50% = 2,5 mm für Schrank, so daß die Schnittweite, vielmehr der Verschnitt, 7,5 mm beträgt; außerdem soll der Durchmesser der Befestigungsflanschen nicht unter $1/_3$ des Blattdurchmessers genommen werden, da andernfalls auch die besten Blätter bei 50 m sekundlicher Umfangsgeschwindigkeit und starker Beanspruchung flattern und Brennstellen erhalten. Um einen sicheren und festen Sitz des Sägeblattes zu erreichen, ist ferner erforderlich, daß die Befestigungsflanschen bzw. Spannscheiben innen ausgespart sind und nur am äußeren Umfang in etwa 20—30 mm Breite das Sägeblatt anpressen. Wie Abb. 84 zeigt, sind die Zähne der Kappsägen

Abb. 84. Kappsäge. (Kirchner & Co., A.-G., Leipzig.)

so geformt, daß der beiderseitige Abstand des Zahngrundes, von einer von der Zahnspitze zur Sägemitte gedachten geraden Linie, gleich groß ist. Ich empfehle jedoch bei Kappsägen Blätter zu verwenden, bei denen die Zähne etwas auf Stoß gestellt sind, da mit solchen Sägen eine größere Leistung erzielt wird. Letztere Zahnform wird für Kappsägen auch in Schweden und Finnland verwandt. Es ist ferner darauf zu achten, daß die Sägeblätter genau kreisrund laufen. Vielfach trifft man jedoch Blätter mit zu großer Bohrung an, welche einseitig aufgespannt sind und infolgedessen im Umfang schlagen und nur auf $1/_5$ des Umfanges richtig schneiden. Mit einem solchen Blatt kann selbstverständlich keine zufriedenstellende Leistung erzielt werden. Um diesen Übelstand zu vermeiden, empfehle ich, den losen Befestigungsflansch bzw. Spannscheibe mit einem federnden Zentrierkonus zu versehen, da dann die Bohrung des Sägeblattes 4 mm größer sein kann als die Wellenstärke und das Blatt trotzdem genau kreisrund läuft, vorausgesetzt, es ist auf einer automatischen Kreissägenschärfmaschine genau kreisrund geschliffen. Die Amerikaner verwenden diese Zentrierkonusse bei Kreissägen schon seit langen Jahren und ich empfehle bei Neuanschaffung einer Kapp- oder Kreissäge, die Anbringung eines federnden Zentrierkonusses vom Lieferanten zu verlangen. Falls Kapp- und Kreissägeblätter mit der Hand durch Feilen geschärft werden, ist erforderlich, die Zahnspitzen von Zeit zu Zeit mit einem Stück Schmirgelstein in der Maschine vorsichtig und leicht ablaufen zu lassen, damit sämtliche

Abb. 85. Tragbare Fuchsschwanz-Abkürzsäge. (H. Rhein, Bad Hersfeld.)

Zahnspitzen Arbeit verrichten und ein sauberer Schnitt bei hoher Leistung erzielt wird. Die in Abb. 84 dargestellte fahrbare, durch Elektromotor angetriebene Kappsäge ist in einen kräftigen Eisenrahmen gelagert, welcher auf einer Welle pendelt, die von einem Doppellager getragen wird. Vorn am Pendelrahmen befindet sich die stählerne, sauber geschliffene Kreissägenwelle mit dem Sägeblatt. Durch ein Gegengewicht wird das Sägependel gut ausbalanciert. Der Antrieb der Sägewelle erfolgt mittels Riemen durch das Elektromotor-Vorgelege. Falls die Rundstämme der Kappsäge nicht durch Gleiswagen zugeführt werden können, empfehle ich die Verwendung von sog. Rollenböcken zum Auflegen der Rundstämme.

Die in Abb. 85 dargestellte Stammabkürzsäge ist neuester Konstruktion und wegen ihrer Handlichkeit und großen Leistung größeren

Sägewerken und Holzlagerplätzen zum Abkürzen zu empfehlen. Mit dieser Maschine ist jedem Holzbetrieb die Möglichkeit gegeben, das Abkürzen der Stämme und sonstigen Hölzer maschinell durchzuführen und hierdurch Lohn- und Betriebskosten zu sparen ohne besondere Gleisanlagen und sonstige Platzänderungen vorzunehmen. Die Maschine wird mit Elektromotor oder auch mit Benzinmotor geliefert und kann bei Antrieb durch letzteren unabhängig von jeder Kraftquelle allerorts, im Walde, auf Bahn- oder sonstigen Lagerplätzen verwendet werden. An den handlich angebrachten Traggriffen kann die Maschine infolge ihres geringen Gewichtes (etwa 75 kg) leicht zu jedem Schnitt getragen werden und es ist sogar möglich, mit der Maschine auf den Holzstapeln zu arbeiten.

Durch Verwendung von Dur-Aluminium und Leichtmetall ist es gelungen, das geringe Gewicht der Maschine zu erreichen, ohne daß dieselbe in der Stabilität und Betriebssicherheit beeinträchtigt ist.

Beim Benzinmotor erfolgt das Anwerfen desselben durch eine Kurbel an der Kuppelungswelle mit einer Übersetzung von 1:4, wodurch ein sicheres Anspringen des Motors gesichert ist. Die Übertragung vom Motor zur Kurbelwelle erfolgt durch Zahnräder unter Einschaltung einer Ausrückkuppelung, um die Säge mit einem Handgriff abschalten zu können. Diese Kuppelung ist so konstruiert, daß dieselbe bei eintretenden Klemmungen im Schnitt aussetzt und das Sägeblatt stillsteht, wodurch eine große Betriebssicherheit erreicht ist. Die Wirkung der Kuppelung ist durch Schraubgewinde verstellbar. Die Säge arbeitet mit 450 mm Hub und 140 Touren. Der Kurbelzapfen trägt Tonnenlager, das fast keine Wartung benötigt. Die Führungsstangen sind beste widerstandsfähige Stahlrohre. Das Normalsägeblatt aus hochwertigem Stahl ist 1,30—1,50 m lang, am Rücken 1 mm dünner geschliffen, wodurch nur wenig Schrank erforderlich ist; hiermit können Stämme bis zu 1 m Durchmesser geschnitten werden. Die Säge schneidet jede Art. Hart- und auch Weichholz gleich gut und liefert schöne gerade Schnittflächen.

Besonderes Augenmerk ist auf eine schnelle und zuverlässige Stammbefestigung an der Maschine gelegt und dies wird durch eine besondere Momentspannvorrichtung auf das sicherste erreicht. Sowohl das Festspannen als auch das Lösen des Stammes ist mit dieser Vorrichtung in einigen Sekunden möglich, wodurch die hierfür erforderliche Zeit auf ein Minimum herabgesetzt ist. Beim Schärfen der Säge mit der Feile ist zu beachten, daß die Zahnspitzen alle genau gleich hoch sind, damit alle Spitzen Arbeit leisten; die ursprüngliche Zahnform muß erhalten bleiben. Die Qualität des Sägeblattes muß selbstverständlich erstklassig sein, denn nur dann kann eine zufriedenstellende Leistung erzielt werden. Das Auswechseln des Sägeblattes erfolgt durch einfaches

Lösen der Befestigungsschrauben. Die Maschine leistet etwa das siebenbis zehnfache gegen Handarbeit und kostet je nach Art des Motors 750 bis 880 M.

Der Kraftverbrauch ist bei den größeren Stammdurchmessern von ungefähr 40 cm aufwärts der gleiche, etwa $2-2^1/_2$ PS, da der bedienende Arbeiter es in der Hand hat, durch stärkeres Aufdrücken der Säge die Kraft zu verbrauchen, andererseits muß der Kraftverbrauch begrenzt sein, da die Säge nicht nur auf Zug, sondern auch auf Stoß arbeitet und bei starker Kraft dann einfach zusammenknicken würde, wie dies des öfteren bei anderen Konstruktionen geschehen kann und auch erfolgt. Da nun die Säge mit 140 Touren pro Minute arbeitet und der Motor infolge der raschen Umdrehungen eine gewisse Kraftspeicherung hat, die bei eintretenden Klemmungen der Säge gefährlich werden kann, da bei den Klemmungen im letzten Viertel des Schnittes die Säge plötzlich stillsteht und die Schwungmassen des Motors für den Moment dann eine doppelte Kraft auf das Sägeblatt abgeben würden, ist für diese Fälle eine Sicherung dadurch geschaffen, daß die Ausrückkuppelung so konstruiert ist, daß bei eintretenden Klemmungen diese Kuppelung schleift, also eine größere Kraftübertragung auf das Sägeblatt nicht zuläßt. Hierdurch werden sowohl der Motor, die Säge, als auch das Getriebe geschont und von den zerstörenden Stößen befreit. Tritt nun beim Schneiden eine Klemmung des Sägeblattes ein, die der Arbeiter nicht sofort bemerkt, so fängt das Sägeblatt an, langsamer zu arbeiten und bleibt bei stärker werdender Klemmung stehen, während der Motor dann noch weiter arbeitet, natürlich auch mit geringerer Tourenzahl. Der Arbeiter hat es dann in der Hand, die Kuppelung abzuschalten und die Klemmung zu beheben. Die Erfahrungen haben gelehrt, daß selbst intelligente Arbeiter nicht genügend im voraus das Eintreten von Klemmungen des Stammes beim Durchschnitt beurteilen können, und daß dadurch die Schädigung der Säge unvermeidlich wird. Dieser Übelstand ist bei der in Abb. 85 dargestellten Maschine behoben und daher unbedingte Betriebssicherheit geboten. Beim Betrieb der Maschine mit Benzinmotor ist dieselbe mit einem 4 PS luftgekühlten Zweitaktmotor versehen, um den Motor nicht bis zur vollen Leistung arbeiten zu lassen, dahingegen wird bei Elektromotorantrieb nur ein Motor von 1,5 kW verwendet, also 2 PS., da die Touren des Elektromotors konstant sind und die Säge nur mit 140 Touren arbeiten kann.

Die Schnittleistungen der einzelnen Stammdurchmesser richten sich natürlich nach der Holzart, der Struktur des betreffenden Stammes und nach dem Zustand des betreffenden Sägeblattes. Die nachstehenden Angaben über Schnittdauer sind bei normalem Holz ohne übermäßig viel Äste und Benutzung einer scharfen Säge erzielt:

a) **Kiefern- oder Fichtenholz:**
20 cm Durchmesser etwa 10 Sekunden
30 cm   ,,   ,, 15   ,,
40 cm   ,,   ,, 20   ,,

b) **Buchen und Eichen:**
30 cm Durchmesser etwa 25 Sekunden
40 cm   ,,   ,, 35   ,,
45 cm   ,,   ,, 50   ,,
50 cm   ,,   ,, 70   ,,
60 cm   ,,   ,, 100   ,,
70 cm   ,,   ,, 140   ,,
80 cm   ,,   ,, 3 Minuten
100 cm   ,,   ,, 6   ,,

Zum Ablängen von Rundholz eignet sich ferner die ganz neu auf den Markt gekommene und in Abb. 6 dargestellte Baumfäll- und Ablängemaschine „Rinco" der Firma E. Ring & Co., Berlin W 9.

Nachdem das Rundholz auf Länge geschnitten ist, werden die Schneideblöcke auf den neben der Putzbrücke stehenden Schmalspurwagen zum Sortierplatz gerollt, der zwischen dem Sägewerk und Putzbrücke liegen soll. Dieser muß der Größe des Werkes entsprechen und reichlich bemessen sein, so daß man jede Sorte einzelne Schneideblöcke getrennt lagern kann. Vom Sortierplatz muß nun zur Sägemühle zu je 2 Gattern ein Einfahrgleis führen. Zwischen diesen Gleisen befinden sich die Lager zum Aufrollen der sortierten Schneideblöcke. Dieselben sind auf Lagerhölzer oder noch besser alte Eisenbahnschienen zu lagern, und zwar muß, um ein leichtes Auf- und Abrollen der Schneideblöcke zu ermöglichen, die Oberkante der Lagerhölzer in gleicher Höhe der Schmalspurwagenoberkante liegen. Zwischen den Sortierlagern und Schmalspurwagen darf nur so viel Spielraum vorhanden sein, daß sich die Wagen eben vorbeifahren lassen. Mittels Kanthaken nach Abb. 82 oder des sog. Sappie kann ein Mann auch schwere Blöcke leicht auf den Wagen rollen, insofern die Lagerhölzer wagerecht und in richtiger Höhe festliegen.

C. Anlage des Sägewerkes für Weich- und Laubholzeinschnitt; Lage und Geräte.

Bei der Anlage eines Sägewerkes für Weich- und Laubholzeinschnitt ohne Wasseranschluß prüfe man vor allem, ob die Lage auch günstig ist, d. h. schlagbare Wälder in unmittelbarer Nähe vorhanden sind und sich Bahnanschluß ermöglichen läßt. Ein Werk, das bei den jetzigen hohen Einkaufspreisen auch noch hohe Beträge für die Anfuhr, Abfuhr und Bahnfracht zu zahlen hat, ist selten rentabel. Bahnanschluß ist in jedem Falle von allergrößtem Vorteil. Beim Ankauf des Geländes soll man, wenn es die finanziellen Verhältnisse irgendwie gestatten, möglichst

76   Einrichtung, Maschinen und Betrieb des Sägewerkes.

viel Land kaufen, damit einer späteren Vergrößerung kein Hindernis im Wege steht und man nicht gezwungen ist, seinem Nachbar später horrende Preise zu zahlen. Schon mancher hat sehr bereut, bei der Anlage eines neuen Werkes keine Rücksicht auf eine spätere Vergrößerung genommen zu haben.

Der Holzlagerplatz ist reichlich groß zu bemessen, damit das ankommende Rundholz gut sortiert werden kann und für das Schnittmaterial ebenfalls genügend Raum vorhanden ist.

Wenn es die Geldmittel erlauben, ist die Anschaffung eines fahrbaren Brücken- oder Bockkabelkranes (nach Abb. 66), ausgeführt von Bleichert für die Gewerkschaft Deutschland, oder Abb. 86, ausgeführt

Abb. 86. Fahrbarer Bockkran mit elektrischem Antrieb und Rundholzgreifer, 30 m Stützweite, 5 t Tragkraft, ausgeführt von MAN-Werk Nürnberg für die Bosnische Forstindustrie Lazarak.

von MAN (Maschinenfabrik Augsburg-Nürnberg A.-G.), für die Bosnische Forstindustrie Lazarak, oder aber ein fahrbarer elektrischer Hebekran (Abb. 87) mit Greiferzangen, ausgeführt von MAN, dringend zu empfehlen. Der fahrbare Bockkran, nach Abb. 86, hat 30 m Stützweite und 5 t Tragfähigkeit. Die Kranbrücke, ein normaler Fachwerkträger, trägt die auf dem Untergurt laufende Katze. Von den beiden fahrbaren Kranfüßen ist der eine als feste, der andere als Pendelstütze ausgebildet. Auf der Katze ist das Katzfahrwerk sowie das Hubwerk untergebracht. Das Kranfahrwerk liegt in der Kranmitte und arbeitet auf einer horizontalen Welle, welche ihre Bewegung mittels Kegelrädern auf eine senkrechte Welle und von da auf die Zahnräder der Laufräder überträgt. Die Geschwindigkeiten des Kranes sind bei Vollast 5 t: Lastheben V. L. = 15 m/min., Katzfahren V. K. = 40 m/min., Kran-

Anlage des Sägewerkes für Weich- und Laubholzeinschnitt.

fahren V. K. = 60 m/min. Die Bedienung des Kranes erfolgt von dem an der festen Kranstütze angebauten Führerhaus aus. In diesem befinden sich die Steuerungsapparate für den elektrischen Antrieb, sowie eine Fußtrittbremse für das Kraftfahrwerk. Der fahrbare Brückenkabelkran der Firma Bleichert, Abb. 66, hat eine Spannweite von 70 m und leistet stündlich 38 t. Auf jeden Fall ist es eine feststehende Tatsache, daß bei Verwendung eines elektrischen Kabel- oder Bock-

Abb. 87. Fahrbarer elektrischer Hebekran mit Greiferzangen, ausgeführt von MAN-Werk Nürnberg.

kranes auf dem Holzlagerplatz große Lohnsummen gespart werden und den Platzarbeitern das Arbeiten bedeutend erleichtert wird. Ich empfehle jedem Besitzer und Erbauer eines größeren Sägewerkes, von einer erstklassigen Fabrik für Lagerplatzkrane Adressen über ausgeführte Krananlagen anzufordern und sich dann auf einigen Sägewerken selbst von der lohn- und zeitsparenden Arbeitsweise zu überzeugen. Mittels fahrbaren Hebekrans, welcher den ganzen Lagerplatz bestreicht, kann das Rundholz sofort beim Ausladen bequem sortiert und jeder Stamm nach Stärke und Qualität an seinen Platz oder direkt zu den Gattern gefahren werden.

D. Das Sägewerksgebäude.

Wenn die Grundwasserverhältnisse der Baustelle es gestatten, wähle man Gatter mit Unterantrieb, wozu ein Keller erforderlich ist, den man am besten in Beton ausführen läßt. Die Tiefe des Kellers muß so bemessen sein, daß die Schwungräder der Gatter an ihrer tiefsten Stelle etwa 50 cm über der Fußbodenoberkante liegen. Ferner sorge man für reichliche Lichtzufuhr durch eine genügende Anzahl Fenster, da sich dann alles leichter übersehen läßt.

Ist kein fester Untergrund vorhanden, so führe man das Gebäude in Fachwerk oder Holzkonstruktion aus. Die Sägehalle ist reichlich groß zu bemessen, muß genügend Lichtzufuhr haben und soll sich im Winter von allen Seiten schließen lassen. An der Ein- und Ausfahrseite bringt man am besten Schiebetore an, da dieselben besser sind als Flügeltore.

Das Dach der Sägehalle ist freitragend auszuführen, da Säulen und Pfeiler hinderlich sind. Als Bedachung hat sich doppelt gedeckte, prima Dachpappe bestens bewährt. Wird ein solches Dach rechtzeitig geteert, so gibt es keine Undichtigkeiten. Transmissionen und Vorgelege soll man auf das geringste Maß beschränken, da dieselben Kraftfresser sind. Die unbedingt erforderlichen Transmissionen und Vorgelege führt man am besten und vorteilhaftesten unter Verwendung erstklassiger Wälzlager aus, da dieselben Kraft und Wartung sparen. Bedingung ist jedoch, reichlich dimensionierte Wälzlager allerbesten Fabrikates zu verwenden. Maschinen, welche nicht dauernd im Betrieb sind, soll man nicht durch Transmission und Vorgelege, sondern durch Elektromotor antreiben, da dann bei Nichtbenutzung der Maschine kein Kraftverbrauch stattfindet. Es ist den meisten Besitzern von älteren Werken leider noch nicht klar, wie unrationell ihre Transmissionen arbeiten und wieviel Kraft vergeudet wird, weil ihre alten Gleitlagertransmissionen und Vorgelege einen erheblichen Teil der Kraft unnütz fortnehmen. Außerdem findet man meistens zu klein dimensionierte Antriebscheiben, welche ein übermäßiges Anspannen der Riemen erfordern und heißlaufende Lager verursachen.

E. Mechanisch-automatische Sägespäne- und Holzabfällefeuerung, Bauart Lambion & Förstermann, Eisenach.

Der in den letzten Jahren einsetzende scharfe Konkurrenzkampf und das damit verbundene Bestreben, die Betriebskosten der Werke nach Möglichkeit zu vermindern, hat es mit sich gebracht, daß auch der Verwendung der in den einzelnen Betrieben anfallenden Sägespäne und Holzabfälle erhöhte Beachtung geschenkt wird. Schon durch den in den

Kriegsjahren herrschenden Brennstoffmangel ließ es sich die Feuerungstechnik angelegen sein, die vorhandenen Feuerungseinrichtungen dauernd zu vervollkommnen, und es kann gesagt werden, daß heute zahlreiche Betriebe ideale Kesselhauseinrichtungen besitzen, die es ihnen ermöglichen, die erforderliche Betriebskraft bei geringsten Unkosten unter Verwendung der bei der Fabrikation anfallenden Abfälle wie Säge- und Hobelspäne, Borke und sonstige Holzabfälle zu erzeugen, während aber andererseits immer noch viele Betriebe der Ausnutzung ihrer Abfälle leider sehr wenig Wert beimessen, wiewohl sich die Anlagekosten in ganz kurzer Zeit bezahlt machen. Die Folge davon ist, daß diese Betriebe infolge ihrer primitiven und rückständigen Feuerungseinrichtungen bei Verheizung ihrer sämtlichen Abfälle, vielleicht noch unter Zukauf von gutem Brennholz oder Holz, das noch für irgendwelche Fabrikationszwecke geeignet sein dürfte, ja in manchen Fällen sogar durch kostspieligen Zukauf von Kohlen, dennoch unter Dampfmangel zu leiden bzw. bei der Erzeugung des erforderlichen Dampfes mit den größten Schwierigkeiten zu kämpfen haben. Sehr häufig stößt man in der Praxis noch auf die Verwendung des sog. Planrostes. Diese Planroste sind wohl für die Verfeuerung von kurzflammigen Brennstoffen, wie z. B. Steinkohlen sehr gut geeignet, nicht aber für Holzabfälle und Sägespäne. Die Brennstoffaufgabe erfordert beim Planrost ein häufiges Öffnen der Feuerungstür, was das ungehinderte Einströmen von kalter Luft zur Folge hat. Die kalte Luft vermindert aber nicht nur durch Abkühlung der Feuerraumtemperatur den Wirkungsgrad, sondern sie ruft auch durch den schroffen Temperaturwechsel Spannungen und Leckwerden, somit einen vorzeitigen Verschleiß des Kessels hervor. Außerdem geht ein sehr großer Prozentsatz der sich bei der Verbrennung entwickelnden Heizgase in Form von Kohlenoxyden verloren, da den Heizgasen auf ihrem kurzen Weg nicht genügend Gelegenheit gegeben ist, vollkommen zu verbrennen. Durch die Zugstärke des Schornsteines werden fernerhin halbverbrannte Späne und Kohlenstoffteilchen mit fortgerissen, die sich als Flugasche in den Feuerzügen der Lokomobile oder des Kessels ablagern und hierdurch eine schlechte Wärmeübertragung bewirken. Einige der vorstehend geschilderten Übelstände, welche beim Planrost auftreten, werden zwar durch die gewöhnlichen Treppenrostfeuerungen vermieden, doch gibt auch deren Arbeitsweise noch zu vielen Klagen Anlaß. Als außerordentlich nachteilig muß bezeichnet werden, daß die Beschickung der Treppenrostfeuerung zumeist von Hand erfolgt, wodurch ebenfalls ein sehr häufiges Öffnen der Beschickungsklappen bewirkt wird und ein ungehindertes Einströmen der kalten Luft erfolgt. Die Handbeschickung hat auch den Nachteil, daß die Verteilung des Brennstoffes auf dem Rost eine sehr ungleichmäßige ist. Es bilden sich bei dieser Art Beschickung häufig größere Brennstoffschichten, die Gasexplosionen und Zurückschlagen der Flammen nach dem Heizerstand zu verursachen. Hierdurch ist das mit der Wartung der Anlage beauftragte Personal sehr oft gefährdet und außerdem durch das dauernd erforderliche Schüren und Nachstoßen des Brenngutes körperlich stark in Anspruch genommen. Nur bei größter Achtsamkeit kann der Heizer den Rost dauernd mit Brennstoff bedeckt halten. Brennt der Rost stellenweise leer, was häufig der Fall ist, so hat auch hier die kalte Luft durch die Rostspalten ungehinderten Zutritt und bewirkt ebenfalls ein Abkühlen der Feuerraumtemperatur mit schäd-

Abb. 88. Automatische Sägespäne- und Holzabfällefeuerung an einer Lokomobile.
(Lambion & Förstermann, Eisenach.)

lichem Einfluß auf die Kesselbleche. Die Nachteile, welche sich bei der Verfeuerung von Sägespänen und Holzabfällen mit den vorhergehend beschriebenen Feuerungseinrichtungen ergeben, werden bei der in Abb. 88 dargestellten automatischen Spezialverfeuerung vermieden. Bei dieser Feuerungskonstruktion erfolgt die Aufgabe der Späne, Borke und feinstückigen Holzabfälle durch einen Beschickungsapparat, in den das Brenngut mittels Körben eingeschüttet oder in einem neuzeitlichen Betriebe direkt vom Zyklon oder Vorratsbehälter geleitet wird. In der Schemazeichnung (Abb. 89) wird der automatische Beschickungsapparat in direkter Verbindung mit dem Späneabfallrohr des Zyklons gezeigt. Diese Verbindung kann bei Ausschluß jeglicher Brandgefahr, sachgemäße Bedienung natürlich vorausgesetzt, ohne weiteres vorgenommen werden und es bedarf wohl keiner Erläuterung darüber, wie vorteilhaft und zweckmäßig sich dieselbe allein dadurch gestaltet, daß jede Staubentwicklung und Unsauberkeit durch den völligen Abschluß der Spänezuleitung vermieden wird. Vom Beschickungsapparat aus gelangen die Späne usw. unter vollkommenem Luftabschluß beständig in kleinen Mengen über die Brennbahn verteilt in die Feuerung, und zwar zunächst in den als sog. Vortrocknungszone ausgebildeten oberen Teil

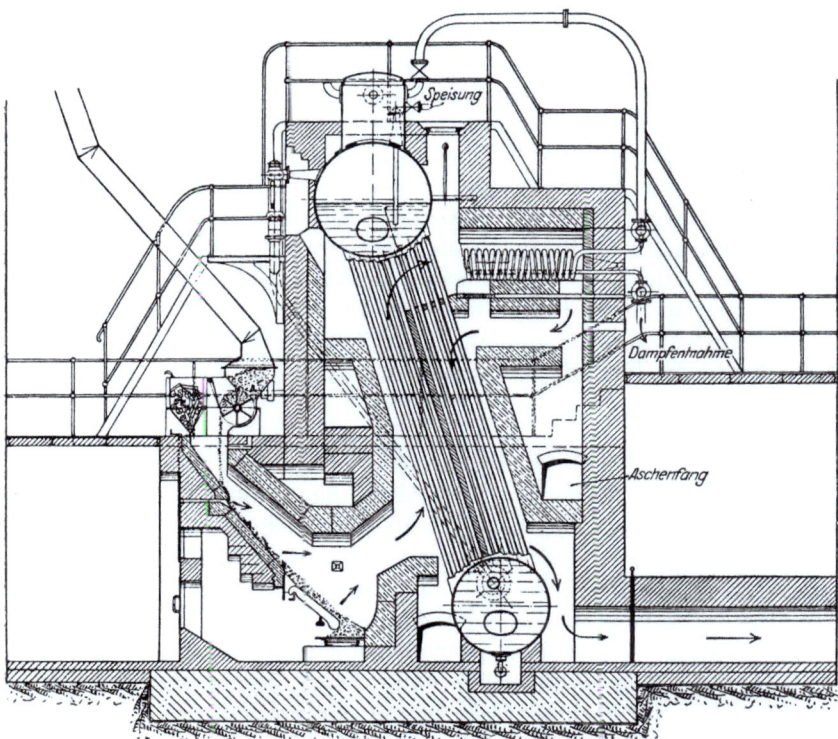

Abb. 89. Automatische Sägespäne- und Holzabfällefeuerung.
(Lambion & Förstermann, Eisenach.)

der Brennbahn, wo dem Brennmaterial die Feuchtigkeit, welche in allen Holzabfällen in mehr oder weniger großem Maße enthalten ist, entzogen wird. Sodann gelangt das Brenngut auf den eigentlichen Verbrennungsrost, wo eine restlose und theoretisch rauchfreie Verbrennung erfolgt. Der Verbrennungsrost ist in der Schräglage verstellbar, so daß er dem unterschiedlichen Böschungswinkel von Tannen-, Buchen-, Eichen- und Kieferholzabfällen, der sich nach dem Grade des Feuchtigkeitsgehaltes ändert, leicht angepaßt werden kann. Größere Holzabfälle, wie Schwarten, Rinden usw., werden durch einen an der Vorderseite des Beschickungsapparates angeordneten Fülltrichter aufgegeben, und auch hierbei ist das Prinzip der Beschickung unter völligem Luftabschluß gewahrt. Die Beobachtung des Verbrennungsvorganges ist durch angeordnete Schaulöcher ohne Öffnen von irgendwelchen Klappen möglich. Ein Nachstoßen und Schüren des Brennstoffes kommt infolge der automatischen Beschickung in Fortfall, so daß der Heizer durch die Verminderung der rein körperlichen Arbeit in der Lage ist, sein Augenmerk auf die größtmögliche Wirtschaftlichkeit der Feuerung zu richten und die Gesamtanlage genau zu überwachen. Auf genau regelbare Zuführung von Frischluft ist Rücksicht genommen, außerdem wird durch zweckmäßige Anordnung von Kanälen für die Zuführung vorgewärmter Verbrennungsluft der Wirkungsgrad der Anlage erhöht. Die letztbeschriebene Feuerung hat sich tatsächlich in Hunderten von Fällen in der Praxis bestens bewährt und überall durch ihre hohe Wirtschaftlichkeit und bequeme Bedienung zu einer wesentlichen Herabminderung der Betriebskosten beigetragen. Es dürfte deshalb im Interesse aller holzverarbeitenden Betriebe liegen, bei Anschaffung von Kraftanlagen und beim Umbau älterer Anlagen der Feuerung eine erhöhte Bedeutung beizumessen, um sich auch in dieser Hinsicht die Fortschritte der Technik zunutze zu machen.

F. Deutsche Vollgatter oder Schwedengatter.

Wenn man als eifriger Leser die Abhandlungen von Fachleuten über dieses Thema in den führenden, deutschen Fachzeitschriften verfolgt, wird mancher Leser und Fachmann erstaunt sein über die widersprechenden Ansichten, die dort oft zum Ausdruck gebracht werden. Der eine Fachmann lobt das Schwedengatter und der andere verdammt es für deutsche Verhältnisse. Wir müssen zugeben, daß die führenden schwedischen Gatterfabriken in den letzten Jahren Hervorragendes auf den Markt gebracht haben und mit den neuesten Konstruktionen in Schweden und Finnland Leistungen erzielt werden, die mancher deutsche Sägewerksbesitzer für direkt unmöglich hielt. Eine Durchschnittsleistung von 10—12 fm stündlich ist dort keine Seltenheit. Man muß jedoch berücksichtigen, daß in Schweden und Finnland durchweg schlank gewachsenes, kleinästiges Floßholz zum Einschnitt gelangt, welches dem Sägewerk in schnellfließenden Strömen zugeflößt und dabei von Sand und Schmutz gereinigt wird, außerdem erfolgt der Transport zum und vom Gatter dort in allen größeren Sägewerken durch sinnreiche automatische Transporteinrichtungen und es werden ganze Schiffsladungen von einer Brettsorte erzeugt. Das in Mitteleuropa angebotene Rundholz ist dagegen ästiger und knorriger, hat weniger gleiche Dimensionen und weist oft Krümmungen und Buckel auf. Außerdem werden in Mitteleuropa mehr Borkhölzer verarbeitet, welche naturgemäß mit Sand und Schmutz behaftet sind und ein öfteres Auswechseln der Gattersägen bedingen, was naturgemäß ungünstig auf die Leistung des Gatters einwirkt.

Es ist jedoch wiederholt der Beweis erbracht, daß mit neuzeitlichen deutschen Gattern, wenn diese unter denselben günstigen Verhältnissen arbeiten, die gleichen Leistungen und teilweise auch höhere zu erzielen sind. Es hat z. B. die Gatterfabrik von Gebrüder Link, Oberkirch in Baden, in bayerischen Sägewerken mit ihrem neuen Schnellgatter Modell 1927, Durchschnittsleistungen von 12 cbm stündlich bei Fichten- und Tannenholz erzielt. Um solche hohe Leistungen dauernd erzielen zu können, sind selbstverständlich neuzeitliche, fließend arbeitende Transportvorrichtungen, günstiges Rundholzmaterial und erstklassige Gatter und Sägen erforderlich. Der Hauptvorteil beim Schwedengatter besteht darin, daß dasselbe nur eine Lenkerstange besitzt, die in der Mitte am unteren Ende des Sägerahmens angreift, wodurch Betriebsschwierigkeiten, die bei zwei Lenkerstangen durch deren ungleiche Längen und unrichtige Stellung der Kurbelzapfen zueinander entstehen, vermieden werden. Manchem Betriebsleiter haben die ungleiche Länge der Lenker und die unrichtige Stellung der Kurbelzapfen schon viel Ärger und Verdruß verursacht. Diese unliebsamen Störungen können bei Gattern mit einer Lenkerstange nie auftreten. Bei den Schwedengattern kommen durchweg sehr starke, in schweren Lagern laufende Kurbelwellen und eine entsprechend starke Fundamentplatte zur Verwendung, wodurch bei richtiger Wartung das Heißlaufen der Lager vermieden und ein ruhiger Gang gewährleistet wird. Die Antriebsscheiben bei Schwedengattern haben einen Durchmesser von nicht unter 1000 mm, bei 215 mm Breite. Durch diese verhältnismäßig großen Scheiben wird ein leichtes Anziehen des Gatters erreicht und der Antriebsriemen braucht nicht übermäßig angespannt zu werden, zugleich wird dadurch das unangenehme Gleiten des Riemens beim Schnittbeginn vermieden und die Lager geschont. Von vielen Firmen wird der unverzeihliche Fehler begangen, speziell bei großen Vollgattern zu klein dimensionierte Antriebsscheiben zu verwenden, welche dem Schneidemüller zwingen, bei voller Leistung den Antriebsriemen übermäßig anzuspannen, wodurch das unangenehme Heißlaufen der Lager verursacht wird.

In Deutschland sind die Hubverhältnisse dem hauptsächlich in jedem Gatter als normal zu schneidenden Rundholzdurchmesser angepaßt, schwanken etwa zwischen 350—750 mm, wogegen der Schwede für alle Gatter nur eine Hubgröße, und zwar 500 mm in Anwendung bringt. Ein allzu großer Hub, z. B. über 500 mm, bedingt einen höheren Rahmen und längere Sägen sowie einen größeren Schnittverlust, da, um ein Verlaufen der Sägen zu vermeiden, letztere stärker gewählt und angespannt werden müssen, was z. B. beim Schneiden von dünnen Kistenbrettern und schwacher Schnittware zu beachten ist. Die hohen Leistungen der Schwedengatter und neuzeitlichen deutschen Gatter sind auch zum Teil mit auf die schnellspannenden Blockwagen zurückzuführen. Man trifft leider in den meisten deutschen Sägewerken ganz veraltete Blockeinspannwagen an, welche ein schnelles Arbeiten vereiteln und längst ins alte Eisen gehören. Ein neuzeitlicher Schnellspannblockwagen mit und ohne Selbstentspannung der Klauen und Holzdrehvorrichtung, welcher jetzt auch von deutschen führenden Firmen in erstklassiger Ausführung geliefert wird (s. Abb. 90), ist jedem Sägewerksbesitzer, welcher hohe Leistungen erzielen will, zur Anschaffung dringend zu empfehlen. Es ist ein Irrtum, anzunehmen, daß sich Schnellspannblockwagen nur für schwächere Rundhölzer eignen, der Beweis ist erbracht, daß mit den neuzeitlichen Schnellspannwagen auch Rundholz über 40 cm Durchmesser sicher und fest eingespannt werden kann.

Abb. 90. Bolinders Schnellspann-Blockwagen.

Ein weiterer Vorteil der Schweden- und neuzeitlichen deutschen Gatter ist die Verwendung großer Vorschubwalzen, weil der Vorschub des Holzes speziell wenn es gefroren ist, sicherer ist als bei dünnen Walzen. Vorteilhaft ist ferner, daß die oberen Vorschubwalzen eine große Steigfähigkeit haben und den Stamm ohne Rücksicht auf Differenzen im Durchmesser einfach in das Gatter hineinziehen, und zwar unter stets gleichbleibendem Druck und ohne weitere Kontrolle und Nachhilfe. Die seitlich ausschwenkbaren Vorschubwalzen der Schweden- und neuzeitlichen deutschen Gatter, ermöglichen ein schnelles und bequemes Einhängen der Sägen mit großer Genauigkeit, weil dieselben durch Ausschwenken der Walzen frei liegen.

Großen Wert legen die Schweden auf die Schmierung, welche bei Bolinder durch zwei zuverlässig arbeitende Druckschmierapparate erfolgt, jedoch auch bei den neuzeitlichen deutschen Gattern vorhanden ist.

G. Schwedengatter von Bolinders.

Abb. 91, 92 und 93 zeigen das sog. Standard-Sägegatter der Firma Bolinders, Stockholm, Schweden, Zweigniederlassung Berlin.

Bolinders, eine führende schwedische Sägegatter- und Holzbearbeitungsmaschinenfabrik, schreibt über ihr Standard-Sägegatter folgendes: Hauptvorteile, einfach gekröpfte Kurbelwelle, reichlich dimensioniert, mit nur einer Lenkerstange, die am unteren Teil des Sägerahmens angreift. Dadurch werden Betriebsschwierigkeiten tunlichst vermieden, die bei 2 Lenkerstangen durch deren ungleiche Längen und unrichtige Stellung der Kurbelzapfen zueinander entstehen können und heißlaufende Zapfen, Rahmenführungen sowie das Wackeln der Gatter hervorrufen. Das „Standard"-Gatter erfordert nur eine Kellerhöhe von 2—2,50 m und nicht wie allgemein angenommen wird, 3 bis 3,40 m. Höchste Sägengeschwindigkeit. Angetriebene Vorschubwalzen mit Selbsteinstellung. Unbehinderter Sägenwechsel von beiden Seiten. Kontinuierlicher (ununterbrochener) Vorschub mit Rücklauf. Bolinders „Standard"-Sägegatter wird mit seinen Neuerungen aus dem letzten Jahrzehnt als das leistungsfähigste Vollgatter für nordische Fichte und Kiefer von den bedeutendsten Sägewerken, besonders in Nordeuropa seit Jahren anerkannt und bevorzugt. Auf Grund des verwendeten Materials und der sorgfältig durchgeführten Präzisionsausführung aller Einzelheiten besitzt dieses Gatter außerdem eine unerreichte Betriebssicherheit. Die erzielte Steigerung der Leistung und Betriebssicherheit wird in den neuzeitlichen Sägewerken ohne Mehrarbeit der Bedienung voll

Abb. 91. Bolinders Standard-Gatter.

ausgenutzt. Auf diese Weise wird Zeit und Arbeit gespart, so daß jetzt eine große Anzahl Blöcke geschnitten werden in derselben Zeit, in der früher mit mehr Kraftaufwand nur ein Bruchteil hiervon geleistet wurde. Die oberen Vorschubwalzen, die ebenso wie die unteren kontinuierlich (ununterbrochen) angetrieben werden, lassen sich durch einen Griff mit dem zugehörigen Antrieb und dem ganzen Gleitrahmen (Abb. 93) mühelos seitwärts drehen, so daß die Sägen von beiden Seiten in ganzer Länge vollständig frei liegen. Das zeitraubende Einhängen und genaue Ausrichten der Blätter wird hierdurch wesentlich abgekürzt und erleichtert. Das lästige Einstellen der Walzen bei jedem neuen Block und die ständige Beobachtung während des Schneidens fällt vollständig fort, da diese Einstellungen ganz selbsttätig erfolgen und der sichere Vorschub auch unter schwierigen Verhältnissen, wie bei vereisten Blöcken, stets gewährleistet wird.

Abb. 92. Einzelvorschub mit kontinuierlichem Antrieb in Arbeitsstellung.
(Bolinders, Stockholm-Berlin C 2.)

Abb. 93. Seitwärts gedrehter Walzenrahmen zur Freilegung der Sägeblätter beim Bolinders Standard-Gatter.

Der Fundamentrahmen, von sehr kräftiger Bauart, sichert der Kurbelwelle und dem gesamten Triebwerk völlig erschütterungsfreie Lagerung. Die Kurbelwelle ist vollständig bearbeitet, auf das genaueste geschliffen und ausbalanciert, um einen ruhigen, stoßfreien Lauf zu erzielen. Die Hauptlager befinden sich unmittelbar zu beiden Seiten der Kurbel und haben besonders große Abmessungen, besitzen zuverlässige Ringschmierung und auswechselbare Lagerschalen aus bestem Weißmetall. Sie sind auf beiden Seiten staubdicht abgeschlossen und dadurch vor Verunreinigung und Heißlaufen geschützt. Die beiden

Schwungscheiben befinden sich ebenfalls unmittelbar zu beiden Seiten der Hauptlager. Die Kurbelstange ist äußerst kräftig, aus bestem erprobten Material in einem Stück geschmiedet und hat geteilte, leicht nachstellbare Lager, die härtester Beanspruchung im Dauerbetrieb standhalten und die gefürchteten Betriebsstörungen vermeiden.

Der Sägerahmen ist durch eingehende jahrzehntelange Versuche sowohl in bezug auf Bauart als auch Material zu seiner heutigen Widerstandsfähigkeit bei leichtestem Gewicht entwickelt worden.

Als wichtigster Teil des Gatters wird der Sägerahmen stets mit besonderer Sorgfalt ausgeführt und geprüft. Die prismatischen Führungen haben große Gleitflächen, um ein häufiges Nachstellen zu vermeiden.

Die Vorschubeinrichtungen, von deren Zuverlässigkeit und Wirksamkeit die Schnittleistung vor allem abhängt, sind auf das zweckmäßigste durchgebildet und haben sich in jahrelangem forcierten Dauerbetrieb ausnahmslos bewährt. Diese Bauart trägt ebenso zur Mehrleistung bei, wie sie die körperliche Tätigkeit der Bedienung vermindert. Der Vorschub wirkt, wie schon erwähnt, kontinuierlich, ist jederzeit leicht regulierbar und läßt sich augenblicklich auf Halt bzw. auf Rücklauf umsteuern. Auf Wunsch werden Gatter von 750 und 830 mm Rahmenweite auch mit periodischem Vorschub ausgerüstet.

Die oberen Vorschubwalzen sind mit kräftigem Antrieb versehen und stellen sich selbst ohne Bedienung auf die jeweilige Blockstärke ein. Die tiefste Ruhelage, in die die Walzen zurückfedern, kann beliebig verändert und vor dem Schneiden fixiert werden. Sobald der Stamm die Oberwalze berührt, hebt sie sich ohne Kraftaufwendung und paßt sich allen Veränderungen des Stammdurchmessers selbsttätig an unter stets gleichbleibendem Druck, ohne weitere Kontrolle und Nachhilfe.

Wie Abb. 93 zeigt, sind die oberen Walzen in ihrem Gleitrahmen seitlich drehbar, um schnell und mühelos mit einem Griff den ganzen Sägerahmen von beiden Seiten frei zugänglich zu machen. Das Auswechseln der Sägeblätter wird hierdurch erheblich beschleunigt, gleichzeitig erleichtert und eine genaue Einstellung ermöglicht.

Die unteren Vorschubwalzen sind besonders wirksam durch eine neuartige Zahnung, die ständig rein und scharf gehalten wird, so daß ein Gleiten und Versagen des Vorschubes vermieden ist.

Zwei Druckschmierapparate zweckmäßigster und bester Ausführung versehen alle wichtigen Schmierstellen vollkommen staubfrei und zuverlässig mit frischem Öl. Das Kurbellager hat einen besonderen zwangläufig angetriebenen Drucköler, der das Öl durch die gebohrte Kurbelwelle von innen zuführt. Eine sicher wirkende Bremseinrichtung wird mitgeliefert. Die Losscheibe sowie andere geeignete Teile sind mit allerbesten Kugellagern versehen. Abb. 90 zeigt einen Bolinders Schnellblockwagen, wie er in Schweden und Finnland verwandt wird. Aus dem Bilde ist deutlich ersichtlich, wie leicht und schnell das Einspannen der Blöcke erfolgt. Es sind keine Handräder oder Schraubenspindeln zu drehen, sondern mittels Hebel wird der Stamm schnell und sicher eingespannt.

Spezifikation der Bolinders Standard-Sägegatter.

Durchgangsweite des Sägerahmens in mm	Kraftbedarf eff. PS	Hublänge	Touren pro Minute	Riemenscheiben, Fest- und Losdurchmesser und Breite (Einzelbreite)	Anordnung		Gewicht ohne Blockwagen in kg netto
500	30	500	350	1000 × 215	Einzelvorschub	kontin.	7800
600	30	500	325	1000 × 215	,,	,,	7900
750	30	500	290	1000 × 215	,,	period.	8250
750	30	500	290	1000 × 215	,,	kontin.	8500
830	30	500	275	1000 × 215	,,	period.	8350
830	30	500	275	1000 × 215	,,	kontin.	8600
830	30	500	275	1000 × 215	Doppelvorschub	period.	8500
830	30	500	275	1000 × 215	,,	kontin.	8750

Wie aus vorstehender Tabelle ersichtlich, haben die Bolinders „Standard"-Gatter bei allen Größen 500 mm Hublänge, wogegen bei deutschen Gattern der Hub zwischen 350—750 mm wechselt und dem hauptsächlich in jedem Gatter als normal zu schneidenden Rundholzdurchmesser angepaßt ist; sie ändern sich also entsprechend mit den Schnitthöhen (auch größter Stammdurchmesser genannt). Weiter kommt hinzu, daß bei kleinerem Hub auch die Rahmenhöhe kürzer wird und somit die Gattersägen auch kürzer ausfallen, was wieder zur Folge hat, daß man dünnere Sägen mit weniger Schnittverlust verwenden kann, welche leichter unter Spannung zu halten sind und damit weniger Neigung zum Verlaufen zeigen wie lange Sägen.

Der effektive Kraftverbrauch ist bei allen Gattern mit 30 PS effektiv angegeben, was nicht ganz zutreffen dürfte.

Hochleistungs-Vollgatter „Gigant" von H. Kirchner.

Die Firma Kirchner & Co. A.-G., Leipzig, die größte deutsche Maschinenbauanstalt für Holzbearbeitungsmaschinen, schreibt über diese neue Hochleistungsgattersäge, Abb. 94, folgendes: Diese in jeder Hinsicht vollkommene Hochhub-Vollgattersäge wurde unter Verwendung der vielen im Laufe von bald 50 Jahren im Bau von Sägegattern gesammelten Erfahrungen geschaffen. Die uns zugehenden zahlreichen Aufträge und Anerkennungen sind der beste Beweis dafür, daß wir unser Ziel erreicht haben, ein Gatter zu besitzen, das hinsichtlich der gut durchdachten Konstruktion, tadellosen Ausführung unter Verwendung hochwertigsten Materials und hohen Leistung den gestellten Anforderungen der Neuzeit entspricht. Unsere Vollgattersäge „Gigant" ist daher überall dort zu empfehlen, wo ein größerer Reingewinn bei geringeren Betriebskosten durch erhöhte Leistungen sowie größmögliche Holzausbeute erzielt werden soll. Die sehr kräftig gehaltenen und mit starken Rippen versehenen, nach unten weit ausladenden Ständer sind oben durch ein hohes Kopfstück und dicht unter den Tragwalzen durch zwei breite, widerstandsfähige Traversen miteinander verbunden und auf einer schweren, kräftigen Grundplatte verschraubt, wodurch nicht nur eine sachgemäße Aufstellung, sondern auch ein vibrationsfreier Stand des Gatters gewährleistet wird. Die starke geschliffene Antriebswelle aus erstklassigem Material rotiert in langen, nachstellbaren und dickwandigen Stahlbronzeschalen mit der gegen Zutritt von Staub gut abgedichteten, allerorts bewährten ölsparenden Ringschmierung. Die Lagerkörper sind auf der Grundplatte aufgeschraubt, letztere ist an den Sitzflächen der Lager dermaßen durch hohe doppelwandige Rippen verstärkt, daß ein einwandfreier und ruhiger Lauf erzielt wird.

Abb. 94. Kirchners Hochleistungs-Vollgatter „Gigant".

Zwischen den Lagern trägt die Antriebswelle die zeitweilige Fest- und Losscheibe, die behufs Erzielung eines guten Durchzuges und zugleich zur Schonung der Riemen im Durchmesser groß und breit sind. Die Losscheibe rotiert auf einer mit bewährter Schmierung versehenen Metallbüchse. Der Riemenausrücker ist bequem zu bedienen und das vorzeitige Einrücken kann verhindert werden. Die beiden geschmiedeten, äußerst widerstandsfähigen Lenkerstangen sind an den beiden Rahmenzapfen mit verstellbaren Bronzelagern, und an den starken geschliffenen Stahlkurbelzapfen mit sich selbst einstellenden, bestbewährten Tonnenlagern, schwere Type, versehen. Die großen, hydraulisch aufgezogenen Schwungräder, durch die Gatterständer verdeckt, sind dem Gewicht des Sägerahmens angepaßt und gut ausgewuchtet. Sie besitzen zwei kräftige Arme, wodurch die inneren Hauptlager leicht zugängig sind und Gußspannungen vermieden werden. Die Befestigung des Kurbelzapfens in den Schwungrädern erfolgt durch einen sauber eingeschliffenen Konus, der ebenso wie die vorgesehene Mutter gegen selbsttätige Lösung gesichert ist. Der große Hub und die hohe Tourenzahl machen das Gatter äußerst leistungsfähig. Die Vorteile des ersteren in Verbindung mit einer hohen Tourenzahl dürften hinlänglich bekannt sein, so daß es einer Erläuterung nicht bedarf. Der Sägerahmen, aus Spezialstahl gefertigt, ist ziemlich leicht und dabei doch äußerst widerstandsfähig, so daß selbst bei dem Einspannen einer größeren Anzahl von Sägeblättern eine Formveränderung desselben ausgeschlossen ist. Er gleitet in nachstellbaren, breiten, daher dem Verschleiß wenig ausgesetzten Flach- und Prismaführungen.

Durch eine zuverlässig wirkende Bandbremse und eine Klinkvorrichtung in den Schwungrädern kann der Sägerahmen zum Auswechseln der Sägeblätter in beliebige Stellung gebracht und arretiert werden.

Der Vorschub erfolgt durch vier, mittels bewährter Ketten angetriebene gezahnte Walzen von großem Durchmesser; die unteren werden durch starke Stirnräder betätigt. Um ein leichtes Ansteigen der Wal-

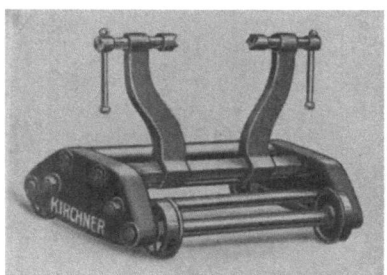

Abb. 95. Blockwagen.

Abb. 96. Blockwagen mit seitlicher Verstellung durch Handrad.

zen zu ermöglichen, haben je zwei übereinanderliegende einen gemeinsamen Kettenantrieb, der andauernd gespannt wird. Die Entfernung zwischen den Walzen ist möglichst klein gehalten, was besonders bei Verarbeitung kurzer Stämme sehr zustatten kommt. Der Vorschubmechanismus, welcher durch Gegenkurbel und Schaltrad erfolgt, wirkt ungeachtet seiner einfachen Konstruktion zuverlässig. Da derselbe nur aus zwei Gelenken besteht, ist dessen Abnutzung auf das geringste Maß beschränkt. Der Vorschub selbst ist durch eine Handrad auch während des Ganges verstellbar. Die Schaltklinken am Vorschubrad lassen sich schnell und bequem in und außer Betrieb setzen. Das Anheben der oberen Walzen erfolgt durch Handrad, durch dessen Drehung eine Räderübersetzung betätigt wird, die Belastung wird durch Hebel und Gewicht bewerkstelligt. Die Zahnräder sind durch vorteilhaft angeordnete Schutzvorrichtungen gegen herabfallende Sägespäne geschützt.

Die Anordnung sämtlicher Hebel und Handräder auf einer Seite vereinfacht die Bedienung der Maschine in hohem Grade. Zum Gatter gehört je ein Blockeinspannwagen nach Abb. 95 und 96, sowie Laufschienen für 8 m Schnittlänge. Auf Wunsch wird das Gatter mit einem automatischen Zentralschmierapparat sowie Schnellspann-Blockwagen geliefert. Abb. 97 zeigt einen Krummschneidewagen, welcher den Stamm von hinten faßt.

Abb. 97. Krummschneidewagen mit seitlicher Verschiebung der Spannvorrichtung.

Spezifikation der Vollgattersäge „Gigant".

Lichte Rahmenweite	Schnitthöhe bis mm	Hub	Größte Sägenanzahl	Fest- und Losscheibe Durchmesser und Gesamtbreite	Touren pro Minute	Kraftbedarf in PS bei Leerlauf		bei größter Sägenanzahl		Breite zirka	Ganze Maschinenhöhe zirka	Gewicht in kg netto
						Gruppenantrieb	elektr. Einzelantrieb	Gruppenantrieb	elektr. Einzelantrieb			
450	400	430	12	800 × 240	280	2	3	12	18	1400	3300	3900
550	500	450	15	900 × 260	260	2,5	4	15	22	1400	3700	4400
650	600	480	18	950 × 320	240	3,5	5	20	30	1500	4000	5600
750	700	530	21	1000 × 380	220	4	6	25	38	1700	4400	6600
900	850	600	26	1050 × 440	190	4,5	7	35	50	2000	5000	9400
1100	1100	750	30	1200 × 500	160	5	8	45	65	2200	5800	13000

J. Verschiedene andere Gatter.

Abb. 98 zeigt eine fahrbare Vollgattersäge mit Walzenvorschub von Kirchner, Leipzig. Verwendung findet dieses leistungsfähige Gatter in Sägewerken, welche öfters den Arbeitsplatz wechseln müssen, z. B. wenn nur kleinere Waldparzellen abgeholzt werden sollen oder da, wo es die örtlichen Verhältnisse infolge der damit verbundenen Unkosten nicht gestatten, die Rundstämme auf weiten, schwer passierbaren Wegen nach der Sägemühle zu transportieren. Das Gatter dient sowohl zur Erzeugung von Brettern, als auch von Kanthölzern aller Art.

Da es auf einem kräftigen Fahrgestell aufmontiert ist und während der Sägearbeit auf den Rädern stehen bleibt, wird ein massives kostspieliges Fundament nicht benötigt. Die Aufstellung des Gatters nimmt deshalb nur kurze Zeit in Anspruch. Beim Arbeiten werden die Räder gegen unbeabsichtigte Bewegung nur durch das Vorlegen von Holzklötzern gesichert und das Gatter durch entsprechende Holzbalken abgesteift. Zur bequemen Bedienung bei dem Auf- und Abladen der Hölzer wird dasselbe in einer Grube derart aufgestellt, daß das Wagengleis zur ebenen Erde zu liegen kommt.

Abb. 98. Kirchners fahrbare Vollgattersäge mit Walzenvorschub.

Das Fahrgestell ist kräftig konstruiert, dabei aber so weit als möglich leicht gehalten. Die dauerhaft hergestellten eisernen Räder mit geschweißten Winkelringfelgen besitzen außergewöhnlich breite Radreifen, so. daß selbst das Befahren schlechter Wege keine Schwierigkeiten bereitet. Die Hinterachse ist festgelagert, während die Vorderachse mit einem Drehschemel versehen ist, an welchem die starke Deichsel befestigt wird.

Die sehr kräftig gehaltenen Ständer sind oben durch ein Verbindungsstück verschraubt, während dieselben unten, als Fahrgestell ausgebildet, gleichfalls durch zwei Verbindungsstücke verkuppelt sind.

Die starke, einfach gekröpfte Kurbelwelle, aus vorzüglichem Material hergestellt, läuft in drei nachstellbaren Lagern, die mit leicht auswechselbaren kräftigen Phosphorbronzeschalen ausgestattet sind. Auf der einen Seite der Welle befindet sich ein großes, zur Ausgleichung des Sägerahmens mit Gegengewicht versehenes Schwungrad. Auf der dem Schwungrad gegenüberliegenden Seite ist außerhalb des Lagers die große Fest- und Losscheibe angeordnet, letztere rotiert auf einer mit selbsttätiger Schmierung ausgestatteten Büchse. Durch die fliegende Anordnung der Fest- und Losscheibe kann der Antrieb direkt vom Motor oder der Lokomobile erfolgen. Die den Sägerahmen betätigenden beiden Zugstangen sind geschmiedet und mit geschlossenen Kappen versehen. Die Kurbel- und Rahmenzapfen rotieren in nachstellbaren Phosphorbronzelagern.

Der Sägerahmen aus Spezialstahl angefertigt, ist derart widerstandsfähig, daß er ohne Gefahr einer Formveränderung, einer großen Anzahl von Sägeblättern zu widerstehen vermag. Seine Führung erfolgt durch Pockholzbacken, die in nachstellbaren flachen und prismatischen Bahnen gleiten. Mittels einer schnell in Funktion tretenden Backenbremse läßt sich der Sägerahmen in jeder Lage arretieren, was vorwiegend bei dem Auswechseln der Sägeblätter erwünscht ist. Der Vorschub der Stämme erfolgt durch vier, mittels bewährter Ketten angetriebene, große, gezahnte Walzen, von denen die beiden oberen dauernd durch gesicherte Hebel mit Gewicht belastet werden. Die oberen Walzen lassen sich durch Handräder und geeignete Zahnradübersetzung dem Stammdurchmesser entsprechend in der Höhe einstellen. Um auch kurze Stämme verarbeiten zu können, ist die Entfernung zwischen den Walzen möglichst klein gehalten. Die Sperrklinken über den Zahnrädern der oberen Walzen halten die letzteren in der gewünschten Lage fest.

Die Betätigung des Vorschubmechanismus bewirkt eine am Kurbelzapfen befindliche Gegenkurbel, die eine Schubstange betätigt. Letztere ist an dem Schaltradbolzen drehbar angeordnet und auf der Rückseite mit einer Klinke ausgestattet, die periodisch das Schaltrad mit dem daran befindlichen Stirnrad dreht und die so erteilte Bewegung auf die Transportwalzenräder überträgt. Da dieser Mechanismus nur aus zwei Gelenken besteht, so ist derselbe keiner großen Abnutzung ausgesetzt. Der Vorschub des Holzes kann auch während des Ganges verändert oder durch Abheben der Klinke am Schaltrad unterbrochen werden. Die Zahnräder sind durch vorteilhaft angeordnete Schutzvorrichtungen gegen herabfallende Sägespäne geschützt.

Da sämtliche Hebel und Handräder auf einer Seite des Gatters praktisch angeordnet sind, wird nicht nur die Bedienung in hohem Grade vereinfacht, sondern auch die Betriebssicherheit wesentlich erhöht.

Die lichte Rahmenweite beträgt 650 mm,
die größte Schnittfläche beträgt 600 mm,
der Hub beträgt 450 mm,
die größte Sägenzahl beträgt 14,
der Kraftverbrauch bei 14 Sägen beträgt zirka 16—24 PS,
der Vorschub beträgt durchschnittlich 2 m pro Minute,
die Tourenzahl beträgt 260 pro Minute.

Abb. 97 zeigt eine neukonstruierte doppelte Trenngattersäge QTD von Kirchner. Diese Neukonstruktion zeichnet sich gegenüber früheren Modellen durch hohe Tourenzahl und kontinuierlichen (ununterbrochenen) Vorschub besonders aus und hierdurch lassen sich bedeutend höhere Leistungen erzielen. Verwendung findet die Maschine, um gleichzeitig zwei Bohlen, Bretter oder Schwarten mit je einem oder mehreren Sägeblättern in schwächere Dicken aufzutrennen. Das kräftige Gestell besteht aus zwei Ständern, welche oberhalb und in ungefährer Mitte durch ein Verbindungsstück miteinander fest verschraubt sind. Die Antriebswelle, aus bestem Stahl gefertigt, trägt zwischen den Lagern die geteilten Fest- und Losscheiben. Außerhalb der Lager sind die beiden Kurbelscheiben hydraulisch auf die Welle gepreßt. Die Ständerfüße sind so konstruiert, daß die Welle mit den Schwungrädern seitlich herausgenommen werden kann, ohne daß eines der Schwungräder, wie es bei den alten Konstruktionen üblich ist, abgezogen werden muß.

Abb. 99. Doppelte Trenngattersäge.
(Kirchner & Co., A.-G., Leipzig.)

Der Sägerahmen ist aus Spezialstahl angefertigt und gleitet in je vier nachstellbaren glatten und prismatischen Führungen, welche mit selbsttätiger Schmierung versehen sind. Es können in demselben auf einmal mehrere Sägen eingehängt werden. Die Auf- und Abwärtsbewegung des Sägerahmens wird durch die aus einem Stück geschmiedeten Zugstangen, welche am Rahmenzapfen mit nachstellbaren Bronze- und am Kurbelzapfen mit bestbewährten Tonnenlagern ausgerüstet sind, bewirkt. Der Rahmen ist mit beiden Schwungrädern gut ausbalanciert, so daß ein leichter und ruhiger Gang der Maschine gewährleistet wird.

Der Transport des Holzes erfolgt durch vertikal angeordnete geriffelte Walzen, welche sich paarweise vor und hinter den Sägen befinden. Die mittleren Walzen lassen sich der Dickte des zu schneidenden Brettes entsprechend mittels Spindel, Handrad, Kettenräder und Kette gleichmäßig einstellen. Die äußeren werden durch Zahnstange, Getriebe, Handrad mit Seilgewichtsbelastung gegen das Holz gedrückt. Der Antrieb der Walzen erfolgt kontinuierlich durch konische Zahnräder, Ketten- und Schneckengetriebe, sowie Friktion, die von der Kurbelwelle aus betätigt wird. Durch ein Handrad läßt sich der Vorschub leicht vom kleinsten bis zum größten einstellen und durch einen Hebel schnell ein- und ausrücken.

Abb. 100. Horizontale Gattersäge. (Kirchner & Co., A.-G., Leipzig.)

Die Druckwalzen sind hinter den Sägen verstellbar angeordnet. Ein Hebel mit Gewicht bewirkt den dauernd gleichmäßigen Druck bei unebenen Stellen des Holzes.

Ausrücker, Bremse, sowie alle Hebel der Maschine befinden sich auf einer Seite. Beim Schneiden von schweren Bohlen sind vor und hinter dem Gatter Rollenböcke anzubringen. Die Anschaffung eines solchen Trenngatters ist natürlich nur dann zu empfehlen, wenn Bohlen und dicke Bretter in großen Mengen in schwächere Dickten aufzutrennen sind. Da zugleich $2 \times 6 = 12$ Sägeblätter eingehängt werden können, ist eine gleiche hohe Leistung mit keiner anderen Maschinenart zu erzielen, weil beim Auftrennen von Bohlen mit den bisher üblichen Trennmaschinen bei einmaligem Durchgang nur eine Dickte abgetrennt werden kann. Auf vorstehendem Trenngatter können Hölzer bis 400 mm hoch und 150 mm dick in schwächere Dickten geschnitten werden. Der Sägenhub beträgt 350 mm. Die Fest- und Losscheibe hat 600 mm Durchmesser und 280 mm Gesamtbreite. Die Tourenzahl ist 350 pro Minute.

Der Kraftbedarf bei Gruppenantrieb ist zirka 12 PS, bei elektrischem Einzelantrieb zirka 18 PS. Der Platzbedarf in der Breite ist zirka 1800 mm. Die Tiefe richtet sich nach der Schnittlänge. Die Höhe vom Fußboden an gemessen 1800 mm. Die Höhe der ganzen Maschine beträgt 2650 mm. Das Nettogewicht der kompletten Maschine beträgt zirka 2900 kg.

Die in Abb. 100 nach einer Ausführung von Kirchner dargestellte horizontale Gattersäge QHB findet in der Hauptsache Verwendung zum Aufschneiden edler und Harthölzer in Bretter und Bohlen, besonders aber für Arbeiten, bei denen auf einen sauberen und feinen Schnitt Wert gelegt wird. Ein besonderer Vorzug der horizontalen Gattersäge besteht darin, daß, je nach der inneren Beschaffenheit des Holzes, nach jedem Schnitt die nächste Brettstärke bestimmt werden kann, was besonders beim Aufschneiden wertvoller Hölzer von großer Bedeutung ist. Die Gatterständer sind sehr stark gehalten und auf großer Grundfläche verankert, was zum ruhigen Gange der Maschine wesentlich beiträgt.

Der Sägerahmen ist für die Höchstspannung des Sägeblattes entsprechend stabil und doch leicht. Er gleitet an einem eisernen Querträger mit Führungen und ist zugleich mit diesem durch zwei Schraubenspindeln und Handrad je nach Stärke der Bretter einstellbar. Außerdem kann die Einstellung durch Riemenantrieb auch selbsttätig erfolgen. Zum Blockwagen, mit Flanschenrädern ausgerüstet und auf Schienen laufend, werden meistens nur die eisernen Beschlagteile vom Lieferwerk bezogen, da der Besteller an Hand einer zur Verfügung gestellten Zeichnung die Hauptteile leicht an Ort und Stelle anfertigen lassen kann. Auf Wunsch wird der Blockwagen jedoch in Eisenkonstruktion geliefert. Vor- und Rücklauf des Wagens erfolgt auf mechanischem Wege; jedoch kann die Betätigung desselben auch durch ein Handrad bewirkt werden. Die Bedienung des Gatters ist eine sehr einfache, da alle Stelleinrichtungen an einer Seite angeordnet sind.

Die Hauptantriebswelle, auf welcher die Kurbelscheibe sitzt, ist mit fester und loser Riemenscheibe versehen. Das vorstehend beschriebene Gatter wird in nachstehenden Abmessungen geliefert.

Sägeblattführung in mm	Abstand zwischen		Hub	Fest- und Losscheibe am Vorgelege		Touren pro Minute	Kraftbedarf in PS		Breite des Gatters inkl. Schwungbock in mm	Höhe	Nettogewicht in kg
	Wagenoberkante und Sägeblatt in mm	Sägeblatt und Traverse in mm		Durchmesser	Gesamtbreite		bei Gruppenantrieb	bei elektrisch. Einzelantrieb			
750	750	200	600	450	240	300	6	9	6150	2000	2500
1000	975	250	750	550	240	240	7	11	7500	2350	3560
1200	1175	250	1000	650	260	180	8	12	8500	2550	4050
1400	1375	280	1200	750	280	150	9	13	9800	2900	4500
1700	1550	280	1500	1000	300	120	10	15	12200	3100	7000

Falls gleichzeitig zwei schwächere Stämme geschnitten werden sollen, sind doppelte Aufspannapparate nach Abb. 101 erforderlich.

Abb. 102 zeigt eine Einspannvorrichtung für mehrere Sägeblätter.

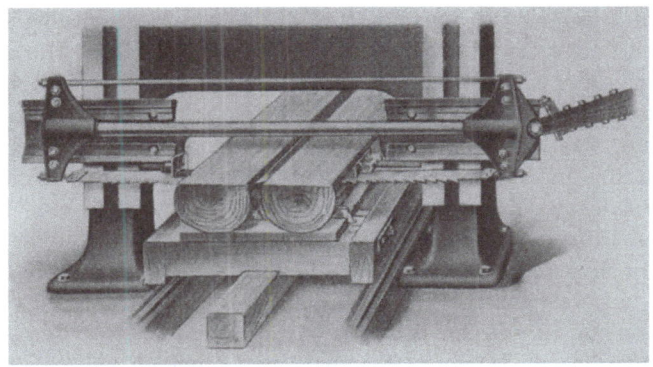

Abb. 101. Doppelte Aufspannapparate für Horizontalgatter zum gleichzeitigen Schneiden von 2 Stämmen. (Kirchner & Co., A.-G., Leipzig.)

Diese Vorrichtung gestattet, Stämme bis 450 mm Durchmesser mit 2 bis 4 Sägeblättern gleichzeitig in dünne Bretter zu schneiden. Diese Sägeblätter werden unabhängig voneinander durch Stahlkeile gespannt,

Abb. 102. Einspannvorrichtung für mehrere Sägeblätter beim Horizontalgatter. (Kirchner & Co., A.-G., Leipzig.)

so daß die Übelstände der Vorrichtungen mit bündelförmig gespannten Sägen fortfallen. Die durchschnittliche Leistung des vorstehend beschriebenen Gatters beträgt bei Verwendung eines Sägeblattes in 8 Stunden zirka 300 qm Weichholz oder 200 qm Hartholz.

K. Vertikalgatter oder Horizontalgatter.

Über diese Frage streiten sich Fachleute schon seit langen Jahren. Als feststehende Tatsache ist jedoch zu betrachten, daß man Blöcke über 65 cm Durchmesser vorteilhafter auf einem Horizontalgatter als auf einem Vollgatter schneidet. Der Hauptvorteil des Horizontalgatters gegenüber einem Vertikal- oder Vollgatter besteht darin, daß man bei dem ersteren das Holz während des Schneidens genau beobachten kann, was bei einem Vollgatter nicht möglich ist, da dieses den ganzen Stamm in einem Arbeitsgang durchschneidet. Jedenfalls ist ein Horizontalgatter in diesem Falle wirtschaftlicher, da es eine bedeutend bessere Holzausnutzung ermöglicht und der Schneidemüller in der Lage ist, nach jedem Schnitt durch Betrachten der Schnittfläche zu beurteilen, in welcher Weise der Stamm am günstigsten ausgenützt werden kann, ob zu dünnen Brettern oder zu Bohlen. Gerade bei starken Stämmen, deren Inneres man vor dem Schneiden nicht beurteilen kann, ist dieses von allergrößter Wichtigkeit. Wie schon erwähnt, sind Vollgatter zum Schneiden von Blöcken über 65 cm Durchmesser nicht am Platze, da bei den großen Vollgattern, über 800 mm Rahmenweite und über 550 mm Hub eine hohe Bauart erforderlich ist, welche die Verwendung sehr langer Sägen bedingt, die selbstverständlich stärker gespannt sein müssen als kurze. Das übermäßige Spannen der Sägen durch Keile, die mittels Hammer angetrieben werden, oder die Verwendung der stärker spannenden Exzenterangeln hat zur Folge, daß die hohen Sägerahmen leicht nach vorne oder hinten durchbiegen. Der Sägenwechsel ist bei den hohen Sägerahmen ebenfalls sehr unbequem, da der Sägemüller meistens zum Einsetzen der Blätter eine Trittleiter oder dgl. benutzen muß, außerdem sind bei den hochgebauten Gattern die Handräder zum Heben der oberen Vorschubwalzen für kleinere Arbeiter schwer erreichbar. Wer gezwungen ist Blöcke von über 65 cm Durchmesser auf einem Vollgatter zu schneiden, wird die Erfahrung machen, daß bei nicht reichlich stark gespannten Sägen die letzteren sehr leicht verlaufen und das Gatter infolgedessen im Holze zum Stillstand kommt, was bekanntlich sehr unangenehm ist und stets einen längeren Betriebsstillstand nach sich zieht. Tritt eine solche Betriebsstörung ein, ist schon manches Gatter durch Ansetzen von Brechstangen in die Zahnräder oder in das Vorschubrad verdorben worden. Im allgemeinen kommen Nadelhölzer wie Kiefern, Fichten und Tannen nur noch selten über 60—65 cm Durchmesser vor, so daß für diese Art Hölzer Vollgatter mit kürzeren Sägerahmen und kurzen Sägen vollständig ausreichen. Der Vorteil bei Verwendung kurzer Sägen liegt auch darin, daß dann dünnere Sägeblätter verwandt werden können, was wiederum einen geringeren Schnittverlust bzw. dünnere Schnittfugen zur Folge hat. Ein jeder Sägewerksbetriebsleiter soll dahin streben, bei großer Leistung möglichst wenig Sägemehl und viel Nutzholz zu erzeugen, jedoch ist dies nur dann möglich, wenn das richtige Gatter und die passenden Sägen verwandt und in einem einwandfreien Zustand erhalten werden. Starke Laubhölzer, wie Buchen, Eichen und Ulmen über 65 cm Durchmesser, schneidet man auf jeden Fall vorteilhafter auf einem neuzeitlichen Horizontalgatter, weil die zum Teil krummen und ästigen Stämme sich auf den meisten Vollgatterblockwagen nur unsicher einspannen lassen und die unsichere Lage auf den Gatterwalzen auch zu berücksichtigen ist. Ebenfalls kommt man bei starken Blöcken über 65 cm Durchmesser mit dem üblichen Sägenhub von 500—550 mm nicht mehr aus, weil dann die Sägespäne nicht genügend aus dem Schnitt geworfen werden, was wiederum eine Kraftvergeudung und geringe Schnittleistung zur Folge hat. Bei den Schwedengattern ist bekanntlich der Hub nur 500 mm; dieselben kommen für starke Stämme infolgedessen nicht in Frage. Falls schwere, d. h. über 65 cm starke Laubhölzer zum Einschnitt gelangen, achte man besonders darauf, daß extra schwere Blockwagen mit sicherer Einspannvorrichtung zur Verfügung stehen, da andernfalls zu befürchten ist, daß die Wagen beim Schneiden von gewundenem oder gedrehtem Wachstum des Holzes aus den Schienen gehoben werden. Aus vorstehendem ist ersichtlich, daß für jedes Sägewerk, welches neben Nadelholz auch stärkere und wertvolle Laubhölzer schneidet, ein neuzeitliches Horizontalgatter unentbehrlich ist, zumal man mit einem Vollgatter unvorteilhaft arbeitet, sobald der Stammdurchmesser größer ist als der Sägenhub. Neuzeitliche Horizontalgatter haben bis 1500 mm Sägenhub, daher hat man auch bei großen Schnittbreiten freien Auswurf der Sägespäne nach rechts und links, was ein leichtes Arbeiten der Säge bedingt. Mit Horizontalgattern neuester Konstruktion sind bei achtstündiger Arbeitszeit Durchschnittsleistungen von 300 qm bei Weichholz und 200 qm bei Hartholz erzielt worden. Selbstverständlich sind solche hohe Leistungen nur in einem neuzeitlichen Betrieb mit besten Einrichtungen und Sägen, sowie bei Verarbeitung von günstigem Rundholz zu erzielen und man wird sich bei Horizontalgattern älterer Konstruktion und veralteter Einrichtung mit der Hälfte begnügen müssen. Die hohe Leistung der neuzeitlichen Horizontalgatter ist auch zum Teil darauf zurückzuführen, daß dieselben mit beschleunigtem Rücklauf versehen sind, wodurch die unproduktive Zeit nach Möglichkeit abgekürzt wird. Außerdem kann man an dem Sägerahmen der Gatter eine Einspannvorrichtung für 2—4 Sägeblätter anbringen, wodurch die Leistung bedeutend gesteigert wird. Der Kraftverbrauch der Horizontalgatter wird meistens zu niedrig angegeben, was zum zu straffen Anspannen der Antriebsriemen verleitet und wodurch heißgehende Lager und Betriebsstörungen hervorgerufen werden. Ebenfalls wird von einigen Gatterfabriken dadurch schwer gesündigt, daß die Antriebsscheiben zu klein im Durchmesser und zu schmal in der Breite gewählt werden, was selbstverständlich ungünstig auf die Leistung einwirkt. Ein Gatter von 1000 mm Stammdurchlaß benötigt beim Anschnitt bis 16 PS, beim Schnitt bis 12 PS, bei Verwendung eines Sägeblattes. Der Kraftverbrauch wird selbstverständlich auch beeinflußt durch die Gatterkonstruktion, Qualität und Art des zu schneidenden Holzes und vor allem durch Vorschub und Sägenart und -schärfe.

Was nun die Konstruktion eines Horizontalgatters betrifft, so soll sie derart durchgeführt sein, daß ein Schwanken und Zittern auch selbst bei stärkster Beanspruchung unmöglich ist. Im Gegensatz zum Vollgatter, bei dem sich auch bei bester Konstruktion ein Vibrieren in minimalen Grenzen bei großer Rahmenweite nicht vermeiden läßt, muß ein Horizontalgatter im Betriebe frei von wahrnehmbaren Erschütterungen bleiben. Um dieses zu erreichen, ist vor allem erforderlich, daß die Ständer des Gatters kräftig und schwer gehalten und auf einer gemeinsamen Grundplatte oder aber auf einem schweren Fundament montiert sind. Den Sägerahmen, den man früher meistens aus Eisen herstellte, fertigt man heute meist aus gespaltenem Birken-, Lärchen- oder Eschenstammholz an und armiert ihn mit eisernen Beschlägen, wodurch eine nennenswerte Gewichtsverminderung der bewegten Teile erreicht wird. Bei der Konstruktion und Ausführung des Sägerahmens ist eine Hauptbedingung, darauf zu achten, daß sich beim Anspannen der Säge und während des Betriebes die Rahmenarme nicht nach innen durchbiegen, was leider bei vielen Gattern der Fall ist. Bei verbogenen Sägearmen stehen die Sägeangeln nicht mehr wagerecht, weil die in den Armen befindlichen Angellöcher durch die erfolgte Verbiegung nach der Säge zu nach oben zeigen. Die Säge erhält dadurch auf beiden Seiten, gleich hinter den Kappen, je einen Knick und hat das Bestreben sich nach oben zu biegen, woran sie teilweise durch die wagerecht geführte Schnittrichtung gehindert wird. Die Knickbildung an den beiden Sägeenden zieht unweigerlich eine Erhöhung des Kraftbedarfs beim Schnitt nach sich; derselbe kann wie durch eingehende Versuche festgestellt wurde, bis zu 25% betragen. Derselbe Mehrverbrauch an Kraft wurde festgestellt bei Verwendung einer stumpfen Säge. Um unnötigem Kraftverlust entgegenzuwirken, sorge man daher für absolut starre Sägerahmen, welche sich auch bei übermäßigem Anspannen der Säge und während des Betriebes nicht verbiegen können, und für einwandfrei geschärfte und geschränkte Sägen aus allerbestem Material.

Wie beim Vollgatter ist auch beim Horizontalgatter die Größe des Sägehubes maßgebend für den Wert bzw. Leistung und Arbeitsweise.

Eine große Durchgangsweite erlaubt noch lange nicht, entsprechend starke Stämme zu schneiden, wenn der Sägehub zu klein ist. Großer Sägenhub gestattet die Verwendung langer Sägen, die länger scharf bleiben als kurze und infolgedessen nicht so oft ausgewechselt werden müssen. Der Nachteil langer Sägen ist der, daß sie, um ein Verlaufen zu vermeiden, stärker angespannt werden müssen als kurze, mehr zum Verlaufen neigen und dicker gewählt werden müssen als kurze Sägen. Großer Hub bedingt weniger Umdrehungen, wodurch Zapfen und Zapfenlager weniger beansprucht werden als bei Gattern mit kurzem Hub und großer Umdrehungszahl.

Nachstehende Verhältniszahlen haben sich in der Praxis bewährt:

Durchgangsweite in mm	800	1000	1200	1500
Sägehub ,, ,,	600	750	800—1000	1200
Umdrehungen pro Minute	280—300	240—250	180—220	150—160

Das Schwungrad eines Horizontalgatters soll in Größe und Schwere so bemessen sein, daß zur Schonung aller beweglichen Teile unbedingt ein gleichmäßiger Gang erzielt wird, was man auch daran erkennt, daß der Antriebsriemen bei richtiger Spannung keine schlagende Bewegung zeigt. Es ist ein Irrtum, anzunehmen, daß ein abnorm großes Schwungrad den Kraftbedarf verringert. Von großer Wichtigkeit ist, daß das Gegengewicht im Schwungrad dem Gewicht des Sägerahmens mit Lenkerstange angepaßt ist, weil dieses zum ruhigen Gang des Gatters beiträgt.

Die Hauptwelle darf infolge der stoßweisen Arbeit des Gatters nicht zu schwach gewählt werden, unter 80 mm soll dieselbe auch nicht beim kleinsten Horizontalgatter genommen werden; bei größerem Gatter entsprechend stärker. Ebenfalls ist zu beachten, daß die Entfernung von Mitte zu Mitte Lager niemals unter 1000 mm beträgt, da andernfalls bei einseitigem Auslaufen des Hauptlagers das Schwungrad mit Kurbelzapfen übermäßig stark aus der richtigen Lage zum Sägerahmen gebracht wird. Bei der Herstellung des Fundaments ist Sparsamkeit nicht angebracht und rächt sich stets. Die von den Fabriken ausgearbeiteten Fundamentzeichnungen weisen meistens zu kleine Maße auf, welche zu Erschütterungen Anlaß geben. Um das Abbrechen der Ankerschrauben zu vermeiden, nehme man dieselben nicht unter $1^1/_2$ Zoll, da es mit großen Umständen verknüpft ist, eine solche zu ersetzen. Wohl fast alle im Betrieb befindlichen älteren Sägegatter weisen noch Gleitlager auf, wohingegen neue Maschinen meistens mit Wälzlagern bzw. Tonnenlagern ausgerüstet werden. Richtig gewählte Wälzlager haben gegenüber Gleitlagern große Vorteile. In erster Linie sei auf die bedeutende Kraft und Schmiermaterialersparnis hingewiesen; aber auch die geringe Wartung derartig richtig gewählter Lager ist von großer Bedeutung. Gründe der Wirtschaftlichkeit sprechen also unbedingt dafür, bei vorkommenden Lagerreparaturen die vorhandenen kraftraubenden und ölverschleißenden Gleitlager auszubauen und dafür richtig konstruierte Wälzlager allerbesten Fabrikates einzubauen. Die Hauptlager am Vorgelege oder Kurbelbock durch Wälzlager zu ersetzen, wird wegen der hohen Kosten und auch technisch nicht immer durchführbar sein, aber eine Quelle großen Ärgers und Verdrusses läßt sich vermeiden, wenn man am Stelzen- bzw. Zug- oder Lenkerstangenkopf ein Tonnenlager einbaut. Als Wälzkörper werden bei diesem Lager sphärisch geschliffene Rollen verwendet, welche sich in dem sphärisch hohlgeschliffenen Außenring leicht einstellen können.

Der Einbau ist ohne Schwierigkeiten und große Kosten möglich. Heißlaufen der Lager, Brüche der Zapfen und dadurch bedingte mehr oder weniger lange Betriebsstörungen werden endgültig behoben. Voraussetzung ist aber stets der Einbau richtig

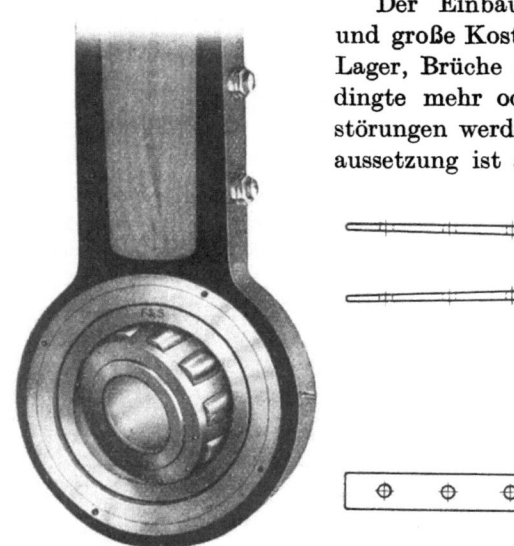
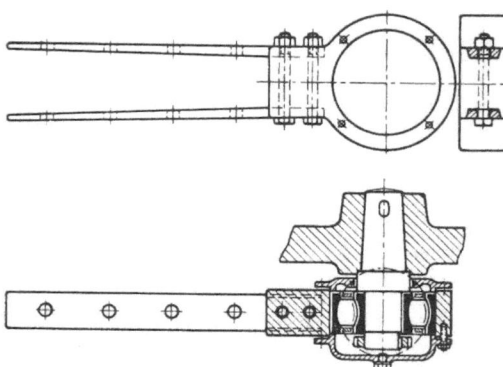

Abb. 103 a. Abb. 103 b.
Abb. 103a u. b. Stelzenkopf-Tonnenlager. (Fichtel & Sachs, Schweinfurt.)

ausgewählter und passender Lager. Wer den Einbau vornehmen will, wende sich an eine zuverlässige Fabrik, welche über die erforderliche Erfahrung verfügt und Präzisionsarbeit liefert und begehe ja nicht den Fehler, sich durch den Preis bestimmen zu lassen, ein zu schwaches Lager einzubauen. Derartige Fehler rächen sich später bitter und machen den fortlaufenden Ersatz der zerstörten Wälzlager notwendig, so daß der ursprüngliche Zweck der Wirtschaftlichkeit in das Gegenteil verwandelt wird. Nach dem Einbau ist die Pflege der Lager einfach und Betriebsstörungen sind ausgeschlossen, wenn man das Wälzlager gegen Verstaubung schützt und das Austreten von Schmierstoffen verhindert. Man erreicht dieses durch den gleichzeitigen Ersatz des Kurbelzapfens, der so konstruiert sein muß, daß er die obigen

Voraussetzungen erfüllt. Das in Abb. 103a u. b dargestellte Stelzenkopflager der Firma Fichtel & Sachs in Schweinfurt a. M. ist konstruktiv so durchgebildet, daß ein störungsfreies Arbeiten gewährleistet ist. Wichtig für den guten, einwandfreien Gang des Gatters ist auch die Beschaffenheit der Gleitbahn des Führungsschlittens. Sie werden neuerdings fast ausschließlich prismatisch und nachstellbar ausgebildet; nur wenn sie exakt gearbeitet sind, ist eine genaue wagerechte Führung des Sägerahmens möglich. Da letzterer mit großer Geschwindigkeit hin und her bewegt wird, ist auch der Schmierung der Gleitbahnen Beachtung zu schenken; selbsttätige Schmierungen haben sich in diesem Falle gut bewährt.

Die Leistungsfähigkeit eines Horizontalgatters ist, falls es sich um eine einwandfreie Konstruktion handelt, vor allem abhängig von der Zahngeschwindigkeit des Sägeblattes und dem Vorschub des Blockwagens. Die Sägegeschwindigkeit beträgt bei Horizontalgatter bis zu 7 m in der Sekunde, während man bei Vollgatter für deutsche Verhältnisse bis höchstens 5 m in der Sekunde rechnet. Bekanntlich schneidet das Sägeblatt eines Horizontalgatters sowohl beim Hin- als auch beim Rückgang; es ist daher möglich, den zu schneidenden Block kontinuierlich vorzubewegen. Je nach der in Frage kommenden Holzart und Stärke kann mit einem Vorschub bis zu 3 m pro Minute gearbeitet werden, vorausgesetzt, daß es sich um ein neuzeitliches Gatter mit einwandfreien, sauber geschärften Sägen handelt. Die meisten Sägewerke arbeiten jedoch mit einem Vorschub von etwa 1 m pro Minute. Der Rücklauf des Blockwagens bedeutet sowohl beim Horizontal- als auch beim Vollgatter einen völligen Leergang, den man von jeher möglichst abzukürzen bestrebt war. Der Rücklauf erfolgt bei neuzeitlichen Gattern mit einer Geschwindigkeit von etwa 25 m in der Minute.

L. Vertikale Blockbandsägen.

Abb. 104 zeigt eine vertikale Blockbandsäge HJ von Kirchner & Co. A.-G., Leipzig, womit, sachgemäße Behandlung vorausgesetzt, kolossale Leistungen bei geringstem Schnittverlust erzielt werden können.

Das Maschinengestell mit seiner sehr breit auslaufenden Fußplatte gewährleistet bei entsprechender Fundamentstärke einen sicheren Stand und somit ruhigen Gang der Maschine. Nach oben ist der Ständer gabelförmig ausgebildet und hat beiderseits Führungen, an denen das aus einem Stück bestehende Doppellager gleitet, welches im Mittel die obere Bandsägerolle trägt. Die Bandsägerollen sind sauber überdreht und auf Spezialmaschinen gut ausgewuchtet. Das Gewicht der unteren Rolle ist wegen des Antriebs, bedeutend größer als das der oberen.

Die Rollenachsen sind sehr stark, aus bestem Stahl gefertigt und laufen, je nach Wunsch, in Kugel- oder langen Ringschmierlagern. Die untere Rollenachse bzw. Antriebswelle ist dreifach gelagert und trägt außer der Bandsägerolle noch die Hauptantriebsscheiben zur Säge und zu dem Wagentransport. Die obere Achse ist aus ihrer horizontalen Lage durch eine Schraubenspindel verstellbar, um während des Betriebes den Sägenlauf so regulieren zu können, daß die Sägezähne zum Schutze des Schrankes nicht auf der Rollenbahn laufen.

Abstreichbleche für die Sägerollen sind überall da angebracht und entsprechend eingestellt, wo eine ständige Reinigung von anhaftendem Harz, Sägespänen u. dgl. während des Betriebes nötig ist.

Abb. 104. Vertikale Blockbandsäge. (Kirchner & Co., A.-G., Leipzig.)

Einstellbare Führungen geben dem Sägeblatt seitlich wie auch am Rücken bei auftretender Überbeanspruchung eine erhöhte Stabilität und beugen einem Abweichen aus der geraden Schnittrichtung vor.

Der Blockwagen, in vorzüglicher Eisenkonstruktion, läuft mittels einstellbarer Laufrollen auf Schienen. Vor- und Rücklauf desselben ist selbsttätig und beträgt:

bei 1200 × 120 mm Rollengröße 0,5—19 m pro Minute Vorschub, 30 m Rücklauf
„ 1500 × 150 mm „ 0,3—20 m „ „ „ 30 m „
„ 1800 × 180 mm „ 1—27 m „ „ „ 50 m „
„ 1800 × 180 mm „ 30 m „ „ „ 60 m „
„ 2500 × 250 mm „ 20 m „ „ „ 40 m „

Der Vor- und Rücklauf wird bewirkt durch den Antrieb von der unteren Sägeachse aus auf den einen Transportapparat, welcher mit verstellbaren Friktionsscheiben ausgerüstet ist, um den Vorschub entsprechend des zu bearbeitenden Blockes in bezug auf Größe und Härte des Holzes jederzeit, selbst während des Betriebes, regeln zu können. Die Verbindungselemente zwischen Transport und Wagen bilden ein gefrästes Zahnrad und eine gefräste Zahnstange. Kurz nach vollendetem Schnitt wird der gesamte Wagen selbsttätig vom Blatt abgerückt, so daß ein Nachschneiden oder gar ein Abdrängen des Bandsägenblattes beim Rücklauf des Wagens ausgeschlossen ist.

Die Blockeinspannapparate auf dem Wagen sind teils fest und teils verstellbar aufmontiert. Der verstellbare Apparat kommt dann

Abb. 105. Blockwagen für die vertikale Blockbandsäge. (Kirchner & Co., A.-G., Leipzig.)

in Betracht, wenn sehr kurze Stämme geschnitten werden sollen. Ein gut durchkonstruierter Festspannmechanismus für die Hölzer wirkt schnell und zuverlässig. Jeder Einspannapparat wird mit Einzeleinstellung in der Querrichtung des Wagens geliefert. Die Anzahl der Einspannapparate und die Gesamtlänge des Wagens richtet sich nach der Schnittlänge. Abb. 105 zeigt einen HJ-Blockwagen für die vertikale Blockbandsäge; der Wagen besteht aus zwei kräftigen U-Eisenlängsträgern 1 und 2, welche an den Enden durch die gußeisernen Querstücke 3 verbunden sind. Die Traversen 4 dienen ebenfalls zur Verbindung der Längsträger 1 und 2, sowie zur Führung des Zahnstangenträgers 5 und der Aufspannapparate 6. Letztere werden durch das Handrad 7 vermittels Kegelradübersetzungen 8 und Spindeln 9 (die nicht zu sehen sind), an das Blatt bzw. vom Blatt abgerückt.

Da der zu sägende Stamm in den meisten Fällen nicht gerade ist, kann jeder Apparat durch Handrad 10 mittels Schnecke und Schneckenrad einzeln eingestellt werden. Die Stämme oder Blöcke werden durch die Klauenhaken 11 festgehalten, welche mit den Klauenhaltern 12 durch Anheben der Gewichtshebel 13 auf den Spannschlitten 14 und 15 verschiebbar sind. Die Spannschlitten 14 und 15 können wiederum durch Hebel 16 in Verbindung mit Zahnrad und Zahnstangen zusammen oder auseinander bewegt werden. Die Last des Stammes und Wagens wird durch starke gußeiserne Laufrollen 17 und 18 getragen, und zwar auf der Sägeblattseite durch glatte und auf der anderen Seite durch prismatische Rollen. Letztere haben den Zweck, den Wagen parallel am Sägeblatt vorbeizuführen, um einen genauen und gleichdicken Abschnitt zu erzielen.

Damit das Sägeblatt beim Rückwärtsgang des Wagens nicht beschädigt oder von der Sägerolle heruntergeschoben wird, ist es notwendig, den Wagen vom Blatt abzurücken. Dies geschieht auf ganz einfache Weise durch Hebelübersetzung. Der Zahnstangenträger 5 verschiebt sich automatisch beim Umkehren der Bewegungsrichtung zwischen den Anschlagkappen 19, nimmt den zweiarmigen Hebel 20 mit, welcher am gabelförmigen Ende durch einen Schleifring 21 mit der prismatischen Rolle 18 verbunden und im Drehpunkt durch das Lager 22 am Längsträger befestigt ist, und rückt somit den Wagen an das Sägeblatt bzw. ab vom Sägeblatt. Die Laufrollen sind in den Lagern 23 verschiebbar gelagert und können dadurch genau horizontal eingestellt werden. Zur genauen Einstellung der Brettstärken ist eine Skala 24 auf den Winkeln 25 an den Längsträgern 1 und 2 befestigt. Der Zeiger 26 ist am ersten Einspannapparat 6 befestigt und verschiebt sich mit demselben. Die Bedienung der Vertikal-Blockbandsäge ist äußerst vereinfacht und sehr bequem, indem der Sägemüller von seinem Arbeitsstand mittels Handhebels, Ausrücker und Handräder alles übersichtlich leiten kann. Bestes und gut zugerichtetes Bandsägeblattmaterial, sowie eine ordnungsgemäße Instandhaltung der gesamten Maschine mit Wagen gewährleistet jederzeit eine saubere Schnittfläche und zufriedenstellende Nutzleistung. Zum Löten der Blockbandsägeblätter sind besondere Apparate erforderlich, die vom Maschinenlieferanten bezogen werden können. Der Antrieb der Maschine erfolgt entweder von einer Transmission aus auf die Fest- oder Losscheibe der unteren Bandsägerollenachse oder, was vorzuziehen ist, direkt von einem Elektromotor.

Kirchner liefert die Vertikal-Blockbandsäge in nachstehenden Größen:

Vertikale Blockbandsägen.

Rollendurchmesser in mm	Blattbreite bis mm	Schnitthöhe bis mm	Fest- und Losscheibe		Kraftbedarf in PS zirka bei		Platzbedarf in der Breite in mm	Höhe vom Fußboden in mm	Totalhöhe mm	Gewicht d. Maschine mit Wagen bis 4 m Schnittlänge und 3 Aufspannapparate in kg	Vorschub pro Minute in m	Rücklauf pro Minute in m
			Durchmesser mm	Gesamtbreite mm	Gruppenantrieb	elektr. Einzelantrieb						
1200	120	800	600	360	20	30	4000	3500	4200	6205	0,5—19	30
1500	150	1000	700	440	35	50	4000	3500	4200	7100	0,3—20	30
1800	180	1200	800	600	40	60	4500	3500	5300	13000	1—27	50
1800	180	1500	800	600	50	75	4500	3500	5300	14000	30	60
2500	250	1800	1200	720	60	90	6000	4200	6300	30000	20	40

Vorstehende Maschinen werden geliefert in den Schnittlängen von 2 zu 2 m. Es sind erforderlich:

    bei 4 m Schnittlänge 3 Aufspannapparate
    „ 6 m „ 4 „
    „ 8 m „ 5 „
    „ 10 m „ 6 „
    „ 12 m „ 8 „

Abb. 106 zeigt Kirchners horizontale Hochleistungs-Blockbandsäge „Record", D. R. P. angem. Verwendung findet diese neuzeitliche

Abb. 106. Kirchners horizontale Hochleistungs-Blockbandsäge „Record".

Hochleistungsmaschine in Betrieben, wo große Mengen harte und wertvolle Hölzer bei geringstem Schnittverlust eingeschnitten werden sollen. Da diese Säge mit dem unteren Teil des Sägeblattes schneidet, ist keine Unterkellerung erforderlich, was besonders in Gegenden mit ungünstigen Grundwasserverhältnissen von großem Vorteil ist.

Die kräftigen Hohlgußständer sind nach hinten ausgebaut und bieten dadurch der Säge einen sicheren Stand. Der Sägerahmen, aus einem

Stück gegossen, führt sich in nachstellbaren prismatischen Führungen an den Ständern und läßt sich von Hand oder automatisch hoch und tief stellen. Mit dem in Brusthöhe stehenden Handrad wird die Brettstärke von Hand nach einer in Augenhöhe befindlichen Skala eingestellt. Automatische Einstellung der Brettstärken erfolgt mittels Hebel auf dem linksseitigen Räderkasten.

Die großen Sägerollen, hydraulisch auf die Wellen gezogen, sorgfältig ausgewuchtet, rotieren in erstklassigen Pendelrollenlagern. Um verschieden lange Sägeblätter verwenden zu können, ist die eine Sägerollenlagerung in nachstellbaren Führungen verschiebbar.

Die Sägeblattspannung erfolgt durch ein kräftig wirkendes Gewichtshebeldrucksystem. Beim Wechseln des Sägeblattes kann die Spannung augenblicklich aufgehoben werden. Beide Blattführungen lassen sich durch ein Handrad entweder gleichzeitig oder jede einzeln verstellen. Der eiserne Blockwagen hat automatischen Vorschub mit 0,85—40 m Geschwindigkeit pro Minute und beschleunigten Rücklauf durch Stahldrahtseil mit 60 m pro Minute. Um bei dem schnellen Rückwärts- bzw. Vorwärtsgang den Wagen schnell zum Halten zu bringen, ist auf der Seiltrommel eine Bandbremse angebracht, welche durch Fußhebel betätigt wird. Der zur Abdeckung des Blockwagens erforderliche Bohlenbelag kann vom Besteller selbst angefertigt werden. Der Führerstand ist an der entgegengesetzten Seite des Holzeinzuges, wodurch der Schnitt gut beobachtet werden kann und sich alle Steuerungen von dieser Stelle aus am besten bewerkstelligen lassen. Bestes und gut zugerichtetes Bandsägenmaterial sowie eine ordnungsgemäße Instandhaltung der gesamten Maschine mit Wagen gewährleisten jederzeit eine saubere und zufriedenstellende Leistung mit geringem Schnittverlust. Die normale Schnittlänge ist 8 m, mit 5 Aufspannapparaten. Die Maschine wird in nachstehenden Abmessungen gebaut:

Rollendurchmesser	Blattbreite	Stammdurchmesser bis	Abstand zwischen Traverse und Blatt	Rahmenweite	Fest- und Losscheibe		Touren pro Minute	Kraftbedarf in PS bei Gruppenantrieb	Kraftbedarf in PS bei elektr. Einzelantrieb	Platzbedarf ohne Vorgelege und Wagen			Gewicht der Maschine in kg bei 4 m Schnittlänge und 4 Aufspannapparaten
					Durchmesser	Gesamtbreite				Breite	Tiefe	Höhe	
1500	150	1000	550	1250	800	600	400	40	60	5000	2500	3000	7400
1800	175	1250	700	1500	900	600	400	50	75	6200	3000	3500	11000

Abb. 107 zeigt eine doppelte Bandsäge D. R. P. der Firma Wurster & Dietz, Derendingen-Tübingen. Diese Maschine füllt eine Lücke aus, welche in jedem Sägewerk, das Bauholz erzeugt, bisher empfunden worden ist. Rundholz und vorgeschnittenes Holz werden

Vertikale Blockbandsägen.

gleich vorteilhaft auf dieser Maschine verarbeitet. Der Schnittverlust ist gering, nur 2 mm, die Leistung eine sehr große und die geschnittenen Hölzer sind schön gerade. Dadurch, daß die Entfernung der Sägeblätter während des Betriebes automatisch auf jede beliebige Entfernung verändert werden kann, ist ein Vorsortieren des zu schneidenden Holzes hinfällig. Die Anschaffung dieser Hochleistungsmaschine ist allerdings nur solchen Betrieben zu empfehlen, die dauernd Kantholz in allen möglichen Dimensionen zu schneiden haben und wo Personal zur Verfügung steht, welches unbedingt zuverlässig und geschickt ist, da die Behandlung der Maschine und Sägeblätter einen äußerst tüchtigen

Abb. 107. Doppelte Block-Bandsäge D. R. P. (Wurster & Dietz, Derendingen-Tübingen.)

und erfahrenen Fachmann erfordert. Die beiden Bandsägemaschinen sind auf zwei starken Rundstangen gelagert, welche durch kräftige Böcke getragen werden. Auf diesen Rundstangen werden die Bandsägemaschinen je nach der gewünschten Schnittbreite gegeneinander verschoben. Die Verstellung erfolgt durch einen Friktionsantrieb und geht sehr rasch, ohne jede Anstrengung für den bedienenden Arbeiter, vonstatten. Die Schnittbreite wird durch einen gut sichtbaren Zeiger in vergrößertem Maßstab angezeigt. Alle 4 Bandsägerollen sind in kräftigen Kugel- bzw. Tonnenlagern gelagert, welche die Axial- und Radialdrucke aufnehmen und einen leichten betriebssicheren Gang der Maschine gewährleisten.

Das Spannen der Bandsägeblätter geschieht durch Hochschrauben der oberen Bandsägescheiben vermittelst des an jeder Maschine in bequemer Höhe angebrachten Handrades. Mit dem gleichen Handrad wird auch die Schrägstellung der oberen Bandsägenscheibe eingestellt. Die Rundstempel, welche die oberen Bandsägescheiben tragen, sind über eine Schneidenbalancierung auf Druckfedern abgestützt, so daß die Spannung der Blätter eine elastische ist. Die Sägeblätter sind über und unter dem Schnitt sowie im Rücken mit leicht einstellbaren Blattführungen geführt. Die oberen Blattführungen können entsprechend der Stärke des zu schneidenden Holzes in der Höhe verstellt werden. Der Antrieb beider Maschinen erfolgt durch einen gemeinsamen Riemen, der auf den großen Antriebsscheiben gute Umschlingung besitzt, so daß ein gutes Durchziehen desselben unter allen Umständen gewährleistet ist. Die Riemenführung ist so gewählt, daß eine Änderung in der Riemenlänge beim Verschieben der beiden Bandsägemaschinen gegeneinander nicht eintritt. Der Vorschub des Holzes erfolgt mittels endloser Kette und Vorschubkloben. Die Einzugkette bleibt stets genau in der Mitte zwischen beiden Bandsägeblättern, da letztere gleichmäßig nach beiden Seiten verstellt werden.

Die Vorschubgeschwindigkeit kann während des Betriebes in weiten Grenzen verändert sowie momentan abgestellt werden.

Das zugeschnittene Holz läuft auf eisernen, in den hinteren Tisch eingelassenen Walzen. Die Führung des Holzes erfolgt durch breite hinter den Sägeblättern angebrachte Spaltkeile. Der Kraftverbrauch ist im Verhältnis zu der erzielten Leistung kleiner als bei jeder anderen Maschine (Gatter oder Bauholzkreissäge). Der Antrieb erfolgt am besten durch einen Elektromotor.

Die Hauptabmessungen der Maschine sind folgende:

Größte Schnitthöhe 550 mm,
größte Schnittbreite 450 mm,
kleinste Schnittbreite 70 mm,
Sägescheibendurchmesser 1350 mm,
Sägescheibenbreite 115 mm,
Umdrehungen 600 in der Minute,
Riemenscheibendurchmesser 500 mm,
Riemenscheibenbreite 200 mm,
größte Vorschubgeschwindigkeit 20,3 m in der Minute,
kleinste Vorschubgeschwindigkeit 4,8 m in der Minute,
Kraftbedarf zirka 35 PS.

Abb. 108 zeigt eine vertikale Hauptbandsäge in einem Sägewerk im Staate Oregon (U. S. A.). Der auf dem Blockwagen liegende Stamm „Oregon Pine" hat einen größten Durchmesser von über 2 m und man kann daraus ermessen, welche Baumriesen in den amerikanischen Urwäldern auf Blockbandsägen zu Bohlen und Balken zerschnitten werden. Drüben ist man längst zu der Überzeugung gekommen, daß die Leistung und der saubere Schnitt einer gut konstruierten Blockbandsäge bei starken Blöcken von keiner anderen Maschine erreicht werden kann. Ein Vertikalgatter scheidet sowieso aus und ein Horizontalgatter bleibt in der Leistung weit zurück und wird auch für solche riesige Stammdurchmesser nicht gebaut. Der Anschaffungspreis einer großen Blockbandsäge ist allerdings ein hoher, jedoch leistet diese Maschine, in neuzeitlicher Ausführung und bei gutem Sägenmaterial, fünfmal soviel wie ein Horizontalgatter. Die Anschaffung einer großen Blockbandsäge ist jedoch nur solchen Sägewerken zu empfehlen, welche dauernd große Mengen starke Hartholzblöcke einzuschneiden haben. Falls die Maschine durch Elektromotor angetrieben wird, wähle man den Motor 50 % stärker als die wirklich erforderliche Kraft bei Gruppenantrieb,

Abb. 108. Vertikale Hauptbandsäge in einem Sägewerk im Staate Oregon (U. S. A.) beim Schneiden von „Oregon Pine".

damit der Motor allen Anforderungen, auch bei vorübergehenden größeren Beanspruchungen der Blockbandsäge, ohne Betriebsstörung gewachsen ist. Ein großer Vorzug der Blockbandsäge, der besonders beim Einschnitt wertvoller Hart- und überseeischer Hölzer eine wesentliche Rolle spielt, ist der äußerst geringe Schnittverlust. Bei sorgfältiger und zweckdienlicher Behandlung der Sägeblätter ist der Schnittverlust bei einer Blockbandsäge je nach Größe des Sägeblattes und der Art des zu schneidenden Holzes, 1,5—2,5 mm, wogegen derselbe beim Horizontalgatter nicht unter 3 mm beträgt. Die hohe Leistung einer Blockbandsäge ist in erster Linie von der Behandlung der Sägeblätter abhängig, wie ja bei jeder Maschine die Behandlung der Werkzeuge die wichtigste Rolle spielt. Außerdem ist erforderlich, nur das beste Sägematerial zu kaufen und beim Kauf nicht auf den Preis zu sehen, denn das Beste ist immer im Gebrauch das Billigste. Die Instandhaltung der Blockbandsägeblätter darf nur einem äußerst tüchtigen Fachmann übertragen werden; ist ein solcher nicht vorhanden und zu bekommen, wird die Leistung einer Blockbandsäge nie befriedigen und soll man in diesem Falle von dem Einbau einer solchen Abstand nehmen. Vor allen Dingen ist auch ein heller, geheizter Schärfraum mit den erforderlichen neuzeitlichen Apparaten, wie elektrischer Lötapparat, automatische Schärf- und Schränkmaschine, erforderlich. Der Zahngrund bei Blockbandsägen muß unter allen Umständen rund sein, da durch scharfeckige Zahngründe die Entstehung von Rissen ganz besonders begünstigt wird. Beim Schränken der Blätter ist zu beachten, daß nur die Spitze des Zahnes nach außen gebogen wird, etwa ein Drittel der Zahnhöhe, auf keinen Fall jedoch der ganze Zahn. Man schränkt abwechselnd rechts und links, ohne den dritten Zahn als Räumer gerade stehen zu lassen. Der Schrank muß unter allen Umständen genau gleichmäßig sein, es darf kein Zahn mehr vorstehen als der andere. Um unnötigen Schnittverlust zu vermeiden, dürfen die Zähne auf keinen Fall mehr als ein Drittel der Sägestärke nach jeder Seite hin geschränkt werden, so daß z. B. 1 Sägeblatt von 150 mm Breite und 1,5 mm Stärke 2,5 mm theoretischen, größten Schnittverlust bedingt. Den gestauchten Zähnen ist gegenüber den geschränkten der Vorzug zu geben. Das gestauchte Sägeblatt schneidet sich infolge Verbreiterung der Zahnspitzen ohne Schränkung frei, jeder Zahn arbeitet auf beiden Seiten zugleich und die Zahnspitze erhält außerdem durch die Stauchung noch größere Härte und Schnittfähigkeit. Da jeder einzelne Zahn beiderseitig arbeitet, kann mit ganz geringer Stauchung gearbeitet werden, wodurch Kraft gespart und der Schnittverlust verringert wird. Will man zur Stauchung übergehen, dann kaufe man nur eine neuzeitliche automatische Stauch- und Egalisiermaschine, und lasse sich vom Lieferanten einwandfreie Garantien über gute Arbeitsweise geben, da minderwertige Fabrikate am Markte sind. Mit den im Handel befindlichen Handstauchapparaten ist selten eine einwandfreie Stauchung bei Blockbandsägen zu erzielen und ich rate davon ab, solche Werkzeuge zu verwenden, da diese dem Meister und Betriebsleiter in den meisten Fällen nur Ärger verursachen. Falls ein Blockbandsägeblatt während des Betriebes reißt und dabei Verbiegungen erleidet, muß es mit dem Streckwalzenapparat geglättet werden, um nach Möglichkeit das Hämmern auf ein Mindestmaß zu beschränken. Der Apparat besitzt zwei glasharte, horizontal gelagerte Walzen, wovon die untere angetrieben ist, während die obere mittels Handrad angestellt wird, um den erforderlichen Druck zu erzielen. Eine besonders wichtige Rolle spielen bei der Blockbandsäge die Blattführungen; dieselben müssen der Höhe des zu schneidenden Holzes entsprechend bequem einzustellen sein und sind am besten mit Pockholz- oder Weißbuchenhirnholz auszufüttern.

Unter keinen Umständen darf das Sägeblatt durch die seitlichen Führungen abgeleitet werden, es soll möglichst beim Schneiden die Führungen überhaupt nicht berühren, um ein Erhitzen durch Reibung zu vermeiden. Wenn sich ein Blockbandsägeblatt ständig an einer feststehende Führung reibt, entstehen Spannungen, und die Folge davon ist, daß das Blatt verläuft und Risse bekommt, was unter allen Umständen vermieden werden muß. Bei der rotierenden Rückenrollenführung ist zu beachten, daß das Sägeblatt beim Leerlauf nicht anläuft und beim Sägen nicht übermäßig gegen dieselbe gedrückt wird, da das Blatt anderenfalls in die Rolle einfrißt und rückwärts Grat erhält. Das Reißen der Blockbandsägeblätter ist in den seltensten Fällen auf die schlechte Qualität des Stahles, sondern fast immer auf falsche Blattbehandlung zurückzuführen. Ein Reißen des Sägeblattes darf bei Verwendung erstklassiger, sachgemäß zugerichteter Blätter und einer guten Maschine überhaupt nicht vorkommen. Ferner beachte man, daß jedes Blatt die richtige Spannung hat. Manche Leute sind der Ansicht, daß ein gut gehärtetes und gerichtetes Blockbandsägeblatt genügend Spannung hat, und daß es deshalb Zeit- und Geldverschwendung sei, für eine Verbesserung der Spannung zu sorgen. Diese Ansicht ist irrig, da eine gute Spannung einen wesentlichen Einfluß auf die Gebrauchsfähigkeit und Lebensdauer der Blätter ausübt. Das Spannen erfolgt ebenfalls auf einem Streckwalzenapparat, und zwar wird dabei die Blattmitte verlängert, während die beiden Ränder verkürzt bleiben. Bedingung ist jedoch, daß die Spannung auf die ganze Länge des Blattes gleichmäßig verteilt ist. Da die Sägerollen vollständig glatt, also ohne jede Bandage sind, ist darauf zu achten, daß die Sägezähne zum Schutze des Schrankes nicht auf die gedrehte Rollenbahnfläche laufen. Man achte ferner darauf, daß die Sägerollen nicht durch übermäßiges Spannen und zu schwere Kontergewichte einen zu großen Druck auf das Sägeblatt ausüben; der Schneidemüller muß das Richtige im Gefühl haben.

M. Trennbandsäge HBAM mit selbsttätigem Vorschub.

Diese in Abb. 109 dargestellte und von Kirchner gebaute Trennbandsäge findet da vorwiegend Verwendung, wo die auf Vollgattern erzeugten, nachträglich besäumten Bohlen und Kanthölzer bei großer Leistung und geringstem Schnittverlust in schwache Bretter zerlegt werden sollen. Trotzdem hier nur ein Sägeblatt in Funktion tritt, arbeiten die Trennbandsägen so vorteilhaft, wie ein mit mehreren Sägen arbeitendes Vollgatter. Die große Leistung ist darauf zurückzuführen, daß bei allen Bandsägen die Sägezähne ununterbrochen zum Schnitt gelangen, während dieselben bei Vollgattern nur beim Niedergang des Sägerahmens arbeiten. Außerdem ist zu berücksichtigen, daß die Sägegeschwindigkeit bei den großen Bandsägen etwa 30 m pro Sekunde und mehr beträgt, während bei Vollgattern in der Regel nur 3,8—5 m pro Sekunde üblich ist. Ein weiterer nicht zu unterschätzender Vorteil der Trennbandsägen besteht darin, daß man auf denselben von Bohlen und Kanthölzern Dicken bis 4 mm abzutrennen vermag, was auf kouranten Voll- und auch auf Trenngattern infolge der die Sägeblätter aufnehmenden Angeln nicht durchführbar ist.

Des weiteren dürfte zum Vorteil der Trennbandsägen noch hervorgehoben werden, daß hier bei einem sachgemäß vorgerichteten Säge-

Abb. 109. Kirchners Trennbandsäge mit selbsttätigem Vorschub.

blatt, ganz abgesehen von dem geringen Schnittverlust, auch die Schnittfläche gegenüber der von einem Vollgatter erzeugten eine wesentlich saubere ist. Die Materialzugabe an Brettern, die nachträglich gehobelt werden sollen, richtet sich nach dem Ausfall der Schnittfläche; ist diese rauh und unansehnlich, so müssen die dazu ausersehenen Bretter mit entsprechendem Übermaß zugeschnitten werden, was für große Werke, wo solche Bretter in Massen zur Verarbeitung gelangen, eine ganz erhebliche Materialverschwendung zur Folge hat, die das Unkostenkonto belastet. Da ferner der Erlös aus den Spänen im allgemeinen ein sehr geringer ist, so muß die durch unsauberen Schnitt bedingte Materialzugabe bzw. der abnorme Späneabfall schon als Verlust gebucht werden. An Hand dieser kurzen Schilderung dürfte zur Genüge hervorgehen, welche Vorteile eine saubere flächenebene Schnittfläche gewährt und wie man in Säge- und Hobelwerken, Schiffswerften, Kisten- und Waggonfabriken sowie Großtischlereien es sich angelegen sein lassen muß, auch die von den anzuschaffenden Sägemaschinen erzeugte Schnittfläche in Erwägung zu ziehen. Um die auf Trennbandsägen in Sägewerken abfallenden Schwarten noch nutzbringend in schwache Bretter aufzutrennen, müssen die Schwarten, wo dieselben auf dem Sägetisch zur Auflage gelangen, behufs sicheren Transportes besäumt werden. Die in Abb. 109 dargestellte Trennbandsäge besitzt eine Vorrichtung, nach der die eingeführten Bretter oder Bohlen genau in der Mitte aufgetrennt werden können. Das Einstellen der Transportwalzen geschieht durch Schraubenspindeln. Der beiderseitig gleichmäßige Andruck der Walzen wird durch Gewichte bewirkt. Das kräftige, schwere Gestell ist aus einem Stück gegossen und trägt oben in einem gut geführten Gabellager die obere Sägerolle, deren Achse in Spezialkugellagern rotiert. Die untere Sägerolle, welche als Schwungrad ausgebildet ist, läuft ebenfalls in Kugellagern, daher wenig Kraft- und Schmiermaterialverbrauch, selbst bei stärkster Beanspruchung der Maschine. Beide Sägerollen sind sauber geschliffen und gut ausbalanciert, um einen ruhigen Gang zu gewährleisten. Die Holzzuführung erfolgt durch 4 Walzen, von denen 2 mittels Räderübersetzung angetrieben werden. Die entgegenstehenden arbeiten unabhängig voneinander und werden durch Gewicht, Zahnrad und Zahnstange an das Holz gedrückt. Hierdurch ist es möglich, daß außer glatten Hölzern auch solche mit Ästen und sonstigen Unebenheiten, wie Schwarten, von den Druckwalzen erfaßt und dem Sägeblatt zugeführt werden können.

Der selbsttätige Vorschub ist nicht nur durch zwei Stufenscheiben veränderlich, sondern kann auch mittels einer, durch Handhebel verstellbaren Friktionsscheibe während des Sägens in den weitesten Grenzen verändert werden. Durch eine Klauenkupplung ist der Vorschub sofort abstellbar. Die Auf- und Abwärtsbewegung der oberen Blattführung bewirkt ein Kettenzug. Letzterer kann bis 200 mm über den Tisch herabgelassen werden und ist aufklappbar, falls das Sägeblatt entfernt werden soll. Um Unfällen vorzubeugen und empfindliche Teile vor Beschädigung zu beschützen, sind die Zahnräder und Einzugswalzen mit leicht abnehmbaren Schutzsicherungen verkleidet. Für Anbringung eines Holzschutzes vor der oberen Bandsägerolle hat der Besteller nach erfolgter Montage selbst zu sorgen.

Kirchner baut die Trennbandsäge HBAM in folgenden Abmessungen:

Sägerollendurchmesser 1200 mm,
Blattbreite 120 mm,

größte Schnitthöhe 600 mm,
größte Holzdicke bzw. Breite 500 mm,
Tischhöhe 900 mm,
Fest- und Losscheibe 600 mm Durchmesser, 320 mm Gesamtbreite,
Touren pro Minute 500,
Kraftbedarf bei Gruppenantrieb zirka 20 PS,
Kraftbedarf bei elektr. Einzelantrieb 30 PS,
Platzbedarf in der Breite 2700 mm,
Platzbedarf in der Tiefe 1800 mm,
Platzbedarf in der Höhe 2800 mm,
Gewicht netto 3500 kg.

N. Der neue patentamtlich geschützte Trennapparat HZI.

Der Bau neuzeitlicher und leistungsfähiger, in technischer Beziehung einwandfrei arbeitender Maschinen setzt bekanntlich langjährige praktische Erfahrungen voraus, die den jüngeren nachahmenden Konkurrenzfirmen nicht immer zur Verfügung stehen. In Anbetracht dessen hat man des öfteren Gelegenheit, aller Art Holzbearbeitungsmaschinen zu sehen, deren Anschaffung im Verhältnis zu dem niedrigen Preis fast verlockend erscheint, die hinsichtlich der Konstruktion aber häufig zu wünschen übriglassen und daher in bezug auf Leistung und handliche Bedienung nicht immer den gestellten Anforderungen entsprechen. Die Firma „Kirchner & Co., A.-G., Leipzig" hat auf Grund ihres fast fünfzigjährigen Bestehens es sich von jeher angelegen sein lassen, die von ihr im Verkehr gebrachten Maschinen und Apparate auf eine außerordentlich hohe Stufe der Vollkommenheit zu bringen, wobei eine ansprechende schöne gefällige Form nicht vernachlässigt wurde. Die gestellte Aufgabe, auch den kleineren Betrieben und Tischlereien mit zweckentsprechenden, leistungsfähigen Maschinen an Hand zu gehen, führte in letzter Zeit zur Konstruktion eines Trennapparates nach Abb. 110, der in technischer wie in wirtschaftlicher Beziehung unerreicht dastehen dürfte. Obgleich zum Trennen von Brettern und Bohlen in schwache Dickten für große Betriebe Trennbandsägen, sowie äußerst leistungsfähige Trennkreissägen existieren, so hat es bis jetzt noch immer an einem leistungsfähigen, leicht zu bedienenden Trennapparat für kleine Betriebe gefehlt.

Ganz besondere Beachtung verdient daher der von obiger Firma konstruierte, äußerst vorteilhaft arbeitende Trennapparat Modell HZI, der noch, nebenbei bemerkt, den großen Vorzug besitzt, daß er sich fast an allen Tischlerbandsägen leicht anbringen läßt und daher allgemeinen Beifall gefunden hat. Die gestellte Aufgabe, einen Trennapparat zu bauen, der die Nachteile der bereits vorhandenen nicht besitzt, verdient daher zufolge seiner zweckentsprechenden Ausführung und Anordnung als ganz vorzüglich gelöst bezeichnet zu werden. Der ganze aus 3 Teilen bestehende Apparat, das linke und das rechte Walzengehäuse sowie das Vorgelege, ist bequem und handlich angeordnet. Der Vorschub, welcher sechsfach veränderlich, ist ein ganz enormer, er richtet sich nach der Größe der zur Verwendung gelangenden Bandsäge und der zu schneidenden Hölzer. Eine bequem zu handhabende Riemenspannvorrichtung, die auch bei großem Vorschub einen sicheren Durchzug der Hölzer gestattet, ist vorgesehen. Der Trennapparat, welcher ohne große Mühe sich leicht vom Bandsägetisch entfernen läßt, hat sich überall so vorzüglich bewährt und durch seine große Leistung bei sau-

Abb. 110. Kirchners neuester, selbsttätiger Trennapparat HZI für Tischbandsägen von 800 mm Rollendurchmesser an aufwärts.

berem Schnitt ausgezeichnet, daß dessen Anschaffung für kleinere und mittlere Werkstätten, wo man für eine Trennbandsäge nicht genügend Beschäftigung hat, sich in kurzer Zeit bezahlt machen dürfte.

Auf peinlichst saubere Ausführung bei Verwendung von nur bestem Material wird ja bekanntlich bei der Firma Kirchner der größte Wert gelegt, was nicht zu unterschätzen ist und bei der Anschaffung eines solchen Apparates ausschlaggebend ist. Der Apparat dient zum genauen Trennen von Brettern, Bohlen und Kanthölzern bis 250 mm hoch und 100 mm dick. Bei Auftrennen von Schwarten ist Bedingung, daß die auf dem Sägetisch zur Auflage gelangende Kante besäumt ist. Bei entsprechendem Bandsägerollendurchmesser lassen sich auch höhere Hölzer auftrennen, vorausgesetzt, daß die zu verarbeitenden Bretter nicht zu schwach sind.

Der Apparat wiegt 240 kg und kann auf allen Tischbandsägen von 800 mm Rollendurchmesser an, aufwärts verwandt werden. Der Trennapparat selbst besteht aus 2 Teilen, dem linken Walzengehäuse mit den angetriebenen, geriffelten Transportwalzen und dem rechten Walzengehäuse mit den geteilten Andruckwalzen. Durch diese Konstruktion ist der Apparat leicht auf dem Bandsägetisch auf- und abzumontieren. Das linke Walzengehäuse ist mit einer runden, rohrartig ausgebildeten Führung versehen, welche in einem Bock gleitet, der auf den Bandsägetisch aufgeschraubt ist. Mittels Handrad und Gewindespindel kann das Walzengehäuse quer zur Schnittrichtung verstellt werden. Die Einstellung der abzutrennenden Brettstärken erfolgt nach einer Skala. Der Antrieb der Walzen wird erzielt von einem Vorgelege, welches am Bandsägengestell montiert wird und eine dreifache Stufenscheibe unter Benutzung einer Schnecken- und Stirnradübersetzung treibt. Das rechte Walzengehäuse, ist pendelnd am Gehäuseträger, welcher im Führungsbock gleitet, angeordnet und läßt sich parallel zu den linken Walzen einstellen. Von den in diesem Gehäuse befindlichen glatten Andruckwalzen sind die oberen in der Höhe verstellbar, damit auch krumme Bretter und Schwarten gut transportiert werden können. Der Druck der Walzen gegen das Holz erfolgt durch sicher wirkende Gewichtsbelastung, die mittels Fußtritthebels betätigt wird. Der Hub desselben ist durch einen Vorstecker regulierbar.

Das Vorgelege wird in Höhe des Tisches am Ständer festgeschraubt und braucht nicht wieder entfernt zu werden, wenn z. B. nur Bandsägearbeiten zu verrichten sind. Der Antrieb des Vorgeleges erfolgt von der unteren Sägerollenwelle aus.

O. Trennkreissägen.

1. Automatische Präzisions-Trenn-Kreissäge KQB 1 mit schräg einstellbaren Transportwalzen.

Die in Abb. 111 dargestellte automatische Präzisions-Trenn-Kreissäge von Kirchner, mit schräg einstellbaren Transportwalzen, findet vorteilhafte Verwendung zum Auftrennen von Kanthölzern, besäumten Bohlen usw. in Bretter, wie solche zu Fußboden, Wand und Deckenverkleidungen, sowie Kisten benötigt werden. Ferner zum Schrägschneiden von Vierkanthölzern für Bordleisten, zum Auftrennen einseitig besäumter Schwarten usw., weshalb die Säge Hobelwerken, Bau-, Waggon- und Kistenfabriken bestens zu empfehlen ist. Einen besonderen Vorteil bietet die Ausführung der Maschine mit Mittelschnitteinrichtung. Hierdurch ist man in der Lage, verschieden starke Hölzer nacheinander schnell in der Mitte aufzutrennen.

Das kräftige gußeiserne Gestell verleiht der Maschine einen sicheren Stand. In sauber gehobelten Führungen gleiten zu beiden Seiten des Holzeinzuges auf Kugeln die Walzensupporte, an welchem sich die je bis 15⁰ schräg verstellbaren Gehäuse mit den Transportwalzen befinden. Das gesamte linke Walzengehäuse mit der im Durchmesser sehr groß bemessenen, von der Sägewelle aus angetriebenen Transportwalze wird mittels Seilrolle, Seil und Gewicht gegen das Holz gedrückt. Hinten nach dem Sägeblatt zu befindet sich an dem Gehäuse schwenkbar und in der Schnittrichtung stellbar das Pendelwalzenlager. Durch Fußtritthebel kann das gesamte linke Walzengehäuse zurückbewegt bzw. der Vorschub beliebig unterbrochen werden. Am rechtsseitigen Walzengehäuse führt sich das verschiebbare Gleitwalzenlager. Letzteres bildet zugleich

Abb. 111. Automatische Präzisions-Trenn-Kreissäge mit schräg einstellbaren Transportwalzen. (Kirchner & Co., A.-G., Leipzig.)

das Führungslineal für schwache Bretter. Die Gesamtquerverstellung dieses Walzensupportes erfolgt durch das links am Vordergestell angeordnete Handrad.

Der Vordertisch ist scharnierartig hochklappbar, um das Aufstecken des Sägeblattes zu erleichtern. Der Hintertisch ist auf das Gestell aufgeschraubt. Derselbe besitzt eine Führung zur Aufnahme des verstellbaren Spaltkeiles. Letzterer verhindert ein Klemmen des Sägeblattes in der Schnittfuge. Die Sägewelle aus bestem Stahl rotiert in einem mit prima Kugellagern ausgerüsteten nachstellbaren Lagerrahmen. Derselbe kann entsprechend dem jeweiligen Sägeblattdurchmesser nach den Transportwalzen zu eingestellt werden. Gleichzeitig befindet sich am Sägelagerrahmen der erforderliche Sägeblattschutz.

Bestbewährte Sägeblattführungen, bestehend aus mehreren Einstellschrauben mit vorn an der Druckstelle angebrachten Lederkappen, verhindern jedwede Vibration des dünnen, mit hoher Geschwindigkeit rotierenden Sägeblattes. Eine zwischen Vorder- und Hintertisch sich befindende, gut mit Öl getränkte Hanfpackung sorgt für eine gleichmäßige Erwärmung, ununterbrochene Schmierung und zugleich einwandfreien Lauf des Sägeblattes. Verwendet werden konische Kreissägenblätter von 500—750 mm Durchmesser, beim Schneiden von Hölzern über 250 mm Höhe jedoch gleich starke Blätter von 760 bis 900 mm Durchmesser. In letzterem Falle ist ein anderes Vorgelege zur Erzeugung von 2 Geschwindigkeiten auf der Sägewelle erforderlich. Ausschlaggebend ist auch die Dicke des durch Mittelschnitt zu trennenden Holzes bzw. die Dicke der abzutrennenden Bohle von einem stärkeren Stück, welche bei Verwendung von konischen Kreissägeblättern nicht stärker als 40 mm sein darf. Sollen stärkere Bohlen als 80 mm in der Mitte getrennt oder von einem Stück mehr als 40 mm abgeschnitten werden, so kommen nur gerade, d. h. gleich starke Sägeblätter zur Verwendung. Zur Erzielung einer tadellosen Schnittfläche beim Trennen muß immer der kleinste zulässige Blattdurchmesser gewählt werden. Der Vorschub erfolgt in 4—5 verschiedenen Geschwindigkeiten und zwar 15,5, 23, 33 und 45 m pro Minute. Mit steigender Schnitthöhe ist derselbe zu vermindern. Zur Erreichung der bedeutend verringerten fünften Geschwindigkeit, welche bei Verwendung gleich starker Kreissägeblätter in Frage kommt, ist auf der Sägewelle noch eine kleine Riemenscheibe befestigt. Letztere befindet sich im Stufenkonus und wird durch Abziehen desselben freigelegt. Infolge besonderer Anordnung der Antriebsscheibe braucht der Verbindungsriemen nach einer Verstellung des Sägelagers in Schnittrichtung nicht verkürzt oder verlängert zu werden. Bei Verwendung eines erstklassigen Sägeblattes und richtiger Bedienung ist der Schnittverlust bei 200 mm Schnitthöhe und Fichtenholz nur $1\frac{1}{2}$—2 mm.

Die Abmessungen vorstehender Maschine sind:

Sägeblattdurchmesser	500—700 mm	500—900 mm
Für Kanthölzer bei geradem Schnitt Breite bis	260 mm	260 mm
Für Kanthölzer bei geradem Schnitt Höhe bis	250 mm	325 mm
Fest- und Losscheibendurchmesser	350 mm	350 mm
Fest- und Losscheibe Gesamtbreite	400 mm	400 mm
Touren vom Vorgelege pro Minute	950	950
Touren der Sägewelle pro Minute	1600	1600
Kraftverbrauch in PS bei Gruppenantrieb	12—15	12—18
Kraftverbrauch in PS bei elektr. Einzelantrieb	18—22	18—25
Platzbedarf ohne Vorgelege, Breite	1800 mm	1800 mm
Platzbedarf ohne Vorgelege, Tiefe	2000 mm	2000 mm
Platzbedarf ohne Vorgelege, Höhe	1200 mm	1200 mm
Gewicht der Maschine in kg netto	1300	1300

2. Bolinders Präzisions-Trennkreissäge Nr. 8.

Die in Abb. 112 dargestellte Präzisions-Trennkreissäge von Bolinders, Stockholm, wird geliefert mit einem größten Sägeblattdurchmesser von 900 mm und für eine größte Schnitthöhe von 350 mm. Bolinders, welcher sich seit langen Jahren mit dem Bau von Präzisions-Trennkreissägen befaßt und als führende schwedische Firma Weltruf genießt, empfiehlt diese Maschine zum Auftrennen von Rundschwarten und Bohlen in dünne Bretter, mit anderen Worten, sowohl für Sägewerke zum Auftrennen von frischem Holz als auch für Kistenfabriken und ähnliche Betriebe, in denen trockene Ware zu trennen ist. Beim Auftrennen von trockenem Holz bis zu 225 mm Schnitthöhe können dünne konische Sägeblätter gebraucht werden, wogegen bei frischem Holz und breiteren Dimensionen gleich starke Sägeblätter vorzuziehen sind.

Abb. 112. Präzisions-Trennkreissäge Nr. 8.
(Bolinders, Stockholm-Berlin C 2.)

Die konischen Bolinders-Sägeblätter sind rechts-konisch, d. h. die konische Seite ist nach rechts, wenn das Sägeblatt gegen den Arbeiter läuft.

Bolinders liefert die konischen „Standard"-Sägeblätter in nachstehenden Abmessungen:

Blattdurchmesser in mm	Stärke in mm bei den Zähnen	Stärke in mm beim Zentrum	Anzahl der Zähne
900	1,47	5,16	132
850	1,47	4,57	130
800	1,25	4,57	128
750	1,25	4,19	124
700	1,06	4,19	118
650	1,06	3,76	112
600	0,89	3,40	106
550	0,89	3,05	100
500	0,81	2,77	96

Die gleich starken Blätter für Trennsägen dagegen in folgenden Abmessungen:

Blattdurchmesser in mm	Stärke in mm	Anzahl der Zähne
1000	3,05	104
900	2,77	96
850	2,41	92
800	2,11	88
750	2,11	84
700	1,83	82
650	1,83	80
600	1,65	78
550	1,65	76
500	1,47	74

Vorstehende dünne Sägeblattdimensionen können selbstverständlich nur bei Trennkreissägen, welche bekanntlich seitlich durch Lederpolster geführt werden, in Anwendung kommen. Bei Verwendung konischer Sägeblätter beträgt der Schnittverlust bei 225 mm Schnitthöhe und dünnen Bohlenstärken $1^1/_1$—2 mm, ist mithin sehr gering, jedoch ist die Verwendung bester Sägeblätter und einwandfreier Schärfung Bedingung. Das Stativ der Maschine ist kräftig gebaut und in einem einzigen Stück gegossen, wodurch dieselbe auch bei forcierter Arbeit vollständig fibrationsfrei läuft.

Die Vorschubeinrichtung ist besonders kräftig und besteht aus 2 Paar Transportwalzen, 1 Paar an jeder Seite des Arbeitsstückes, sämtlich durch Zahnräder aus Stahl angetrieben, deren Zähne mit der Maschine geschnitten sind. Das linke Walzenpaar ist in einem drehbaren Stativ angebracht, welches wiederum an einer Gleisführung befestigt ist, die mittels Fußhebels oder Handrad 130 mm beweglich ist; der Walzendruck gegen das Holz wird durch Gewicht erzeugt. Durch die drehbare Anordnung der Walzen können Arbeitsstücke von unregelmäßiger Form, bei größter Variation in der Stärke, sachgemäß vorgeschoben und aufgetrennt werden.

Das rechte Walzenpaar ist mittels eines Handrades für verschiedene Holzstärken schnell einstellbar und für bestimmte Dimensionen zu fixieren. Das Handrad wird mit Teilung in $^1/_{32}$ Zoll engl. oder in Millimeter geliefert, so daß die abzutrennende Stärke exakt ohne Messungen eingestellt werden kann.

Sowohl die Walzen als auch der Steueranschlag an der rechten Seite des Sägeblattes sind derartig angeordnet, daß sie während des Sägens nach Bedarf justiert werden können, was zu einem exakten und schönen Schnitt mit dünnen Sägeblättern beiträgt. Vor den Vorschubwalzen ist am Stativ eine Auflagerolle angeordnet, um die Zuführung des Holzes zu erleichtern.

Die Sägewelle, aus bestem schwedischen Stahl, läuft in doppelreihigen Kugellagern von großen Abmessungen; sie ist für die verschiedene Durchmesser der Sägeblätter in der Richtung nach den Vorschubwalzen verschiebbar. Die Spindellager sind gemeinsam an einem Stativ vereinigt, wodurch die Welle ruhiger rotiert und Brüche usw. durch Schiefliegen der Lager vermieden werden. Um das Sägeblatt während der Arbeit sicher zu führen, sind auf beiden Seiten desselben Packdosen bzw. Führungen mit leicht zugänglichen, mit Leder gefütterten Stellschrauben angebracht. Diese Packdosen sind so justierbar, daß ein Paar stets unmittelbar hinter den Zähnen des Sägeblattes, ohne Rücksicht auf den Durchmesser desselben, wirken kann. Auf den Seiten der hinteren Hälfte des Sägeblattes befinden sich ebenfalls mit Lederpolster versehene Führungsschrauben. Der vordere Tisch kann zur

Auswechslung des Sägeblattes leicht aufgeklappt werden. Der Antriebmechanismus für den Vorschub liegt in dem Stativ und ist hierdurch gut geschützt, dabei aber dennoch leicht zugänglich. Das Vorgelege mit seiner Losscheibe ist mit doppelreihigen Kugellagern von großen Abmessungen versehen und wird gewöhnlich unter der Maschine angebracht.

Um Arbeitsstücke mit unregelmäßigen Außenflächen, wie Rundschwarten usw., sicher vorzuschieben, ist das linke Transportwalzenpaar aus grobgezahnten, vertikal verschiebbaren Stahlringen anzufertigen. Außerdem kann die Maschine mit einer sog. Selbstzentrierung versehen werden, d. h. die beiden Transportwalzenpaare sind so vereinigt, daß sie sich gleichmäßig auf beiden Seiten des Holzes automatisch zu variierenden Stärken einstellen. Diese Anordnung kommt in Betracht, wenn Bretter ohne Rücksicht auf ein vorhandenes Über- oder Mindermaß genau auf Mitte gespalten werden sollen, so daß Abweichungen in der Stärke auf beiden Seiten gleichmäßig verteilt werden. Durch eine einfache Umstellung ist der selbstzentrierende Vorschubapparat in einen gewöhnlichen für das Abtrennen fixer Holzstärken umzuwandeln. Soll die Trennkreissäge hauptsächlich für kurze Längen verwendet werden, ist der auf Abb. 112 ersichtliche Seitendruckapparat zu verwenden. Bei allen Trennarbeiten müssen Sägeblätter mit möglichst kleinem Durchmesser verwendet werden. Die Zähne arbeiten dann im vorteilhaftesten Schnittwinkel, und der Kraftverbrauch stellt sich weit geringer. Zum Trennen von beispielsweise 200 mm Breite sollen keine Sägeblätter mit größerem Durchmesser als 600 mm verwendet werden. Mancher Fachmann wird sich wundern, wie es möglich ist, auf einer automatischen Trennkreissäge bei zirka 225 mm Schnitthöhe unter Verwendung eines konischen Sägeblattes mit nur $1^1/_2$—2 mm Schnittverlust zu arbeiten. Man muß jedoch hierbei berücksichtigen, daß der Vorschub des Holzes durch 4 kräftige Transportwalzen mit 10—40 m Geschwindigkeit in der Minute erfolgt und die Schnittfuge durch den starken Spaltkeil auseinander getrieben wird, wodurch das Sägeblatt ohne seitliche Klemmung arbeitet und sich frei schneidet. Es ist dieses jedoch, wie schon erwähnt, nur beim Auftrennen von Bohlen in schwache Dickten möglich, da der Spaltkeil in diesem Falle ohne großen Kraftverbrauch die Schnittfuge auseinander treiben kann.

Vorstehende Trennkreissäge wird in nachstehenden Abmessungen geliefert:

Größte Schnitthöhe 350 mm,
größter Durchmesser eines gleich starken Sägeblattes 900 mm,
größter Abstand zwischen den Walzenpaaren 260 mm,
größter Abstand zwischen Sägeblatt und beiden Walzenpaaren 130 cm,
Vorschubgeschwindigkeit in der Minute in m 10—15—20—25—32—40,
Riemenscheibe des Vorgeleges, Durchmesser in mm 350,

Riemenscheibe des Vorgeleges, Breite in mm 210,
Umdrehungen in der Minute 700,
Länge und Breite der Maschine in mm 1500 × 1600,
Gewicht der Maschine mit Vorgelege netto 1300 kg,
größte Umdrehungszahl des Sägeblattes per Minute 1750,
kleinste Umdrehungszahl des Sägeblattes per Minute 1350,
Kraftverbrauch in PS 12—18.

3. Bolinders Universelle Patent-Präzisions-Trennkreissäge Nr. 6.

Mit dieser in Abb. 113 dargestellten Universal-Trennkreissäge kann man mit konischem Blatt Bohlen für Hobeldielen spalten sowie Leisten und andere Hölzer für die Bautischlerei und Kistenbretter auftrennen. Mit einem gleich starken Sägeblatt lassen sich Schwarten usw. auftrennen und Bohlen bis zu 600 mm Breite können — ebenfalls mittels mechanischen Vorschubes — in verschiedenen Breiten aufgetrennt werden. Bekanntlich können auf einer normalen Trennkreissäge nur Bohlen, Bretter und Rundschwarten in der Stärke aufgetrennt werden; man kann jedoch

Abb. 113.
Bolinders Universelle Präzisions-Trennkreissäge Nr. 6.

auf einer solchen Maschine keine breiten Bohlen und Bretter z. B. in der Mitte der Breitseite auftrennen, wie es auf einer Tisch- oder Besäumkreissäge möglich ist. Alle diese verschiedenartigen Arbeiten lassen sich auf der Maschine mittels mechanischen Vorschubes in derselben vorteilhaften Weise ausführen, wie die betreffende Einzelarbeit auf einzelnen Spezialsägen vorgenommen werden kann. Es darf sich dabei sowohl um schmale oder bis zu 600 mm breite, kurze oder lange Arbeitsstücke handeln. Bei der Anschaffung einer Trennkreissäge ist mithin, wenn dieselbe mit Trennarbeiten nicht voll ausgenützt werden kann, unbedingt eine Maschine vorzuziehen, worauf auch von Breite geschnitten werden kann; dieses Problem ist bei der in Abb. 113 dargestellten Maschine in idealer Weise gelöst.

Die Vorteile der Konstruktion kann man dahin zusammenfassen:

1. Daß die kräftige und solide Vorschubeinrichtung die Maschine zu einer vollkommenen Vertikaltrennkreissäge macht.

2. Daß die einfache Verstellbarkeit der Vorschubwalze und des Führungsanschlages in der Richtung zur Sägespindel für den jeweiligen Blattdurchmesser das präzise, schnelle Auftrennen von dünnen und kurzen Brettern, Leisten usw. gewährleistet.

3. Daß die große Durchgangsweite zwischen Vorschubwalze und Führungsanschlag das Flachauftrennen bis zu großen Breitenabmessungen ermöglicht.

4. Daß Vorschubwalze und Führungsvorschlag beliebig schräg einstellbar sind und somit auch Autrennen im Diagonalschnitt ausgeführt werden kann.

5. Daß durch Umlegen der Vorschubwalze unter die Tischfläche letztere ganz freigelegt wird.

Die solide, präzise Ausführung und die Verwendung des allerbesten Materials, welche den Bolinders-Maschinen auf dem Weltmarkt einen ersten Platz gesichert haben, sind auch bei dieser Maschine durchgeführt.

Die Maschine ist in allen Teilen reichlich proportioniert und äußerst kräftig gehalten. Das Gestell wird durch Fundamentrahmen von großen Abmessungen getragen, was die Montierung bedeutend erleichtert und ein kostspieliges Fundament unnötig macht.

Der Vorschub des Holzes wird durch eine angetriebene geriffelte Walze von sehr großem Durchmesser bewirkt, welche von einem, im Gestell kräftig gelagerten beweglichen Arm getragen wird. Durch diese Konstruktion erhält die Führung der Vorschubeinrichtung eine elastische Leichtbeweglichkeit, die der Vorschubwalze ermöglicht, sich jeder Unebenheit des Holzes sofort anzupassen und den Vorschub gleichmäßig und zuverlässig zu gestalten.

Der Führungsanschlag gegenüber der angetriebenen Vorschubwalze enthält zwei vertikal verstellbare Supportrollen, die in Kugellagern rotieren, sowie 2 Führungsrollen. Die letzteren lassen sich durch Handgriff zur Schnittlinie während des Betriebes einstellen und tragen dadurch zur Erzielung eines genauen Schnittes bei. Sowohl Vorschubwalze als auch Führungsanschlag sind durch Kurbel in der Richtung zur Sägewelle verschiebbar, um damit dem ganzen Vorschubmechanismus zum jeweiligen Durchmesser des Sägeblattes und dem Schnittwinkel der Zähne die vorteilhafteste Einstellung zu geben. Der ganze Führungsanschlag ist durch Kurbel zum Diagonaltrennen beliebig schräg einstellbar; diese Anordnung ist auch wichtig für die Justierung des Schnittes, insbesondere für die Erzielung gleich starker Bretter an beiden Kanten.

Die Vorschubwalze ist in ihrem Abstand zum Sägeblatt durch einen Fußhebel beweglich. Der Führungsanschlag wird bei größerer Umstellung durch Hand verschoben, während die Nachjustierung mittels Handrad und Schraube erfolgt.

Die Sägewelle, aus bestem schwedischen Stahl, rotiert in selbstregulierenden doppelreihigen Kugellagern von großen Abmessungen. Die Kugellager sind in kräftige Lagergehäuse staubdicht eingekapselt, die auf dem Maschinengestell selbst montiert sind.

Die Tische an beiden Seiten des Sägeblattes sind quer zur Schnittlinie verschiebbar, um Sägeblättern verschiedener Stärken, konischen Sägeblättern usw. passenden Raum zu geben. Um genügend Raum beim Auswechseln der Sägeblätter zu erhalten, kann der linke Tisch seitlich ausgezogen werden. Die Packungsanordnung zur Führung des Sägeblattes ist neuer und wesentlich verbesserter Konstruktion. Die Packung selbst besteht aus einem leicht verstellbaren widerstandsfähigen Lederpolster. Die Zahnräder der Vorschubeinrichtung haben alle mit der Maschine geschnittene Zähne und die der größten Beanspruchung ausgesetzten sind aus Stahl. Alle Zahnräder sind völlig dicht eingekapselt, und zur wirksamen Schmierung der Zahnräder ist für jedes Zahngetriebe eine besondere Schmierbüchse vorhanden. Die Maschine wird mit und ohne Vorgelege ausgeführt. In ersterem Falle erhält die Sägewelle und das Vorgelege eine Stufenscheibe, so daß 2 Geschwindigkeiten der Sägewelle erhältlich sind. Die Maschine wird in nachstehenden Abmessungen geliefert:

Größte Schnitthöhe 350 mm,
größter Durchmesser des Sägeblattes 900 mm,
größter Abstand zwischen Vorschubwalze und Führungsanschlag 600 mm,
größter Abstand zwischen Sägeblatt und Vorschubwalze 300 mm,
größter Abstand vom Zentrum der Sägewelle bis Zentrum der Vorschubwalze 430 mm,
kleinster Abstand vom Zentrum der Sägewelle bis zum Zentrum der Vorschubwalze 265 mm,
größte Geschwindigkeit des Sägeblattes, Umdrehungen per Minute 1750,
kleinste Geschwindigkeit des Sägeblattes, Umdrehungen per Minute 1350,
Vorschubgeschwindigkeiten in m pro Minute 13—17—23—30—37—48,
Antriebsriemenscheibe des Vorgeleges: Durchmesser 350 mm, Breite 210 mm, Umdrehungen pro Minute 730,
Breite und Länge der Maschine ohne Vorgelege 1900 × 1450 mm,
Gewicht der Maschine netto 1550 kg,
Kraftverbrauch zirka 6—18 PS.

Bei allen Trennarbeiten müssen Sägeblätter mit möglichst kleinem Durchmesser verwendet werden; die Zähne erhalten dann den vorteilhaftesten Schnittwinkel, die Schnittfläche wird größer, und der Kraftverbrauch stellt sich möglichst gering. Zum Trennen von beispielsweise 200 mm Breite sollen keine Sägeblätter mit größerem Durchmesser als 600 mm verwendet werden. Wer auf einer Trennkreissäge gute Resultate erzielen will, muß das vorstehend Gesagte besonders beachten. Ferner ist ein nur erstklassiges Sägeblattfabrikat zu verwenden und besonders auf tadellose Schärfung und Schränkung zu achten.

4. Bolinders Präzisions-Doppel-Trennkreissäge Nr. 12.

Die in Abb. 114 dargestellte, patentierte Doppelkreissäge findet hauptsächlich in den großen schwedischen und finnischen Säge- und Hobelwerken zum Auftrennen von sog. Battens, auf deutsch Bohlen oder Planken, Verwendung. Die großen Exporthobelwerke in Schweden und Finnland, welche stets einem Sägewerk angegliedert und mit den modernsten schweren schwedischen Exporthobelmaschinen ausgerüstet sind, liefern bekanntlich ganz vorzügliche Fichtenhobeldielen. Die Eigenart bei der Erzeugung dieser Hobeldielen besteht nun darin, daß die zur Erzeugung von Hobeldielen dienenden sog. Battens (Bohlen) in doppelter Stärke eingeschnitten und so getrocknet werden. Nach dem Trocknen werden die Battens dann unmittelbar vor der vierseitigen Exporthobelmaschine auf Trennkreissägen in der Mitte gespalten bzw.

Abb. 114. Bolinders Präzisions-Doppel-Trennkreissäge Nr. 12.

aufgetrennt und auf mechanischem Wege direkt der Hobelmaschine zugeführt. Das Auftrennen unmittelbar vor dem Hobeln hat den großen Vorteil, daß die aufgetrennten Bretter der Hobelmaschine in vollkommen sauberem Zustande zugeführt werden, die Hobelfläche ansehnlicher wird und die Hobelmesser länger scharf bleiben. Da nun in Schweden und Finnland Säge- und Hobelwerke vorhanden sind, welche eine ganze Schiffsladung Hobeldielen von einer Stärke direkt von der Hobelmaschine verladen — letzteres geschieht durch sinnreiche mechanische Transportanlagen —, sind selbstverständlich in diesen Werken mehrere vierseitige Hobelmaschinen vorhanden. Um diesen genügend Hobelmaterial zuzuführen, genügt eine Trennkreissäge nicht und Bolinders hat zu diesem Zweck die in Abb. 114 dargestellte doppelte Trennkreissäge Nr. 12 auf den Markt gebracht, welche in den nordischen Säge- und Hobelwerken vielfach verwendet wird. Leider gibt es in Deutschland nur wenige Säge- und Hobelwerke, welche Hobeldielen in solchen Mengen herstellen und die doppelte Trennkreissäge kommt infolgedessen nur für die nordischen Länder und Amerika in Frage. Die präzise Ausführung und gut durchdachte Konstruktion gestatten die Verwendung dünner konischer Sägeblätter zum Auftrennen des Holzes bis maximal 225 mm Schnitthöhe, wobei der Schnittverlust bei richtiger Bedienung des Sägeblattes bis auf $1^1/_2$—2 mm reduziert wird; bei sehr günstigem Schnittmaterial ist eine weitere Reduktion möglich. Beim Auftrennen von breiterem Holze wird der Schnittverlust entsprechend höher. Bei dieser Maschine sind die vielseitigen Erfahrungen der Firma Bolinders bei der Konstruktion verwertet und dieselbe ist in allen ihren Teilen von modernster und praktischster Konstruktion. Auf die Ausführung ist unter Verwendung nur erstklassiger Materialien die größte Sorgfalt verwendet, was ja bekanntlich bei allen Bolinders-Maschinen der Fall ist.

Die Maschine vereinigt zwei unabhängig arbeitende Trennkreissägen in einem gemeinsamen Gestell, und zwar wie aus der Abb. 114 ersichtlich eine „Rechts"- und eine „Linkssäge"; jede Säge hat ihre besondere Vorschubeinrichtung und ihr besonderes Vorgelege, d. h. die Sägespindeln sind unabhängig angetrieben.

Der Tisch zwischen den Sägen ist mit Antifriktions-, Trag- und Führungsrollen ausgerüstet, so daß bei Vornahme mehrerer Schnitte in einem Arbeitsstück letzteres ohne physische Anstrengung des Arbeiters zurückgeführt werden kann.

Das gemeinsame Gestell ist besonders kräftig gehalten und zur Vermeidung von Vibration in einem Stück gegossen; die Form ist praktisch und zweckmäßig, auch sind hervorstehende Teile und Schraubenköpfe vermieden. Die beiden Vorschubeinrichtungen bestehen auf der einen Seite aus einer angetriebenen geriffelten Walze von geeignetem Durchmesser, womit ein äußerst zuverlässiger, kräftiger, aber dennoch elastischer Vorschub des Holzes erzielt wird. Die Druckbelastung erfolgt durch Gewicht, welches je nach Bedarf eingestellt wird. Der Druck der angetriebenen Riffelwalzen wird auf der anderen Seite von zwei vertikal verstellbaren großen Rollen aufgenommen, die außerdem quer zur Schnittlinie, unabhängig vom dahinterliegenden Steueranschlag justierbar sind. Schließlich sind diese Rollen gleichzeitig durch einen Hebel vor oder hinter das Zentrum der Vorschubwalzen einzustellen, wodurch der Arbeiter in der Lage ist, den Lauf der Bretter auch während des Betriebes zu dirigieren, wenn der Schnitt nicht exakt ausfällt. Unmittelbar vor den Sägeblättern und an beiden Seiten derselben sind Druckrollen vorhanden, welche, durch Federdruck wirkend, das Holz führen, auch wenn die Vorschubwalze ausgerückt wird. Hierdurch wird auch das Auftrennen von kurzen Holzlängen ermöglicht. Zum Bewegen, Ein- und Ausrücken bzw. Einstellen der Vorschubwalzen sind Fuß- und Handhebel sowie ein Handrad mit Klemmmutter zum Fixieren der Dimension vorhanden; alles ist von der Vorderseite aus leicht zugänglich. Sowohl Vorschubwalze wie Druckrollen lassen sich unabhängig voneinander in verschiedenen Winkeln einstellen, um Diagonalschnitte wie bei „Weatherboards" usw. ausführen zu können.

Die Sägespindeln sind aus bestem schwedischen Stahl; sie laufen in doppelreihigen Kugellagern von großen Abmessungen und können in der Vorschubrichtung für verschiedene Sägeblattdurchmesser verschoben werden. Die Spindellager sind untereinander vereinigt, wodurch die Welle ruhiger rotiert und Heißgehen derselben durch Schiefliegen der Lager vermieden wird.

Die seitlichen Tische können zur Auswechslung der Sägeblätter leicht aufgeklappt werden. Um die Sägeblätter während der Arbeit sicher zu führen, sind an beiden Seiten vor dem Zentrum der Sägeblätter Packdosen mit ledergefütterten Stellschrauben angebracht. Diese Packdosen sind so angeordnet, daß ein Paar Stellschrauben bei dem jeweiligen Sägeblattdurchmesser stets unmittelbar hinter den Zähnen der Sägeblätter wirkt. Hinter dem Zentrum der Sägen befinden sich ebenfalls Stellschrauben. Der Antriebsmechanismus für den Vorschub ist im vorderen Hohlständer des Gestells untergebracht und wird hierdurch gegen Späne u. dgl. vollständig geschützt, ist dabei aber dennoch leicht zugänglich.

Die Vorgelege mit ihren Losscheiben sind mit doppelreihigen Kugellagern von großen Abmessungen versehen und werden gewöhnlich unter der Maschine angebracht. Bei allen Trennarbeiten müssen Sägeblätter mit möglichst kleinem Durchmesser benutzt werden; die Zähne erhalten dann den vorteilhaftesten Schnittwinkel, die Schnittfläche wird sauberer, und der Kraftverbrauch stellt sich weit geringer. Zum Trennen von z. B. 200 mm Breite sollen keine Sägeblätter über 600 mm Durchmesser verwendet werden. Vorstehende Doppeltrennkreissäge wird in nachstehenden Abmessungen geliefert:

Größte Trennhöhe 300 mm,
größter Durchmesser des Sägeblattes 800 mm,
größter Abstand zwischen Vorschubwalze und Steueranschlag 200 mm,
größter Abstand zwischen Vorschubwalze und Sägeblatt 100 mm,
Vorschubgeschwindigkeiten in der Minute 27—33—40 m,
Antriebsscheibe der Vorgelege, Durchmesser 400 mm,
Antriebsscheibe der Vorgelege, Breite 210 mm,
Tourenzahl der Vorgelege in der Minute 630,
größte Umdrehungszahl des Sägeblattes per Minute 1750,
kleinste Umdrehungszahl des Sägeblattes per Minute 1350,
Kraftverbrauch jeder einzelnen Maschine zirka 12—16 PS,
Länge und Breite der Maschine ohne Vorgelege 1575 × 2650 mm,
Gewicht mit Vorgelege netto 3400 kg,
Gewicht ohne Vorgelege netto 2800 kg.

5. Bolinders Doppelbesäumkreissäge mit automatischer Holzzuführung.

Fortgesetzte Steigerung der Arbeitsleistung der Sägegatter und die Forderung, doppelt wirkenden Besäumsägen bei hoher Vorschubgeschwindigkeit eine rationellere Ausbeute mit Bezug auf genauen, sparsamen Schnitt zu geben, haben Bolinders veranlaßt, eine Konstruktion nach neuen Prinzipien zu schaffen.

Wenn der die Maschine bedienende Arbeiter sein ganzes Augenmerk auf die vorteilhafteste Ausnützung des Holzes richten soll, so darf sich

Abb. 115. Bolinders Doppelbesäumkreissäge mit automatischer Holzzuführung, Patent Tenow.

seine ganze Arbeitskraft nur auf die jeweilige Einstellung der Besäumbreite der einzelnen Bretter und Bohlen konzentrieren. Bei der bisherigen Konstruktion war es für den Arbeiter schwer, bei hoher Vorschubgeschwindigkeit und ohne Zwischenpause in der Aufeinanderfolge der Arbeitsstücke Zeit für die genau ausgerichtete Zuführung des Brettes und die Einstellung der Besäumbreite zu finden, weil er außerdem die Höhenstellung der oberen Vorschubwalzen beim Schneiden verschieden starker Hölzer zu besorgen hatte. Diese für den Arbeiter sehr ermüdende und hinderliche Walzenhebung ist ganz in Fortfall gekommen, denn die oberen Vorschubwalzen stellen sich jetzt ganz selbsttätig zur Stärke des Holzes ein, sobald letzteres mit den Walzen in Berührung gebracht wird. Bolinders garantiert, daß auf diesen Besäumsägen, ohne jedes Eingreifen des Arbeiters in beliebiger Reihenfolge Hölzer von 13—150 mm Stärke besäumt werden können. Es können also beispielsweise der Maschine zugeführt werden alle Holzstärken, welche zwischen 13 und 150 mm liegen, wobei die Walzeneinstellung ganz automatisch erfolgt. Der Arbeiter hat lediglich die Hölzer gegen die Walzen der Maschine vorzuschieben und durch einen Hebelgriff die Sägeblätter auf die gewünschte Besäumbreite einzustellen; alle übrigen Funktionen und Einstellungen erfolgen seitens der Maschine ganz selbsttätig.

Dadurch, daß dem Arbeiter fast jede körperliche, ermüdende Arbeit abgenommen ist, kann er sich, auch bei der höchsten Vorschubgeschwindigkeit, ganz dem genauen Ausrichten des Arbeitsstückes zur Schnittlinie widmen und damit die größtmögliche Ausnützung des Holzes erzielen. Die Schnittgeschwindigkeit der Sägeblätter und die Vorschubgeschwindigkeit konnten mit Rücksicht auf die automatische Arbeitsweise und auf die durchaus zuverlässig und exakt wirkende neue Vorschubeinrichtung erhöht werden. Es konnte in der Praxis festgestellt werden, daß durch die vorbenannten Neuerungen Resultate erzielt werden, die hinsichtlich höherer Leistung, besserer Ausbeute des Holzes und präziserer Arbeitsweise etwa 30 % höher zu bewerten sind als jene, welche früher erzielt werden konnten. Es ist noch besonders hervorzuheben, daß ein mit Lebensgefahr verbundenes Zurückwerfen von knorrigem Holz durch die Sägeblätter unmöglich ist, weil das Arbeitsstück durch Walzen festgehalten wird, bis es die Maschine verlassen hat. Das Stativ der Maschine ist sehr kräftig und in einem Stück gegossen, wodurch alle Lagerungen eine solide Auflage erhalten, so daß jede für den Betrieb schädliche Vibration vermieden wird. Die Sägespindel rotiert in eingekapselten Kugellagern von großen Abmessungen. Auch andere schnellrotierende Teile sind mit Kugellagern versehen. Die Vorstellung der Sägeblätter auf Besäumbreite wird durch eine patentierte Hebelanordnung betätigt, deren Handhabung mittels eines vertikalen Hebels bequem und leicht ist. Die Konstruktion des Verbindungsmechanismus gewährleistet dauernd eine präzise Einstellung der Sägeblätter, auch dann, wenn dieselben abgenützt sind. Kleinere Riemen sind nach Möglichkeit vermieden; es werden zur Erhöhung der Betriebssicherheit Zahnräder und Ketten verwendet. Sämtliche Neuerungen und Verbesserungen der Maschinenkonstruktion sind durch eine Serie Patente in allen Industrieländern geschützt.

Die in Abb. 115 dargestellte Doppelbesäumsäge wird mit federnden Gliedertransportwalzen und Umsteuervorrichtung (Rücklauf) der Vorschubwalzen geliefert und man kann durch einen Handgriff, falls das Arbeitsstück nicht genau ausgerichtet wurde oder Hindernisse auftreten, den Rücktransport bewerkstelligen.

132   Einrichtung, Maschinen und Betrieb des Sägewerkes.

Die Maschine wird in folgenden Abmessungen geliefert:

Besäumbreite von 51—521 mm,
Besäumstärke bis 203 mm,
Abstand zwischen Zentrum der Vorschubwalzen 1230 mm,
Vorschubgeschwindigkeiten 44, 61 und 70 m pro Minute,
Umdrehungen der Sägewelle 1800 pro Minute,
Durchmesser der Riemenscheibe 370 mm, Breite 240 mm,
Durchmesser der Sägeblätter 650 mm,
Zentrumbohrung der Sägeblätter 85 mm,
Kraftbedarf zirka 10—25 PS,
Erforderliche Bodenfläche 1600 × 1250 mm,
Gewicht netto 2450 kg.

6. Doppelte Besäum- und Lattenkreissäge LNA mit selbsttätigem Vorschub.

Gegenüber den bisher gebräuchlichen Besäum- und Lattenkreissägen, wo das Anheben der Vorschubwalzen mittels Handräder oder Fußtritt betätigt werden mußte, ist die in Abb. 116 dargestellte

Abb. 116. Doppelte Besäum- und Lattenkreissäge mit selbsttätigem Vorschub und Kletterwalzen. (Kirchner & Co., A.-G., Leipzig.)

Maschine von Kirchner & Co., A.-G., Leipzig, durch den Einbau sog. Kletterwalzen berufen, einen in der Bedienung dieser Sägen schon längst empfundenen Übelstand zu beseitigen. Diese äußerst wertvolle, durch vorerwähnte Anordnung sich auf mindestens 25% ergebende Mehrleistung ist lediglich darauf zurückzuführen, daß der die Maschine bedienende Mann von der tagsüber sehr anstrengenden Arbeit des Anhebens der Einzugswalzen, je nach der Konstruktion der Maschine durch Handräder oder Fußtritthebel betätigt, befreit wurde. Bei andauernder Beschäftigung an Besäum- und Lattensägen älteren Systems wird der daran beschäftigte Arbeiter derart in Anspruch genommen, daß er den gestellten Anforderungen nicht nachzukommen vermag, wodurch die Leistung solcher Maschinen nicht genügend ausgenützt werden kann. Bei den neueren Sägen, wo Kletterwalzen in Betracht kommen, hat der Arbeiter gar nichts mit der Einstellung der Walzen zu tun, infolgedessen kann er nicht nur die Zuführung der zu bearbeitenden Hölzer beschleunigen, sondern auch auf das genaue Einstellen der Sägen behufs Erzielung geringen Holzverlustes mehr achtgeben.

Verwendung findet diese Hochleistungsmaschine zum parallelen Besäumen von Bohlen und Brettern und zum Ausschneiden der dabei abfallenden Säumlinge in Latten. Dieselbe ist daher großen Sägewerken, Schiffswerften, Bau- und Waggonfabriken wegen ihrer großen Leistung bestens zu empfehlen. Das besonders kräftige, in einem Stück gegossene Gestell trägt auf der Antriebseite zwei lange, feststehende Sägewellenlager. Das dritte ist in prismatischen Führungen, je nach der gewünschten Holzbreite, nach Skala, vom Stand der Bedienung aus einstellbar. Die starke, geschliffene Kreissägenwelle ist aus hochwertigem Stahl zweiteilig hergestellt und rotiert je nach Bestellung in staubdicht gekapselten Kugel- oder Ringschmierlagern. Von den auf dieser Welle befindlichen Sägeblättern ist ein Satz fest, der andere läßt sich mitsamt seiner Lagerung der jeweiligen Brettbreite gemäß während des Ganges der Maschine einstellen. Die Sägeblätter sind nach Abziehen des verschiebbaren Lagers und Lösen der Büchsenmuttern sehr bequem auswechselbar. Die Anzahl sowie die verschiedenen Breiten der Latten lassen sich durch besondere leicht austauschbare Zwischenringe bestimmen. Der Vorschub der Hölzer erfolgt durch drei angetriebene Walzen, von denen zwei vor und eine hinter den Sägen angeordnet ist. Der unten im Gestell angeordnete Getriebekasten läßt die Anwendung von $2 \times 3 = 6$ verschiedenen Vorschubgeschwindigkeiten zu, auch kann momentan der Vorschub unterbrochen oder eine Rücklaufbewegung der Walzen eingeschaltet werden.

Als ganz besonderer Vorteil dieser Säge verdient, wie schon erwähnt, das selbsttätige Anheben der Walzen hervorgehoben zu werden. Nach Einstellung der gewünschten Brettbreite braucht man nur, ohne Rücksicht auf die jeweilig zur Verarbeitung gelangende Holzdicke, das Werkstück gegen die Walzen zu drücken, wo es sofort von diesen erfaßt und den Sägen zugeführt wird.

Der Antrieb hat von einem Vorgelege aus zu erfolgen. Vorteilhaft angeordnete, leicht entfernbare Schutzvorrichtungen sowie ein bequem lösbarer Splitterfänger schützen den Arbeiter vor Verletzungen.

Die Maschine wird in nachstehenden Abmessungen geliefert:

Max. Durchgang von Hölzern bis 800 mm breit,
Holzstärke bis zu 75 mm,
äußerste Stellung der Sägeblätter 45—630 mm,
max. Sägenzahl bei 325 mm Blattdurchmesser 10,
Sägeblattdurchmesser 325 mm,
Riemenscheibe an der Sägewelle 300 × 180 mm,
Touren der Sägewelle pro Minute 2400,
Fest- und Losscheibe am Vorgelege, Durchmesser 350 mm,
Fest- und Losscheibe am Vorgelege, Gesamtbreite 320 mm,
Touren vom Vorgelege pro Minute 800,
Kraftbedarf in PS 10—40, derselbe richtet sich nach der Anzahl der Sägeblätter, Holzstärke und Vorschub,
Platzbedarf in der Breite der Maschine 2100 mm,
Gewicht netto 1400 kg,
Vorschubgeschwindigkeit 8—53 m pro Minute.

7. Doppelbauholzkreissäge AR 45 mit Kettenvorschub.

Kleineren Sägewerken und Zimmereien, welche viel Kantholz einzuschneiden haben und denen das für die Anschaffung eines Gatters erforderliche Kapital nicht zur Verfügung steht, ist die in Abb. 117 dargestellte Doppelbauholzkreissäge mit Kettenvorschub von Wurster & Dietz, in Derendingen-Tübingen, zur Anschaffung zu empfehlen, vorausgesetzt, daß billige Antriebskraft zur Verfügung steht. Bei Bauholzkreissägen älterer Konstruktion ist bekanntlich der Kraftverbrauch und Schnittverlust ein sehr hoher, jedoch ist beides bei den neuzeitlichen Maschinen mit Kugellagerung und durch zwischen sachgemäße Lederpolster geführte dünne Kreissägenblätter vermieden. Vorstehende Maschine arbeitet jedoch nur dann zufriedenstellend, wenn einwandfrei geschärfte und geschränkte Sägeblätter allerbester Qualität zur Verwendung kommen und die Kreissägenblätter durch neuzeitliche Packungen sicher geführt werden. Als Norm für die Schränkung kann man 50 bis höchstens 75% der Blattstärke annehmen. Bei einer Kreissäge von 800 mm Blattdurchmesser und 3,4 mm Stärke beträgt mithin der theoretische Schnittverlust $3,4 + 1,7 = 5,1$ mm. Auf der in Abb. 117 dargestellten Maschine werden gleichzeitig zwei parallele Kreissägenschnitte durch Rundholz oder durch auf dem Gatter bzw. auf dieser Maschine selbst vorgeschnittenes Holz erzeugt. Sie eignet sich also in hervorragender Weise zum Schneiden von Bauhölzern (Kantholz), zum parallelen Besäumen von Bohlen, Spundwänden und vorgeschnittenen Kanthölzern. Durch ihre bedeutende Leistungsfähigkeit — bis zu 18 m in der Minute — ist sie dem Vollgatter zum Schneiden schwacher und mittelstarker Kanthölzer aus Rundholz weit überlegen, wo etwas größerer Schnittverlust und der

Kraftverbrauch keine Rolle spielt. Ein weiterer Vorteil gegenüber dem Vollgatter ist der, daß die Sägeblätter während des Betriebes der Maschine sehr rasch mittels Handrades auf die gewünschte Schnittbreite eingestellt und somit direkt nacheinander breite und schmale Hölzer geschnitten werden können, ohne, wie beim Vollgatter, die Sägeblätter auf jede Stärke umspannen zu müssen. Der eingestellte Durchgang zwischen den Sägen ist jederzeit auf einem an der Maschine angebrachten Maßstab abzulesen. Die Doppelbauholzkreissäge kann direkt auf dem Gebälk montiert werden, sie bedarf keines Fundaments. Ihr stabiler Ständer ist aus einem

Abb. 117. Doppelbauholzkreissäge mit Kettenvorschub.
(Wurster & Dietz, Derendingen-Tübingen, Württemberg.)

Stück und verhindert dadurch Erzitterungen. Die stählerne Welle ist dreifach gelagert, sie läuft in reichlich dimensionierten, besten Rollen- und Kugellagern. Die Sägeblätter werden auf langen Laufbüchsen befestigt, die beide auf der Kreissägewelle verschiebbar und in langen Führungsschlitten gelagert sind. Durch letztere wird jederzeit eine unbedingt genaue parallele Einstellung der Sägeblätter erzielt.

Die Verstellung dieser Führungsschlitten auf die Schnittbreite erfolgt durch zwei gemeinsam angetriebene Schraubenspindeln. Hinter den Sägeblättern sind 2 Spaltkeile an den Führungsschlitten befestigt, welche sich mit den Sägen verstellen. Die Einzugkette bleibt stets genau in der Mitte beider Sägeblätter, da letztere gleichmäßig nach beiden Seiten verstellt werden. Der Vorschub erfolgt durch in die Kette eingehängte Mitnehmer, welche zwischen den Sägen durchlaufen, so daß ein Rundholz unmittelbar dem anderen folgen kann. Die Vorschubgeschwindigkeit kann während des Betriebes in weiten Grenzen beliebig verstellt, sowie augenblicklich abgestellt werden; sie ist abhängig von der Umdrehungszahl der Sägenachse bzw. der Schnitthöhe. Zum Antrieb des Schaltwerkes ist kein besonderes Vorgelege erforderlich. Die Vorschubkette läuft in eisernen Schienen, das geschnittene Holz auf eisernen, im hinteren Holztisch gelagerten Walzen.

Die größte Schnitthöhe beträgt 280 mm,
der größte Durchlaß zwischen den Sägen beträgt 450 mm,
die Vorschubgeschwindigkeit beträgt in der Minute 5,6—18 m,
der größte Sägeblattdurchmesser beträgt 800 mm,
Umdrehungen der Sägewelle in der Minute 1650,
Antriebsscheibengröße 365 × 180 mm,
der Kraftverbrauch beträgt zirka 12—36 PS, je nach Holzstärke und Vorschubgeschwindigkeit.

8. Pendelsäge in liegender und hängender Ausführung mit Büschelwagen.

Die in Abb. 118 u. 119 dargestellten Brennholzpendelsägen mit Büschelwagen, D. R. G. M. 332906 von Gebr. Linck, Oberkirch in Baden, dienen dazu, die bei den Besäumkreissägen abfallen-

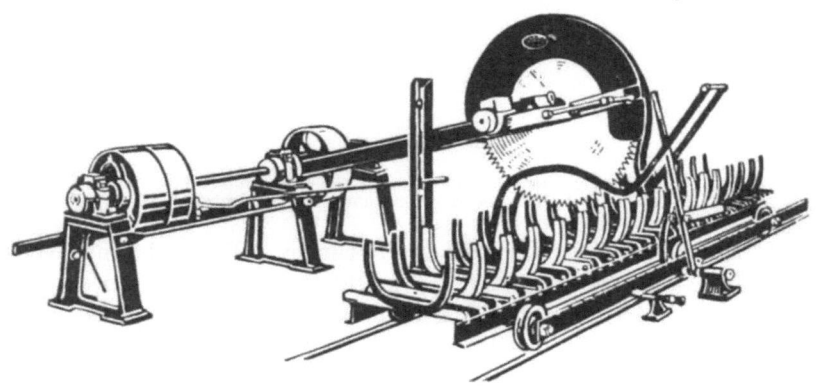

Abb. 118. Pendelsäge in liegender Ausführung mit Büschelwagen zum Schneiden von Brennholz aus Säumlingen. (Gebr. Linck, Oberkirch in Baden.)

den Säumlinge auf vorteilhafteste Art in Brennholzlängen zu schneiden. In Verbindung mit einer Brennholzbündelpresse nach Abb. 120 lassen sich die Säumlinge auf dem schnellsten Wege in fertige mit Eisendraht gebundene, handelsübliche Brennholzbündel verarbeiten. Das Pendelsägegestell kann sowohl auf dem Fußboden als auch an der Decke oder Mauer montiert werden. Der Antrieb

Trennkreissägen.

erfolgt durch Vorgelege oder eingebauten Elektromotor. Die Säumlinge werden in das gabelförmige Gitter des Laufwagens gelegt und beim Schneiden durch einen Druckhebel auf den Wagenboden gedrückt, wodurch eine feste Auflage erreicht und ein Herausschleudern beim Schneiden vermieden wird. Die gabelförmigen Gittereisen sind entsprechend der ofenfertigen Brennholzlänge auf dem Lauf befestigt, und zwar je zwei für eine Bündellänge. Der Pendelrahmen wird von dem die Maschine bedienenden Arbeiter auf einfachste Art mittels Handgriffs gesenkt und gehoben

Abb. 119. Pendelsäge in hängender Ausführung zum Schneiden von Brennholz aus Säumlingen. (Gebr. Linck, Oberkirch in Baden.)

bzw. nach vorn gezogen und der Wagen nach jedem Schnitt um eine Bündellänge weiter geschoben. Die auf Abb. 120 ersichtliche Bündelpresse hat den Zweck, das auf der Pendelsäge auf Ofenlänge geschnittene Holz in Bündel zu pressen und mit Draht zu verschnüren. In dieser Form verkauft sich das Brennholz im städtischen Kleinhandel besser und braucht nicht in Körben oder Säcken transportiert zu werden. Die Bedienung der Presse ist eine einfache. Man legt einen entsprechend langen Draht in das Unterteil der Presse, füllt diese mit dem auf der Pendelsäge nach Länge geschnittenen Holz möglichst dicht aus, klappt den schmiedeeisernen Bügel darüber und drückt nun das Holz mittels Druckhebels fest zusammen. Man verbindet alsdann die Drahtenden und nimmt jetzt das kreisrunde Holzbündel nach Hochheben des Druckbügels heraus.

Abb. 120. Hängende Pendelsäge und Bündelpresse für Brennholz.
(Gebr. Linck, Oberkirch in Baden.)

P. Der Richtlichtapparat von Gebrüder Wiegelmann, Neheim (Westfalen).

Eine wichtige Aufgabe des Sägemüllers besteht darin, die Blöcke zu den Gattern und Bretter und Bohlen zu den Kreissägen so auszurichten, daß ein möglichst geringer Verlust an Nutzholz entsteht. Arbeiter, die in dieser Hinsicht die nötige Erfahrung und Schicklichkeit besitzen und gewissenhaft im Interesse des Besitzers arbeiten, werden gesucht und gut bezahlt. Leider ist der Nachwuchs an wirklich tüchtigen Schneidemüllern nicht groß. Es ist daher zu begrüßen, daß ein Fachmann den Erfolg von der Tüchtigkeit des Arbeiters unabhängig zu machen bemüht war und einen Apparat erfand, der das sichere und vorteilhafte Ausrichten der Blöcke und Bretter auch dem ungeübten

Abb. 121. Richtlichtapparat an einer mehrblätterigen Kreissäge.
(Gebr. Wiegelmann, Neheim in Westfalen.)

Arbeiter ermöglicht. Bisher geschah dieses nach dem Augenmaß, was schon an sich sehr schwierig ist, aber noch besonders durch den Umstand erschwert wird, daß die hellere, dem Licht zugekehrte Seite eines Blockes breiter zu sein scheint, als die im Schatten liegende. Wenn nun der Stamm mehr als nötig nach der Schattenseite hin vor die Säge gelegt wird, so entstehen beim Schneiden von Bauholz auf dieser Seite geringere Baumkanten, aber dickere Schwarten, als auf der heller beleuchteten Seite. Das bedeutet einen erheblichen Verlust an Nutzholz. Bei Verwendung eines Richtlichtapparates nach Abb. 121 werden obengenannte Fehler vermieden. Abb. 122 zeigt einen Richtlichtapparat im Betriebe am Vollgatter, Abb. 123 einen solchen an einer

Kreissäge mit mehreren Blättern und selbsttätigem Vorschub. Der Apparat beruht dem Prinzipe nach darauf, daß der Schatten von Schnüren, welche in der Laufrichtung des Gatters oder der einfachen oder mehrblättrigen Kreissäge in etwa 2 m Höhe ausgespannt sind, auf die zu verarbeitenden Hölzer geworfen wird, woselbst die Schattenlinien richtungweisend das menschliche Auge beim Ausrichten derart unterstützen, resp. korrigieren, daß eine geradezu mathematisch genaue Arbeit entsteht. Es muß deshalb ebenso für den einzelnen Holzindustriellen, als auch für die gesamte Sägewerkindustrie von Interesse sein, sich mit diesem Hilfsmittel bekannt zu machen.

Der Richtlichtapparat besteht aus einem Rahmengestell nach Abb. 121, von dessen Deckenteil quer zur Laufrichtung der betreffenden Holzbearbeitungsmaschine ein supportartiger Schlitten angebracht ist, auf welchem mittels Schraubenspindel, Kettenrades und Kette eine Schraubenmutter verschoben wird, mit welcher eine speziell für diesen Zweck konstruierte, hochkerzige, durch Momentschalter ein und ausschaltbare Glühlampe verbunden ist. Der Bodenteil des Gestelles trägt einen Rahmen, auf dessen beiden Stirnseiten miteinander korrespondierende Maßstäbe angebracht sind, welche in der Laufrichtung der Maschine in feiner Teilung gekerbt sind. Durch die Kerben werden Schnüre gelegt, welche die nötige Spannung dadurch erhalten, daß ihre Enden Spiralfedern mit Griffhaken tragen, deren Kröpfung die Rahmenstirnseite umfassen, während die schlaufenförmigen Griffe nach außen zu liegen kommen. Das Umlegen dieser Schnüre ist infolge dieser An-

Abb. 122. Richtlichtapparat im Betriebe am Vollgatter.
(Gebr. Wiegelmann, Neheim in Westfalen.)

ordnung eine einfache Handhabung. Die Vorteile des oberhalb der Maschine aufgehängten Richtlichtapparates sind am besten bei seiner Verwendung an der Doppelbesäumsäge zu erfassen. Es wird wohl keinen Praktiker geben, welcher nicht schon oftmals empfunden hat, daß an Doppelbesäumsägen nicht rationell gearbeitet wird. Einmal wird das zu säumende Brett so eingelegt, daß die Säge zuviel absäumt, ein andermal bleibt wieder eine Waldkante stehen, so daß dasselbe Brett ein zweites Mal durch die Säge geschickt werden muß. In dem einen Falle findet eine Holzvergeudung, in dem anderen eine Zeitvergeudung statt. Mit Hilfe des Richtlichtapparates können diese beiden Fehler, welche bei einigermaßen starker Beschäftigung der Doppelbesäumsäge außerordentlich hohen Schaden verursachen, vollkommen ausgeschaltet und die Doppelbesäumsäge zu einer nach jeder Richtung hin ausgezeichneten Maschine umgestaltet werden. Gewöhnlich ist der rechte Blattsatz der kombinierten Doppel-

Abb. 123. Richtlichtapparat an einer Kreissäge mit mehreren Blättern und selbsttätigem Vorschub. (Gebr. Wiegelmann, Neheim in Westfalen.)

besäumsäge und Lattensäge fix, während der linke Blattsatz verschiebbar ist. Man legt nun eine Schattenlinie des Richtlichtapparates derart, daß sie mit der Schnittlinie des innersten Blattes des rechten (fixen) zusammenfällt. Die nächste Schattenlinie legt man links von der ersten in einer Entfernung, welche dem schmalsten vorkommenden Brette entspricht. Dann legt man weiter nach links vorgehend von 20 zu 20 mm eine solche Anzahl von Schattenlinien, daß die am weitesten links liegende noch das breiteste vorkommende Brett an dessen linker Kante begrenzen kann. Diese Einstellung wird ein für allemal durchgeführt und der Arbeiter hat keine weitere Mühe mehr. Er legt das zu besäumende Brett auf, richtet die rechte Kante desselben nach der bereits vorhandenen rechten Schattenlinie derart aus, daß die Schattenlinie die Unregelmäßigkeiten der rechten Brettkannte haargenau begrenzt. Sodann sucht er von den linken Schattenlinien diejenige heraus, welche die Unregelmäßigkeiten am genauesten begrenzt und stellt nach dieser gewählten Schattenlinie den linken Blättersatz mühelos und absolut genau ein. Am besten kann diese Einstellung erfolgen, wenn man an der Rückseite des Skalenzeigers, der an jeder Doppelbesäumsäge angebracht ist, ein weiß gestrichenes Blechtäfelchen vorsieht, welches man bis nahe an den Sägetisch herabreichen läßt. Die gewählte Schattenlinie wird an diesem Täfelchen hinaufsteigen und in dem Momente die richtige Blattstellung anzeigen, in welchem sie den Zeiger deckt.

Gleichzeitig kann man mit Hilfe des Richtlichtapparates die Maschine kontrollieren und beobachten, ob sie die Bretter parallel zur Laufrichtung einzieht. Man muß nur an dem dem Arbeiter zugekehrten Brettende an einer der auf dem Brette erscheinenden Schattenlinien eine Bleistiftmarke anbringen und dieselbe während des Einzuges verfolgen. Weicht die Marke von der Schattenlinie ab, so zieht die Maschine krumm ein. Es muß in einem solchen Falle der Fehler behoben werden; er liegt darin, daß die Einzugswalzen verstellt wurden oder aber auch in einer Schrankungenauigkeit eines Sägeblattes. Ein kleines Rechenbeispiel möge zeigen, von welch hoher Wichtigkeit der Richtlichtapparat für für die Doppelbesäumsäge ist. Die mittlere Vorschubgeschwindigkeit einer Doppelbesäumsäge betrage 25 m pro Minute, so daß in achtstündiger Arbeitszeit, von welcher nur 6 Stunden als tatsächliche Arbeitszeit der Maschine angenommen werden, $25 \times 60 \times 6 = 9000$ laufende Meter im Tage geliefert werden. Die mit Hilfe des Richtlichtapparates erzielte Ersparnis betrage im Durchschnitt an jedem Brette nur 5 Breitenmillimeter, welcher Betrag sicherlich vorsichtig genug angenommen ist. (Bei der Erzeugung von Brettern nach Zollbreiten steigern sich die Ersparnisse ganz wesentlich, weil das Fehlen nur weniger Millimeter den Ausfall eines ganzen Zolles bedeutet.) Bei 26 mm starken Brettern, die beispielsweise geschnitten werden, ergibt sich nach obigem eine tägliche Ersparnis von $900 \times 0{,}005 \times 0{,}026 = 1{,}17$ cbm. Auch bei einfachen Säumsägen mit Lauftisch bietet der Richtlichtapparat außerordentliche Vorteile. Man bringt ein für allemal eine Schattenlinie mit der Schnittlinie des Sägeblattes in Einklang. Legt man dann ein zu besäumendes Brett auf, so kann man dessen Kante sofort nach der Schattenlinie ausrichten und haargenau absäumen.

Das Hilfsmittel gewährt aber noch einen weiteren Vorteil, daß man auf das erste ausgerichtete Brett ein zweites und mehr auflegt und die einzelnen Bretter wieder nach der Schattenlinie ausrichtet, so daß man den ganzen Bretterstoß auf einmal durch die Säge hindurchschieben kann, wodurch viel Zeit erspart wird.

Wie wichtig die Verwendung des Richtlichtapparates am Vollgatter ist, tritt klar zutage, wenn man überlegt, wie schwierig oftmals die Beurteilung ist, an welcher Stelle des Klotzes ein bestimmtes Sägeblatt durchschneidet. Die Schattenlinien laufen, wie Abb. 122 zeigt, vom Sägeblatt nach rückwärts über den ganzen Klotz, dessen Krümmungen und Beulen überschreitend und zeigen klar und deutlich die fragliche Stelle an, so daß das Holz genauestens ausgerichtet werden kann. Besondern Wert erlangt der Richtlichtapparat am Vollgatter, wenn Bauholz geschnitten wird, bei welcher Arbeit ohne dessen Anwendung eine verlangte scharfe Kante nur durch Zugabe eines reichlichen Übermaßes mit Sicherheit erreicht werden kann. Dieses Übermaß bedeutet aber ein Opfer an Holz, dessen Vermeidung eine beträchtliche Ersparnis in sich schließt.

Auch bei Tolerierung einer Waldkante ist die Beurteilung mit freiem Auge sehr schwierig und kann oftmals zur Überschreitung des Erlaubten führen, wodurch unliebsame Beanstandungen entstehen; oder aber die Toleranz wird nicht voll ausgenützt, was Holzverlust mit sich bringt. Bei Blockbandsägen gewährt der Richtlichtapparat neben dem in vorhergehendem Gesagten, noch eine vollkommene Kontrolle darüber, ob nicht ein Verlaufen des Sägeblattes stattfindet. Ein Abweichen von der Schattenlinie kann momentan konstatiert, die Steuerung abgestellt und so ein Verderben des Holzes vermieden werden. Durch peinlich genaue praktische Versuche ist festgestellt, daß die Materialausbeute in der Weichholzbearbeitung durch Anwendung des Richtlichtapparates sehr erheblich, in besonderen Fällen um 10—12 % gesteigert werden kann, so daß die Anschaffung eines solchen Apparates zu empfehlen ist.

Q. Ursachen des Krummschneidens eines Gatters.

In einem gut geleiteten Sägewerk soll dieser Fehler überhaupt nicht auftreten, derjenige welcher jedoch Schnittware in großen Mengen verarbeitet und offene Augen hat, wird öfter feststellen können, daß stark verschnittene Bohlen und Bretter gehandelt werden.

Ich selbst hatte wiederholt Gelegenheit festzustellen, daß es auch heute noch Sägewerke gibt, welche es fertigbringen, 100—130 mm starke Rotbuchen- und Eichenbohlen bis zu 18 mm in der Stärke zu verschneiden. Z. B. eine 120 mm starke Bohle war in der Länge an mehreren Stellen bis auf 102 mm Stärke verschnitten. Es ist direkt unerhört, daß von dem Besitzer eines Sägewerkes solche Luderwirtschaft geduldet wird, wo wir Deutschen doch gerade genug unter unserm unzureichenden Rundholzbestand zu leiden haben. Es liegt im volkswirtschaftlichen Interesse und ist vaterländische Pflicht, die uns nach dem Weltkrieg verbliebenen Holzbestände auf das allergünstigste auszunützen. In vorstehendem Falle, wo die verschnittenen Bohlen auf einem Horizontalgatter eines kleinen Laubholzsägewerkes geschnitten waren, ist das abnorme Krummschneiden bzw. Verschneiden auf die fehlerhafte Behandlung der Sägen zurückzuführen, welche speziell in kleineren Sägewerken viel zu wünschen übrigläßt. Man findet aber nicht nur in deutschen Sägewerken verschnittenes Holz, sondern auf der ganzen Welt und speziell der Amerikaner liefert uns Unmengen stark verschnittene Red- und Pitch Pine-Bretter und -Bohlen, welche in der Stärke selbstverständlich nur an der schwächsten Stelle gemessen werden, so daß wir den Holzverlust nicht zu tragen haben.

Die Ursachen des Krummschneidens werden am seltensten da gesucht, wo sie am häufigsten zu finden sind. Die Hauptursache ist in den meisten Fällen das fehlerhafte Schärfen und Schränken der Sägen. Es ist strengstens darauf zu achten, daß die Spitzen der Sägezähne an beiden Seiten haargenau gleich hoch sind und der Schrank ebenfalls nach beiden Seiten haargenau gleich groß ist. Ferner sind die Sägen im Vollgatter unbedingt genau lot- und winkelrecht einzuhängen. Zum genauen Einwinkeln der Säge benötigt man ein paralleles Stahllineal und einen Präzisionsstahlwinkel, welche beide in einem Holzkasten aufzubewahren sind. Das Lineal legt man an den gehobelten Flächen der Gatterständer an, worauf der eine Schenkel des Winkels auf das Lineal und der andere an die einzuwinkelnde Säge gehalten wird, und zwar an eine Zahnlücke und nicht an eine geschränkte Zahnspitze. Hierauf ist festzustellen, ob die Sägen haargenau mit dem Richtschenkel des Winkels bzw.. mit der Längsrichtung des Gattergleises übereinstimmen. Das Einloten der Sägen erfolgt am sichersten wie folgt: Man nimmt eine Säge und keilt dieselbe zirka 50 mm von der linken Gatterrahmenseite entfernt in den leeren Rahmen. Nachdem dieselbe wie vorstehend beschrieben genau eingewinkelt ist, legt man auf die beiden untersten Vorschubwalzen ein breites Holzlineal und rückt dasselbe dicht an die Säge, worauf man das Gatter, nachdem der Vorschub ausgeschaltet ist, laufen läßt. Beim Lauf des Gatters kann man jetzt mit Leichtigkeit feststellen, ob die Säge genau lotrecht läuft und Fehler lassen sich leicht abstellen. Diese genau lot- und winkelrecht eingehängte Säge ist dauernd als Richtsäge im Gatter zu belassen, soll jedoch nach Möglichkeit nicht arbeiten. Es ist ferner darauf zu achten, daß der Gatterrahmen in den Führungen ohne Spielraum läuft und die beiden Rahmenzapfen mit den Kurbelzapfen haargenau parallel übereinstimmen, da andernfalls der Gatterrahmen bei jeder Umdrehung in pendelnde Bewegung versetzt wird und dadurch ebenfalls Krummschneiden herbeigeführt werden kann.

Weiter Ursachen des Krummschneidens können noch folgende sein:

1. Die Gattergleise liegen in ihrer ganzen Länge nicht genau rechtwinklig zu den Vorschubwalzen.
2. Die Gleise haben sich stellenweise einseitig gesenkt oder sind eingeknickt.
3. Die Räder der Klotzwagen haben übermäßigen Spielraum zwischen den Schienen.
4. Die Achsen der Klotzwagen sind stark abgenutzt.
5. Die Vorschubwalzen liegen nicht parallel zu einander.
6. Die Vorschubwalzenachsen haben übermäßigen Spielraum in den Lagern.
7. Es wird mit zu wenig gespannten, zu schwachen oder stumpfen Sägen geschnitten.
8. Es wird mit zu großem Vorschub gearbeitet.
9. Die Stichmaße zwischen Rahmenzapfen und Kurbelzapfen stimmen nicht genau, was durch Herausnehmen der Lenkerstangen festzustellen ist, selbstverständlich bei festsitzendem Gatterrahmen, da andernfalls kein genaues Stichmaß festgestellt werden kann.

R. Fließarbeit im Sägewerk.

So sehr die Deutschen auf dem technischen Gebiete zu Hause sind, so muß doch gesagt werden, daß die betriebswirtschaftlichen Fortschritte in der Sägewerksindustrie mit anderen Branchen nicht gleichen Schritt hielten. Die Leistung eines Sägewerkes war im Verhältnis zu der verwendeten Arbeiterzahl viel zu gering. Die Konkurrenz des Auslandes zwingt die deutsche Sägewerksindustrie, darauf zu sehen, Methoden zu finden, die die Produktion steigern und besonders die horrenden Kosten der Stapelung und der Transporte des Rundholzes und des Schnittmateriales auf ein Minimum zurückzubringen. Durch eingehendes Studium aller Arbeitsvorgänge sind Arbeitsmethoden aufgekommen, die den Unkostensatz herabdrücken helfen.

Die fließende Arbeitsweise sorgt vor allem dafür, daß der Transport von der einen Arbeitsmaschine zur anderen nicht mehr die viele Zeit in Anspruch nimmt wie bisher.

Durch Verwendung von Hochleistungsgattern in Verbindung mit Transportvorrichtungen und den entsprechend leistungsfähigen Hilfsmaschinen ist man so weit gekommen, daß der Sägelohn pro Kubikmeter gerechnet auf ein Mindestmaß reduziert werden kann; bekanntermaßen beansprucht ja das Einschneiden des Rundholzes die wenigste Zeit, viel einschneidender sind die Kosten, die durch den Transport des Rundholzes, die Lagerung desselben, den Transport der gesägten

Ware und deren Stapelung verursacht werden. Deshalb hat man bei der neuen Methode besonders Wert darauf gelegt, die Transport- und Stapelvorrichtungen so auszubauen, daß die Unkosten so niedrig wie möglich kommen. Diese neue Arbeitsweise, die im nachstehenden beschrieben werden soll und von der altbekannten Spezialfirma Gebrüder Linck, Oberkirch (Baden), angewendet wird, muß die bisherige Arbeitsweise bestimmt verdrängen und der Fachmann wird zugeben, daß ein erheblicher Schritt vorwärts getan ist, wenn er als Leistung sieht, daß ein nach fließender Arbeitsweise aufgebautes Werk mit drei Hochleistungsvollgattern 175 cbm Rundholz in 8 Stunden zu Bauholz und Brettern aufschneidet und das anfallende Seitenmaterial restlos aufarbeitet und zum Verlade- oder Stapelplatz fördert. Diese Zahlen allein genügen schon, den Fachmann zu überzeugen, daß in nicht allzu ferner Zeit die deutsche Sägewerksindustrie sich zu einer neuzeitlichen, d. h. fließenden Arbeitsweise bekennen wird und muß, wenn sie überhaupt noch konkurrenzfähig bleiben will.

Um das Projekt mit drei Universal-Schnellgattersägen verständlich zu machen, wird in nachstehendem der Hergang der Arbeitsweise vom Rundholzplatz bis zum Sortier- und Verladeplatz beschrieben und ganz besonders auf die Vorzüge der Konstruktion der Gatter, Kreissägen, Transportvorrichtungen und Hilfsmaschinen hingewiesen. Die Zuführung des Rundholzes für Gatter 2 erfolgt, wie aus dem Situationsplan, Abb. 124, ersichtlich, vom Rundholzlagerplatz aus mittels Kettentransport 17. Es wird ein Stamm hinter dem anderen der Zuführungsrinne des Blockaufzuges aufgegeben und der Kettentransport nimmt mit den Greifern die bereits abgelängten Stämme mit bis zu dem Anschlagschild 15, das sich in der Höhe des Gatters befindet. Hier angekommen, stößt der Stamm auf das vorerwähnte Anschlagschild und stellt den Aufzug automatisch ab. Der Gatterschneider drückt nun auf einen Hebel, und die im Blockaufzug eingebaute Ausstoßvorrichtung 19 hebt nun den Stamm vom Blockaufzug weg und legt ihn auf den Schnellspannwagen 24 und auf den vor diesem befindlichen Hilfswagen 24a. Der Gatterschneider spannt nun den Stamm mit einem Hebel fest und schiebt den in Kugellagern laufenden Blockwagen mit dem eingespannten Stamm bis an das Walzenpaar des Vollgatters heran. Der Stamm wird jetzt ohne weiteres von den Walzen erfaßt und eingezogen. Da die oberen Walzen in gewissen Grenzen selbsteinstellend sind, ist eine Bedienung, wie diese bei den sonst im allgemeinen in Deutschland üblichen Gattern geschehen muß, nicht notwendig.

Nachdem die Ausstoßvorrichtung für das Rundholz in ihre Ruhelage selbsttätig zurückgekehrt ist, tritt der Blockaufzug wieder in Funktion und bringt den nächsten Stamm bis zum Anschlagschild 15 des Aufzuges, wo er liegen bleibt, bis der Gattersäger ihn benötigt. Der

Fließarbeit im Sägewerk.

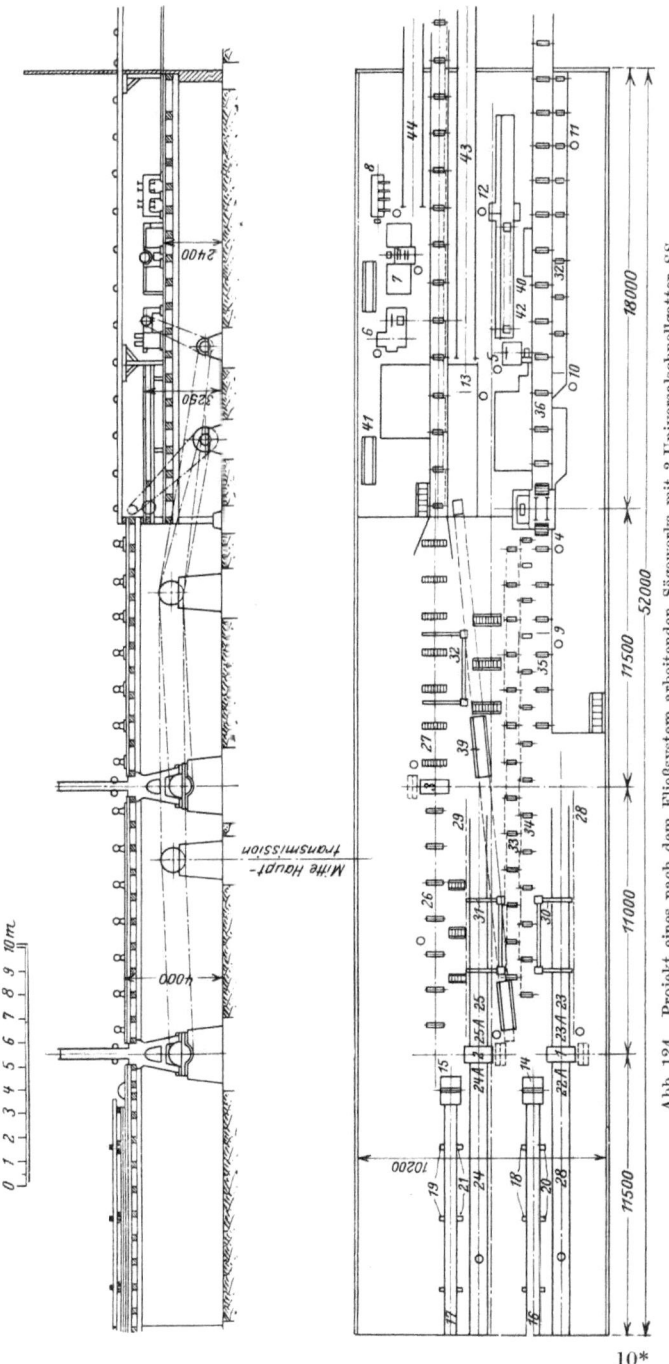

Abb. 124. Projekt eines nach dem Fließsystem arbeitenden Sägewerks mit 3 Universalschnellgatter SS, automatischen Transportvorrichtungen und Hilfsmaschinen. (Gebr. Linck, Maschinenfabrik, Oberkirch in Baden.)

im Schnellspannwagen 24 eingespannte und den Walzen aufgegebene Stamm passiert nun mit einer Vorschubgeschwindigkeit von 4—8 m pro Minute das Gatter 2. In einer gewissen Entfernung vor den Walzen löst sich nun der Schnellspannwagen 24 nach Anstoßen an einen Anschlag von selbst aus, die Zangen, die das Holz halten, springen auf und der Schnellspannwagen 24 mit Hilfsspannwagen 24a gehen von selbst in ihre Anfangsstellung zurück. Der Säger ist nun in der Lage, wie eingangs erwähnt den nächsten Stamm aufzugeben.

Der hintere Schnellspannwagen 25 faßt nun den durch das Gatter kommenden Stamm mit seinen Zangen, die ebenfalls durch Hebel betätigt werden. Dieser Wagen hält das gesägte Holz so lange zusammen, bis es die Walzen vollständig verlassen hat und auf dem Hilfswagen 25a aufliegt. Eine vom Vorschub des Gatters unabhängige Transportkette 29 bringt jetzt den gesägten Stamm rasch von dem Gatter weg vor die Auswerfvorrichtung 3, die Kette 29 löst nun die Zangen aus und diese geben den Stamm frei. Der zweite Bedienungsmann am Gatter nimmt nun die Schwarten weg und gibt sie dem Transportband 29 auf, während die Seitenbretter durch die Auflage des Rollentisches 33 der Besäumsäge zur Besäumung zugeführt werden. Das vorgeschnittene Holz wird ohne weiteres vom Schnellspannwagen und Hilfswagen über die Rollenbrücken zu den Walzen des Fertigschneidegatters 3 geleitet. Dieses Gatter arbeitet ohne Blockwagen, das Holz wird hier nicht eingespannt.

Das Holz passiert nun das Gatter 3. Die fertigen Bretter werden auf den Rollentransport 38 geschoben, von wo sie dem Sortierungs- oder Lagerplatz zugeführt werden, während das Seitenmaterial durch die Auswerfvorrichtung 32 auf den Rollentransport 33 geleitet wird. Die Schwarten werden vom Bedienungsmann auf das Transportband 39 aufgegeben. Dieses Transportband 39 bringt das Schwartenmaterial zur Kappsäge 13, wo es auf die gewünschte Länge abgekappt wird. Die abgelängten Stücke werden alsdann der Trennkreissäge zugeführt, die dieselben in die verschiedenen Dimensionen auftrennt. Die endgültigen Abfälle werden durch die Öffnung 41 geworfen, von wo aus sie auf einem Transporteur der Hackmaschine oder Brennholzsäge zugeführt werden. Die von der Trennkreissäge aufgetrennten Bretter werden von der mehrblättrigen Parallelbesäumsäge 7 auf die sich ergebenden Breiten besäumt und von der hinter dieser stehenden mehrblättrigen Justierkreissäge 8 in die gewünschten Längen für Kistenteile abgelängt. Die Abfälle wandern dann ebenfalls in die Öffnung 41.

Das Gatter 1 dient speziell als Durchschneidegatter, bei dem die Zuführung des Rundholzes in der gleichen Weise geschieht wie beim Gatter 2 beschrieben. Auch das gesägte Holz wird in der gleichen Weise behandelt wie bei Gatter 2. Das Schwartenmaterial wird dem Transportband 39 aufgegeben, um der Kappsäge 13 zugeführt zu werden, während das zu säumende Brettermaterial mittels Auswerfvorrichtung 30 dem Rollentransport 34 aufgegeben wird, um auf der Parallelkreissäge 4 besäumt zu werden. Die Kreissäge 4 passiert alles Holz, ob es besäumt werden soll oder nicht. Neben dem Rollentisch 36 ist ein kleiner Rollentisch 37 eingebaut, der mit 2 Kappsägen 10 und 11 ausgerüstet ist. Diese Kappsägen dienen dazu, die Bretter wenn nötig auf gewisse Längen anzulängen, um auch diese Arbeit fließend zu erledigen. Nach dem Ablängen wandert dann das Material auf Rollentisch 36 zum Sortierplatz.

Die auf der Parallel-Besäumkreissäge 4 anfallenden Säumlinge werden auf der Lattenkreissäge 5 in Latten aufgearbeitet. Die Abfälle von der Lattenkreissäge 5 werden durch Transportband 40 zur Hackmaschine oder zur Brennholzkreissäge befördert. Sollen bei Gatter 1 die Stämme nur zu Brettern ohne nachherige Besäumung geschnitten werden, d. h. als unbesäumte Klotz- oder Blockware verkauft werden, so passieren die gesägten Stämme, die von der Auswurfvorrichtung auf Rollentransport 34 gelegt werden, ebenfalls die Saumsäge, um direkt zum Sortierplatz gebracht zu werden, ohne die Sägeblätter zu berühren. Zu diesem Zwecke ist die Saumsäge so breit gebaut, daß das auf den Vollgattern gesägte starke bzw. breite Material ohne weiteres dieselbe passieren kann.

Die vorstehend beschriebene fließende Arbeitsweise kommt vor allem in solchen Sägewerken in Frage, wo parallel besäumte Fichten- und Tannenbretter dauernd in großen Mengen erzeugt werden, wie es in Bayern der Fall ist, und wo von Gebrüder Linck solche Anlagen ausgeführt sind. In Amerika, Finnland und Schweden gibt es Hunderte Sägewerke, welche schon seit langen Jahren nach obigem Fließsystem arbeiten und diese Arbeitsweise hat sich dort glänzend bewährt.

Abb. 125 und 126 zeigt Hochleistungsgatter von Gebrüder Linck, Oberkirch (Baden), womit Durchschnittsleistungen von 12 cbm in der Stunde bei günstigem Fichtenholz und zwei Mann Bedienung erzielt worden sind. Um solche abnorm hohe Leistungen erzielen zu können, ist Vorbedingung, daß neuzeitliche Einrichtungen und günstiges Rundholzmaterial zur Verfügung steht. Die Firma Gebrüder Linck hat mehrere neuzeitlich eingerichtete Sägewerke ausgeführt, womit Leistungen von 10—12 cbm stündlich pro Gatter erzielt werden; es sind dieses Leistungen, welche in Schweden und Finnland kaum erreicht werden und damit ist der Beweis erbracht, daß neuzeitliche deutsche Gatter in der Leistung den Schwedengattern nicht nachstehen. Die Firma Gebr. Linck ist bereit, Interessenten nach vorheriger Anmeldung die Besichtigung von Sägewerken, welche mit Hochleistungsgattern nach dem Fließsystem arbeiten, zu gestatten. Die in Abb. 125

und 126 dargestellten Hochleistungsgatter haben nur einen Lenker bzw. Zugstange, wodurch Betriebsschwierigkeiten — die bei zwei Lenkerstangen durch deren ungleiche Längen und unrichtige Stellung der Kurbelzapfen zueinander entstehen, vor allem heißlaufende Zapfen, Lager, Rahmenführungen, sowie das Wackeln der Gatter — vermieden werden. Die Umdrehungszahl der Gatter beträgt 300—350 minutlich

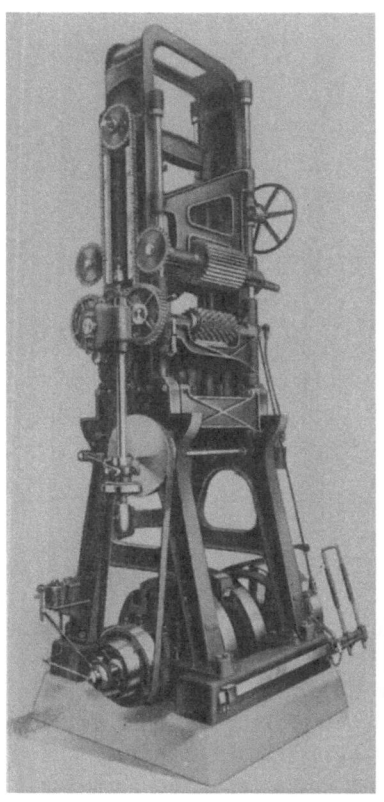

Abb. 125. Einlenker-Hochleistungsgatter.
(Gebr. Linck, Oberkirch in Baden.)

Abb. 126. Einlenker-Hochleistungsgatter.
(Gebr. Linck, Oberkirch in Baden.)

und der Hub ist 500 mm. Mit solchen Sägegeschwindigkeiten wird naturgemäß die Leistung gesteigert. Der Kraftverbrauch beträgt je nach Größe und Leistung 30—45 PS. Wie aus Abb. 126 ersichtlich lassen sich die oberen wie auch die unteren Vorschubwalzen mühelos seitwärts drehen, so daß die Sägen von beiden Seiten in der ganzen Länge frei liegen. Das zeitraubende Einhängen und genaue Ausrichten der Blätter wird dadurch wesentlich erleichtert. Die vorstehend angegebene Gatterleistung von 10—12 cbm stündlich bedingt selbstverständlich erstklassige, richtig dimensionierte Sägeblätter mit tadellosem Schrank, Schärfe und Überhang, da auch das beste Gatter ohne diese Vorbedingung nicht befriedigen kann.

Wie aus nachstehender Tabelle ersichtlich, beträgt z. B. der Vorschub bei einem Gatter mit 750 mm Rahmenwerk und 500 mm Stammstärke 2,5 m pro Minute. Bei einem Gatter mit 550 mm Rahmenweite und 400 mm Stammstärke beträgt der Vorschub dagegen 5 m pro Minute.

Bei den bisher üblichen Blockwagen erforderte das Einspannen und Ausrichten der Blöcke zuviel Arbeit und Zeit, und dieselben sollten aus jedem gut geleiteten Sägewerk verschwinden, da sie veraltet sind. Der in Abb. 128 dargestellte Schnellspannwagen ist vorbildlicher Konstruktion und das Einspannen der Blöcke erfordert bei Verwendung desselben höchstens ein Drittel der bis jetzt üblichen Zeit. Das Holz wird fester gespannt und kann gleichzeitig mühelos ausgerichtet und gedreht werden. Das Einspannen und Ausrichten des Blockes erfolgt vom Gatterführer ohne weitere Hilfe durch die am Wagen befindlichen Hebel, und zwar ohne besondere Anstrengung und vollständig gefahrlos. Das vordere Ende des Stammes liegt lose auf einem Hilfswagen ohne Spannvorrichtung (Abb. 129).

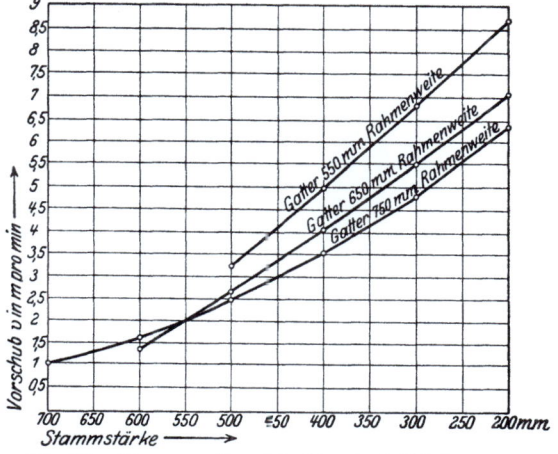

Abb. 127. Diagramm über Schnittgeschwindigkeit verschiedener Universalschnellgatter von Gebr. Linck, Oberkirch in Baden, bei diversen Stammstärken.

Das Aufspannen des Stammes erfolgt am besten unter Verwendung eines Richtlichtapparates nach Abb. 121 u. 122.

Ist nun der Stamm in richtiger Lage aufgespannt (Abb. 129), so genügt ein kurzes Anfahren bis zu den Einzugswalzen des Gatters, welche den Stamm erfassen und mit einer Vorschubgeschwindigkeit von etwa 1—8,5 m minutlich, je nach Stammstärke, durch das Gatter ziehen. Da die Transportwagen auf Kugellagern laufen, sind dieselben äußerst leicht beweglich. Die oberen Vorschubwalzen sind mit kräftigem Antrieb versehen und stellen sich selbsttätig ohne Bedienung auf die jeweilige Blockstärke ein. Kurz bevor der Stamm ganz ausgeschnitten ist, stößt der Einspannwagen gegen einen Anschlag, die Zangen lösen sich

152   Einrichtung, Maschinen und Betrieb des Sägewerkes.

Abb. 128. Schnellspannwagen vor dem Gattereinzug.
(Gebr. Linck, Oberkirch in Baden.)

Abb. 129. Aufgespannter Stamm mit Schnellspann- und Hilfswagen.
(Gebr. Linck, Oberkirch in Baden.)

selbsttätig und geben den Stamm frei, damit er ganz durchgeschnitten werden kann. Beide Wagen laufen dann selbsttätig in ihre Anfangs-

Abb. 130. Schnellspannwagen hinter dem Gatter.
(Gebr. Linck, Oberkirch in Baden.)

stellung zurück, worauf das Aufspannen des nächsten Stammes erfolgt.

Sobald der Stamm aus dem Gatter heraustritt, wird er durch einen Schnellspannwagen nach Abb. 130 mit durch Hebel betätigten Zangen erfaßt und bis zum vollen Austritt aus den Walzen zusammengehalten. Das hintere Stammende legt sich auf einen Hilfswagen nach Abb. 131.

Der fertiggeschnittene Stamm wird nun auf beiden Wagen mittels Förderkette nach vorn bewegt. Das Einschalten der Kette erfolgt durch Fußtritt oder Handhebel. Am äußersten Ende angekommen,

Abb. 131. Hilfswagen.
(Gebr. Linck, Oberkirch in Baden.)

werden die Zangen selbsttätig gelöst und geben den gesägten Stamm frei, worauf die fertigen Bretter durch einen Rollentransport dem Sortierplatz zugeführt werden.

154　Einrichtung, Maschinen und Betrieb des Sägewerkes.

S. Amerikanische Sägewerke.

Das amerikanische Mühlengebäude ist gewöhnlich ein Holzgebäude mit einem feuersicheren Dach. Vom Erdgeschoß erfolgt der Antrieb

Abb. 132. Amerikanische Gattersäge beim Schneiden von Oregon-Pine an der Westküste Nordamerikas.

der Maschinen, die im ersten Stockwerk untergebracht sind. Die Stämme steigen, nachdem sie im Wasser gesäubert und von elektrisch angetriebenen Kappsägen abgelängt sind, von endlosen Ketten gefaßt, automatisch zum Hauptgeschoß hinauf, wo sie aus der Führungsrinne nach rechts oder links automatisch herausgestoßen werden. Es genügt ein Druck auf einen Hebel und der schwerste Stamm bewegt sich automatisch nach der gewünschten Seite auf das sog. Logdeck oberhalb des Blockwagens oder auf die Rollenbahn. Die Sägewerkanlagen sind fast durchweg mit den modernsten Maschinen ausgestattet. Es wird wird in allen amerikanischen Sägewerken vor allem der Zweck verfolgt, jede schwere manuelle Arbeit auszuschalten und durch schnell arbeitende maschinelle Einrichtungen zu ersetzen. Dabei soll jedoch eine möglichst hohe Leistung für rationelle Ausnutzung des Rundholzes erreicht werden. Zur ersten Bearbeitung von Oregon-Pine-Rundholz kommen die sog. Hauptsägen in Anwendung (headsaws), welche aus starken, schnell arbeitenden Blockbandsägen (Abb. 108) oder Blockkreissägen bestehen.

Die wirkliche Wertbeurteilung der Blöcke geschieht eigentlich erst, wenn sie vierkantig besägt sind. Je nach Qualität und vorliegenden Aufträgen werden die auf Blockbandsägen vorgeschnittenen Blöcke zu Bohlen, Brettern, Kants oder Balken weiter zersägt. Die zehnstündige Leistungsfähigkeit einer Hauptsäge (Blockbandsäge) mit den nötigen Hilfssägen (Gatter Abb. 132) ist 600 cbm Schnittware (Oregon-Pine) und die großen Werke sind mit 2—4 solcher Hauptsägen ausgestattet. Die Kants (Flitches) und Balken (timbers) werden je nach Bedarf sofort verladen oder durch Spaltbandsägen und Gatter (s. Abb. 132) weiter zerschnitten. Von der Schnelligkeit, mit welcher alle diese Prozesse vor sich gehen, kann sich der ausländische Fachmann kaum einen Begriff machen.

Die unglaublich hohen Leistungen der amerikanischen Sägewerke an der Westküste des Pazifikozean sind, abgesehen von den automatischen Transportmitteln im Sägewerk und den schweren leistungsfähigen Maschinen (s. Abb. 132), vor allem auf die günstigen Holzdimensionen und -qualitäten zurückzuführen. Es gibt dort ganze Waldungen Oregon-Pine, mit Durchschnitthöhen von 250 Fuß engl. und der Durchschnittsdurchmesser dieser Bäume beträgt etwa 5 Fuß engl. Die Stämme sind meistens astrein und sehr vollharzig, wie fast alle Bäume in den westlichen Wäldern, was bei dem dichten Stand dieser Wälder erklärlich ist.

Abb. 133 zeigt den dichten Stand von Oregon-Pine in den Urwäldern der Pazifischen Küste von Nordamerika.

Von den gesamten Waldungen der Vereinigten Staaten, Hart und Weichholz; repräsentiert Douglas Fir (Oregon-Pine) etwa 25%.

Sämtliche für den Überseetransport bestimmten Bretter und Bohlen werden in amerikanischen Sägewerken in neuzeitlichen Schnelltrockenanlagen künstlich getrocknet, um ein Verblauen während des Transportes zu verhindern.

Die hohe Leistung der amerikanischen Sägewerke ist auch darauf zurückzuführen, daß der amerikanische Sägewerksbesitzer rücksichtslos eine im Betrieb befindliche Maschine ins alte Eisen wirft, wenn eine neue Maschine an den Markt gebracht wird, welche mehr leistet und Arbeitskräfte erspart.

Was in amerikanischen Sägewerken mit der Maschine gemacht werden kann, wird gemacht; die menschliche Arbeitskraft spielt eine untergeordnete Rolle. Die Arbeiter stehen jede Minute im Dienst der Maschine und werden in den Sägewerken auf das äußerste ausgenützt. Die maschinelle Einrichtung läßt ihnen keine Wahl. Ein Faulenzen von einigen Minuten ist nicht wieder einzuholen, es stört den ganzen Betrieb.

Der amerikanische Sägewerksarbeiter verdient reichlich dreimal soviel wie sein deutscher Kollege, aber er muß auch dreimal soviel leisten; d. h. die wirtschaftliche Wirkung seiner Arbeit ist dreimal so groß. Die hygienischen Zustände in den amerikanischen neuzeitlichen Sägewerken sind vorbildlich. Die Sägespäne werden vollkommen abgesaugt und die sonstigen Abfälle auf automatischem Wege entfernt. Nur in der entlegensten Ecke des Grundstückes sieht man einen großen Trümmerhaufen veralteter Maschinen und Apparate. Keiner will sie haben, nicht einmal der Althändler. Es besteht eben in der Anschauungsweise des amerikanischen und deutschen Sägewerksbesitzer ein großer Unterschied: während der erstere auf seinen Trümmerhaufen mit veralteten Maschinen stolz ist, ist der letztere auf seine schon seit Jahrzehnten in Betrieb befindlichen Maschinen stolz, welche natürlich inzwischen ausgeleiert und veraltet sind.

Abb. 133. Dichter Stand von Douglas Fir (Oregon-Pine) in den Urwäldern der pazifischen Küste von Nordamerika.

Der Amerikaner ist weniger Geldmensch, als wir Deutschen denken. Sein ganzer Ehrgeiz ist darauf eingestellt, das denkbar Beste zu leisten und es besser zu machen als sein Konkurrent, und um dieses Ziel zu erreichen, scheut er keine Geldausgaben. Es muß allerdings berücksichtigt werden, daß der Amerikaner in finanzieller Hinsicht unter viel günstigeren Verhältnissen lebt als wir Deutschen. Uns hat der Krieg die wertvollsten Wälder, Vermögen und Geld genommen; wir können aus diesem Grunde unsere Sägewerke nicht nach amerikanischem Muster einrichten, denn dazu fehlt uns das Geld, Rohmaterial und der Absatz.

IV. Die Sägen sowie Maschinen und Apparate zum Schärfen, Schränken und Löten derselben.

Mit der besten Holzbearbeitungsmaschine ist kein befriedigendes Resultat zu erzielen, wenn die dazu erforderlichen Werkzeuge nicht in Qualität, Ausführung und Behandlung erstklassig sind. Ein jeder Praktiker wird das oben Gesagte bestätigen und es ist eine feststehende Tatsache, daß die im Einkauf zwar teuere aber gute Säge im Gebrauch bei großer Mehrleistung die billigste und für den Sägewerksbesitzer auch vorteilhafteste ist. Es ist wiederholt festgestellt und der unumstößliche Beweis erbracht, daß bei Verwendung von wirklich erstklassigen Qualitätssägen und sachgemäßer Behandlung die doppelte Leistung zu erzielen ist als mit billigeren aber auch schlechten Sägen. Ich hatte wiederholt Gelegenheit, dieses während meiner dreißigjährigen in- und ausländischen Betriebsleitertätigkeit festzustellen und rate dringend dazu, beim Kauf von Sägen ja nicht auf den Preis zu sehen, sondern nur allerbeste Qualitätssägen von einer als erstklassig bekannten Firma zu kaufen. Bekanntlich neigen viele Deutschen zur Auslandsware, durch Einführung des Elektroofens und Verwendung von hochlegierten und sehr teueren Stählen ist man in Deutschland jetzt in der Lage Sägen herzustellen, welche die schwedischen und englischen in der Qualität größtenteils übertreffen. Vor dem Kriege unterschied man in der Hauptsache Flußstahl und Tiegelgußstahl. Flußstahl ist ein in flüssigem Zustande gewonnenes Eisen, welches fast ausschließlich im Bessemer Prozeß hergestellt wird und höchstens 0,7% Kohlenstoff enthält. Die daraus hergestellten Sägen sind billig, jedoch nicht leistungsfähig, da Flußstahl in der Zusammensetzung sehr unregelmäßig ist und durch die Art seiner Gewinnung schädliche Zusätze von Sauerstoff und Stickstoff enthält. Ebenfalls sind die schädlichen Bestandteile an Phosphor und Schwefel nicht ganz zu entfernen. Aus vorstehend angegebenen Gründen ist davon abzuraten, billige, aus Flußstahl hergestellte Sägen zu kaufen, da mit denselben nie Hochleistungen zu erzielen sind. Tiegelgußstahl wurde früher nur im Tiegel geschmolzen. Es ist dieses ein sehr teueres Verfahren, welches bedingt, nur gutes Rohmaterial zu verwenden. Das im Tiegel geschmolzene Material ist bei sorgfältiger Bearbeitung sehr rein und enthält fast keine schädlichen Beimengungen. Der Kohlenstoffgehalt von Tiegelgußstahl für Sägen soll 0,8—0,9 % betragen, der Höchstgehalt an Schwefel soll 0,05, an Phosphor 0,04, an Mangan 0,1 und an Silizium 0,08 % nicht übersteigen. In den letzten Jahren ist man dazu übergegangen, hochwertigen Werkzeugstahl in Elektroöfen herzustellen, welcher als Elektrostahl bezeichnet und den besten Tiegelgußstählen ebenbürtig ist. Außer den oben angeführten Stählen werden von einzelnen Firmen auch Sägen aus billigem, in Siemens-Martin-Öfen hergestellten Stahl angeboten, welche trotz äußerlich guter Analyse meistens minderwertig sind und infolgedessen für Hochleistungsmaschinen nicht in Frage kommen. Es ist unglaublich, unter was für hochtönenden Namen heute die Stahlbezeichnung bei Gatter-, Band- und Kreissägen erfolgt. Es werden da Sägen aus Silberstahl, Diamantstahl und allen unmöglichen Stählen angeboten, und wenn man die Sache bei Licht besieht und mit solchen Sägen gearbeitet hat, wird man meistens feststellen müssen, daß man der Hereingefallene ist. Man kaufe aus diesem Grunde nur Sägen bei renommierten Firmen, welche in der Lage sind, für die gelieferte Ware Garantie zu übernehmen. Um nun die teilweise ganz ungewöhnlichen Qualitätsbezeichnungen aus der Welt zu schaffen, hat der Deutsche Sägen- und Maschinenmesserbund, für Sägen zwei Qualitätsunterschiede gewählt, und zwar erste Qualität: Tiegelgußstahl, und zweite Qualität: Flußstahl, womit der unlautere Wettbewerb jedoch leider keineswegs ausgeschaltet ist.

A. Gattersägen.

Gattersägen werden gehandelt in nachstehenden Größen: Länge 800 bis 2500 mm, mit Zwischenmaßen um 100 mm steigend. Breite 100 bis 200 mm, mit Zwischenbreiten um 10 mm steigend. Stärke 1,4, 1,6, 1,8, 2, 2,2, 2,4, 2,6, 2,8 und 3 mm.

Über die Stärke der Gattersägen gibt es selbst unter erprobten Praktikern der Sägewerksindustrie große Meinungsverschiedenheiten, jedoch liegt es im volkswirtschaftlichen Interesse, möglichst wenig Sägespäne oder Sägemehl und viel Schnittmaterial zu erzeugen, was wiederum bedingt, die Stärke der Gattersägen nicht größer als unbedingt erforderlich zu wählen. Man trifft heute noch viele Sägewerke an, welche mit 4 mm Schnittverlust arbeiten; was dieses beim Schneiden von 25 mm starken Brettern an Holzverlust bedeutet, kann sich jeder leicht errechnen, es sind sage und schreibe 16 %, dagegen bei 3 mm Schnittverlust resp. Schnittfugenweite nur 12 %. Beim Einschnitt stärkerer Bretter und Bohlen ist der Verlust durch Sägespäne natürlich entsprechend geringer. In Schweden und Finnland, wo bekanntlich alle Vollgatter mit 500 mm Hub laufen und fast nur ausgelaugtes, verhältnismäßig weiches Wasserholz zum Einschnitt gelangt, werden Sägen unter 2 mm Stärke nicht verwandt und dort ist auch der Schrank der Sägen größer als in Deutschland üblich. Der Holzreichtum dieser Länder läßt es zu, weniger auf den Schnittverlust und mehr auf die Leistung der Sägen bzw. Gatter zu sehen, denn bekanntlich kann man bei 2 mm starken Sägen einen größeren Vorschub geben als wie bei schwächeren Sägen. Selbstverständlich spielt auch die Länge der Säge bei Bestimmung der Stärke eine große Rolle; es muß z. B. eine Säge von 1600 mm Länge; stärker gewählt werden als eine solche von 1200 mm Länge, da bekanntlich lange Sägen in dünner Ausführung eine übermäßige Spannung im Gatterrahmen bedingen und sehr zum Verlaufen neigen. Das eine steht fest, daß mit starken Sägen eine große Leistung bei großem Schnittverlust erzielt wird, wogegen dünne Sägen eine geringere Leistung und geringen Schnittverlust ergeben. Außerdem ist zu beachten, daß dünne Sägen sich leichter verbiegen als dicke, und infolgedessen breiter gewählt werden müssen. Breite Sägen bedingen jedoch einen größeren Schrank, schon wegen der vorkommenden Fehler beim Einhängen und um die Reibung des Sägerückens am Holz zu vermeiden. Es hat sich ferner in der Praxis herausgestellt, daß lange Gattersägen unter 1,8 mm Stärke schwer ohne Beulen und genau gerade herzustellen sind, was auf das schwierige Walzen und spätere Blankschleifen der dünnen Blätter zwischen zwei Sandsteinen zurückzuführen ist.

Zum Schneiden von Kiefernborkholz auf Vollgatter haben sich in der Praxis nachstehende Sägendimensionen bei größter Leistung bestens bewährt:

  bis 1000 mm Sägenlänge, 1,6 mm Stärke, 140 mm Breite
  ,, 1200 mm   ,,   1,8 mm   ,,   160 mm   ,,
  ,, 1500 mm   ,,   2,0 mm   ,,   170 mm   ,,
  über 1500 mm   ,,   2,2 mm   ,,   180 mm   ,,

Vorstehende Sägenstärken können beim Schneiden von ausgelaugtem Kiefernwasserholz noch um 0,2 mm unterschritten werden, vorausgesetzt, daß das Gatter und die Sägen in mustergültiger Weise behandelt werden. Der Sägenwechsel erfolgt alle 3—5 Stunden je nach Sägenlänge, Sägenqualität, Schärfe und Holzart, jedoch ist zu empfehlen, mit dem Sägenwechsel nicht zu lange zu warten, da stumpfe Sägen wenig und schlechtes leisten, sowie Kraftfresser sind. Die Zahnspitzenentfernung bei Vollgattersägen für Weichholz beträgt 25—30 mm, die Zahnhöhe etwa zwei Drittel der Spitzenentfernung. Bei Verwendung von dünnen Gattersägen hat sich zum Schneiden von Fichtenbrettern eine Zahnspitzenentfernung von 20 mm glänzend bewährt. Die niedrige Zahnhöhe verhindert bei schwachen Sägeblättern das seitliche Ausweichen der Zähne und ergibt einen sauberen Schnitt. Beim Einhängen der Sägeblätter im Vollgatter beachte man, daß die Sägen 5 mm Überhang haben, ein größerer Überhang ist nicht zu empfehlen, da die Sägen dann hacken und keinen glatten Schnitt erzeugen. Für kleine Gatter von etwa 40—50 cm Durchgang, auf denen in der Regel nur schwache Rundhölzer zum Einschnitt kommen, können Sägen von 1,4 mm Stärke verwandt werden, vorausgesetzt, daß dieselben in jeder Beziehung sachgemäß behandelt, geschärft und geschränkt werden und keine Hochleistung verlangt wird. Sind die Sägen dünn und haben große Zahnteilung, werden dieselben nie zufriedenstellend arbeiten. Man wähle deshalb hier Sägen von 1,6 mm Stärke abwärts, eine Zahnspitzenentfernung von 12 bis höchstens 20 mm je nach Blattstärke. Es ist selbstverständlich, daß die Stärke der Gattersägen dem zu schneidenden Rundholze bzw. der Rahmenweite des Gatters angepaßt sein muß; man kann niemals in einem Gatter von 60—80 cm Durchgang 1,4 mm starke Sägen verwenden, da dieselben bei großem Vorschub unweigerlich verlaufen. Daß die meisten Sägewerkspraktiker üble Erfahrungen mit dünnen Gattersägen gemacht haben liegt meistens daran, daß sie dünne Sägen im Gatter mit großem Durchlaß mit zu großer Zahnspitzenteilung und zu großer Zahnhöhe verwandt haben und der Vorschub zu groß war.

B. Horizontalgattersägeblätter.

Zum Schneiden von Bohlen auf dem Horizontalgatter sind Sägeblätter aus feinstem Tiegelgußstahl, 1,8—2 mm stark und nicht über 150 mm breit, zu empfehlen. Als Zahnform hat sich in der Praxis 25 bis 30 mm Spitzenentfernung und 12 mm Zahnhöhe bewährt, und zwar mit aus der Mitte auseinandergehenden Zähnen, d. h., wenn man das Sägeblatt von der einen Längsseite betrachtet zeigen die Spitzen der einen Hälfte nach links und die der anderen Hälfte nach rechts. Diese Zähne lassen sich leicht instand halten und können auch auf einer Schleifmaschine geschliffen werden, am besten durch Geradschliff. Zum Schneiden von Hartholz haben sich Sägen mit Zahngruppen von je 5 Zähnen, abwechselnd nach rechts und links zeigend, bewährt, jedoch sind diese Art Sägen schwierig zu schärfen. Sollen Zahngruppensägen auf der Maschine geschliffen werden, so nehme man Geradschliff, weil sich derselbe bei Hartholz besser bewährt hat als Schrägschliff. Beim Feilen mit der Hand ist Geradschliff jedoch schwierig herzustellen, da dann das Blatt zittert, evtl. Zähne abbrechen, man soll aus diesem Grunde so wenig wie möglich schräg feilen. Es ist ferner wichtig, die Sägeblätter öfter zu untersuchen, ob sie nicht krumm oder windschief sind; dazu benötigt man eine sauber gehobelte, gußeiserne Richtplatte, welche etwas kürzer als das Sägeblatt ist. Zur Not genügt auch eine sauber abgerichtete Holzbohle, welche selbstverständlich nicht windschief sein darf. Das zu kontrollierende Blatt legt man nun auf die Richtplatte; durch Auflegen eines Stahllineals findet man alle Krümmungen, welche mittels Hammer vorsichtig zu entfernen sind. Mit einem krummen, buckligen und noch dazu windschiefen Blatt ist niemals eine zufriedenstellende Leistung zu erzielen. Falls die Sägeblätter durch Handfeilen geschärft werden, sind die Zahnspitzen öfter durch Abrichten mit einer flachen Schlichtfeile, welche in einem besonderen Halter steckt, gleich lang zu feilen, es muß dabei jede Zahnspitze berührt werden.

Man beachte, daß Gattersägen, welche durch Geradschliff geschärft sind, stets zuerst geschränkt und dann geschärft werden, da anderenfalls die nach außen geschränkten Zahnspitzen einen ungünstigen Schnittwinkel erhalten. Werden die Zähne dagegen zuerst geschränkt und dann geschärft, so schneiden die Zähne an der äußeren Spitze besser, da die Zahnspitze genau winkelrecht zum Blattrücken geschärft ist. Für Horizontalgattersägen hat sich in der Praxis als günstig erwiesen, abwechselnd 2 Zähne nach links und 2 nach rechts zu schränken; man benutzt zum Schränken am vorteilhaftesten eine wirklich gute Schränkzange, womit man möglichst kurz schränkt und stark biegt, wodurch die Zähne mehr Festigkeit erhalten. Nachdem die Sägen geschränkt und geschärft sind, werden die Zähne noch einmal mit Hilfe einer Schränklehre untersucht, ob sie durch das Schärfen nichts von der genauen Schränkung eingebüßt haben. Wenn erforderlich, müssen dann einzelne Zähne nachgeschränkt werden.

C. Bandsägeblätter.

Bei der Anschaffung von Bandsägeblättern ist ebenfalls wie bei Gattersägen Bedingung, nur allerbeste Blätter aus erstklassigem Tiegel- oder Elektrogußstahl zu kaufen. Ein Bandsägeblatt kann nur dann zufriedenstellend sein, wenn es richtig dimensioniert und sachgemäß behandelt wird; es sind nachstehende Punkte zu beachten:

1. Die Blattstärke soll niemals mehr betragen als $1/1000$ des Rollendurchmessers, d. h. die höchstzulässige Blattstärke ist bei 1000 mm Rollendurchmesser 1 mm.

Eine große Zahl von Reklamationen über angeblich nicht gute Bandsägen ist darauf zurückzuführen, daß die betreffenden Blätter im Verhältnis zu ihrer Länge bzw. Rollendurchmesser zu dick genommen werden. Starke Blätter sind nämlich nicht haltbarer, sondern reißen eher, denn da sich die Blätter mit großer Geschwindigkeit über die Rollen bewegen und sich hierbei fortwährend biegen, so nehmen hierbei dicke Blätter eher Schaden als dünne. Je größer der Rollendurchmesser, um so flacher ist die Biegung des Blattes und um so dicker können die Blätter sein, ohne Gefahr zu laufen, zu brechen.

2. Man sorge für gute Lötung, vor allen Dingen beachte man, daß die aneinander zu lötenden Sägenenden im Rücken genau in einer Richtung liegen und keinen Knick aufweisen. Man trifft öfter Bandsägenblätter an, welche durch öfteres unsachgemäßes Löten im Rücken mehrere Knicke aufweisen; solche Blätter können unmöglich zufriedenstellend arbeiten. Um ein einwandfreies Arbeiten zu ermöglichen, ist Grundbedingung, daß das Bandsägenblatt im Rücken haargenau gerade läuft und die Lötstelle genau dieselbe Stärke bzw. Dicke aufweist, wie das Sägeblatt, also nicht stärker und schwächer ist.

3. Müssen die Bandagen der Sägerollen stets haargenau kreisrund laufen, sie sollen stets sauber sein; zu diesem Zweck ist oberhalb der unteren Rolle eine sicher wirkende Bürste anzubringen. Bleiben nämlich irgendwelche Teile auf der Bandage haften und bilden dort eine Erhöhung, so wird an dieser Stelle das Bandsägenblatt besonders beansprucht, was erklärlicherweise keineswegs vorteilhaft für dieses ist. Oft findet man auch, daß sich die Bandagen durch unrichtiges Einstellen der oberen Sägerolle oder der Führung einseitig abnutzen, das Bandsägenblatt also nicht mehr über eine zylindrische, sondern konische Fläche läuft, was ebenfalls zum Reißen des Blattes beiträgt. Ob Gummi- oder Korkbandagen benutzt werden, ist an sich einerlei, die Hauptsache ist, eine prima Qualität von genau gleicher Stärke verwenden und die Bandagen mittels prima Gummi oder Bandagenkitt straff aufziehen. Bei Verwendung von Gummibandagen ist es am vorteilhaftesten, dieselben in einer Gummifabrik vulkanisieren zu lassen, da man dann wirklich genau laufende Sägerollen mit unlösbarer Bandage erhält.

4. Beim Sägen von harzigen Hölzern ist Sorge zu tragen, daß die Blätter nicht verharzen, da mit einem verharzten Blatt kein einwandfreier Schnitt zu erzielen ist. Um diesen Übelstand zu vermeiden, bestreiche man das Sägeblatt öfter mit einem Gemisch von Schmieröl und Petroleum, wodurch das Harz vom Blatt gelöst wird.

5. Ist zu beachten, daß die Sägerollenlager nicht ausgelaufen sind, da anderenfalls die Rollen einen unruhigen Gang erhalten und schlagen, was ebenfalls auf die Arbeitsweise des Sägeblattes ungünstig einwirkt und das Reißen des Blattes begünstigt.

6. Ist unbedingt Sorge zu tragen, daß das Sägeblatt beim Leerlauf nicht an die rückwärtige Führungsrolle anläuft, das Blatt soll die Führungsrolle erst beim Schneiden berühren. Ich habe oft Bandsägeblätter angetroffen, welche durch zu scharfes Anlaufen an die rückwärtige Führungsrolle starken Grat aufwiesen, was unbedingt vermieden werden muß, und zwar durch richtiges Einstellen der oberen Säge- und Führungsrolle.

7. Der Zahngrund muß bei Bandsägeblättern unter allen Umständen rund sein; es dürfen aus diesem Grunde zum Schärfen nur

Feilen oder Schleifscheiben mit runden Ecken bzw. Kanten verwendet werden. Wird ein Bandsägeblatt mit einer scharfkantigen Sägefeile geschärft, so ist die Folge davon, daß das Blatt im Zahngrund feine Risse erhält, welche sich nach und nach vergrößern und die Erreger zum Reißen sind.

8. Die Schnittgeschwindigkeit soll etwa 25 m/sek. betragen, jedoch hüte man sich, etwa 35—40 m in der Sekunde anzuwenden, da die Blätter dann öfter reißen.

Normale Bandsägeblätter werden in nachstehenden Dimensionen geliefert:

Breite in mm	Normalstärke in mm	Zahnweite in mm
4	0,55	3
5, 6, 8	0,6	4— 5
10, 12, 15, 20, 25	0,7	5— 8
30, 35, 40	0,8	8—10
45, 50	0,9	10—12
60, 65	1	14
70, 75, 80	1,1	15—16
90, 100, 110, 120	1,2	
130, 140	1,3	nach
150, 160	1,4	Wunsch
170—250	nach Wunsch	

D. Kreissägeblätter.

Kreissägeblätter finden Verwendung bei nachstehenden Maschinen, und zwar mit verschiedenen Zahnformen und Blattstärken, je nach Verwendungszweck und Holzart:

1. Kappsägen,
2. Pendelsägen,
3. Saumsägen,
4. Lattenkreissägen,
5. Bauholzkreissägen,
6. Trennkreissägen.
7. Tischlerkreissägen.

Um mit Kreissägeblättern beim Arbeiten ein zufriedenstellendes Resultat zu erzielen, ist vor allem unbedingt erforderlich, nur erstklassige, gut gespannte Blätter zu kaufen, welche dem jeweiligen Verwendungszwecke in der Stärke und Zahnung angepaßt sind. Man trifft selten Kreissägen an, womit Hochleistungen bei sauberem Schnitt erzielt werden und dieses ist in den meisten Fällen auf fehlerhafte Wahl, Behandlung und Befestigung des Sägeblattes zurückzuführen.

Eine Kreissäge muß, wenn genügend Kraft zur Verfügung steht und der Antriebsriemen die erforderliche Breite hat (was meistens nicht der Fall ist) auch bei schnellem Vorschub flott durchziehen. Worauf ist nun das schlechte Arbeiten des Kreissägeblattes zurückzuführen?

1. Muß die Zahnform dem zu schneidenden Holze angepaßt sein. Zum Langschneiden auf einer Saumsäge mit Rolltisch brauche ich z. B.

eine andere Zahnung als zum Langschneiden auf einer Tischlerkreissäge oder sogar zum Querschneiden auf fertige Länge. Außerdem wird z. B. zum Schneiden von Weißbuchenholz eine andere Zahnform benötigt als bei Fichtenholz. Ich habe während meiner langjährigen Praxis herausgefunden und durch viele Versuche festgestellt, daß sich die Zahnform nach Abb. 134 sowie nach Abb. 135 bei entsprechender

Abb. 134.
Zahnform für Tischlerkreissägen.

Abb. 135.
Zahnform für Tischlerkreissägen.

Zahnspitzenentfernung für fast alle vorkommenden Arbeiten und Holzarten bei Tischlerkreissägen am besten eignet; die passende Zahnspitzenentfernung bzw. Teilung ist aus der folgenden Kreissägentabelle ersichtlich.

2. Der Schrank eines Sägeblattes muß der zu schneidenden Holzart angepaßt sein. Nasses Holz erfordert einen anderen Schrank als trockenes. Beim Schneiden von trockenem Langholz auf einer Tischlerkreissäge genügt ein Gesamtschrank von 40 bis höchstens 50%, so daß ein Sägeblatt von 2,5 mm Stärke eine theoretische Schnittfuge von 2,5 mm plus 40% = 3,5 mm ergibt. Die Zähne sind bei dem vorstehenden Blatt mithin nach jeder Seite 20% der Blattstärke, also 0,5 mm nach außen geschränkt. Das Sägeblatt einer Langholzkreissäge mit Lauftisch, zum rohen Besäumen und Auftrennen von Weich- und Hartholzbrettern und Bohlen, erfordert dagegen 50—80% Gesamtschrank, so daß ein Sägeblatt von 600 mm Durchmesser und 3 mm Stärke, eine theoretische Schnittfuge von 3 mm plus 50% = 4,5 mm im günstigsten Falle ergibt. Die Zähne bei vorstehendem Blatt sind mithin nach jeder Seite 25% der Blattstärke, das sind 0,75 mm, nach außen geschränkt.

3. Manches Kreissägeblatt arbeitet nicht zufriedenstellend und flattert, weil der Durchmesser der Befestigungsflanschen bzw. der Spannscheiben zu klein ist und die Spannscheiben nicht sachgemäß ausgeführt sind. Speziell bei Verwendung von dünnen Sägeblättern ist Grundbedingung, daß die Spannscheiben im Durchmesser reichlich bemessen sind. Ich habe in meinem Betriebe 28 Kreissägen laufen und wiederholt festgestellt, daß ein dünnes Kreissägeblatt, welches bei kleinem Spannscheibendurchmesser im Betriebe zitterte, bei großem Spannscheibendurchmesser vollständig ruhig lief. Viele Holzbearbeitungsmaschinenfabriken begehen den unverzeihlichen Fehler, den Spannscheibendurchmesser zu klein zu wählen und die Folge davon ist das Zittern der Sägeblätter bei normaler Blattstärke. Es werden dann als letztes Hilfsmittel stärkere Blätter genommen, wodurch ein größerer Schnittver-

lust entsteht und unnötig Nutzholz in Sägespäne verwandelt wird. Der Spannscheibendurchmesser soll bei Kreissägeblättern nach Möglichkeit ein Drittel des Sägeblattdurchmessers betragen, auf keinen Fall jedoch weniger als ein Viertel. Ein Sägeblatt von 600 mm Durchmesser erfordert mithin Spannscheiben von 150—200 mm Durchmesser, je nach Blattstärke. Die Spannscheiben sind, um ein Durchbiegen beim Festschrauben des Sägeblattes zu verhindern, reichlich stark zu dimensionieren und innen auszudrehen, da, um einen festen Sitz des Sägeblattes zu ermöglichen, nur der äußere Rand der Spannscheiben in einer Breite von 20—50 mm, je nach Durchmesser, das Sägeblatt anpressen darf.

4. Ist darauf zu achten, daß die fest auf der Sägenachse aufgezogene Spannscheibe haargenau rund läuft und nicht seitlich schlägt, da die geringste Ungenauigkeit auf den geraden und ruhigen Lauf des Sägeblattes einwirkt. Ist eine Ungenauigkeit festzustellen, so ist die Sägenachse herauszunehmen und die feste Spannscheibe auf einer Drehbank sauber nachzudrehen.

5. Von besonderer Wichtigkeit ist, daß die Bohrung des Sägeblattes haargenau auf die Sägenachse paßt. Ist dieses nicht der Fall, so schneidet das Sägeblatt nicht, sondern es hackt, da nur ein kleiner Teil der Zähne Arbeit leistet; es kann mit einem solchen Blatt keine ordentliche Arbeit geleistet werden. Um diesen Übelstand zu vermeiden, empfehle ich die Anbringung eines federnden Zentrierkonusses in der losen Spannscheibe, wodurch auch ein Sägeblatt mit zu großer Bohrung genau kreisrund läuft, vorausgesetzt, daß die Zahnspitzen alle genau gleich weit vom Blattmittel entfernt sind. Bei Verwendung einer automatischen Kreissägeschärfmaschine können die Zahnspitzen bei sachgemäßer Behandlung nicht ungleich geschärft werden, da das Blatt beim Schärfen auf einen Zentrierkonus gespannt wird und infolgedessen haargenau kreisrund geschärft wird. Anders verhält sich jedoch die Sache, wenn ein Kreissägeblatt durch Feilen mit der Hand geschärft wird; in diesem Falle sind die Zahnspitzen in den seltensten Fällen alle genau gleich weit vom Blattmittel entfernt und man muß, um ein genau kreisrund laufendes Sägeblatt zu erhalten, das Blatt auf der eigenen Welle gegen ein Stück Schmirgelstein ablaufen lassen. Sämtliche Zähne müssen den Schmirgelstein möglichst leicht berührt haben; es ist dann ein leichtes, das Blatt auch mit der Hand genau kreisrund zu schärfen.

6. Genau kreisrund laufende Kreissägeblätter verlangen unbedingt sauber laufende Achsenlager, welche weder in die Bohrung noch seitlich Spielraum haben. Ich habe in den mir unterstellten Werkstätten 28 Kreissägen laufen, welche meistens mit Kugellager versehen sind; trotz scharfer Kontrolle des Sägeschärfers, Werkzeugschlossers und

-meisters hatte ich wiederholt Gelegenheit festzustellen, daß einzelne Sägeblätter, trotzdem sie auf einer automatischen Schärfmaschine genau kreisrund geschärft waren und in der Bohrung paßten, unrund liefen.

Die Ursache des unrunden Laufens war in diesen Fällen ein etwas abgenutztes Achsen- oder Kreissägenwellenlager, wodurch das Schlagen des Sägeblattes hervorgerufen wurde. Nach dem Einbau neuer Kugellager oder Lagerschalen liefen die vorerwähnten Blätter genau kreisrund. Man ersieht aus vorstehendem, welch ungünstige Wirkung auch nur leicht ausgelaufene Lager auf den kreisrunden Lauf eines Sägeblattes ausüben; daher widme man den Kreissägewellenlagern besondere Aufmerksamkeit, da die Welle in den Lagerstellen einen absolut festen Sitz haben muß, und zwar nicht nur in der Lagerbohrung, sondern auch in der Längsrichtung.

7. Beachte man, daß bei Tischlerkreissägen die Führung zum Langholz schneiden genau parallel zum Sägeblatt eingestellt ist, da anderenfalls das Blatt beim Schneiden klemmt und Brandflecken erhält.

8. Soll man Langholz nie ohne Spaltkeil schneiden, und zwar weil derselbe 1. das Klemmen des Sägeblattes in der Schnittfuge und die dadurch entstehenden Brandflecken verhindert und 2. ein Zurückschleudern der Hölzer vermieden wird. Schon mancher Kreissägenschneider ist dadurch tödlich verunglückt, daß er Langholz ohne Spaltkeil geschnitten hat und ihm das Holzstück mit großer Wucht gegen den Leib geschleudert wurde. Der Spaltkeil soll wagerecht und senkrecht so verstellbar sein, daß er von den Sägezähnen höchstens 15 mm entfernt ist, und seine Spitze noch 20 mm über die Oberkante des zuschneidenden Holzes herausragt. Die Stärke des Spaltkeiles bei Tischler- und Besäumkreissägen darf höchstens 0,5 mm geringer sein als die Schnittfuge bzw. die Schrankweite des Sägeblattes.

9. Um das Flattern und Brandflecke bei großen, dünnen Kreissägeblättern zu verhindern, ist es erforderlich, unterhalb des Kreissägetisches neuzeitliche, verstellbare Blattführungen oder Packungen mit selbsttätiger Schmierung anzubringen. Die neuzeitlichen Blattführungen und Packungen sind in letzter Zeit so vervollkommnet, daß dieselben bei richtiger Anwendung ein Flattern auch schwacher Sägeblätter verhindern, vorausgesetzt, daß Blätter mit richtiger Spannung verwandt werden.

10. Es werden häufig von zweifelhaften Firmen spottbillige Kreissägen mit zu schwacher Sägewelle und Lagern angeboten; doch wird auf solchen Maschinen ein größeres Sägeblatt niemals einwandfrei laufen, da das Zittern der Welle in verstärktem Maße auf das Sägeblatt übertragen wird.

E. Hanibalsägen.

Abb. 136 zeigt eine sog. Hanibal- oder Kreissäge mit Gruppenzahnung, welche ich allen Kreissägebesitzern zum Besäumen und Auftrennen von Weich- und Hartholzbohlen und Brettern auf das wärmste empfehlen kann, denn diese Sägen leisten bei sachgemäßer Behandlung im Sägewerk und auf Holzlagerplätzen bedeutend mehr als jedes andere Sägeblatt, und zwar bei geringstem Kraftverbrauch. Ich benutze schon seit langen Jahren bei sämtlichen in der Zuschneiderei laufenden Besäum- und Langholzkreissägen mit Laufrollenwagen oder Schiebetisch Hanibalsägenblätter und bin mit deren Leistung in jeder Beziehung zufrieden, ganz gleich ob mit denselben Hart- oder Weichholz geschnitten wird. Für feinere Arbeiten auf der Tischlerkreissäge kommen diese Blätter nicht in Frage, da der Sägeschnitt selbstverständlich nicht so sauber ist wie bei einem fein gezahnten Blatt, jedoch gibt es keine Sägenzahnung, mit welcher die gleiche Leistung bei einer Besäum- und Langholzkreissäge erzielt werden kann. Von mehreren Seiten wird empfohlen, Hanibalsägen mit mehr als 50 m/sek. Geschwindigkeit laufen zu lassen, jedoch habe ich wiederholt durch Versuche festgestellt, daß mit Hanibalsägeblättern auch bei 50 m/sek. Umfangsgeschwindigkeit Höchstleistungen erzielt werden. Man beachte, je größer die Umlaufgeschwindigkeit, desto stärker bzw. dicker

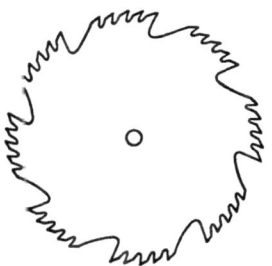

Abb. 136. Hanibalsäge oder Kreissäge mit Gruppenzahnung.

müssen die Sägeblätter und desto größer müssen die Flanschendurchmesser sein, um ein Flattern ungepackter Sägeblätter zu verhindern.

Zu umstehender Tabelle ist zu bemerken, daß für saubere Arbeiten an der Tischlerkreissäge bei dünnem Holz und geringem Vorschub die Blattstärken der Remscheider Fabrikanten in Rubrik 4 genügen, soll jedoch starkes Holz mit großem Vorschub geschnitten werden, sind Sägeblätter nach der in Rubrik 2 und 3 angegebenen Stärke bzw. Dicke zu wählen oder aber Befestigungsflanschen anzuwenden, welche im Durchmesser ein Drittel des Sägeblattdurchmessers aufweisen. Wo ein geschultes Personal vorhanden ist und die Sägeblätter einwandfrei geschärft und geschränkt werden, können Remscheider Normalblätter verwandt werden, jedoch hüte man sich, bei großem Vorschub und starkem, rohem Holz schwach dimensionierte Blätter zu verwenden, vor allem, wenn keine äußerst tüchtigen Kreissägenschneider- und -schärfer zur Verfügung stehen.

Eine alte Regel sagt, daß die Blattstärke, soweit es sich um Kreissägeblätter handelt, wie sie in Tischlereien vorkommen, dem zwei-

Tabelle über Kreis- und Pendelsägeblätter.

1	2	3	4	5	6	7	8	9	10	11	12	13	14	15	16	17
Blattdurchmesser in mm	Normal-Blattstärke in mm, welche ich in meinem Betriebe verwende	Blattstärke in mm für Pendelsägen	Normalstärken der Remscheider Säge-Fabrikanten in mm	Normalstärken der schwedischen Säge-Fabrikanten in mm	Normalstärken der amerikanischen Säge-Fabrikanten in mm	Zahnspitzenteilung für weiches Langholz in mm	Zahnspitzenteilung für trockenes hartes Langholz und Querholz in mm	Zahnspitzenteilung für Querholz in mm, Hobelschnitt	Umdrehungen pro Minute bei 30 m/sek Umfangsgeschwindigkeit	Umdrehungen pro Minute bei 40 m/sek Umfangsgeschwindigkeit	Umdrehungen pro Minute bei 50 m/sek Umfangsgeschwindigkeit	Umdrehungen pro Minute bei 60 m/sek Umfangsgeschwindigkeit	Abgerundete Normaltouren bei 50 m/sek Umfangsgeschwindigkeit	Schwedische Bolinders Standard-Sägeblätter für Weichholzlangschnitt, müssen in neuzeitlichen Packungen laufen mit 50—60 m/sek Schnittgeschwindigkeit — Blattstärke in mm	Anzahl der Zähne	Zahnspitzenentfernung in mm
250	1,6		1,3	1,65	1,65	12	10	6	2293	3057	3822	4586	3800			
300	1,8		1,5	1,85	1,83	14	11	7	1909	2545	3181	3819	3200			
350	2,0		1,6	2,10	1,83	16	12	8	1636	2182	2727	3272	2700			
400	2,2		1,8	2,10	2,11	20	13	9	1432	1909	2388	2864	2400			
450	2,4	2,8	2,1	2,41	2,41	24	14	10	1273	1697	2122	2546	2100			
500	2,4	3,0	2,4	2,41	2,41	27	15	11	1146	1528	1910	2291	1900	1,47	74	21
550	2,7	3,4	2,6	2,76	2,77	30	16	12	1042	1389	1737	2083	1700	1,65	76	23
600	3,0	3,8	2,8	3,05	3,05	32	18		955	1273	1592	1909	1600	1,65	78	24
650	3,2	4,0	2,9	3,05	3,05	34	19		882	1175	1469	1763	1500	1,83	80	26
700	3,4	4,2	3,1	3,40	3,40	36	21		819	1092	1364	1637	1400	1,83	82	27
750	3,7	4,4	3,2	3,40	3,40	38	22		764	1019	1273	1528	1300	2,11	84	28
800	4,0	4,6	3,4	3,40	3,40	40	24		716	955	1194	1432	1200	2,11	88	29
850	4,0		3,6	3,76	3,76	42	25		674	899	1124	1348	1100	2,41	92	29
900	4,2		3,8	3,76	3,76	44	27		637	849	1061	1273	1050	2,77	96	29
950	4,4		4,0	4,19	3,76	46	28		603	804	1005	1206	1000	3,05	100	30
1000	4,6		4,2	4,19	3,76	48	30		573	764	955	1146	950	3,05	104	30

(Spalte 7: Haubalken mit Gruppenzahnung)

hundertsten Teil des Durchmessers entsprechen soll und diese alte Regel ist im großen und ganzen richtig.

In Fachkreisen gehen die Ansichten über die Umdrehungszahlen bzw. der Sekunden-Meter Schnittgeschwindigkeit weit auseinander, und ich habe durch eingehende Versuche festgestellt, daß die günstigste Schnittgeschwindigkeit bei Pendel-, Besäum- und Tischlerkreissägen 45—55 m in der Sekunde beträgt. Ich hatte wiederholt Gelegenheit festzustellen, daß prima gut gespannte Kreissägeblätter von 600 mm Durchmesser und 3 mm Stärke, bei 50 m/sek. Schnittgeschwindigkeit einen ruhigen vibrationsfreien Lauf zeigten, dagegen bei 60—65 m/sek. Schnittgeschwindigkeit flatterten. Man lasse sich deshalb nicht verleiten. Schnittgeschwindigkeiten von 60—70 m/sek. bei großen Kreissägeblättern und starkem Holz anzuwenden, da solche hohe Schnittgeschwindigkeiten abnorm starke Blätter, großen Schnittverlust und erhöhten Kraftverbrauch bedingen. Über die Form der Zahnung sind ebenfalls die Ansichten von Fachleuten grundverschieden. Ich habe während meiner 32 jährigen Betriebsleitertätigkeit festgestellt, daß sich für Tischlereien und Holzbearbeitungsbetriebe nachstehende Zahnformen glänzend bewährt haben. Für Pendelsägen, welche etwas leisten sollen, nehme man keine gleichschenkligen Zähne, d. h. solche, bei denen der Brustwinkel gleich dem Rückenwinkel ist, wie bei Zahnform Abb. 137 und 138, derartige Blätter schneiden schwer und leisten wenig. Ich verwende zu Pendelsägen Zahnform nach Abb. 135, und habe damit stets gute Resultate erzielt. Für große Langholz- und Besäumkreissägen empfehle ich bis 500 mm Blattdurchmesser Zahnform nach Abb. 134, über 500 mm Blattdurchmesser Zahnform nach Abb. 139 oder Hanibalsägen nach Abb. 136 mit Zahngruppen zu 5 Zähnen und Zahnform nach Abb. 139. Für Tischlerkreissägen bei gröberer Arbeit Zahnform nach Abb. 134, für feinere Arbeiten, wo eine saubere Schnittfuge verlangt wird, dagegen Zahnform nach Abb. 135 mit einer Zahnspitzenentfernung nach vorstehender Kreissägentabelle, Rubrik 8. Ich habe mit dieser Zahnspitzenentfernung günstige Resultate sowohl beim Quer- als auch beim Langschneiden von trockenem Rotbuchenholz, sowie Kiefernholz bis 120 mm stark, erzielt. Ein Kreissägeblatt von 450 mm Durchmesser, 2,8 mm Stärke und 13 mm Zahnspitzenentfernung, Zahnform nach Abb. 135, ergab bei 120 mm starken trockenen Rotbuchenbohlen eine Schnittfuge von 4 mm, bei großem Vorschub und sauberem Schnitt, sowohl beim Quer- als auch beim Langschneiden, und zwar auf einer Tischlerkreissäge, wo ein sauberer Schnitt bei geringstem Hobelverlust verlangt wurde. Die Schnittgeschwindigkeit des Sägeblattes betrug 50 m/sek. Ist die Schnittgeschwindigkeit in Meter/Sekunden gegeben und die Umdrehungszahl der Sägewelle wird gesucht, rechnet man wie nachstehend: Sägeblattdurchmesser 450 mm · 3,14 = 1,413 m, 50 m/sek. Schnittgeschwindigkeit · 60 Sek. = 3000 : 1,413 = 2123 Touren pro Minute.

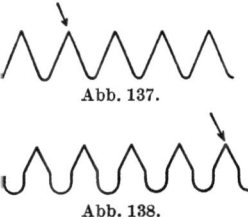

Abb. 137.

Abb. 138.

Abb. 137 u. 138. Nicht günstige Zahnformen für Pendelsägen.

Abb. 139. Zahnform für Hanibalkreissägen.

Die Berechnung der Umdrehungszahl bei Kreissägen erfolgt nach folgender Formel: Angenommen eine Kreissäge soll pro Minute mit 2400 Umdrehungen laufen, die Sägenantriebsscheibe hat 150 mm Durchmesser, und das vorhandene Vorgelege läuft mit 600 Umdrehungen in der Minute, welchen Durchmesser muß die Antriebsscheibe auf dem Vorgelege haben? 2400 · 150 = 360000 : 600 = 600 mm Durchmesser.

Nehmen wir an, das vorhandene Vorgelege macht 600 Touren pro Minute, die vorhandene Abtriebsscheibe hat 600 mm Durchmesser, die Antriebsscheibe auf der Sägewelle hat 150 mm Durchmesser, wieviel Umdrehungen macht die Sägewelle in der Minute? 600 · 600 = 360000 : 150 = 2400 Umdrehungen pro Minute. Man merke sich, bei der Aufstellung einer Maschine sind stets 3 Zahlen gegeben und die vierte muß gesucht werden, z. B. kaufe ich eine Kreissäge, so kenne ich die Umdrehungszahl und Antriebsscheibendurchmesser der Säge, außerdem ist mir die Umdrehungszahl der vorhandenen Transmissionen oder des Vorgeleges bekannt, ich habe mithin den Durchmesser der Abtriebsscheibe zu suchen, was geschieht, indem ich die ersteren beiden bekannten Zahlen miteinander multipliziere und durch die letztere dividiere, also in vorstehendem Falle 2400 · 150 = 630000 : 600 = 600 mm. Man muß also stets die beiden bekannten Zahlen von der Maschine oder vom Vorgelege miteinander multiplizieren und durch die gegebene einzelne Zahl (entweder Umdrehungen pro Minute oder Durchmesser in Millimetern) dividieren.

F. Hobelkreissägeblätter.

Abb. 140 zeigt ein Hobelkreissägeblatt, welches bei feineren Tischlerarbeiten, wo ein sauberer hobelähnlicher Schnitt verlangt wird, vielfach zur Anwendung kommt. Im Hinblick darauf, daß derartige Sägen konisch geschliffen, also am äußeren Umfange stärker als in der Mitte sind, ist ein Schränken nach Möglichkeit zu vermeiden, dagegen ist ein sachgemäßes Schärfen unbedingt erforderlich. Vor allen Dingen ist darauf zu achten, daß Zähne und Zahnform genau in dem Zustande erhalten bleiben, wie sie bei der Lieferung waren. Die Sägen arbeiten in der Tat sehr sauber, sie müssen aber mit ganz besonderer Sorgfalt und Sachkenntnis gepflegt und instand gehalten werden, anderenfalls sie eine Quelle ständigen Ärgers sind. Der Vorschub darf bei solchen Sägeblättern nur ein ganz geringer sein, da dieselben bei starkem Holz und großem Vorschub leicht im Holz festbrennen und die Spannung verlieren.

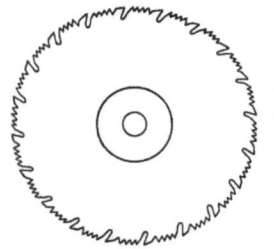

Abb. 140. Hobelkreissägenblatt.

Ich selbst habe mit den in der Kreissägentabelle, Rubrik 8, angeführten Zahnspitzenentfernungen Schnittresultate erzielt, welche an Sauberkeit Hobelkreissägen nicht nachstehen, und zwar bei Quer- und Langschnitt, sowohl an hartem als auch in Weichholz (Zahnform Abb. 135).

G. Konisch geschliffene Spaltkreissägeblätter.

Abb. 141 zeigt ein konisch geschliffenes Schaltkreissägeblatt, welches bei den in Abb. 111 bis 114 dargestellten Trennkreissägen verwandt wird. Diese Blätter sind an der Zahnreihe sehr dünn, und zwar bis zu 0,81 mm. Die konischen Blätter sind rechts konisch, d. h. die konische Seite ist nach rechts, wenn das Sägeblatt gegen den Arbeiter läuft. Die größte Verbreitung haben konische Spaltkreissägeblätter in Schweden und Finnland gefunden, wo dieselben zum Auftrennen von Fichtenbohlen verwandt werden. Bei sachgemäßer Behandlung und richtiger Bedienung des Sägeblattes kann der Schnittverlust auf $1^1/_2$—2 mm reduziert werden. Ein schwedisches konisches „Standard"-Sägeblatt von z. B. 700 mm Durchmesser, ist bei den Zähnen nur 1,06 mm und beim Zentrum 4,19 mm stark und besitzt 118 Zähne. Eine

Abb. 141. Konisch geschliffenes Schaltkreissägeblatt.

vollständige Tabelle über schwedische konische „Standard"-Sägeblätter ist bei der Beschreibung der Bolinders Präzisions-Trennkreissäge 8, Abb. 112, zu finden. Der geringe Schnittverlust bei einseitig konischen Trennkreissägeblättern ist darauf zurückzuführen, daß das zu trennende Holz durch kräftige Vorschubwalzen gegen das Sägeblatt vorgeschoben und hinter dem Sägeblatt durch einen kräftigen, starken Spaltkeil auseinander getrieben wird. Das Sägeblatt selbst läuft mit etwa 50—60 m/sek. Schnittgeschwindigkeit, und zwar zwischen neuzeitlichen selbstschmierenden Packungen, welche jede Vibration des dünnen Sägeblattes verhindern, vorausgesetzt Maschine und Sägeblatt ist von einer erstklassigen Spezialfirma geliefert. Derartige Sägeblätter sind zwar teuer, arbeiten aber bei sachgemäßer Behandlung sehr sauber bei geringstem Schnittverlust. Infolge der zentralen Verstärkung ist die konisch geschliffene Säge sehr stabil und arbeitet aus diesem Grunde äußerst ruhig, so daß ein flatternder Gang fast vollständig ausgeschlossen ist. Eine unerläßliche Bedingung ist jedoch peinlichst genaues kreisrundes Schärfen und Schränken.

H. Auswahl und Behandlung von Gattersägeblättern.

Auswahl und Behandlung von Gattersägeblättern von B. Laue (in Firma I. D. Dominicus & Söhne G. m. b. H. Sägefabrik in Berlin-Remscheid). Die zunehmenden Ansprüche an die Leistung der Vollgatter stellen auch immer höhere Anforderungen an die Qualität der Sägeblätter. Die Stahlindustrie hat dem Rechnung getragen und tatsächlich ist die Leistungsfähigkeit des Stahlmaterials höher als vor dem Kriege und wird auch noch weiter gesteigert werden können. Die Gattersäge darf bei höchster Schnittfähigkeit auch wieder nicht zu hart sein, so daß ein gutes, zähhartes Material am geeignetsten ist. Leider wird aber immer noch mit dem Material gesündigt und es ist bedauerlich, daß viele Werke nur nach den Preisen kaufen, ohne zu bedenken, daß sie letzten Endes doch die Leidtragenden sind, daß der Sägefabrikant unter eine bestimmte Preislinie nicht herabgehen kann, wenn er bestehen und ehrlich bleiben will, d. h. wenn er als Tiegelgußstahl auch wirklich beste Ware liefern will. Im Gegenteil sollten die Werke es nicht auf ein paar Pfennige Preisunterschied ankommen lassen, sondern auch den vorwärtsstrebenden Fabrikanten dadurch unterstützen, daß sie seinen Anregungen nachkommen, wenn er ihnen leistungsfähigere Ware liefern will, die natürlich im Preise höher ist.

Um Unredlichkeiten vorzubeugen, wird mitunter die Garantie des Kohlenstoffgehaltes verlangt, und zwar wird solcher meistens mit etwa 0,9 % angegeben. Tatsächlich enthalten die besten Stahlqualitäten für Holzbearbeitung auch einen derartigen Kohlenstoffgehalt, aber allein maßgebend ist er nicht. Ganz abgesehen davon, daß auch ein Stahl mit etwas niedrigerem Kohlenstoffgehalt, der aber 0,80 % nicht unterschreiten darf, gute, teilweise sogar bessere Leistungen erzielt, gibt es auch wieder billigere, im Siemens-Martin-Ofen hergestellte Stähle, die einen derartigen Kohlenstoffgehalt aufweisen, aber dennoch als minderwertig zu bezeichnen sind. Schon die einfache chemische Analyse zeigt einen unverhältnismäßig hohen Gehalt an Phosphor und Schwefel, beides Zusätze, die den Stahl brüchig machen. Sie sind eine typische Erscheinung für geringere Stähle, da gerade die Entfernung dieser schädlichen Zusätze besondere Sorgfalt im Fabrikationsgange erfordert und infolgedessen verteuernd auf das Material wirkt. Eine weitere Kontrolle für das Stahlmaterial bietet das metallographische Schliffbild. Siemens-Martin-Stähle werden meist starke Schlackenzusätze zeigen, die ebenfalls den Stahl nachteilig beeinflussen. Wenn also bestimmte Qualitätsvorschriften gegeben werden sollen, so genügt die Garantie des Kohlenstoffgehaltes allein nicht, wenigstens muß auch die Angabe des Phosphor- und Schwefelgehaltes verlangt werden, welche zusammen 0,03 % nicht übersteigen darf. Diese Ziffer ist hoch gegriffen und stellt das äußerst zulässige Maß dar.

Erstklassige Materialien werden nur im Tiegelgußstahlverfahren und im Elektro-Ofen gewonnen. Das Tiegelgußstahlverfahren ist an sich zu teuer, als daß es sich lohnt, minderwertige Zusätze zu machen, wenn allerdings auch hier im Schmelzprozeß zum Schaden der Qualität gespart werden kann. Es gibt aber nur noch wenige reine Tiegelgußstahlwerke, die Mehrzahl der Qualitätsstähle wird im Elektro-Ofen gewonnen und tatsächlich lassen sich auf diese Weise die hochwertigsten Materialien herstellen. Auch hier ist es möglich, im Fabrikationsgang zu sparen, denn die Durcharbeitung des Stahles im Schmelzprozeß, wie überhaupt die ganze Warmbehandlung des Stahles erfordert eine bestimmte Zeit und Sorgfalt und jede Abkürzung des Verfahrens wirkt verbilligend, aber auch nachteilig auf die Qualität. Andererseits aber läßt sich der Stahl bei gleicher Zusammensetzung durch erhöhte Sorgfalt in der Behandlung noch weiter verbessern. Es liegt daher im Interesse der Werkleitungen, wenn sie nur die besten Stähle für ihre Sägen vorschreiben und geringere Qualitäten zurückweisen. Alle Qualitätsgarantien in Ziffern ausgedrückt können aber nicht erschöpfend sein, der Einkauf von Stahl und Sägen ist und bleibt eine Vertrauenssache und damit eine Markenfrage.

Abgesehen von den üblichen Kohlenstoffstählen werden neuerdings auch sog. legierte Stähle angeboten, das sind Stähle, bei denen die Schnittleistung nicht allein auf dem Kohlenstoffgehalt und der Reinheit des Stahles beruhen soll, sondern denen auch noch andere Beimengungen zugesetzt sind, hauptsächlich Chrom, Vanadium, teilweise auch Kobalt und andere. Diese Art Stähle sind für die Holzbearbeitung noch nicht genügend ausprobiert worden und es bleibt abzuwarten, wie sie sich einführen werden. Für Metallbearbeitung haben sich derartige Legierungen zwar seit Jahrzehnten bewährt und haben ganz hervorragende Leistungen getätigt, die Holzbearbeitung unterliegt aber ganz anderen Bedingungen als Stahl und Eisen und hier ist alles noch im Werden, vielleicht auch manches im Vergehen. Fest steht aber, daß ein allerbestes Werkzeug im Gebrauch immer das billigste ist, und ein paar Mark, die im Einkauf dafür mehr aufgewandt werden, ersparen Hunderte von Mark Betriebskosten.

Bei den hohen Holzpreisen ist die Frage des Schnittverlustes immer brennender geworden, und fast jeder Sägewerksbesitzer und -leiter versucht, die Stärke der Sägen zu vermindern, um auch auf diese Weise am Schnittverlust zu sparen. Aber diesen Versuchen ist doch eine Grenze gesetzt. Schnittverlust und Betriebsleistung stehen in einem bestimmten Verhältnis: je dünner die Säge genommen wird, desto mehr muß der Vorschub verringert werden, und es ist eine Rechenaufgabe für die Leitung des Sägewerkes, wobei es sich besser steht, bei hoher Betriebsleistung oder geringerem Schnittverlust.

Wenn auch die heutigen Materialien und die Schnittgeschwindigkeiten der neuesten Maschinen geringere Stärken als früher gestatten, raten wir doch entschieden davon ab, Sägen in geringerer Stärke als etwa 1,8—1,6 mm abwärts zu nehmen, und empfehlen dringend, auch die Blattbreite der Stärke anzupassen.

Es entsprechen einer Stärke von 1,8 mm 160 mm, 1,6 mm 140 mm höchster Breite.

Einige Werke verwenden allerdings noch geringere Stärken, solche sind aber nur unter Würdigung aller Verhältnisse, vor allem nur bei ganz geschickten Arbeitern und sorgfältigster Pflege möglich.

Für die Zahnung gilt dasselbe wie für alle anderen Sägen: weiches Holz weite, hartes Holz engere Zähne. Für weiches Holz rechnet man im allgemeinen eine Zahnspitzenentfernung von 27—32 mm, für härtere Hölzer je nach der Härte 23—27 mm. Dünnere Sägen für schnelllaufende Gatter erfordern kleinere Zähne, bis etwa 13—20 mm Spitzenentfernung abwärts. Der Zahnweite muß auch die Zahnhöhe entsprechen, sie wird im allgemeinen mit zwei Drittel der Spitzenentfernung angenommen. Weite und Höhe der Zähne stehen aber auch in einem bestimmten Verhältnis zum Vorschub des Holzes. Bei erhöhtem Vorschub muß die Zahnung verringert werden, wobei aber auch die Schnittgeschwindigkeit zu berücksichtigen ist. Grundbedingung ist, daß jeder Zahn die genügende und richtig abgemessene Arbeit vorfindet. Bei erhöhtem Vorschub kann ein zu weiter Zahn nicht genug leisten, so daß also entweder die Schnittgeschwindigkeit erhöht oder die Zahnteilung verringert werden muß. Oft wird beides erforderlich sein. Die üblichen Zahnformen zeigen Abb. 142 bis 152, von denen Abb. 142 weitaus am meisten anzutreffen ist. Abb. 145 zeigt die beiden untersten Zähne in

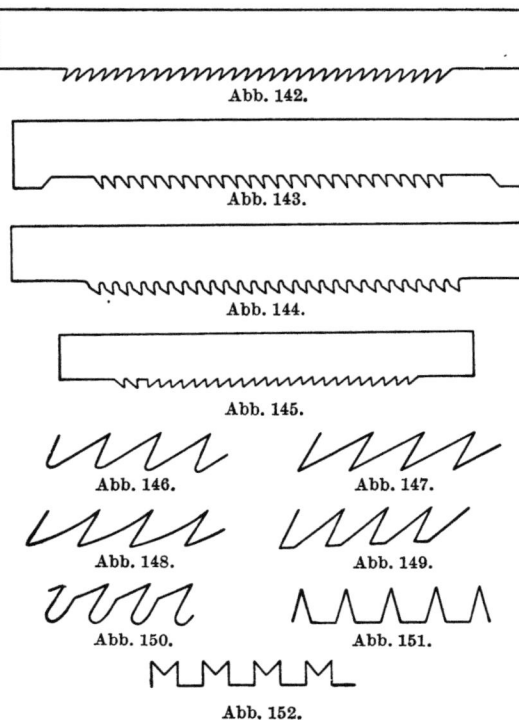

Abb. 142 bis 152. Zahnformen von Gattersägen u. dgl. (J. D. Dominicus & Söhne G. m. b. H., Berlin SW 68 und Remscheid-V.)

entgegengesetzter Richtung; dies soll den Zweck haben, ein Absplittern des Holzes unten nach Möglichkeit zu verhindern.

Abb. 153 stellt eine Anzahl solcher Zähne in $1/3$ natürlicher Größe dar. Der Winkel β kann um so kleiner genommen werden, je weicher und astreiner das zu schneidende Holz ist, und um so größer für hartes und astiges Holz. Die Größe des Winkels hängt aber auch mit der Schärfe des Zahnes und Festigkeit des Sägeblattes zusammen, die wieder durch dessen Stärke und die Güte des Stahlmaterials bedingt werden. Genaue Berechnungen finden sich in Fischer: „Werkzeugmaschinen", Bd. 2, S. 33ff., einem Werk, daß leider seit 1901 nicht in neuer Auflage erschienen ist (Verlag Springer, Berlin). Gerade für hohe Leistungen in weichen Hölzern wird die Wahl eines geringen Winkels — der zwischen 60—90° schwankt — von Vorteil sein. Vorstehende Ausführungen be-

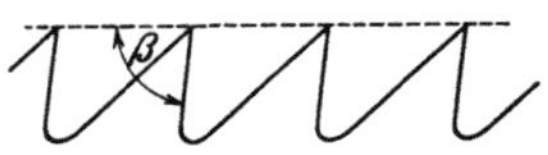

Abb. 153. Zahnformen für Gattersägen.

weisen aber auch, wie ungeheuer wichtig ein allerbestes Stahlmaterial und sorgfältigste Instandhaltung des Blattes sind, und wie falsch es ist, hier zu sparen, es wird häufig mit Goldstücken nach Pfennigen geworfen. Die schmalen dünnen Blätter für schnellaufende Gatter müssen erst noch richtig ausprobiert werden.

Zu dünne Blätter haben sich noch niemals bewährt, weder in Deutschland noch sonstwo.

Unbedingt erforderlich ist es, die Zähne regelmäßig scharf zu halten. Es ist nicht richtig, den Wert des besseren Sägeblattes nur dahin aufzufassen, daß es nun möglichst lange im Gatter arbeiten kann, ohne nachgeschärft zu werden.

Für gelegentliche Versuche oder Werke mit mittlerer oder geringerer Leistung mag dies hingehen, sonst ist aber die Leistungsfähigkeit auch des allerbesten Blattes eine ungleich höhere, wenn es häufig geschärft wird, und wenn für eine Arbeitsschicht wenigstens 2 Blätter genommen werden, so daß also ein Blatt nicht länger als 4—5 Stunden in der Maschine arbeitet. Es empfiehlt sich unter Umständen auch, den Vorschub je mit der Abnutzung und Abnahme der Schärfe etwas zu verringern, da nur frisch geschärfte Blätter den höchsten Leistungen gewachsen sind.

Darüber, wie die Blätter geschärft werden sollen, ob schräg (Abb. 154) oder gerade (Abb. 155) gehen die Meinungen auseinander; nach unserer

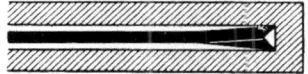

Abb. 154.
Schrägschliff bei Gattersägen.

Abb. 155.
Geradschliff bei Gattersägen.

Erfahrung ist Schrägschliff vorzuziehen. Die Art der Schärfung hängt ganz von der Gewohnheit der Arbeiter und des Betriebes ab, indessen ist höchste Genauigkeit in der Schränkung und Schärfung unbedingt erforderlich. Jede Ungleichheit verursacht ein Verlaufen der Säge und damit ein Verschneiden wertvollen Holzes. Auch der Zahngrund wie überhaupt die ganze Zahnform müssen in ihrer usrprünglichen Gestalt erhalten werden, sei es durch regelmäßiges Nachfeilen und -stanzen oder mit Hilfe geeigneter Schleifmaschinen. Die weitaus meisten Sägen sind geschränkt; sie dürfen weder zu weit noch zu eng geschränkt werden, auch darf nicht der ganze Zahn, sondern nur der obere Teil umgebogen werden, sonst brechen die Zähne ab. In dem einen Falle werden die Zähne übermäßig beansprucht, verursachen auch einen verhältnismäßig großen Schnittverlust, im anderen Falle bewirken sie ein Klemmen des Blattes und verhindern eine glatte Arbeit.

Schränken ist vorteilhafter und in Europa weitaus üblicher als Stauchen. Im allgemeinen haben sich Versuche mit gestauchten Zähnen nicht bewährt, und die Mehrzahl der betreffenden Betriebe ist wieder zur Schränkung zurückgekehrt. Bei einer Umstellung auf Stauchung der Zähne kann die bisher verwandte Zahnteilung gewöhnlich nicht beibehalten werden. Ein gestauchter Zahn schneidet — im Gegensatz zum geschränkten Zahn — nach zwei Seiten, muß also so viel leisten, wie zwei geschränkte Zähne und daher muß die Zahnspitzenentfernung auch etwas größer genommen werden. Für die üblichen Gatter mit mittlerer Leistung bietet der gestauchte Zahn keinerlei Vorteil, im Gegenteil ist von seiner Verwendung abzusehen. Für Gatter mit sehr hohem Vorschub dürfte die Stauchung vielleicht eher zu versuchen sein. Außer der Zahnspitzenlinie muß aber auch die Seitenfläche der Zähne sehr sorgfältig abgerichtet werden.

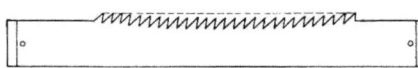

Abb. 156. Unrichtig geschärfte Gattersäge.

Die zum Stauchen und Abrichten der Zähne erforderlichen Werkzeuge sind aber reichlich kompliziert. In jedem Falle achte man darauf, daß sämtliche Zahnspitzen genau in einer gut ausgerichteten Linie liegen. Abb. 156 zeigt eine schlechte Ausrichtung, die zu sehr geringen Leistungen führen wird. Das Einhängen der Sägen in die Gatter geschieht bekanntlich mittels der sog. Sägeangeln. Im Süden sind mehr Nietangeln (Abb. 157), im Norden Einschiebangeln (Abb. 158 und 159) gebräuchlich.

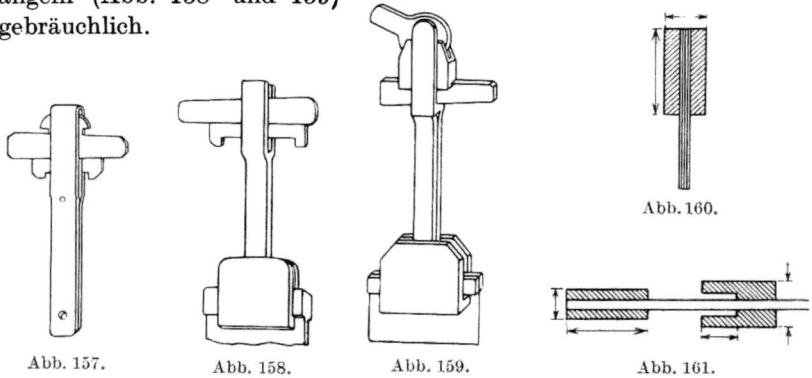

Abb. 157.   Abb. 158.   Abb. 159.   Abb. 161.

Abb. 157 bis 161. Sägeangeln und Leisten für Gattersägen.

Beim Schneiden dünner Bretter mit geringen Sägestärken ist die Nietangel vorzuziehen, allerdings gestattet auch die Einschiebangel das Einschneiden von Brettern bis 8 mm Brettstärke abwärts, teilweise auch noch darunter. Nur ist es in solchen Fällen erforderlich, die Sägen nicht mit einfachen Leisten (Abb. 160), sondern noch mit einer Schutzleiste zu versehen — doppelte Leisten (Abb. 161) —, die in eine entsprechende Führung der Sägeangeln eingreift.

Sobald das Gatter stillgelegt wird, müssen die Sägen entspannt werden, da das Material bei der Arbeit warm wird und sich dehnt, in der Ruhe abkühlt und sich zusammenzieht. Bei stärkeren Blättern wird diese Gefahr geringer sein als bei dünneren.

Zum Schluß noch einige Worte über das Schneiden gefrorenen Holzes, das bekanntlich die Sägeblätter ganz besonders beansprucht und oft die Ursache bildet, daß der Zahngrund einreißt, oder daß die Zähne oder wenigstens die Spitzen abbrechen. Es ist ratsam, bei Frost weniger Schrank zu geben und die Zähne nicht zu spitz anzufeilen oder anzuschleifen. Jede scharfe Kante im Zahngrund muß vermieden, der Vorschub nach Möglichkeit mehr oder weniger verringert werden. Der Frost macht auch das Sägeblatt spröde, so daß es sich empfiehlt, die Säge in der Ruhezeit frostfrei aufzubewahren oder zu kalte Blätter vor dem Einhängen in einen angewärmten Raum zu bringen.

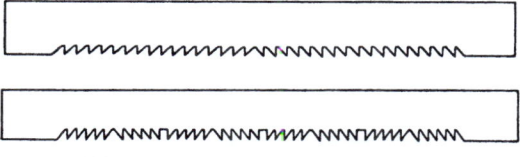

Abb. 162 u. 163. Horizontalgattersägen.

An kalten Tagen müssen die Sägen sofort entspannt werden, sobald das Gatter in irgendwelchen Pausen stillgelegt wird.

Für die Gattersägen wie für alle anderen Werkzeuge gilt der Grundsatz: Bestes Material, beste Pflege, richtige Auswahl der Abmessungen und der Zahnung.

Abb. 146 bis 150 zeigen verschiedene Zahnformen für Gattersägen, wovon die in Abb. 146 dargestellte am meisten angewandt wird.

Für Furniersägen werden Zahnformen nach Abb. 151 und 152 genommen, hauptsächlich erstere.

Für Horizontalgattersägen verwendet man zum Schneiden von Weichholz eine Zahnform mit aus der Mitte nach rechts und links zeigenden Zähnen (Abb. 162); für Hartholz dagegen Sägeblätter mit Zahngruppen von je 4—5 nach rechts und links zeigenden Zähnen (Abb. 163).

Abb. 164 zeigt geschränkte Zähne, Abb. 165 dagegen gestauchte Zähne.

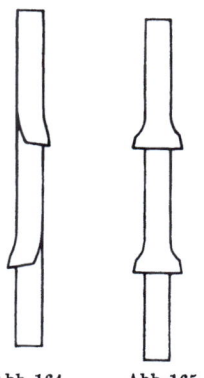

Abb. 164. Abb. 165.
Abb. 164. Geschränkte Zähne.
Abb. 165. Gestauchte Zähne.

J. Automatische Sägeschärfmaschinen.

Jeder holzverarbeitende Betrieb soll unter den gegenwärtigen wirtschaftlichen Verhältnissen im Betriebe die größte Sparsamkeit üben. Wer diesen außerordentlich wichtigen Grundsatz erfüllen will, muß nicht nur in der Praxis bewährte, neuzeitliche und leistungsfähige Maschinen und Werkzeuge benutzen bzw. zur Einführung bringen, sondern er muß auch danach trachten, daß sich diese Maschinen und Werkzeuge stets in dem denkbar besten Betriebszustande befinden, vor allem Sorge tragen, daß sämtliche Sägen einwandfrei geschärft und geschränkt sind. Bekanntlich kann auf der besten Maschinenkonstruktion, vor allem Sägemaschinen, keine zufriedenstellende Leistung erzielt werden, wenn die Sägeblätter nicht sauber und einwandfrei geschärft sind.

Die in den Holzbearbeitungsbetrieben zur Verwendung kommenden Sägen, wie Gatter-, Kreis-, Bandsägen usw., haben in den letzten Jahren hinsichtlich ihrer technischen Vollkommenheit recht gute Fortschritte gemacht und brauchen keine schwedische, englische und amerikanische Konkurrenz zu fürchten. Der wirtschaftlich vorteilhafteste Betrieb der verschiedenen Sägearten ist aber nicht allein in ihrer größtmöglichen Ausnützung, sondern auch in ihrer richtigen Anwendungsweise und Behandlungsart zu erblicken, denn wenn man von einer Säge die größtmögliche Leistung verlangt, muß sie vor allem in sachgemäßer Weise geschärft und gepflegt werden.

Das Schärfen der Sägen erfolgt entweder mit der Hand, mit der Feilmaschine oder mit automatisch arbeitenden Sägeschärfmaschinen.

Eine Säge mit der Hand einwandfrei zu schärfen, erfordert große Erfahrung, und es gibt nur wenige wirklich tüchtige Leute, welche dazu in der Lage sind. An sich ist diese Art der Schärfung zeitraubend, kostspielig und in höchstem Grade unwirtschaftlich. Sollen trotzdem Sägen mit der Hand gefeilt werden, sind folgende Punkte zu beachten:

1. Verwende man nur prima Halbschlichtfeilen mit runden Ecken, da eine scharfkantige Sägefeile das Einreißen der Blätter begünstigt.

2. Sind Gattersägen (Abb. 156) von Zeit zu Zeit mit einer flachen Schlichtfeile abzurichten, damit sämtliche Zahnspitzen eine genau gleiche Höhe haben und die Schnittlinie nicht hohl wird.

3. Soll man Kreissägeblätter öfters auf der Sägewelle an einem Stück Schmirgelstein, welcher die Zahnspitzen leicht berührt, ablaufen lassen, es ist dann ein leichtes, die Zahnspitzen alle gleich lang und kreisrund laufend zu schärfen.

4. Bandsägen, die öfter mit der Hand geschärft sind, läßt man gegen ein Stück Schmirgelstein ablaufen, damit die Zahnlänge ausgeglichen wird. Man feilt dann zuerst die abgeschliffenen Spitzen an, bis das Weiße der Spitze weggearbeitet ist, schränkt hierauf die Säge mit einer guten Schränkzange oder kleinen Schränkmaschine und feilt dann erst das Blatt fertig.

5. Bei Bandsägen, welche mit der Hand gefeilt werden, soll man nach Möglichkeit abwechslungsweise einen Zahn nach rechts und den anderen nach links feilen, damit auf beiden Seiten ein gleichmäßiger Grat entsteht; eine so behandelte Säge schneidet sauber und wird nicht

verlaufen. Ich selbst benütze seit über 25 Jahren Sägeschärfautomaten von Friedrich Schmaltz, G. m. b. H., Offenbach a. M., und bin mit deren Arbeitsweise in jeder Beziehung zufrieden. Bedingung ist jedoch die Verwendung erstklassiger Sägeschärfscheiben. Ich habe während meiner langjährigen Tätigkeit alle möglichen Arten Sägeschärfscheiben versucht, jedoch keine gefunden, welche sich mit der Parazenit-Schärfscheibe von Schmaltz messen kann. Man merke sich, die beste Schärfmaschine kann nicht zur Zufriedenheit arbeiten bei Verwendung unpassender Schärfscheiben, und der Gebrauch von minderwertigen Schärfscheiben rächt sich bitter, da mit solchen kein einwandfreier Sägeschliff erzielt werden kann, was dem Betriebsleiter und Meister nur Ärger bereitet. Bei der Wahl einer automatisch arbeitenden Sägeschärfmaschine hat sich der Interessent zunächst zu entschließen, ob wechselseitiger Schrägschliff oder Geradschliff in Frage kommt. Sägen mit Schrägschliff arbeiten infolge ihrer außerordentlich scharfen Zahnspitzen leichter und besser als solche mit Geradschliff, verlieren aber schnell ihre Schärfe und nützen sich leichter ab, ganz besonders dann, wenn verschmutztes und ästiges Holz geschnitten wird.

Beim Schleifen der Gattersägen auf automatischen Schleif- bzw. Schärfmaschinen ist Schrägschliff zu empfehlen, vorausgesetzt, daß es sich um Nadel- und weiche Laubhölzer handelt. Die schräggeschliffenen Zähne durchschneiden die mehr oder minder langen Holzfasern besser, und bei dem schnellen Vorschub, mit dem diese Hölzer geschnitten werden, ist auch, was Berücksichtigung verdient, der Kraftverbrauch geringer. Während geradgeschliffene Zähne die Holzfaser rechtwinklig zur Längsachse durchstoßen, durchschneidet der schräggeschliffene Zahn die Holzfasern in diagonaler Richtung, also in einem günstigeren Winkel, wodurch ein leichteres Arbeiten der Säge mit geringerem Kraftaufwand ermöglicht wird. Der Schrägschliff liefert auch einen glatteren Schnitt als der Geradschliff, vorausgesetzt, daß das Schleifen der Zähne vor dem Schränken geschieht. Sägen mit Geradschliff sind dagegen erst zu schränken und nach dem Schränken zu schärfen, da anderenfalls die äußere Schnittkante einen ungünstigen Schnittwinkel erhält und die Säge schwer schneidet. Sägen mit schräggeschliffenen Zähnen brauchen, um sich freizuschneiden, einen geringeren Schrank als Sägen mit geradgeschliffenen Zähnen, was wiederum einen geringeren Schnittverlust und Kraftersparnis ergibt. Es ist jedoch zu berücksichtigen, daß Sägen mit Schrägschliff schneller stumpf werden als solche mit Geradschliff, also öfter geschärft werden müssen. Der Schrank einer Gattersäge mit Schrägschliff von 1,8—2 mm Stärke soll nie mehr als nach jeder Seite 0,5 mm betragen, da ein größerer Schrank nicht glatt schneidet. Ein Schrank bis zu 1 mm nach jeder Seite, wie er teilweise bei Gattersägen mit Geradschliff angewandt wird, ist unrationell, liefert einen unsauberen

Schnitt und viel Sägemehl. Der beste Winkel für Zähne mit Schrägschliff liegt zwischen 75 und 80° zur Sägenachse bzw. Sägebreite, und ein Verlaufen der Gattersägen bei Anwendung dieses Schrägwinkels findet nicht statt. Ein zu spitzer Winkel schneidet schlecht, und solche Sägen werden schnell stumpf. Wie schon erwähnt, eignet sich Schrägschliff am besten für Nadelhölzer und weiche Laubhölzer, dagegen ist für alle Hartholzarten Geradschliff unbedingt vorzuziehen. Bei sehr dünnen Gattersägen ist ebenfalls Schrägschliff nicht zu empfehlen.

K. Sägeschärfautomaten von Friedrich Schmaltz, G.m.b.H., Offenbach a. M.

Original „Schmaltz"-Sägeschärfautomaten sind auf dem Weltmarkt als vollendet anerkannt, ihre Leistungsfähigkeit und Wirtschaftlichkeit ist außerordentlich und es laufen ihrer mehr als Zehntausend in allen Erdteilen, ein Beweis ihrer Güte. Was mit Handarbeit, durch Feilen oder einfache Schleifböcke, selbst mit geschultesten Arbeitskräften und ohne Ansehung der Kosten, nur unvollkommen zu erreichen ist, das leisten vorgenannte Selbstschärfer vollständig selbsttätig; sie erhalten das Kreissägeblatt genau kreisrund, die Gatter- und Bandsägen genau gleich breit; die einmal eingeführte, erprobte Zahnform bleibt erhalten bis zur gänzlichen Abnutzung der Säge. Die Sägen zum Schneiden von weichen Nadel- und Laubhölzern erhalten den nötigen wechselseitigen Schrägschliff der Zahnober- und -unterkante, d. h. der gesamten Zahnform.

Das Schärfen erfolgt in gleichmäßiger, einfacher Weise, schneller, billiger und besser, als es der geschickteste Sägefeiler vermag. Die Maschinen lassen sich rasch auf beliebige Zahnformen und Zahngrößen einstellen. Mit der Bedienung der Maschine empfehle ich einen zuverlässigen intelligenten Mann zu betrauen, da hier zu sparen nicht am Platze ist. Als schärfendes Werkzeug dient ein mit etwa 2000 Umdrehungen in der Minute laufendes dünnes Parazenitschleifrad von besonderer Zusammensetzung, welches seine Kantenform dauernd behält, so daß ein Nachdrehen mit Diamant nicht nötig wird. Obgleich die Handhabung einfach ist, empfehle ich zur Inbetriebsetzung und Anlernung vom Lieferwerk einen Spezialmonteur anzufordern und denselben nicht eher zu entlassen, bis die Bedienungsmannschaft oder der Schärfer hinreichend angewiesen ist und die Maschine selbständig bedienen kann, was meist in 2—3 Tagen geschehen und sich — da nicht sehr kostspielig — gut bezahlt macht. Eine wesentliche Bedingung für dauernd zufriedenstellende Leistungen der Schmaltzschen Sägeschärfautomaten liegt in der Verwendung der für genannten Zweck ganz besonders hergestellten Schleifscheiben „Parazenit", bei deren Anwendung einzig und allein eine einwandfreie, saubere Schärfung erzielt wird.

L. Allgemeine Vorzüge des selbsttätigen Maschinenschärfens, verglichen mit Handfeilerei.

Vorgenannte Sägeschärfautomaten schärfen etwa 45—100 Sägezähne in der Minute und ergeben somit außergewöhnliche Tagesleistungen.

Die teueren Feilen werden durch billigere Schleifräder ersetzt, bei geringerem Verbrauch an solchen.

Erzielung regelrechter Zähne, stets in gleicher Form, wodurch einmal richtig befundene Zahnform dauernd gesichert.

Die Gleichmäßigkeit der Zahnform sichert sauberen Schnitt, geringen Kraftverbrauch und ruhigen Gang der Sägen.

Die Sägen bleiben immer gerade abgerichtet, gleich breit bzw. kreisrund, so daß jede Zahnspitze angreift.

Abb. 166 bis 168. „Schmaltz"-Sägenselbstschärfer mit gleitendem Schleifkopf: „Auto XIV und XV".

Bedeutende Ersparnis an Sägewerkzeug und Schärferlöhnen.

Stets Vorrat an scharfen Sägen.

Die genau gleichmäßige Zahnform erlaubt meist den üblichen „Schrank" der Sägen zu vermindern und damit teilweise so bedeutende Holzersparnisse zu erzielen, daß sich schon dadurch allein die Maschine in kurzer Zeit bezahlt macht.

Abb. 166 bis 168 zeigen „Schmaltz"-Sägeselbstschärfer mit gleitendem Schleifkopf: „Auto XIV und XV". Dieselben schärfen selbsttätig die ganze Zahnform von Kreissägen, Bandsägen und Gattersägen beliebig mit wechselseitigem Schrägschliff oder mit Geradschliff. Schränken auch selbsttätig Holzbandsägen. Die Einstellung beliebiger Zahnformen kann während des Ganges der Maschine geschehen. Der Antrieb kann entweder durch eingebauten Elektromotor oder durch Vorgelege erfolgen.

Die Sägeselbstschärfer XIV und XV mit gleitendem Schleifkopf, stehen in bezug auf Bauart, Arbeitsweise und vielseitige Leistungsfähigkeit an erster Stelle. Der besondere Wert liegt darin, daß während des Ganges, durch einfaches Drehen von Handrädern, die Umstellung auf jede beliebige, regelmäßige Zahnform geschehen kann. Die Maschinen eignen sich besonders für solche Werke, wo es vielerlei verschiedene Zahnformen, Zahnweiten und -größen, hauptsächlich Kreissägen, abwechselnd zu schärfen gibt. Die Maschinen arbeiten mit einem

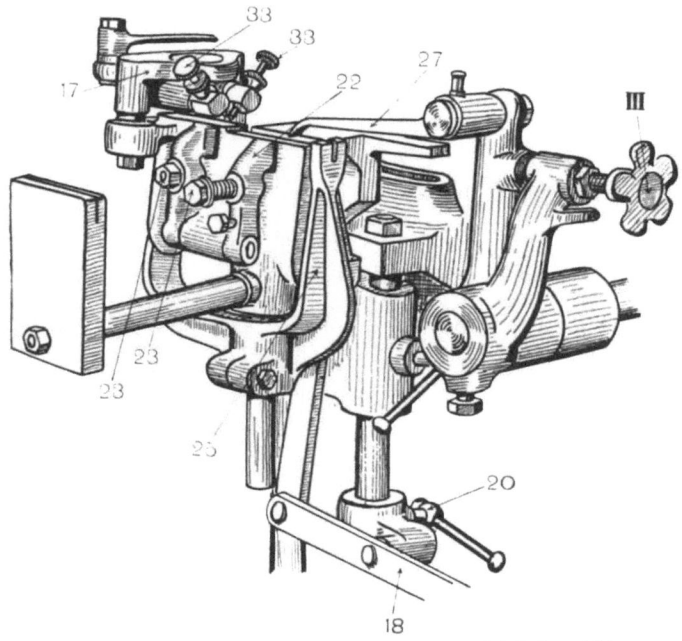

Abb. 169. Einspannvorrichtung für Bandsägen und Schränkvorrichtung.

dünnen Schleifrad und leisten das tadellose Anschärfen von etwa 70 Zähnen in der Minute. Die Maschinen erzeugen den doppelten Schrägschliff der Zahnunter- und -oberkante selbsttätig, mit voller Gleichmäßigkeit und Vollkommenheit. Die einzelnen Flächen der Sägezähne werden unter sich genau übereinstimmend und erhalten, je nach Wunsch, eine beliebige Schräge für hartes oder weiches Holz. Das Schärfen erfolgt rasch und in einfacher, handlicher Weise, und die Handhabung der Maschine ist leichtverständlich. Die Maschine arbeitet vollständig staubfrei, da der Schleifstaub durch einen an der Maschine angebauten Exhaustor abgesaugt wird.

Allgemeine Vorzüge des selbsttätigen Maschinenschärfens. 183

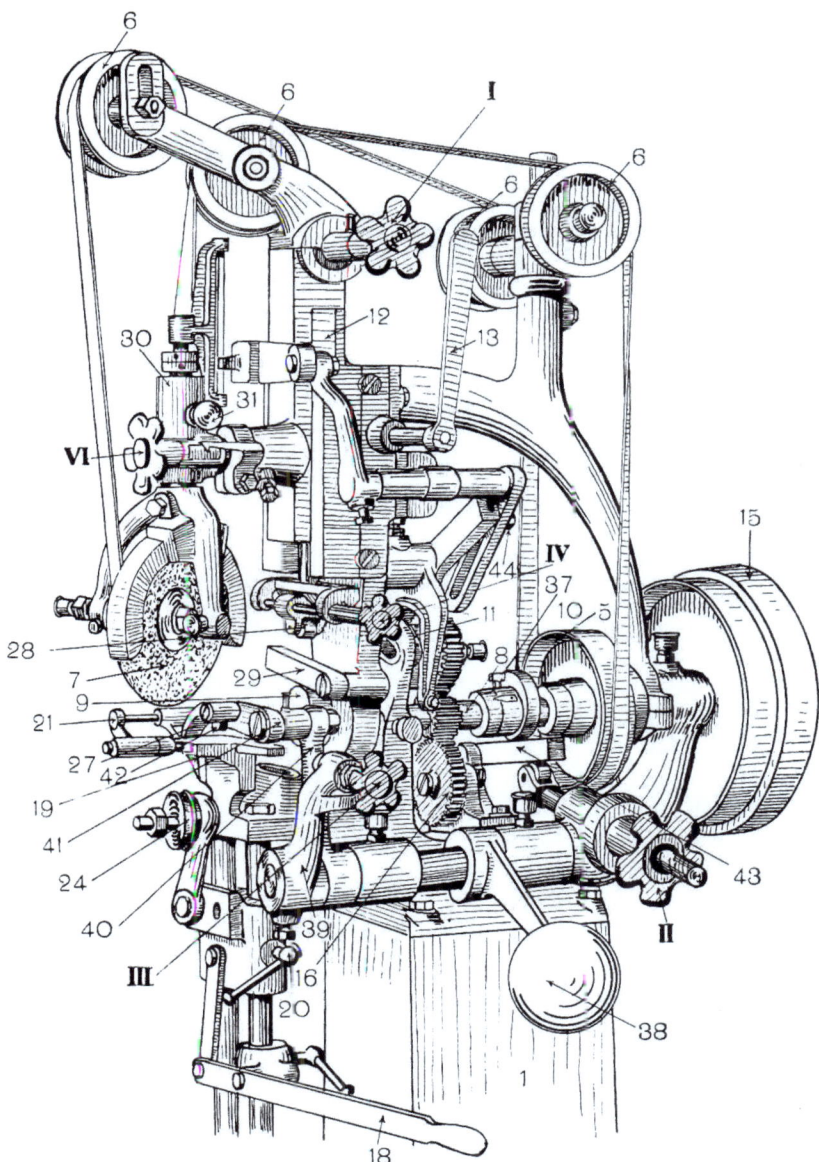

Abb. 170. Detaillierte Ausführungszusammenstellung von Auto XIV und XV.

184 Sägen sowie Maschinen und Apparate zum Schärfen.

Es werden selbsttätig geschärft:	auf Auto XV	auf Auto XIV
Alle Arten regelmäßiger Zahnformen mit einer Spitzenentfernung von	5—90 mm	2—35 mm
Gattersägen, vertikal und horizontal. . . .	alle Größen	bis 1250 mm lang bis 130 mm breit
Kreissägen, auch mit Gruppenzahnung (Hanibal)	von 200—1500 mm Durchm.	von 60—1000 mm Durchm.
Bandsägen in der Breite von . . . . (Tischlerbandsägen werden selbsttätig geschränkt)	10—250 mm	5—80 mm

Maschinen-Ausführung:	Auto XV	Auto XIV
Nettogewicht der Maschine ohne Einspannvorrichtung.	475 kg	340 kg
Nettogewicht der Einspannvorrichtung für Gattersägen	45 kg	35 kg
Nettogewicht der Einspannvorrichtung für Kreissägen	10 kg	7 kg
Nettogewicht der Einspannvorrichtung für Bandsägen bis 100 mm	95 kg	65 kg
Nettogewicht der Einspannvorrichtung für Blockbandsägen	105 kg	—
Nettogewicht vom Elektromotor.	60 kg	45 kg
Nettogewicht vom Staubabsauger (Exhaustor)	45 kg	35 kg
Durchmesser der Schärfscheibe	250 mm	175 mm
Größe der Antriebsscheibe	350 × 60 mm	300 × 55 mm
Umlaufzahl des Vorgeleges je Minute . . .	300	250
Kraftbedarf in PS etwa	2,5	2

Abb. 169 und 170 zeigen eine detaillierte Ausführungszusammenstellung von Auto XIV und XV. Die Maschinen sind auf einem kräftigen Hohlgußständer aufgebaut.

Daran sind angeordnet:

1. Unten das Antriebsvorgelege mit Voll- und Leerscheibe nebst Ausrücker oder ein Elektromotor.

2. Vorn am Ständer sind auf Gleitflächen oder Führungsstangen angeordnet: die Vorrichtungen zum Einspannen von Gattersägen (35), Kreissägen (24) und Bandsägen (25), verstellbar in der Höhe durch Handrad oder Handhebel (18).

3. Oben die Gleitführung (12) mit dem Schleifkopf (30) und Schärfscheibe (7); letztere durch flachen Riemen über Leitrollen (6), sowie über die Stufenscheibe (5) vom Hauptvorgelege aus angetrieben und das Ganze durch Hebel (13) hochstellbar.

4. Längs durch das Oberteil der Maschine läuft die vom Vorgelege angetriebene Hauptwelle (8), auf welcher sitzen:

Allgemeine Vorzüge des selbsttätigen Maschinenschärfens. 185

I. Vorn der Hubexzenter (9), welcher den Auf- und Abgang der Schärfscheibe bewirkt (Abb. 171 und 172).

II. Hinten der Vorschubexzenter (10) für die Weiterschiebung der zu schärfenden Sägeblätter (Abb. 173).

III. Mitten 1 Zahnrad, welches nach zwei Richtungen, und zwar nach oben mittels eines Exzenters die abwechselnde Rechts- und Linksschwenkung der Schärfscheibe und dadurch wechselseitigen Schrägschliff erzeugt, andererseits nach unten durch ein kurviges Zahnrad die wechselnde seitliche Schränkbewegung betätigt.

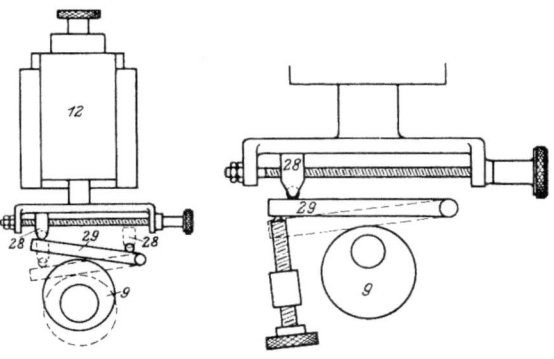

Abb. 171 u. 172. Hubexzenter.

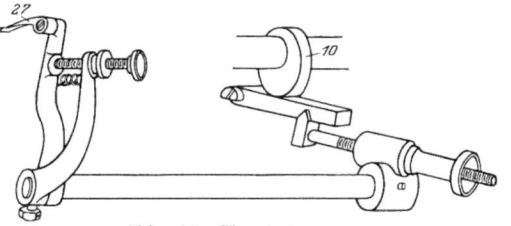

Abb. 173. Vorschubexzenter.

Am Ständer ist auch zur Entfernung des Schleifstaubes ein kräftiger Staubsauger angebracht, welcher mit dem Saugtrichter durch eine Rohrleitung verbunden wird. Sein Antrieb erfolgt durch flachen Riemen vom Hauptvorgelege aus.

Es wird mit Schärfscheiben gearbeitet, deren Dicke nur etwa $1/3$ bis $1/2$ der Zahnweiten betragen soll und deren Randform sich beim Schärfen dauernd erhält. Die Schärfung der Zahnform erfolgt durch Entlangstreichen der dünnen Schärfscheibe an

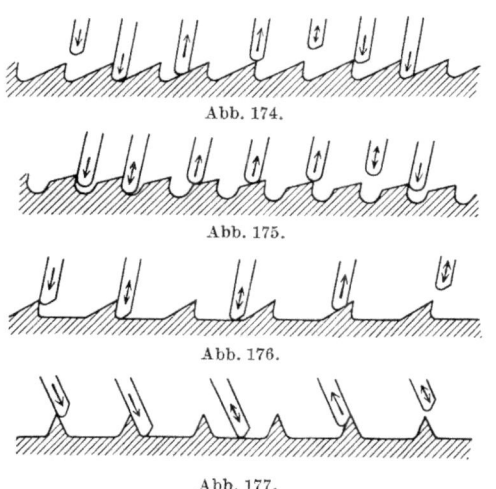

Abb. 174.

Abb. 175.

Abb. 176.

Abb. 177.

Abb. 174 bis 177. Arbeitsweise der Schärfscheibe.

dem zu schärfenden Zahnbild so, wie es die Abb. 174 bis 177 erläutern.

Beim Herabgehen der Schärfscheibe wird also die Zahnunterkante (Zahnbrust) geschärft, während beim Aufwärtsgehen (infolge gleichzeitigen Verschiebens des nächsten Sägezahnes) der Zahnrücken von der Schärfscheibe bestrichen wird. Durch das leicht regelbare Zusammenwirken von Hub der Schärfscheibe und Vorschub des nächsten Sägezahnes können die verschiedensten Zahnformen geschärft werden.

1. Einspannen der Sägen.

Zunächst ist der Schleifkopf (12) durch den Ausschalter (13) hochzustellen.

Gattersägen werden, nachdem der Linealarm (35) mit der Führungsschiene (36), den beiden Gleitschuhen (24) und Anschlag (32) am Ständer befestigt ist, in die Schuhe (34) (s. Abb. 178 und 179) eingespannt, durch den Hebel (18) auf richtige Höhe an den Sägeanschlag (19) herangestellt und die Druckvorrichtung (21) heruntergeklappt, so daß die Säge zwischen Anschlag und Druckvorrichtung sitzt.

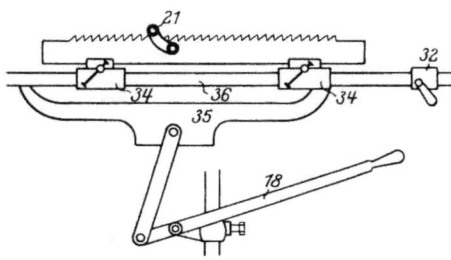
Abb. 178. Einspannen der Gattersägen.

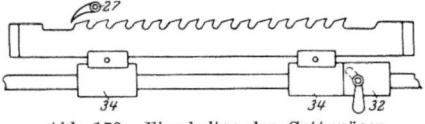
Abb. 179. Einschalten der Gattersägen.

Bei schmalen und dünnen Gattersägen setze man die Gleitschuhe nicht ganz ans Ende der Säge, damit sich die Säge in der Mitte nicht durchdrücken kann. Ungleich breite Gattersägen müssen in einem Gleitschuh so gehoben werden, daß die Zähne genau wagerecht liegen.

Kreissägen werden in den Einspannkegel (24) eingeschraubt (Abb. 180) und dieser an der Maschine befestigt;

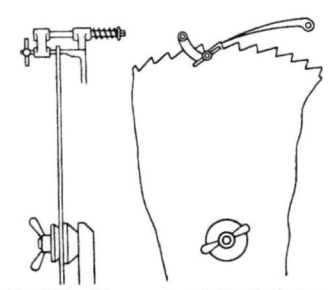
Abb. 180. Einspannkegel für Kreissägen.

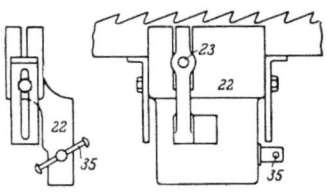
Abb. 181. Bandsägenführung

ferner ist die Druckvorrichtung (21) anzubringen und die eine (mit dem Gleitstück versehene) der beiden mitgelieferten Vorschubklinken (27) einzusetzen.

Allgemeine Vorzüge des selbsttätigen Maschinenschärfens. 187

Bandsägen, die gerade Zähnezahl haben müssen, werden auf die Leitrollen gelegt und in die Bandsägeführung (22) eingebracht, wie aus Abb. 169 und 181 ersichtlich. Die Druckschraube (23) wird leicht angezogen. Die zwei Führungsrollen sollen die Säge nur leicht spannen.

Nachdem die Säge eingespannt ist, schraube man mittels des Hubhandrades (1) die Schärfscheibe so hoch, daß sie auch in der tiefsten Stellung die Sägezahnung nicht mehr berührt.

2. Einstellen der Zahnform.

Zahnbrust. Man überzeuge sich zunächst, ob die Schärfscheibe in gleicher Richtung mit der Zahnbrust läuft, wie es z. B. die Abb. 182 und 183 zeigen.

Ist dies nicht der Fall, so drehe man bei Gatter- und Bandsägen nach Lockerung der rückwärtigen Halteschraube (26) die ganze Gleit-

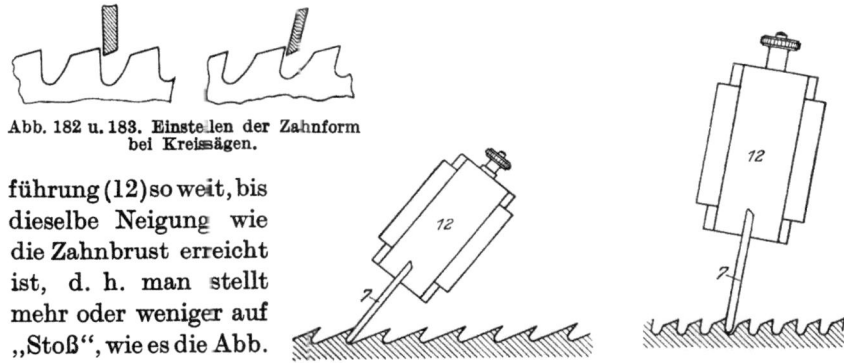

Abb. 182 u. 183. Einstellen der Zahnform bei Kreissägen.

führung (12) so weit, bis dieselbe Neigung wie die Zahnbrust erreicht ist, d. h. man stellt mehr oder weniger auf „Stoß", wie es die Abb. 184 und 185 zeigen.

Abb. 184 u. 185. Einstellen der Zahnform bei Band- und Gattersägen.

Handelt es sich um das Schärfen von Kreissägen, so läßt sich die Einstellung der Zahnbrust meist einfach durch entsprechende Befestigung des Ein-

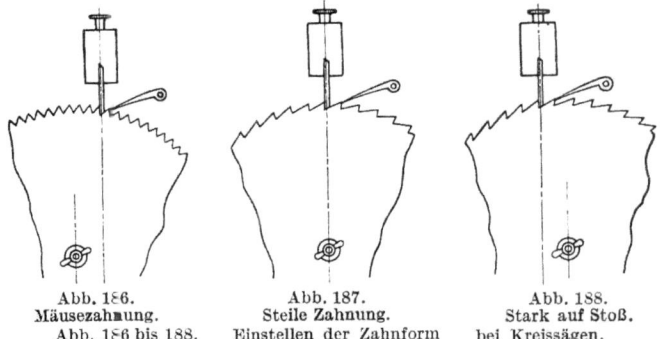

Abb. 186. Mäusezahnung.

Abb. 187. Steile Zahnung.

Abb. 188. Stark auf Stoß.

Abb. 186 bis 188. Einstellen der Zahnform bei Kreissägen.

spannkegels entweder unter dem Mittel der Schärfscheibe bzw. rechts oder links davon erreichen (wie vorstehend).

Ist die Zahnbrust eingestellt, so hebe man die Schärfscheibe mittels des Hochstellers (13) und lasse die Maschine laufen zur Einstellung des Zahnvorschubs (d. h. Weiterschiebung der Sägezähne).

Jeder Maschine sind dafür zwei verschiedene Vorschubklinken beigegeben: eine einfache Vorschubklinke für Bandsägen, s. Abb. 191 (27), und eine Vorschubklinke mit Gleitstück für Kreissägen und auch Gattersägen, s. Abb. 189.

Zunächst wird die Vorschubklinke auf die Säge heruntergeklappt. Sie soll dabei etwa 5 mm unterhalb der Zahnspitze a (s. Abb. 189) eingreifen und auch in ihrem Drehpunkt nur etwa 8—10 mm über der

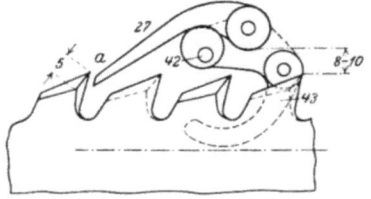
Abb. 189. Vorschubklinke für Gattersägen.

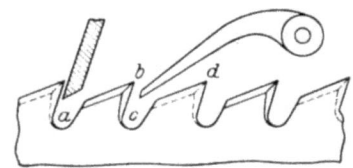
Abb. 190. Einstellung der Vorschubklinke.

Säge sich bewegen. Dies erreicht man durch Verdrehung des kleinen Exzenters (42) und des Gleithebels (43).

Die Vorschubklinke (27) soll beim Arbeiten jedesmal die Säge um einen Zahn weiterschieben. Sie soll hierbei möglichst den zweiten Zahn, von der Schärfscheibe aus gerechnet, vorschieben, wodurch ungleichmäßige Zahnentfernungen berichtigt werden. Also nicht den Zahn b, wie in Abb. 190, sondern den nächsten Zahn d. Nur wenn die Zähne zu ungleichmäßig sind, lasse man die Vorschubklinke an dem Zahn schieben, dessen Rücken geschärft wird, wie es Abb. 190 bei b zeigt.

Je nach der größeren oder kleineren Zahnweite muß die Klinke nur eine größere oder kleinere Vorschubbewegung machen, deren Regelung durch das Handrad II, Abb. 173, geschieht.

Dieses Handrad bewirkt bei Drehung eine größere oder kleinere Hebelübersetzung und damit die verschiedene Länge des Vorschubs. Die Vorschubklinke soll zuverlässig jeden Zahn holen und (da die Zahnung meist etwas ungleichmäßig ist) also stets um etwa $1/4$ der Zahnentfernung hinter die nächste Zahnspitze zurückgreifen.

Bei Sägen, die noch nicht mit der Maschine geschärft worden sind, sollte man sich stets erst davon überzeugen (bei hochgestelltem Schwingarm und in Gang gesetzter Maschine), ob der Vorschub jeden Zahn zuverlässig weiterschaltet, indem man die ganze Säge einmal durchlaufen läßt. (Sehr wichtig für den Anfang.)

Ist die Länge des Vorschubes dergestalt geregelt, so gebe man der Schärfscheibe durch Senken des Hochstellers Bewegung. Nun richte

Allgemeine Vorzüge des selbsttätigen Maschinenschärfens.

man die Säge unter Benutzung des Handrades III (Abb. 191), so daß mit jedem Vorgehen der Klinke (27) die Zahnbrust so unter die Schärfscheibe zu stehen kommt, daß letztere beim Tiefgehen genau die Zahnbrust bestreichen würde.

Nun senke man mit dem Hubhandrad I (sitzt bei Ausführung „14" seitlich) den ganzen Schleifkopf um so viel abwärts, daß die Schärfscheibe (7) in den Sägezahngrund hineinkommt, und beginne damit zugleich die Einstellung für den Zahnrücken (s. Abb. 192 bis 194).

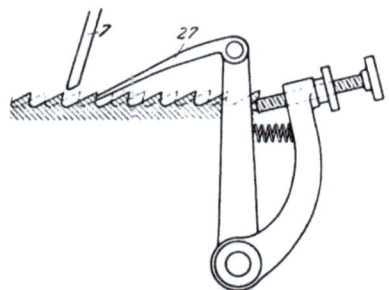

Abb. 191. Vorschubklinke für Bandsägen.

Das Schärfen des Zahnrückens geht so vor sich, daß, während die Schärfscheibe (7) aufwärts geht, der nächste Zahn durch die Vorschubklinke (27) so viel weitergeschoben werden soll, daß dessen Rücken von der Scheibe (7) in seiner ganzen Länge bestrichen wird. Dies ist wie folgt zu erreichen:

Wie aus Abb. 171 ersichtlich, läßt sich durch das Handrad IV der Gleitklotz (28) beliebig wagerecht verschieben. Infolge der dadurch verschiedenen Wirkung des Hebels (29), durch den Hubexzenter (9) betätigt, kann man während des Ganges der Maschine sehr leicht durch Handrad IV der Schärfscheibe jeden gewünschten Hub geben.

Ist man sich über die Art der Hubveränderung klar, so sehe man zu, daß beim Aufwärtsgehen der Schärfscheibe, d. h. bei dem damit gleichzeitig erfolgenden Vorschieben des nächsten Sägezahnes, die Schärfscheibe genau in gleicher Richtung mit dem Sägezahnrücken bleibt, also so wie es Abb. 192 bis 194 zeigen. Nebenbei ist aber auch dafür zu sorgen, daß der Hub der Schärfscheibe, also die Auf- und Abbewegung des Schleifkopfes, etwa doppelt so hoch ist, wie die Zahnhöhe. Dies ist als besonders wichtig festzuhalten! Zeigt es sich nun, daß die Sägezahnung etwas „steiler" oder „flacher" als die Hublinie der Schärfscheibe ist (s. Abb. 193 und 194), so ist dies wie folgt zu regeln:

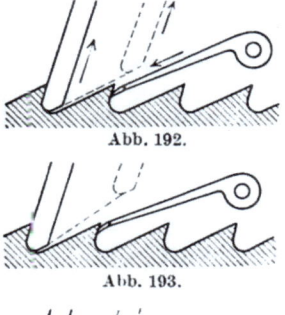

Abb. 192.

Abb. 193.

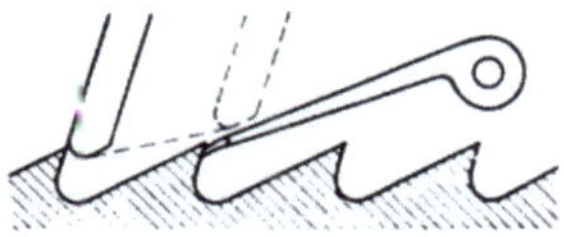

Abb. 194.

Abb. 192 bis 194. Einstellung für den Zahnrücken.

Ist wie bei Abb. 193 der Schärfscheibenhub zu steil, so ist durch entsprechende Drehung des Hubrades IV weniger Aufwärtsbewegung zu geben.

3. Hohler oder gewölbter Zahnrücken.

Bei Abb. 195 würde ein zu flacher Zahn entstehen, weshalb durch Vergrößerung des Hubes, durch Drehung des Hubrades IV abzuhelfen ist.

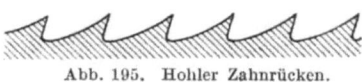

Abb. 195. Hohler Zahnrücken.

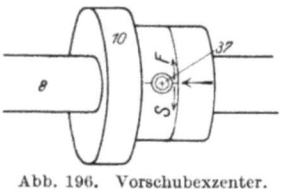

Abb. 196. Vorschubexzenter.

Zeigt es sich bei der Hubregelung in vorstehend angeführter Weise, daß die entstehende Zahnform hohl im Rücken wird, wie Abb. 195 zeigt, so wird eine kleine Verdrehung des Vorschubexzenters auf seiner Welle (8) Abb. 196 nötig. Der Vorschubexzenter (10) ist zu diesem Behufe mit einer Marke versehen, sowie mit den Stempeln „flach" und „spitz" oder „F" und „S". Dreht man den Vorschubexzenter nach „F" zu, so wird der Zahnrücken hohler, dreht man nach „S" zu, so erhält man einen volleren bzw. nach oben gewölbten Zahnrücken.

4. Einstellung auf besondere Zahnformen.

Wolfszahnung. Das Schärfen von Wolfszahnungen (Abb. 197) geschieht am besten in zwei Arbeitsgängen, und zwar:

1. Indem man für gewöhnlich nur den flachen Zahnrücken und ein Stück der Zahnbrust schleift, s. „a" und „b" (Abb. 197).

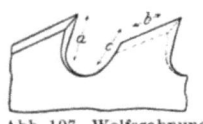

Abb. 197. Wolfszahnung.

Abb. 198. Weite Zahnung.

2. Indem man nur zeitweilig, etwa nach jeder zehnten bis fünfzehnten Schärfung, den Zahngrund „c" (Abb. 197) mit einer dicken rundrandigen Schärfscheibe ausschleift. Für dieses Grundausschleifen gibt man dem Vorschubexzenter (10) eine Vierteldrehung nach „S" zu (Abb. 196). Dadurch geht beim Arbeiten die Schleifscheibe ganz steil in den Zahn hinunter und ebenso wieder heraus, ohne den Zahnrücken zu berühren.

Soll aber weite und enge Wolfszahnung in einer Arbeitsleistung geschärft werden, so ist eine besondere Kurvenscheibe erforderlich, welche gegen den normalen Hubexzenter auszuwechseln ist.

Weite Zahnung (Abb. 198 und 172). Dazu muß die Schärfscheibe in der Tiefstellung, der Länge des geraden Zahngrundes entsprechend, „Stillstand" bekommen; dies wird durch die Feststellschraube V (Abb. 172) ermöglicht, welche den Zwischenhebel (29) über dem Hubexzenter (9) in beliebiger Höhe festhält. Je höher man den Zwischenhebel (29) festhält, desto länger ruhenden Tiefstand wird die Schärfscheibe erhalten bzw. um so größer wird der gerade Zahngrund werden. Beim Schärfen weiter Zahnentfernungen und von Wolfszähnen sowie von Kreissägen über 800 mm Durchmesser, soll die Maschine mit langsamem Vorschub arbeiten. Der Antrieb der Exzenterwelle ist zu diesem Zweck für zwei Geschwindigkeiten eingerichtet.

Kreissägen mit Mäusezahnung (Abb. 199). Der Schleifkopf (12) wird soweit wie möglich nach links verdreht. Hierauf wird der Einspannkegel mit eingespannter Säge so weit nach links verschoben, bis die Schärfscheibe parallel zur Zahnkante a—a steht bzw. dieselbe beim Heruntergehen bestreicht. Das Schärfen geschieht in derselben Weise wie bei den gewöhnlichen Zahnformen.

Hanibalzahnung (Abb. 200). Diese Zahnung läßt sich durch Anbringung einer zweiten Vorschubklinke schärfen, doch nur, wenn die große Zahnlücke genau einem ausgefallenen Zahn entspricht.

Verstellung von Schrägschliff auf Geradschliff in allen Zwischengraden, vom steilen Schrägschliff bis zum vollen Geradschliff, geschieht

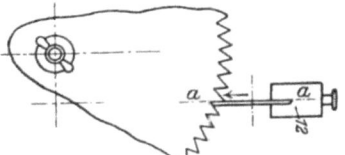

Abb. 199. Kreissägen mit Mäusezahnung.

Abb. 200. Hanibalzahnung.

durch einfache Verschiebung der Schraube (44). Es empfiehlt sich zu schärfen:

Holzbandsägen mit Geradschliff oder nur leichtem Schrägschliff.

Kreissägen für Weichholz mit Schrägschliff etwa 70° zur senkrechten Linie.

Kreissägen für Hartholz mit Schrägschliff etwa 80° zur senkrechten Linie.

Gattersägen für Weichholz mit Schrägschliff nicht mehr als 80° zur Sägeachse bzw. Sägebreite.

Gattersägen für Hartholz und extra dünne Gattersägen mit Geradschliff.

Hat man je nach Bedürfnis die Maschine wie vorbeschrieben eingestellt, so daß also:

1. die Vorschubklinke (27) sicher arbeitet;
2. die Schärfscheibe (7) sowohl parallelen Hub mit der Zahnbrust hat, als auch
3. den Zahnrücken beim Aufwärtsgehen genau bestreicht; endlich
4. Schräg- oder Geradschliff nach Wunsch eingestellt ist, und
5. die sonstigen vorstehenden Vorschriften beobachtet sind, so bedarf es zum selbsttätigen Schärfen lediglich der zeitweisen Regelung der beiden Handräder I und III, und zwar in folgender Weise:

Man lasse die Maschine laufen und drehe am Hubhandrad I so lange, bis die Schärfscheibe am Zahnrücken zum Angriff kommt. Man hat es mit dieser Schraube ganz in der Gewalt: Durch Drehen nach rechts mehr, nach links weniger den Zahnrücken angreifen zu lassen.

In gleicher Weise benutze man das Vorschubhandrad III, um die Zahnbrust zum Angriff zu bringen. Beim Drehen nach rechts wird die Zahnbrust stärker, nach links leichter angegriffen.

Man suche sich überhaupt mit dem Gebrauch der Handräder möglichst vertraut zu machen, da auf ihrer richtigen Anwendung das gute Arbeiten der Maschine in der Hauptsache beruht.

Ferner vermeide man, die Zahnunterkante (Brust) stark angreifen zu lassen, sondern schärfe möglichst nur den Zahnrücken. Am besten sollte man zuerst mit dem Schärfen einer Kreissäge beginnen, weil das Einschalten der Gattersägen einige Übung erfordert.

5. Einschalten der Gattersägen.

Die eingespannte Säge (Abb. 179) wird so unter die Vorschubklinke (27) gebracht, daß letztere beim Herunterlassen des Schleifkopfes in den ersten Zahn eingreift. Hierauf ist vor Inbetriebsetzung der Maschine der Anschlag (32) dicht an den rechten Gleitschuh (34) heranzusetzen. Beim Beginn des Schleifens bzw. Herunterlassen des Schleifkopfes ist natürlich zu beachten, daß die Drehung der Schärfscheibe dem „Schrank" des ersten Zahnes entspricht, und es ist am besten, bei sämtlichen Gattersägen den ersten Zahn stets nach rechts zu schränken.

Abb. 201. Zahnung von Gattersägen.

Abb. 202. Ungleiche Höhen der Zahnspitzen.

Auch sollte vor dem ersten und hinter dem letzten Zahn die Vorschubklinke etwas Spielraum haben, was (wie Abb. 201 zeigt) durch Ausschleifen oder Ausstanzen leicht erreichbar ist.

Ist die Gattersäge durchgelaufen, so stellt man die Gleitführung (12) hoch (die Vorschubklinke (27) wird dabei selbsttätig ausgehoben) und schiebt die Säge wieder bis an den Anschlag (32) zurück. Nachdem man nun den Hochsteller (13) herabgelassen hat (wobei auch die Klinke (28) wieder in Eingriff kommt), läßt man zum zweiten Male durchlaufen usw., bis die Säge scharf ist.

Das Schärfen von Kreis- und Bandsägen gestaltet sich einfacher, da diese fortwährend selbsttätig weiterlaufen und das Rückschieben wegfällt.

6. Ungleiche Höhen der Zahnspitzen

wie solche Abb. 202 zeigt, ergeben sich, wenn· der Drehpunkt der Schärfscheibe (7) nicht genau lotrecht über dem Mittel der Sägedicke steht. Man regelt deshalb ungleich hohe Zahnung durch einfaches Vor- oder Zurückschieben des verstellbaren Schleifkopfes (30) (nach Lösung der Schraube 31) mittels des Handrädchens VI, wie nebenstehende Abb. 203 zeigt.

Das Ausschleifen des Zahngrundes kann ebenfalls von der Maschine selbsttätig besorgt werden, ist aber nur zu empfehlen, wenn die Maschine nicht schon mit der Schärferei voll beschäftigt ist. Zum selbsttätigen Zahngrundausschleifen stellt man zweckmäßig zunächst auf Geradschliff. Außerdem gebe man mittels des Handrades IV der Schärfscheibe starken Hub und stelle den Vorschubexzenter (10) noch durch Vierteldrehung auf „Spitz". Die Schärfscheibe greift dann nur den Grund des Sägezahnes. Man verwendet für diese Arbeit am sachgemäßesten dickere Scheiben mit runder Schleiffläche.

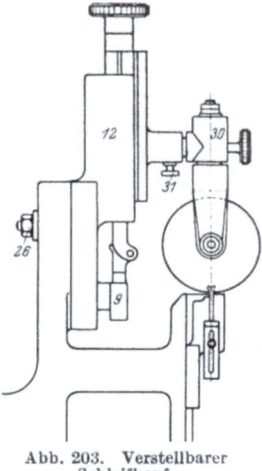

Abb. 203. Verstellbarer Schleifkopf.

7. Schränken von Bandsägen.

Das Schränken von Bandsägen soll vor dem Schärfen und keinesfalls gleichzeitig damit geschehen. Ein einmaliger Umlauf des Säge-

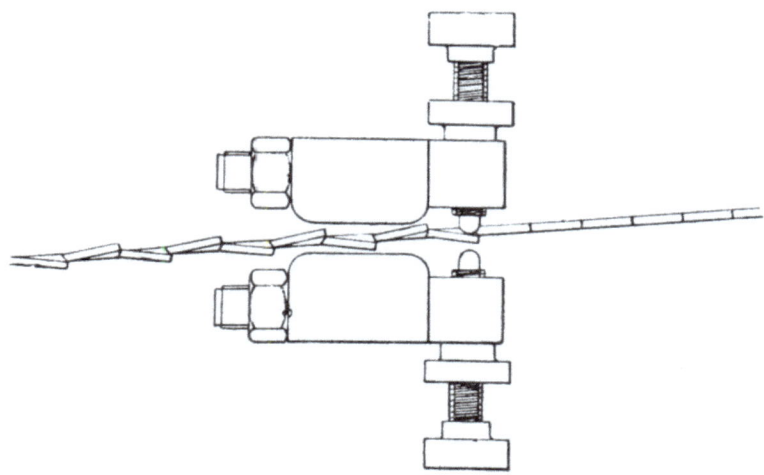

Abb. 204. Schränken von Bandsägen.

blattes genügt für die Schränkung, welche dann meist für 4—5 maliges Schärfen hält, bevor neue Schränkung nötig ist. Nachdem das Sägeblatt eingespannt ist, wird der Schränkapparat (17) aufgesetzt (s. auch Abb. 169). Hierauf wird der Vorschub eingestellt, und zwar muß die Vorschubklinke die Sägezähne so weit vorschieben, daß die Schränkbolzen (33) dieselben ganz nahe der Spitze und der Brustkante drücken (Abb. 204). Alsdann regle man die Stärke des Schrankes je nach Bedarf durch Einstellung der in jeder Richtung verstellbaren Schränkbolzen (33). Nach vollendeter Schränkung schraube man die Bolzen wieder so weit zurück, daß sie das Sägeblatt nicht mehr berühren.

8. Allgemeine Bemerkungen.

Die Maschinen müssen auf gutem, ruhigem Boden befestigt werden. Von großem Wert für die dauernde Brauchbarkeit ist die sorgfältige Reinhaltung der Maschine und reichliche Schmierung, besonders der rasch bewegten Teile. Körnerschrauben lasse man nicht zu fest, auch nicht zu lose sitzen und prüfe sie öfters nach.

Beim Einspannen dürfen die Schärfscheiben nicht auf die Schleifwelle gezwängt werden; zwischen die Schärfscheibe und die Einspannflanschen sind Gummi- oder Pappscheiben beizulegen. Die Dicke der Schärfscheibe soll etwa $1/3 - 1/2$ der zu schärfenden Zahnweite betragen; z. B. verwende man

für	5	10	30	60 mm Zahnentfernung
nur	$1^1/_2$—2	3—5	10—14	20 mm dicke Scheiben.

Die Schärfscheiben sollen erfahrungsgemäß möglichst weich sein; harte Scheiben verbrennen leicht die Zahnspitzen und geben keine feine Schneide. Dagegen kann man möglichst harte Sägen verwenden, da eine richtige Schärfscheibe, im Gegensatz zur Feile, auch den härtesten Stahl angreift.

9. Abdrehwerkzeuge für Sägeschärfscheiben.

Obgleich gute Schärfscheiben sich bei richtiger Behandlung mit dauerndem Schärfrand oder rund erhalten, sind Fälle nicht zu umgehen, wo das Nachformen oder Wiederaufrunden unrund gewordener Scheiben nötig wird. Hierzu dient am wirtschaftlichsten ein Diamantabdrehwerkzeug, welches vom Lieferanten der Schleifmaschine bezogen werden kann.

Haupterfordernis für die Schonung der Diamanten ist, daß die Umfangsgeschwindigkeit der Schleifräder während des Abdrehens auf etwa $1/_3$ der Arbeitsgeschwindigkeit herabgemindert wird.

Benennung der einzelnen Maschinenteile der Sägenselbstschärfer „Auto XIV und XV":

Nr.	Benennung:
I.	Handrad für Höhenstellung der Schärfscheibe.
II.	„ den Vorschub (Hubverstellung).
III.	„ „ „ „ (Feinregelung).
IV.	„ „ die Hubverstellung.
V.	„ „ weite Zahnungen (Abb. 172).
VI.	„ zum Vor- und Zurückstellen des Schleifkopfes.

Nr.	Benennung:
1.	Hauptständer.
5.	Antrieb für Schärfscheibe.
6.	Leitrollen.
7.	Schärfscheibe.
8.	Exzenterwelle.
9.	Hubexzenter.
10.	Vorschubexzenter.
11.	Schrägschleifexzenter.
12.	Gleitführung.
13.	Hochstellhebel.
15.	Antrieb für die Exzenterwelle.
16.	Schränkexzenter.
17.	Schränkböckchen.
18.	Hochstellhebel für die Einspann-Vorrichtung.
19.	Sägenanschlag.
20.	Feststellschraube.
21.	Druckvorrichtung.
22.	Bandsägenführung.
23.	Druckschrauben.
24.	Einspannkegel.
25.	Stützgabel für Bandsägen.
27.	Vorschubklinke.
28.	Rollenführung für die Auf- und Abbewegung.
29.	Gleithebel.
30.	Schleifkopfhalter.
31.	Schraube zum Festhalten des Schleifkopfes.
32.	Anschlag.
33.	Schränkbolzen.
34.	Gleitschuh.
35.	Linealarm.
36.	Führungsschiene.
37.	Stellschraube für Vorschubexzenter.
38.	Gewichtshebel.
39.	Vorschub-Reglerarm.
40.	Vorschub-Hebelarm.
41.	Hebel zur Aufnahme der Vorschubklinke.
42.	Exzenterbolzen der Vorschubklinke.
43.	Gleithebel am Vorschub.
44.	Schraube zum Verstellen des Schrägschliffs.
45.	Gleithebel am Vorschubexzenter.

10. Sägenselbstschärfer, Schränkmaschinen.

„Schmaltz"- Sägenselbstschärfer mit schwingendem Schleifkopf.

Nachstehende Sägenschärfautomaten schärfen selbsttätig die ganze Zahnform von: Gattersägen, Kreissägen und behelfsweise auch Bandsägen beliebig mit wechselseitigem Schrägschliff oder mit Geradschliff. Sichern tadellosen Sägenschnitt, stets gleiche, regelmäßige Zahnform, größte Ersparnis von Sägen, Arbeitslohn und Feilen.

Die Sägenselbstschärfer „II" und „IIa" mit schwingendem Schleifkopf sind ebenfalls in bezug auf Bauart, Arbeitsweise und vielseitige Leistungsfähigkeit unübertroffen! Die Einstellung kann auf jede beliebige, regelmäßige Zahnform geschehen; auf Wunsch direkt während des Ganges der Maschine. Die Maschinen eignen sich besonders für solche Werke, wo es einheitliche Zahnformen und Zahnweiten, hauptsächlich Gattersägen zu schärfen gibt. Die Maschinen arbeiten mit einem dünnen Schleifrad und leisten das tadellose Aufschärfen von 10—20 Gattersägen in der Stunde, bzw. bis 70 Zähnen je Minute.

Die Maschinen erzeugen den doppelten Schrägschliff der Zahnunter- und -oberkante selbsttätig, mit voller Gleichmäßigkeit und Vollkommenheit. Die einzelnen Flächen der Sägezähne werden unter sich genau

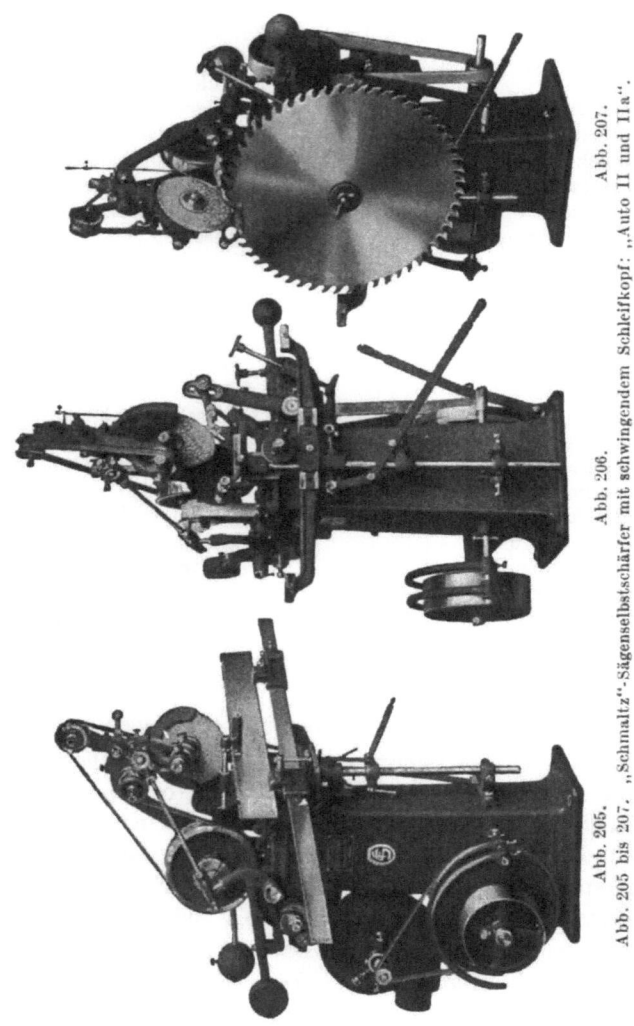

Abb. 205 bis 207. „Schmaltz"-Sägenselbstschärfer mit schwingendem Schleifkopf: „Auto II und IIa".

übereinstimmend und erhalten je nach Wunsch eine beliebige Schräge, wie nötig, für hartes oder weiches Holz. Das Schärfen erfolgt rasch, in einfacher, handlicher Weise und die Handhabung der Maschine ist leichtverständlich.

Allgemeine Vorzüge des selbsttätigen Maschinenschärfens. 197

Abb. 206 zeigt Auto II u. IIa in üblicher Ausrüstung.
„ 205 „ „ II u. IIa mit eingespannter Gattersäge
„ 207 „ „ II u. IIa „ „ Kreissäge.
„ 208 „ „ II u. IIa „ „ Tischlerbandsäge.

Abb. 208. „Schmaltz"-Hochleistungs-Sägenselbstschärfer „Auto II und IIa"
mit eingespannter Schreinerbandsäge.

Die Maschinen werden auf Wunsch mit eingebautem Elektromotor und in nachstehender Ausführung geliefert:

Es werden geschärft auf:	Auto II	Auto IIa
Alle Arten regelmäßiger Zahnformen in einer Spitzenweite von	10—50 mm	5—40 mm
Gattersägen: vertikal und horizontal . . .	jeder Größe und Stärke	jeder Größe und Stärke
Kreissägen, Durchmesser bis	200—1200 mm	120—1000 mm
Bandsägen, Breite bis	nicht geeignet	20—80 mm nur behelfsweise
Gewicht der Maschine ohne Einspannvorrichtung	450 kg	370 kg
Durchmesser der Schärfscheibe	300 mm	250 mm
Antriebsscheibe	350 × 55 mm	250 × 60 mm
Umdrehungen je Minute	200	200
Kraftbedarf in PS	2	2

Benennung der einzelnen Maschinenteile von „Auto II und IIa" (Abb. 209 bis 214).

1. Ständer.
2. Antriebsvorgelege mit Voll- und Leerlauf.
3. Ausrücker.
4. Linealarm.

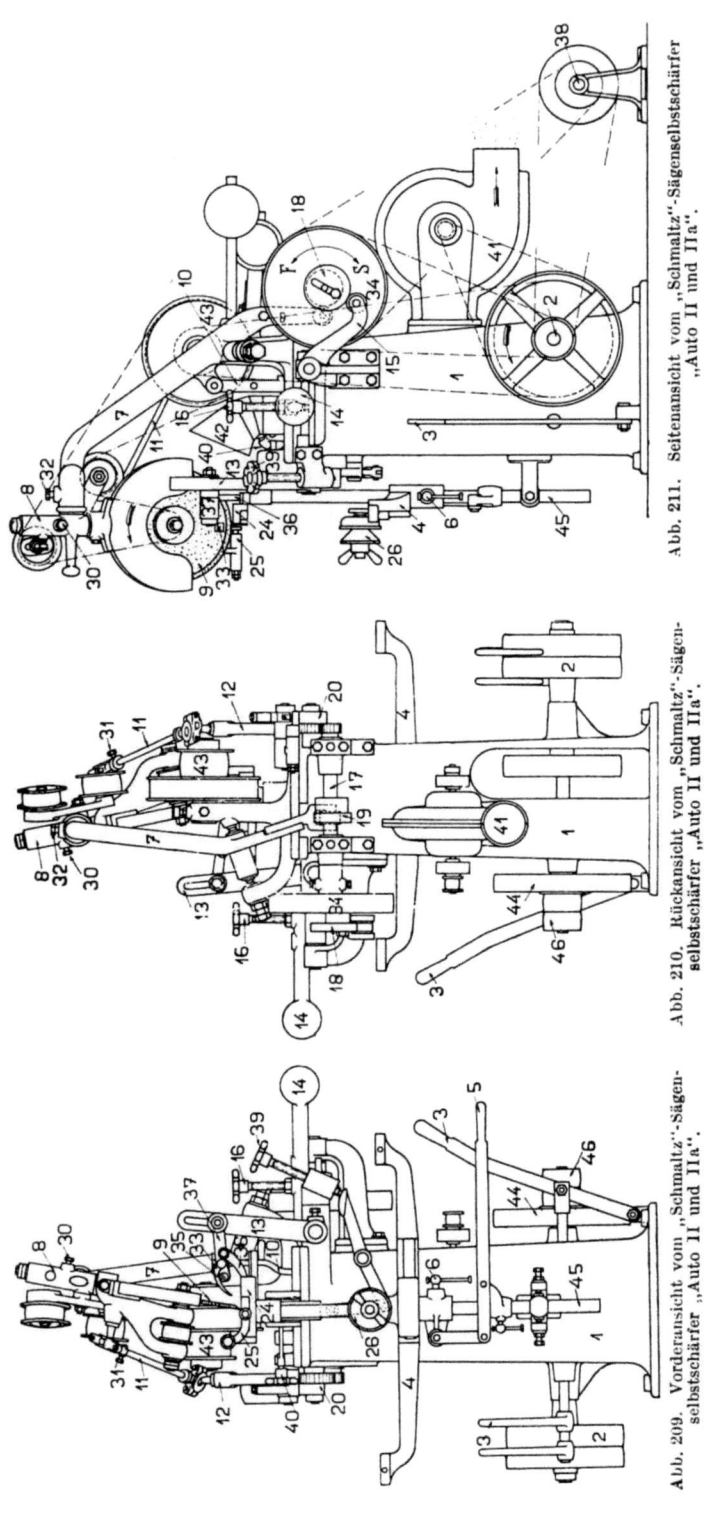

Abb. 211. Seitenansicht vom „Schmaltz"-Sägenselbstschärfer „Auto II und IIa".

Abb. 210. Rückansicht vom „Schmaltz"-Sägenselbstschärfer „Auto II und IIa".

Abb. 209. Vorderansicht vom „Schmaltz"-Sägenselbstschärfer „Auto II und IIa".

Allgemeine Vorzüge des selbsttätigen Maschinenschärfens.

5. Hebel für die Höhenverstellung der Sägen.
6. Feststellschraube für die Einspannvorrichtung.
7. Schwingarm.
8. Schwingkopf.
9. Sägenschärfscheibe.
10. Hebel zum Hochstellen des Schwingarmes.
11. Zugstange zur Regelung des Schrägschliffs.
12. Zugstangenhebel zur Regelung des Schrägschliffs.
13. Vorschubarm.
14. Vorschubgewichtshebel mit Welle.
15. Vorschubgleithebel.
16. Handrad zur Regelung des Sägenvorschubs.
17. Exzenterwelle.
18. Vorschubexzenter.
19. Schwingarmexzenter.
20. Schrägschliffexzenter.
21. Führungsschiene für Gattersägen.
22. Gleitschuhe für Gattersägen.
23. Einschieber für Gattersägen.
24. Sägenanschlag.
25. Druckvorrichtung.
26. Einspannkegel für Kreissägen.
27. Führungsschiene für Bandsägen.
28. Leitrollen für Bandsägen.
29. Leitrollen für Bandsägen.
30. Schwingkopfschraube.
31. Zugstangenschraube.
32. Schwingarmschraube.
33. Vorschubklinke.
34. Antriebsscheibe für Exzenterwelle.
35. Exzenter zum Verstellen der Vorschubklinke.
36. Gleithebel zum Verstellen der Vorschubklinke.
37. Vorschubhebel.
38. Kleines Vorgelege für verlangsamten Vorschub.
39. Handrad zur Regelung des Zahnrückenschliffs.
40. Handrad zur Regelung des Sägenanschlages (24).
41. Staubabsauger.
42. Saugtrichter für den Schleifstaub.
43. Stufenscheibe für Schleifradantrieb.
44. Antriebsscheibe für den Staubsauger.
45. Vertikalwelle für die Einspannvorrichtungen.
46. Antriebsscheibchen für das kleine Vorgelege (38).

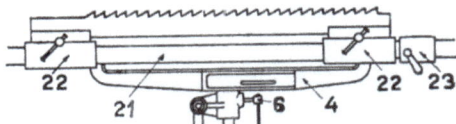

Abb. 212. Einspannvorrichtung für Gattersägen.

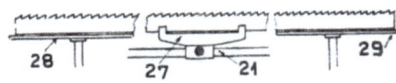

Abb. 213. Einspannvorrichtung für Bandsägen.

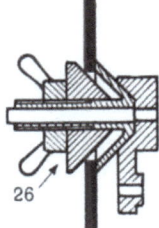

Abb. 214. Einspannvorrichtung für Kreissägen.

„Schmaltz"-Universal-Geradeschliff-Sägenselbstschärfer Auto VIII.

Auto VIII schärft selbsttätig die ganze Zahnform leichterer Kreissägen, Bandsägen und auch ganz leichter Gattersägen mit Geradschliff und sichert tadellosen Schnitt der Sägen bei stets gleicher Zahnform.

Die nachstehenden Abbildungen zeigen die verschiedenen Arbeitsleistungen, und zwar: Abb. 216 das Schärfen von Bandsägen; Abb. 215 eingespannte Hohlkreissäge; Abb. 218 Kaltsäge; Abb. 217 Vorrichtung für leichte Handsägen.

Auto VIII ist die gangbarste Art der „Schmaltz"schen Geradschliffmaschinen und zeichnet sich besonders durch die Einstellbarkeit des schwingenden Schleifkopfes in allen Schräglagen aus, wodurch es ermöglichst ist, eine große Vielseitigkeit der zu schärfenden Zahnformen

Abb. 215 bis 218. „Schmaltz"-Universal-Geradschliff-Sägenselbstschärfer „Auto VIII".

zu erzielen, d. h. Zahnungen in einem Arbeitsgang zu schärfen, von „stark auf Stoß" (Abb. 219) bis zur steilen „Mäusezahnung" (Abb. 220).

Die Maschine arbeitet mit einem Schleifrad von 200 mm Durchmesser und entsprechender Dicke und leistet das tadellose Anschärfen von 60 bis 100 Sägezähnen in der Minute. Der Selbstschärfer erzeugt den glatten Schliff der Zahnunter- und -oberkante rechtwinklig zum Sägeblatt, selbsttätig mit voller Gleichmäßigkeit und Vollkommenheit.

Abb. 219. Sägenzahnung stark auf Stoß geschärft.

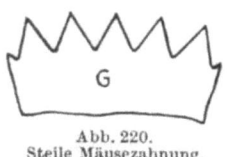

Abb. 220. Steile Mäusezahnung.

Es können geschärft werden alle Arten regelmäßiger Zahnformen mit Zahnweiten von 2 bis 30 mm, und zwar: Kreissägen von 100—1000 mm Durchmesser; alle Arten Bandsägen bis zu 60 mm Breite; leichte Gattersägen und Handsägen bis etwa 60 mm breit und 800 mm lang. Zum Schärfen von Furnierrahmensägen ist eine besondere Einspannvorrichtung erforderlich.

Die Abmessungen der Maschine sind folgende: Durchmesser der Schärfscheibe 200 mm; Antriebsscheibe (fest und los) 120×40 mm; Umlaufzahl je Minute 330; Umlaufzahl der Schärfscheibe minutlich etwa 2000; Kraftbedarf $^3/_4$ PS; Gewicht der Maschine etwa 170 kg; die Dicke der Sägenschärfscheibe soll etwa $^1/_3$ bis höchstens $^1/_2$ der zu schärfenden Zahnweite betragen; die Umfangsgeschwindigkeit etwa 20 m/sek.

Holzbearbeitungsbetrieben und Tischlereien, welche mehrere Bandsägen und kleinere Kreissägen benützen, denen jedoch die Anschaffung einer automatischen Sägenschleifmaschine wegen der Kosten nicht möglich ist, empfehle ich den Kauf einer neuzeitlichen automatischen Feilmaschine. Sägenfeilmaschinen ahmen bekanntlich das Feilen von Hand nach, indem eine Feile, in einer Schieberführung sitzend und durch einen Exzenter betrieben, in die Zahnlücken des Band- oder Kreissägenblattes hin und her bewegt wird und hierbei die Zähne schärft. Um nun ein in jeder Beziehung einwandfreies Schärfresultat zu erzielen, ist von größter Wichtigkeit, daß prima Doppelschlichtfeilen mit abgerundeten Ecken zur Verwendung kommen, da hiervon in erster Linie

Abb. 221.
Normale Zahnformen, welche auf „Schmaltz"-Sägenselbstschärfer geschärft werden können.

die saubere Schärfung abhängt. Manche Feilmaschine arbeitet nicht zur Zufriedenheit, weil unpassende Sägefeilen mit zu grobem Hieb verwandt werden. Ferner ist bei einer Sägenfeilmaschine von allergrößter Bedeutung, daß die Feile die Zähne beim Ansetzen nicht zu scharf angreift, denn sonst müssen dieselben naturgemäß darunter leiden. Der Druck der Feile muß unter allen Umständen sanft einsetzen, allmählich zunehmen und schließlich wieder nachlassen, genau wie es durch Feilen mit der Hand geschieht. Die von den Vollmerwerken hergestellten Neukonstruktionen sind mit allen neuzeitlichen Verbesserungen versehen und liefern einwandfrei geschärfte und geschränkte Sägenblätter.

Die in Abb. 222 dargestellte Maschine bedarf keiner besonderen Bedienung. Der automatische Ausrücker bewirkt nach beendeter Feilung des Sägeblattes das Abstellen der Maschine. Die Ersparnis an Feilen, gegenüber Maschinen älterer Konstruktion, ist wesentlich und beträgt bis zu 50 % gegenüber Handfeilen. Das Sägeblatt wird bei jedem Feilstrich festgeklemmt, wodurch ein Vibrieren und Nachgeben des Blattes vollständig ausgeschlossen ist. Durch das Festspannen der Säge während des Feilens des Blattes erhält man bei richtiger Behandlung der Maschine genau gleiche Zahnteilung und Zahnhöhe. Die mit der Feilmaschine gefeilten Bandsägen leisten bedeutend mehr als die von Hand gefeilten, da die Zähne der Säge durchweg gleich hoch sind, was durch

Abb. 222. Feilmaschine für Band- und Kreissägen, kombiniert mit Schränkmaschine D. R. P. (Vollmerwerke A.-G., Biberach-Riß.)

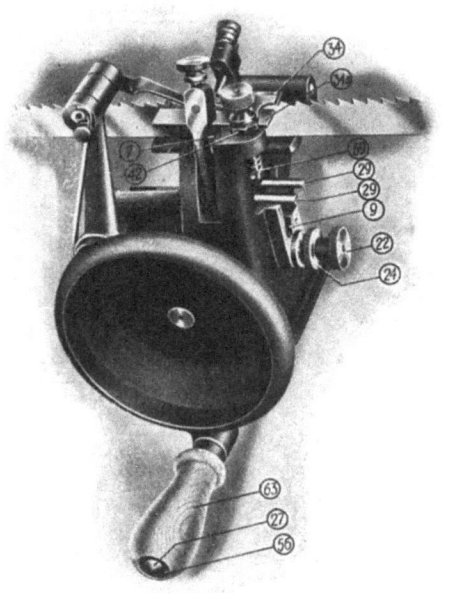

Abb. 223. Präzisions-Bandsägenschränkmaschine für Bandsägenblätter. (Vollmerwerke.)

den automatischen Druck des Vorschubhebels auf die Säge während des Vorschubs erreicht wird. Vorstehende Maschine feilt Bandsägen von 5—50 mm Breite, Kreissägen von 80—400 mm Durchmesser und bis 2,5 mm Stärke. Die Zahnentfernung kann 3—14 mm betragen, und die Maschine wiegt 105 kg netto.

Bei dieser Ausführung kann im Gegensatz zu den anderen Ausführungen auch die Schränkmaschine mittels Vorgelege, wie Abbildung zeigt, und Riemenscheibe maschinell angetrieben werden. Die Schränkmaschine ist ebenso wie die Feilmaschine mit automatischer Ausrückung versehen, so daß die Maschine nicht dauernd beaufsichtigt zu werden braucht.

Der Antrieb kann entweder durch eingebauten Elektromotor oder durch ein Vorgelege erfolgen. Ein wesentlicher Vorteil gegenüber den bisher üblichen Ausführungen ist der, daß gleichzeitig maschinell geschränkt und gefeilt werden kann.

Die in Abb. 223 dargestellte Handschränkmaschine für Bandsägenblätter ist allen Betrieben zu empfehlen, welche keine kombinierte Bandsägenschärf- und Schränkmaschine besitzen. Die Maschine ist konstruktiv eingehend durchgearbeitet und mit allen Neuerungen versehen, so daß deren Arbeitsweise einwandfrei ist. Dieselbe schränkt genau Bandsägen von 4—45 mm Blattbreite und bis 0,9 mm Stärke, bei einer Zahnentfernung von 3—24 mm.

Die Schränkung der Bandsägen kann beliebig links, rechts, links, rechts oder auch mit Räumer, d. h. links, gerade, rechts, gerade, links usw. ausgeführt werden. In letzterem Falle kann die Maschine nur für Blätter bis 12 mm Zahnteilung Verwendung finden, da zwei Zähne zu schalten sind.

Abb. 223 zeigt die Maschine zum Einsetzen des Bandsägeblattes. Es ist zu beachten, daß der Kurbelgriff 63 stets nach unten, die Vorschubklinge dagegen stets nach oben zu stehen kommt; dies gilt sowohl beim Einsetzen als auch beim Herausnehmen des Sägenblattes. Beim Einsetzen des Blattes drücke man mit Daumen und Zeigefinger die beiden Schaftschrauben 29 gegenseitig zusammen, wodurch sich die Schränkbacken öffnen.

Das lästige Einstellen der Schränkstifte bei veränderten Blattstärken fällt bei dieser Neukonstruktion weg, da die Spannhebel 7 für die Schränkbacken durch Spannkeil 9 mit Stellschraube — Drehrichtung rechts für schwächere, Drehrichtung links für stärkere Bandsägenblätter — zentrisch reguliert werden. Es genügt in der Regel schon eine Umdrehung. Mehr oder weniger Schränkung der Bandsägenzähne erhält man mit Stellschraube 22 (durch Rechtsdrehen mehr oder Linksdrehen weniger), und zwar gleichzeitig genau gleichmäßig nach beiden Seiten. Vor Beginn des Schränkens stelle man unbedingt die Stellmutter 24 fest.

Man lasse möglichst den vorgeschalteten Zahn schränken. Die Regulierung der Vorschubklinge zur Stellung der Schränkstifte ist mit Stellschraube 40 möglich. Mit Stellschraube 19 ist nur zu regulieren, wenn sich ein ungleichmäßiger Schrank der Sägen bemerkbar macht, oder wenn man für etwaiges Schneiden am Anschlag usw. absichtlich eine ungleichmäßige Schränkung haben möchte. Die Maschine wiegt nur 5,8 kg und kostet etwa 40 M., so daß jeder Bandsägenbesitzer in der Lage ist, sich eine solche anzuschaffen.

Über das Schränken der Sägen sind die Ansichten in Fachkreisen ganz verschieden. Es ist allgemein bekannt, daß das richtige Schränken für die vorteilhafte Ausnutzung des Holzes und zur Erreichung eines sauberen geraden Schnittes von größter Wichtigkeit ist. Es wird vielfach der unverzeihliche Fehler begangen, den Zahn in der ganzen Höhe seitlich herauszudrücken, was unbedingt vermieden werden muß. Man darf niemals die ganze Zahnhöhe schränken, sondern nur die Zahnspitze, da dadurch die Reibung geringer und die Leistung der Säge erhöht wird. Es ist ferner zu beachten, daß der Schrank auf beiden Seiten genau gleichmäßig verteilt ist, denn wenn eine Säge auf einer Seite weiter geschränkt ist als auf der anderen, so ist die Folge davon ein Verlaufen des Sägeblattes, und zwar nach der Seite hin, an der es stärker geschränkt ist. Das Schränken geschieht entweder durch ein Handschränkeisen, Schränkzange oder auf Schränkmaschinen. Zum Schränken von Gattersägen verwendet man, wenn keine Schränkmaschine oder wirklich gute Schränkzange vorhanden ist, am besten ein langes Handschränkeisen mit Holzgriff unter Zuhilfenahme einer genauen Schränklehre.

Der Gesamtschrank bei Sägen, ausgenommen konisch geschliffene und Halbkreissägen, soll nicht unter 25% und über 100% der Blattstärke betragen. Es richtet sich die Schrankweite ganz nach der Sägenund Holzart.

Bei Gattersägen verwendet man im allgemeinen 50—70% der Blattstärke als Gesamtschrank. Bei Saumsägen 50—80% der Blattstärke. Bei Tischlerkreissägen für feinere Arbeiten nimmt man als Gesamtschrank 25 bis höchstens 40% der Blattstärke.

Bei Tischlerbandsägen mit etwa 0,7 mm Blattstärke nimmt man dagegen als Gesamtschrank 50—100% der Blattstärke, je nach der zu schneidenden Holzart und Schnittlinie. Ein Bandsägeblatt zum Schweifen erfordert z. B. mehr Schrank, als ein solches zum Schneiden in gerader Richtung.

Ein Kreissägeblatt von 3 mm Blattstärke ergibt mithin bei 50% Schränkung der Blattstärke eine theoretische Schnittfuge von $3 \times 1,5 = 4,5$ mm.

Gewöhnlich wird beim Schränken ein Zahn nach rechts und der nächste nach links gebogen. In einzelnen Betrieben verwendet man jedoch auch sog. Räumerzähne, d. h. ein Zahn wird nach rechts geschränkt, der nächste bleibt gerade, also ungeschränkt, und der folgende wird nach links geschränkt. Vor allem bei weit geschränkten Sägen mit Schrägschliff hat sich diese Art Schränkung mit Räumerzähnen bestens bewährt. Sägen mit Geradschliff müssen zuerst geschränkt und dann geschärft werden, dagegen können Sägen mit Schrägschliff nach dem Schärfen geschränkt werden.

Wie schon erwähnt, werden in Amerika die Sägezähne größtenteils gestaucht (Abb. 165), was mittels automatischer oder Handexzenterpressen geschieht. Nachdem mit dieser Presse die Zahnspitze auf die gewünschte Schnittbreite ausgezogen ist, erfolgt das genaue Egalisieren der Zahnbreite durch einen Egalisierapparat, neuerdings auch auf automatischem Wege. Es ist selbstverständlich, daß sich nicht jede Säge zum Stauchen eignet, vor allem ist ein ganz vorzügliches, zähes Stahlmaterial erforderlich, und viele Mißerfolge beim Stauchen sind auf ungeeigneten Sägenstahl zurückzuführen.

Am besten bewährt haben sich in Amerika gestauchte Zähne bei Blockbandsägen. Das Schärfen gestauchter Sägeblätter erfolgt ebenfalls auf automatischen Schleif- bzw. Schärfmaschinen.

M. Das Löten von Bandsägeblättern.

In früheren Zeiten erfolgte das Hartlöten von Bandsägeblättern meistens mittels glühender Zange unter Verwendung von Schlag- oder Hartlot, welches aus einer Mischung von Zinn, Zink, Messing und Kupfer

Abb. 224. Elektrischer Bandsäge-Lötapparat „Ideal".
(Elektro-Apparate-Bau G. m. b. H., Lippstadt in Westfalen.)

besteht und dem etwas Borax in Pulverform zugesetzt wird. Dieses veraltete Verfahren, welches leider auch heute noch teilweise angewendet wird, erfordert große Erfahrung, doch sind bei dieser Lötmethode Fehllötungen nicht zu vermeiden.

Ein weiteres Lötverfahren ist das mit Holzkohlenfeuer nebst Lötlampenstichflamme, wozu ein Bandsägeeinspannapparat erforderlich ist, jedoch auch diese Art Lötung hat sich nicht bewährt, da sie zu umständlich und zeitraubend ist.

Das Hartlöten war schon immer als Quelle großer Unannehmlichkeiten gefürchtet, und auch in großen Werkstätten gibt es im allgemeinen nur vereinzelte Arbeiter, denen man vertrauensvoll Hartlötungen in die Hand geben kann. Ein Hauptgrund für die Mißhelligkeiten im Lötbetriebe ist bisher der Mangel an geeigneten Apparaten gewesen. Namentlich in der Bandsägenlöterei oder überhaupt für die Verbindung dünner Stahlbänder war man immer auf geübte Leute angewiesen, die immer dann nicht zur Stelle waren, wenn man sie gerade brauchte. Es ist daher sehr zu begrüßen, daß endlich Apparate erfunden wurden, die auch dem Durchschnittsarbeiter, sogar dem ungelernten Arbeiter ermöglichen, fehlerlose Hartlötungen auch in den schwierigsten Fällen tadellos durchzuführen.

Der neue elektrische Bandsägenlötapparat „Ideal" der Elektro-Apparate-Bau-G. m. b. H., Lippstadt i. Westf., Soester Straße 10, lötet nach dem Prinzip der Widerstandslötung, so daß keine Kohle, sowie keine Brille zum Löten erforderlich ist, daher keine Überhitzung, kein Verbrennen der Sägeblätter und keine Flammenbildung. Er eignet sich nur für Wechsel- bzw. Drehstrom und wird für jede Spannung angefertigt. Bei Bestellung ist daher die genaue Voltzahl anzugeben.

Das Löten mit vorstehendem Bandsägelötapparat „Ideal" ist sehr einfach. Er ist mittels Schnur und Stecker an die Wechsel- bzw. Drehstromleitung anzuschließen, und zwar muß die Voltzahl der Leitung mit der Voltzahl, welche auf dem Apparat angegeben ist, übereinstimmen. Ferner muß die Sicherung der Leitung diejenige Amperezahl aufweisen, die am Apparat verzeichnet ist. Das zu lötende Sägeblatt wird an beiden Enden nur um einen Zahn mittels einer Schlichtfeile abgeschrägt. Die beiden aneinander zu lötenden Enden müssen unbedingt frei von Rost und Schmutz sein. Jetzt schraube man die Klemmschrauben hoch, entferne die eisernen Druckplatten und überzeuge sich, ob die Messingbacken ebenfalls sauber und frei von Schmutz sind. Nachdem man nun die eisernen Druckstücke wieder angebracht hat, klemme man die beiden Sägeenden in die Spannbacken ein, und zwar so, daß sich die Mitte der Lötstelle genau mitten zwischen beiden Spannbacken befindet. Ferner ist strengstens darauf zu achten, daß der Rücken der Säge in der ganzen Spannbackenlänge haargenau anliegt, da das Sägeblatt nur dann im Rücken genau gerade wird. Nun füge man ein Stückchen Messingblech $1/10$ mm stark, von der Länge und Breite der Lötstelle zwischen die beiden überlappten Bandsägeenden. Nachdem man sich davon überzeugt hat, daß die Lötstelle auch an allen Stellen fest aufeinander liegt, bestreiche man die Lötstelle oberhalb und unterhalb ganz dünn mit Idealit, welches mit dem Lötapparat mitgeliefert wird. Man nehme nun in die rechte Hand die beigefügte Druckzange, mit der linken Hand drücke man den Schalterhebel auf Kontakt I. Es erfolgt dann eine langsame Erwärmung der Lötstelle, und zwar drücke man so lange, bis die ganze Lötstelle dunkelrot angelaufen ist. (Sollte keine Erwärmung beim Drücken des Kontaktes I stattfinden, so prüfe man, ob überhaupt Strom vorhanden ist oder ob die Bandsägeenden auch fest aufeinander liegen.) Nachdem die Lötstelle gut dunkelrot erwärmt ist, drücke man den Kontakt II nach unten und lasse denselben sekundenweise wieder nach, dadurch erreicht man, daß die Lötstelle langsam erwärmt und der Lötprozeß hinausgezogen wird, und zwar wiederholt man das so lange und oft, bis man sich davon überzeugt hat, daß das zwischengefügte Lot bzw. Messingblech gut geflossen ist. (Auf keinen Fall drücke man so lange den Kontakt II, bis die Säge überhitzt ist.) Nun nehme man die dem Lötapparat beigefügte Druckzange, schiebe dieselbe über die Anschlagschraube hinweg und drücke hierauf das Blatt fest zusammen. Gleichzeitig lasse man den Kontakthebel los. Nun ist die Lötung fertig, aber

Abb. 225. Der neue patentierte Elektro-Sägenlöter „Vulkan".
(Vulkan-Löter-Gesellschaft, Berlin-Neukölln.)

das Blatt ist durch die kalte Zange abgeschreckt und hart geworden. Es ist jetzt erforderlich, daß man das Blatt mit Kontakt I wieder dunkelrot anlaufen läßt und somit dem Blatt und der Lötstelle die Härte wegnimmt. Jetzt löse man die Spannbacken, überzeuge sich von der Güte der Lötung, entferne mittels Schlichtfeile oder Schmirgelstein das herausgequollene Lötmaterial, und zwar schmirgele man immer in der Längsrichtung des Blattes, bis dasselbe wieder sauber, glatt und genau gleich stark ist.

Die Lötzange hat in ihrem Unterteil eine verstellbare Schraube, welche man dann benutzt, wenn man ein schmales Bandsägeblatt löten will. Zu diesem Zweck drehe man die Schraube so weit durch die Zange, wie das zu lötende Sägeblatt dick ist. Dadurch erreicht man einen ganz gleichmäßigen Druck, auch auf das schmale Sägeblatt.

An eine Gleichstromleitung darf der Apparat unter keinen Umständen angeschlossen werden, da derselbe dadurch sofort defekt wird.

Ich selbst habe seit sechs Jahren zwei solcher Apparate in Benutzung und bin mit deren Arbeitsweise in jeder Beziehung zufrieden. Der Lötapparat „Ideal" wird in vier verschiedenen Größen geliefert, und zwar:

Modell 3	für	Blätter von	5—30	mm	breit
„ 3a	„	„	5—45	mm	„
„ 3b	„	„	10—60	mm	„
„ 3c	„	„	30—85	mm	„

Der Stromverbrauch des Lötappartes ist ein geringer, da mit einer Kilowattstunde bis zu 100 Lötungen vorgenommen werden können. Die Stromleitung muß folgendermaßen gesichert sein:

	200—230 Volt	110—130 Volt
Modell 3	6 Ampere	6 Ampere
„ 3a	6 „	6 „
„ 3b	10 „	15 „
„ 3e	15 „	25 „

Das Neuartige an dem in Abb. 225 dargestellten Lötapparat ist, daß mit demselben auch Blockbandsägeblätter bis zu 250 mm Breite gelötet werden können, was bisher auf einem elektrischen Lötapparat nicht möglich war. Der Apparat läßt sich, wie aus Abb. 225 ersichtlich, an jede elektrische Wechselstrom-, Licht- oder Kraftleitung von 100 bis 500 Volt Spannung durch einfachen Steckkontakt anschließen. Der Vulkanlöter benutzt die elektrische Widerstandserhitzung zum Schmelzen des Lötmittels an der Lötstelle. Da der Lötprozeß nur wenige Sekunden dauert, können mit einer Kilowattstunde bis zu 100 Lötungen ausgeführt werden. Von großer Wichtigkeit ist, daß der Vulkanlöter nicht durch falsche Handhabung beschädigt werden kann. Beim Löten von Bandsägeblättern ist folgendes zu beachten:

1. Vor jeder Inbetriebsetzung Kontaktflächen der Spannvorrichtung nach Entfernung der Klemmbacken durch öfteres gründliches Abreiben mit Lappen, wenn nötig mit feinem Schmirgelleinen, gut säubern.

2. Glattgeschnittene und geradegeklopfte Sägeenden auf einer Länge von 8 mm bei schmalen, bis 15 mm bei breiten Blättern (= 1—2 Zähne) schräg anfeilen oder schleifen. Falls die Säge unrein oder rostig ist, auf einer Länge von etwa 10 cm beide Enden mit Schmirgelleinen reinigen, um guten elektrischen Kontakt zu erzielen.

3. Die Säge so in den Apparat spannen, daß sich die Enden um die angefeilte Länge (8—15 mm = 1—2 Zähne) überlappen und daß die Lötstelle genau in der Mitte zwischen den Klemmbacken liegt. Ferner ist zu beachten, daß die hintere Sägenkante bzw. der Sägenrücken haar-

genau an der Führung anliegt, da dieses für den geraden Lauf des Sägeblattes von großer Wichtigkeit ist. Nachdem man sich überzeugt hat, daß sich die überlappten Enden auf ihrer ganzen Fläche berühren, schiebe man ein entsprechendes Stück Messing- oder Silberblech ($^1/_{10}$ mm stark) so dazwischen, daß es allseitig etwas vorsteht und ziehe die Schrauben der Klemmbacken fest an.

4. Für Sägen mit geringerer Breite Schalter von 0 auf 1 bewegen, für solche mittlerer Breite über Stufe 1 die Stufe 2 benutzen und dann zurück auf 0 schalten, für breite Blätter über Stufe 1 und 2 die Stufe 3 gebrauchen und dann direkt auf 0 ausschalten. Bei Dunkelrotglut Lötstelle allseitig mit Vulkanit unter leichtem Druck und ständiger Bewegung einreiben. Bei Kirschrotglut das schmelzende Lot mit dem Vulkanitstab gut in die Lötfugen unten und oben, vorn und hinten durch Hin- und Herstreichen verteilen. Man kann hierbei die Hitze beliebig und nach Erfordernis dadurch regulieren, daß man den Schalter kürzere und längere Zeit auf die nächst höhere oder niedere Stufe abwechselnd einstellt, da der Schalter vor- und rückwärts arbeitet.

Beim Gebrauch der Zangen soll der Schalter stets auf 0 stehen.

5. Für Löter mit Klemmzange (Apparat I) achte man auf genaue Einstellung des unteren Zangenarmes, um einseitigen Druck auf die Lötstelle zu vermeiden. Sind die Zangenarme mit beweglichen Klemmbacken (Apparat II und III) versehen, so ist die Regulierschraube am großen Zangenarm so einzustellen, daß die Backen überall auf der Lötstelle anliegen und eine gleichmäßige Verteilung des Druckes auf beiden Seiten der Lötstelle erfolgt. Der Zangendruck darf nur wenige Sekunden ausgeübt werden, damit eine zu starke Abkühlung vermieden wird. Ist diese trotzdem eingetreten und die Lötstelle zu hart geworden, so ist sie durch Wiedereinschalten des Stromes bei ganz schwacher Dunkelrotglut einige Augenblicke nachzuglühen.

6. Ist der Löter mit Rollengleitzange (Apparat II und III) ausgerüstet, so genügt ein einmaliges Vor- und Rückwärtsbewegen der durch Federdruck aufeinander gepreßten Rollen über der Lötstelle. Eine zu starke Abkühlung und damit verbundene Glashärte der Lötstelle ist hier nicht zu befürchten.

7. Nach Ausspannen der gelöteten Säge die Lötstelle durch leichtes Klopfen mit kleinem Hammer vom Flußmittel reinigen und auf beiden Seiten verfeilen. Lötstelle durch leichtes Hämmern ausrichten und nunmehr sorgfältig abschlichten.

Der Elektrosägenlöter „Vulkan" wird in drei Größen geliefert, und zwar:

Größe Nr. I für 10— 45 mm breite Blätter
,, ,, II ,, 20—125 mm ,, ,,
,, ,, III ,, 50—250 mm ,, ,,

210 Sägen sowie Maschinen und Apparate zum Schärfen.

Es befinden sich bereits über 5000 elektrische Vulkanlöter im Gebrauch und Amerika ist einer der größten Abnehmer.

Ein wunder Punkt beim Bandsägenbetrieb ist das Reißen der Blätter, was in manchen Betrieben geradezu katastrophal auf das Unkostenkonto drückt. Über die Hauptursache sind sich aber die wenigsten Bandsägenbesitzer klar. 1. Vor allem kaufe man nur das allerbeste Sägematerial, und zwar in zäher, aber nicht spröder Qualität.

2. Schärfe man die Bandsägeblätter nur mit rundem, aber nie mit eckigem Zahngrund.

Abb. 226. Bandsägenschleifapparat „Gnom". (Gebr. Berthold, München.)

3. Man sorge, daß das Sägeblatt nur beim Schneiden die rückwärtige Führungsrolle berührt.

4. Man verwende eine Bandsägeblattführung, welche wirklich ihrem Zweck entspricht.

5. Man verwende nur Sägeblätter mit schnurgerader Rückenfläche.

Leider wird oft beim Löten der Blätter der unverzeihliche Fehler begangen, die Rückenfläche nicht genau auszurichten, die Folge davon ist das Schlagen der Blätter an den Lötstellen und spätere Reißen derselben. So oft eine unebene Rückenstelle des Sägeblattes die Führung passiert, erhält das Blatt einen mehr oder minder starken Stoß, der wiederum eine Schleuderbewegung nach vorne bewirkt, was sich in hackendem Gang des Blattes bemerkbar macht. Dadurch bekommt das Sägeblatt vorne, besonders in der Nähe der Lötstellen, zwischen den Zähnen zuerst, unmerkliche, mit freiem Auge unmerkbare Rißchen, die sich aber durch die ofte Wiederholung des Stoßes bald vergrößern und bei einigermaßen angestrengtem Betriebe oft recht bald das Reißen des Blattes herbeiführen. Ein wirksames Mittel gegen diesen Bandsägebazillus gab es bis jetzt nicht. Mit dem in Abb. 223 dargestellten Schleifapparat „Gnom", der die Idee eines alten Praktikers darstellt, ist es möglich, alle Unebenheiten aus dem Sägeblattrücken herauszuschleifen und dem Blatt dadurch die bisher vermißte absolut gerade Führung zu geben, deren es infolge seiner Empfindlichkeit unbedingt bedarf, um das häufige Reißen zu vermeiden. Die verblüffende Einfachheit und saubere Arbeitsleistung des Apparates wird jeden Fachmann befriedigen; ich selbst hatte Gelegenheit, denselben in meinem Betriebe eingehend auszuprobieren.

Die Anwendung des patentierten Schleifapparates „Gnom" ist folgende:

Man schraubt denselben am besten auf eine über den ganzen Bandsägetisch reichende, gut abgerichtete 10 cm breite Leiste, die einen Ausschnitt enthält, damit das Sägeblatt durchlaufen kann. Die Rückenrolle der Sägeblattführung soll zurückgestellt sein, damit der Rücken des Blattes nicht anläuft. Das Sägeblatt soll auch die Schmirgelscheibe vorerst noch nicht berühren. Hierauf befestigt man die Holzleiste mit Schraubzwingen gut am Bandsägetisch und läßt das Bandsägeblatt an der Mitnehmerrolle anlaufen, wodurch die Schmirgelscheibe in Rotation gerät. Mit der Stellschraube wird nun die Schmirgelscheibe langsam nachgestellt, bis der Rücken des Bandsägeblattes an der Schmirgelscheibe schleift, wobei zu beachten ist, daß das Sägeblatt gleichmäßig die ganze Schmirgelscheibe berührt. Sobald alle Unebenheiten entfernt sind, was in etwa 5 Minuten der Fall ist, entfernt man den Apparat. Ist das Blatt im Rücken gut abgerichtet, so ist es empfehlenswert, auch die Zahnspitzen abzurichten, falls dieselben nicht alle gleich lang sind, worauf das Sägeblatt zu schränken und schärfen ist.

Der ideale stoßfreie Gang, den das Blatt durch diese Behandlung bekommt, wird jedem Fachmann befriedigen, insofern die Lötstellen in der Blattstärke sachgemäß ausgeführt sind. Der Apparat kostet einschließlich einer Ia Corund-Schmirgelscheibe etwa 27 M.

V. Maschinen für Furnier- und Sperrholzwerke.

Als man Furniersägen- und Messermaschinen noch nicht kannte, waren die Tischler gezwungen, sich ihre Furniere selbst zu schneiden. Es war dieses eine schwere, mühsame Arbeit, welche durch zwei Mann mittels einer 1,25—1,50 m langen sog. Klobsäge erfolgte. Das Sägeblatt war zirka 100 mm breit und etwa 1 mm stark, und es gehörte eine gewisse Tüchtigkeit dazu, dünne Furniere in einwandfreier Beschaffenheit zu schneiden. Die Technik des Furnierens ist uralt und war den alten Ägyptern schon vor Christi Geburt bekannt.

Heute erfolgt die Herstellung der Furniere auf sinnreich konstruierten Maschinen, welche nachstehend in den einzelnen Ausführungsarten beschrieben werden sollen. Es gibt heute im Handel drei verschiedene Arten von Furnieren, welche im Preise, in der Verwendung und auch im Aussehen zum Teil sehr verschieden sind.

Das wertvollste — und wegen des Sägeschnittverlustes teuerste — ist das Sägefurnier, welches nicht unter 0,8 mm dick hergestellt werden kann und auf einer Furnier- und Dickensäge nach Abb. 229 und 230 gesägt wird.

Hierauf folgt das Messerfurnier, welches normal 0,7—8 mm dick gehandelt und aus frisch gedämpften Hölzern auf Messer-Furnierschneidemaschinen nach Abb. 231 und 232 gemessert wird.

Als dritte und schlechteste Furnierart folgt das Schälfurnier, welches in den Stärken von 0,5—8 mm gehandelt und aus frisch gedämpften Rundhölzern auf einer Rundschälmaschine nach Abb. 233 und 234 abgeschält wird. Das Abschälen erfolgt dadurch, daß ein Rundstamm ständig gegen ein Messer gedrückt wird, wodurch sich das Furnier von dem sich drehenden Stamme loslöst und der Stamm wie eine Rolle Papier abgewickelt wird.

Zur Herstellung der Sägefurniere bedient man sich, des geringen Schnittverlustes wegen, welcher bei einer neuzeitlichen Maschine nicht mehr als 1—1,5 mm betragen darf, eines Furniersägeblattes nach Abb. 227 und 228. Der Furnierblock wird zuerst auf einem Horizontalgatter vorgearbeitet und in zwei oder mehrere Bohlen zerlegt. Das Sägeblatt der Furniersäge bewegt sich, wie bei einem Horizontalgatter, wagerecht, jedoch ist die flache Seite des Blattes nicht horizontal, sondern vertikal, also senkrecht eingespannt, und zwar die Zähne nach unten zeigend.

Abb. 227. Furniersägeblattzahnung.

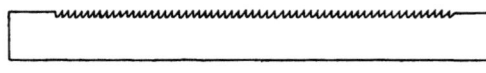

Abb. 228. Furniersägeblatt.

Jede dieser Bohlen wird dann auf ein senkrechtes Gestell mittels Spannklauen befestigt und automatisch der sich bogenförmig, in horizontaler Richtung, bewegenden Säge mit einem Vorschub von 0,1—0,7 m in der Minute, je nach Holzart und Breite, zugeführt. Beim Schneiden von Furnieren von 0,8 mm Stärke aus wertvollen Hölzern kann selbstverständlich nur mit einem ganz geringen Vorschub und sauber geschärften, erstklassigen Sägen ein einwandfreier Furnierschnitt erzeugt werden. Unterhalb der Furniersäge befindet sich eine Grube, deren Tiefe der Länge der Furnierbohlen entsprechen muß. Die größte Schnittlänge ist bei Furniersägen 4—5 m. Wird Sägenfurnier für Spezialzwecke länger verlangt, dann muß ein sauber und exakt laufendes Horizontalgatter mit eingespannter Furniersäge benutzt werden; man muß in diesem Falle den größeren Schnittverlust mit in Kauf nehmen. Wie schon erwähnt, ist Sägefurnier im Verhältnis zu anderen Furnierarten sehr teuer, was in erster Linie auf den verhältnismäßig hohen Schnittverlust zurückzuführen ist, jedoch können zu einer ganzen Anzahl besserer Tischlerarbeiten nur Sägefurniere verwandt werden; andererseits gibt es Holzarten, welche sich infolge ihres Materialzustandes nur auf der Säge zu Furnieren verarbeiten lassen. Auch ist die Furnierlänge bei Messer- und Schälfurnieren beschränkt, denn die wenigen langen Messer-Furnierschneidemaschinen, welche im Betrieb sind, messern kaum über 4 m, wiewohl Maschinen bis zu 5,10 m Schnittbreite gebaut werden.

Messer-Furnierschneide- und -schälmaschinen haben den Furniersägen gegenüber den großen Vorteil, daß sie ohne Schnittverlust arbeiten und sehr leistungsfähig sind, denn in der Zeit, wo die Säge ein Furnier abtrennt, hat das Messer schon eine ganze Anzahl fertiggestellt. Diese schnelle, verlustfreie Produktion hat aber nicht, wie man annehmen könnte, abnorm niedrige Preisbildung zur Folge, was darauf zurückzuführen ist, daß man zu Messerfurnieren nur erstklassiges, ausgesuchtes, astfreies Rundholz verwenden kann, wofür man im Walde ein Mehrfaches der A-Stämme bezahlen muß. Die beste Furniereiche wächst im Spessart. Sägefurnier erzeugt man meistens aus Eichen, Kiefern und einigen Exotenrundholzarten, die wegen ihrer Struktur nicht gemessert werden können oder sich nicht zum Dämpfen eignen.

Vor dem Einschneiden der Furniere müssen die Stämme erst für ihren Bestimmungszweck zugerichtet werden, da man selten einen ganzen Stamm in die Maschine bringt, meistens sind es vorgeschnittene Bohlen. Die Trockenheit des zu verarbeitenden Holzes spielt bei der Furniererzeugung keine Rolle, da sämtliche Messerfurnierhölzer vor dem Messern gedämpft werden. Die im Sägewerk vorgeschnittenen Furnierbohlen müssen in einem luftdichten Dämpfungsraum gedämpft werden und die Dauer der Dämpfung richtet sich nach der Holzart. Durch die Dämpfung wird das Holz weich und elastisch und in den für das Messern erforderlichen Zustand versetzt. Der Dämpfungsprozeß zeitigt Vor- und Nachteile für das Material. Der Vorteil besteht darin, daß dem frischgeschlagenen Holz der Saft entzogen wird und es dann nach kurzer Trockenzeit verarbeitet werden kann, der Nachteil dagegen bei einzelnen Holzarten in der Einbuße der natürlichen frischen Farbe,

z. B. bei Eichen, Kiefern und Rotbuchenholz. Speziell Kiefernholz wird durch starke Dämpfung ungeeignet für gebeizte und naturlackierte Arbeiten. Zur Herstellung von Messerfurnieren auf der Messerfurnierschneidemaschine werden die gut durchdämpften Bohlen durch Spezialhebezeuge vom Dämpfungsraum direkt in die Maschine gebracht und in noch heißfeuchtem Zustande gemessert. Durch Befestigungsklauen wird eine absolut feste Auflage auf dem Arbeitstisch erzielt, der sich selbsttätig nach dem Zurückgang des Messers um die eingestellte Furnierdicke hebt. Das Messer gleitet zwangläufig auf einem Führungsschlitten, etwas schräg zur Stammrichtung gestellt, über das Holz hinweg und trennt in wenigen Sekunden jedesmal ein Blatt Furnier ab. Die Furniere werden von der Maschine auf einen Transportwagen gelegt und direkt in die Trockenkammer zum Trocknen gefahren. Nach erfolgter Trocknung werden die Furniere in der gleichen Reihenfolge, wie sie der Maschine entnommen sind, in Pakete gebündelt und stammweise in den Lagerraum gelegt, um von hier versandt zu werden.

Die Herstellung von Schälfurnieren erfolgt auf Rundschälmaschinen, nach Abb. 233 und 234. Der zu schälende Stamm muß ebenfalls wie bei Messerfurnieren vorher gedämpft werden und wird der Schälmaschine in dampffeuchtem Zustand zugeführt. Es werden heute Rundschälmaschinen bis zu 4500 mm Schällänge und 1250 mm Stammdurchmesser gebaut, welche Schälfurniere bis zu 10 mm Dicke erzeugen.

Der Stamm wird mittels Hebezeug der Maschine zugeführt und zentrisch in derselben eingespannt, was durch Mitnehmerspindeln an den beiden Hirnenden geschieht. Im Gegensatz zur Messerfurnierschneidemaschine, wo der Stamm festruht und sich das Messer bewegt, erfolgt das Abschälen bei der Rundschälmaschine dadurch, daß sich der zu schälende Stamm um seine eigene Achse dreht und gegen das fest eingespannte Schälmesser gedrückt wird, das das Furnier in ununterbrochener Länge abschält. Durch eine sinnreiche Einrichtung wird der Abstand des Messers so geregelt, daß das abgetrennte Furnier in der ganzen Länge die gleiche Stärke aufweist. Der Stamm wird also abgewickelt wie eine Rolle Papier, und zwar in den Stärken von 0,25 bis 10 mm; es bleibt nur ein verhältnismäßig kleiner Kern von etwa 75 mm Durchmesser übrig. Um die losgetrennten Furniere nach Möglichkeit verlustlos ausbeuten zu können, ist hinter der Rundschälmaschine eine selbsttätige Furnierschere, nach Abb. 235 u. 236, angeordnet, die die Furniere gleich in Gebrauchsbreiten zerschneidet. Von der Furnierschere werden die Furniere direkt auf Transportwagen gelegt und der Trockenkammer zugeführt. Schälfurniere eignen sich nicht für alle Zwecke, am meisten Verwendung finden dieselben zu Sperrplatten, Kistenbrettchen, Zylinderfässern, Korbspänen u. dgl.; jedoch erzielt man bei Vogelahorn und Blumenesche durch Rundschälung eine wunderbare Maserung, wogegen Rundschälfurnier von Eichen eine häßliche Wirkung ergibt; aus diesem Grunde werden aus den hochbezahlten Eichenfurnierblöcken nur Messer- und Sägefurniere erzeugt.

Die in Abb. 229 dargestellte Furniersäge findet Verwendung zum Sägen von edlen Hölzern. Der größeren Leistungsfähigkeit und des kaum nennbaren Holzverlustes wegen werden zwar heute die meisten Furniere gemessert, nachdem die Hölzer vorher gedämpft sind; indessen leiden viele Holzarten mehr oder weniger an ihrem Aussehen durch das Dämpfen und dieser Nachteil fällt bei den gesägten Furnieren fort. Das gesägte Furnier wird aus diesem Grunde für bessere Arbeiten stets das bevorzugte bleiben.

Abb. 229. Q X-Furnier- und Dicktensäge. (Maschinenfabrik Kirchner, Leipzig.)

Der Sägerahmen ist leicht aber stabil und wird bogenförmig geführt. Er erhält seine hin und her gehende Bewegung durch Kurbelrad und Schubstange vom Vorgelege aus und gleitet in nachstellbaren Führungen mit großer Genauigkeit. Das Sägeblatt ist nur 0,7—1 mm dick, so daß der Schnittverlust 1—1,3 mm beträgt. Es ist ganz selbstverständlich, daß die Furniersägeblätter aus allerbestem Material hergestellt und besonders sauber geschärft und geschränkt sein müssen, um eine tadellose glatte Schnittfläche zu erhalten.

Die in Abb. 227 und 228 dargestellten Furniersägeblätter zeigen die übliche Zahnform; es wird für eine Schnittbreite von 750 mm ein Sägeblatt von etwa $1735 \times 105 \times 0{,}70$ mm benötigt. Der Sägenhub beträgt bei dieser Schnittbreite 750 mm, bei 300 Umdrehungen minutlich. Der vertikale Tisch wird mittels Zahnstange und Getriebe vom Vorgelege aus von unten nach oben gegen das Sägeblatt bewegt. Er hat eine sehr genaue Führung und muß durch ein Gegengewicht ausbalanciert werden. Hierzu dient ein Kasten, welcher an Ort und Stelle mit Steinen oder anderen schweren Materialien zu belasten ist. Das zu schneidende Holz wird durch Schraubenklammern auf dem Tisch festgespannt oder wenn es sich um dünnere Stücke handelt erst auf besondere Rahmen geleimt. Die genaue Einstellung der Furnierdicke wird mittels Teilscheibe bewirkt. Beim Herunterlassen des Schlittens tritt nach Auslösung des Vorschubrades eine Differentialbremse in Tätigkeit, durch die man den Schlitten in jeder Höhenlage leicht festhalten kann.

Zum Antrieb der Maschine befinden sich auf dem Vorgelege feste und lose Riemenscheiben. Die Maschine wird in nachstehenden Abmessungen gebaut:

	Vorschub pro Minute	für Hölzer	Kraftbedarf in PS Gruppen-Antrieb	Einzel-Antrieb
QK0	0,118—0,739	bis 3700 × 350 × 460 mm breit	3	4,5
QK1	0,115—0,736	,, 3700 × 350 × 560 mm ,,	4	6
QK2	0,110—0,730	,, 3700 × 350 × 660 mm ,,	5	7,5
QK3	0,106—0,664	,, 3700 × 350 × 760 mm ,,	6	9

Die in Abb. 230 dargestelle Furniersäge, Original Wielandscher Bauart, von denen sich mehrere hundert Exemplare in Deutschland sowie im Auslande im Betrieb befinden, zeichnen sich bei ihrer anerkannt besten Konstruktion und genauesten Ausführung vor allem durch den geringen Kraftbedarf bei hoher Leistung aus, was durch die Anordnung der bogenförmigen Sägenführung erreicht wird. Letztere ermöglicht gleichfalls den reinen sicheren Schnitt mit geringem Holzverlust infolge Verwendung ganz besonders dünner Sägeblätter. Die geringste Schnittstärke beträgt 0,5—0,8 mm, je nach Holzart und Schnittbreite. Der Vorschub des Holzes gegen die Säge erfolgt vollkommen gleichmäßig und nicht ruckweise. Wegen der geringen Dicke der Säge ist ein Führungsmesser vorgesehen, welches beim Furniersägen zur Anwendung gelangt, während bei stärkeren Dimensionen sog. Gittermesser zur Führung der Säge dienen. Das zu sägende Holz wird entweder auf dem in vertikaler Richtung gehenden Schlitten mittels Spannklauen festgehalten oder schwächere Holzstücke erst auf Spezialrahmen aufgeleimt. Die genaue Einstellung der Furnierdicke erfolgt durch Teilscheibe. Der Vorschub ist veränderlich und kann evtl. sofort abgestellt werden. Das Ausbalancieren des Schlittens samt dem aufgespannten Holze geschieht durch Gegengewichte, welche in der Regel in einem Kasten untergebracht, mitunter auch direkt aufeinander geschichtet werden und durch über Rollen laufende Ketten mit dem Schlitten verbunden sind. Die Maschine wird mit einem selbsttätigen Schmierapparat ausgerüstet, der zur sicheren, gleichmäßigen und sparsamen Schmierung der Sägeführungsleisten dient und nur während des Ganges der Maschine Öl abgibt. Der Kraftbedarf ist äußerst gering, denn es sind für den Betrieb einer Furniersäge nur $2^1/_2$—4 PS erforderlich. Bei

Abb. 230. Furnier- und DickTensäge Original Wielandscher Bauart.
(W. Ritter, Altona.)

elektrischem Einzelantrieb empfiehlt es sich, den Motor mindestens 50 % stärker zu wählen.

Die Maschine wird in folgenden Größen gebaut:

		Größe				
		I	II	III	IV	V
Abmessungen der zu schneidenden Hölzer	Länge mm	4000	4000	4000	4000	4000
	Breite mm	460	560	665	770	850
	Dicke mm	350	350	350	350	400
Fest- und Losscheibe, Durchmesser mm .		320	350	390	410	425
Fest- und Losscheibe, Gesamtbreite mm .		235	235	235	235	235
Umdrehungen in der Minute		340	310	290	270	260
Gewicht netto etwa kg		2100	2230	2350	2500	2600

Die in Abb. 231 dargestellte neue Furnier- und Dickten-Messermaschine CHK, auf Grund der in den letzten Jahrzehnten gesammelten Erfahrungen gebaut, ist sehr leistungsfähig und leicht zu bedienen. Die Firma Ritter hat bis heute 120 horizontale Messermaschinen geliefert, ein Zeichen dafür, daß sie über die nötigen Erfahrungen verfügt.

Der Maschinenrahmen besteht aus doppelwandigen kräftigen Hohlgußständern, deren Führungsbahnen mit einer selbsttätigen Schmierung versehen sind. Auf denselben bewegt sich der Oberbau, dem bei der Neukonstruktion besondere Beachtung geschenkt wurde. Die beiden Seitensupporte sind gegen früher verstärkt und doppelwandig, die Schräglage des Messerträgers ist vergrößert und das Druckstück schwerer geworden. An demselben sitzt, entlang der ganzen Länge des Messers, die deformierbare und verstellbare Druckleiste, welche die Herstellung

Abb. 231. Furnier- und Dickten-Messermaschine CHK. (W. Ritter, Altona.)

von auf beiden Seiten vollständig glatten und bruchfreien Furnieren aus geeigneten Hölzern garantiert.

Der Tisch ist entweder aus Gußeisen oder aus Schmiedeeisen und hebt sich selbsttätig nach jedem Schnitt des vor- und rückwärtsgehenden Messers um die Dicke der gewünschten Furniere. Außerdem ist eine Anordnung getroffen, durch die der Tisch maschinell gesenkt oder gehoben werden kann.

Die Einstellung der Furnierstärken erfolgt neuerdings durch Einschalten eines Pedals an einem, außerhalb der Maschine liegenden Räderkasten. Ein Auswechseln und Aufsetzen von Zahnrädern ist nicht mehr erforderlich. Die in Metall geätzte Schalttabelle befindet sich am Räderkasten. Die Bedienung der Maschine ist durch den Räderkasten wesentlich vereinfacht und es wird viel Zeit gespart. Auch beim Auswechseln eines Messers hat diese neue Maschine gegenüber anderen Fabrikaten wesentliche Vorzüge, denn die Auswechselung geschieht ohne Zuhilfenahme eines Kranes, da die Messer nur losgeschraubt zu werden brauchen und dann mit der Hand abgenommen werden können.

Erhöhte Wirtschaftlichkeit erhält die neue Maschine ganz besonders durch die Möglichkeit der Anwendung dünner Messer von 2—4 mm Stärke, die in Kluppen eingespannt zur Herstellung der dünneren Furniere benutzt werden können. Diese Messer erfreuen sich sowohl durch den weit niedrigeren Anschaffungspreis als auch durch die bedeutend kürzere Behandlung auf der Schleifmaschine ganz erheblicher Vorzüge gegenüber dicken Messern, die sehr ins Gewicht fallen.

Der Antrieb erfolgt in normaler Ausführung durch ein elektromagnetisches Umschaltantriebsvorgelege, wodurch eine Riemenverschiebung fortfällt und der Riemenverschleiß stark vermindert wird. Gleichzeitig erhöht sich die Leistung.

Die Leistung der Maschine beträgt etwa 3000 Blatt Furniere in acht Arbeitsstunden. Dieselbe läßt sich noch erhöhen, wenn der Antrieb durch einen Wenderegulicrmotor erfolgt, der an die Maschine direkt angebaut wird. Gleichzeitig bietet diese Art des Antriebes den Vorteil, daß die Schnittgeschwindigkeit jeweils der Härte und Art der zu messernden Holzsorten angepaßt werden kann. Auch lassen sich Vor- und Rücklauf beliebig und unabhängig voneinander beschleunigen. Unabhängig von der selbsttätigen Umschaltung kann die Maschine in jedem beliebigen Moment durch Druckknöpfe umgesteuert werden.

Es können auf der Maschine Furniere und Dickten von $1/10$—10 mm Stärke gemessert werden. Vor dem Messern müssen die Hölzer selbstverständlich gedämpft werden, was am zweckmäßigsten in gemauerten Dämpfkammern oder eisernen Dampfbehältern geschieht.

Die Maschine wird in nachstehenden normalen Abmessungen ausgeführt:

Länge der Hölzer in m	3,30	3,75	4,30	4,60	5,10
Breite der Hölzer in m	1,20	1,20	1,20	1,20	1,20
Dicke der Hölzer in m	1,00	1,00	1,00	1,00	1,00
Antriebsscheibe, Durchmesser in mm . .	1000	1000	1100	1100	1200
Antriebsscheibe, Riemenbreite in mm . .	140	190	210	220	250
Umdrehungen in der Minute	300	300	250	250	250
Kraftbedarf in PS	25	30	38	45	50
Gewicht netto in kg	22000	24000	26500	28700	30500

Zur Maschine gehört ein Messer, 15 mm stark, sowie eine vollständige Messerkluppe aus Stahl mit einem Streifenmesser von 2 mm Stärke.

Die in Abb. 232 dargestellte Maschine dient zur Herstellung von riß- und bruchfreien Furnieren und Platten von 0,05—10 mm Stärke aus geeigneten waldfrischen oder gedämpften Hölzern. Das von Fleck Söhne bei dieser Maschine eingeführte Umkehrvorgelege mit elektromagnetischer Reversierkuppelung und die Bauart sichern ihr einen absolut erschütterungsfreien Lauf und eine hohe Betriebssicherheit.

Auf Wunsch wird die Maschine mit Umkehrmotor mit Druckknopfsteuerung und Bremsschützenschaltung oder mit direktem elektrischen Antrieb nach D. R. G. mit doppelter elektromagnetischer Kuppelung, ferner mit mehrstufigem Schaltkasten bzw. Nortongetriebe für die Schnitteinstellung der einzelnen Furnierstärken ausgeführt.

Die Maschine verarbeitet ohne Unterbrechung das auf einem Tisch aufgespannte Holz, indem das selbsttätig vor- und rückwärtsgehende Messer, dessen Weg sich für die einzelnen Holzbreiten einstellen läßt, Furnier um Furnier von dem Holze abschneidet. Nach jedem Schnitt wird hierbei der Tisch um die Furnierdicke gehoben. Die Leistungsfähigkeit beträgt je nach Größe der Maschine und Breite der Hölzer 5—25 Furniere in der Minute. Fast alle bisherigen Konstruktionen leiden an dem großen Mangel, daß sie keine tadellosen, auf beiden

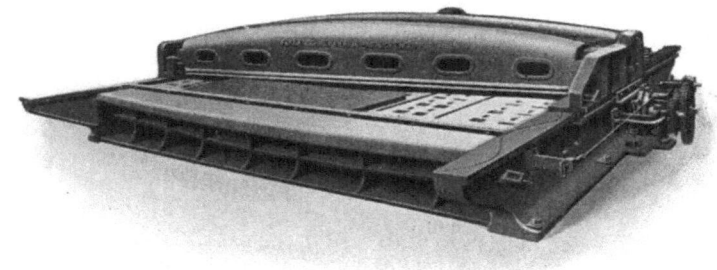

Abb. 232. Furnier- und Dicktenmessermaschine. (C. L. P. Fleck Söhne, Berlin-Reinickendorf.)

Seiten glatte und bruchfreie Furniere herzustellen vermögen. Bei vorstehender Neukonstruktion ist dieser Fehler beseitigt; es garantiert die Firma Fleck bei ihrer Maschine für die Erzeugung von Furnieren mit festem nicht gebrochenem Gefüge, insofern es sich um normale zum Messern geeignete Hölzer handelt.

Die Maschine wird in nachstehenden Abmessungen ausgeführt:

Zulässige Holzdimensionen in mm			Antriebsscheiben der Maschine in mm		Umdrehungen in der Minute	Gewicht in kg	Mittlerer Kraftbedarf in PS
Länge	Breite	Dicke	Durchmesser	Breite			
5100	1200	1200	1250	250	200	27000	38
4600	1200	1200	1100	225	220	25000	30
4000	1200	1200	1100	200	220	22300	22
3750	1200	1200	1100	170	260	21600	20
3500	1200	1200	1100	170	260	20400	19
3000	1200	1200	1100	170	260	17800	17
2500	1200	1000	1000	150	260	15300	12

Als die Firma Fleck vor etwa 40 Jahren den Bau von Rundschälmaschinen aufnahm, war es nicht möglich, mit den am Markt befindlichen

Maschinen glatte und bruchfreie Schälfurniere zu erzeugen. Die Verwendung derselben beschränkte sich daher bis dahin auf die Herstellung von Streichhölzern und Schachtelspan. Durch Versuche in eigener Schälerei ist es nun der Firma Fleck gelungen, eine Rundschälmaschine auf den Markt zu bringen, mit welcher durchaus glatte und ungebrochene Schälfurniere bis 10 mm Stärke hergestellt werden können. Die Bauart der Maschine ist geschlossen und übersichtlich, die Ausführung aller Teile den Anforderungen eines angestrengten Betriebes angepaßt. Für den Bau einer Maschine wird ausschließlich hochwertiges Material verwendet; alle schwer beanspruchten Teile sind aus Stahl und aus dem vollen gearbeitet, sämtliche Zahnräder auf Spezialmaschinen sauber geschnitten. Die schweren, untereinander starr verbundenen Ständer sichern zu-

Abb. 233. Original-Fleck-Rundschälmaschine. Neueste verbesserte Ausführung.

sammen mit der Präzisionsausführung aller bewegten Teile den vollkommen erschütterungsfreien Lauf der Maschine, so daß sie auch zur Herstellung der dünnsten Furniere von 0,1 mm aufwärts ohne weiteres verwendet werden kann. Die Antriebsart jeder Anlage kann so gewählt werden, daß sich für jeden Sonderfall die wirtschaftlichste ergibt. Außer der normalen einfachen Federbandreibungskupplung, wird die Maschine auf Wunsch mit elektromagnetischer Doppelkupplung Doppel-Federband-Reibungskupplung — beide für zwei Drehgeschwindigkeiten — oder auch für direkten elektrischen Einzelantrieb ausgeführt. Besonders der elektrische Einzelantrieb bietet die Möglichkeit, die Drehzahl des Klotzes proportional der Abnahme des Stammes während des Schälens zu vergrößern und so annähernd eine konstante Schnittgeschwindigkeit zu erhalten. Die Umschaltung auf eine andere Drehstufe erfolgt in jedem Falle durch einfache Hebelschaltung.

Der Schaltkasten (Nortonkasten) wird mehrstufig ausgeführt und sichert die schnelle und exakte Einstellung der gewünschten Furnierstärke während des Ganges der Maschine durch Betätigung eines Schalthebels. Eine Sondervorrichtung ermöglicht das Anschälen des Stammes in feststehender Furnierstärke bis zu seiner völligen Rundung. Der Übergang von der Anschälstärke zur eingestellten Furnierstärke erfolgt auch durch Umlegen eines Handhebels.

Die Schnellverstellung der Druckleiste verdient besonders hervorgehoben zu werden; ihre Ausführung mit übersichtlicher Skala und Zeigervorrichtung ermöglicht durch einen Handgriff die richtige Einstellung der Druckleiste ohne Unterbrechung des Schälens beim Wechsel der Furnierstärke und gewährleistet so die kontinuierliche Erzeugung eines tadellosen riß- und bruchfreien Furniers.

Die selbsttätige Ein- und Ausspannung spannt die Schälklötze mit einem Griff des Bedienungsmannes unter voller Maschinenkraft betriebsfertig fest ein und ermöglicht ebenso einfach das Loslösen der Restrollen aus den Mitnehmerklauen.

Das Mißverhältnis zwischen effektiver Arbeits- und Leerlaufzeit, dessen Ursache hauptsächlich in den relativ hohen Verlustzeiten für Ein- und Ausspannung liegt, wird dadurch auf ein Mindestmaß reduziert und der Wirkungsgrad der Gesamtanlage wesentlich gehoben. Kugelspurlager an den sorgfältig ausgeführten Traversen nehmen den gesamten Einspanndruck auf und sichern den reibungsfreien Gang der Maschine. Auf einem Bedienungsstand sind alle Steuerorgane übersichtlich vereinigt und im Arbeitsbereich des Bedienungsmannes angeordnet. Ihre Bewegungen sind so gegeneinander automatisch verriegelt, daß ein Fehler in der Bedienung ausgeschlossen ist; diese kann mithin durch angelernte Arbeitskräfte ohne Beeinträchtigung der Betriebssicherheit erfolgen. Entsprechend der heutigen umfangreichen Verwendung von Schälfurnieren zu Sperrplatten, Kistenbrettchen, Zylinderfässern, Pflockholz, Korbspänen u. dgl. wird die Original-Fleck-Rundschälmaschine in allen gewünschten Abmessungen hergestellt, und zwar in etwa 75 Größen verschiedener Typen für Schälhölzer von 400—4500 mm Länge und bis 2500 mm Durchmesser. Außer der in Abb. 233 dargestellten Maschine ohne ziehenden Schnitt, liefert Fleck dieselbe Type auch mit ziehendem Schnitt, bei der ein besonderer Rahmen zur Aufnahme des Einspanndruckes vorgesehen ist, so daß eine seitliche Beanspruchung der Blockhalterlager vermieden wird. Mittels eines geeigneten Mechanismus kann der Einspannrahmen mit dem Schälklotz in der Längsrichtung hin- und herbewegt werden, also zwischen dem Schälklotz und der Messerschneide eine Relativbewegung, d. h. ein ziehender Schnitt erzeugt werden. Außer den für eine beliebige Furnierstärke umzutauschenden Wechselrädern ist eine Schnellumschaltung für andere, in bestimmtem Verhältnis

Maschinen für Furnier- und Sperrholzwerke. 223

zur jeweiligen Anfangsstellung stehende, in einer der Maschine beigegebenen Wechselradtabelle verzeichnete Furnierstärken vorgesehen. Ferner läßt sich hiervon unabhängig eine durch Umlegung eines Hebels einstellbare bestimmte, vom Besteller zu wählende, meist 3 mm betragende Furnierstärke einschalten, um die bis zur Rundung des Holzes entfallende Furnierstärke in brauchbarer Stärke zu erhalten. Mittels der vorerwähnten Wechselradschaltung lassen sich 800 zwischen 0,1 und 10 mm, je nach der Maschinengröße, liegende Furnierstärken erzeugen. Das Schälmesser ist mit seinem Träger um die Messerschneide drehbar im Messerkopfe gelagert, um den jeweils passenden Schnittwinkel des Messers einstellen zu können.

Die Druckleiste läßt sich während des Schälens leicht regulieren und schnell vom Messer entfernen; ihre richtige Stellung ist an einer Skala mit Zeiger abzulesen.

Fleck baut die in Abb. 233 dargestellte Maschine ohne ziehenden Schnitt für Hölzer bis 1500 mm Durchmesser und bis 10 mm Furnierstärke in nachstehenden Abmessungen:

Größe	Größte Schälholzlänge in mm	Antriebsriemenscheibe in mm	Umdrehungen in der Minute	Gewicht in kg	Mittlerer Kraftbedarf in PS
1	1500	900 × 250	340	13500	23
2	1600	900 × 250	340	14500	24
3	2250	900 × 300	340	18000	34
4	2500	900 × 300	340	19200	38
5	3000	900 × 300	340	20400	45
6	3250	1200 × 300	340	21600	48
7	3700	1200 × 300	340	22800	55
8	4500	1200 × 300	340	24800	65

Für Hölzer bis 1250 mm Durchmesser und bis 10 mm Furnierstärke wird die Maschine ohne ziehenden Schnitt in nachstehenden Abmessungen gebaut:

Größe	Größte Schälholzlänge in mm	Antriebsriemenscheibe in mm	Umdrehung in der Minute	Gewicht in kg	Mittlerer Kraftbedarf in PS
1	1000	750 × 200	425	9000	13
2	1100	750 × 200	425	9300	14
3	1200	750 × 200	425	9600	15
4	1300	750 × 200	425	10000	16
5	1400	750 × 250	425	10300	17
6	1500	750 × 250	425	10700	18
7	1600	750 × 250	425	11000	19
8	1700	750 × 250	425	11300	20
9	2000	900 × 250	425	12000	23
10	2250	900 × 250	425	12700	26
11	2500	900 × 250	425	13200	30
12	3000	900 × 300	425	14400	32

Außer den vorstehend angegebenen Größen baut Fleck auch jede gewünschte andere Größe.

Wie schon erwähnt und aus Abb. 234 ersichtlich, dienen Rundschälmaschinen zur Herstellung endloser Furnierbänder aus einem zwischen zwei Spitzen eingespannten sich drehenden Stamme, der zweckmäßigerweise vorher von Borke befreit sein muß. Es können auf der in Abb. 234 dargestellten Maschine aus geeigneten Hölzern nicht nur feinste Furniere, sondern auch Dickten bis zu 10 mm geschält werden, und zwar geschieht dies derart, daß sich das Messer, während der Stamm sich dreht, entsprechend der gewünschten Schnittstärke mit einer durch Wechselräder zu bestimmenden Geschwindigkeit langsam und gleichmäßig gegen diesen bewegt, wobei ein tadelloses, auf beiden Seiten glattes und bruchfreies Furnier erzeugt wird. Dasselbe kann während des Ablaufens durch Ritzmesser besäumt und gleichzeitig in bestimmte Breiten zerlegt werden.

Abb. 234. Schwere Rundschälmaschine, Modell C O A, für Furniere von 0,25—10 mm aus Hölzern bis 1250 mm Stammdurchmesser. (W. Ritter Altona.)

Die Maschine ist in allen Teilen sehr kräftig und stabil gebaut und widersteht der größten Beanspruchung.

Das Einspannen des Stammes geschieht entweder maschinell selbsttätig oder durch Zuspannen mit der Hand an den beiden großen Handrädern. Das Messer berührt den zu schälenden Stamm mit seiner Fase. Hierdurch ist vermieden, daß die Rückenfläche des Messers beim Schälen durch Verschleiß Vertiefungen erhält und die Schneide beim normalen Schleifen ungenau und lückenhaft wird. Es wird also beim Schleifen nicht nur geschärft, sondern gleichzeitig die durch Berührung mit dem Stamme etwa entstandene Abnutzung mit beseitigt.

Der drehbare Messerträger ist so eingerichtet, daß die Richtung des beim Schälen an der Messerschneide entstehenden Druckes durch seine eigene Achse geht und deshalb ein Verdrehen desselben selbst bei großem Druck ausgeschlossen ist. Trotzdem ist der Mechanismus zum Drehen des Messerträgers in allen Teilen besonders verstärkt und mit einem kräftigen Anschlag und ebensolchen Einstellschrauben zur Fixierung der Messerstellung versehen. Die Druckleiste, welche durch eine große Anzahl dicht beieinander sitzender Schrauben genaueste Druckregelung ermöglicht, ist an einem schwenkbaren Druckleistenbalken befestigt, so daß durch einfache Hebelbewegung der Spalt zwischen Messer und Druckleiste rasch und sicher erweitert oder verengt werden kann. Diese Neueinrichtung ist besonders vorteilhaft beim raschen Übergang zu anderen Furnierstärken, z. B. nach dem Runden des Stammes, sowie zum Freimachen des etwa verstopften Spaltes usw. Die Hebelbewegung ist durch einen einfachen, einstellbaren Anschlag begrenzt, so daß man die Druckleiste immer wieder ohne weiteres durch einen Griff in ihre frühere Lage genau zurückbringen kann.

Bei Veränderung des Schnittwinkels des Messers durch Drehen des Messerträgers (wenn das Messer in einen anderen Winkel zum Stamm gebracht wird) bewegt sich die Druckleiste stets gleichzeitig mit, so daß der einmal eingestellte Spalt unverändert bleibt.

Die Ritzmesser sind leicht verstellbar an einer pendelnden Ritzmessereinrichtung befestigt und liegen — stets sichtbar — oben auf dem Stamm, von dem sie mit einem Handgriff schnell abgehoben und ebenso leicht wieder angestellt werden können. Der Antrieb, welcher gleichzeitig die Einrichtung für zwei verschiedene Stammgeschwindigkeiten enthält, erfolgt durch zwei verschieden große Riemenscheiben mit einer Doppelreibungskupplung. Es wird hierdurch erreicht, dicke Stämme anfänglich mit der kleinen, dünne gleich mit der großen Umlaufzahl zu verarbeiten, oder auch einen dicken Stamm erst langsam und wenn entsprechend abgeschält, schnell laufen zu lassen. Die mittleren Ablaufgeschwindigkeiten des Furnierbandes betragen etwa 45 m in der Minute.

Die verschiedenen Furnierdicken werden mittels der den Maschinen beigegebenen Wechselräder, die für jede einzelne Furnierdicke in bekannter Weise zusammenzusetzen sind, erzeugt. Außerdem besitzen die Maschinen einen Räderkonus zum raschen Übergang zu anderen Furnierdicken (bis zu 3 mm), die jedoch vorher festgelegt werden müssen. (Normal ist der Räderkonus für Furniere von 1, 2 und 3 mm eingerichtet.) Diese Einrichtung wird auch vorteilhaft zum raschen Runden des Stammes benutzt. Wesentlich ist, daß der rasche Übergang zu anderen Furnierdicken gleichzeitig durch die oben geschilderte schnell verstellbare Druckleiste erheblich erleichtert wird.

Der Vorschub, welcher auf die gewünschte Furnierstärke eingestellt ist, sowie der schnelle selbsttätige Rücklauf schalten beide an ihren Endstellungen automatisch aus. Die Endstellungen können dem Kern- bzw. Stammdurchmesser entsprechend eingestellt werden. Der die Maschine bedienende Arbeiter kann sowohl den Vorschub als auch den Rücklauf von seinem Platze aus bedienen.

226   Maschinen für Furnier- und Sperrholzwerke.

Die auswechselbaren Mitnehmerköpfe gestatten es, den Stamm aufzuschälen bis auf einen Rest von etwa 125 mm Durchmesser. Es ist ohne weitere Hilfsmittel möglich auch solche Stämme einzuspannen, welche bis zu 600 mm kürzer sind, als der der Maschinennummer entsprechende längste Stamm.

Auf besonderen Wunsch kann die Maschine auch mit „ziehendem Schnitt" geliefert werden, d. h. daß sich während des Schälens der Stamm gegenüber dem Messer in der Längsrichtung hin und her bewegt. Im allgemeinen ist jedoch diese die Maschine umständlich und kostspielig machende Einrichtung nicht nötig. Mit Hilfe einer Einrichtung zum Halbrundschälen, welche dazu dient, dünnere oder halbierte Stämme exzentrisch zur Drehache einzuspannen, lassen sich schönste Furniere erzeugen, die solchen mit Furniersäge- oder Messermaschinen hergestellten im Aussehen ähnlich sind und diese Einrichtung wird besonders zum Schälen einzelner Edelholzsorten verwandt.

Es empfiehlt sich zum Schälen der dünnsten Furniere besondere Messerkluppen mit darin eingespannten dünnen Messern zu verwenden, da dieselben einen sparsamen Betrieb gewährleisten. Die in Abb. 234 dargestellte Rundschälmaschine COA wird in nachstehenden Größen gebaut.

Größe	Größte Stammlänge in mm	Kürzeste Stammlänge ohne Verlängerungsstücke in mm	Kürzeste Stammlänge mit Verlängerungsstück in mm	Größter Stammdurchmesser in mm	Riemenscheibendurchmesser in mm	Riemenscheibenbreite in mm	Umdrehungen der großen Scheibe in mm	Umdrehungen der kleinen Scheibe in mm	Kraftbedarf in PS bei Gruppenantrieb	Gewicht in kg netto
1	1020	400	—	1250	700 + 420	200	300	520	20	7300
2	1300	700	200	1250	700 + 420	200	300	520	20	8000
3	1500	900	400	1250	700 + 420	200	300	520	20	8700
4	1800	1200	200	1250	900 + 500	200	300	520	25	9300
5	2000	1400	400	1250	900 + 500	200	300	520	25	9700
6	2250	1650	650	1250	900 + 500	200	300	520	25	10200
7	2500	1900	900	1250	1100 + 625	200	300	520	30	10700
8	3000	2400	1400	1250	1100 + 625	200	300	520	30	12100

Außer dieser Maschine COA baut die Firma W. Ritter auch leichtere Rundschälmaschinen für Furniere von $1/4$—5 mm aus Stämmen bis 1000 mm Durchmesser mit größten Stammlängen von 820—2050 mm.

Die von der Firma C. L. P. Fleck Söhne G.m.b.H., Berlin-Reinickendorf, gebaute selbsttätige Furnier- und Holzschere dient zum Zerschneiden der von der Rundschälmaschine erzeugten langen Furnierbänder längs der Faserrichtung in bestimmte Längen oder Streifen; die Schnittbreiten sind den Stammlängen der Rundschälmaschinen angepaßt.

Maschinen für Furnier- und Sperrholzwerke. 227

Es können auf der in Abb. 235 dargestellten Maschine auch ganze Furnierpakete bis 40 mm Dicke mit einem Male an der Längsseite gerade geschnitten werden.

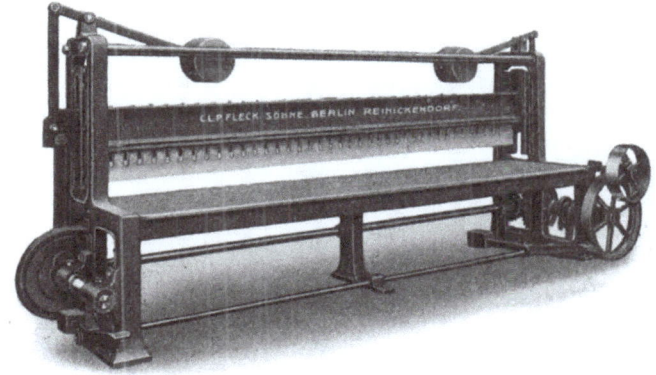

Abb. 235. Selbsttätige Furnier- und Holzschere.
(C. L. P. Fleck Söhne, Berlin-Reinickendorf.)

Die Einschaltung der Abwärtsbewegung des Messers erfolgt mittels eines Fußhebels, während die Ausschaltung und Rückkehr des Messers

Abb. 236. Automatischer Furnierbandkürzer zum selbsttätigen Zerteilen des von der Rundschälmaschine ablaufenden Furnierbandes.
(C. L. P. Fleck Söhne, Berlin-Reinickendorf.)

in die Anfangsstellung nach jedem Schnitt selbsttätig geschieht. Fleck baut selbsttätige Furnierscheren für eine Schnittlänge von 1000 bis 5100 mm Schnittlänge mit 18 Zwischengrößen. Der Kraftbedarf beträgt 1—6 PS je nach der Schnittlänge.

15*

Der in Abb. 236 dargestellte Furnierbandkürzer neuester Konstruktion ist imstande, mit einem Arbeiter und auf einem Drittel des bisher notwendigen Raumes das mit etwa 40 m/min. ablaufende Schälfurnierband restlos, ohne Unterbrechung des Schälens, aufzuarbeiten. Sobald der Schälklotz bis zum Zylinder abgerundet ist, läuft das Furnierband unmittelbar in den Furnierbandkürzer und wird von diesem auf ein eingestelltes Maß gekürzt, und zwar ohne einen Handgriff des Bedienungsmannes, der zugleich Hilfsarbeiter an der Rundschälmaschine ist. Die abgetrennten Furnierplatten werden beschleunigt aus der Maschine befördert. Der Bedienungsmann beobachtet das Furnierband. Vier verschiedene Abkürzungen sind durch einen kleinen Hebel während des Ganges der Maschine beliebig einstellbar, so daß von einem Schälklotz auf Wunsch mehrere Plattengrößen gewonnen werden können. Außerdem lassen sich Fehlstellen, wie Äste, Luftrisse usw., durch

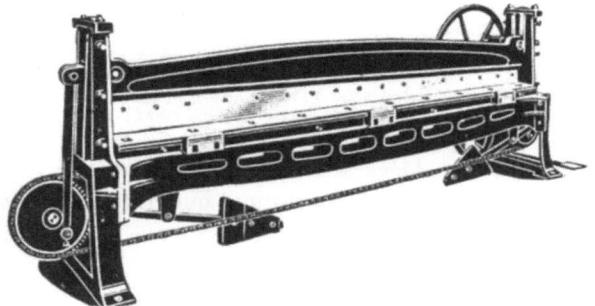

Abb. 237. Furnierbeschneidemaschine. (W. Ritter, Altona.)

einen leichten Druck auf einen zweiten Hebel in schmalen Streifen herausschneiden. Die Messerbewegung ist plötzlich ruckartig; das Furnier steht im Augenblick des Schnittes unter dem Messer still. Die Maschine wird gebaut für Schnittbreiten von 1000—4500 mm und Abkürzlängen von 1600—2560 mm. Der Kraftverbrauch beträgt etwa 3—7 PS.

Auf der in Abb. 237 dargestellten Maschine können sowohl Furniere als auch ganze Furnierpakete bis zu 80 mm Dicke an den Längs- und Hirnseiten beschnitten werden. Auch können die Furnierpakete auf derselben in bestimmte Längen geteilt werden. Der Antrieb erfolgt im allgemeinen durch Transmission oder Elektromotor; er kann jedoch für leichtere Arbeiten mit Hilfe des großen Schwungrades mit Griff bei kürzerer Schnittlänge auch von Hand bewirkt werden. Das in höchster Stellung in Ruhelage befindliche Messer wird durch einen Fußhebel eingerückt und in eine leichtwiegende, ganz gleichmäßige Abwärtsbewegung versetzt, wodurch ein besonders leichter Schnitt erreicht wird. Nach dem Schnitt kehrt das Messer in die Höchststellung zurück und schaltet sich dort selbsttätig wieder aus, d. h. es bleibt also in der Höchstlage stehen. Um bei Furnierscheren ein einwandfreies Arbeiten zu erreichen, ist selbstverständlich Bedingung, erstklassiges Messermaterial zu verwenden und das Messer sachgemäß zu schärfen. Ritter baut Furnierbeschneidemaschinen bzw. Furnierscheren für 820 bis 5200 mm Schnittlänge mit 14 Zwischengrößen. Der Kraftbedarf beträgt $^1/_2$—6 PS, je nach der Schnittlänge.

Die in Abb. 238 gezeigte Spezialmaschine dient zum Schleifen der langen Messer für Furniermessermaschinen, Rundschälmaschinen, Furnierscheren, Furnierbeschneidemaschinen, Papiermesser und ähnliche lange Messer und wird allen Anforderungen gerecht, die an eine moderne, neuzeitliche Messerschleifmaschine gestellt werden können.

Da es bekanntlich in der Furnierindustrie ganz besonders darauf ankommt, daß die Messer zur Erzielung glatter und bruchfreier Furniere sehr sauber und vor allem richtig geschliffen werden, ist es unbedingt

Abb. 238. Furniermesser-Schleifmaschine für Plan- und Hohlschliff zum Schleifen von Messern bis 5300 mm Länge. (W. Ritter, Altona.)

erforderlich, eine kräftig konstruierte Maschine zu haben, welche die evtl. auftretenden elastischen Deformationen und Erschütterungen auf das technisch denkbar geringste Maß beschränkt. Eine solche Maschine ist die in Abb. 238 dargestellte, bei welcher allen durch jahrzehntelange Erfahrungen erkannten Notwendigkeiten im weitesten Maße Rechnung getragen und mit der eine möglichst schwere und somit auch stabile Neukonstruktion geschaffen wurde. Bei dieser Maschinentype steht das Messer fest und der Schleifstein geht hin und her. Der Antrieb der Schleifspindel erfolgt durch einen ebenfalls hin und her gehenden Elektromotor und es kann mit dem schrägstellbaren, mit seiner ringförmigen Stirnfläche schleifenden Schmirgelzylinder (Topfscheibe), sowohl ein gerader Planschliff als auch eine sich stets gleichbleibende hohle Schnittfaser erzeugt werden. Die Maschine besitzt einen drehbaren Messerträger, der mit geeigneten Aufspannvorrichtungen ausgerüstet gegenüber dem Schleifstein parallel verschiebbar ist. Die Hin- und Herbewegung der Schleifscheibe wird durch ein Riemenwendegetriebe auf der linken Maschinenseite eingeleitet, was getrennt von dem Antrieb der Schleifscheibenspindel geschieht. Für den Antrieb der Schleifscheibe ist ein Elektromotor von etwa $4^1/_2$ PS erforderlich. Das Wendegetriebe für den Hin- und Hergang der Schleifscheibe erfordert etwa $2^1/_2$ PS. Ritter baut die in Abb. 238 dargestellte Furniermesserschleifmaschine für eine Schleiflänge von 2600—5300 mm mit 5 Zwischenlängen. Das Gewicht beträgt 2900—5200 kg je nach der Schleiflänge.

Mit der großen Furnier- und Schälmesserschleifmaschine nach Abb. 239 lassen sich ebenfalls lange Furnier- und Schälmesser sowie Messer für Furnierscheren sauber und genau gerade schleifen, was zur Erzielung von einwandfreiem Furniermaterial unbedingt erforderlich ist. Der Schleifzylinder bietet beim Schleifen von Furniermessern gegenüber einer Schmirgelscheibe den Vorteil, daß die Messerfasen weniger hohl geschliffen werden und die Schleifdauer kürzer ist, da die ganze Fase mit einem Male geschliffen wird, während

Abb. 239. Große Furnier- und Schälmesserschleifmaschine mit Schleifzylinder und elektrischem Antriebe. (C. L. P. Fleck Söhne, Berlin-Reinickendorf.)

beim Schleifen mit Schmirgelscheiben die Messerfase meistens nur absatzweise geschliffen werden kann. Mit der Maschine kann sowohl naß als auch trocken geschliffen werden, und das Maschinenbett dient zugleich als Wassertrog, aus dem eine Pumpe das Wasser zur Schleifkante des Schleifzylinders befördert. Der Schleifzylinder wird durch einen Elektromotor angetrieben, während der Antrieb der selbsttätigen Hin- und Herbewegung des Schlittens besonders zu erfolgen hat. Die Schleiflänge läßt sich beliebig einstellen. Der Messerträger ist drehbar und zum Bett parallel einstellbar, damit sich die Messerfase genau zum Schleifzylinder einstellen läßt.

Die Elektromotorstärke zum Antrieb des Schleifzylinders beträgt 2—3 PS. Für den Vor- und Rücklauf des Schleifschlittens ist außerdem noch ein Kraftbedarf von $1—1^1/_2$ PS erforderlich.

Fleck baut die in Abb. 239 dargestellte Schälmesserschleifmaschine für 1100—5350 mm Schleiflänge mit 18 Zwischengrößen; das Gewicht der Maschine beträgt 1250—4350 kg je nach Größe.

Die selbsttätige Furnier-Fügemaschine (Abb. 240), welche mit einem Messerkopf versehen ist, dient hauptsächlich zum Fügen von Furnieren,

Abb. 240. Selbsttätige Furnier-Fügemaschine. (C. L. P. Fleck Söhne, Berlin-Reinickendorf.)

welche, wie z. B. bei der Fabrikation von gesperrten Holzplatten, zu größeren Platten aneinander geleimt werden sollen. Die Konstruktion der Maschine geht aus der Abbildung hervor; der Auflegetisch bewegt

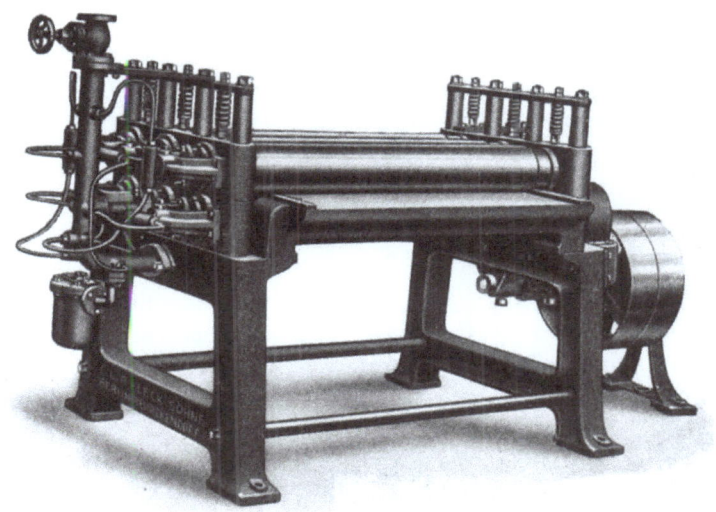

Abb. 241. Furnier-Glättmaschine. (C. L. P. Fleck Söhne, Berlin-Reinickendorf.)

sich mit der Einspannvorrichtung selbsttätig hin und her. Die Furniere oder Holzplatten werden in Paketen bis zu 200 mm Dicke mittels des Druckbalkens auf den mit selbsttätigem Vor- und Rücklauf versehenen Tisch gepreßt und an der vorstehenden Kante durch einen Messerkopf gerade gehobelt. Die Anpressung der Furnierpakete auf den Lauftisch erfolgt, we aus Abb. 240 ersichtlich, mittels Handrad und Zahnrädergetriebe.

Die Maschine wird für 1500—4600 mm Schnittlänge mit 5 Zwischengrößen gebaut. Der Kraftbedarf beträgt etwa 5—6 PS, das Gewicht der Maschine 1650—3750 kg je nach Größe.

Die Furnier-Glättmaschine von C. L. P. Fleck Söhne G. m. b. H., Berlin-Reinickendorf (Abb. 241), dient dazu, den gemesserten oder auf der Rundschälmaschine erzeugten Brettchen mittels heißer Walzen einen hohen Glanz zu geben.

Abb. 242. Beizmaschine. (C. L. P. Fleck Söhne, Berlin-Reinickendorf.)

Die Brettchen gehen zwischen 3 Paar durch direkten Dampf geheizten Zylinderwalzen, von denen die drei unteren durch Zahnräder angetrieben sind, hindurch. Die mittlere untere und die hintere obere Walze machen in ihrer Längsrichtung eine hin und her gehende Bewegung, so daß die Brettchen sauber geglättet aus der Maschine kommen. Die komplette Glättmaschine für Brettchen bis 1 m Breite wird mit Fest- und Losscheibe von 500 mm Durchmesser, 250 mm Gesamtbreite und für 60 Umdrehungen in der Minute, ferner mit einem Dampfzulaßventil, einem Kondenswassertopf und den nötigen Schraubenschlüsseln geliefert. Das Gewicht der Maschine beträgt etwa 1800 kg und der Kraftbedarf ist 2 PS.

In der Zigarrenkistenfabrikation werden oft Brettchen aus geschältem Erlen-, Buchen- oder Pappelholz verwendet, denen man durch Beizen eine dem Zedernholz ähnliche Farbe gegeben hat. Das Beizen geschieht häufig durch Eintauchen der Brettchen in ein mit flüssigem Farbstoff gefülltes Gefäß. Diesem primitiven Verfahren gegenüber bietet die Beizmaschine (Abb. 242) einen wesentlichen Vorteil, der darin besteht, daß weniger Beize verbraucht wird und die gebeizten Brettchen trockener bleiben, nicht rauh werden und auch die Farbe gleichmäßig verteilt wird.

Bei dieser Maschine gehen die Brettchen durch 2 Paar Walzen, von denen das vordere Paar mit Filzüberzügen zum Auftragen der Beize versehen ist. Zum Anfeuchten der Filzwalzen sind je ein oberer und unterer Behälter mit Beize angeordnet. In den unteren Behälter taucht die untere Walze direkt ein, während die obere Walze durch ein Spritzrohr angefeuchtet wird, das mit dem oberen Beizbehälter in Verbindung steht. Die in den unteren Behälter abfließende überflüssige Beize wird durch eine kleine Zentrifugalpumpe in den oberen Behälter zurückgepumpt.

Das hintere, mit Gummiüberzügen versehene Walzenpaar dient zum Abtrocknen der Beize.

Die Walzenlänge beträgt 1 m und die Vorschubgeschwindigkeit der Brettchen etwa 30 m in der Minute.

Fest- und Losscheibe an der Maschine haben einen Durchmesser von 400 mm, eine Breite von je 80 mm und sollen 80 Umdrehungen in der Minute machen.

Der Kraftbedarf der Maschine beträgt etwa 1 PS, ihr Gewicht etwa 575 kg.

Abb. 243. Imitiermaschine für Holzbrettchen.
(C. L. P. Fleck Söhne, Berlin-Reinickendorf.)

Für die Nachahmung der Textur edler Hölzer, wie es speziell in der Zigarrenkistenfabrikation vorkommt, dient obige Imitiermaschine. Die zu imitierenden Brettchen werden in die Maschine gebracht und von der Walze, deren Oberfläche mit der betreffenden Holzmaserung versehen ist, transportiert und dabei entsprechend bedruckt. Für die gleichmäßige Verteilung der Farbe sind die dazu notwendigen Walzen vorhanden. Die Leistung der Maschine ist etwa 35 laufende Meter in der Minute. Die Walzenbreite beträgt etwa 350 mm. Fest- und Losscheibe haben einen Durchmesser von 400 mm, je eine Breite von 80 mm und sollen 100 Umdrehungen in der Minute machen.

Das Gewicht der Maschine beträgt etwa 425 kg, ihr Kraftbedarf $1/2 - 3/4$ PS.

A. Die Fabrikation von Sperrholz und seine Verwendung.

Es ist eine feststehende Tatsache, daß sich das Sperrholz langsam aber sicher seinen Platz als Verbrauchsmaterial des Tischlers, insbesondere des Möbeltischlers erobert, insofern größere Flächen in Frage kommen, welche sich nicht werfen dürfen. Leider gibt es nur wenige Tischler, welche die erforderlichen Kenntnisse und Erfahrungen besitzen, eine breite verleimte Tafel so herzustellen, daß sich dieselbe nicht wirft. Man kann z. B. ohne Bedenken 1 m breite Kiefernholztafeln mit nur einseitiger Furnierung herstellen, wenn man den arbeitenden Eigenschaften des Holzes in richtiger, sachgemäßer Weise Rechnung trägt. Es gehört dazu eine große Erfahrung, die leider den meisten Tischlern fehlt. Vorbedingung ist beim Verleimen von breiten Bretttafeln aus Kiefern-, Fichten- oder Tannenbrettern, garantiert trockene, schlank gewachsene, also nicht gedrehte Kernbretter aus der Stammmitte, d. h. sog. Mittelbretter zu verwenden. Aus diesen Mittelbrettern ist nun der Kern herauszuschneiden und dann Kernseite an Kernseite und Splintseite an Splintseite zusammenzuleimen, wie Abb. 244 zeigt.

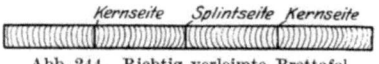

Abb. 244. Richtig verleimte Brettafel.   Abb. 245. Unrichtig verleimte Brettafel aus Seitenbrettern.

Eine Brettafel nach vorstehenden Gesichtspunkten verleimt wird stets gerade bleiben und sich nicht werfen, vorausgesetzt, daß trockene, schlank gewachsene Mittelbretter mit herausgeschnittenem Kern verwandt worden sind. Ein Brett, welches aus einem gedreht gewachsenen Stamm geschnitten wurde, muß stets windschief werden, weil dasselbe durch die schräge Lage der Faser nicht in der üblichen Weise trocknen kann.

Würde man, wie es leider häufig geschieht, die in Abb. 244 dargestellte Brettafel aus Seitenbrettern verleimen, so wird die Tafel nach einigen Tagen, wie in Abb. 245 dargestellt, aussehen.

Worauf ist nun das Krummziehen der in Abb. 245 dargestellten Brettafel zurückzuführen? Gehen wir der Sache auf den Grund, so werden wir stets finden, daß die rechten Brettseiten, also die der Stammmitte zugekehrte Seite rund, die linke entgegengesetzte Seite dagegen hohl geworden ist. Es ist dieses darauf zurückzuführen, daß das Holz der linken, d. h. der der Borke zugekehrten Brettseite viel jünger und weniger reif ist, als das der rechten, der Stammitte zugekehrten Seite. Da das jüngere Außenholz naturgemäß mehr trocknet, muß die linke Seite hohl werden. Dieses Verziehen bzw. Hohlwerden erfolgt um so stärker, je weiter das Brett nach der Rinde oder Borke zu geschnitten ist. Auf einen wichtigen Punkt möchte ich noch hinweisen: Bekanntlich wird ein im Walde gefällter Stamm beim Einschneiden auf dem Sägewerk in mehreren Längen abgelängt, und zwar bei langen Kiefernstämmen in Stamm-, Mittel- und Zopfende. Da nun das Stammholz bedeutend fester ist als das lose Zopfholz und nicht soviel schwindet wie das letztere, soll man beim Verleimen von breiten Brettafeln niemals Zopfholz mit Stammholz zusammenleimen, und zwar wegen der ungleichen Schwindung. Zur Herstellung gutstehender Flächen mit ein- oder zweiseitiger Furnierung verwendet man in der Möbelindustrie Kiefernzopf oder Mittelzopf, und zwar ebenfalls Mittelbretter mit senkrechten oder fast senkrecht verlaufenden Jahresringen und herausgeschnittenem Kern nach Abb. 244. Wer erreichen will, daß sich auf furnierten Flächen keine Ungleichheiten zeigen, die durch im Holz enthaltene Äste entstehen, der muß die Äste vor dem Furnieren herausbohren und durch Querholzdübel derselben Holzart ersetzen. Wer eine gute Sperrfläche erzielen will, muß selbstverständlich sein Holz auch sachgemäß fügen und leimen. Holzstreifen trocken oder sogar mit einem Zwischenraum aneinanderlegen, wie es teilweise geschieht, und darüber furnieren, ist großer Unfug. Bei der Auswahl der Blindhölzer und Sperrfurniere achte man bei Anfertigung von Sperrplatten ja darauf, daß kein gedreht gewachsenes Holz Verwendung findet, da die Fläche trotz aller sonst geübten Vorsicht windschief werden muß und sich ein solcher Fehler nicht mehr korrigieren läßt.

Nach dem Verleimen sind zu sperrende Flächen gut abzurichten, vom Dickten zu hobeln und zu zahnen, d. h. aufzurauhen. Wer bei sauber polierten Flächen mit besonderer Vorsicht arbeiten will, der quelle vor dem Aufrauhen oder Zahnen die Fläche mit warmem Wasser aus. Die Sperrfurniere müssen stets quer zur Längsrichtung des mittleren Blindholzes verlaufen und die äußeren Zierfurniere sind in der Längsrichtung des Blindholzes aufzuleimen, falls eine Lage Blindholz mit beiderseitigem Sperrfurnier Verwendung findet. Eine wichtige Rolle spielt bei der Herstellung von Sperrplatten in Klein- und Großbetrieben die richtige Verwendung des Leimes, derselbe muß die richtige Konsistenz haben, darf also nicht zu dünn, aber auch nicht zu dickflüssig sein. Das Kochen des Leimes beeinträchtigt seine Bindekraft, ebenfalls ist übermäßiges Anwärmen des Holzes zu vermeiden, da dadurch der Leim verbrennt. Um ein Durchschlagen des Leimes durch die äußeren Zierfurniere zu verhindern, verwende man als Leimzusatz „Pora". Pora ist ein Leimstreckungsmittel von hervorragender Güte, verhindert nicht nur das unangenehme Durchschlagen des Leimes, sondern bewirkt auch eine schnellere Abbindung und verbilligt den Leimprozeß. Die Leimung von abgesperrten Platten erfolgt, indem man eine Seite der mittleren Blindholzplatte recht gleichmäßig mit Leim bestreicht, zu starkes

Auftragen ist sinnlos und verschwenderisch, da der Leim beim Einschrauben seitlich herausgedrückt wird. Sobald nun der die Fläche bedeckende Leim erstarrt ist, so daß die aufgelegte Hand nicht mehr daran klebt, ist das vorher mit Papier zusammengeklebte Sperrfurnier aufzulegen. Hierauf ist die zweite Seite der mittleren Blindholzplatte ebenso zu behandeln. Nachdem jetzt die Zink- oder Aluminiumzulagen angewärmt sind, wird die Platte in die Presse gebracht und so weiter verfahren, bis die Presse belegt ist. Man beachte hierbei, daß der Druck der Presse zunächst in der Mitte beginnt und beim weiteren Anziehen die äußeren Flächen gepreßt werden. Die eingeschraubten Sperrplatten müssen nun so lange in den Böcken verbleiben, bis die Bindung des Leimes erfolgt ist, was im Winter schneller geschieht als an heißen Sommertagen. Zu früh aus der Presse herausgenommene Sperrplatten lassen das Furnier hochgehen. Sperrholzfabriken und Großtischlereien verwenden hydraulische Presen mit starken Metallzulagen für Dampf und Kaltwasserdurchzug. Diese Art Pressen kann man ohne Überstürzung laden, da der durch die Zulagen strömende Dampf (70—120° C) den erstarrten Leim erwärmt und bindefähig macht. Hierauf wird die Presse fest angezogen und der große Druck (8—15 Atm.) verteilt den Leim von innen gleichmäßig nach außen. Nach ganz kurzer Zeit wird der Dampf abgestellt und kaltes Wasser durch die Zulagen geschickt, das den Leim abkühlt und zum Erstarren bringt, so daß die eingeschraubten Sperrplatten gleich gelöst und entfernt werden können.

In der Zeit, wo die Presse arbeitet, können schon die Vorarbeiten für die nächste Beschickung vorgenommen werden, so daß ein ununterbrochenes Arbeiten ermöglicht wird.

Blindfurnierte Flächen, d. h. solche mit innerer Blindholztafel und beiderseitigem Sperr- oder Blindfurnier, müssen bis zur Weiterverarbeitung gut gepflegt und getrocknet werden, was am besten in neuzeitlichen Trockenanlagen geschieht.

Der Verband der deutschen Sperrholzfabrikanten, Berlin, und der Verband der deutschen Sperrholzhändler, Berlin, haben gemeinsam nachstehende Handelsgebräuche für den Inlandverkehr aufgestellt:

Man unterscheidet zwischen:

a) sogenannten „schwachen" Sperrholzplatten (auch Möbelplatten genannt), die aus drei- oder mehrfach aufeinandergelegten, geschälten oder gemesserten Furnieren verleimt sind und deren Faserrichtung im allgemeinen kreuzweise zueinander verläuft;

b) sogenannten „starken" Sperrholzplatten (auch Tischlerplatten genannt), bestehend aus einer aus Holzleisten, Holzstäben oder Holzstreifen zusammengeleimten Mittellage mit beiderseits aufgeleimten Absperrfurnieren.

Qualität. Man unterscheidet bei:

a) sogenannten ,,schwachen" Sperrholzplatten (Möbelplatten):

Normal-Qualität (sog. I. Qualität), die stets, wenn nichts Besonderes vereinbart ist, geliefert wird;

II. Qualität;

III. Qualität und Ausschuß-Qualität.

Normal-Qualität (I. Qualität): Gekennzeichnet dadurch, daß die eine Seite der Platte fehlerfrei ist, wobei jedoch dichte Fugen und Farbfehler erlaubt sind, während die zweite Seite mit geringen Fehlern behaftet sein darf. Als solche gelten besonders Risse bis zirka 2 mm Breite und 150 mm Länge, feste Äste, etwa bis zur Größe eines Dreimarkstückes, kleinste lose Äste, Pfropfen, rauhe Schälstellen, einzelne Wurmlöcher sowie gelegentlich nicht ganz dichte Fugstellen. Es ist zulässig, bei Bestellung dieser Qualität bis zu 20 % der Menge Platten mit beiderseits kleinen Fehlern (II. Qualität) ohne Preisnachlaß mitzuliefern.

II. Qualität: Gekennzeichnet dadurch, daß beiderseits Risse bis zirka 2 mm Breite und 150 mm Länge, feste Äste, etwa bis zur Größe eines Dreimarkstückes, kleinste lose Äste, Pfropfen, rauhe Schälstellen, einzelne Wurmlöcher sowie gelegentlich nicht ganz dichte Fugstellen erlaubt sind.

III. Qualität: Gekennzeichnet dadurch, daß beiderseits grobe Fehler, wie offene Äste, Wurmlöcher, breite und lange Risse jeder Größe, rauhe und gebrochengeschälte Furniere erlaubt sind.

Ausschuß-Qualität: Gekennzeichnet dadurch, daß sowohl hinsichtlich des Aussehens der Platten als auch ihrer Verleimung keinerlei Ansprüche gestellt werden dürfen. Diese Qualität ist unter Verzichtleistung auf jegliche Mängelrüge abzunehmen.

b) sogenannten ,,starken" Sperrholzplatten (Tischlerplatten):

Normal-Qualität (sog. I. Qualität), die stets, wenn nichts Besonderes vereinbart ist, geliefert wird.

II. Qualität und Ausschuß-Qualität.

Normal-Qualität (I. Qualität): Gekennzeichnet dadurch, daß die eine Seite der Platte fehlerfrei ist, wobei jedoch dichte Fugen und Farbfehler erlaubt sind, während die zweite Seite mit geringen Fehlern behaftet sein darf. Als solche gelten besonders Risse bis zirka 2 mm Breite und 150 mm Länge, feste Äste, etwa bis zur Größe eines Dreimarkstückes, kleinste lose Äste, Pfropfen, rauhe Schälstellen, einzelne Wurmlöcher sowie gelegentlich nicht ganz dichte Fugstellen. Es ist zulässig, bei Bestellung dieser Qualität bis zu 20 % der Menge Platten mit beiderseitig kleinen Fehlern ohne Preisnachlaß mitzuliefern.

II. Qualität: Gekennzeichnet dadurch, daß beiderseits Risse, Fugen, Äste, Pfropfen, rauhe Schälstellen und Wurmlöcher erlaubt sind.

Ausschuß-Qualität: Gekennzeichnet dadurch, daß sowohl hinsichtlich des Aussehens der Platten als auch ihrer Verleimung keinerlei Ansprüche gestellt werden dürfen.

Diese Qualität ist unter Verzichtleistung auf jegliche Mängelrüge abzunehmen. Bei sämtlichen Qualitäten, mit Ausnahme der Ausschußplatten, ist eine gute Verleimung zu gewährleisten. Als wasserfest wird eine Verleimung bezeichnet, die vorübergehender Feuchtigkeit standhält.

Stärke: Die für die einzelnen Platten angebenen Stärken verstehen sich „zirka". Bei Platten bis 5 mm Stärke einschließlich, ist eine Toleranz von 10 % nach oben und unten, und für Platten über 5 mm eine solche von 5 %, mindestens aber 0,4 mm gestattet. Es soll jedoch möglichst die Lieferung insgesamt als Durchschnitt die angegebene Stärke erreichen. Die Stärkeangabe bei geschliffenen, geschlichteten oder ähnlich bearbeiteten Platten bezeichnet die Stärke der Platte vor der Bearbeitung.

Mengen und Maße: Die Bezeichnung „Waggonladung" bezieht sich mangels näherer Angabe auf einen 15-t-Waggon.

Bei Bestellungen in vorgeschriebenen Maßen ist dem Lieferanten für die Lieferungen pro Format ein Spielraum von 10 % mehr oder weniger gestattet. Die Platten werden roh zugeschnitten geliefert, müssen jedoch groß genug sein, um das verlangte Format zu erzielen.

Die aufgegebene erste Maßzahl bezieht sich stets auf die Faserrichtung der Außenseite. Wird bei Verkäufen der Flächeninhalt in „zirka" angegeben, so bedeutet dies eine Toleranz bis 10 % des Flächeninhalts.

Verpackung: Als Verpackung für das Inland ist bei „Möbelplatten" bis zirka 8 mm Stärke Drahtbündelung üblich, welche im Preise einbegriffen ist. Jede andere Verpackung wird besonders berechnet und nicht zurückgenommen. „Tischlerplatten" werden unverpackt geliefert.

Preise: Die Preise gelten im allgemeinen pro Quadratmeter Sperrholz. Runde, ovale, trapezförmige und ähnliche Platten werden nach dem Rechteck berechnet, aus welchen sie geschnitten werden können.

Mängelrüge: Erkennbare Mängel sind sofort zu beanstanden. Die Untersuchungspflicht erstreckt sich auf die gesamte Lieferung. Bis zur Sicherung des Beweises ist die hierfür erforderliche Menge in geliefertem Zustande zu belassen.

Für versteckte Fehler haftet der Fabrikant für die Dauer von 3 Monaten nach Empfang. Für nachweisbar mangelhaft gelieferte Ware wird baldmöglichst kostenfreier Ersatz geleistet. Weitergehende Ansprüche sind grundsätzlich ausgeschlossen.

Man muß zugeben, daß die Sperrholzfabrikanten und -händler es verstanden haben, in den vorstehenden Paragraphen ihre Interessen in jeder Beziehung glänzend zu vertreten und der Sperrholzverbraucher kann sich nur dadurch gegen unangenehme Enttäuschungen schützen, daß er nur wirklich erstklassige Fabrikate berücksichtigt. Gerade beim Kauf von Sperrholz ist Vorsicht geboten, denn es wurde in den letzten Jahren viel Schundware angeboten, die dem Käufer nur Ärger und Verdruß bereitet hat.

Von einer guten Sperrholzplatte wird verlangt, daß sie fehlerfrei verleimt und eben, d. h. weder windschief noch gekrümmt ist. Die Herstellung der dünnen Sperrholzplatte, wozu fast nur Schälfurniere verwandt werden, ist in erster Linie auf das Bestreben nach Material- und Gewichtsersparnis in Verbindung mit großer Widerstandsfähigkeit und Wasserfestigkeit der Sperrplatte zurückzuführen. Ihre rationelle Herstellung bedingt die Verwendung kostspieliger Spezialmaschinen und Einrichtungen und die Fabrikation eignet sich, wenn sie gewinnbringend sein soll, nur für Sperrholzfabriken mit Furnierschälerei.

Die dicke Sperrplatte dagegen — die sog. Tischlerplatte — wurde anfänglich in kleinen Tischlereibetrieben handwerksmäßig hergestellt, jedoch heute fast durchweg von Sperrholzhändlern bezogen und in Sperrholzfabriken hergestellt. Von erstklassigen Sperrholzfabriken werden jetzt Platten geliefert, denen jede Möglichkeit zum Arbeiten, d. h. Dehnen, Schrumpfen und Windschiefziehen genommen ist. Durch die Verwendung von Spezialkaltleim besitzen diese Platten auch eine gewisse Wasserfertigkeit, welche sie für manche Zwecke noch wertvoller macht.

Um eine einwandfreie dünne Sperrplatte aus Schälfurnier sachgemäß herzustellen sind mindestens 3 Schälfurnierlagen erforderlich, welche mit wasserfestem Leim kreuzweise miteinander verleimt werden, d. h. die Faserrichtung der beiden äußeren Furniere muß quer zur Faserrichtung des mittelsten Furniers verlaufen. Ferner ist folgendes zu beachten:

1. Bei 3 Furnierlagen müssen die beiden äußeren Furniere genau gleich dick sein, denn jedes Spannungsübergewicht nach einer Seite hin begünstigt das Werfen der Platte.

2. Bei gleicher Furnierzahl, z. B. 4, müssen alle 4 Furniere genau gleich stark sein, damit die von der Plattenmitte aus hervortretenden Spannungen sich gegenseitig das Gleichgewicht halten.

3. Müssen die korrespondierenden Furnierschichten gleicher Holzart und gleich trocken sein.

4. Müssen dieselben gleicher Textur, d. h. Maserung sein.

5. Müssen bei den korrespondierenden Furnierschichten die Schälseiten zueinander passen, d. h. rechte zur rechten Seite und linke zur linken Seite. Es wäre z. B. unsinnig und verkehrt bei einer dreifach verleimten Platte als Außenfurnier einmal ein rechtseitiges und einmal ein linksseitiges zu verwenden. Bekanntlich schwindet Holz auf der rechten, dem Kern zuliegenden Seite weniger, als auf der linken, der Borke zuliegenden Seite.

Eine Platte aus 4 Furnierschichten nach vorstehenden Gesichtspunkten zusammengeleimt, wird unbedingt weniger Neigung zum Verziehen haben als eine solche aus 3 Furnierschichten, da bei der ersteren die von der Plattenmitte aus hervorgerufenen Spannungen sich gegenseitig das Gleichgewicht halten und kein Spannungsübergewicht eintreten kann, insofern die unter 1—5 erwähnten Vorschriften beachtet sind. Die Verleimung nasser, frisch geschälter Furniere mit einem spezifischen Leimdruck von etwa 30 Atm. hat sich nicht bewährt, da diese Platten sich nach der Trocknung eher verziehen, als trocken verleimte Platten mit nur 8—15 Atm. spezifischem Leimdruck. Wie schon erwähnt, verwendet man zu den dickeren Sperrholzplatten, den sog. Tischlerplatten, als Mittel- oder Blindholz meistens kieferne, fichtene oder tannene Mittelbretter, aus welchen der Kern herausgeschnitten ist, und verleimt dieselben nach Abb. 244, Kern- an Kern- und Splint- an Splintseite. Derartig verleimte Mittel- oder Blindholzlagen haben nicht das geringste Krümmungsbestreben, insofern trockenes gut gepflegtes Holz verwandt wird, und weisen auch bei Feuchtigkeitsveränderungen kaum meßbare Unterschiede in der Plattendicke auf, da die Jahresringe der einzelnen Bretter ja alle gleichlaufend sind. Diese solide und bewährte Herstellungsweise von dicken Sperrplatten eignet sich jedoch nur für Kleinbetriebe, für eine Massenfabrikation ist diese Herstellungsweise aus Mittelbrettern, sog. Spiegelschnittbrettern, zu kostspielig

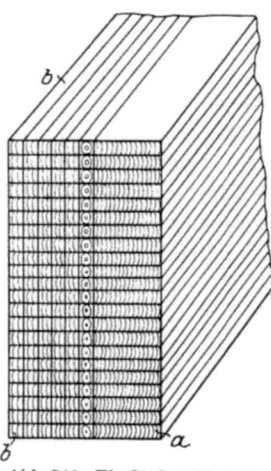

Abb. 246. Ein Stoß aufeinandergeleimte Mittelbretter für Sperrplatten-Blindholz.

und auch zu umständlich. Aus diesem Grunde sind viele Sperrholzfabriken dazu übergegangen, einzelne Mittelbretter in der Höhe so hoch aufeinander zu leimen, wie es die Breite der Sperrplatte erfordert (s. Abb. 246). Dieser aufeinandergeleimte Stoß Bretter wird dann wie Abb. 246 zeigt, auf einer Blockbandsäge oder Gatter in beliebig dicken sog. Stabtafeln aufgetrennt, welche dann bei dicken Sperrplatten als Mittel- oder Blindholz verwendet werden. Ein Verziehen oder Wellenbildung durch verschiedene Schwindung des Holzes ist bei nach der in Abb. 246 dargestellten Verleimmethode ausgeschlossen, da ja gleichaltriges Holz mit gleichlaufenden Jahresringen nebeneinander geleimt ist.

Beim Verleimen nach der in Abb. 246 gezeigten Methode ist selbstverständlich Bedingung, daß nur Mittelbretter, und zwar möglichst von der gleichen Holzqualität zur Verwendung kommen. Man darf z. B. nicht ein einjähriges Stammmittelbrett auf ein loses Zopfmittelbrett

Die Fabrikation von Sperrholz und seine Verwendung.

oder sogar auf ein Splintseitenbrett leimen, da die Schwindungsbestrebungen bei allen drei Brettarten verschieden sind. Es dürfen mithin nur gleichaltrige Hölzer mit gleichlaufenden Jahresringen aufeinandergeleimt werden, da andernfalls das Werfen und Welligwerden der Sperrplatte begünstigt wird. Als Blindholz wird bei dicken Sperrplatten meistens Kiefer, Tanne, Fichte, Erle oder Aspe verwandt. Ein bedeutender Fortschritt wurde in letzter Zeit in der Sperrplattenindustrie durch die Verwendung von starkem Schälfurnier als mittleres Blindholz für Tischlerplatten erzielt. Da die neuzeitlichen Rundschälmaschinen bis 10 mm schälen und die aus Schälfurnier hergestellte Stäbchenblindholzplatte (Abb. 247) nur stehende Jahresringe hat, fällt bei dieser jegliches Krümmungsbestreben fort und eine nach dieser Methode hergestellte Sperrplatte ist, falls sachgemäß verleimt, als wirklich erstklassig zu bezeichnen. Die Verleimung der einzelnen Lagen erfolgt ebenfalls wie bei der in Abb. 246 dargestellten Mittelbretterverleimung, es werden also so viel Schälfurniere aufeinandergeleimt, wie die Sperrplattenbreite erfordert. Ein weiterer Vorteil ist der, daß man nicht an die Brettbreite gebunden ist (Abb. 246), sondern beliebig breite Holzbreiten zu Blöcken verleimen kann, wodurch an Arbeit und Verschnitt gespart wird.

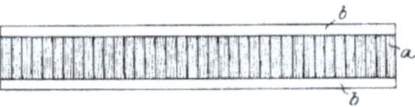

Abb. 247. Sogenannte Stäbchensperrplatte.

In Anbetracht dessen, daß Sperrplatten, bei denen das mittlere Blindholz aus Stäbchenschälfurnier nach Abb. 247 hergestellt ist, keinerlei Krümmungsbestrebungen zeigen, fallen die Nachteile eines größeren Aufwandes an Herstellungsarbeit und Fugenleim weniger ins Gewicht.

Sperrholzplatten werden in allen möglichen Größen bis 150×500 cm groß geliefert. Normalgrößen sind u. a. 160×320 cm, 150×450 cm und 150×500 cm. Normalstärken 8, 10, 13, 16, 20, 26, 30, 35 und 40 mm.

Zur Verleimung wird außer Knochen-, Leder- und Spezialkaltleim Kasein oder Albumin verwandt. Um die Verleimung von Sperrholzplatten sicher und sachgemäß zu prüfen, stellt die Firma J. Losenhausen in Düsseldorf praktische Zerreißapparate her, welche Sperrholzfabriken und Händlern sowie Großverbrauchern zur Anschaffung zu empfehlen sind.

Eine der ersten und ältesten Spezialfirmen für den Bau von Sperrholzfabriken ist die Maschinenfabrik Otto Pieron, Berlin W 15 und Bocholt i. W., welche sich, seitdem man in der Sperrholzfertigung vom handwerksmäßigen Arbeiten zum fabrikationsmäßigen Betriebe übergegangen ist, mit dem Bau von hydraulischen Pressen und Einrichtungen von Sperrholzfabriken befaßt.

Es hat sich die Notwendigkeit gezeigt, der Ausbildung von Pressen und Vorrichtungen für die Fertigung von Sperrhölzern ein besonderes

Studium zu widmen, weil für die wirtschaftliche Fertigung von Sperrhölzern nicht die Unterlagen vorhanden waren, wie sie für die Herstellung anderer Fabrikate in der Technik bereits geschaffen sind, und zu wenig wissenschaftliche und technische Arbeit auf die Ausbildung der hier in Frage kommenden Einrichtungen verwandt worden ist. In einem eingehenden, zweijährigen Studium sind neuerdings, aufbauend auf den vorliegenden Betriebserfahrungen, im Meinungstausch und in Zusammenarbeit mit Spezialfachleuten in einer eigens zu diesem Zweck geschaffenen Gesellschaft die Grundlagen weiter geklärt worden, denen die Fertigung von Pressen und Vorrichtungen sich anzupassen hat. Unter Ausnutzung der Grundsätze modernster Fabrikation, zur Erzielung geringster Herstellungskosten, sind auf Grund der geschaffenen Unterlagen Spezialtypen für Pressen und Vorrichtungen entstanden, die Hochqualitätssperrhölzer mit geringsten Selbstkosten herstellen lassen.

Es ist bemerkenswert, daß gerade über die Sperrholzindustrie eine nennenswerte Fachliteratur nicht vorhanden ist. Die meisten Firmen, welche Maschinen und Einrichtungen für die Sperrholzindustrie bauen und liefern, haben sich bisher zu wenig speziell mit diesen Arbeiten befaßt und — es muß leider ausgesprochen werden — durch mangelnde sachliche und fachliche Aufklärung auch in ihrer Propaganda der Geheimtuerei Vorschub geleistet, die der Erschließung dieses Gebietes der wirtschaftlichen Arbeit durch wissenschaftliche Forschung entgegengewirkt hat.

Viele Firmen begnügen sich damit, das kritiklos nachzubauen, was andere schon geliefert hatten, und wenn eine Zeitlang die auflebende Sperrholzindustrie damit sich zufrieden gab, so wurde die Tatsache, daß eine Anzahl Anlagen mit derartigen Einrichtungen ausgerüstet waren, als Beweis für deren Zweckmäßigkeit von ihren Erbauern angesehen, statt daß dieselben Kritik an ihren eigenen Lieferungen herausforderten und die daraus sich ergebenden Folgerungen zogen.

Es ist natürlich für den Augenblick bequemer und billiger, geheimnisvoll zu tun, als wertvolle wissenschaftliche Forschungs- und Konstruktionsarbeit zu leisten und darauf seine Pressen und Einrichtungen aufzubauen. Wer etwas Gutes leistet, braucht sich nicht hinter Geheimnissen zu verstecken und setzt seine Produkte und deren Grundlagen furchtlos der Kritik aus, die sachlich geführt nur befruchtend und verbessernd auch für ihn selbst wirken kann. Es dürfte sich an dieser Stelle erübrigen, Ausführungen über den Begriff Sperrholz und über Sperrholz als Baustoff an sich zu machen. Nur darauf sei hingewiesen, daß Sperrholz noch lange nicht in dem Ausmaße in der Praxis Verwendung findet, in dem es bei genügendem Bekanntsein seiner hervorragenden Eigenschaften als Baustoff für Möbel, Gebrauchsgegenstände,

Maschinen, Beförderungsmittel, Hausbau usw. in den Kreisen von Konstrukteuren und Fabrikanten gebraucht werden müßte.

Leider herrscht in der großen technischen Welt noch sehr viel Unklarheit darüber, was eigentlich Sperrholz ist und was mit ihm erreicht werden kann. Die Sperrholzfabriken können durch geeignete Propaganda und Aufklärung ihre Absatzgebiete noch enorm erweitern. Notwendig ist hierzu jedoch, daß modern eingerichtete Sperrholzfabriken, die wirkliche Qualitätsware herstellen, den Konstrukteuren mit Unterlagen über die physikalischen Eigenschaften des Sperrholzes an die Hand gehen, die der Konstrukteur kennen muß, will er den Baustoff verantwortungsvoll verwenden.

Bei einer modernen Sperrholzfabrik besteht durchaus die Möglichkeit, die physikalischen Eigenschaften des Sperrholzes trotz der Verschiedenheit der Hölzer mit einem Genauigkeitsgrad anzugeben, der dem Konstrukteur genügt, da eine betriebstechnisch gut eingerichtete Sperrholzfabrik unbedingt mit einer genügenden Gleichförmigkeit des Endproduktes rechnen muß. Es soll gleich hier darauf hingewiesen werden, daß die Pieron-Spezialeinrichtungen nicht zuletzt auch der möglichsten Gleichförmigkeit des Fabrikates dienen.

Die Verarbeitung von Holz zu Furnieren und Sperrhölzern gestattet die Ausnutzung der unermeßlichen Naturschätze, die in den Waldbeständen ruhen, in ähnlich wirtschaftlicher Form, wie die Ausnutzung der Bodenschätze an Metallen, die geraume Zeit das Interesse für Holz vollkommen in den Hintergrund gerückt hatten. Bedingt war dies wohl durch die Schwierigkeiten, die sich der fabrikationsmäßigen Herstellung von Furnieren und Sperrhölzern entgegenstellten. Holz ist ein organischer Baustoff, dessen Eigenart viel schwerer Rechnung zu tragen ist, als der anorganischer Metalle. Für diese kann nach den einwandfrei feststellbaren chemischen Zusammensetzungen und physikalischen Zuständen, die von Fall zu Fall angebrachte Bearbeitungsmethode nach bekannten Grundsätzen vorausbestimmt werden, so daß für Aufbau und Betrieb ihrer Verarbeitungsmaschinen feste, vielfach sogar schon genormte Unterlagen bestehen.

Auch für organische Stoffe, wie z. B. Gummi, Leder usw., haben sich infolge von Zurichtungsverfahren und vor allem der an sie gewandten wissenschaftlichen Arbeit für die Verbreitung ähnliche Grundsätze herausbilden lassen.

Holz jedoch, wie es für die Furnier- und Sperrholzfabrikation verarbeitet wird, ist und bleibt ein organisches Produkt mit stark variablen Eigenschaften, für dessen Behandlung Formeln und Unterlagen, wie für die vorerwähnten Baustoffe, nicht bestehen.

Wenn auch z. B. hydraulische Pressen und andere Apparate von ähnlichem Aufbau auch für andere Stoffe, wie Gummi, Zelluloid usw., in Benutzung sind, wie sie für Furniere und Sperrhölzer gebraucht werden, so ist es ein großer Irrtum, anzunehmen, daß für jene Stoffe zugeschnittene Einrichtungen in der Verarbeitung von Furnieren rationelle Ergebnisse zeitigen und umgekehrt. Wenn dies bisher vielfach verkannt wurde, so liegt das an der bisher mangelnden wissenschaftlichen und aufklärenden Behandlung des Stoffes.

Die wissenschaftliche Forschung hat sich eben leider noch zu wenig mit den hier zu lösenden Fragen befaßt. Es ist noch zu wenig Aufklärung über die Behandlung des Stoffes geschaffen und damit dem Geheimmittelunfug Vorschub geleistet worden, der sich der gesunden Entwicklung einer solchen Industrie hindernd in den Weg stellt, ganz ähnlich, wie das z. B. jahrzehntelang in der Werkzeugstahlindustrie der Fall gewesen ist.

Das ist die Ursache, warum bis vor kurzem wesentliche Fortschritte in der Ausbildung von Pressen und Vorrichtungen für die Sperrholzfabrikation nicht zu verzeichnen gewesen sind und es möglich war, daß man Pressen und Apparate von ähnlichem Aufbau, die zur Verarbeitung ganz anders gearteter Werkstoffe bestimmt sind, einfach in gleicher Ausführung auch für die Sperrholzindustrie verwendet hat. Traten Schwierigkeiten ein, so war es sehr bequem, diese auf das Fehlen der berühmten Geheimmittel zurückzuführen, statt durch gründliche Untersuchungen festzustellen, ob die vorhandenen Pressen und Apparate der Eigenart des zu verarbeitenden Holzes und des benutzten Klebemittels z. B. genügend Rechnung trugen. Hieraus erklärt sich auch die Tatsache, daß Betriebsmittel, die in anderen Industrien seit Jahren für die wirtschaftliche Fertigung als unentbehrlich anerkannt sind, lange in der Sperrholzindustrie unberücksichtigt geblieben sind.

Das ist vielleicht auch die Ursache, warum in manchen Betrieben nicht der Gleichförmigkeitsgrad der erzeugten Sperrholzqualitäten erzielt worden ist, der es gestattet hätte, die oben erwähnten Unterlagen, die Grundbedingung sind für eine wesentliche Erweiterung des Absatzes, der verbrauchenden Industrie zur Verfügung zu stellen.

Es ist bekannt, daß zur Erzeugung von Sperrholz heute sehr verschiedene Wege gegangen werden, je nach dem vorhandenen Ausgangsmaterial und dem Zweck, dem das fertige Sperrholz dienen soll.

Es werden in manchen Gegenden noch nasse Furniere verleimt und das verleimte Sperrholz nachher getrocknet. Meist wird jedoch eine völlige oder wenigstens teilweise Trocknung der Furniere vor der Verleimung vorgenommen.

Als Klebmittel werden, wohl hauptsächlich beeinflußt von den Preisen derselben, bald Kasein, bald Albumin verwendet oder auch Knochen- und Lederleim. Das Warmpreßverfahren beginnt mehr und mehr das Kaltprozeßverfahren zu überflügeln. Gewiß lassen sich die

Pressen und Vorrichtungen so bauen, daß sie als Universalmaschine für alle die genannten vorkommenden Fälle brauchbar sind. Jedoch bedarf es wohl kaum einer Erläuterung, daß solche Universalmaschinen teurer sind und unter Umständen nicht so wirtschaftlich arbeiten, wie Maschinen, die auf die Spezialbearbeitung eingestellt sind, mit der in der Anlage tatsächlich gerechnet werden muß.

Dem Geiste moderner Fabrikation entsprechend, muß andererseits die konstruktive Durchbildung der notwendigen Maschinen und Vorrichtungen so erfolgen, daß wenigstens bezüglich der Einzelteile auch für die verschiedenen vorkommenden Fälle eine weitgehendste Normalisierung und Typisierung durchgeführt wird, will man in der Lage sein, Einrichtungen zu erstellen, die tatsächlich preiswert sind, und vor allen Dingen auch betriebstechnisch dem Sperrholzfabrikanten das Günstigste bieten. Bei der Besprechung der konstruktiven Einzelheiten der Pieron-Pressen und -Vorrichtungen ist noch eingehend dargetan, wodurch den besonderen Anforderungen der Sperrholzfabrikanten auf den verschiedenen Wegen Rechnung getragen ist. Es geht aus den nachstehenden Beschreibungen für den Fachmann klar hervor, daß eine gründliche Auswertung der vorliegenden umfangreichen Erfahrungen und eine enge Zusammenarbeit mit erfahrenen Sperrholzfabrikanten die Grundlagen für die Pieron-Fabrikate in ihrem Ausbau gewesen sind, und daß sich in deren Ausführungen wirklich die Möglichkeit bietet, unter den wirtschaftlichsten Verhältnissen Qualitätsfabrikate zu erzeugen.

Natürlich ist es notwendig, bei jedem Angebot den gegebenen Verhältnissen und den gestellten Anforderungen Rechnung zu tragen. Hierbei zeigt es sich häufig erwünscht, daß der beschaffende Sperrholzfachmann mit dem Spezialisten für die Erbauung solcher Anlagen persönlich Fühlung nimmt, um alle Möglichkeiten auszuschöpfen, die sich zur wirtschaftlichen Gestaltung der zu schaffenden Anlage bieten. Dieses ist um so mehr zu empfehlen, als gerade die Pieron-Pressen und Pieron-Einrichtungen zum Teil völlig neue Wege gegangen sind. Es hat sich merkwürdigerweise gezeigt, daß eine ganze Anzahl von Erfahrungen aus benachbarten Spezialgebieten für die Sperrholzindustrie bisher unausgenützt geblieben sind. Die Anpassung dieser Erfahrungen an die Sonderanforderungen der Sperrholzindustrie haben eine ganze Anzahl patentamtlich geschützter Vorrichtungen und Arbeitsmethoden erstehen lassen, welche für die Sperrholzindustrie von größtem Nutzen sind. Es sei hier nur kurz auf die halb automatischen Beschickungsvorrichtungen, die elektrische Beheizung der Presse, das Multiplikationsverfahren usw. hingewiesen, die ich bei der Behandlung der einzelnen hierfür gebrauchten Apparate noch eingehend bespreche.

An einzelnen Stellen hatte man wohl infolge des völligen Fehlens von wissenschaftlichen Unterlagen über das Verhalten der Klebmittel usw.

begonnen, Versuchseinrichtungen zu benutzen, um sich die fehlenden Unterlagen zu beschaffen. Leider jedoch scheint es, als wenn dieses sehr richtige Vorgehen wieder allgemein eingestellt worden ist. Es werden von den Pieron-Werken kleine Spezialpressen als Laboratoriumspressen geliefert, die es ermöglichen, ohne große Aufwendungen nicht nur durch praktische Versuche an kleinen Formaten die für jedes Holz und für jedes Klebmittel zweckmäßigsten Verhältnisse vom Trocknungsgrad des Holzes, Zusammensetzung des Klebemittels, Größe des Druckes, Zeitdauer des Druckes, Temperaturen usw. zu bestimmen, sondern auch um eine laufende Betriebskontrolle in dieser Beziehung durchzuführen, die hier bei einem Werkstoff mit so variablen Eigenschaften wie Holz unendlich viel wichtiger erscheint, wie z. B. in der Hüttenindustrie, wo dennoch derartige Prüfeinrichtungen für die Festlegung der richtigen Arbeitsprozesse und deren dauernde Kontrolle Einrichtungen geworden sind, die in keinem geordneten Betrieb fehlen dürfen.

Abb. 248. Original-Pieron hytraulische Laboratoriumspresse.

Selbstverständlich werden die Pieron-Pressen und Einrichtungen für den Betrieb auch mit Meßapparaten und Überwachungseinrichtungen versehen, die es dann auch gestatten, die Einhaltung der Werte im Betrieb zu überwachen und anzuwenden, welche die Prüfstelle für die günstigsten ermittelt hat.

Die Erfahrung lehrt, daß sehr oft nicht nur Projekte aufgestellt, sondern auch Anlagen ausgeführt worden sind, ohne daß vorher die Unterlagen gründlich fachmännisch geprüft worden sind, um die Einrichtungen einer wirklich zweckmäßigen und wirtschaftlich arbeitenden Anlage zu sichern. Wie häufig kommt es vor, daß nach kaum beendeter Montage und Inbetriebsetzung der Anlage Umbauten vorgenommen oder noch häufiger Ergänzungsapparate, z. B. nicht selten Akkumulatoren aufgestellt werden müssen, also Aufwendungen nötig sind, die hätten unterbleiben können, wenn vorher mit der nötigen Gewissenhaftigkeit und Sachkenntnis die Grundlage für die zu errichtende Anlage geklärt worden wäre. Derartige Anlagen für die Fabrikation von Sperrholz sind keine Handelsware, es sind Spezialmaschinen und Spezialvorrichtungen, die den jeweils gegebenen Verhältnissen sachgemäß angepaßt werden müssen. Sie sind keine Katalogwaren, die durch irgendeinen Vermittler gekauft oder bezogen werden können, ohne daß der Sperrholzfabrikant in unmittelbare Berührung mit dem Erbauer der einzelnen Vorrichtungen tritt.

Gewiß hat man die Möglichkeit, auf eine allgemeine Anfrage hin eine Presse mit normalem Druck für eine vorgeschriebene oder auch eine gewählte mittlere Plattengröße anzubieten. Bei näherer Untersuchung ergibt sich doch fast stets, daß es besser gewesen wäre, die wirklich vorliegenden Verhältnisse vorher zu prüfen, und die Unterlassung dessen bringt nicht selten, wenn auch gerade keine Unwirtschaftlichkeit, so doch eine Erhöhung der Selbstkosten des Sperrholzes mit sich, die hätte unterbleiben können.

Es müssen zumindest folgende Unterlagen geklärt sein, will man ein wirklich brauchbares Angebot erhalten:

Es muß bekannt sein, zu welchem Zweck das zu fabrizierende Sperrholz verwendet werden soll; die Grenzen für Größe und Stärke desselben, sowie die Gesamtleistung der geforderten Anlage muß gegeben sein.

Es ist notwendig, vorher festzulegen, nach welchem Verfahren die Verleimung vorgenommen werden und welche Holzarten zur Verwendung kommen sollen. Dies ist nicht nur nötig für die Bestimmung der Ausgestaltung der Presse, sondern auch für die Gesamtdisposition der Anlage.

Es muß bekannt sein, ob nasse oder getrocknete Furniere verleimt werden sollen oder beide, da der Verleimungsdruck hiervon ebenso abhängt, wie von der Stärke der Furniere, Holzart und dem verwandten Klebmittel. Es werden gewiß auch Pressen gebaut, die für alle Leimarten, für alle Hölzer und sowohl für nasse als auch für getrocknete Furniere Verwendung finden können, nur ist natürlich eine derartige Universalpresse kostspieliger und komplizierter als z. B. eine Presse, die nur für die Verleimung getrockneter Furniere mit Kasein oder Albumin bestimmt ist. Die mangelnde Prüfung der Unterlagen würde also eine Erhöhung der Anlage- und auch der Betriebskosten mit sich bringen. Eine weitere wichtige Frage wäre die, ob Kalt- oder Warmverleimung beabsichtigt ist, ob mit Kasein, Albumin, Knochen- oder Lederleim gearbeitet werden soll, oder welche der genannten Mittel auf der Presse wechselweise verwendbar sein sollen.

Auch der Feuchtigkeitsgehalt der Luft hat Einfluß auf die Wahl der Presse sowie evtl. vorbereitender Apparate.

Je nach den vorhandenen Kraftanlagen gibt es verschiedene Möglichkeiten bei Warmverleimung für die Beheizung der Platten; es muß geklärt werden, ob Dampfheizung oder Elektrizität das gegebene Mittel ist.

Möglichst genaue Unterlagen liegen auch deswegen im Interesse des Beschaffers, weil der Lieferant in die Lage gesetzt wird, ihm die neuen Möglichkeiten zu zeigen, die der Fortschritt auf diesem Gebiete gezeitigt hat, so z. B. ermöglichen die Pieron-Elektroheizplatten die Erstellung von Pressen, die gleich wirtschaftlich zum wechselweisen Betriebe von Kalt- und Warmverleimung geeignet sind.

Bei der Angabe genauer Unterlagen wird der Erbauer auch in der Lage sein, zu erwägen, ob nicht, besonders bei großen Platten, eine mechanische Beschickung am Platze ist oder ob diese nicht wenigstens für den späteren Ausbau vorgesehen werden sollte. Man wird den Sperrholzfabrikanten darauf hinweisen können, daß er die Möglichkeit hat, bei seiner Raumdisposition auch der zukünftigen Entwicklung Sorge zu tragen, und so ohne unnötige Verteuerung der Anlage später ergänzende Maschinen und Vorrichtungen einbauen kann. Es werden ernsthaften Reflektanten Fragebogen unterbreitet, die dem Sperrholzfabrikanten die nötigen Anregungen geben, um all das zu berücksichtigen, was für den Erhalt eines wirklich brauchbaren Angebotes notwendig ist.

1. Hydraulische Pieron-Pressen.

Hydraulische Pressen werden bei der Herstellung von Sperrholz zum Zusammenleimen der Furniere unter der Bezeichnung „Leimpressen, Klebpressen und Furnierpressen" verlangt, außerdem zum Trocknen von naß verleimten Sperrhölzern unter der Bezeichnung „Trockenpressen".

Das Arbeitsprinzip der hydraulischen Pressen ist so bekannt, daß nur ganz kurz hierauf an dieser Stelle eingegangen werden soll.

In einem Zylinder, der fast durchgängig bei diesen Pressen unten liegt, wird ein Kolben durch 8—35 Atm. Wasserdruck, je nach der Leimart und Sperrplattengröße hochgetrieben. Auf dem Kolben befindet sich ein sog. Preßtisch a, der sich gegen ein Kopfstück b bewegt, welches mit dem Preßzylinder verbunden ist. Die zu verleimenden Furniere oder zu trocknenden Sperrhölzer werden entweder in großen Packen oder bei gewöhnlichen Etagenpressen durch Zwischenordnung von geheizten Platten zwischen dem Preßtisch a und dem Oberteil b zusammengepreßt.

Der Wasserdruck im Zylinder wird meistens durch eine kleine Pumpe (Abb. 250) erzeugt.

Die Fabrikation von Sperrholz und seine Verwendung. 249

Um ein wirtschaftliches Arbeiten zu ermöglichen, sind diese Pumpen meist mit 2 Druckstufen versehen. Mit ihren größeren Kolben, die eine größere Wassermenge gegen den kleineren Schließdruck der Presse zu leisten vermögen, wird die hydraulische Presse geschlossen, d. h. der Preßtisch gegen das Kopfstück *b* (Abb. 249) gehoben und gedrückt, bis

Abb. 249. Rahmenpresse, Bauart Pieron für Sperrholz.

ein gewisser Gegendruck erreicht ist, alsdann schalten gute Pumpen automatisch auf die Hochdruckstufe um, bei der ein kleiner Kolben noch die geringen Wassermengen in den Zylinder hineinbefördert, die notwendig sind, um den Höchstdruck zu erzielen, welcher für den betreffenden Fall vorgeschrieben worden ist. Gute Pumpen haben auch zuverlässig wirkende automatische Einrichtungen, um diesen Höchstdruck konstant zu halten. Zwischen der Presse und der Pumpe ist ein Steuerapparat *a* (Abb. 250) geschaltet, der gewöhnlich gleich den Druckanzeiger trägt.

Abb. 250 zeigt eine normale derartige Anlage der Bauart 1921/22, und zwar zeigt diese Abbildung eine Etagenpresse mit dampfbeheizten Platten, die auf Schlitzblechen gelagert sind, eine Konstruktion, die man heute nur noch für Spezialfälle ausführt.

Für die Abmessung der Pressen ist naturgemäß zunächst maßgebend die Abmessung der zu fertigenden Sperrplatten. Über gewisse Formate hinaus ist man gezwungen, statt eines Zylinders zwei Zylinder zu verwenden. Zu mehr als 2 Zylindern soll man bei Sperrholz nur dann übergehen, wenn Sonderverhältnisse dieses erfordern. Gewöhnlich

Abb. 250. Preßanlage für Spezialzwecke mit Schlitzblechen, Bauart Pieron.

kommt man auch bei den größten Formaten mit 2 Zylindern aus. Soweit wie angängig, soll man auch versuchen, mit einem Zylinder auszukommen, und wenn 2 Zylinder verwendet werden, zumindest Sicherheiten für einen Druckausgleich schaffen, um Brüche an Preßtisch und Gegenlager des Kopfstückes zu vermeiden. Diese Gefahr besteht bei mehreren Zylindern immer, wenn nicht die Sicherheit gegen das einseitige Belegen der Pressen geschaffen ist.

Der maximale Wasserdruck im Zylinder hängt ab von der Art der gewählten Verleimung und der Größe der Preßflächen. Der Höchstwasserdruck multipliziert mit der Fläche des Zylinders ist gleich dem geforderten Druck auf die Platten pro Quadratzentimeter (Leimdruck), multipliziert mit der Größe derselben in Quadratzentimeter. Es geht hieraus hervor, daß es unzureichend ist, bei Anfragen nach Pressen lediglich den höchsten Wasserdruck anzugeben.

Je nach dem verwandten Leim- und Arbeitsverfahren ist nicht nur der Höchstdruck verschieden, sondern auch die zu fordernde kürzeste Schließzeit der Presse. Sie hängt auch davon ab, ob die Pressen für Kalt- oder Warmverleimung bestimmt sind — in letzterem Falle, ob sie nur für Heizung oder mit Heizung und Kühlung oder für welche Kombinationsfälle vorzusehen sind.

Wenn auch die Notwendigkeit wirtschaftlicher Herstellung der Pressen eine weitgehende Ausnutzung des Materials wünschenswert macht, so wird doch darauf verzichtet, trotz weitgehendster Ökonomie in Material, Konstruktion und Ausführung, mit der Beanspruchung des Werkstoffes bis an die Grenze zu gehen, die schon bei geringen abnormen Beanspruchungen zu Brüchen führen muß, wenn auch eine Gewichtsersparnis den Anschaffungspreis verringern würde. Es ist grundverkehrt, nur um billig zu sein, minder Gutes an Stelle dessen zu setzen, was vom konstruktiven und betriebstechnischen Standpunkt aus für das Zweckmäßigste erkannt worden ist.

Im allgemeinen wird in neuerer Zeit hauptsächlich mit Warmverleimung gearbeitet, bei Verwendung von Dampfheizung mit Plattenpressen. Bei elektrischer Heizung können sowohl Plattenpressen als auch Packpressen verwendet werden, welche für die Kaltverleimung in Gebrauch sind.

Zunächst sollen die Plattenpressen mit Dampfbeheizung besprochen werden, dann Pressen mit elektrischer Beheizung und Kaltpressen. Der prinzipielle Aufbau der Pressen geht aus den Abb. 249—253 hervor.

Im Gegensatz zu den landläufigen Ausführungen, die jahrelang in Anpassung an Pressen, für ähnliche Zwecke gebaut, auf dem Weltmarkt waren, sind die Pieron-Pressen den ganz besonderen Anforderungen der Furnier- und Sperrholzfabrikation angepaßt. Es sind eine ganze Anzahl wesentlicher Verbesserungen geschaffen worden, die zum größten Teil auch patentamtlich geschützt sind; dieselben sollen nachstehend besprochen werden.

Abb. 250, 251, 252 und 253 zeigen einzylindrige Furnierpressen. Die Gesamtanordnung ist wie sie ähnlich bisher allgemein üblich war, jedoch mit den den Pieron-Pressen eigentümlichen Verbesserungen ausgerüstet, die später im Zusammenhang mit den weiteren Konstruktionen eingehend erörtert werden. Aus diesen Abbildungen geht hervor, daß die Verbindung zwischen Zylinder und dem oberen Kopfstück durch Säulen bewirkt ist, die entweder auf beiden Seiten Muttern tragen oder auf der einen Seite bajonettartigerweise durch entsprechend gestaltete Öffnungen gehalten werden. Die Säulen sind aus bestem geschmiedeten oder gewalzten Siemens-Martin-Stahl hergestellt, das Kopfstück ebenso wie Zylinder und Unterteil der Presse sind in dieser Ausführung stets aus allerbestem Stahlguß gefertigt. Fast durchgängig ist bei den größeren Pieron-Pressen, die noch als Säulenpressen ausgeführt werden, Zylinder und Unterteil nicht in einem Stück gebaut, wenn auch diese Ausführung billiger ist, sondern der Zylinder in das Unterteil hängend eingesetzt. Es wird damit die Übertragung aller derjenigen Biegungs- und Zugbeanspruchungen auf den Zylinder vermieden, die von dem Untergestell aufgenommen werden müßten und so häufig zu Rissen und Störungen Anlaß gegeben haben, die man bei der billigeren Ausführung in einem Stück fälschlicherweise ,,fehlerhaftem Material" zum Schaden der Käufer zugeschoben hat. Die getrennte Herstellung dieser Teile aus Stahlguß ist auch weit zuverlässiger möglich. Außerdem ist, auch wenn wirklich einmal an einem Zylinder irgend etwas eintreten sollte, nur der Zylinder zu ersetzen und nicht das gesamte Unterteil. Die ganze Adjustierung der Presse wird einfacher und zuverlässiger. Der Kolben aus Gußeisen trägt den Preßtisch aus Stahlguß. Plattenzuführungen, Meßkontrolleinrichtungen usw. werden zu diesen Pressen in genau derselben Spezialausführung geliefert, wie weiter unten für die anderen ausgeführt.

Abb. 251. Pieron-Säulenpresse, Modell 1921/22.

Zeigt z. B. Abb. 251 schon einen wesentlichen Fortschritt gegenüber den früheren Ausführungen, so wird der Fortschritt durch die in Abb. 249 gezeigte Presse noch ganz besonders erkennbar. Bei den neuen Rahmenpressen wird der Gesamtdruck durch zwei oder mehrere starke, aus Siemens-Martin-Stahl gewalzte Bleche in sich aufgenommen. Die hauptsächlich beanspruchten Teile sind aus geschmiedetem oder gewalztem Material hergestellt und so ausgebildet, daß eine sorgfältige Werkstoffprüfung vor ihrer Verwendung Platz greifen kann.

Die abgebildeten Rahmenpressen zeigen, daß die Heizsäulen vollkommen verschwunden sind und daß die Verteilung des Heizdampfes bzw. Kühlwassers in die einzelnen Preßplatten durch organisch mit der Presse zusammengebaute Elemente bewirkt wird. Es ist eine Einrichtung getroffen, um die Heizung und Kühlung der Platten durch Betätigung eines einfachen Hebels in wechselnder Richtung erfolgen zu lassen, wodurch eine schnellere und gleichmäßigere Erwärmung der Platten ermöglicht und außerdem auch die Leistung der Presse wesentlich erhöht wird.

Ähnlich wie dies an elektrischen Kraftmaschinen, in Wärmeanlagen usw. seit Jahren geübt wird, ist auch hier die genaue Kontrolle aller Werte, die im Betriebe zu beachten sind, vom Bedienungsstand aus möglich. Es ist sozusagen am Bedienungsstand die Druck- und Wärmeschalttafel in übersichtlicher Weise zusammengefaßt. Über dem Hydraulikventil befindet sich unmittelbar das Hydraulikmanometer. Auf den beiden Verteilern hinter der Umschaltvorrichtung sind Dampfdruckmanometer, und auf der Abbildung nicht sichtbar, jedoch vom Bedienungsstand aus leicht zu überblicken, die Thermometer, welche die Plattentemperatur zu messen gestatten. Es sind in dieser Anordnung also alle Maßnahmen getroffen, um einen übersichtlichen, klaren und einfachen Betrieb mit der Presse zu ermöglichen. Wo besondere Umstände die Fertigung als Säulenpresse erfordern, werden in den neuen Ausführungen auch diese mit denselben übersichtlichen Schaltordnungen versehen, wie die Rahmenpressen. Es sei noch vorweggenommen, daß, wie nachher noch ausführlicher dargelegt, schädliche Wirkungen durch Auftreten von Wassersäcken bei den Ausführungen nicht zu befürchten sind, weil durch besondere Anordnungen die periodische Entwässerung der Presse sichergestellt ist.

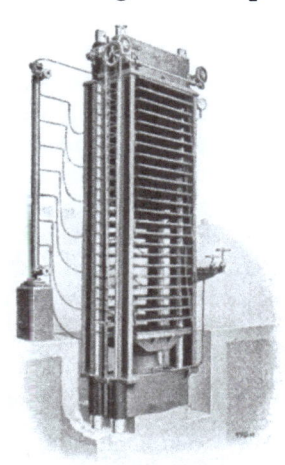

Abb. 252. Pieron-Spezial-Presse mit Serienheizung.

Nachstehend seien einzelne typische Merkmale der Pieron-Konstruktionen noch hervorgehoben.

Bei reichlicher Dimensionierung der Preßzylinder erfolgt die Zuführung des Preßwassers so, daß der Anschluß stets leicht zugängig ist und Aufwirbeln von etwaigen Ablagerungen, wie auch Anfressungen des Preßkolbens durch das einströmende Wasser vermieden werden. Durch eine sinnreiche Vorrichtung (D.R.P.) ist ohne Demontage der Presse, ohne Verwendung irgendwelcher besonderer Hilfsgeräte und Absteifungen das Hochhalten des Preßtisches und der Platten in einfachster Weise möglich, und zwar bei den Säulenpressen durch eigenartig geformte Tragringe, die an den Säulen in entsprechender Lage festgestellt werden können, bei den Rahmenpressen durch Tragklinken oder Riegel, die an den Rahmen verstellbar vorgesehen sind. Die Manschette (keine Stopfbüchse) wird nach Herunterlassen des Kolbens durch eine ebenfalls durch D.R.P. a. geschützte Vorrichtung mühelos freigelegt. Sie ruht auf einem massiven Druckring, der mit Spezialbohrungen versehen ist, welche eine automatische und außergewöhnlich zuverlässige Abdichtung durch das Preßwasser selbst bewirken, und liegt auch oben an einem Metalldruckring an. Der Kolben wird nicht unter die Manschette heruntergelassen, vielmehr wird die Manschette über den Kolben eingebracht, so daß ihre richtige Lage zu diesem genau kontrollierbar ist.

Das bei den landläufigen Konstruktionen notwendige Fallen und Einbeulen der Manschette bei ihrer Einbringung ist völlig vermieden, es ist auch sichergestellt, daß sie nicht beim ersten Heraufgehen des Kolbens, wie bei anderen Konstruktionen möglich, bereits aus ihrer richtigen Lage herausgebracht wird. Die Aufgabe, in die massiven Heizplatten aus Stahl die Kanäle, welche den Heizdampf bzw. Kühlwasser führen, einzuarbeiten, ist in einer patentamtlich geschützten Ausführung gelöst. Entgegen allen anderen Ausführungen vermeidet sie bei gleichmäßigster Wirkung von Heizung bzw. Kühlung alle toten Winkel und schädlichen Räume, sowie alle scharfen Richtungswechsel, wie auch Wirbelungen und Stauungen selbst an den Wendepunkten der schlangenförmigen Bohrungen. Auf einfachste Art sind die Bohrungen zugänglich gemacht. Sie können in ihrer ganzen Länge mechanisch befahren und gereinigt werden, ohne daß eine Demontage der Platten notwendig wäre, da die Endverschraubungen der Kanäle auch nach langem Gebrauch dauernd lösbar bleiben. Die Abdichtung erfolgt durch Kupfer oder andere Dichtungsmetalle, was besonders wichtig ist bei Pressen, die für Heizung und Kühlung eingerichtet sind. Kesselstein oder sonstige Ablagerungen, die sich trotz des geringen Durchströmungswiderstandes bei ungeeignetem Wasser etwa ablagern, können daher jederzeit in einfachster Weise durch wirklich lösbare Verschraubungen entfernt werden. Die Aufgabe, den beweglichen Platten Heizdampf und auch Kühlwasser von festen Punkten aus zuzuführen, wozu früher Schleifenrohre und Kniegelenke verwendet worden sind, die sich nicht bewährt haben, wird jetzt fast ausschließlich durch Verwendung biegsamer Metallschläuche gelöst.

Unsachgemäße Anordnungen solcher Metallschläuche sind meist die Hauptstörungsstellen in Betrieben, infolge der immer wieder auftretenden Undichtigkeiten und Brüche, hervorgerufen durch die an den Befestigungsstellen der biegsamen Schläuche erfolgenden starken Beanspruchungen. Die konstruktiv richtige Aufhängung hat man durch die abenteuerlichsten Führungsformen der Schläuche ersetzen zu müssen geglaubt, um angeblich hierdurch die Bildung von Wassersäcken in den Zu- und Ableitungen vermeiden zu können, was trotzdem dadurch nicht erreicht wird. Die sorgsamste konstruktive Durcharbeitung sowie

Die Fabrikation von Sperrholz und seine Verwendung. 255

die Berücksichtigung der bei den Furnierpressen vorliegenden Verhältnisse, wie auch die Erfahrungen, die man in der Praxis in kongruenten Fällen gemacht hat, haben zu einer Lösung (D.R.P.) geführt, die neben der größten Haltbarkeit der biegsamen Schläuche außerdem auch die Vermeidung der Nachteile in sich birgt, welche Kondenswasser und Wassersäcke in den Plattenbohrungen und Zu- sowie Ableitungen mit sich bringen. Die Anordnung ist in Abb. 249 erkenntlich.

Die die Zugänglichkeit der Platten behindernden Standrohre sind gänzlich verschwunden, die Zu- und Abführungen von den Platten sind so angeordnet, daß eine unzulässige Beanspruchung der biegsamen Schläuche vermieden ist, sie hängen von den Aufhängepunkten senkrecht herunter, der untere Bogen unterschreitet den zulässig geringsten Krümmungsradius nicht. Es ist für eine sichere und kontinuierliche, automatisch wirkende Abführung des Kondenswassers durch eine patentierte Hebevorrichtung Sorge getragen, so daß auch die Ursachen für Dampf- und Wasserschläge in den Schläuchen fast ganz ausgeschaltet werden. Diese Anordnung der Dampf- bzw. Wasserzu- und -ableitungen bewirkt ein bedeutend schnelleres Anheizen und Kühlen der Platten, mithin Dampfersparnis und Verringerung des Wasserverbrauchs sowie Verkürzung der Arbeitszeit.

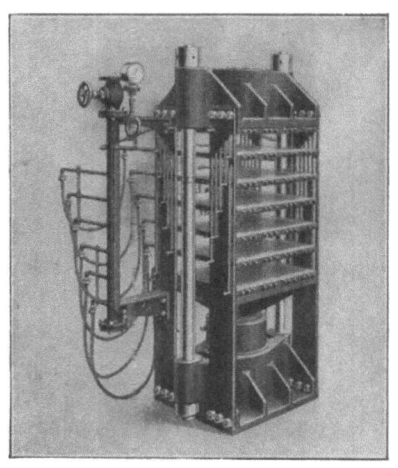

Abb. 253.
Pieron-Zweisäulenpresse, Bauart 1921/22.

Zwischen Platten und Säulen ist genügend Spielraum gelassen, um die Bedienung zu erleichtern. Wo gewünscht, können die Furniere überstehen, um die Verschmutzung der Platten durch abtropfendes Wasser oder Leim zu verhindern, trotzdem ist eine sichere Führung der Platten erreicht, da ihr seitliches Ausweichen verhindert ist, und zwar in einer Form, die ebenfalls die Zugängigkeit möglichst wenig behindert.

Durch Normalisierung der einzelnen Konstruktionselemente ist die Zahl von Ersatzteilen, soweit sie überhaupt notwendig sind, auf ein Mindestmaß beschränkt. Als Beispiel sei nur angeführt, daß bei der Rahmenpresse sämtliche biegsamen Schläuche die gleichen Längen haben und alle Anschlüsse vollkommen einheitlich durchgebildet sind. Die Verschränkungen und Dichtungen sind sämtlich normalisiert.

Bei elektrisch geheizten Plattenpressen sind die gebohrten Stahlplatten durch elektrische Heizplatten D.R.P.a. ersetzt, die mit Stahl-

oder Aluminiumbelag versehen sind. Die Beheizung erfolgt vollkommen gleichmäßig über die ganze Fläche. Statt der Schläuche sind biegsame Kabel für die Stromzuführung vorgesehen, deren Anschlüsse so gestaltet sind, daß sie auch unter Feuchtigkeit nicht leiden, mit der bei der Fabrikation von Sperrholz stets zu rechnen ist. Bezüglich der Konstruktion der Pressen an sich gilt dasselbe wie für die dampfbeheizten Pressen. Auch bei diesen Pressen ist am Führungsstand eine Zusammenfassung aller notwendigen Meß- und Beobachtungsinstrumente vorgesehen.

Für die Kaltverleimung werden Pressen ähnlich Abb. 254 angefertigt. Für gewisse Dimensionen werden jedoch auch diese Pressen als Rahmenpressen ausgeführt. Bezüglich der Konstruktion der einzelnen Pressenteile gilt das gleiche, wie oben beschrieben. Die Wagen zur Aufnahme des kalt zu verleimenden Gutes sind Sonderkonstruktionen, die diesem Zweck besonders angepaßt sind. Die Aufhängung der Spannschlösser, die aus bestem Material hergestellt sind, ist aus der Abbildung ersichtlich, gestattet ein leichtes Einfahren der Wagen in dieselben und ein leichtes Spannen, da die Spannschlösser für sich eingehängt werden können.

Abb. 254. Pieron-Säulenpresse mit Wagen und Spannschlössern für Kaltverleimung.

Dieselbe Art Pressen wird auch für die elektrische Warmverleimung in Packungen geliefert. Hierbei werden die Pieron-Elektroheizplatten entweder in gewöhnlicher Weise zwischen die zu verleimenden Hölzer angeordnet oder durch eine Spezialvorrichtung, die als Hubtisch später beschrieben wird. Die Spannschlösser fallen dann naturgemäß fort.

Für jede Presse wird eine Fundamentzeichnung mit einem Aufstellungsplan geliefert. Die zweckmäßigste Art der Aufstellung hängt selbstverständlich ab von den gegebenen örtlichen Verhältnissen und von der Arbeitsweise. Entscheidenden Einfluß hat die Frage, ob die Beschickung von Hand oder maschinelle Beschickung vorgesehen ist. Dringend zu warnen ist davor, die Pressen so aufzustellen, daß die Zylinder in ausgehobenen Gruben ruhen, welche unterhalb des Grundwasserspiegels liegen und nicht entwässert werden können, oder gar die früher vielfach geübte Anordnung, die Pressen auf eine Bühne zu stellen und darunter Pumpe und Akkumulatorenanlagen neben den tiefgesetzten Zylindern.

Man ist längst zu der Erkenntnis gekommen, daß sich in gewissem Grade die Formgebung von Sperrplatten gleich beim Verleimungsprozeß der Furniere zu Sperrholz bewirken läßt. In weitgehendster Weise wird dieses Verfahren schon seit längerer Zeit bei der Herstellung von gewölbten Stuhlsitzen benutzt, bei denen die Heizplatten entsprechende Vertiefungen bzw. Erhöhungen erhalten, teils durch Auflage von Kalotten, teils dadurch, daß die Platten selbst nach Anbringung der Heizkanäle entsprechend durchgebogen werden.

Für Spezialfabrikationen werden auch kombinierte Pressen gebaut, die glatte Platten, gewölbte Platten oder auch Formstücke in derselben Presse herstellen lassen.

Abb. 255 zeigt das Schema einer Presse, wie sie für die Stuhlfabrikation mehrfach geliefert worden ist. In dem oberen Arbeitsraum werden Stuhllehnen hergestellt, in dem mittleren Arbeitsraum gewölbte Stuhlsitze und in dem untersten Arbeitsraum wird durch Anbringung von Formen auf den Heizplatten die Möglichkeit gegeben, auch Formstücke der verschiedensten Art herzustellen. Derartige Pressen werden zweckmäßig meist mit einer Anzahl weiterer glatter Heizplatten, oder auch gewölbter geliefert, die leicht an Stelle der auf der Abbildung der Presse angegebenen eingebaut werden können, um

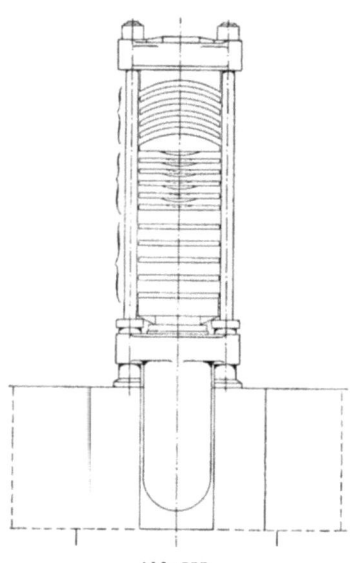

Abb. 255.
Kombinierte Presse für Stuhlsitze, Formhölzer und -Sperrplatten.

auch in der Lage zu sein, auf der ganzen Presse, unter voller Ausnutzung ihres Hubes, in allen Arbeitsräumen glatte Sperrplatten oder auch Stuhlsitze bzw. Formen serienweise herstellen zu können. Das gleichzeitige Herstellen von glatten und gewölbten Platten, wie auch Formstücken, ist meist nur in Spezialfällen mit höherer Wirtschaftlichkeit möglich, weil ja schon die spezifischen Drucke für die verschieden herzustellenden Fabrikate nicht die gleichen sind.

Weitere Sondereinrichtungen sind geschaffen worden zur Verleimung von Furnieren nicht nur in Form von Platten oder gebogenen Formen, sondern auch zu in sich geschlossenen Körpern, und zwar unter Verwendung neuer Gesichtspunkte. Es lassen sich Fässer und Hohlgefäße vieler Formarten mit dieser Vorrichtung herstellen.

Eine ganze Anzahl von Gegenständen, die heute noch rein handwerksmäßig aus Furnieren mit primitiven Mitteln hergestellt werden, lassen sich maschinell fabrizieren, z. B. seien nur genannt, Kästen beliebiger Form für Nähmaschinen, Schreibmaschinen usw.

2. Versuchspressen — Laboratoriumspressen.

Wirtschaftliche Betriebskontrolle ist eine Vorbedingung für wirtschaftliches Arbeiten. Zu einer solchen Kontrolle bedarf es der Kenntnis der genauen zahlenmäßigen Daten für die kritischen Werte, wie z. B. Leimdruck, Temperatur, Leimdauer, Feuchtigkeitsgrad des Holzes, Konsistenz und Zusammensetzung des Leimes usw.

Abb. 256. Spezialpumpe mit 3 Kolben der Pieron-Werke.

Bei der Verschiedenheit des zur Verarbeitung kommenden Materials und der Hilfsmittel sind die wirtschaftlichen Zahlen für diese kritischen Werte Änderungen unterworfen. Schätzungen können bei der nötigen Erfahrung wohl zu Zahlen führen, die ein befriedigendes Endprodukt ergeben. Nicht gesagt ist es jedoch, daß man nicht dasselbe Endprodukt billiger mit wirtschaftlich günstigeren Werten, z. B. in Druck, Temperatur und Zeitdauer, erreichen kann. Hierüber geben nur systematische, praktische Versuche Aufschluß.

Um diese wirtschaftlichsten Zahlen zuverlässig finden zu können, werden Laboratoriumspressen nach Abb. 248 gebaut, die mit kleinen geheizten Platten, und zwar mit 2 oder 3 derselben ausgerüstet, die genau meßbare Einstellung verschiedener Temperaturen, Drucke, Zeitdauer usw. ermöglichen. Die notwendigen Versuche sind also mit geringen Kosten durchführbar.

Es besteht auch z. B. die Möglichkeit, die einzelnen Lieferungen von Leim auf ihre Gleichmäßigkeit und Geeignetheit zu prüfen, ohne es an teueren, großen Formaten erproben zu müssen, ferner festzustellen, ob nicht mit billigeren Qualitäten unter anderen Betriebsbedingungen dasselbe Ergebnis zu erzielen ist usw.

Das Vorhandensein einer solchen Presse, welche die Daten für Betrieb und dessen Kontrolle liefert, regt auch zu neuen Versuchen an, zur Herzubringung neuer Ideen und neuer Artikel, sie gibt die Möglichkeit zur Prüfung der Geeignetheit von angebotenen Neuerungen. Ihr

Gebrauch wirkt erzieherisch auf die Arbeiter und macht den Betriebsleiter frei von dem Geheimmittelunfug, der so manchen Betrieb terrorisiert. Sie gibt die zuverlässigen Unterlagen für die Erzeugung einer wirklich gleichmäßigen, guten Sperrholzqualität.

3. Druckwerke.

Auch die beste Presse wird in ihrer Arbeit nicht befriedigen, wenn nicht Sorge dafür getragen ist, daß das Druckwerk, also die Preßpumpe, die zum Betriebe der Presse dient, den besonderen Anforderungen angepaßt ist, die an die Pressen gestellt werden.

Neben der notwendigen Leistung an Wasser pro Minute unter dem jeweilig notwendigen Druck zum Schließen und Zusammendrücken der Presse muß auf gediegenste Konstruktion und vor allem auf einfache Behandlungsweise Rücksicht genommen werden. Einmal angelassen, muß die Pumpe automatisch arbeiten. Die Umsteuerung von Niederdruck auf Hochdruck, vom Schließen auf Pressen, muß bei normalen Anlagen automatisch vor sich gehen, so daß die Bedienungsmannschaft der Presse an der Pumpe überhaupt nichts zu tun hat. Die ganze Betätigung der hydraulischen Seite der Anlage muß sich beschränken auf das Öffnen und Schließen des Preßwasserzu- und -abflusses beim Schließen und Öffnen der Presse.

Es muß dafür Sorge getragen sein, daß der Höchstdruck nicht nur erreicht, sondern auch automatisch während der ganzen Druckzeit in praktischen Grenzen konstant gehalten wird. Die Pumpen müssen daher mit einer automatisch wirkenden Auslösevorrichtung versehen sein, die, sobald aus irgendwelchen Gründen der Druck unter das vorgeschriebene Maß sinkt, automatisch denselben wieder herstellt. Druckwerke, welche nach Erreichung eines bestimmten Druckes ausschalten und erst von Hand wieder in Betrieb gesetzt werden, sind nicht zu empfehlen, da es kein Preßgut gibt, das sofort nach der ersten Druckgebung auf Höchstdruck seine Endstärke erreicht und nicht nachher noch eine, wenn auch noch so kleine Zusammenpressung erfährt, die doch eine automatische Hochhaltung des Druckes notwendig macht. Ist die Auslösevorrichtung richtig dimensioniert und die Ausführung der Pumpe präzise genug, so treten die Druckschwankungen nicht auf, welche bei minderwertigen Ausführungen von Druckwerken dazu geführt haben, nach Erreichung des Höchstdruckes nur eine automatische Ausschaltung zu bewirken, wobei eine Einschaltung erst wieder von Hand zu erfolgen hat. Ein Notbehelf der betriebstechnisch unzureichend und im Betriebe teuer ist.

Selbstverständlich ist es auch, daß ein Druckwerk mit den nötigen Sicherheitsventilen ausgerüstet und vor allem der empfindlichste Teil, das sind die Abdichtungen der Plungerkolben, so durchgebildet ist, daß Betriebsströungen und Unterhaltungskosten auf ein Minimum beschränkt werden. Die großen Anforderungen, die gerade der Krieg an Druckwerke aller Art gestellt hat, haben zu eingehenden Erfahrungen mit Metallpackungen geführt, die sich den Lederdichtungen weit überlegen gezeigt haben. Naturgemäß ist es, daß derartige Präzisionsdauerdichtungen den Anschaffungspreis der Pumpe erhöhen, was jedoch keine Rolle spielen darf, weil hierdurch die dauernd Unkosten verursachende Ersatzbeschaffung von Ledermanschetten und Dichtungen, sowie die Nachteile, welche Undichtigkeiten mit sich bringen, fortfallen. Wo angeblich mit Metallpackungen schlechte Erfahrungen gemacht sind, liegt meist der Grund in der falschen Einbringung derselben.

Nicht zu empfehlen sind auch bezüglich des Antriebes Zahnradantriebe infolge des großen Geräusches und der Abnutzung. Wo der Antrieb von der Transmission nicht möglich ist, wird unmittelbarer Antrieb durch Elektromotor mittels Spannrolle stets vorzuziehen sein (Abb. 250). Sofern kein Hoch- oder Sammelbehälter für das Preßwasser aus anderen Gründen vorgesehen wird, wird zweckmäßig ein genügend großer Wasserkasten unter der Pumpe angebracht.

Die von den Pieron-Werken hergestellten Druckwerke bzw. Pumpen tragen obigen Erwägungen voll Rechnung. Sie sind nicht mit der handelsüblichen Marktware zu vergleichen. Sie sind solidester Bauart, aus nur bestem geprüften Material hergestellt und trotz der gedrängten Form ist vollendete Zugänglichkeit gewahrt.

Mit Ausnahme der kleinsten Typen sind alle mit den erwähnten Metallpackungen versehen. Abb. 256 zeigt eine derartige Pumpe für Riemenbetrieb. In Abb. 250 ist bereits eine solche für Antrieb mit Elektromotor und Spannrolle gezeigt. Das Pumpengestell aus Gußeisen trägt in reichlich bemessenen Ringschmierlagern die Kurbelwelle aus Siemens-Martin-Stahl. Die Lenkstangen sind aus Stahlguß hergestellt, große zylindrische Kreuzköpfe aus Gußeisen übernehmen die Führung der Plunger, so daß ein Ecken derselben ausgeschlossen ist.

Die Plunger selbst sind aus Spezialstahl, gehärtet und geschliffen, und mittels Metallpackung gedichtet. Die Pumpenkörper sind stets aus Schmiedestahl hergestellt. Die Ventile aus bester Bronze sind mitsamt den zugehörigen Ventilsitzen ausbaubar. Es sind die Ventilsitze nicht im Pumpenkörper eingeschlagen oder gar angedreht, wie dies bei anderen Ausführungen zum Teil der Fall ist. Für ausreichende Schmierung ist ebenfalls bestens Sorge getragen, die Kreuzkopfzapfen laufen im Ölbade, die Lenkstangenlager werden durch einstellbare Tropföler mit Öl versehen. Die Hauptlager besitzen, wie bereits erwähnt, Ringschmierung. Bei Spannrollenantrieb ist eine Fundamentplatte für den Motor vorgesehen, um ein gutes Ausrichten des Motors zu ermöglichen (Abb. 250).

Die Pumpen sind stets reichlich dimensioniert zu wählen. Sparsamkeit an dieser Stelle ist falsch und beeinträchtigt die Betriebsergebnisse ungünstig.

Mangelnde technische Einsicht und falsch angebrachte Sparsamkeit hat in vielen Anlagen zur Beschaffung von Akkumulatoren geführt, wo sie sehr gut hätten entbehrt werden können. Bei den heutigen Preisen für derartige Vorrichtungen, für Rohrleitungen und Ventile ist man gezwungen, die Verhältnisse sorgfältiger zu prüfen und besonders, wie eben bereits ausgeführt, nicht ohne genaue Unterlagen Projekte aufzustellen.

Viele Akkumulatoren sind nur deshalb zur Aufstellung gekommen, weil man bei der Beschaffung der Pumpen, also an unrechter Stelle, gespart hatte. Entweder schlossen die Pumpen nicht schnell genug oder sie waren so wenig präzise konstruiert und ausgeführt, daß sie nicht die Konstanthaltung des Höchstdruckes automatisch sichern ließen.

Wo es sich nicht um ganz eigenartige Fälle handelt, ist es immer zweckmäßig, eine wirklich gute Pumpe, die den obigen Ansprüchen genügt, für jede Presse zu wählen, mit der sie ein Aggregat bildet, selbst wenn mehrere Pressen in der Anlage zur Aufstellung kommen. Man erreicht hierdurch ein völlig unabhängiges Arbeiten für jede Presse, vermeidet die teuren komplizierten Rohranlagen, denn gewöhnlich handelt es sich dann um zwei Rohrsysteme, eines für Niederdruck und eines für Hochdruck, mit ihren Ventilen und Abzweigen und den vermehrten Möglichkeiten für Undichtigkeiten und Betriebsstörungen.

Bei Einzelpumpenantrieb werden die Rohrleitungen auf ein Mindestmaß beschränkt, da man zweckmäßig jede Pumpe auf ihren Wasserkasten setzt. Die Pieron-Pumpen erfordern in ihrer gedrungenen Bauart wenig Platz und werden vorteilhaft in nächster Nähe der Pressen Platz finden, ohne zu stören, da an ihnen keine Bedienung notwendig ist, weil ja auch die hydraulische Steuerung am Steuerstand der Presse erfolgt und die Pumpe im übrigen automatisch arbeitet.

Der Kraftbedarf bei Einzelantrieb ist bei Berücksichtigung des gesamten Wirkungsgrades im Wettbewerb mit einer Akkumulatorenanlage auch nicht höher als bei letzterer, und die Betriebssicherheit eine größere, um so mehr, als in vorkommenden Fällen bei mehreren Aggregaten die Pumpen wechselweise als Reserve dienen können.

Schon seit langem geübt wird der Gebrauch von sog. Beilegeplatten zum Einbringen der gelegten und geleimten Furniere in der Presse. Sie bestanden aus verhältnismäßig dünnen Kupfer- oder Zinkplatten. Neuerdings werden fast ausschließlich Aluminiumplatten verwendet. Diese Platten haben in der Hauptsache einen doppelten Zweck zu erfüllen. Zunächst ersetzen sie das in älteren Anlagen geübte (jetzt als unpraktisch und teuer verlassene) Verkupfern der eisernen Heizplatten oder das Belegen derselben mit Kupfer- oder Zinkplatten, um die unmittelbare Berührung der Furniere mit den eisernen oder stählernen Heizplatten und das Fleckigwerden der Sperrplatten bei Verwendung gewisser Hölzer zu vermeiden. Der weitere Zweck ist der, die Furniere bequem zusammenlegen zu können und sie im gelegten Zustande sicherer zwischen die Stahlplatten einzubringen, ohne zu befürchten, daß sich die einzelnen Teile verschieben. Außerdem auch, um beim Durchschlagen des Leimes ein Beschmutzen der Stahlplatten zu verhüten, was die Aus-

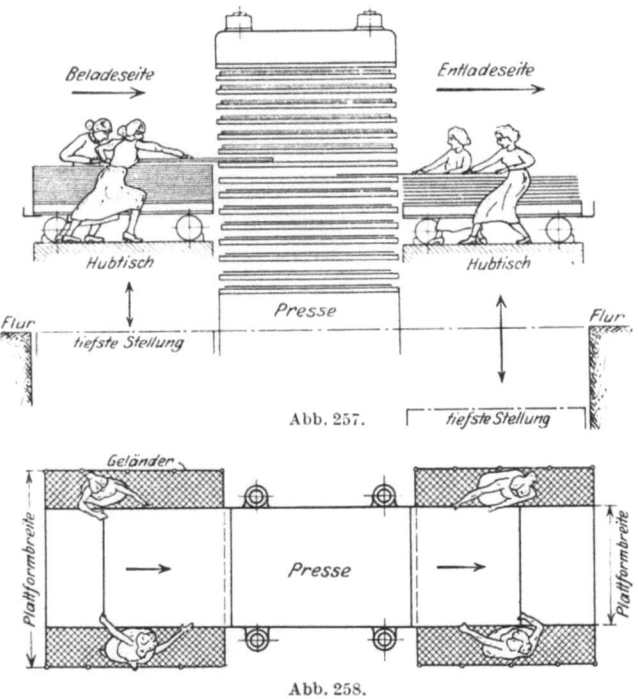

Abb. 257 u. 258. Beschickungsvorrichtungen. — Hubtische für Schnellbetrieb hydraulischer Furnierpressen.

nutzung der Presse beeinträchtigen und den Dampfverbrauch erhöhen würde. Aus den äußerst günstigen Erfahrungen, die mit Hubtischen in verwandten Industrien gemacht sind, ist der Hubtisch hervorgegangen, dessen Arbeiten in Abb. 257 u. 258 im Schema veranschaulicht ist, und zwar zeigt die Abbildung die Anwendung der Hubtische bei einer Etagenpresse für Warmverleimung.

Es ist bekannt, daß besonders bei der Verwendung von Kasein und Albumin zur Erzielung einer gleichmäßigen Qualität ein sehr flottes Arbeiten notwendig ist. Werden die Pressen, besonders wenn es sich um große Sperrhölzer handelt und um Pressen mit einer größeren Anzahl von Etagen, von Hand beschickt, so tritt, ganz abgesehen von der einseitigen Erwärmung der zuerst eingebrachten Furniere, oft schon ein Abbinden des Leimes, z. B. in gewissem Maße bei den zuerst eingebrachten Platten, ein, ehe noch die letzten Platten in die Presse eingebracht sind und ehe die Presse geschlossen und unter Höchstdruck gesetzt werden kann. Ist nun aus falscher Sparsamkeit oder aus mangelnder Erkenntnis der ausführenden Firmen noch, wie in vielen Anlagen der Fall, die Pumpe zu klein gewählt worden, so daß die Presse zu langsam schließt, so ist es kein Wunder, wenn angeblich die Kaseinverleimung so schwer gleichmäßig durchzuführen ist. Man hat versucht, um diesem Übelstand zu steuern, die Pressen von unten nach oben zu beschicken und schon während des Beschickens der oberen Etagen die Presse langsam hochgehen zu lassen. Dadurch wird wohl dem einen Übelstand etwas entgegengewirkt, nämlich der einseitigen Beheizung der Sperrhölzer von der Auflageseite aus und das einseitige Werfen der unteren Furniere, es wird jedoch ein anderer Übelstand hinzugefügt, nämlich der, daß durch die nunmehr beiderseitige Beheizung ohne den für die Verleimung kritischen Höchstdruck die Gefahr des vorzeitigen Abbindens des Leimes verdopppelt wird.

Vorbedingung für ein wirtschaftliches Arbeiten bei der Erzeugung von Qualitätsfurnieren bei Verwendung von Kasein oder Albumin, also bei der Herstellung sog. wasserfester Furniere, ist, daß die Beschickung der Pressen mit der größten Geschwindigkeit erfolgt, die Pressen sehr schnell schließen und sicher unter dem Höchstdruck gehalten werden. Es ergibt sich hieraus auch ohne weiteres die Verwendung von Aluminiumbeilagen. Die Hubtische werden nun dieser Aufgabe in folgender Weise gerecht und bringen noch den weiteren Vorteil der Möglichkeit der Verwendung billiger Arbeitskräfte, weil keine schweren körperlichen Hubarbeiten von Hand zu leisten sind.

Auf jeder Seite der Presse wird ein Hubtisch vorgesehen, der hydraulischen und elektrischen oder mechanischen Antrieb haben kann. Die billigste und vielleicht auch die beste Ausführung dürfte die hydraulische sein. Jeder Hubtisch besteht aus einer eisernen Plattform, welche auf allen vier Ecken durch Zahnstangen, Zahnräder und durchgehende Welle zur Parallelführung vollkommen sicher geführt wird. Bei hydraulischer Ausführung geschieht der Antrieb durch Preßzylinder und Kolben in ähnlicher Weise wie bei der Presse.

Der Tisch ist in der Höhenstellung gesichert, außerdem sind die notwendigen Sicherheitsventile und Schaltvorrichtungen vorgesehen, wie auch die Befestigungsvorrichtungen für den Beschickungswagen auf der Plattform. Die Plattform ist so groß gewählt, daß neben dem Beschickungswagen auf jeder Seite eine Bedienungsperson oder bei sehr langen Platten je zwei Bedienungspersonen Platz haben, zu deren Schutz noch ein Geländer auf jeder Seite angebracht ist. Die Beschickungswagen, welche sich die Werke meist selbst herstellen, können zum Laufen auf Schienen oder in gewöhnlicher Weise ausgeführt sein.

Gearbeitet wird in folgender Weise (s. Abb. 257 u. 258): Wenn die Presse beschickt und geschlossen ist, fährt auf der Beladeseite der Beschickungswagen mit den zwischen die Aluminiumplatten gelegten Sperrhölzern für die nächste Charge auf die Plattform, auf der Entladeseite dagegen ein leerer Wagen. Auf der Beladeseite wird durch Betätigung des Steuerventils der ubtisch so weit gehoben, daß die Charge für den obersten Zwischenraum zwischen den Preßplatten in der Höhe dieses Zwischenraumes steht, während der Wagen der Entladeseite ebenfalls mit seiner Plattform bis zu dieser Höhe gehoben wird.

Ist die Leimung beendet und wird die Presse geöffnet, so stoßen die Bedienenden der Beladeplattform die oberste Sperrplatte mit ihren Beilegeplatten ein wenig vor, so daß sie auf der anderen Seite von den Bedienenden der Entladeseite gefaßt und hinübergezogen werden kann. Gleichzeitig wird der oberste Zwischenraum sofort von der Beladeseite aufs neue beschickt. Die beiden Hubtische sinken langsam nach und so erfolgt Entladung und Beladung in schnellster Folge, so daß in allerkürzester Zeit die Presse wieder erneut zum Schluß kommt. Der leere Wagen auf der Beladeseite wird durch einen Wagen mit wieder vorzubereitender Charge ersetzt und auf der Entladeseite durch einen leeren Wagen und die Ent- und Beladung kann von neuem beginnen. Auch bei Kaltverleimung in Packen wie bei der Warmverleimung in Packen, bei denen Elektroheizplatten zwischen die zu verleimenden Sperrhölzer eingelegt werden, wird häufig der Hubtisch zur wesentlichen Verminderung der Arbeitslöhne beitragen, und zwar dadurch, daß er als Senktisch ausgeführt wird, um das Stapeln der Packen auf den Wagen ohne ein Anheben der Heizplatten und der gelegten Furniere notwendig zu machen. In diesem Falle wird der Senktisch zwischen dem Legetisch und einem zweiten angeordnet, auf dem Elektroheizplatten aufgestapelt sind. Er wird in die Höhe der Tischkante gebracht, abwechselnd mit Sperr- und Heizplatten belegt, sinkt während dieser Beschickung, so daß stets nur ein einfaches Herüberschieben der Platten nötig ist, ohne Hebearbeit zu leisten. Ist der Wagen voll beschickt, so wird der Hubtisch wieder hochgefahren und der Wagen zur Presse abgefahren, um dort unter Druck gesetzt zu werden. In diesem Falle ist die Plattform nur so groß, um den Wagen und die größten Sperrplatten aufzunehmen, Platz für die Bedienung ist nicht notwendig. Es ist klar, daß diese ganze Vorrichtung sehr geeignet ist, die Unkosten herabzudrücken, die leider in sehr vielen Betrieben durch mangelnde geeignete mechanische Transportvorrichtungen recht erheblich sind.

Bei beschränktem Raum, bei dem man gezwungen ist, die Sperrholzfertigung in zwei oder mehr Stockwerken desselben Gebäudes durchzuführen, erhält der Hubtisch noch dadurch eine besondere Bedeutung, daß die Beladeseite gleich als Fahrstuhl zwischen dem oberen und unteren Stockwerk dient. Es können dann sämtliche Vorbereitungsarbeiten bis zum Leimen in der Presse im oberen Stockwerk durchgeführt werden, die Beschickungswagen werden oben chargiert und gehen durch den als Fahrstuhl dienenden Hubtisch nach unten bis in ihre oberste Beschickungslage, von dort langsam, wie oben ausgeführt, bis in ihre tiefste Lage und dann wieder in die obere Etage zurück. In den Pausen, in denen der Hubtisch nicht zur Beschickung gebraucht wird, dient er als Fahrstuhl für die Beförderung der Furniere usw. in das obere Stockwerk.

Natürlich muß in solchen Anlagen die Gesamtdisposition entsprechend gewählt werden.

Es ist bekannt, daß die Meinungen darüber geteilt sind, ob es zweckmäßiger ist, bei der Herstellung dünner Sperrhölzer in jedem Zwischenraum zwischen den Heizplatten nur je ein Sperrholz oder mehrere herzustellen, und der Standpunkt ist verständlich, daß man für Qualitätssperrhölzer möglichst nur ein Sperrholz zwischen je 2 Platten herstellt. Durch das Pieronsche Multiplikationsverfahren wird es jedoch möglich, durch eine sinnreiche Anordnung der Aluminiumzwischenlagen auch mehrere Sperrplatten in einem Arbeitsraume zwischen je 2 Heizplatten in der gleichen Qualität herzustellen, wie bei der Verleimung von nur je 1 Sperrholz zwischen 2 Platten, und zwar dadurch, daß die Zwischenlagen in geeigneter Weise zur Vergrößerung der Heizflächen der stählernen Heizplatten herangezogen werden, ein Verfahren, das patentamtlichen Schutz genießt.

Es wird durch dieses Verfahren trotz des Einbringens mehrerer Sperrhölzer in einem Laderaum dennoch erreicht, daß diese von beiden Seiten geheizt und bei Verleimung mit Leder- oder Knochenleim auch von beiden Seiten abgekühlt werden.

Das Multiplikationsverfahren gestattet auch die unmittelbare Beheizung der Metallbeilageplatten in Spindelpressen. Die Anwärmeöfen können wegfallen und der ganze Betrieb wird einfacher sowie die Verleimung beschleunigt. Wenn man die Ergebnisse der wissenschaftlichen Betriebsführung, die in der Metallindustrie zu so großartigen Ergebnissen geführt hat, die es ermöglicht haben, die Selbstkosten auf einen Stand herunterzubringen, wie er vor Jahren kaum denkbar gewesen wäre, auch auf die Sperrholzindustrie überträgt, so ist sicher bei manchen Anlagen noch viel zu erreichen und zu verbessern.

Der Pieron-Trockner arbeitet nach einem Verfahren, welches der natürlichen Lufttrocknung äußerst nahe kommt.

Wie wohl bekannt, ist die Trocknung in der Furnier- und Sperrholzfabrikation eines der allerwichtigsten Momente und eine gute einwandfreie Trocknung ist die erste Voraussetzung für gute Ware und gewinnbringendes Arbeiten. Der Trockenprozeß muß unbedingt erzielen, daß das Furnier unter voller Schonung der qualitativen Eigenschaften des Holzes und unter Belassung eines natürlichen Feuchtigkeitsgehaltes behandelt und daß der beim Trocknen entstehende Verlust auf das absolut geringste Maß heruntergedrückt wird. Die meisten Trockenanlagen haben den unverkennbaren Nachteil, daß das Furnier stark leidet, daß entweder die Trocknung zu plötzlich und intensiv vor sich geht, wodurch schon beim Trocknen Risse und Oberflächenbeschädigun-

Abb. 259. Original-Pieron-Furniertrockner.

gen entstehen, oder aber, daß in kurzer Zeit nach dem Trockenprozeß bei der Lagerung des getrockneten Furniers Beschädigungen sich ergeben. Die Ursache zu diesen Arbeitsfehlern liegt lediglich in der unsachgemäßen Behandlung des Furniers während des Trockenprozesses. Diesen Fehler vermeidet bei sachgemäßer Behandlung der Pieron-Trockner absolut. Das Furnier wird in dem Bandtrockner in gerader Lage stets frei dem vollen Luftstrom ausgesetzt, durch die Maschinen getragen und wird zu jeder Zeit und in jeder Periode des Durchlaufens mit einem Luftstrom bestrichen, der in Temperatur und Feuchtigkeitsgehalt dem jeweiligen Trocknungszustand des Furniers angepaßt ist. Dieses Prinzip läßt sich nur durchführen auf einer Maschine, die hierfür speziell gebaut ist und allen Anforderungen entspricht.

Der Pieron-Trockner arbeitet beim Einlaufen des Furniers mit geringer Lufttemperatur, jedoch mit hohem Feuchtigkeitsgehalt und staffelt dieses Moment entsprechend der Weiterbildung des Furniers, um beim Auslaufen des Furniers aus der Maschine sich wieder nach unten anzupassen.

Der Trockenprozeß als solcher wird daher in dem Pieron-Trockner nur ganz allmählich und langsam vorgenommen, was erforderlich ist, um das Furnier aus vorerwähnten Gesichtspunkten zu schonen.

Mit heißer trockner Luft ein nasses Furnier zu trocknen, geht natürlich bedeutend schneller und einfacher, hat jedoch den Nachteil, daß das Furnier beschädigt wird und reißt. Trocknen durch den Pieron-Trockner mit gesättigter Luft ergibt eine allmähliche Trocknung und dabei Vermeidung fast alles Ausschusses.

Um dieses Prinzip durchzuführen, ist naturgemäß große Leistung der Maschine neben absoluter Kontrolle und Einstellmöglichkeit erforderlich. Der Pieron-Trockner arbeitet mit großer Luftumwälzung, so z. B. wälzt die 35 m lange Maschine in der Stunde etwa 300 000 cbm Luft um. Die Temperaturen sind genau kontrollierbar und vor allen Dingen auch regulierbar. Ebenso ist der Feuchtigkeitsgehalt

Abb. 260. Automatische Leimauftragemaschine für Kalt- und Warmleim.
(C. L. P. Fleck Söhne, Berlin-Reinickendorf.)

der Luft in den verschiedenen Abteilungen der Maschine durch besonders eingebaute Apparate kontrollierbar. Das Absaugen der vollgesättigten Luft erfolgt an mehreren Absaugstellen mittels Exhaustoren. Die Kontrollapparate ermöglichen eine genaue Feststellung des Feuchtigkeitsgehaltes dieser abzusaugenden Luft, um hiernach eine beste Wärmeausnutzung der Maschine durch entsprechende Einstellung zu ermöglichen.

Die in Abb. 260 dargestellte automatische Leimauftragmaschine ist für Sperrholzfabriken und Tischlereien, in denen andauernd große Holzflächen mit Kalt- oder Warmleim zu bestreichen sind, fast unentbehrlich. Je nach Wunsch können beide Flächen oder nur eine Fläche der Bretter bei einem Durchgang mit Leim versehen werden. Die Holzdicke kann bis 75 mm betragen. Der Vorschub des Holzes ist etwa 33 m in der Minute.

Die beiden an der Maschine befindlichen Leimbehälter können mit Dampf geheizt werden, damit bei Warmverleimung der Tischlerleim flüssig bleibt.

Empfehlenswert ist ferner für Tischlerleim die Anschaffung eines mit Dampf geheizten Leimwärmekessels mit Rührwerk, welcher zweckmäßig neben der Leimauftragmaschine aufzustellen ist und aus dem der für die Maschine erforderliche Leim entnommen wird. Soll die Maschine dagegen nur für Kaltleim benutzt werden, so fallen die Heizvorrichtungen der Leimbehälter fort. Die Leimdicke wird durch verstellbare Abstreicher eingestellt. Fest- und Losscheibe befinden sich an der Maschine, sie haben 300 mm Durchmesser, je 90 mm Breite und sollen 60 Umdrehungen in der Minute machen. Der Kraftbedarf beträgt etwa $1/2$ PS.

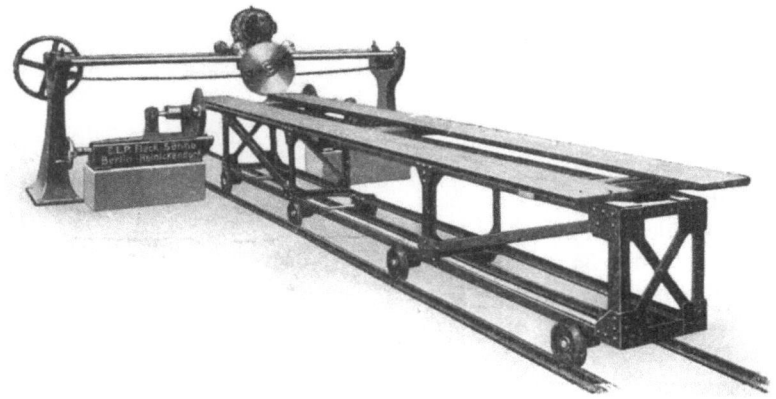

Abb. 261. Elektro-Winkelkreissäge für Sperrholzplatten. (C. L. P. Fleck Söhne, Berlin-Reinickendorf.)

Fleck baut die Maschine für 500—2600 mm Arbeitsbreite mit 9 Zwischenbreiten.

Die in Abb. 261 dargestellte Winkelkreissäge dient dazu, Sperrholzplatten von 600—1600 mm Breite und bis 4600 mm Länge auf Format zu schneiden, d. h. rechtwinklig zu besäumen. Hierbei werden diese auf den Laufwagentisch gelegt, von den rechts und links vom Tisch befindlichen, seitwärts verstellbaren Kreissägen parallel besäumt und von der rechtwinklig dazu angeordneten Querkreissäge an den beiden Enden bestoßen. Die letztere ist mit ihrem Antriebselektromotor auf einem Wagen untergebracht, der mittels Handrades und Kette hin- und herbewegt werden kann. Diese Anordnung bietet den Vorteil, daß die Sperrholzplatten auf dem Wagen bis zur Beendigung der Arbeit unverändert liegen bleiben. Der Wagentisch besteht aus zwei Teilen, welche sich nach der Sperrholzplattenbreite auseinanderstellen lassen.

Die beiden seitlichen Sägen werden von einem gemeinsamen Vorgelege angetrieben, auf Wunsch können dieselben jedoch auch Elektromotorantrieb erhalten. Der Gesamtkraftbedarf der Maschine beträgt je nach der Stärke der zu schneidenden Platten 8—12 PS, das Gewicht etwa 1500 kg.

Die Maschine eignet sich vorzüglich zum Beschneiden der fertig verleimten Sperrplatten oder anderen größeren Holztafeln, bei größter Leistung, und liefert genau rechtwinklig beschnittene Tafeln, insofern die Montage sachgemäß erfolgt.

Grundbedingung bei dieser Maschine ist, daß das Schienengeleise haargenau ausgerichtet montiert wird und der Laufwagen richtig spurt. Ebenfalls müssen die Wellen der Besäumsägen sowie die Führungs-

Abb. 262. Spezial-Parallelkreissäge für Furniere, Sperrplatten u. dgl.
(C. L. P. Fleck Söhne, Berlin-Reinickendorf.)

stangen der Querkreissäge haargenau winkelrecht zur Gleismitte ausgerichtet sein.

Mittels der Spezial-Parallelkreissäge lassen sich Holzplatten und stärkere Furniere für die Zigarrenkistenfabrikation usw. bis zu 1300 mm Breite und 30 mm Dicke genau parallel besäumen oder in beliebig breite parallele Streifen zerlegen. Sie ist wegen ihrer großen Leistung für Massenfabrikation sehr zu empfehlen. Die etwa 200 mm großen Kreissägeblätter werden in beliebiger Anzahl mit den erforderlichen Zwischenringen auf die Kreissägewelle geschoben und mittels Mutter angezogen.

Die Kreissägewelle ist leicht zugänglich und läuft in Kugellagern, sie soll minutlich 3500 Umdrehungen machen. Das Gewicht der Maschine beträgt etwa 2900 kg.

Der Vorschub der zu schneidenden Hölzer erfolgt automatisch.

VI. Maschinen für Hobelwerke.

Die größten Hobelwerke mit neuzeitlichen Einrichtungen und automatischen Transportvorrichtungen finden wir in Schweden und Finnland. Diese Länder haben bekanntlich den größten Export in Fichtenhobeldielen und Stabbrettern und können infolge dieser Massenproduktion Einrichtungen schaffen, wodurch jede Transportarbeit durch Menschenkraft ausgeschaltet wird. Fast allen größeren schwedischen und finnischen Sägewerken ist ein Hobelwerk, mit den modernsten schwedischen vierseitigen Hobelmaschinen ausgerüstet, angegliedert und diese Werke liefern fast ausnahmslos Hobeldielen und Stabbretter, welche in der Bearbeitung als erstklassig zu bezeichnen sind. Die Eigenart bei der Erzeugung der schwedischen und finnischen Hobeldielen besteht darin, daß die auf dem Sägewerk in doppelter Stärke eingeschnittenen und so getrockneten Bohlen oder Battens erst kurz vor dem Hobeln durch automatische Trennkreissägen mit konischen Blättern aufgetrennt und dann die frische Schnittfläche sofort gehobelt wird. Durch diese Arbeitsmethode wird erreicht, daß die zu hobelnde und zu putzende Brettseite an und für sich schon einen glatten Schnitt aufweist und vollkommen sauber ist, wodurch die Hobelmesser ihre Schärfe länger behalten.

Der Zu- und Abtransport der Bretter erfolgt durch Transportbänder, automatische Rollen oder Kettentransporteure. Selbstverständlich lohnen sich automatisch arbeitende Transportvorrichtungen nur für größere Hobelwerke und dieselben können, falls sachgemäß angelegt, die Betriebsunkosten bedeutend verringern. Zur rationellen Fabrikation von Hobeldielen und Stabbrettern kann nur eine vierseitige Hobelmaschine in Frage kommen, da auf einer solchen neuzeitlichen Maschine mit acht Vorschubwalzen, 400—500 mm Durchmesser, Leistungen von 100 m Fichtenhobeldielen in der Minute erzielt worden sind. Bekanntlich arbeiten vierseitige Hobelmaschinen mit einem feststehenden Putzmesserkasten, dieselben haben sich bei der Bearbeitung von Fichten und Tannenholz bewährt; soll jedoch auf einer vierseitigen Hobelmaschine auch deutsche ästige Kiefer oder Redpine zu Fußbodendielen verarbeitet werden, ist eine rotierende Putzmesserwelle mit 6—9 Streifenmessern mit einer Umdrehungszahl von 5—6000 pro Minute vorzuziehen. Man muß staunen, was von einzelnen Werken an unsauber bearbeiteten Holzdielen geliefert wird. Herausgeschlagenes verwachsenes Holz hinter Aststellen, nicht passende Nut und Feder, wellenförmige Hobelseiten sind keine Seltenheiten, und dieses zeugt davon, daß entweder mit veralteten, ausgeleierten Maschinen gearbeitet wird oder aber der Hobelmeister ein Stümper in seinem Fach ist. Die richtige Einstellung und Bedienung einer vierseitigen Hobelmaschine erfordert große Sachkenntnis, und man soll die Bedienung einer solchen Maschine nur einem ganz besonders intelligenten und zuverlässigen Mann anvertrauen. Wird die Maschine sachgemäß behandelt, so sind auf derselben wirklich erstklassige Leistungen zu erzielen. Vor allem verwende man nur erstklassiges Messer- und Fräsermaterial, die Leistung der Maschine wird dadurch erhöht und saubere Hobel- und Fräsarbeit gewährleistet. Ebenfalls ist Bedingung, nur bestes Schmiermaterial zu verwenden und Sorge zu tragen, daß keine Arbeitswelle in der Lagerung zu viel Spielraum hat, da andernfalls unsaubere, wellenförmige Hobel- und Fräsflächen entstehen. Ich selbst habe in den letzten 25 Jahren in den mir unterstellten Betrieben mit amerikanischen, schwedischen und deutschen vierseitigen Hobelmaschinen gearbeitet und stets die besten Resultate erzielt. In jedem Großbetrieb lassen sich auf einer solchen Maschine mit geringstem Zeitaufwand Arbeiten verrichten, wozu sonst 4—6 Einzelmaschinen erforderlich sind; man kann nicht nur Hölzer mit einmaligem Durchgang von vier Seiten hobeln, sondern auch gleichzeitig mit verschiedenen Profilen versehen, s. Abb. 263—269.

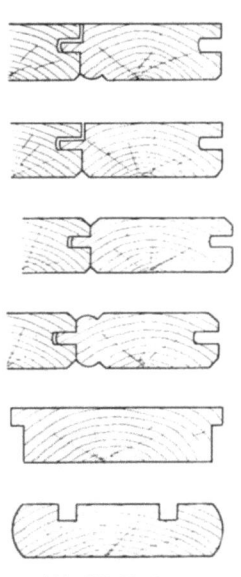

Abb. 263 bis 269.
Profile von Hobelbrettern.

Da bei der großen Leistung viel Hobel- und Frässpäne erzeugt werden, ist jede vierseitige Hobelmaschine an eine kräftig wirkende Späneabsaugungsanlage anzuschließen. Öfters wird die Frage gestellt, ist eine deutsche oder schwedische vierseitige Hobelmaschine vorzuziehen; die Frage ist dahin zu beantworten, daß beide Arten gut sind, falls sie von einer wirklich erstklassigen Firma, welche über reiche Erfahrungen im Bau solcher Maschinen verfügt, gebaut wird. Wir müssen zugeben, daß Schweden und Amerika uns vor etwa 25 Jahren im Bau von vierseitigen Hobelmaschinen über waren, jedoch liefern führende deutsche Firmen heute Maschinen, welche den schwedischen und amerikanischen in keiner Weise nachstehen. Die Hauptsache ist, wie schon erwähnt, daß mit der Bedienung nur ein erstklassiger, intelligenter Mann betraut wird, da ein minderwertiger Arbeiter auch auf der besten Schwedenmaschine kein befriedigendes Resultat erzielen wird. Die Höchstleistungen an Produktion und Qualität hängen also keineswegs nur von der Fabrikmarke der Maschine ab, sondern auch vom Rohmaterial und der Bedienung. Wer beabsichtigt, eine vierseitige Hobelmaschine anzuschaffen, prüfe vor allem, ob er in der Lage ist, eine solche Maschine auch wirklich auszunützen, und kaufe nur von einer erstklassigen Firma, welche bereit ist, eine den Käufer sichernde Garantie zu übernehmen. Um auf einer Hobelmaschine, ganz gleich ob es sich um eine vierseitige oder Dickenmaschine handelt, eine saubere Hobelfläche zu erzielen, ist Bedingung, daß die Hobelmesser kein Schwergewicht haben und genau ausbalanciert sind, da andernfalls das Schwergewicht der Messer als Schwunggewicht wirkt, einen unruhigen, zitternden Gang der Maschine hervorruft, die Lager abnorm beansprucht werden und die Hobelfläche unsauber, d. h. wellenförmig wird. Um diesem Übelstand entgegenzuwirken, sind die Hobelmesser nach jedesmaligem Schärfen auf einer Hobelmesserbalanciervorrichtung, Abb. 270, auszubalancieren.

Mit Hilfe der in Abb. 270 gezeigten Vorrichtung ist der Maschinenarbeiter in der Lage, die kleinsten Gewichtsungleichheiten in den Messern festzustellen. Eine einfache Gewichtswage genügt zum Gewichtsausgleich nicht, da damit nur festgestellt werden kann, ob zwei Messer im Gewicht übereinstimmen, aber nicht, ob sie an beiden Enden gleich

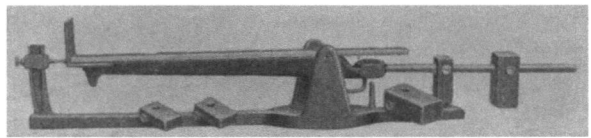

Abb. 270. Hobelmesser-Balanciervorrichtung. (Schuchardt & Schütte, Berlin.)

schwer und ob ihre Gewichte an den Schneiden und Rücken dieselben sind.

Zunächst werden die zusammenarbeitenden Messer, die gleiche Breite und Länge haben müssen, in der Weise verglichen, daß erst ein Messer mit dem Rücken gegen den Winkel der Vorrichtung in Abb. 270 gelegt und dann mit Hilfe der Gewichte der Wagebalken in eine wagerechte Lage gebracht wird; hierauf wird der Zeiger am Winkel der Fußplatte so eingestellt, daß er mit demjenigen des Wagebalkens in gleicher Höhe steht. Wird dann in gleicher Weise mit dem Rücken gegen den Winkel das andere Messer aufgelegt, so ist an dem Anschlag des Wagebalkens zu ersehen, welches Messer schwerer ist. Dieses wird dadurch leichter gemacht, daß es dünner, nicht schmaler, gefeilt wird, bis die Gewichte beider Messer genau übereinstimmen; hierauf werden die Messer umgedreht und mit der Schneide gegen die Winkel gelegt; bei Gewichtsunterschied ist das zu schwere Messer an der Fasenseite etwas schwächer zu feilen. Um zu sehen, ob die Messer auch an den Enden gleiches Gewicht haben, werden sie, wie die Abb. 270 zeigt, mit den Enden an den Winkel gelegt; etwaige Ungleichheiten werden durch Schwächerfeilen des zu schweren Messers ausgeglichen. Zum Schluß sind dann die Messer nochmals mit Rücken und Schneide gegen den Winkel zu legen, um etwaige, durch ungleichmäßiges Feilen entstandene Ungleichheiten zu beseitigen.

Auf solche Weise im Gewichte ausgeglichene Messer gewährleisten einen ruhigen Gang der Maschine und saubere Arbeit.

Beschädigungen von Lager und Messerwelle — Begleiterscheinungen von schlechtem Gewichtsausgleich der Messer — sind ausgeschlossen, so daß sich schon durch Ersparnis an Ausbesserungs- und Erneuerungskosten die Anschaffung der Vorrichtung in kurzer Zeit bezahlt macht. Mancher Fachmann wundert sich, daß seine Hobelmaschine unruhig läuft und die Hobelfläche wellig wird; dieser Fehler ist in den allermeisten Fällen auf die Verwendung ungleich schwerer Hebelmesser zurückzuführen. Beim Hobeln von Fußbodenbrettern herrscht teilweise selbst unter Fachleuten Unklarheit, ob die rechte oder linke Brettseite beim Verlegen des Fußbodens nach oben gelegt werden soll. Da beim Hobeln der Bretter darauf Rücksicht zu nehmen ist, ist nachstehendes zu beachten:

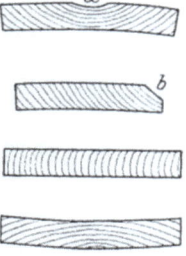

Abb. 271 bis 274. Richtig- und unrichtiglaufende Jahresringe bei Fußbodenbrettern.

Meist findet man Fußbodenbretter, wie Abb. 271 bis 274 zeigt, mit der Kernseite nach oben. Dieses ist grundfalsch, da es vorkommen kann, daß sich ein Jahresring a, wie Abb. 271 zeigt, mit der Zeit von dem Brette loslöst, ungefähr wie bei einer Zwiebel sich die einzelnen aufeinanderliegenden Schichten lösen. Durch öfteres Scheuern und bei starker Benutzung des Fußbodens wird das Loslösen der oben liegenden Jahresringe, Abb. 271, beschleunigt, dieselben splittern ab und werden herausgerissen, wodurch der Fußboden rauh und unansehnlich wird. Dieses Heraussplittern der Jahresringe hat beim Scheuern schon oft schwere Handverletzungen verursacht und man soll aus diesem Grunde niemals die rechte Brettseite, wie bei Abb. 271 und 272, nach oben verlegen, wenn auch die Kernseite bei normaler Trocknung stets gewölbt (s. Abb. 271 und 272) und die Splintseite hohl oder muldenförmig ist (s. Abb. 274). Das Werfen oder Hohlwerden der Fußbodenbretter spielt heutzutage überhaupt keine große Rolle, da doch meistens nur schmale Bretter dazu verwendet werden. Das Loslösen oder Absplittern eines Jahresringes ist unmöglich, wenn die linke Brettseite bei Fußböden nach oben verlegt wird (s. Abb. 274).

Abb. 273 zeigt den Querschnitt eines idealen Fußbodenbrettes, welches sich weder wirft, noch Risse zeigt oder absplittert. In Amerika werden für bessere Fußböden schon seit langen Jahren Pinebretter mit aufrecht stehenden Jahresringen (s. Abb. 273) verwandt, jedoch ist die Herstellung solcher Fußbodenbretter mit größeren Unkosten verknüpft, da dazu nur Kernbretter mit herausgeschnittenem Mittelkern verwandt werden können, welche naturgemäß die Verwendung starker Blöcke bedingen. Aus obigem ist zu ersehen, daß beim Hobeln von Fußbodenbrettern eine scharfe Sortierung vor dem Hobeln unerläßlich ist, was leider von vielen Hobelwerken nicht beachtet wird. Man muß staunen, was von einzelnen Hobelwerken an Hobelbrettern und Rauhspund auf den Markt geworfen wird; ist es doch keine Seltenheit, daß Nut und Feder nicht zusammen passen und der Tischler oder Zimmermann bei der Verarbeitung gezwungen ist, die Feder mittels Simshobel schwächer zu hobeln. In einem gutgeleiteten Hobelwerk sollte so etwas nicht vorkommen, denn der Käufer kann doch wenigstens verlangen, daß Nut und Feder ohne Mühe ineinander geschoben werden können. Um solche Fehler zu vermeiden, soll man zum Spunden bzw.

Abb. 275. Vierseitige Hobelmaschine Nr. 45 mit 6 Messerwellen. (Bolinders, Stockholm-Berlin.)

für Nut und Feder nur Spezialfräser mit sechs Schneidezähnen verwenden.

Die in Abb. 275 dargestellte vierseitige Hobelmaschine mit sechs Messerwellen ist mit allen Verbesserungen der Neuzeit versehen, wodurch deren vielseitige Verwendbarkeit, Leistung und Betriebssicherheit wesentlich gesteigert werden konnte. Ich selbst arbeite seit 19 Jahren mit einer vierseitigen Bolinders-Hobelmaschine Nr. 7b (nach Abb. 276) und bin mit der Arbeitsweise derselben in jeder Beziehung zufrieden. Nennenswerte Reparaturen, außer Lagerauswechslung, sind bis heute nicht erforderlich gewesen und ich arbeite heute noch mit den vor 19 Jahren von Bolinders gelieferten Spezialfräsern nach Westmanns Patent (s. Abb. 279 und 280).

Auf der in Abb. 275 dargestellten Bolinders-Hobelmaschine lassen sich Hölzer bei einmaligem Durchgang auf allen vier Seiten gleichzeitig hobeln und fräsen, bzw. mit allen gewünschten Profilen versehen, so daß die Maschine allen normalen Anforderungen neuzeitlicher Hobelwerke entspricht.

Saubere Präzisionsausführung, erprobtes, erstklassiges Material, sowie sorgfältigste Ausbalancierung und Lagerung kennzeichnen auch diese Neuausführung als Bolinders Erzeugnis.

Der Vorschub erfolgt durch vier kräftige Walzen, von denen die beiden oberen, geriffelt und leicht einstellbar, derart angeordnet sind, daß sie über die jeweilige Holzstärke nicht herabfallen, wenn in der Werkstückfolge ein Zwischenraum entsteht. Die unteren, glatten Walzen sind

Abb. 276. Vierseitige Bolinders-Hobelmaschine Nr. 7 b.

den Holzstücken entsprechend mittels exzentrischer Buchsen zur Tischfläche bequem einstellbar. Um einen höchstmöglichen Wirkungsgrad des Vorschubs zu gewährleisten, laufen die unteren Walzen sowie Antriebs- und Vorgelegewellen für den Geschwindigkeitswechsel in großen Kugellagern, die hierdurch bedingte Verteuerung macht sich durch höhere Leistung, bzw. Kraft- und Schmiermittelersparnis sowie erhöhte Betriebssicherheit reichlich bezahlt. Die Ausführung mit sechs Messerwellen hat geteilte obere Walzen, die für Kehlarbeiten von oben, bei diagonal geschnittenem oder verleimtem Material dem Profil entsprechend verschiebbar sind und auf kleiner Angriffsfläche sicheren Vorschub erzielen.

Die der größten Beanspruchung ausgesetzten Zahnräder sind aus Stahl, und alle schnellaufenden Zahnräder haben mit der Maschine geschnittene Zähne. Alle Zähne sind durch gegossene Kappen geschützt.

Die Messerwellen sind aus bestem schwedischen Stahl geschmiedet, genau ausbalanciert und laufen in großen Kugellagern mit massiven Käfigen. Sie sind derart sorgfältig und erprobt gelagert, daß auch nach langjähriger Betriebszeit weder axiales noch radiales Spiel und keine schädlichen Schwingungen entstehen.

Die erste untere Messerwelle kann bequem in wenigen Sekunden ohne Betriebsunterbrechung ausgewechselt werden, so daß Messerwechsel und Nachschärfen fast ohne Zeitverlust erfolgt. Der Riemen gleitet hierbei selbsttätig auf eine kleinere Leerscheibe, auf der er in der Zwischenzeit leer und ohne Spannung weiterläuft, bis ihn die zurückgeschobene Antriebsscheibe unter schneller Drehzahlerhöhung wieder selbsttätig übernimmt. Auf besonderen Wunsch wird statt der normalen Vierkantwelle mit Spanbrecherlippen und Nuten auf vier Seiten für besonders ästiges, minderwertiges Holz eine Sonderausführung für sechs dünne Rapidmesser geliefert. Die seitlichen Messerwellen sind während des Betriebes sowohl senkrecht als auch wagerecht verstellbar und mit Messerköpfen für gewöhnliche Hobelmesser sowie mit Buchsen für Bolinders patentierte Fräser versehen, welche in allen Fällen und ganz besonders bei großen Zuführungsgeschwindigkeiten unbedingt den Vorzug verdienen. Für die Seitenköpfe sind justierbare Spanbrecher vorgesehen.

Die vordere obere Messerwelle ist in einem kräftigen Rahmen gelagert, der senkrecht verstellbar ist und nach Skala eingestellt wird. Der Messerkopf hat Spanbrecherlippen an allen vier Seiten. Die Messer werden ohne Betriebsunterbrechung in der Maschine nachgeschärft, bzw. abgezogen. Diese neuartige Einrichtung ergibt eine doppelte Leistungssteigerung bei gleichzeitiger Verbesserung der Hobelfläche, da der zeitraubende Messerwechsel während der Betriebszeit fortfällt und alle Messer unbedingt stets gleichmäßig· und genau im gleichen Schnitt arbeiten.

Die hintere obere Messerwelle ist in einem schweren Doppelrahmen dreifach gelagert und sowohl senkrecht als auch wagerecht durch Gewindespindeln leicht und genau einstellbar. Der normale Messerkopf ist bequem abzuziehen und auswechselbar. Zur Verwendung von Fräsern wird eine besondere Aufspannvorrichtung mitgeliefert. Die Benutzung der zweiten oberen Messerwelle bietet für viele Arbeiten große Vorteile und erhöht besonders Qualität und Leistung.

Die letzte untere Messerwelle (Stabmesserwelle) ist ebenfalls dreifach gelagert und in beiden Richtungen senkrecht und wagerecht verstellbar. Das Lager an dem einen Ende ist leicht abziehbar, wodurch sowohl Messerköpfe für gewöhnliche Messer als auch Bolinders-Fräsen benutzt werden können. Der hintere Tisch läßt sich in Scharnieren drehen, so daß die Messerwelle bei Messer- bzw. Fräsenwechsel vollkommen frei liegt. Außerdem ist die Tischplatte vor und hinter der Messerwelle einstellbar, gleichzeitig als Spanbrecher dienend und Erschütterungen an der Schnittfläche beseitigend.

Der Putzmesserkasten ruht innerhalb der Tischaussperrung auf gehobelten Führungsflächen, auf denen er sich leicht von Hand schieben und auswechseln läßt. Er ist für zwei Messer bestimmt, welche in vorteilhaftem Schnittwinkel angeordnet und in bekannter Weise mittels Schrauben befestigt sind.

Bei der Verarbeitung von schlechten, ästigen oder mangelhaft getrockneten Brettern liefert Bolinders auf Wunsch eine rotierende Putzmesserwelle. Die Verwendung von 2—4 Messern, die bei der alten Aufspannweise nie in genau gleichem Schnittkreis arbeiten, ergab entweder zu geringe Leistung oder mangelhafte Hobelflächen. Viele Äste wurden schon bei mäßigem Vorschub losgeschlagen, oder das Holz sprang aus, weil in Wirklichkeit nur ein Messer zum Schnitt kam. Auch die schnelle und einseitige Abnützung der früheren Tischklappe begünstigte diese Erscheinungen.

Um diese Mängel zu beseitigen, und sowohl die Anschaffungskosten als auch die Betriebskosten auf ein Minimum herabzudrücken, die Handhabung zu vereinfachen und die Verwendung an allen Bolinders-Hobelmaschinen neben den feststehenden Putzmessern zu ermöglichen, hat Bolinders eine neue kombinierte Hobel- und Putzmesserwelle geschaffen. Statt der gewöhnlichen 2—4 dicken Hobelmesser werden 6 dünne Rapidmesser verwendet, mit dreifacher Schnittdauer, die in einfachster Weise mittels eines neuen Messereinstellapparates ganz mechanisch vollkommen genau eingestellt und mittels Klappen aufgespannt werden. Letztere halten die Messer dicht an den Schneiden und ermöglichen fast restlose Ausnutzung, vermeiden das Unterklemmen von Spänen, sowie das Richten und Hämmern der Messer, häufiges Schleifen und kostspielige Betriebsunterbrechungen. Um die letzten Spuren von Ungleichheiten an den Schneiden und feinste Vibrationen auszugleichen, werden die Schneiden bei voller Drehzahl in der Maschine mechanisch in wenigen Sekunden leicht abgezogen. Hierdurch wird die Gewähr geschaffen, daß alle sechs Schneiden auf ihrer ganzen Länge unbedingt im gleichen Schnittkreis arbeiten. Diese Abziehvorrichtung kann während einer Arbeitsschicht mehrmals benutzt werden, so daß auch bei ästigem und verwachsenem Material ohne Arbeitsunterbrechung stets mit scharfen Messern gehobelt wird. Entsprechend der Messerabnutzung läßt sich die Welle in einfachster Weise ebenfalls während des Hobelns durch eine Handschraube genau parallel vertikal verstellen. Bei Maschinen mit fester Losscheibe muß diese durch eine Neukonstruktion ersetzt werden, um die neue Vertikalstellung zu ermöglichen.

Wie die Messerwelle in ihrem Gehäuse, ist auch die Tischplatte mit Spanbrecher unabhängig von dieser mit Parallelverstellung versehen, wodurch die vorzeitige, einseitige Abnutzung der Spanbrecherlippe (Tischklappe) beseitigt ist. Das zu hobelnde Brett hat jetzt unmittelbar vor und hinter den Messern in voller Breite eine unter allen Umständen gesicherte Unterlage, so daß alle Schwingungen im Arbeitsstück wie im Werkzeug beseitigt sind.

Hierdurch wird erreicht, daß von vornherein eine saubere Hobelfläche entsteht, die ein Nachputzen bis 40 m Vorschub bei ungeeignetem Holz erübrigt oder bei größerer Leistung bis 80 m in nordischer und geeigneter inländischer Ware das Nachputzen auf 1—2 ganz dünne Putzspäne beschränkt. In jedem Falle wird die Hobelfläche, besonders an den Ästen bedeutend sauberer, bei geringerer Spanstärke und wesentlich größerer Tagesleistung. Die Werkzeugkosten werden verringert und die Bedienung vereinfacht.

Die Druckvorrichtungen bei der in Abb. 275 dargestellten Maschine sind von modernster und wirkungsvollster Konstruktion und sowohl für verschiedene Holzstärken als auch verschiedene Drucke leicht verstellbar. Über der unteren Messerwelle und dem Putzmesserkasten sowie bei den seitlichen Messerwellen wird der Druck auf das Holz mittels unabhängig voneinander arbeitender Rollen betätigt, wodurch auch unebenes Holz in ganzer Breite unter gleichmäßigem Druck genommen wird. Vor und hinter der oberen Messerwelle ist Rollendruck vorhanden, es kann jedoch für Kehlleisten Schleppdruck angebracht werden. Über der Stabmesserwelle wird das Holz mittels Schleppdrucks gehalten. Alle Druckrollen laufen in selbstschmierenden Kugellagern, die gegen Späne und Staub geschützt sind. Die Messerwellen laufen mit einer minutlichen Umdrehungszahl von 4500, die Frässpindeln dagegen mit etwa 5—6000.

Die größte Hobelbreite bei der in Abb. 275 dargestellten Maschine beträgt 300 mm, die größte Holzstärke 125 mm, jedoch liefert Bolinders auch vierseitige Hobelmaschinen für jede gewünschte Hobelbreite.

Der Vorschub des Holzes beträgt minutlich 9,5—40 m, mit sechs Zwischenstufen. Der Kraftbedarf beträgt je nach Holzart, Breite und Vorschub etwa 10—30 PS. Das Gewicht der Maschine beträgt etwa 5500 kg.

Auf der in Abb. 277 dargestellten vierseitigen Hobelmaschine können Hölzer bis zu 300 × 150 mm mit einmaligem Durchgang von allen vier Seiten gehobelt und an drei Seiten mit Profilen versehen werden. Die Maschine hat Putzmesser für alle vier Seiten, doppelte Unterputzkästen, auswechselbar während des Hobelns. Die Druckapparate über den Unterputzkästen sind mittels Hebelvorrichtung zu heben. Die Seiten-

Maschinen für Hobelwerke. 279

putzmesser sind horizontal und vertikal verstellbar. Der Vorschub des Holzes erfolgt durch acht Vorschubwalzen in zehn verschiedenen Geschwindigkeiten bis zu 72 m in der Minute.

Bei der Konstruktion dieser Bolinders-Hobelmaschine ist besonderer Wert darauf gelegt, eine vierseitige Hobelmaschine zu bauen, die den allerhöchsten Anforderungen an Leistung entspricht und gleichzeitig eine äußerst saubere und korrekt gehobelte Ware erzeugt. Die größte Vorschubgeschwindigkeit beträgt 236 Fuß engl. (72 m) in der Minute, und in modernen schwedischen und finnischen Hobelwerken wird die enorme Tagesleistung von über 120000 lfd. Fuß engl. in zehnstündiger Arbeitszeit erzielt. An konstruktiven Vorzügen sind besonders hervorzuheben die besonders kräftige, doppelte Vorschubanordnung, die großen Abmessungen der Messerwellen sowie die patentierte Vorrichtung, die Unterputzmesser während des Hobelns auszuwechseln und die Seitenputzmesser zu verschieben.

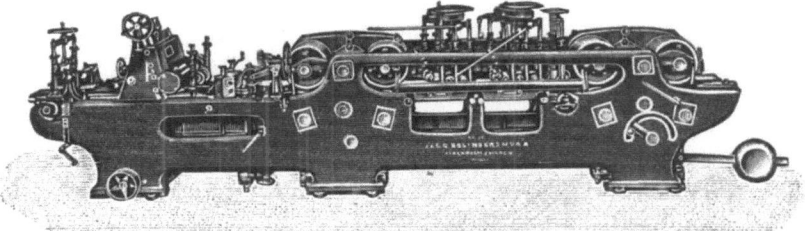

Abb. 277. Präzisions-Hobelmaschine Nr. 12 mit 5 Messerwellen. (Bolinders, Stockholm-Berlin.)

Im übrigen sind alle die umfassenden praktischen Erfahrungen, welche Bolinders während einer langen Reihe von Jahren im Bau von Präzisions-Hobelmaschinen erworben hat, in dieser Type vereinigt.

Nur das allerbeste schwedische Material ist zu dieser Maschine verwendet, und alle Teile sind einer präzisen Bearbeitung von höchster Vollendung unterworfen. Die großen Seitenstücke des Maschinengestelles sind mit den Tischen und Bodenplatten zusammengeschraubt, so daß alles ein solides und festes Ganzes bildet, welches eine gute Montierung auf dem Fundament in hohem Grade erleichtert und alle Erschütterungen ausschließt.

Die doppelte Vorschubeinrichtung besteht aus 4 Paar (8 Stück) Walzen von 400 mm Durchmesser wovon 2 Paar an dem Vorderende der Maschine und die übrigen unmittelbar hinter den Unterputzkästen angeordnet sind, was eine elastische und kräftige Zuführung ohne schädlichen Druck auf das Arbeitsstück ermöglicht. Die vier oberen Walzen lassen sich von der Vorderseite aus bequem mittels einer Kurbel heben und senken und mittels leicht zugänglicher Schraube gegen das schädliche Herabfallen fixieren, wenn die Holzzuführung unterbrochen wird.

Die unteren Walzen haben kräftige Lager, deren Vierkantkörper in Führungen gleitend durch Schrauben justierbar sind. Die der größten Beanspruchung ausgesetzten Zahnräder sind aus Stahl und alle schnelllaufenden Zahnräder haben mit der Maschine geschnittene Zähne. Alle Zahnräder sind durch gegossene Schutzkappen geschützt.

Sämtliche Messerwellen sind aus bestem schwedischen Stahl hergestellt, in einem Stück geschmiedet und genau ausbalanciert; sie laufen in doppelreihigen Kugellagern von großen Abmessungen, welche in sorgfältigster Weise in besonders kräftigen Gehäusen eingekapselt sind.

Die vordere, untere Messerwelle ist in einem leichten, aber kräftigen Stativ gelagert, welches auch während des Betriebes herausziehbar ist. Wenn eine Reservemesserwelle mit geschärften Messern zur Hand ist, kann die Auswechslung von Messern in wenigen Sekunden erfolgen. Die Messerwelle hat Spanbrecherlippen auf allen vier Seiten. Die Spanstärke wird von der Vorderseite der Maschine aus während des Betriebes eingestellt.

Die seitlichen Messerwellen sind während des Betriebes sowohl vertikal als auch horizontal verstellbar und können mit Messerköpfen für gewöhnliche Hobelmesser sowie mit Buchsen für Bolinders patentierte Fräsen versehen werden. Bolinders Patentfräsen, nach Abb. 279 und 280, bieten große Vorteile für alle Arbeiten, bei denen hoher Vorschub und saubere Arbeit in Betracht kommen. Vor den Seitenmesserköpfen sind justierbare Spanbrecher vorgesehen. Die obere Messerwelle ist in einem äußerst kräftigen Rahmen gelagert, welcher mittels Handrades von der Vorderseite der Maschine aus bequem verstellbar ist und für bestimmte Dimensionen vertikal fixiert werden kann. Der Messerkopf hat Spanbrecherlippen an allen vier Seiten.

Die letztere untere Messerwelle (Stabmesserwelle) ist bequem von der Vorderseite aus in beiden Richtungen, vertikal und horizontal, verstellbar, so daß sowohl Messerköpfe für gewöhnliche Messer als auch Bolinders Fräsen benutzt werden können. Bei Verwendung der Fräsen für Stabprofil, Fußleisten usw. kann dieselbe Vorschubgeschwindigkeit wie bei Hobeldielen beibehalten werden. Der hintere Tisch ist in Scharnieren drehbar, so daß die Messerwelle vollkommen frei liegt. Die Auflegetische vor und hinter der Messerwelle lassen sich zum Schnittkreis einstellen, wodurch Vibrationen des Arbeitsstückes beim Anschnitt der Werkzeuge vermieden werden. Der Unterputzkasten ist doppelt, d. h. zwei Kästen sind hintereinander placiert, die je drei Messer in vorteilhaftestem Schnittwinkel aufnehmen. Die Kästen können während des Hobelns unabhängig voneinander ein- oder ausgeschaltet werden, d. h. der mit scharfen Messern in der Maschine liegende Reservekasten tritt in Aktion, sobald die Messer des arbeitenden Kastens geschärft werden müssen. Der letztere wird dann herausgezogen und gegen einen neuen

Kasten mit geschärften Messern ausgewechselt. Alles geschieht ohne Unterbrechung der Holzzuführung, wodurch der bei anderen Maschinen durch Auswechseln der Putzkästen entstehende Zeitverlust vollständig vermieden wird. Ein weiterer Vorteil besteht darin, daß das Auswechseln der Kästen auf der Hobelfläche keine unsauberen Stellen hinterläßt, denn der Kasten mit den zu schärfenden Messern bleibt so lange in Aktion, bis die scharfen Messer des eingeschalteten Kastens richtig eingestellt sind; bei anderen Maschinentypen passieren, wie bekannt, ein paar Bretter die Maschine, bevor die Putzmesser nach dem Wechsel zufriedenstellend arbeiten. Jeder Kasten hat seine besondere Druckanordnung, welche mit demselben durch Hebelsystem derart verbunden ist, daß das Ein- oder Ausschalten des Kastens mit Druckapparat durch einen Handgriff mittels eines an der Vorderseite befindlichen Hebels erfolgt.

Zur Einstellung der verschiedenen Holzstärken wird der Druckapparat durch Handrad reguliert. Diese Putzkastenanordnung ist Bolinders in allen Ländern patentiert. Zum Hobeln von ästigen oder mangelhaft getrockneten Kiefernbrettern, welche mittels Putzmesserkasten schwer zu putzen sind, liefert Bolinders auf Wunsch eine rotierende mit sechs dünnen Rapidmessern versehene Putzmesserwelle. Die Seitenputzmesser sind auf kräftigen Supporten angebracht und während des Betriebes von der Vorderseite der Maschine aus verstellbar, sowohl horizontal für verschiedene Holzbreiten, als auch vertikal, damit die Schneide des Hobelmessers in ihrer ganzen Länge sukzessive ausgenützt werden kann.

Der Oberputzkasten, der unmittelbar hinter der oberen Messerwelle placiert ist, wird durch eine neue, sinnreiche, aber einfache Anordnung kräftig auf das Holz gepreßt und ist außerdem leicht auswechselbar.

Die Druckapparate sind von modernster und wirkungsvollster Konstruktion und sowohl für verschiedene Holzstärken, als auch verschiedene Drucke leicht verstellbar. Über der unteren Messerwelle und den Unterputzkästen sowie zwischen den seitlichen Messerwellen wird das Holz mittels unabhängig voneinander arbeitender Druckrollen gehalten, wodurch auch unebenes Holz über seine ganze Breite einem gleichmäßigen Druck ausgesetzt wird. Vor und hinter der oberen Messerwelle ist Rollendruck vorgesehen. Über der Stabmesserwelle ist sog. Schleppdruck angeordnet. Alle Druckrollen sind mit geschlossenen Schmierbüchsen versehen, wodurch die Schmierung wirksam und das Schmiermaterial gegen Späne, Staub u. dgl. geschützt wird. Der Antrieb der Maschine erfolgt am zweckmäßigsten durch einen reichlich dimensionierten Elektromotor und ein mit doppelreihigen Kugellagern versehenes Vorgelege.

Die größte Holzstärke, welche auf der Maschine Nr. 12 gehobelt werden kann, beträgt 150 mm, die größte Holzbreite 300 mm.

Der minutliche Vorschub beträgt bis zu 72 m mit 18 Zwischenstufen.

Die Riemenscheibe des Antriebvorgeleges ist 450 × 210 mm und soll 750 mm Umdrehungen in der Minute machen.

Die untere Messerwelle läuft etwa 4500 Umdrehungen pro Minute.

Die seitlichen Messerwellen mit etwa 5000, die obere Messerwelle mit etwa 4500 und die hintere Stabwelle mit etwa 6000 Umdrehungen in der Minute.

Der Kraftverbrauch beträgt je nach Hobelbreite und Vorschub etwa 20—40 PS.

Die Länge und Breite der Maschine ohne Vorgelege beträgt 6100 × 2000 mm;

Das Gewicht der Maschine mit Vorgelege beträgt 11000 kg.

Abb. 278. Bolinders Spanschneider für Putzspäne mit ausgezogenem Kutterstativ.

Falls eine vierseitige Hobelmaschine mit feststehendem Putzmesserkasten arbeitet, ist zum Zerkleinern der langen sog. Putzspäne ein Spanschneider, nach Abb. 278, erforderlich. Neuerdings liefert Bolinders vierseitige Hobelmaschinen mit 90—130 m Vorschub in der Minute. Da die menschliche Arbeitskraft nicht ausreicht, die zu hobelnden Bretter der Maschine mit der erforderlichen Schnelligkeit zuzuführen, sind bei dieser Maschinenart automatisch arbeitende Transportvorrichtungen erforderlich. Solche Maschinen eignen sich selbstverständlich nur für große Exporthobelwerke, welche Tanne und Fichte verarbeiten.

Der Spanschneider zerkleinert die Putzspäne, welche bei Hobelmaschinen mit feststehendem Putzmesserkasten abfallen, in derart kleine Stücke, daß dieselben zusammen mit den von den rotierenden Messern abfallenden Spänen abgesaugt werden können, um auf diesem

Wege oder mittels gewöhnlicher Spänetransporteure der Kesselfeuerung oder dem Lagerplatz zugeführt zu werden.

Dieser neue Spanschneider mit Kugellagern ist nach denselben Prinzipien gebaut wie die früheren Bolinders Typen, d. h. mit zwei rotierenden Messerwellen, wovon jede mit nur 2 Messern versehen ist; diese Konstruktion hat sich unbestreitbar im praktischen Betriebe bestens bewährt.

Als Hauptvorzüge dieses neuen Spanschneiders sind u. a. anzuführen: daß durch die besondere Anordnung des Schneideanschlages die langen Putzspäne in kleine, gleichgroße Stücke zerschnitten werden, die ohne Schwierigkeit auf pneumatischem Wege zu transportieren sind; daß die Art des Antriebes eine ganz geringe Beanspruchung der Zahnräder gewährleistet; daß die Maschine sehr ruhig läuft und verhältnismäßig geringe Kraft benötigt.

Der Spanschneider wird unter dem Hobelmaschinenputzkasten und so tief unter dem Fußboden, wie die lokalen Verhältnisse es erfordern, placiert. Die Späne fallen direkt vom Putzmesserkasten in die Maschine, so daß keine besondere Speisevorrichtung nötig ist.

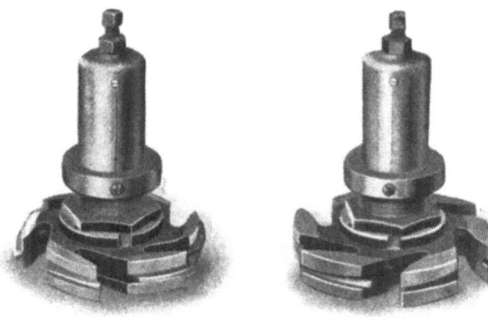

Abb. 279. Abb. 280.
Abb. 279 u. 280. Bolinders Standard-Fräsen für Nut und Feder mit justierbaren Buchsen nach Westmanns Patent.

Die beiden auf Abb. 278 sichtbaren Messerwellen, die in Kugellagern von großen Abmessungen rotieren, sind mittels Zahnrädern zwangsläufig verbunden, so daß sich die Messer immer auf derselben Stelle begegnen.

Das ganze Kutterstativ ist für das Auswechseln der Messer ausziehbar; in der Regel genügt ein einmaliger Messerwechsel pro Woche. Der Antrieb geschieht mittels nur eines Riemens, der am besten von der Hauptantriebswelle der Hobelmaschine anzutreiben ist. Der Spanschneider ist mit Fest- und Losscheibe versehen.

Alle rotierenden Teile, wie Messerwellen, Zwischenzahnräder und Losscheibe, laufen in Kugellagern von großen Abmessungen.

In jedem Hobelwerk kennt man die Schwierigkeit beim Hobeln, die darin besteht, eine Nute und Feder herzustellen, welche an ästigen oder verwachsenen Stellen nicht ausgesprungen bzw. eingerissen sind; ganz besonders tritt dieser Übelstand in größeren Werken zutage, wo mit großen Maschinen und hoher Vorschubgeschwindigkeit gearbeitet werden muß.

Das Leistungsvermögen der vierseitigen Hobelmaschinen kann bei Verwendung von Spundmessern bei weitem nicht ausgenützt werden. Einen anderen, nicht zu unterschätzenden Übelstand bildet das Schleifen, das Einsetzen und Justieren der Messer, womit etwa ein Fünftel der Arbeitszeit verlorengeht, sofern die Profile nach jedem Messerwechsel einander genau gleich sein sollen.

Diese Übelstände werden bei Verwendung von Bolinders Spezialfräsen gänzlich beseitigt, wofür wohl am besten die Tatsache spricht, daß sämtliche Exporthobelwerke seit Jahren mit diesen Fräsen arbeiten.

Die Fräsen werden aus bestem schwedischen Werkzeugstahl auf besonders dazu konstruierten Präzisionswerkzeugmaschinen hergestellt. Infolge der äußerst präzisen Herstellungsweise der Fräsen sind dieselben einander absolut genau gleich; jeder Zahn schneidet infolgedessen mit derselben Präzision. Die Schneidzähne dieser Fräsen stehen in einem weit günstigeren Schnittwinkel, als solches bei losen Messern überhaupt möglich ist, und folglich arbeiten die Fräsen viel leichter. Das Nachschleifen der Fräsen geschieht am besten auf einer Spezialschleifmaschine nach Abb. 281. Die einzelnen Zähne der Fräsen sind hinterdreht, so daß nur die Vorderfläche der Zähne abgeschliffen wird; der Schnittwinkel bleibt hierbei immer derselbe, und das Profil kann sich, was die Hauptsache ist, nicht verändern, solange der Fräser gebraucht wird.

Die Vorteile dieser Fräser sind folgende:

1. Dieselben arbeiten mit sechs oder mehr Schneidzähnen, während gewöhnliche Messerköpfe nur mit 2 Profilmessern versehen sind.

2. Messerschrauben und alle losen Teile fallen bei den Fräsern fort; dieselben sind deshalb immer genau ausbalanciert, und die Spindeln rotieren ruhiger, was eine weit höhere Tourenzahl zuläßt, als bei Spindeln mit gewöhnlichen Messerköpfen ratsam ist.

3. Der Betrieb ist bei Verwendung dieser Fräser gefahrlos, da keine losen Teile daran vorhanden sind, welche abfliegen können.

4. Das Auswechseln der Fräser für ein anderes Profil kann in etwa 4 Minuten erfolgen; das zeitraubende Einstellen der losen Messer kommt bei Verwendung der Fräser gänzlich in Fortfall.

5. Das Profil bleibt unverändert, solange der Fräser gebraucht wird; die Stärke oder die Länge der Feder kann sich nicht im geringsten verändern.

6. Die Fräser sind bei längerem Gebrauch billiger als Messer, selbst dann, wenn man die Hauptvorteile — qualitativ bessere Arbeit, Zeitersparnis und größere Produktion — außer acht läßt. Ich selbst habe diese Fräser seit 19 Jahren im Gebrauch und bin mit der Arbeitsweise in jeder Beziehung zufrieden. Wer bei vierseitigen Hobelmaschinen Wert auf saubere Spundung bei größter Leistung legt, dem kann ich die Anschaffung

dieser hochwertigen Fräser bestens empfehlen; dieselben werden auch in Deutschland von einzelnen Spezialfirmen hergestellt. Bei der Beschaffung berücksichtige man jedoch nur ein erstklassiges Fabrikat, da man anderenfalls nur Ärger und Verdruß hat.

Alle Standard-Fräser werden von Bolinders mit 180 mm äußerem Durchmesser und mit 60 mm Bohrung ausgeführt und sind zum Befestigen auf einer Buchse bestimmt.

Für Bolinders-Hobelmaschinen oder andere Fabrikate, deren Seitenspindeln vertikal verstellbar sind, kommen unverstellbare Buchsen in Betracht; sind die Seitenspindeln dagegen nicht vertikal verstellbar, so werden verstellbare Buchsen angewendet. Beide Arten Buchsen besitzen also stets 60 mm äußeren Durchmesser, und ihre Bohrung richtet sich nach der Spindel, für welche sie bestimmt sind. Infolgedessen können die Fräser zu jeder beliebigen Hobelmaschine, ganz unabhängig von den verschiedenen Dimensionen der Seitenspindeln, verwendet werden. Es ist allgemein üblich, daß der Nutfräser auf der rechten Seitenspindel und der Federfräser auf der linken verwendet wird. Die Fräser sollen so beschaffen sein, daß der seitliche Spielraum in der Nute 0,5 mm beträgt, um ein leichtes Zusammengehen von Nut und Feder zu ermöglichen. Es ist darauf zu achten, daß die Seitenspindeln genau zentrisch laufen und nicht schwingen, da bei der geringsten Schwingung derselben ein Fräser, auch wenn er noch so genau ausgeführt ist, niemals eine exakte Nute und Feder hervorbringt. Das gleiche ist der Fall, wenn der Fräser schief auf der Spindel sitzt. Man hat also darauf zu achten, daß der Flansch der Fräserbuchse gut von Spänen u. dgl. gereinigt ist, bevor der Fräser auf die Seitenspindel aufgesetzt wird.

Abb. 281.
Bolinders Spezial-Schleifmaschine Nr. 10 für Bolinders patentierte Fräsen.

Beim Schleifen der Fräser ist nachstehendes zu beachten:

1. Daß die Fräserzähne nur vor der Schneide und nie an der Peripherie geschliffen werden.

2. Daß der Fräser vorsichtig gegen die Schmirgelscheibe geführt wird, so daß sich kein Grat bildet.

3. Daß der Schnittwinkel nicht verändert, sondern die ursprüngliche Form erhalten bleibt.

4. Daß alle Schneidzähne in der gleichen Peripherie liegen, so daß die Zähne genau gleich lang sind.

5. Daß nach dem Schleifen die Schneide mit einem Ölstein von Hand sowohl vor der Schneide als auch leicht und vorsichtig an der Peripherie abgezogen wird.

Die Schmirgelscheiben müssen mit dem Diamanten von Zeit zu Zeit abgedreht werden; um diese Arbeit jedoch nicht allzu oft erforderlich zu machen, müssen die zu schleifenden Flächen vorher so gut wie möglich von Harz u. dgl. gereinigt werden.

Ein gutes Werkzeug bleibt nur dann brauchbar, wenn es sachlich behandelt und richtig geschärft wird; denn auch das beste Werkzeug wird durch unrichtige Behandlung unbrauchbar.

Wer da glaubt, für die Instandhaltung seiner Werkzeuge keine Zeit zu haben oder die Kosten für die Erhaltung derselben ersparen zu können, muß sich mit der Tatsache abfinden, daß seine Werkzeuge in der Lebensdauer herabgesetzt und mit denselben eine saubere, einwandfreie Arbeit nicht erzielt werden kann.

Der vorstehende Erfahrungssatz kann in besonderem Maße auf Fräser für vierseitige Hobelmaschinen infolge des großen Vorschubes angewendet werden. Das Wichtigste für die Ausnutzung der Vorteile und die Erhaltung der Fräser ist das Schleifen derselben; diese Arbeit soll möglichst schnell, aber mit größter Genauigkeit vorgenommen werden, damit die Präzision der Fräser dauernd erhalten bleibt. Die älteren Fräserschleifmaschinen können diese Forderungen nur unvollkommen erfüllen; die in Abb. 281 dargestellte neue Spezialfräserschleifmaschine bietet alle jene Vorteile, welche beim Schleifen von Fräsern für vierseitige Hobelmaschinen als wünschenswert erscheinen. Ein Fräser darf nur in scharfem Zustande arbeiten, denn sobald die Schneiden der Zähne die geringste Abstumpfung zeigen, wird nicht allein die Qualität der Arbeitsleistung beeinträchtigt, sondern der Stahl verliert durch die eintretende Erhitzung seine Härte, und der alsdann bedingte schnelle Verschleiß an den Profilschneiden führt eine dauernde Profilveränderung herbei, d. h. die Feder am Holz wird stärker und die Nute kleiner. Mit anderen Worten: Die Benutzung eines stumpfen Fräsers macht dieses Werkzeug untauglich!

Beim richtigen Schleifen sind als wichtigste Bedingungen zu erfüllen:

1. Daß die Schleifflächen nicht erhitzt und enthärtet werden.
2. Daß der richtige ursprüngliche Schnittwinkel beibehalten wird.
3. Daß alle Schneiden haargenau in gleichem Schnittkreis liegen.

Die Bauart der in Abb. 281 dargestellten Fräserschleifmaschine ist äußerst solide und auf langjährige Erfahrung gegründet; die Bearbeitung der einzelnen Teile ist mit der bei Bolinders Maschinen bekannten Präzision durchgeführt unter Verwendung von allerbestem schwedi-

Maschinen für Hobelwerke. 287

schen Material. Die Arbeitsorgane der Maschine werden durch einen gußeisernen Hohlständer mit breitem Fuß getragen. Die Schleifspindel rotiert in reichlich bemessenen Lagern und ist in Gleitführungen mittels Handmutter axial verschiebbar. Der Antrieb erfolgt durch Vorgelege, welches am besten unter der Decke, d. h. oberhalb der Maschine angebracht wird. Eine Wasserpumpe bespült die Schleifscheibe mit Kühlwasser während des Schleifens und verhütet eine Erhitzung bzw. Enthärtung der Schleifflächen. Beim Aufsetzen und Einjustieren des Fräsers stellt sich die Wasserzufuhr automatisch ab, sobald der Support von der Schleifscheibe über einen gewissen Punkt abgezogen wird.

Der Fräser wird auf dem Support befestigt und die Maschine für die durch die Anzahl der Schneidezähne gegebene Teilung eingestellt, worauf das Schleifen vorgenommen wird. Hierbei garantiert die Maschine völlig automatisch die Beibehaltung des richtigen Schnittwinkels sowie des genau gleichen Schnittkreises für alle Schneidezähne. Das Schleifen der Fräser kann also ohne besondere Fachkenntnis des Arbeiters in korrekter Weise und schneller als auf Maschinen älterer Konstruktion ausgeführt werden.

Bevor der zu schleifende Fräser auf die Arbeitsspindel aufgesetzt wird, ist eine Unterlegscheibe in entsprechender Stärke zu verwenden, so daß der Mittelplan des Fräsers (Mitte der Fräserstärke) in der Höhe des Mittelpunktes der Schleifscheibe liegt. Alsdann wird die Zwischenlegescheibe 1 (Abb. 282) aufgelegt, und zwischen diese und die Befestigungsmutter 2 wird eine aufgeschlitzte Mutterscheibe

Abb. 282.
Bolinders Fräser-Schleifmaschine in Arbeitsstellung.

geschoben. Darauf wird der Fräser mit einem Schneidezahn gegen Haken 3 gedreht und die Befestigungsmutter 2 mäßig angezogen.

Entsprechend der jeweiligen Anzahl Schneidezähne wird der Teilungsstift 4 in die dafür bestimmte Stelle der Teilungsscheibe 5 eingeschoben.

Mittels Handhebels 6 wird der Support mit Fräser gegen die Schleifscheibe geführt und letztere mittels Justierhandmutter durch axiale Verschiebung der Schleifwelle zum Schneidezahn eingestellt.

Die Einstellung ist damit erledigt und die Fräse kann ohne weitere Nachprüfung für richtigen Schnittwinkel, Schnittradius usw. korrekt fertiggeschliffen werden. Es empfiehlt sich, vor Inbetriebsetzung der Maschine durch eine sog. ,,Teilung" festzustellen, daß der Teilungsstift 4 entsprechend der Zähnezahl richtig eingestellt ist. Mittels Handgriff 6 den Support soweit als möglich von der Schleifscheibe abziehen, den Teilungsgriff 7 nach links gegen den Teilungsstift ziehen, dann loslassen, so daß derselbe selbsttätig in seine vorherige Lage zurückschnellt. Wird dann der Fräser gegen die Schleifscheibe geführt, so zeigt es sich, ob die Teilungseinstellung richtig vorgenommen wurde.

Beim Schleifen wird der die Fräse tragende Support mittels Handhebels 6 in der Richtung zur Schleifscheibe wippend vor- und rückwärts bewegt. Die Schleifscheibe ist, wie schon erwähnt, in axialer Richtung durch Handmutter verschiebbar und während des Schleifens soweit gegen den ersten Schneidezahn vorzurücken, bis die Schleifscheibe in normaler Weise angreift.

Nachdem der erste Zahn geschliffen ist, darf die Schleifscheibe nicht mehr verschoben werden, denn die Maschine sorgt jetzt ganz selbsttätig dafür, daß analog dem ersten Zahne alle folgenden Zähne der Fräse geschliffen werden, d. h. die Schleifscheibe greift nur so lange, bis der Zahn hinsichtlich Schnittwinkel und Radius dem vorangegangenen absolut genau gleich ist.

Man soll beim Einstellen der Schleifscheibe zum ersten Zahne nicht zuviel fortschleifen, sondern nötigenfalls den Schleifprozeß auf mehrere Rundgänge verteilen, d. h. beim Anlangen am zuerst geschliffenen Zahn die Schleifscheibe abermals vorrücken. Zur Vermeidung von Rost durch das zum Schleifen verwendete Kühlwasser sollte man letzteres mit sog. ,,Diffundol" mischen, welches in Maschinengeschäften käuflich ist; wo nicht erhältlich, kann man gewöhnliches Seifenwasser zum Kühlen verwenden.

Bolinders hat neuerdings für eine große Holzfirma eine auf einem Prahm montierte vierseitige Hobelmaschine geliefert. Die Hobelmaschine hat ein Leistungsvermögen von 4—5000 Standards pro Jahr. Ein großer Vorteil liegt darin, daß dieses ,,Hobelwerk" leicht nach verschiedenen Wassersägewerken geschafft werden kann, und daß die Hobelmaschine ohne weiteres nach den jeweiligen Lagerplätzen der Hölzer verlegt werden kann. Die Maschine kann auch leicht im Hafen benutzt werden, indem ein Prahm mit der zu hobelnden Ware an der einen Seite anlegt und ein Leichter an der anderen Seite das gehobelte Material aufnimmt und direkt zum Dampfer schafft. Für deutsche Verhältnisse kommt diese Anordnung nicht in Frage, wohl aber in dem wasserreichen Schweden und Finnland, jedoch würde ich eine stationäre Hobelmaschinenanlage vorziehen, und zwar aus mancherlei Gründen, nicht zuletzt wegen der Hobelspäneabsaugung.

Die in Abb. 283 gezeigte neue Standard-Type der Firma Gebr. Schmaltz, Offenbach a. M., die Vierwalzenhobelmaschine Modell FMP, ist mit allen Neuerungen der Letztzeit ausgerüstet.

Infolge ihrer eigenartigen Einrichtung ist diese Maschine nicht nur für Fußbodenbretter geeignet, sondern auch für Fußleisten, Türverkleidungen und sonstige Kehlungen.

Die Maschine hat ein sehr solides, kräftiges, aus einem Stück gegossenes Gestell; dieses ist also nicht, wie üblich, zusammengeschraubt, so daß ein Verziehen desselben auch beim Setzen des Fundamentes unmöglich wird; hat selbsttätigen Holzvorschub durch vollkommen neue Einrichtung und 4 oder 5 stählerne, besonders sorgfältig gelagerte Messerachsen, welche in erstklassigen Kugellagern (Pendellagern) laufen.

Von diesen Messerwellen ist die untere horizontale vorn unmittelbar hinter den Vorschubwalzen angeordnet. Dieselbe bearbeitet das Holz an der unteren Fläche zuerst, um ihm auf diese Weise für seinen weiteren Gang durch die Maschine eine sichere Auflage zu geben, und ist zur größeren Bequemlichkeit beim Messereinsetzen zum Herausziehen nach der Seite eingerichtet. Die abzunehmende Spanstärke kann auch während des Ganges der Maschine genau eingestellt werden. Für diese untere horizontale Messerwelle ist ein besonders starker Druck auf die zu bearbeitenden Bohlen oder Bretter vorgesehen.

Abb. 283. Vierseitige Walzenhobel- und Kehlmaschine mit rotierender Putzmesserwelle, Modell FMP.
(Gebr. Schmaltz, Offenbach a. M.)

Die beiden vertikalen Messerwellen sind seitlich verstellbar, und zwar die eine nur so viel, als zur genauen Einstellung der Spanstärke erforderlich ist; die andere innerhalb weiterer Grenzen, je nach der Breite der zur bearbeitenden Hölzer. Außerdem können beide Messerwellen auch in der Höhenrichtung verstellt werden. Im übrigen besitzen die vertikalen Messerköpfe eine hohe Umdrehungszahl.

Die obere horizontale Messerwelle, welche das Holz auf Dicke bearbeitet, ist diesem Zweck entsprechend in der Höhenrichtung durch Handrad und Gewindespindel verstellbar. Außerdem ist sie aber auch, um eine rasche und genaue Einstellung der Messer bei etwa vorkommenden Kehlarbeiten zu erleichtern, noch seitlich verschiebbar.

Direkt hinter der oberen Messerwelle ist die sog. horizontale Stabhobelwelle angeordnet, welche ebenfalls in der Höhenrichtung, sowie seitlich verstellbar ist und dazu dient, die Hölzer auch an der unteren Fläche mit Stab, Hohlkehle, Falz u. dgl. zu versehen. Das vordere

Lager ist abziehbar angeordnet, wodurch das Einsetzen der Werkzeuge sehr erleichtert wird.

Sowohl die erste untere, als auch die obere horizontale Messerachse sind mit zweckentsprechenden Abziehvorrichtungen ausgerüstet. Letztere gestatten das Schärfen der Messer auch während des Ganges der Maschine und während der Arbeit derselben, ohne diese herauszunehmen und nachzuschleifen, so daß man tagelang weiterarbeiten kann. Die Maschine ist hierdurch gewissermaßen mit einer rotierenden Putzmesserwelle ausgestattet.

Auf zweckmäßige Konstruktion der Spanbrecher, Führungs- und Druckvorrichtungen ist besonders Wert gelegt.

Der selbsttätige Vorschub des Holzes erfolgt in absolut zuverlässiger Weise durch vier große horizontale Walzen, welche sämtlich angetrieben sind und von denen die oberen unter elastischem, regulierbarem Hebeldruck stehen. Diese Druckvorrichtung ist vollkommen neuartig. Sie läßt sich bequem be- und entlasten und besitzt eine Räderübertragung ähnlich der Druckvorrichtung an Gatterwalzen. Die bisherige Gewichtsplattenbelastung und deren unangenehme Einstellbarkeit fällt fort. Die zum Antrieb erforderlichen Zahnräder sind vollkommen eingekapselt und besitzen eine gute Schmierung. Der Holzvorschub geschieht durch Stufenscheiben und ist sechsfach veränderlich (8 m, 10,2 m, 13 m, 16,7 m, 21,4 m, 27,5 m pro Minute) und kann vom Arbeiterstande aus jederzeit für sich ein- und ausgerückt werden.

Sämtliche Vorgelege sind auf dem Fußboden angeordnet, so daß eine Unterkellerung nicht erforderlich ist.

Abb. 284.
Vierseitige Präzisions-Putzmesser-Hobelmaschine Nr. 10. (W. Ritter, Altona a. Elbe.)

Die vierseitige Präzisions-Putzmesser-Hobelmaschine der Firma W. Ritter, Altona, besitzt 8 Vorschubwalzen von 400 mm Durchmesser, 5 rotierende Messerwellen, in schwedischen Patentkugellagern laufend, und Putzmessereinrichtung. Der Vorschub beträgt 9—52 m in der Minute mit 6 Zwischenstufen.

Die Maschine ist in allen Teilen sehr kräftig gebaut zur Anfertigung jeglicher vierseitiger Hobelarbeiten bis 150 mm Stärke und 305 mm

Breite, für Nut- und Federbearbeitung mit Fräsern eingerichtet und für Stabbretter, sowie zum gleichzeitigen Nachputzen mit feststehenden Messern für 3 Seiten des Holzes. Auch für leichtere und schwere Kehlarbeiten ist diese Maschine geeignet. Die Konstruktion der Maschine ist in durchdachter, sinnreicher Weise auf Grund langjähriger Erfahrungen aufs höchste vervollkommnet. Sie ist vermöge ihrer verbesserten Vorschubeinrichtung für das Hobeln von Pitchpine-Dielen ebenfalls sehr zu empfehlen. Die Maschine ist mit fünf rotierenden Messerwellen versehen, welche sämtlich in den bewährten schwedischen Patentkugellagern laufen, und zwar 2 Untermesserwellen, 2 Seitenmesserwellen und 1 Obermesserwelle.

Die Untermesserwelle, welche sich dicht hinter den ersten 2 Paar Vorschubwalzen befindet, ist in einer Lade gelagert, welche eine verstellbare Tischfläche vor der Messerwelle und eine feste Fläche hinter derselben hat. Die Messerwelle hat an allen vier Seiten Spanbrecherlippen, sie arbeitet ruhig und sauber. Auf der Tischfläche dicht vor, sowie dicht hinter der Messerwelle ist je eine Reihe Druckrollen angebracht, von welchen jede einzelne Rolle ihre Druckfeder hat.

Der Unterputzmesserkasten, welcher dicht hinter der Untermesserwelle folgt, enthält 3 Klappenmesser in Stellungen, die genau nach den bewährten Prinzipien angeordnet sind, und liefert eine tadellos saubere, feine Fläche.

Die Druckrollen, welche dicht nebeneinander laufen, sind in genauer Richtung zum Schnitt reguliert und haben Spiralfedern, wodurch das unablässig gleichmäßige Anpassen der Druckrollen auch bei ungleichmäßig geschnittenem Holze glatt vor sich geht. Die gesamten Druckrollen sind von wohldurchdachter Konstruktion. Sie haben sämtlich Rollenlager und sind mit einer zuverlässig wirkenden Schmiervorrichtung versehen. Die Druckrollen über dem Unterputzkasten lassen sich gemeinschaftlich mittels Handrades je nach Dicke des Holzes in der Höhe einstellen. Beim Auswechseln des Putzkastens wird das ganze Rollensystem mit einem Handgriff mittels Hebels gehoben bzw. gesenkt, ohne daß dabei der einmal eingestellte Druck sich ändert. Die beiden Seitenmesserwellen sind sehr stark und sowohl mit Buchse für Fräser als auch mit Messerkopf versehen. Beide Messerwellen haben praktische Spanbrecher. Die beiden Druckrollen, welche nach der bewährtesten Konstruktion eingerichtet sind und für jede Holzbreite schnell und präzis eingestellt werden können, haben voneinander unabhängigen Federdruck und werden durch eine Handkurbel ein- und ausgeschaltet. Hinter den Messerwellen befinden sich die seitlichen Putzmesservorrichtungen, welche durch eine Handkurbel auf die Breite des Holzes reguliert werden. Diese Putzmesser sind auch vertikal verstellbar, so daß man die volle Länge der Messer ausnutzen kann, bevor man sie wieder losnimmt. Die Obermesserwelle ist mit Rücksicht auf ihr sicheres und ruhiges Arbeiten sehr stark gebaut. Sie ist verstellbar, auch während des Ganges der Maschine. Druckvorrichtungen für das sichere Halten des Holzes sind sowohl vor als auch hinter der Messerwelle zweckmäßig angeordnet. Der Oberputzmesserkasten, welcher auf besonderen Wunsch angebracht wird, folgt dicht hinter der Obermesserwelle, funktioniert genau und ist bequem zu handhaben.

Die Stabmesserwelle ist mit Rücksicht auf die feineren Kehlarbeiten, welche man bei großem Vorschube mit ihr erzielen will, in hervorragend vollkommener Weise eingerichtet. Sie läuft in drei schwedischen Patentkugellagern und ist horizontal und vertikal verstellbar. Ferner sind die Tischflächen in beiden Richtungen nebst den oberhalb derselben angebrachten beiden Reihen Druckrollen verstellbar.

Die Vorschubeinrichtungen dieser Maschine sind wegen ihrer vielseitigen, gründlichen und praktischen Verbesserungen besonders zu erwähnen. Die Vorschubwalzen sind mit getrennten Druckvorrichtungen versehen und selbst bei dem ungleichmäßigsten Materiale unabhängig funktionierend. Es sind selbstregulierende Führungen zwischen den Vorschubwalzen vorhanden, die ein Aufeinanderlaufen der Bretter verhüten. Alsdann ist eine Umschaltung auf Rückwärtslaufen des Vorschubes an der Maschine angebracht. Diese Einrichtung ermöglicht es, ein nicht richtig laufendes Brett ohne weiteres mechanisch zurückzuziehen oder auch leicht die Untermesserwelle und den Unterputzkasten ganz freizulegen. Die Maschine ist mit 8 Vorschubgeschwindigkeiten zwischen 9 und 52 m in der Minute versehen. Sämtliche Zahnräder sind gefräst und durch Schutzhauben eingekleidet; die Räder zwischen den Vorschubwalzen sind aus Stahlguß.

Die größte Hobelbreite beträgt 305 mm,
die größte Hobelstärke beträgt 150 mm.

Das Gewicht der Maschine beträgt etwa 7200 kg, der Kraftbedarf etwa 20—30 PS.

Mit der Präzisionshobelmaschine AM bringt Kirchner ein Modell auf den Weltmarkt, welches die Verwertung jahrzehntelang gesammelter Erfahrungen sowie alle bewährten Konstruktionsvorteile in sich vereinigt.

Verwendung findet diese Maschine zum gleichzeitigen Hobeln, Nuten und Spunden von Fußboden- und Stabbrettern, Bohlen u. dgl. in großen Mengen. Ferner zur Herstellung von Tür- und Fensterrahmenhölzern, Wandverkleidungen usw. Infolge ihrer präzisen Arbeit ist dieses Modell in Säge- und Hobelwerken, Bau- und Waggonfabriken, Schiffswerften, wo große Mengen Hölzer gleichzeitig von vier Seiten gehobelt und mit Profilen versehen werden müssen, unentbehrlich.

Das Gestell in gefälliger Form ist für starke Beanspruchungen besonders kräftig gehalten.

Vier schwere Walzen, durch Räderübersetzung angetrieben, bewirken den Vorschub der Hölzer. Die oberen Walzen lassen sich der Stärke des Arbeitsstückes entsprechend durch Handkreuz einstellen. Ein Gewichtshebel mit regulierbarem Gewicht übt den erforderlichen Druck aus. Die beiden oberen, mit gußeisernen Schutzkappen überdeckten Walzen sind derart geriffelt, daß die Bretter stets an das Anschlaglineal gedrängt werden und dadurch eine gerade Fuge erhalten. Die unteren, glatten Walzen sind im Gestell gelagert und ebenfalls justierbar.

Der selbsttätige Vorschub erfolgt in drei verschiedenen Geschwindigkeiten bis zu 22 m in der Minute und kann auch während des Ganges der Maschine sofort abgestellt werden.

Abb. 285. Vierseitige Putzmesser-Hobelmaschine AM. (Kirchner & Co., A.-G., Leipzig.)

Die untere horizontale Messerwelle ist in einem besonderen Gehäuse gelagert und hobelt zunächst die untere Seite der Bretter. Sie besteht, wie alle übrigen Messerwellen der Maschine, aus bestem Stahl, ist mit 4 Spanbrecherlippen zum gleichzeitigen Aufspannen von 4, normal von 2 Messern versehen. Sie rotiert in erstklassigen Kugel- oder Ringschmierlagern. Um das Auswechseln der Messer zu erleichtern, ist der mit dem Messerwellengehäuse verbundene Aufgabetisch aufklappbar. Ferner ist das Lagergehäuse mitsamt der Messerwelle ausziehbar eingerichtet. Die mikrometerartige Verstellung des Tisches ermöglicht ein genaues Einstellen der Spanstärke nach Skala. Auf besonderen Wunsch kann in das Messerwellengehäuse eine Schleifeinrichtung montiert werden. Selbige dient dazu, die eingesetzten Hobelmesser haarscharf auf einen bestimmten Flugkreis zu egalisieren, wodurch das genaue Einsetzen von Hand in Wegfall kommt. Des weiteren werden gleichzeitig die Messer an der Schneide, bei Bedarf während des Ganges der Maschine, geschliffen, was als ein großer Fortschritt bezeichnet werden kann, da dadurch die Leistung der Maschine gesteigert wird.

Der untere Putzmesserapparat ist zum genauen Einsetzen der zwei feststehenden Messer ebenfalls herausziehbar angeordnet. Letztere nehmen von dem durch die untere Messerwelle gehobelten Holz noch einen feinen Schlichtspan weg. Auf Wunsch liefert Kirchner eine rotierende Putzmesserwelle, welche beim Hobeln von ästigem verwachsenen Holz vorzuziehen ist.

Die beiden vertikalen Messerwellen, welche sich gegenüberliegen, sind in der Breite und Höhe verstellbar, falls die Bretter mit Nut, Spund oder Profil versehen werden sollen. Im allgemeinen verwendet man Stahlmesserköpfe, die mit 4, normal mit 2 Messern ausgerüstet werden. Die Spanbrecher sind für Kehlungen bis 30 mm Tiefe verstellbar. Beim Nuten oder Spunden empfiehlt sich die Benutzung von sog. Rapidfräsern. Selbige sind in der Stärke in gewissen Grenzen verstellbar und liefern eine einwandfreie Arbeit. Die vertikalen Wellen rotieren in Bronzebüchsenlagern.

Die obere horizontale Messerwelle, in einem durch Handrad hoch und tief stellbaren Schlitten gelagert, hobelt die Bretter lediglich auf gleiche Dicke oder dient zur Herstellung von Kehlungen bis 50 mm Tiefe. Die Welle rotiert ebenfalls in Kugel- oder Ringschmierlagern.

Auf besonderen Wunsch kann der Spanschirm zur oberen Messerwelle so eingerichtet werden, daß ein disekter Anschluß an die Späneabsaugung möglich ist.

Eine zweite untere horizontale Messerwelle (Stabmesserwelle) am Ende der Maschine zum Kehlen wird auf Wunsch angebracht. Diese Welle, auch in Kugellagern rotierend, ist horizontal und vertikal verstellbar und ein Lager leicht abziehbar. Der hinter der Welle angeordnete Tisch kann zur Seite gedreht werden.

Die Druckvorrichtungen sind von wirkungsvollster Konstruktion und den verschiedenen Holzstärken entsprechend verstellbar. Über der unteren Messerwelle und dem Putzmesserkasten, sowie zwischen den vertikalen Messerwellen, üben unabhängig voneinander arbeitende Rollen den erforderlichen Druck aus. Um ein Überlaufen hauptsächlich bei schwachen Brettern zu verhüten, ist eine Druckvorrichtung zwischen hinterer Transportwalze und unterer Welle eingebaut. Über der Stabmesserwelle wird das Holz mittels Schleppdruck gehalten. Sämtliche Werkzeugwellen laufen mit 4200 Touren pro Minute.

Die Maschine wird geliefert zum Hobeln und Fassonieren von Hölzern von 60—350 mm Breite und 12—120 mm Stärke. Der Kraftbedarf beträgt bei Gruppenantrieb 14—24 PS, bei elektrischem Einzelantrieb dagegen 20—35 PS, je nach Vorschub und Hobelbreite.

Maschinen für Hobelwerke. 295

Die in Abb. 286 und 287 dargestellte Maschine wurde zum ersten Male auf der Leipziger Frühjahrsmesse 1927 im Betrieb vorgeführt und erregte bei allen Fachleuten allgemeines Aufsehen, da die Firma Böttcher & Geßner bei der Konstruktion dieser Maschine einen ganz

Abb. 286. Große riemenlose Elektro-Putzmesser-Hobel-, Kehl-, Nut- und Spundmaschine.
(Böttcher & Geßner, Altona.)

neuen Weg beschritten hat und von dem bisher üblichen abgewichen ist. Die Maschine ist mit vielen bahnbrechenden Verbesserungen ausgestattet, welche nachstehend erläutert werden.

Abb. 287. Hinteransicht der riemenlosen Elektro-Putzmesser-Hobelmaschine.
(Böttcher & Geßner, Altona.)

Dieser Neukonstruktion liegt der Gedanke zugrunde, eine Maschine mittlerer Schwere zu schaffen, die es bei allergeringstem Platzbedarf und Vermeidung schwieriger Fundamentierungsarbeiten durch ihren unbedingt zuverlässigen, zwangläufigen Antrieb aller Wellen sowie

296 Maschinen für Hobelwerke.

Anwendung besonders vielschneidiger Werkzeuge an Leistung mit den größten und schwersten der heute bestehenden Modelle aufnehmen kann, wenn nicht gar diese noch übertrifft. Die besondere Eigentümlichkeit und den hervorragendsten Fortschritt an dieser Maschine stellt der zwangläufige Antrieb aller Wellen durch die Böttcher & Geßner gesetzlich geschützte Einmotorenbauart dar. An der Rückseite der Maschine (Abb. 287) ist eine Längswelle angeordnet, die einerseits mit einem normalen Serienmotor, andererseits mit dem Vorschubgetriebekasten gekuppelt wird, außerdem aber durch verschiebbare Keilwellen mit sämtlichen Messerwellen zwangläufig verbunden ist. Auf diese

Abb. 288. Kegelräder mit Spiralverzahnung. (Böttcher & Geßner, Altona.)

Weise wird eine umfangreiche und kostspielige Vielmotorenanlage mit ihren hohen Leerlaufverlusten und umständlichen Schaltvorrichtungen vollkommen vermieden, gleichzeitig aber auch die Betriebssicherheit außerordentlich erhöht, da der einfache Serienmotor jederzeit durch einen Reservemotor ersetzt werden kann. Nur auf diese Weise ist es möglich, beim Anschluß des Motors an ein normales Netz die für Hochleistungen unbedingt erforderliche Drehzahl der Messerwellen zu erreichen. Da bekanntlich ein normaler Drehstrommotor höchstens 2850 Umdrehungen machen kann, während seit Jahrzehnten die Hobelwellen derartiger Maschinen 4500 Umdrehungen und mehr ausführen, würde direkte Kupplung ohne Einschaltung eines teuren und kraftverzehrenden Periodenumformers einen außerordentlichen Rückschritt in bezug auf die für die Leistung allein maßgebende Anzahl der Messerschläge bedeuten. Vorstehende Bauart ermöglicht daher bei denkbar einfachster elektrischer Anlage und Anschluß an ein normales Stromnetz eine Drehzahl für sämtliche Messerwellen von 5000 in der Minute.

Die zur Verbindung der Messerwellen mit den Zwischenwellen benutzten Kegelräder nach Abb. 288, sind aus allerfeinstem gehärteten Chromnickelstahl hergestellt und mit einer in allen Kulturstaaten patentierten Spiralverzahnung versehen. Diese Räder stellt Böttcher & Geßner in einer eignen Zahnräderfabrik selbst her und hat bereits mehr als 50000 solcher Getriebe geliefert, die größtenteils im Automobilbau Verwendung gefunden haben.

Das frühere Vorurteil gegen die Anwendung von Zahnrädern ist durch den heutigen Stand der Technik unwiederbringlich überholt. Spricht doch für die Berechtigung von erstklassigen Zahngetrieben u. a. auch ihre bereits jahrelange Anwendung im Flugzeugwesen und beim Schiffsmaschinenbau, wo schon viele Millionen Pferdestärken durch Zahnräder mit noch größerer Umfangsgeschwindigkeit übertragen worden sind. Die Abnutzung der Räder ist selbst nach jahrelangem Gebrauch sehr gering und Böttcher & Geßner übernimmt für die Haltbarkeit dieser Räder volle Garantie.

Um unbedingte Betriebssicherheit zu gewährleisten und ein Lösen der Keile auf den Wellen unmöglich zu machen, ist jede Zwischenwelle mit 3 Keilen versehen. Die Keile sind aus dem Vollen herausgearbeitet, d. h. Welle und Keile bilden zusammen ein Stück.

Sämtliche horizontalen Wellen sind durch einfache Entkupplungsvorrichtungen sofort ausschaltbar.

Die Maschine wird ausgestattet mit einer oberen, einer unteren und einer zweiten unteren Welle (der sog. Stabwelle) ferner mit zwei vertikalen Wellen nebst besonderer Hilfswelle mit Putzmesserkasten. Auf Wunsch kann der feststehende Putzmesserkasten auch gegen eine rotierende Putzmesserwelle ausgetauscht werden. Sämtliche Messerwellen laufen in erstklassigen Kugellagern.

Die obere und untere horizontale Messerwelle sind mit abziehbaren Köpfen ausgestattet, um ein schnelles Auswechseln, Einstellen und Schleifen der Messer außerhalb der Maschine vorzunehmen. Die untere horizontale Messerwelle ist in gleichem Winkel wie die Putzmesser, schräg zur Hobelrichtung angeordnet, um eine besonders saubere Hobelfläche zu erzielen. Um große Vorschübe zu erzielen sind sämtliche Messerköpfe mit 6 Messern ausgerüstet. Die Putzmesserwelle hat sogar 9 Messer. Eine von Böttcher & Geßner besonders konstruierte Spezialwerkzeugschleifmaschine gestattet das Nachschleifen der sechs Messer auf den Köpfen, ohne daß ein Abnehmen und Wiedereinstellen der Messer erforderlich wäre.

Eine ganz hervorragende Verbesserung weisen die vertikalen Messerwellen auf (D. R. P. a.). Der Schlitten der vorderen Spundwelle trägt eine besondere Hilfswelle, auf der ein zweiter Fräser (zwangläufig mit der Hauptwelle verbunden) rotiert, um die Arbeitsleistung der Spundwelle auf zwei hintereinanderliegende Werkzeuge zu verteilen, dadurch die Leistung zu erhöhen und ein Ausreißen selbst bei größten Vorschüben zu verhindern (Abb. 289).

Die zweite untere horizontale Messerwelle (sog. Stabwelle) ist zur Aufnahme von abziehbaren Messerköpfen und Fräsern eingerichtet. Der Tisch vor dieser Welle ist augenblicklich wegschwenkbar, um die Messerwelle zum Einstellen der Werkzeuge ganz freizulegen.

Abb. 289. Einzelansicht der vertikalen Spundwelle mit besonderer Hilfswelle.
(Böttcher & Geßner, Altona.)

Die Putzeinrichtung besteht aus drei schrägliegenden Putzmessern, die einzeln in einen entsprechenden Kasten einzuschieben sind. Beim Auswechseln stumpfer Putzmesser braucht daher nicht der gesamte Kasten, sondern nur die einzelnen leichten Messer mit Klappen herausgenommen zu werden, was während des Betriebes erfolgen kann. Bei geringerer Hobelbreite lassen sich längere Messer über die ganze Breite ausnutzen, indem sie entsprechend weit durchgeschoben werden.

Sämtliche Druckrollen besitzen Kugellager und sind einzeln gefedert, um sich in allen Fällen den Ungleichmäßigkeiten des Holzes entsprechend einzustellen. Um den Seitendruck des Putzmesserkastens auf das Lineal möglichst reibungslos aufzunehmen, sind an dieser Stelle des Lineals entsprechende Druckrollen eingebaut.

Der Antrieb des Vorschubes erfolgt von der eingangs erwähnten Längswelle aus durch einen Getriebekasten für acht verschiedene Geschwindigkeiten und einen Rückwärtsgang.

Der Vorschub wird mittels Friktionskupplung durch leicht zugängliche Hebel an der Bedienungsseite betätigt.

Der Platzbedarf der Maschine ist durch Wegfall jeglicher Vorgelege und durch Anbringung des Motors in der Längsrichtung hinten am Maschinengestell auf das denkbar geringste Maß gebracht.

Auf Wunsch wird mit der Maschine eine rotierende Putzmesserwelle geliefert, welche beim Hobeln von verwachsenem ästigen Holze vorzuziehen ist. Diese Putzmesserwelle ist gegen den Putzmesserkasten austauschbar. Sie liegt zur Erzielung einer besonders sauberen Hobelfläche schräg in der Maschine, ähnlich wie die festen Putzmesser, und besitzt einen abziehbaren Messerkopf mit 9 Messern. Diese Messer werden außerhalb der Maschine geschliffen, ohne vom Kopf heruntergenommen zu werden.

Um ein absolut gleichmäßiges Arbeiten der Messer zur Erreichung einer augendichten Fläche zu erzielen, ist eine besondere Abziehvorrichtung in die Maschine eingebaut, um die mit voller Drehzahl laufende Messerwelle im Betriebe sauber und scharf abzuziehen. An den neuzeitlichen amerikanischen Hobelmaschinen sind diese Schärf- und Abziehapparate schon seit Jahren angebracht und haben sich drüben glänzend bewährt. Der Hauptvorteil liegt darin, daß die Messer zum Schärfen nicht von der Messerwelle entfernt werden, wodurch viel Zeit erspart wird und man haargenau justierte Messerschneiden erzielt, was von allergrößter Wichtigkeit ist. Die amerikanischen Hobelmesserschleif- und -abziehapparate, welche das Schärfen und Abziehen der Hobelmesser bei voller Drehzahl der Arbeitswelle ermöglichen, werden bei der Abhandlung „Hobelmaschinen" noch eingehend erklärt und durch Abbildungen erläutert.

Der Antrieb der vorerwähnten rotierenden Putzmesserwelle erfolgt von der gemeinsamen Längswelle aus durch ein Kegelrädergetriebe vorbeschriebener Art.

Auf Wunsch wird die Maschine auch als Einscheibenmaschine für Riemenantrieb geliefert. In diesem Falle erfolgt der gesamte Antrieb der Maschine durch eine hinten seitlich herausragende, einfache Fest- und Losscheibe.

Auch hierbei werden sämtliche Nebenriemen und Zwischenvorgelege mit allen von ihnen benötigten Fundamenten und der dadurch notwendige Platzbedarf vollkommen vermieden.

    Die größte Hobelbreite der Maschine beträgt 300 mm,
    die größte Hobeldicke der Maschine beträgt 125 mm,
    die Arbeitshöhe der vertikalen Wellen beträgt 75 mm,
    der Platzbedarf beträgt 4500 × 1250 mm.

Für Hobelwerke u. dgl., welche eine große, schwere, vierseitige Hobelmaschine wegen den hohen Anschaffungskosten nicht einbauen können, ist die Anschaffung der in Abb. 290 dargestellten Maschine zu empfehlen. Sie dient in erster Linie zur Erzeugung aller Arten, auch der kompliziertesten Kehlungen. Sie eignet sich indessen auch ebensogut zum Hobeln, Nuten und Spunden von Brettern usw., da die Vorschubgeschwindigkeiten je nach Art der Arbeit in weitesten Grenzen verändert werden können.

Bei weitem nicht jeder auf dem Markte erscheinenden vierseitigen Hobel- und Kehlmaschine kann man nachsagen, daß sie allen ihr gestellten

Abb. 290. Hobel- und Kehlmaschine mit 4 oder 5 Messerwellen.
(Gebr. Schmaltz, Offenbach a. M.)

Anforderungen gerecht wird, denn leider nur zu oft wird dem Konstrukteur eingeschärft, nur möglichst billig zu konstruieren, um auf alle Fälle die Konkurrenzpreise unterbieten zu können. Wohin dieser Weg führt, hat eine große Anzahl der Käufer dieser Maschinen leider schon empfinden müssen.

Nach kürzerem oder längerem Gebrauch derselben zeigen sich gewöhnlich die Mängel oder man findet heraus, wie vorteilhaft sich diese oder jene Vorrichtung bewähren würde, welche die teuere Maschine aufwies.

Wie oft wird jetzt der Prospekt der Konkurrenzmaschine hervorgeholt, werden Vergleiche angestellt, wird beraten, ob nicht dieses oder jenes sich nachträglich anbringen ließe, koste es, was es wolle. So zeigt die Praxis vielfach, wie Dinge, die im Einkauf klein und unwesentlich erscheinen, von großer Bedeutung sind, und so die hierbei angewendete

Sparsamkeit vielfach eine falsche war. Die Lage und Anbringung jedes einzelnen Hebels und Handgriffes ist von fast ebenso großer Bedeutung wie die Zugänglichkeit jeder einzelnen Druckvorrichtung und Messerwelle sowie einer ausgezeichneten Lagerung.

So zeichnet sich die in Abb. 290 dargestellte Maschine dadurch aus, daß sie handlich, übersichtlich, bequem zugänglich, dabei aber stabil und kräftig konstruiert ist. Die Konstruktionsgrundlage ist folgende: Das zu bearbeitende Holz wird zunächst auf der unteren Seite genau gerade gehobelt. Es erhält hierdurch für seinen weiteren Weg durch die Maschine eine genaue Auflage, was wesentlich zur Erzielung einer exakten und sauberen Arbeit beiträgt. Die Stärke dieses unten abzuhobelnden Spans läßt sich ähnlich wie bei Abrichtmaschinen regulieren.

Nachdem die untere Seite des Holzes bearbeitet ist, wird es von einem zweiten horizontalen Hobelkopf, der oberen Achse, auf genaue Dicke gehobelt oder mit entsprechender Kehlung versehen. Die Einstellung der Maschine für verschiedene Höhenholzstärken erfolgt nach einer mit Millimetereinstellung versehenen Skala durch Verstellung des Tisches, der, an langen Prismenführungen gleitend, mittels großen Handrades leicht gehoben und gesenkt werden kann.

Die weitere Bearbeitung erfolgt in der Weise, daß das Holz zwischen zwei seitlichen, vertikalen Messerachsen hindurchgeschoben wird. Letztere sind zunächst in horizontaler Richtung verschiebbar, und zwar die eine nur so viel als zur genauen Einstellung der abgehobelten Spanstärke erforderlich ist, die andere hingegen über die ganze Tisch- und Hobelbreite. Außerdem sind die Achsen auch in vertikaler Richtung zur genauen und schnellen Einstellung der Profile der seitlichen Hebelköpfe verschiebbar. Die letztere Verstellung geschieht aber nicht, wie fast allgemein üblich (aber deshalb nicht gerade praktisch und gut), durch einfache Verschiebung der Messerköpfe auf den Wellen. Sie erfolgt vielmehr an der unteren Lagerung des Messersupports, welcher mit Hilfe eines bequem zugänglichen Handrades in vertikaler Richtung verstellt werden kann. Die Lager der verschiedenen Messerachsen sind mit erstklassigen Kugellagern ausgerüstet. Die obere Messerwelle läuft in drei Kugellagern. Die Lager der vertikalen Achsen sind mit sogenannten hochschultrigen Kugellagern zur Aufnahme des vertikalen Druckes versehen.

Das Einstellen und Auswechseln der Messer ist äußerst bequem, da Druckvorrichtungen und Spanschirm abklappbar, so daß die Messerköpfe vollkommen freizulegen sind. Der obere horizontale Messerkopf und die beiden Seitenköpfe sind abziehbar ausgeführt, so daß man dieselben auch außerhalb der Maschine mit Kehlmessern versehen oder durch Köpfe mit Fräsern ersetzen kann. Meistens wird die Maschine mit einer zweiten unteren horizontalen Messerwelle, einer sog. Stabwelle, welche am Ende der Maschine hinter den seitlichen vertikalen Messerwellen angeordnet ist, geliefert. Der hintere Teil des Tisches ist bei dieser Ausführung zum Wegdrehen eingerichtet, und zwar nicht nur wegen der bequemen Zugänglichkeit beim Messereinstellen, sondern auch weil es sehr oft vorkommt, daß der Messerkopf gegen Fräser oder gar mehrere nebeneinander angeordnete Kreissägeblätter wegen Zerlegen einer breiten Leiste in mehrere schmale ausgewechselt wird.

Abb. 291. Abgezogener Messerkopf und die hochgeklappte Druckvorrichtung über demselben.
(Gebr. Schmaltz, Offenbach a. M.)

Vorstehende Messerwelle ist samt ihrer Lagerung seitlich sowie hoch und tief verstellbar.

Die selbsttätige Zuführung des Holzes erfolgt durch vier paarweise übereinanderliegende Walzen, von welchen die beiden oberen durch Rädervorgelege und Stufenkonus angetrieben werden. Alle Zahnräder des Vorschubs, aus bestem Material mit gefrästen Zähnen, sind von Schutzhauben umhüllt. Zur seitlichen Führung des Holzes auf seinem Wege durch die Maschine sind mehrere, zum Teil verstellbare Lineale angeordnet. Zum Niederhalten des Holzes und zur Verhütung von Vibrationen (Hobelschläge) dienen ebenfalls verstellbare Druckvorrichtungen, welche, wie schon erwähnt, zur besseren Zugänglichkeit der Messerköpfe usw. leicht entfernt werden können. Sämtliche Stellvorrichtungen und Handhebel liegen dem Arbeiter bequem zur Hand.

Zum Antrieb der Maschine ist ein ausrückbares, ebenfalls mit Kugellagern versehenes Fußbodenvorgelege erforderlich. Abb. 291 zeigt die Maschine mit Stabhobelachse.

Die Maschine wird für Hobelbreiten von 150, 200 und 300 mm, sowie Holzstärken bis zu 200 mm geliefert. Der Kraftbedarf beträgt je nach Hobelbreite und Vorschub 4—8 PS. Das Gewicht der Maschine beträgt je nach Hobelbreite 1675—2025 kg.

Die CCV Hobelmaschine von Kirchner & Co., A.-G., Leipzig, welche bei sachgemäßer Behandlung eine saubere Hobel- und Spundarbeit liefert, ist kleinen Hobelwerken, Zimmereien und Bautischlereien zu empfehlen,

Abb. 292. CCV Hobelmaschine mit 4 Messerwellen. (Kirchner & Co., A.-G., Leipzig.)

welche eine große, schwere vierseitige Hobelmaschine nicht auszunützen vermögen.

Man kann mit allen 4 Messerwellen gleichzeitig Bretter von 75 bis 600 mm Breite von allen 4 Seiten hobeln, fügen bzw. bestoßen oder mit Nut und Feder versehen oder auch eine oder beide horizontalen, ebenso eine oder beide vertikalen Messerwellen außer Betrieb setzen, so daß auf derselben auch Rauhspund mit einmaligem Durchgang hergestellt werden kann, insofern die Bretter parallel besäumt sind; sollen jedoch konisch besäumte Bretter auf der Maschine mit Nut und Feder versehen werden, müssen dieselben zweimal durchgeschickt werden.

Die Maschine findet daher für die mannigfaltigsten Arbeiten Verwendung und erledigt Hobel-, Spund- und Profilarbeiten in einmaligem Durchgang, wozu sonst 4—6 Arbeitsgänge erforderlich sind. Das zu hobelnde Holz passiert zuerst die untere Hobelwelle, dann die obere und zuletzt die beiden seitlichen Vertikalmesserwellen bzw. Frässpindeln.

In dem starken Gestell läßt sich der lange Tisch an vier nachstellbaren Führungen mittels eines Handrades nach einer Skala hoch und tief stellen, wie es die zu hobelnde Holzstärke erfordert.

Im Tisch befinden sich die beiden vertikalen Messerwellen, deren jede mittels Schraube und Handkurbel für die zu bearbeitende Brettbreite seitlich verstellbar ist. Zwischen denselben sind starke federnde Druckvorrichtungen angebracht, die entsprechend mit veränderlichem Druck eingestellt werden können, so daß ein gutes Brüsten der gehobelten Spundbretter geboten ist. Mit seitlichem Spanbrecher, Druckrollen und stellbaren Linealen ist der Tisch ebenfalls versehen.

Abb. 293. Selbsttätige, doppelseitige Nut- und Spundmaschine mit 2 gegeneinander laufenden, je doppelt kugelgelagerten Messerwellen, welche während des Betriebes seitlich auf Brüstung und schräg verstellbar sind, D. R. G. M. Nr. 929219. (Teichert & Sohn, Liegnitz.)

Sämtliche Messerwellen sind von bestem Stahl und mit Spanbrecherlippen versehen, um das Einreißen bei ästigen und verwachsenen Hölzern zu vermeiden. Die Lager sind mit prima Kugellagern ausgerüstet. Die starke obere horizontale Messerwelle besitzt auf beiden Seiten elastische Druckbalken, so daß deren Arbeit alle Ansprüche befriedigt. Die untere horizontale Messerwelle ist vorn am Tisch gelagert, dessen äußerster Teil sich scharnierartig zur Seite drehen läßt, damit man bequem das Auswechseln der Hobelmesser vornehmen kann. Über dieser Messerwelle ist ein Druckapparat angebracht, welcher mittels Winkelräder und Handrad in der Höhe verstellbar ist, je nach der gehobelten Brettstärke. Der Druck zwischen den vertikalen Wasserköpfen erfolgt neuerdings nicht durch Gewichtshebel, sondern durch schräg verstellbaren Federdruck.

Die selbsttätige Zuführung der Hölzer erfolgt in zwei Geschwindigkeiten mittels starker stählerner Vorschubwalzen, auf Wunsch durch federnde Gliederwalzen, und kann jederzeit an- und abgestellt werden. Den Druck auf die geriffelte Einzugswalze bewirken Gewichtshebel und auf die glatte Abzugswalze Federn.

Der Vorschub beträgt 3,8—7 m pro Minute, der Kraftbedarf bei Gruppenantrieb 8—12 PS, je nach Hobelbreite.

Der Kraftbedarf bei elektrischem Einzelantrieb 12—18 PS, je nach Hobelbreite.

Die Maschine wird geliefert für Hobelbreiten von 75—600 mm mit vier Zwischenbreiten und für eine Holzdicke bis zu 150 mm bei zweiseitigem, und bis zu 75 mm bei vierseitigem Hobeln.

Das Gewicht der Maschine beträgt 1450—1600 kg, je nach Hobelbreite. Die Messerwellen laufen mit etwa 3750 Touren pro Minute.

Abb. 294. Riemenlose Elektro-Nut- und Spundmaschine.
(Teichert & Sohn, Liegnitz.)

Säge- und Hobelwerken, welche große Mengen konisch besäumte Bretter zu Rauhspund verarbeiten, bzw. konisch besäumte Bretter mit Nut und Feder versehen wollen, ist obige Maschine wegen ihrer großen Leistung und Billigkeit zu empfehlen. Die Bretter werden in einem Arbeitsgange fertiggestellt, und zwar auf der einen Seite genutet, auf der anderen Seite gespundet. Je nach Art des Brettes lassen sich Ganzspund oder Halbspund, mit scharfen oder abgerundeten Kanten, erzeugen. Die auf dem Messerkopf mitsitzenden glatten Fügemesser fügen vorher das Brett. Durch Anwendung von Kehlmessern kann die hohe Kante von Brettern auch gekehlt werden. Der Vorschub des Holzes geschieht auf jeder Seite durch zwei spiralförmig geriffelte kräftige, abgefederte Druckwalzen, welche von einem besonders gut durchkonstruierten, patentamtlich geschützten Getriebe selbsttätig angetrieben werden. Dieses Getriebe liegt innerhalb des Maschinenständers vollkommen staubdicht eingekapselt, sämtliche Räder und Wellen laufen in automatischem Schmierbad, so daß der Verschleiß dieser Mechanismen gleich Null ist. Der Antrieb des gesamten Getriebes für alle vier Transportwalzen erfolgt von einer einzigen Stufenscheibe aus in zweifacher Vorschubgeschwindigkeit zu 9,4 und 14,1 m/min.

Ein jedes Transportwalzengetriebe läßt sich mittels Handrad in horizontaler Richtung verschieben, um den Druck gegen das Holz richtig einstellen zu können. Großer Wert ist auf leicht handliche und zugängliche Schmiervorrichtungen gelegt. Der gesamte Transportmechanismus kann nach Abnahme der Tische als Ganzes nach oben herausgezogen werden; dieser Vorteil leichter Zugänglichkeit zu allen Organen kommt besonders bei Reparaturen zur Geltung. Die Walzen ziehen das Brett nicht allein sicher durch die Maschine, sondern pressen es fest auf die Messer. Der Transport des Holzes wird unterstützt durch beiderseitig je ein Paar im Lineal angeordneter Gleitwalzen, die etwas schräg verstellbar sind, zu dem Zweck, das Brett um so sicherer niederzudrücken und ein Hochschlagen desselben zu vermeiden.

Der Maschinenkörper ist kräftigst gehalten, mit breiten, weit ausladenden Füßen, so daß die Maschine erschütterungsfrei arbeitet. Die darauf ruhenden Tische von 2700 mm Gesamtlänge sind durch Handrad und Spindel auf jeweilige Spanstärke in der Höhe verstellbar. Für besonders lange Bretter fertigt man sich am besten selbst Tischverlängerungen aus Holz.

Die beiden Messerwellen haben je zweifache, staubdicht geschützte Kugellagerung mit Ölschmierung, welche unabhängig voneinander von dem gemeinschaftlichen Vorgelege angetrieben wird, und besitzen entgegengesetzte Drehrichtung. Beide Wellen arbeiten also gegen das Holz, nicht wie bei Maschinen älterer Konstruktion mit einer gemeinschaftlichen Messerwelle, wo die eine Seite mit dem Holz arbeitet und daher schnelles Stumpfwerden der Messer und unsauberen Spund erzeugt.

Die beiden Messerwellen erhalten durch ein seitliches Handrad eine leichte Verschiebung in Richtung der Längsachse zur Einstellung auf genaue Brüstung. Das sonst übliche lästige Einrichten der Messer auf richtige Brüstung fällt dadurch also fort.

Ein weiterer großer Vorteil dieses Maschinenmodells besteht darin, daß die Messerwellen für auswechselbare Messerköpfe und zur Verwendung von Nut- und Spundfräsern, sog. Rapidfräsern, eingerichtet und ferner, zum bequemen Wechseln der verschiedenen Werkzeuge, nach unten schwenkbar konstruiert sind (s. Abb. 295).

Die der Maschine beigegebenen Vierkantmesserköpfe haben normal 140 mm Flugkreisdurchmesser, während Spund- oder Rapidfräser bis zu 180 mm Flugkreisdurchmesser anwendbar sind.

Das Auswechseln der Messerköpfe geschieht in höchst einfacher Weise dadurch, daß man seitlich am Schwenksupport die Schrauben löst und die gesamte Lagerung nebst der Messerwelle seitlich in einem kräftigen Scharnier herunterklappt. Die Messerwelle liegt nun vollkommen frei und ist leicht zugänglich für das Auswechseln der Werkzeuge. Durch einfaches Lösen der Sechskantmutter ist der Messerkopf abziehbar. Für die Verwendung größerer oder kleinerer Flugkreise sind die Tischlippen in Schlitzen verstellbar angeordnet. Die Schrägverstellbarkeit der Messerwellen gestattet auch schräge Fugen zu erzeugen. Die Messerwellen der Maschine sind besonders sorgfältig hergestellt. Sie werden auf der Drehbank vorgearbeitet, auf der Rundschleifmaschine nach Mikrometer und Grenzrachenlehre genauest auf Maß geschliffen und nach neuer Methode auf der Auswuchtmaschine dynamisch ausbalanciert. Dieses letztere Verfahren beseitigt Massenverlagerungen,

Abb. 295. Spundmaschine 293 mit schräg gestellter Messerwelle zum bequemen Wechseln der Werkzeuge.

sowohl in der Richtung des Radius als auch in der Richtung der Drehachse und verbürgt allein einen absolut ruhigen Lauf und einwandfreien Schnitt der Messerwelle.

Durch diese Arbeitsmethode werden einbaufertige und austauschbare, genau rundlaufende Werkstücke unter Vermeidung jeglichen Heißlaufens der Lager erzielt. Die Maschine spundet Bretter bzw. Bohlen bis zu 100 mm Stärke. Der Kraftverbrauch ist bei Gruppenantrieb etwa 5 PS, jedoch wähle man bei elektrischem Einzelantrieb einen Elektromotor von 10 PS.

VII. Maschinen für Holzbearbeitungsbetriebe und Tischlereien.

Abb. 296 zeigt eine bisher übliche Pendel- oder Quersäge, welche zum Ablängen von Bohlen, Planken oder Brettern verwendet wird und zweckmäßig mit einer Lauftisch-Langholzsäge (Abb. 300) zusammen in der Nähe des Holzlagerplatzes aufzustellen ist.

308 Maschinen für Holzbearbeitungsbetriebe und Tischlereien.

Bei der Pendelsäge (Abb. 296) hat sich der elektrische Einzelantrieb durch den Motor c auf den Sägerahmen bestens bewährt. Damit die Welle der Pendelsäge ruhig läuft und das Sägeblatt nicht flattert, ist es unbedingt erforderlich, daß der freischwingende Sägerahmen b in Abb. 296 große Steifigkeit erhält. Außerdem ist der Durchmesser der Befestigungsflanschen für das Sägeblatt reichlich zu bemessen, weil dieselben ebenfalls den ruhigen Gang des Sägeblattes beeinflussen. Wenn

Abb. 296. Pendelsäge älterer Konstruktion mit angebautem normalen Elektromotor, welche auch heute noch in den meisten Großbetrieben Verwendung findet.

irgend möglich soll der Flanschdurchmesser $1/3$ des Sägeblattdurchmessers betragen, auf keinen Fall jedoch weniger wie $1/4$.

Das Ausgleichgewicht A, das den Sägerahmen nach rückwärts drückt, darf auf keinen Fall durch ein Drahtseil mit Gewicht ersetzt werden, wie man es auch heutzutage teilweise noch antrifft. Ein Reißen dieses Seiles bewirkt kräftiges Vorschwingen des Sägeblattes, das dem bedienenden Arbeiter in der Regel lebensgefährliche Verletzungen zufügt. Falls auf einer Pendelsäge Bohlen bis zu 150 mm Dicke abgelängt

Maschinen für Holzbearbeitungsbetriebe und Tischlereien. 309

werden sollen, ist die Leistung des Antriebsmotors nicht unter 8—10 PS zu wählen. Ebenfalls empfehle ich, den Antriebsriemen nicht unter 140 mm breit und über 5 mm dick zu wählen, insofern Bohlen bis 150 mm abgelängt werden sollen.

Die sekundliche Umfangsgeschwindigkeit des Sägeblattes soll nicht mehr als 50 m betragen.

Der Nachteil bei der schwingenden Pendelsäge ist der, daß die Säge beim Schneiden einen Radius beschreibt und infolgedessen ein verhältnismäßig großes Blatt erforderlich ist, um breite Bretter und Bohlen zu schneiden, außerdem ist der Kraftverbrauch durch den beschreibenden Radius sehr groß.

Abb. 297. Fahrbare Auslegerquersäge mit eingebautem Elektromotor. (Teichert & Sohn, Liegnitz.)

Beim Abkürzen von breiten Bohlen ist man meistens gezwungen, die Bohlen zu drehen und von beiden Seiten zu schneiden, wodurch niemals ein sauberer Schnitt erzielt werden kann.

Alle diese Nachteile werden bei der in Abb. 297 dargestellten Auslegerquersäge vermieden.

Die fahrbare Auslegerquersäge mit eingebautem Elektromotor von Teichert & Sohn, Liegnitz, bedeutet eine vollständige Umwälzung auf dem Gebiete der Quersägen und stellt einen Idealersatz für die sonst üblichen Pendelsägen mit Bogenschnitt, schwieriger Montage und Antriebsmöglichkeit dar. Sie wird sowohl fahrbar als auch stationär geliefert und dient vorzugsweise zum geraden winkligen Ablängen, geraden winkligen Nuten und Schlitzen, für Gehrungsschnitte bis 45° und mehr, für Schiftungen, Unterschnitte z. B. in der Sargfabrikation.

Die Gehrungen passen haargenau und ein Nacharbeiten ist überflüssig.

Man erzielt Schnitte bis 145 und 250 mm Höhe und bis 600, 800, 1000 und 1500 mm Länge, mit 500, 600 und 650 mm Sägeblattdurchmesser.

Auch als Oberfräse und zum Schneiden von Furnierplatten ist die Maschine mit gleichem Vorteil zu verwenden.

Besondere Vorzüge: Volle Sägeblattausnutzung, Parallelschnitt, größte Schnittlänge, geringster Kraftverbrauch, spielend leichte Beweglichkeit des Motorschlittens, Hoch- und Schrägverstellbarkeit des Auslegers, Schrägstellbarkeit des Motors, überall aufstellbar ohne Transmission, für Geradschnitt, Gehrungsschnitt, Unterschnitt, Schlitze, gerade und prismatische Nuten. Verwendungsmöglichkeit von Kreissägen, Schleudersägen, Schlitzscheiben, Fräsketten, Fräsern usw., stationär und fahrbar. Ausführung riemenlos mit Drehstrommotor, der auf dem Ausleger spielend leicht rollt. Eine Maschine der Zukunft mit vielseitigster Verwendungsmöglichkeit für alle Holzindustriekreise.

Die Arbeitsweise der Maschine ist folgende: Um einen Säulenständer dreht sich im Winkel von 45° ein Ausleger. Auf diesem läuft in Kugellagern spielend leicht der Rollsupport mit angeschraubtem Motor, dessen Wellenstumpf das Sägeblatt trägt. Zum Schnitt wird der Motorsupport am Handgriff gezogen, auf Extrawunsch Fußtrittbetätigung. Loslasssn des Handgriffes bedingt den selbsttätigen Rückgang des Motorsupportes in seine Ausgangs- bzw. Ruhestellung hinter das Holz. Alle diese Leerlaufbewegungen bedürfen infolge einer geschickt untergebrachten Ausgleichsvorrichtung keiner Kraftentfaltung. Für verschiedene Schnitthöhen besitzt der Ausleger Höhenverstellung, so daß die Säge auch Nuten, Schlitze und, vermöge der Schwenkbarkeit, Gehrungen nach Skala einstellbar schneiden kann.

Der Antrieb erfolgt bei 500 mm Sägeblattdurchmesser durch Siemens-Schuckert-Motor ohne Räderübersetzung. Durch einfache Drehung am Paccoschalter wird der Motor sofort auf die erforderliche Drehzahl von 3000 pro Minute gebracht. Der Kraftverbrauch beträgt je nach Schnitthöhe etwa 3—8 PS.

Konstruktion.

Ständer und Ausleger. Um den schweren Säulenständer mit breitem Fuß, der ein erschütterungsfreies Arbeiten sichert, dreht sich absolut fest und genau am oberen geschlossenen Schaft ein Ausleger. Dieser kann nach rechts und links bis 45° und mehr, nach Skala, geschwenkt und auch hoch und tief gestellt werden. Diese Höhenverstellung erfolgt durch Handradwelle bequem vorn am Arbeiterstand. In jeder Höhen- und Seitenlage wird der Ausleger gegen willkürliches Nachgeben durch Klemmschrauben vom Arbeiterstand gesichert.

Rollsupport mit Motor und Sägeblatt. Der Motor ist an einem kugelgelagerten Rollsupport befestigt, der sich spielend leicht auf dem Ausleger bewegt. Auf dem selbst für breite Werkzeuge lang gehaltenen Wellenstumpf des Motors sitzt das Sägeblatt. Zum Schnitt zieht man an einem Handgriff den gesamten Rollsupport an sich. Diese Bewegung ist so leicht, daß der kleine Finger dazu genügt. Der Rückgang des Motorsupportes nach dem Schnitt ist noch leichter, da der Ausleger vorn eine Kleinigkeit höher steht und demgemäß der Support so gut wie von selbst zurückläuft.

Beim Fräsen wird die Supportbewegung mittels Handradspindel getätigt.

Zur Vermeidung von harten Schlägen gegen den Ausleger ist der Support in seinen Endstellungen federnd gelagert. Um die in der Sargfabrikation vorkommenden Unterschnitte auszuführen, wird der Motor bis 90° schwenkbar, also für senkrechten Stand eingerichtet.

Werkzeuge: Die Höhenverstellung des Auslegers ist soweit ausgebaut, daß man in einen Längsbalken mit Hilfe geeigneter Werkzeuge, wie Schleudersägen, Schlitzscheiben, Ausschlagscheiben, breite Querschlitze ausschlagen oder mit Hobelkreissägen absolut glatte wie gehobelte Schnitte erzeugen kann. Der Wellenstumpf ist zur Aufnahme eines Futters für Fräser, Bohrer und ähnliche Werkzeuge eingerichtet, ferner auf Sonderbestellung mit Kettensteg für Fräsketten. Die Verwendungsweise der Maschine ist also unendlich vielseitig und für Sägewerke, Baugeschäfte, Waggonfabriken, Eisenbahnwerkstätten, Tischlereien, Sargfabriken usw. geeignet, wo sie eine höchst willkommene rentable Maschine bildet.

Motor. Die Maschine wird mit einem kugelgelagerten Drehstrom-Kurzschlußmotor, Fabrikat Siemens-Schuckert, ausgestattet, und zwar für 500 mm Sägeblattdurchmesser von 4 PS, für 600 mm Sägeblattdurchmesser von 5,5—8 PS. Er besitzt Anschlußmöglichkeit an jedes Netz, ist selbst für Spitzenbelastung reichlich stark und im Gegensatz zu Schleifringmotoren im Betrieb unempfindlich, so daß Betriebsstörungen so gut wie ausgeschlossen sind. Sämtliche Teile werden auswechselbar geliefert.

Dort, wo Drehstrom nicht vorhanden ist, wird die Maschine auch mit Gleichstrommotor geliefert. In diesem Falle ist der Antrieb aber nicht unmittelbar, also nicht riemenlos, sondern über Riemen.

Der Drehstrommotor macht 3000 Umdrehungen in der Minute; diese Umdrehungszahl kann für alle Werkzeuge und auch für Sägeblätter bis 500 mm Durchmesser ohne Anwendung von Übersetzungselementen verwandt werden. Um ein Flattern des Sägeblattes bei der hohen Umdrehungszahl zu vermeiden, empfehle ich, die Blattstärke bei 500 mm Durchmesser nicht unter 3 mm und bei 600 mm Durchmesser nicht

312 Maschinen für Holzbearbeitungsbetriebe und Tischlereien.

unter 3,8 mm zu wählen. Über Zahnform und Zahnspitzenteilung empfehle ich das über Kreis- und Pendelsägeblätter Gesagte zu beachten. Die genaue Schnitthöhe ist beim 500er Blatt 145 mm, beim 600er Blatt 225 mm und beim 650er Blatt 250 mm, und zwar in lotrechter Lage des Sägeblattes. Durch Schrägstellung der Achse vermindert sich naturgemäß die Schnitthöhe entsprechend und beträgt z. B. bei 45^0 Neigung nur 110 mm beim 550er Blatt, senkrecht gemessen.

Abb. 298. Ausleger für Normalschnitt, geschwenkt.

Die Frästiefe bei Benutzung einer Kettenfräseinrichtung beträgt maximal 125 mm und verringert sich ebenfalls entsprechend der Neigung der Fräskettenachse. Bei 45^0 Schrägstellung ist die Frästiefe 100 mm, senkrecht gemessen.

Der Sägeauflegetisch ist vom Empfänger nach beigegebener Zeichnung selbst anzufertigen. Dazu werden nur die Flügelschrauben und sonstige Beschlagteile zur Festmachung des Anschlaglineals geliefert. Das zweckmäßig mit Skala einzurichtende hölzerne Anschlaglineal wird beim Wechsel von Geradschnitt auf Gehrungsschnitt umgestellt, was nur wenige Augenblicke erfordert. Schutzvorrichtungen sind in ausreichender Weise über und hinter dem Sägeblatt vorgesehen.

Abb. 299. Motor in Schrägstellung.

Schweres Modell für 600—650 mm Blattdurchmesser. Diese Ausführung besitzt zwei Arbeitswellen. Die eine Welle, der Motorstumpf, betreibt mit 3000 Umdrehungen hochtourige Werkzeuge (Bohrer und Fräser). Von diesem Motorstumpf wird mittels Räderübersetzung die zweite Arbeitswelle für Kreissägen und Fräsketten von nur 2100 Touren betrieben. Die Bewegung des Motorsupports geschieht hier nicht von Hand, sondern mittels Zugspindel und Kurbelhandrad, sie geht sehr leicht vor sich und es genügen nur einige Umdrehungen, um normale Schnitte auszuführen.

Der Schalter ist ein Spezialdreieckschalter, durch den die Stromstöße auf ein Minimum herabgedrückt werden. Er sitzt am Rollsupport handlich angeordnet. Die Sicherungen sind desgleichen am Support eingebaut; es ist also die Maschine ein vollständig geschlossenes Aggregat.

Der direkte riemenlose Antrieb bei der normalen Auslegerquersäge, 500 mm Blattdurchmesser und 145 mm Schnitthöhe sowie bis 1000 mm Schnittlänge, ohne Kupplungs- oder Übersetzungselemente, gestattet allein die Verwendung eines billigeren, schwächeren und trotzdem vollkommen ausreichenden Motors, der bis 25 % Kraftersparnis gewährleistet, weitere Ersparnisse durch Fortfall von Riemen, Riemenschlupf, Öl und Platz bietet und eine bessere Durchzugskraft und damit Einhaltung der günstigsten Schnittgeschwindigkeit und erhöhte Betriebssicherheit gewährt. Ein ganz besonderer Vorteil ist auch darin zu erblicken, daß die Maschine an jedem erdenklichen Platz aufgestellt werden kann; es ist wie bei den bisher üblichen Pendelsägen keine Mauer oder starke Deckenkonstruktion für die Montage erforderlich. Da die Maschine in den meisten Fällen auf dem Holzlagerplatz placiert wird, ist die einfache, an kein Gebäude gebundene Montage ganz besonders wertvoll. Die Firma Teichert & Sohn hat mit dieser Neukonstruktion der gesamten Holzindustrie eine Maschine geschaffen, welche vorbildlich ist und auch von keinem ausländischen Fabrikat in der Vielseitigkeit und bequemen, kraftsparenden Arbeitsweise auch nur annähernd erreicht wird.

Zum Besäumen der auf der Pendelsäge abgelängten rohen Bretter und Bohlen verwendet man in den meisten Fällen Besäumkreissägen nach Abb. 300, mit eisernem oder hölzernem Untergestell und Handvorschub, da hierbei das Festkeilen des Holzes in Fortfall kommt. Der Lauftisch a ist in der Länge 1:2 zu teilen, damit der Arbeiter beim Besäumen von kurzen Brettern nicht den langen Lauftisch zu bewegen hat.

Beim Besäumen oder Auftrennen von langen Brettern und Bohlen sind die beiden Tische a durch einen einfachen Steckverschluß zusammenzukuppeln.

Am besten bewährt haben sich Besäumkreissägen, bei denen die Führungsrollen b am Lauftisch befestigt sind, die Führungsschienen c dagegen am Untergestell.

Sind die Führungsrollen am Untergestell angebracht, wie es von einzelnen Firmen geschieht, erfordert die Bewegung des Lauftisches zu viel Kraft.

Um auf einer Besäumkreissäge einen einwandfreien geraden Schnitt zu erzielen, ist Bedingung, daß die Führungsschienen und Rollen bei der Montage auf das genaueste ausgerichtet sind. Man trifft jedoch in den seltensten Fällen eine Besäumsäge an, wo das der Fall ist, und von einem geraden Schnitt kann infolgedessen keine Rede sein. Um das Anreißen der Hölzer zu ersparen, sind auf dem Lauftisch in verschiedenen passenden Abständen, deutliche Maßstäbe oder Skalen aus Messingblech quer zur Laufrichtung im Tisch einzulassen.

314   Maschinen für Holzbearbeitungsbetriebe und Tischlereien.

Auf der in Abb. 300 dargestellten Langholzsäge lassen sich Bohlen bis zu 150 mm Stärke besäumen und auftrennen; dazu ist ein sog. Hanibalkreissägeblatt von 600 mm Durchmesser erforderlich. Wie schon unter Kreissägeblätter erwähnt, eignet sich ein erstklassiges Hanibalkreissägeblatt mit Gruppenzahnung am besten für Saumsägen, da die großen Zahnlücken Platz für die Sägespäne schaffen und diese Blätter bedeutend mehr leisten und leichter schneiden als Kreissägeblätter mit voller Zahnung. Die günstigste Schnittgeschwindigkeit für Saumsägen

Abb. 300. Besäumkreissäge mit Rollenschiebetisch.

ist 50—55 m/sek, dem bei 600 mm Blattdurchmesser eine minutliche Tourenzahl von etwa 1600—1750 entspricht. Bei einer höheren Schnittgeschwindigkeit bzw. höherer Tourenzahl der Sägewelle müssen um ein Flattern der Sägeblätter zu vermeiden, abnorm starke Blätter verwandt werden, wodurch naturgemäß ein größerer Schnittverlust entsteht.

Da der schneidende Arbeiter beim Besäumen von starken Bohlen durch zu kräftiges ruckweises Vorschieben die Säge bei nicht genügend starkem Motor und zu schmalem Antriebsriemen zum Stillstand bringen kann, empfehle ich, bei Saumsägen mit 600 mm Blattdurchmesser bei

Maschinen für Holzbearbeitungsbetriebe und Tischlereien. 315

elektrischem Einzelantrieb den Elektromotor nicht unter 10 PS und den Antriebsriemen nicht unter 140 mm bei 5 mm Stärke zu wählen. Der Antriebriemen darf nicht durch Binderiemen oder Riemenbinder verbunden werden, sondern ist mittels Treibriemenkitt zu kitten, da nur dann ein stoßfreier Lauf der Sägewelle erzielt wird.

Außer der in Abb. 300 dargestellten Saumsäge mit Handvorschub liefern auch alle größeren Holzbearbeitungsmaschinenfabriken Saumsägen mit automatischem Vorschub und selbsttätigem Rücklauf. Der Vorschub und Rücklauf erfolgt bei diesen Sägen durch Zahnrad- oder Schneckengetriebe oder durch ein Reibungsgetriebe mittels Drahtseilen mit etwa 10—20 m Vorschubgeschwindigkeit in der Minute, je nach Holzstärke.

Die selbsttätige Besäumkreissäge mit Kettenvorschub unterscheidet sich von Saumsägen mit Lauftisch usw. nicht nur durch

Abb. 301. Selbsttätige Besäumkreissäge mit Kettenvorschub.
(Schuchardt & Schütte, Berlin.)

die bedeutend höhere Leistung, sondern auch durch den erzielten, genau geraden Schnitt und außerdem noch durch Holzersparnis. Mit Hilfe dieser Maschine lassen sich die Bretter und Bohlen viel wirtschaftlicher besäumen und im Kern aufschneiden, als mit den bisher üblichen Saumsägen. Man trifft in der Praxis sehr wenige Saumsägen an, welche speziell bei langen Brettern einen genau geraden Schnitt ergeben. Wird nun das auf solchen Maschinen besäumte Holz zu langen Leimtafeln verarbeitet, so ist ein abnorm hoher Hobelverlust beim Fügen der Bretter nicht zu vermeiden und es ist keine Seltenheit, daß durch schlechtes, fehlerhaftes Besäumen auf der Leimfügemaschine bei langen Brettern 5—6 mm Spanstärke eingestellt werden muß. Bei einem auf obiger Maschine genau gerade besäumten Brett darf die

Fügemaschine nicht mehr als 2 mm Spanstärke wegarbeiten und was diese Holzersparnis in einem Großbetrieb im Jahr ausmacht, kann jeder leicht feststellen.

Die Hölzer werden bei der in Abb. 301 dargestellten Maschine durch eine schwere, 90 mm breite Gliedertransportkette, welche über doppelte Prismabahnen geführt wird, mit hoher Vorschubgeschwindigkeit durch die Maschine geführt. Sehr sinnreich angeordnete, federnde Druckrollen lassen Stärkendifferenzen zu und geben den Arbeitsstücken einen völlig festen Halt. Die Schnitte werden absolut schnurgerade, so daß beim Fügen nur noch ein ganz schwacher Span fortzunehmen ist.

In der normalen Ausführung wird die Maschine mit zwei Vorschubgeschwindigkeiten von 16 und 24 m in der Minute geliefert, was bei abgekürzten Brettern der Höchstleistung im Anlegen annähernd entspricht. Sie ist aber auch mit evtl. gewünschten höheren Vorschubgeschwindigkeiten und breiteren Gliedertransportketten lieferbar. In der denkbar einfachsten Weise lassen die Arbeitsstücke sich ohne geringste Zeitversäumnis so auflegen, daß die größte Sparsamkeit beim Besäumen erzielt wird.

Das Hin- und Herschieben des Sägetisches fällt bei dieser Neukonstruktion vollständig fort und die Leistung der Maschine beträgt infolge des großen ununterbrochenen Vorschubes etwa das Vierfache gegenüber den bisher üblichen Arbeitsmethoden.

Auf der Maschine können Hölzer bis 70 mm Stärke besäumt und von Breite geschnitten werden. Die Druckvorrichtung ist der jeweiligen Holzstärke entsprechend durch Handrad verstellbar. Die Länge der Hölzer ist unbegrenzt.

Am Aufgabetisch ist ein Parallelanschlag vorhanden, mit dessen Hilfe nicht nur ein rasches Auflegen der Hölzer ermöglicht, sondern auch unnötiger Holzverlust durch unrichtiges Anlegen der von Breite zu schneidenden Bretter vermieden wird. Auf Wunsch wird die Maschine auch so eingerichtet, daß die Kreissägewelle um 35° schräg stellbar ist.

Das Sägeblatt hat 600 mm Durchmesser und läuft mit 2200 Touren pro Minute.

Der Kraftbedarf beträgt etwa 4—7 PS, je nach Holzstärke und Vorschub.

Das Gewicht der Maschine beträgt etwa 2000 kg. Neuerdings liefert Schuchardt & Schütte auch Sägen bis zu 150 mm Schnitthöhe.

Die in Abb. 302 dargestellte Neukonstruktion, wovon bereits eine größere Anzahl zur größten Zufriedenheit der Besitzer in Tischlereigroßbetrieben arbeiten, kann ich als sehr leistungsfähige und exakt arbeitende Besäum- und Zuschneidekreissäge bestens empfehlen. Die Maschine dient in erster Linie als Zuschneidekreissäge, d. h. zu parallelem und konischem Besäumen, zum Zuschneiden von Rahmenhölzern,

Herausschneiden der Kerne und desgleichen mehr; dieselbe besäumt lange Hölzer auch ohne Anschlag absolut gerade. Durch den absolut geraden und sauberen Schnitt, welcher durch Verwendung von Spezialkreissägeblättern erzielt wird, ist es möglich, Hölzer, welche beiderseitig furniert werden, nach der Sägearbeit ohne Fügen zu verleimen. Die Maschine wird gebaut bis zu 160 mm Schnitthöhe. Die Länge der Hölzer ist bei entsprechender Verlängerung des Auflegetisches unbeschränkt. Es kann eine kürzeste Länge von etwa 200 mm bearbeitet werden.

Die Ausladung hinter dem Sägeblatt beträgt 300 mm, es können also Bretter und Bohlen von 600 mm Breite noch in der Mitte aufgeschnitten werden.

Abb. 302. Besäum- und Zuschneidekreissäge mit automatischem Kettenvorschub. (Adolf John, Eilenburg.)

Soll Material über 40 mm Stärke geschnitten werden, kommen mehrere Transportgeschwindigkeiten in Frage, und zwar vorteilhaft

Bretter bis	40 mm	Stärke	26—33	Meterminuten	Kraftbedarf	4— 6 PS
Bohlen	„ 80 mm	„	16—22	„	„	5— 7 PS
„	„ 130 mm	„	8—16	„	„	6— 7 PS
„	„ 160 mm	„	8	„	„	8—10 PS

Der Antrieb der Maschine erfolgt durch Vorgelege oder durch einen direkt eingebauten Elektromotor. In letzterem Falle erfolgt die Änderung der Transportgeschwindigkeit durch ein in Öl laufendes Wechselgetriebe, welches vom Stand des Arbeiters aus umgeschaltet werden kann, und zwar für eine Vorschubgeschwindigkeit von 8, 22 und 33 m/min.

Die Sägewelle, in äußerst kräftigen doppelreihigen Kugellagern solide gelagert, besteht aus bestem Siemens-Martin-Stahl und hat einen Durchmesser von 42 mm. Dieselbe macht etwa 2000—2800 Touren in der Minute, je nach Durchmesser des Sägeblattes.

Der Durchmesser der Riemenscheibe für die Sägewelle beträgt bei der Normalmaschine bis 70 mm Schnittstärke 130 mm bei 120 mm Breite, falls kein eingebauter Elektromotor vorhanden ist.

Der Vorschubmechanismus besteht aus einer endlosen Spezialgliederkette, die in einem kräftigen Kettenbett sicher geführt wird. Kette wie Bett sind sauber gefräst und geschlichtet. Die Ölung der Kette erfolgt durch leicht zu bedienende Tropföler. Der Antrieb der Kette erfolgt durch eine besondere Riemenscheibe von 500 mm

Durchmesser über ein in Öl laufendes Reduktionsgetriebe. Lagerung des Getriebes in Rotgußlagern.

Der Druckapparat dient zum sicheren Festhalten des Arbeitsstückes und ist an besonders kräftigen Auslegern montiert. Die Bedienung desselben erfolgt durch ein vom Stand des Arbeiters zu betätigendes Handrad. Die etwa 100 mm breiten Druckrollen laufen auf Bolzen von bestem Arbeitsstahl. Die Führungsstangen für die Druckrollen bestehen aus Vierkantstahl, in Gußlagern sauber geführt. Eine Skala zeigt die Höhe der Druckrollen an. Der Aufgabe- und Abnahmetisch sowie der für das Anschlagelineal sind sauber gehobelt, letzterer hat eine Schlitzführung für das Anschlagelineal sowie eine Skala zum genauen und schnellen Einstellen desselben ohne Hilfsmittel.

Abb. 303. Universal-Tischlerkreissäge.
(P. Pryibil Machine Co., New York City.)

Das Sägeblatt aus bestem schwedischen Tiegelgußstahl mit Spezialzahnung hat besonders große Zahnlücken, wodurch ein leichtes, kraftsparendes Arbeiten erzielt wird.

Abb. 304. Zwei amerikanische Kreissägen beim Lang- und Querschneiden.

Der Durchmesser desselben beträgt 400—550 mm, je nach der verlangten Schnitthöhe. Das Sägeblatt wird dicht am Kettenband geführt, so daß noch schmale Leisten aufgeschnitten werden können.

Das Gewicht der Maschine beträgt etwa 1500—1700 kg.

Als Tischlerkreissäge für feinere Arbeiten, d. h. zum Fertigschneiden von gehobelten und ungehobelten Hölzern, hat sich die in Abb. 303 dargestellte Kreissäge bestens bewährt. Ich habe von diesen Sägen 9 Stück in meinem Betriebe laufen und bin mit der Arbeitsweise sehr zufrieden. Vorteilhaft sind bei dieser Maschine zwei leicht in der Höhe verstellbare Kreissägeblätter von 350—500 mm Durchmesser, davon 1 Blatt für Längs- und 1 Blatt für Querschnitt, sowie die überaus praktischen Führungen. Der Tisch hat zwei breite Nuten zur Aufnahme eines Abläng- und Gehrungsschlittens. Am Ablängschlitten ist ein ausziehbarer Maßstab mit verschiebbarem und hochklappbarem Schlepperanschlag angebracht, damit nach Belieben lange oder kürzere Holzstücke ohne Anreißen winklig oder schräg abgelängt werden können. Außerdem ist dieser Schlitten zum Gehrungsschneiden eingerichtet; durch Einbohren von Stiftlöchern sind bestimmte Gehrungswinkel festgelegt.

Zweckmäßig konstruiert ist auch der auf dem Tisch angebrachte Längsanschlag, der sich durch ein Handrad und Zahngetriebe leicht auf die gewünschte Breite einstellen läßt. Die Anlegeseite dieses Anschlages ist ebenfalls seitlich leicht verstellbar, damit der Anschlag mit dem Sägeblatt genau parallel laufend eingestellt werden kann.

Der Längsanschlag wird durch eine Schraube mit Handrosette sicher auf dem Tisch gehalten und kann durch einen Griff schnell entfernt werden.

Die in Abb. 305 dargestellte Elektrokreissäge eignet sich für alle Holzindustriezweige zum Lang-, Quer-, Schräg- und Gehrungsschneiden, besonders für Präzisionsarbeit. Die Tischverstellung ist so gehalten, daß das Sägeblatt bis unter den Tisch versenkt werden kann. Das Handrad dafür liegt in bequemer Handhöhe; für die Feststellung des Tisches in jeder Höhenlage dient eine Klemmschraube.

Abb. 305. Elektro-Tischlerkreissäge mit in der Höhe und bis 45° schräg stellbarem Tisch.
(Teichert & Sohn, Liegnitz.)

Unterhalb des Tisches wird das Sägeblatt durch eine gußeiserne Schutzvorrichtung geschützt, die zugleich für den Anschluß der Späneabsaugung den erforderlichen Anschlußstutzen besitzt. Die Tischplatte hat eine herausnehmbare Einlegeplatte zum leichten Auswechseln des Sägeblattes; es können außerdem kleinere Messerköpfe und andere Werkzeuge verwendet werden. Ein langes, auch schräg verstellbares Längslineal läßt sich über die ganze Tischbreite nach einer Skala auf jede gewünschte Schnittbreite einstellen und nach unten klappen; es besitzt Feinstellung durch ein Gewinderädchen. In einer Längsnute schiebt sich das Querlineal zum Anschlag auf Rechtwinklig- und Gehrungsschnitt.

Wie aus Abb. 305 ersichtlich, sitzt das Sägeblatt auf einer besonderen Welle, welche mittels Zahnrad vom Antriebsmotor angetrieben wird, um eine möglichst große Schnitthöhe und die erforderliche Schnittgeschwindigkeit zu erreichen.

Das Zahnradvorgelege ist aus hochwertigem Chromnickelstahl in Spezialverzahnung ausgeführt. Der Lauf des Sägeblattes ist daher vollständig ruhig und fast geräuschlos. Die Zahnräder sind leicht auswechselbar eingebaut, so daß bei verschiedenem Sägeblattdurchmesser stets die günstigste Sägegeschwindigkeit von 50 m/sek. und damit die höchste Schnittleistung erzielt wird.

Der Antriebsmotor ist hier ein ganz geschlossener Kurzschlußmotor, welcher mittels eingebauten Drehschalters angelassen wird, dessen drei Stellungen: „Anlauf", „Ein" und „Aus" deutlich gekennzeichnet sind, so daß Fehlschaltungen ausgeschlossen sind. Bei vorhandenem Gleichstromnetz wird an Stelle des Drehstromkurzschlußmotors ein ebenfalls ganz gekapselter Gleichstrommotor angeordnet, der auch mittels Drehschalters durch Einschaltung von Widerständen angelassen wird, welche in den Antrieb eingebaut sind.

Durch die Beseitigung des Riemenantriebes fällt der bei den im Sägebetrieb besonders häufigen Belastungsstößen auftretende Riemenschlupf fort, so daß bei dem Elektroeinzelantrieb auch die Durchzugskraft und die mittlere Schnittgeschwindigkeit der Säge gegenüber dem bisherigen Riemenantrieb eine wesentliche Steigerung erfahren.

Die Folge der größeren Durchzugskraft, der genauen Einhaltung der günstigsten Schnittgeschwindigkeit, der erhöhten Betriebssicherheit und Betriebsbereitschaft, der einfachen Bedienung und Handhabung und des ruhigen, schwingungsfreien Laufes des Sägeblattes ist eine wesentliche Erhöhung des Sägeleistung, verbunden mit gleichzeitiger Hebung der Qualität der Sägearbeit, insofern sachgemäß geschärfte und geschränkte Blätter verwendet werden.

Die Maschine wird geliefert für 400 und 500 mm Blattdurchmesser. Die Schnitthöhe beträgt 120 und 150 mm. Die Tischplatte ist 100×650 oder 1150×650 mm.

Die Motorstärke beträgt etwa 3—6 PS, je nach Schnittstärke und Vorschub.

Die in Abb. 306 und 307 dargestellte Tischkreissäge unterscheidet sich von der vorherigen dadurch, daß der Tisch der Maschine stets in horizontaler Lage verbleibt, was für verschiedene Arbeiten von großem Vorteil ist.

Die Maschine eignet sich nicht nur für alle vorkommenden Kreissägearbeiten, sie dient auch, falls gewünscht, zum Nuten, Falzen, Abplatten usw.

Der kräftige, solide Hohlgußständer der Maschine trägt seitlich eine bogenförmige Kulissenführung, in welcher sich der die Säge tragende Motor aus seiner horizontalen Lage verdrehen läßt. Demgemäß läßt sich das Sägeblatt, welches direkt mit der Motorwelle verbunden ist,

Abb. 306. Präzisions-Tischkreissäge mit direktem elektrischen Antrieb und in der Höhenrichtung verstellbarem und neigbarem Sägeblatt. (Gebr. Schmaltz, Offenbach a. M.)

schräg zur Tischfläche neigen. Durch Schwenken des Motors in der anderen Ebene wird das Sägeblatt gehoben und gesenkt, so daß dasselbe mehr oder weniger aus dem Tisch heraustritt. Bei dieser Ausführung hat man den großen Vorteil, daß der Tisch fest und unbeweglich ist (s. Abb. 306). Die unter dem Tisch angebrachte Schutzvorrichtung verdeckt das Sägeblatt vollkommen und ist zum direkten Anschluß an eine Absaugung eingerichtet. Der über dem Tisch befindliche Schutz ist aus Leichtmetall hergestellt, sowie mit Gegengewicht und Einstellvorrichtung für bestimmte Schnitthöhen versehen. Normalerweise wird wie schon erwähnt, die Maschine so geliefert, daß die Motorwelle gleichzeitig zur Aufnahme der Kreissäge dient (s. Abb. 307). Auf besonderen Wunsch läßt sie sich jedoch auch so einrichten, daß von der Motorwelle mit Hilfe einer Spezialzahnradübersetzung eine zweite Welle angetrieben wird, welche dicht unter dem Kreissägetisch liegt, so daß auf derselben die verschiedensten Werkzeuge befestigt werden können, und zwar, wie vorstehend schon erwähnt, Werkzeuge zum Nuten, Falzen, Schlitzen und Abplatten. Bei diesen Arbeiten ist naturgemäß die Verstellbarkeit in der Höhenrichtung besonders zweckmäßig.

Abb. 307. Präzisions-Tischkreissäge mit direktem elektrischen Antrieb.
(Gebr. Schmaltz, Offenbach a. M.)

Der Anschlag der Maschine ist für Grob- und Feineinstellung nach einer im Tisch eingelassenen Skala eingerichtet. Derselbe läßt sich außerdem schräg stellen, z. B. parallel zum geschwenkten Sägeblatt.

Geätzte Metallskalen gestatten die eingestellten Schrägen des Sägeblattes und auch des Gehrungslineals abzulesen.

Die Maschine wird geliefert für Sägeblätter bis 550 mm Durchmesser und bis 135 mm Schnitthöhe. Die Motorstärke ist 4 PS, das Nettogewicht 500—600 kg.

Daß auch die führenden amerikanischen Holzbearbeitungsmaschinenfabriken dazu übergegangen sind, in der Maschine eingebaute Elektromotoren zu verwenden, zeigt die in Abb. 308 und 309 dargestellte kombinierte Kreissäge. Wie aus der Abbildung ersichtlich, trägt die

Maschinen für Holzbearbeitungsbetriebe und Tischlereien. 323

Elektromotorwelle an der einen Seite das Kreissägeblatt, dagegen am anderen Ende einen Hohlmeißel mit einem rotierenden Bohrer, um

Abb. 308. Elektro-Kreissäge mit schrägstellbarem Tisch, kombiniert mit Hohlmeißelstemmmaschine.
(Oliver Machinery Company, Grand Rapids, Michigan, U. S. A.)

quadratische Löcher bis $1^{1}/_{4} \times 1^{1}/_{4}$" engl. $= 38 \times 38$ mm in einem Arbeitsgang herzustellen. Der Bohrer bohrt das Loch vor und der Hohlstemmer

Abb. 309. Kreissäge mit schrägstellbarem Tisch, kombiniert mit Hohlmeißelstemmmaschine für Riemenantrieb.
(Oliver Machinery Company, Grand Rapids, Michigan, U. S. A.)

sticht es scharfkantig aus. Die vom Bohrer und Stemmer erzeugten Späne werden aus einer seitlichen Öffnung des Stemmers herausgeworfen.

21*

Das zu stemmende Werkstück wird durch Fußtritt automatisch gegen den Stemmer bewegt; der Auflegetisch ist durch Handrad in der Höhe einstellbar.

Abb. 310 zeigt einen Hohlstemmer, welcher von der größten deutschen Holzbohrerfabrik, Gebr. Heller, hergestellt wird. Zur Herstellung quadratischer Löcher bis zu 50 mm im Quadrat eignen sich diese Bohrer vorzüglich, jedoch ist eine sorgfältige Behandlung dieses Werkzeuges Vorbedingung, um eine einwandfreie Stemmarbeit zu erzielen. Die Herstellung sauber arbeitender Hohlstemmer erfordert große Erfahrung;

Abb. 310. Hohlstemmer mit innenlaufendem Schlangenbohrer.
(Gebr. Heller, Bohrerfabrik, Schmalkalden.)

leider werden von den einzelnen Firmen, denen die erforderliche Erfahrung fehlt, unbrauchbare Hohlstemmer angeboten. Durch Fußtritt- oder Handvorschub lassen sich quadratische Löcher bis zu 15 mm in Hartholz und 20 mm in Weichholz herstellen, jedoch empfehle ich zur Herstellung größerer Löcher automatischen Vorschub.

Wie aus Abb. 308 ersichtlich, läßt sich der Tisch der Kreissäge in jedem beliebigen Winkel leicht durch Handrad vom Stande des Arbeiters aus verstellen. Ebenfalls ist das Kreissägeblatt bei wagerecht gestelltem Tisch in der Höhenrichtung mittels Handrad verstellbar.

Der Schalter ist ebenfalls, wie aus Abb. 308 ersichtlich, vom Arbeiterstand aus bedienbar.

Eine angebrachte Skala ermöglicht es dem Arbeiter, bei Schrägstellung des Kreissägetisches die Winkelgrade abzulesen.

Abb. 309 zeigt dieselbe Maschine, jedoch für Riemenantrieb, also ohne eingebauten Elektromotor. Zum Anschluß an die Späneabsaugung ist am Boden der Maschine ein Anschlußrohr angebracht. Überaus praktisch sind die auf Abb. 309 ersichtlichen Sägeführungen für Lang- und Querschnitt, welche leider nur von ganz vereinzelten deutschen Holzbearbeitungsmaschinenfabriken geliefert werden.

Auf einen wichtigen Punkt möchte ich bei den amerikanischen Kreissägen noch ganz besonders hinweisen, und zwar werden dieselben von fast allen Firmen mit einem federnden Zentrierkonus geliefert, wodurch ein Kreissägeblatt auch mit zu großer Bohrung genau kreisrund läuft; derselbe ist in der Bohrung der losen Spannscheibe angebracht.

Die allgemeine Beliebtheit der Bandsägen mit eingebautem Elektromotor hat auch die Firma Kirchner, welche bis heute über 30'000 Bandsägen nach allen Weltteilen geliefert hat, veranlaßt, als Neuheit ihre Gloria-Bandsäge mit eingebautem Elektromotor auf den Markt zu bringen.

In den Holzbearbeitungswerkstätten, Sägewerken und Möbelfabriken wurden die Arbeitsmaschinen bisher fast durchweg von Transmissionen oder mittels Riemen von Elektromotoren angetrieben. Diese Art des Antriebes ist, abgesehen von den sonstigen Nachteilen, besonders bei Maschinen, welche nicht andauernd benutzt werden, äußerst unwirtschaftlich. Die vornehmste Aufgabe einer jeden Betriebsleitung ist es daher, durch die Wahl geeigneter Maschinen nach Möglichkeit eine Verminderung der Produktionskosten anzustreben, ungeachtet der höheren Anschaffungskosten für Maschinen bei Neubauten und Erweiterungen. Die geringen Mehrkosten machen sich durch die erzielten Ersparnisse und durch erhöhte Produktionsleistung bald bezahlt.

Wie in den Eisen bearbeitenden Werkstätten die Transmissionen und Riemen durch die Aufstellung unmittelbar angetriebener Elektromaschinen immer mehr verschwinden, so werden auch in den Holz verarbeitenden Industrien Elektromaschinen unweigerlich immer mehr Eingang finden.

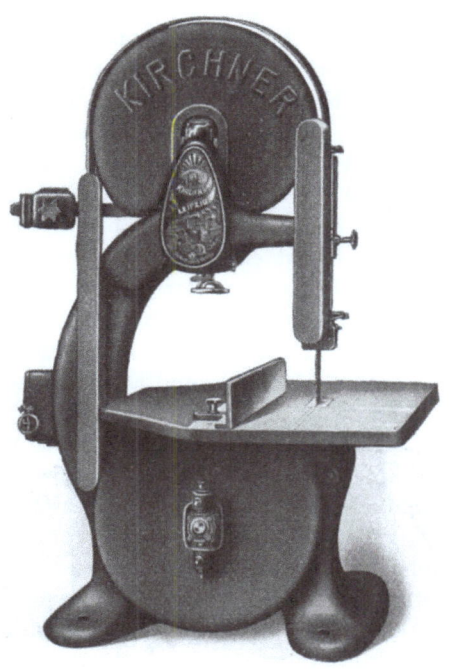

Abb. 311. HN1 Kirchners Bandsäge „Gloria" mit eingebautem Elektromotor.

Darum fort mit den vielen Transmissionen und Riemen, welche den Betrieb unübersichtlich machen, die Arbeitsräume verdunkeln und verengen, und nur zu oft zu Ärger und Verdruß Anlaß geben. Der Elektroantrieb gestattet die günstigste Aufstellung der Maschinen ihrem Zweck entsprechend, unabhängig von der Transmissionsanlage, und wie es der Gang des Arbeitsstückes erfordert. Die kleinsten Räumlichkeiten und alle Winkel können bei richtiger Anordnung noch ausgenutzt werden.

Die Bedienung der Elektromaschinen macht dem Arbeiter Freude, vorausgesetzt, daß nur wirklich erstklassige Fabrikate berücksichtigt werden. Es werden heute von allen möglichen Firmen Elektro-Holzbearbeitungsmaschinen angeboten, zum Teil von solchen

Abb. 312. Hinteransicht der Maschinen HNIE, kleines Modell, 350 mm Sägerollendurchmesser, und HNI 3, 900 mm Sägerollendurchmesser.
(Kirchner & Co., A.-G., Leipzig.)

Leuten, die keinen Schimmer davon haben, wie eine solche Maschine arbeiten muß, damit Höchstleistungen erzielt und ein lückenloser Dauerbetrieb gewährleistet wird.

Durch Aufstellung von Elektromaschinen werden helle, staubfreie und übersichtliche Räume geschaffen. Die Maschinen sind leicht zugänglich, stets betriebsbereit und jeder Arbeiter kann diese sofort ohne Gefahr bedienen, da die Einschaltung der Maschinen zwangsläufig geschieht und Fehlschaltungen ausgeschlossen sind.

Die riemenlose Elektromaschine allein bietet alle diese Vorteile, insofern ein erstklassiges Fabrikat berücksichtigt wird; sie ist in Amerika schon längst eingeführt und hat sich dort gut bewährt.

In Erkenntnis der hohen Vorzüge dieses Antriebes, welcher nach der bisherigen Entwicklung berufen ist, der Antrieb der Zukunft zu werden, wird in inniger Zusammenarbeit zwischen Holzbearbeitungsmaschinenfabriken und Elektromotorenwerken auf diesem Gebiete noch Wertvolles geschaffen werden.

Das Mißtrauen, welches heute noch von mancher Seite diesen Maschinen entgegengebracht wird, wird genau wie in der Eisenbearbeitungsbranche nach kurzer Zeit verschwinden.

Die von mancher Seite erhobenen Einwendungen, daß bei Motordefekten längere Betriebsunterbrechungen eintreten, sind nicht berechtigt, wenn die Maschinen von Firmen bezogen werden, welche Wert darauf legen, erstklassige Maschinen mit reichlich dimensionierten Elektromotoren zu liefern, die bei Hochleistungen nicht überlastet werden können. Leider wird von einzelnen Firmen der unverzeihliche Fehler begangen, Elektro-Holzbearbeitungsmaschinen mit zu schwachen Motoren zu liefern, genau wie die meisten deutschen Holzbearbeitungsmaschinenfabriken bei Riemenantrieb Antriebsscheiben verwenden, welche zu klein im Durchmesser und zu schmal in der Breite sind. Wer wie ich seit 32 Jahren große Holzbearbeitungsbetriebe im In- und Auslande geleitet hat und Wert auf Höchstleistungen legt, wird bestätigen, daß fast alle Antriebsscheiben an Säge- und Hobelmaschinen zu klein gewählt sind und bei Höchstleistungen übermäßig gespannte Treibriemen erfordern, wodurch heißlaufende Lager und unliebsame Betriebsstörungen hervorgerufen werden. Es ist z. B. ein Unding, eine Kreis- oder Pendelsäge mit 500 mm Blattdurchmesser durch einen 3 PS leistenden Motor oder 90 mm breiten Riemen anzutreiben, wenn man mit der Säge beim Schneiden von etwa 120 mm starken Bohlen die volle Leistung erzielen will. Um 120 mm starke Bohlen auf einer Kreissäge mit vollem Vorschub schneiden zu können, ohne den Riemen und die Lager übermäßig zu beanspruchen, ist eine Antriebsscheibe von nicht unter 150 mm Breite und ein ungenähter, gekitteter prima Kernlederriemen von nicht unter 140 mm Breite und nicht über 5 mm Dicke erforderlich. Ein jeder Betriebsleiter und Meister sollte obiges beachten; dadurch können die Leistungen speziell bei Kreissägen und Hobelmaschinen, welche Riemenantrieb haben, bedeutend erhöht werden. Manches Kreissägeblatt hat durch zu schwache Antriebe Brandflecke bekommen und wurde verdorben, sowie manches Lager ist durch übermäßiges Anspannen der Antriebsriemen ausgebrannt.

Alle diese Übelstände fallen bei erstklassigen Elektromaschinen mit reichlich dimensionierten Elektromotoren und prima Kugellagerung fort und durch Fortfall der Transmissionen und Leerlaufverluste werden etwa 20—25 % an Kraft gespart, außer den Ersparnissen an Riemen und Schmieröl für die Transmissionslager.

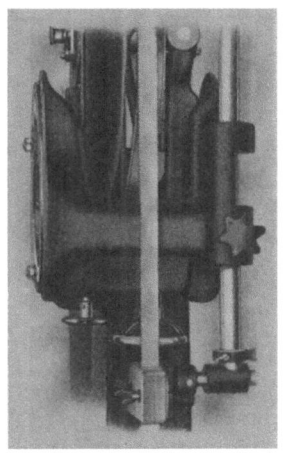

Abb. 313. Der starr umschlossene Kopf des Bandsägengestelles. (Kirchner & Co., A.-G., Leipzig.)

Diese Zahlen beweisen, daß trotz der höheren Anschaffungskosten für die Elektromaschine diese doch im Betriebe die sparsamste und auch billigste Maschine ist, insofern dieselbe von einer erstklassigen Firma, welche über die erforderlichen Erfahrungen verfügt, geliefert wurde, so daß bald eine Amortisation des Anlagewertes herbeigeführt wird.

Die bedeutenden Vorzüge, welche besonders dort zur Geltung kommen, wo die Maschinen nicht ununterbrochen im Betriebe sind, was besonders in den meisten Fällen bei Bandsägen zutrifft, werden auch diesen Maschinen trotz etwas höherer Anschaffungskosten den Vorrang verschaffen. Die Ausführung der in Abb. 311 und 312 dargestellten Elektrobandsägen entspricht im allgemeinen der weltbekannten Kirchnerschen Gloria-Bandsäge.

Der kräftige Hohlgußständer ist in einem Stück gegossen. Die breit ausgebauten Füße bürgen bei der hohen Tourenzahl der Säge für einen sicheren Stand. Der Kopf des Gestelles, in welchem das Bügellager gleitet, ist zu einem vollständig starr umschlossenen Körper ausgebildet, wodurch jede Vibration der oberen Lagerung vermieden wird.

Die Lagerung beider Sägerollen ist eine äußerst solide und wird in prima Kugel- oder Ringschmierlagerung ausgeführt. Die Lager sind einstellbar, so daß Verklemmungen nicht eintreten können. Von besonderer Wichtigkeit ist dieses bei der Blattregulierung an der oberen Rolle, da bekanntlich der Schrank des Blattes niemals auf der Rolle laufen darf. Die obere Sägerolle ist durch Handrad mit Gewindespindel hoch und tief, entsprechend der jeweiligen Bandsägeblattlänge, einstellbar. Durch die zentrale Verteilung der Blattspannung wird die denkbar beste elastische Spannung des Sägeblattes erreicht und dem Reißen desselben aufs äußerste vorgebeugt.

Die Sägerollen sind sehr stabil und genauestens auf einer Spezialmaschine ausgewuchtet. Ein Federn oder Zittern der Rollen selbst bei starker Blattspannung ist daher ausgeschlossen. Es ist dieses ein sehr wichtiger Punkt, der leider nicht von allen Bandsägefabrikanten genügend Berücksichtigung findet; denn der unruhige Gang einer Bandsäge ist in den meisten Fällen auf das nicht sachgemäße Balancieren bzw. Auswuchten der Sägerollen zurückzuführen. Das geringste Schwergewicht macht sich im Betriebe der Säge unliebsam bemerkbar. Die Neigung der oberen Sägerolle zur unteren kann durch ein zweites kleineres Handrad mit Spindelschraube eingestellt und durch eine Bremsschraube festgehalten werden. Diese Einstellung kann vom Arbeiter jederzeit, auch während des Ganges der Maschine, erfolgen. Die untere Rolle wird dauernd durch eine Bürste bestrichen, um abfallende Sägespäne, Staub u. dgl. von der Lauffläche fernzuhalten. Ein leicht spielender Hebel mit einstellbarem Gewicht bewirkt die elastische Spannung des Sägeblattes. Diese sehr sanft wirkende Regulierung ist der Breite der Sägeblätter entsprechend veränderlich. Das Sägeblatt läuft ober- und unterhalb des Tisches in einstellbaren zuverlässigen Führungen.

Abb. 314. Die zentrale Lage der Bandsägenrolle im Ständermittel von oben gesehen.

Der große vordere Auflagetisch ist einseitig bis 30° verstellbar. Er wird zum Teil durch den Hintertisch, welche fest mit dem Ständer verschraubt ist und an dem sich auch der Riemensteller befindet, gestützt.

Die Schutzvorrichtungen sind so vollkommen, daß das Sägeblatt nur an der Arbeitsstelle zugänglich ist. Verletzungen durch Unvorsichtigkeit des Arbeiters, Herabfallen des Blattes oder Hineinfallen von Fremdkörpern sind fast unmöglich.

Kirchner liefert die in Abb. 311 und 312 dargestellten Gloria-Bandsägen mit eingebautem Elektromotor oder für Riemenantrieb, und zwar mit 600, 700, 800, 900, 1050 und 1200 mm Sägerollendurchmesser. Die Schnitthöhe beträgt 300—750 mm, die Tischhöhe 870 bis 900 mm. Der Kraftbedarf ist 3—7 PS, je nach Größe, Schnitthöhe und Vorschub. Das Gewicht beträgt 325—1800 kg, je nach Größe. Die Touren der Sägerollen betragen pro Minute

bei	600 mm	Sägerollendurchmesser	650,	Kraftverbrauch bis	3 PS
,,	700 mm	,,	625,	,,	,, 3,5 PS
,,	800 mm	,,	600,	,,	,, 4 PS
,,	900 mm	,,	575,	,,	,, 5 PS
,,	1050 mm	,,	450,	,,	,, 6 PS
,,	1200 mm	,,	400,	,,	,, 7 PS

Damit eine gute Schnittleistung auf einer Bandsäge erzielt wird, müssen vor allem sämtliche Sägeführungen sachgemäß auf das genaueste eingestellt sein. Es darf z. B. nicht vorkommen, daß ein Blatt beim Leerlaufen an die hintere Führungsrolle fest angedrückt wird; der Anlauf darf erst dann erfolgen, wenn der Tischler mit dem Schneiden beginnt. Andernfalls bekommt das Bandsägeblatt rückwärts durch das zu starke Anlaufen einen Grat und wird außerdem verbogen. Der gerade Lauf des Sägeblattes wird durch das richtige Einstellen der oberen, verstellbaren Sägerolle erzielt. Bei der Anschaffung von Bandsägen für den Großbetrieb soll man Rollendurchmesser unter 800 mm vermeiden. Bei Verwendung von kleineren Sägerollen werden breite Blätter zu sehr auf Biegung beansprucht und neigen zur Rißbildung. Für schwere Arbeiten nimmt man 900—1200 mm Rollendurchmesser. Für Modelltischlereien kommen nur Bandsägen mit leicht verstellbarem Tisch in Frage.

Die günstigste Schnittgeschwindigkeit für neuzeitliche Bandsägen ist etwa 25—30 m/sek., was bei 800 mm Sägerollendurchmesser einer Tourenzahl von 600 pro Minute entspricht, denn

$$3{,}14 \times 0{,}8 = 2{,}512 \times 600 = 1507{,}2 : 60 = 25 \text{ m/sek.}$$

oder:

25 m/sek. $\times$ 60 Sek. = 1500 : 2,512 = rund 600 Touren pro Minute.

Auf der Leipziger Frühjahrsmesse 1926 wurde von der deutschen Industrie-Werke-A.-G., Spandau, eine Hochleistungsbandsäge mit 800 mm großen, aus Stahl gepreßten Bandsägerollen im Betriebe vorgeführt, welche bei 1500 Umdrehungen in der Minute mit etwa 60 m/sek. Schnittgeschwindigkeit lief. Ich warne jeden, eine Bandsäge mit einer solch hohen Geschwindigkeit laufen zu lassen und bedaure nur die Meister und Betriebsleiter, welche sich mit einem solchen Monstrum abquälen müssen. Den Verschleiß an Bandsägeblättern und die dadurch hervorgerufenen Betriebsstörungen gleicht die höhere Leistung der Säge nicht aus. Bis heute gibt es noch keine Bandsägeblätter, welche bei 800 mm Rollendurchmesser 1500 Touren pro Minute laufen können, ohne zu reißen.

Eine wichtige Rolle bei der Bandsäge spielt bekanntlich die Bandsägeführung, denn auch die beste Bandsägemaschine kann kein befriedigendes Resultat ergeben, wenn die Führungen des Bandsägeblattes nichts taugen. Es ist ein technischer Unsinn, ein mit etwa 25 m/sek. laufendes Bandsägeblatt zwischen ein paar trockenen und feststehenden Backen aus Stahl seitlich führen zu wollen, wie man es leider nicht selten antrifft. Holzbacken mögen eher noch angehen, da sie sehr weich sind und sich eher abschleifen, als daß sie dem Sägeblatt gefährlich werden. Freilich ist dann wieder die Führung illusorisch, wie überhaupt bei Backen; denn zwischen Säge und Backen muß von vornherein Luft sein, damit sich die Säge nicht infolge zu großer Reibung erhitzt. Die oft bei den Bandsägen beobachtete große Anzahl feiner Risse, die zu rascher Unbrauchbarkeit bzw. Reißen des Sägeblattes führen. sind meistens die Folgen der Erhitzung durch die Reibung zwischen den Führungsbacken. Es geht hieraus also schon hervor, daß die Säge möglichst unter Vermeidung von Reibung geführt werden muß. Dieses ist nur möglich, wenn die Säge zwischen Rollen läuft. Eine gute Rollenführung soll erstens der Bandsäge eine wirklich gute Führung geben, zweitens soll der Apparat selbst nicht zu groß sein und drittens so konstruiert und hergestellt, daß er den hohen Beanspruchungen voll und ganz gewachsen ist.

Die in Abb. 315 bis 317 dargestellte Bandsägeführung darf wohl als die beste aller heutigen Bandsägeführungen angesprochen werden. Die Rollen dieser Führungen laufen auf je zwei nachstellbaren Kugellagern, die an sich staubdicht und fetthaltend ausgeführt sind. Bei der hohen Umdrehungszahl von 12000—15000 in der Minute ist es unbedingt notwendig, daß die Rollen auf prima Kugellagern laufen, wenn die Führung wirklich dauerhaft sein soll. Die Rollen selbst sind aus Kugellager-Spezialstahl hergestellt, glashart gehärtet und geschliffen. Genannte Firma stellt 3 Modelle in verschieden starken Ausführungen her, 1. Modell A, Abb. 315, mit einer Planrückenrolle, wie solche ähnlich vielfach gebräuchlich ist. Die Planrolle dieser Führung ist jedoch mit Rücksicht auf die Abnutzung des Randes, die bei derselben infolge verschiedener Bewegungsrichtungen zwischen Rolle und Bandsägerücken unvermeidlich ist, zweiteilig ausgeführt und besteht aus einer auf 2 Kugellagern laufenden Nabe, auf die die Scheibe geschraubt ist. Diese Scheibe, an deren Außenrand die Bandsäge anliegt, ist außerdem aus praktischen Gründen doppelseitig ausgeführt und kann nach evtl. Abnutzung der einen Seite umgedreht werden. Die beiden Seitenführungsrollen haben einen Abstand von 3 mm voneinander, welcher sich in der Praxis als besonders vorteilhaft erwiesen hat. Da die Führung durch Linksdrehen, je nach der Stärke des Sägeblattes, eingestellt wird, bis die eine Rolle links, die andere rechts ganz leicht am Band-

Maschinen für Holzbearbeitungsbetriebe und Tischlereien. 331

sägeblatt anliegt, steht dann die eine Rolle etwas höher als die andere, was den Zweck hat, auch eine etwas stärkere Lötstelle leicht durchlaufen zu lassen; durch den geringen Rollenabstand von 3 mm ist aber wieder die Führung des Blattes so gut, daß auch bei Schweifarbeiten, wenn beispielsweise der Schnittdruck nach der Seite der höher liegenden Rolle zu gerichtet ist, das Blatt sich seitlich nicht wegdrücken läßt, wie bei Führungen anderer Konstruktionen, bei denen die Rollen sehr weit voneinander entfernt sind. Da es bei Schweifarbeiten mit ganz schmalen Blättern nicht zu vermeiden ist, daß mitunter das Blatt nach dem Arbeiter zu aus der Führung herausgezogen wird, sind die Rollen dieser Führung an den Enden unter 45° abgeschrägt. Die Abschrägung führt das Sägeblatt dann leicht wieder zwischen die Rollen hinein. Selbstverständlich muß der Zahn des Sägeblattes außerhalb der

Abb. 315.

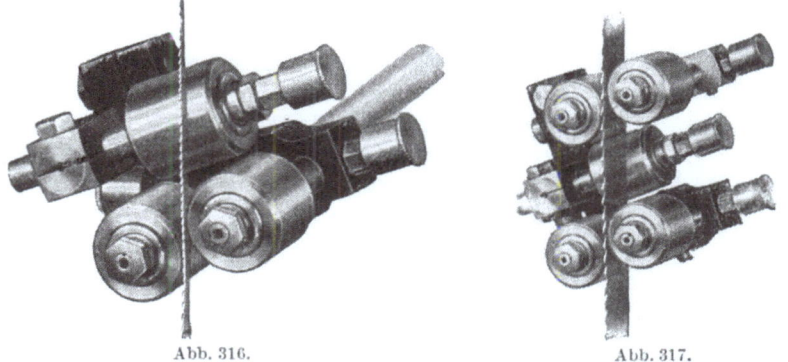

Abb. 316. Abb. 317.

Abb. 315 bis 317. Präzisions-Bandsägeführung. (Hans Friedrich, Dresden.)

Führung stehen, da sonst der Schrank weggedrückt würde. Bei dieser Führung ist die Rückenrolle leicht vor und zurück für jede Bandsägebreite zu stellen, was wieder den Vorteil hat, daß die Zähne der verschiedenen Bandsägeblätter, die benutzt werden, immer auf der gleichen Stelle der Bandage laufen und diese nicht einmal hier, einmal da beschädigen. Noch besser ist selbstverständlich, wenn die hintere

Führungsrolle so eingestellt wird, daß die Zahnspitzen des Sägeblattes die Bandage nicht berühren. Die Schmierung der Rollen geschieht durch eine groß dimensionierte Staufferbüchse am zweckmäßigsten mit Kugellagervaseline. Bei der hier besprochenen Bandsägeführung sind wieder, ohne Rücksicht auf die Herstellungskosten, die Schmierbüchsen nicht einfach vorn vor den Rollen angebracht, sondern der Praxis wegen noch hinten verlegt, damit sie den Bleistiftstrich nicht verdecken, auf dem entlang geschnitten werden soll.

Bemerkenswert für die sorgfältige Ausführung ist noch, daß an Stellen, wo bei vorstehender Führung ein Bolzen festgestellt und nach Lösen verschiebbar sein soll, dies nicht einfach dadurch erfolgt, daß eine Druckschraube auf den betreffenden Bolzen drückt. Bei dieser Art Feststellung wird stets der betreffende Bolzen und auch die Feststellschraube bald verdrückt, so daß sich der Bolzen nur noch schwer oder gar nicht mehr bewegen läßt. Hier wird das Klemmen durch Schlitzen des Körpers und Anspannen mittels einer Schraube um den Bolzenumfang erreicht, eine Art, die erstens viel fester und sicherer hält und zweitens vor allem niemals den Bolzen und die Schraube beschädigt. Abb. 316 zeigt Modell B, welches im wesentlichen dem Modell A gleicht, sich von diesem nur durch die Rückenrolle unterscheidet. Die hier verwendete Rundrückenrolle hat den großen Vorteil, daß Rolle und Bandsägerücken gleiche Bewegungsrichtung haben, daß infolgedessen nicht die Reibung wie bei der Planrückenrolle auftritt. Das Sägeblatt wird also hier noch mehr geschont und läuft fast reibungsfrei durch die Führung. Da bei der Rundrückenrolle, wie bei den Rollen überhaupt, einmal bestes, glashart gehärtetes Material verwendet ist und die Rolle, wie aus der Abbildung ersichtlich, etwas schräg steht, ist auch nicht zu befürchten, daß sich nach kurzer Zeit in derselben eine Rille einläuft. Außerdem ist auch dieser evtl. Abnutzung dadurch von vornherein Rechnung getragen, daß die Rückenrolle sich axial verschieben läßt und so nach und nach über die ganze Breite benutzt werden kann.

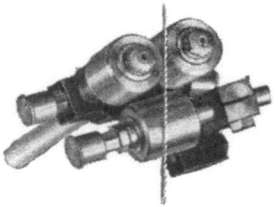

Abb. 318. Bei Schweifarbeiten Rückenrolle nach unten montiert.

Bei Schweifarbeiten kann die Führung auch mit der Rückenrolle nach unten montiert werden (Abb. 318), wodurch erreicht wird, daß der Schnittdruck dicht über dem zu schneidenden Holz aufgenommen wird. Dies ist von großem Vorteil, denn eine schmale Schweifsäge hat in Schnittrichtung in sich nicht den Widerstand wie eine breite Säge und biegt sich infolgedessen leicht nach hinten durch. Die beiden vorstehend beschriebenen Modelle genügen in den allermeisten Fällen voll und ganz der normalen Beanspruchung. In Fällen, wo dauernd das härteste Holz, z. B. Pockholz, in starken Dimensionen geschnitten werden muß, z. B.

in der Kugel- und Kegelkugelindustrie, ist die Gefahr vorhanden, daß sich trotz der kurzen Entfernung zwischen Rücken- und Seitenführungsrollen das Sägeblatt auf der Rückenrolle seitlich umlegt. Für Fälle dieser ganz besonders hohen Beanspruchung dient die in Abb. 317 dargestellte Fünfrollenführung Modell F, die im wesentlichen dem Modell gleicht, bei der nur über der Rückenrolle noch ein paar nach allen Seiten einstellbare Seitenrollen vorgesehen sind.

Die Führungen genannter Firma werden für jede Bandsägemaschine passend geliefert, außerdem ist eine Universalbefestigung nach Abb. 319 lieferbar, die in den Fällen notwendig ist, wenn die an der Maschine vorhandene senkrechte Befestigungsstange nicht mit dem Bandsägeblatt in einer Ebene, sondern seitlich davon liegt, oder wenn es sich um Anbringung an eine Maschine handelt, deren alte Führung noch nicht mit einem runden Bolzen befestigt war.

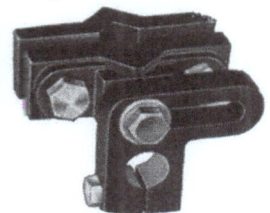

Abb. 319. Universalbefestigung für Bandsägeführungen. (Hans Friedrich, Dresden.)

Die nach vollkommen neuen Ideen konstruierte Bandsäge der Firma C. Dempewolf, Braunschweig (Abb. 320), stellt einen vollständig neuen Bandsägetyp dar, bei dem die Blattspannung nicht, wie bisher, vermittels des schweren Supportes durch die obere Leitscheibe nach oben, sondern lediglich durch seitliches Ausspannen des Bandsägeblattes erfolgt. Die seitliche Blattspannung kann in ausgiebigster Weise erfolgen, um Sägen verschiedener Länge verwenden zu können. Neben einer groben Einstellung ist eine Federung der Blätter vorgesehen, welche erhaltend und schonend auf das Sägeblatt wirkt, da das Blatt stets gleichmäßig elastisch gespannt ist. Die Spannvorrichtung ist auch durch ein Handrädchen mit Spindel leicht schwenkbar, wodurch der Lauf des Sägeblattes aufs feinste reguliert werden kann.

Die stabile Konstruktion und die schwere Doppelkugellagerung jeder Leitscheibe gestatten eine bedeutend erhöhte Geschwindigkeit der Maschine, wodurch nicht nur eine Hochleistung erzielt wird, sondern auch ein peinlich sauberer genauer Schnitt. Die Leitscheiben haben einen prima vulkanisierten Gummibezug.

Der einfache geschützte Antrieb durch angebauten Elektromotor über eine leicht verstellbare auf prima Kugellagern laufende Spannrolle auf die als Riemenscheibe ausgebildete untere Leitscheibe ermöglicht es, die Maschine ohne Installationskosten usw. an jeder beliebigen Stelle aufstellen zu können, da der Strom dem betriebsfertig installierten normalen Siemens-Schuckert-Motor durch ein Handkabel von einer Steckdose zugeführt werden kann. Der Anlasser ist sehr handlich direkt am Arbeiterstand unterhalb des Tisches angebracht. Die bequeme Bedienung des Anlassers verbürgt Strom- und Zeitersparnis. Beachtenswert ist

334   Maschinen für Holzbearbeitungsbetriebe und Tischlereien.

ferner die ebenfalls geschützte bequeme Tischschrägstellung. Durch leichte Handradverstellung läßt sich der sauber gehobelte, sehr groß dimensionierte Eisentisch bis zu 30° nach einer Skala genau einstellen.

Sämtliche beweglichen Teile der Maschine einschließlich Sägeblatt sind mit Schutzvorrichtungen umgeben, die Verletzungen verhüten.

Abb. 320. Original „Brunsviga"-Bandsäge mit Doppel-Kugellagerung und angebautem Elektromotor. (C. Dempewolf, Braunschweig.)

Patentdoppelrollenblattführungen geben dem Sägeblatt eine genaue Seiten- und Rückenführung. Besonders vorteilhaft ist die große Ausladung des Maschinenständers mit 1000 mm zwischen Ständer und Sägeblatt bei 900 mm Rollendurchmesser, wodurch auch abnorm breite Brettafeln auf der Maschine geschnitten werden können. Die Maschine wird mit 400, 700, 800 und 900 mm Rollendurchmesser geliefert und

Maschinen für Holzbearbeitungsbetriebe und Tischlereien. 335

die kleine Maschine mit 400 mm Rollendurchmesser eignet sich für leichte, feinere Arbeiten, hauptsächlich Schweifen. Die Schnitthöhe beträgt 220—550 mm und der Kraftverbrauch 0,75—4 PS, je nach Größe. Die Schnittgeschwindigkeit beträgt 25—30 m/sek.

Bei der schweren Elektrobandsäge (Abb. 321) wird das untere Laufrad unmittelbar auf den Wellenstumpf des Motors aufgesetzt, wobei der verlängerte Wellenstumpf von einem Außenlager mit Kugellager umfaßt und ab-

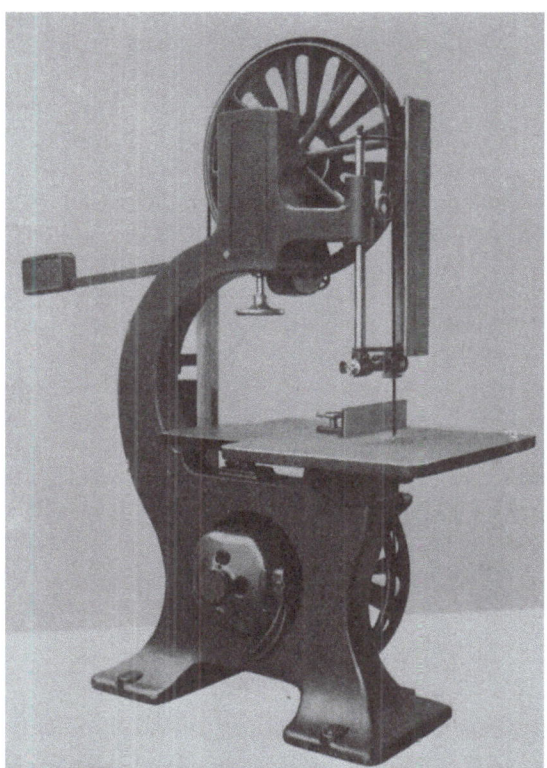

Abb. 321. AVM. Schwere Elektrobandsäge. (Teichert & Sohn, Liegnitz.)

gestützt wird. Eine seitliche Verschiebung der Welle ist nicht möglich, da nur Kugellagermotoren mit festem Lagersitz zur Verwendung gelangen, die Bedingung eines einwandfreien Laufes wird dadurch erfüllt. Der wichtige Vorteil der direkten Kuppelung von Motor und Laufrad besteht in dem ruhigen Gange und in dem gänzlichen Wegfall von Zahnrädern und Kupplungen. Der Motor sitzt vollständig im Maschinenständer, während bei verschiedenen anderen Systemen mit Räderübersetzung der Motor weit über den Bandsägetisch herausragt, die Maschine dadurch unnötig breit macht, deren Transport gefährdet und erschwert, sowie bei Seeverpackung eine erhebliche Raumvergrößerung herbeiführt, wenn man nicht den Motor abnehmen und dann eine umständliche Montage in Kauf nehmen will. Die Maschine kann mit vollständig gekapseltem bzw. mantelgekühltem Dreh- bzw. Gleichstrommotor geliefert werden.

Die Einschaltung des Antriebsmotors geschieht bei Drehstrom mittels Sterndreieckanlaßschalters, der sich in bequemer Reichweite für die Bedienung am Bandsägeständer befindet. Keine ungeschickten Anhängsel am Bandsägetisch. Bei Gleichstrom ist ein kleiner Walzenschalter ähnlicher Bauart vorgesehen. Die Ausführung der Bandsäge selbst sei kurz wie folgt wiedergegeben:

Starker erschütterungsfreier Ständer mit breiten Füßen, Vorderlagerung für beide Sägerollen, mit gußeisernem, vollem Schutz, prima Kugellagerung, elastische Spannung des Sägeblattes durch Gewichtshebel, auf Wunsch auch mit Spiralfeder, seitliche Neigbarkeit der oberen Rolle zur Regulierung des Blattlaufes, dynamische Ausbalancierung der Sägerollen auf der Auswuchtemaschine, Tischplatte um 45° verstellbar mit darauf verschiebbarem Anschlaglineal, praktische Sägeblattführungen oberhalb und unterhalb des Tisches, elastische Bandagen für die Sägerollen und Abstreichbürste. Die Anforderungen, welche an die Bandsägen gestellt werden hinsichtlich Handlichkeit, Unabhängigkeit in der räumlichen Aufstellung, sofortiger Betriebsbereitschaft, guter Zugänglichkeit der Arbeitsmaschine, geringe Ansprüche in Wartung und Bedienung, werden in vorstehendem Modell durch den elektrischen Siemens-Schuckert-Antrieb in vollkommener Weise erfüllt.

Die Maschine wird in folgenden Abmessungen geliefert:

625 Rollen ⊗	Touren pro min.	750	Motorstärke von	1 PS	aufw.
700 „ ⊗	„ „ „	750	„	1,4 PS	„
800 „ ⊗	„ „ „	600	„	1,9 PS	„
900 „ ⊗	„ „ „	500	„	2,2 PS	„
1000 „ ⊗	„ „ „	500	„	3 PS	„

Die Elektro-Kleinbandsäge „Silesia" (Abb. 322) findet in der ganzen Holzindustrie Verwendung für schwächere Schnittarbeiten, vorzugsweise zum Schweifen in allen Holzarten bis höchstens 80 mm Dicke, ferner für Horn, Elfenbein, Hartgummi, Fiber, Pappe, Hartpapier, Galalith, Weichblech usw. Im Dauerbetrieb soll die Maschine nur für schwächere Dickten Verwendung finden, doch können zeitweise auch stärkere Hölzer gesägt werden. Die Maschine wird geliefert für Dreh- oder Gleichstrom und Riemenantrieb. Der kräftige Hohlgußständer, aus einem Stück mit breiten Füßen, sichert ein erschütterungsfreies Arbeiten. Die Füße sind unten sauber gehobelt, daher leichte und genaue Montage. Die Maschine kann überall aufgestellt werden, da die untere Sägerolle nicht über die Füße hervorragt. Gußeiserne Sägerollen in Präzisionskugellagern, für Fettschmierung vorzüglich gelagert und mit leicht ersetzbaren Gummibandagen überzogen, geben dem Sägeblatt einen ruhigen Lauf. Beide Sägerollen sind genau dynamisch ausgewuchtet und durch volle gußeiserne Schutzscheiben gesichert. Der untere Schutz ist zum Auflegen des Sägeblattes leicht abnehmbar. Die obere Sägerolle ist durch Handrad in der Höhe verstellbar und für den Blattauflauf bequem seitlich justierbar. Die elastische Spannung des Sägeblattes erfolgt durch Spiralfeder. Die Tischgröße ist 400 × 400, um 45° schräg stellbar und zu genauer Einstellung mit Gradskala versehen. Auf dem Tisch befindet sich ein verschiebbares Anschlaglineal. Hinter dem vorderen Tisch ist eine feststehende hölzerne Platte angebracht.

Praktische Blattführungen oberhalb und unterhalb des Tisches gewährleisten einen sauberen Schnitt, verhüten Rillenbildung in der Anlaufrolle und Breitdrücken des Sägeblattes, beschränken das Reißen desselben auf ein Minimum und bürgen für lange Lebensdauer eines Blattes.

Eine an der unteren Sägerolle angebrachte verstellbare Abstreichbürste dient zur Reinigung von abfallenden Sägespänen.

Abb. 322. Elektro-Kleinbandsäge „Silesia".
(Teichert & Sohn, Liegnitz.)

Der Sägerollendurchmesser beträgt 300 mm. Durchgangshöhe 200 mm; Schnittbreite 300 mm; ganze Höhe der Maschine 900 mm; ganze Breite der Maschine am Fuß 570 mm; Tischgröße 400 × 400 mm; größte Blattlänge 2170 mm; kleinste Blattlänge 2040 mm; Blattbreite 2—10 mm; Kraftbedarf 0,33 kW = 0,5 PS.

Aus den Abb. 323 bis 327 ist ersichtlich, daß eine der größten amerikanischen Holzbearbeitungsmaschinenfabriken, die Oliver Machinery Company, auch dazu übergegangen ist, Bandsägen auf alle möglichen Antriebsarten als Elektromaschine zu bauen. Bei der in Abb. 324 und 327 dargestellten Bandsäge ist der Elektromotor in die Maschine eingebaut und die Motorwelle trägt gleichzeitig die untere Sägerolle. Der Durchmesser der Bandsägerollen beträgt 36 Zoll engl. = 914 mm. Das Sägeblatt hat eine Länge von 19 Fuß 3 Zoll engl. Der 3—5 PS

338 Maschinen für Holzbearbeitungsbetriebe und Tischlereien.

starke Elektromotor läuft mit 600 Touren pro Minute, so daß die Schnittgeschwindigkeit des Sägeblattes 28,7 m/sek beträgt, denn $0{,}914 \times 3{,}14 = 2{,}87 \times 600 = 1722 : 60 = 28{,}7$ m/sek.

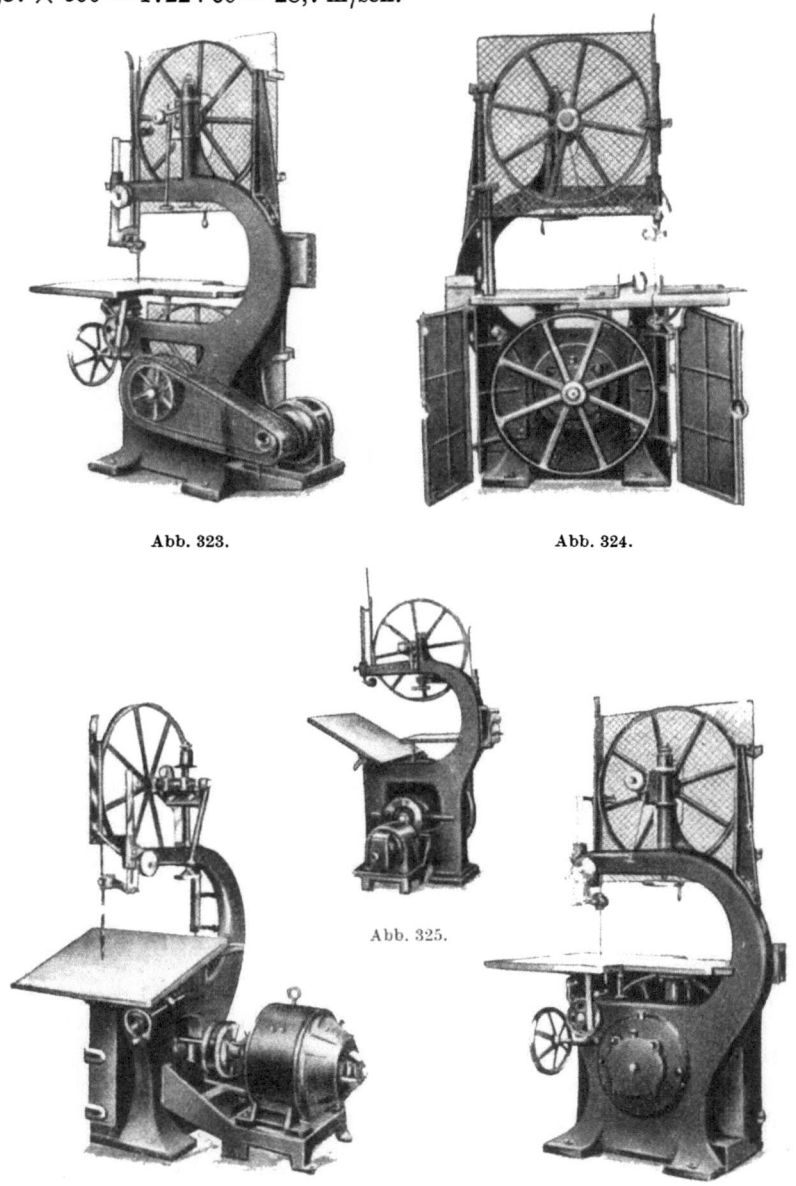

Abb. 323.   Abb. 324.

Abb. 325.

Abb. 326.   Abb. 327.
Abb. 323 bis 327. Amerikanische Elektrobandsägen. (Oliver Machinery Company, Grand Rapids, Michigan, U. S. A.)

Abb. 325 zeigt eine Elektrobandsäge mit angebautem Elektromotor; die Übersetzung auf die untere Sägerolle erfolgt durch ein Zahnräder- oder Reibungsvorgelege.

Der Antrieb bei der in Abb. 326 dargestellten Bandsäge erfolgt durch einen angebauten 3—5 PS starken Elektromotor, welcher mit der unteren Sägerolle gekuppelt ist. Der Durchmesser der Bandsägerollen beträgt 38 Zoll engl. = 964 mm. Das Sägeblatt hat eine Länge von 20 Fuß 6 Zoll engl. Der Elektromotor läuft mit 600 Touren pro Minute, die Schnittgeschwindigkeit des Sägeblattes ist mithin 30,27 m/sek, denn $0{,}964 \times 3{,}14 = 3{,}0269 \times 600 = 1816{,}14 : 60 = 30{,}27$ m/sek.

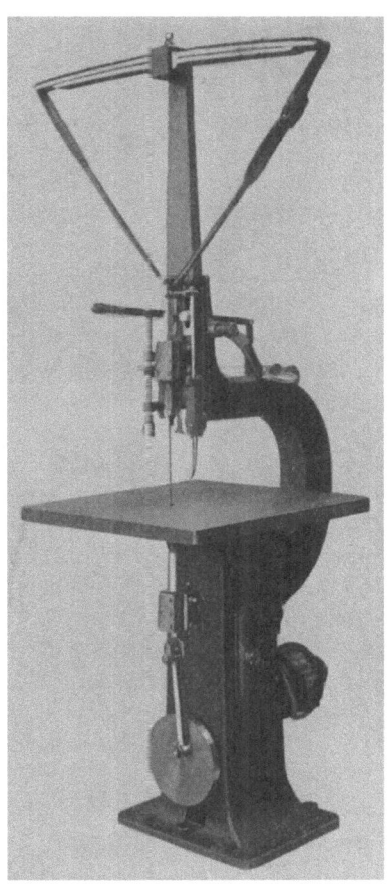

Abb. 328. Frei stehende eiserne Dekupiersäge mit eingebautem Elektromotor und Bohrvorrichtung. (Teichert & Sohn, Liegnitz.)

Die in Abb. 323 dargestellte Bandsäge wird durch einen angebauten, normalen 3—5 PS starken Elektromotor, welcher mit 1800 Touren pro Minute läuft, durch Riemenübersetzung angetrieben. Zum Anspannen des Antriebsriemens ist der Elektromotor auf der Grundplatte verschiebbar angeordnet. Durch die Verwendung eines normalen Elektromotors, welcher bei Reparaturen leicht ausgetauscht werden kann, hat dieses Modell gewisse Vorteile gegenüber den in Abb. 324 bis 327 dargestellten Bandsägen.

Die Übersetzung ist 1:3, so daß die 36 Zoll engl. = 914 mm große Sägerolle mit 28,7 m/sek Geschwindigkeit läuft. Wie aus den Abbildungen ersichtlich, ist der Anlaßschalter an handlicher Stelle angebracht. Bei sämtlichen Bandsägen erfolgt die Tischverstellung (bis zu 45°) vom Stande des Arbeiters aus durch Handrad, und die Schrägstellung ist in Graden an einer angebrachten Skala ablesbar.

Die Dekupiersäge (Abb. 328) findet Verwendung in Möbelfabriken, Modelltischlereien usw. für feine Schweifarbeiten und zum Ausschneiden

22*

geschlossener Konturen, welche das Einhängen des Sägeblattes durch ein vorgebohrtes Loch bedingen. Der Schnitt ist bei Verwendung guter Dekupiersägeblätter außerordentlich fein, sauber und gerade, ohne nennenswerten Holzverlust. Der schwere Ständer, ganz aus Gußeisen und vollkommen frei stehend, sichert ein erschütterungsfreies Arbeiten und gestattet die Aufstellung der Maschine an jedem beliebigen Platz, unabhängig von Verankerungen an der Decke oder Wand und Transmissionen. Die Sägespannung geschieht je nach Wunsch, entweder durch starke Spiralfeder, welche selbst nach jahrelangem Gebrauch ihre Spannung behält, oder durch Holzbügel, der, aus gespaltenem, jungem, zähem Eschenholz angefertigt, für gutes Federn und lange Lebensdauer bürgt. Die praktische Einspannvorrichtung gestattet ein schnelles Wechseln der Sägeblätter. Das Reißen derselben ist auf ein Minimum beschränkt, trotz der hohen Sägeschnittgeschwindigkeit. Die eingebaute Bohrvorrichtung mit Zweibackenbohrfutter, welches dem Bohrer einen sicheren zentrischen Sitz gewährt, wird vom Motor aus durch eine runde Lederschnur über Leitrollen angetrieben. Eine Spiralfeder drückt die Bohrspindel nach dem Bohren in die obere Ausgangsstellung zurück. Die Blasvorrichtung, von der auf- und niedergehenden Sägeblattführungsstange zwangläufig angetrieben, hält die Schnittfläche stets frei von Sägestaub. Die Tischplatte ist um 45° schräg stellbar. Der Antrieb der unteren Exzenterscheibe geschieht durch den eingebauten, kugelgelagerten Asynchron-Drehstrommotor, welcher die Maschine frei macht von Transmissionen und Riemen, an Kraft, Raum und Schmiermaterial wesentliche Ersparnisse bietet und die Bedienung vereinfacht. Der Motor treibt über Zahnräder die Exzenterscheibe an und wird durch einfachen Drehschalter ein- und ausgeschaltet. Sicherungen und Widerstände sind im Maschinenkörper, staubdicht und gegen mechanische Verletzungen geschützt, eingebaut.

Es beträgt die Schnitthöhe 175 mm; die Durchgangshöhe zwischen Tisch und Arm 225 mm; Seitenausladung des Sägeblattes vom Arm 488 (auf Wunsch mehr); Hub des Sägeblattes 110 mm; ganze Höhe der Maschine 1750 mm; Tischhöhe 925 mm; Tischgröße 640 × 750 mm; größte Sägeblattlänge 350 mm; kleinste Sägeblattlänge 250 mm; Breite der Sägeblätter 2—4$^1/_2$ mm; Kraftbedarf 0,75—1 PS.

Die Spezialkreissäge (Abb. 329), durch angebauten normalen Elektromotor oder eine Transmissionswelle angetrieben, dient zum genauen Zuschneiden und Bestoßen von größeren Holzplatten oder Brettafeln bis zu 800 mm Breite. Die Holzplatten werden auf dem Schiebetisch, links vom Arbeiterstand, gegen den langen Queranschlag gedrückt und rasch und sicher festgespannt. Dann wird der Schiebetisch auf dem Schwenkarm gegen das Sägeblatt geschoben. Im Schiebetisch ist ein verstellbarer Federanschlag angebracht, um mehrere Hölzer nacheinander auf genau gleiches Maß ablängen zu können. Der Tisch ist mittels

Handrad in der Höhe verstellbar. Der Schwenkarm ist leicht abnehmbar. Nach Abnahme des Schwenkarmes kann der Tisch bis 45⁰ schräg gestellt werden. Dann kann die Maschine auch für sämtliche Arbeiten einer normalen Tischlerkreissäge verwendet werden.

Abb. 329. Spezial-Kreissäge mit Schwenkarm.
(Adolf Aldinger, Stuttgart-Obertürkheim.)

Die Vorzüge der Maschine sind: Schwere, solide Bauart. Besonders starke Kugellagerung der stählernen Sägewelle. Maßeinteilung am Tisch zur genauen Einstellung des Parallelanschlags. Leichte Handhabung des auf Rollen laufenden Schiebetisches. Sämtliche Bedienungselemente befinden sich auf der Arbeiterseite der Maschine. Vereinigung von Spezial- und allgemeiner Maschine.

Abb. 330. Mehrfach-Abkürzkreissäge. (Meyer & Schwabedissen, Herford.)

Der Sägeblattdurchmesser beträgt bis 600 mm und soll mit etwa 50 m/sek Schnittgeschwindigkeit laufen, was einer Tourenzahl von 1600 pro Minute, bei 600 mm Blattdurchmesser entspricht.

Der Kraftbedarf beträgt je nach Schnittstärke und Vorschub 3—8 PS.

Die Spezialkreissäge (Abb. 330) mit Rollenschiebetisch findet da vorteilhafte Verwendung, wo großer Wert darauf gelegt wird, gleichzeitig mehrere Schnitte sauber und mit größter Präzision auszuführen, sowie zum Winkligschneiden von langen Brettafeln an den Hirnseiten. Die Sägeblätter können in beliebiger Anzahl eingesetzt werden und sind während des Stillstands der Maschine schnell und einfach zu verstellen. Auf Wunsch wird die Maschine jedoch auch mit Blattverstellung während

Abb. 331. Elektro-Hochleistungs-Dicktenhobelmaschine mit 2 Messerwellen und federnder Gliedereinzugswalze.

des Betriebes geliefert. Der Schiebetisch ist auf genauer Schiebebahn in Kugellagerrollen geführt und spielend leicht zu bewegen. Die Schienenbahn ist in ihrer Höhenlage unveränderlich, jedoch läßt sich die Säge-

Abb. 332. Motorseite.

schnitthöhe mittels Handrad durch Heben und Senken der Sägeblattwelle leicht verstellen. Die Sägeblätter sind in einfachster Weise auswechselbar, ohne daß ein Wellenlager gelöst zu werden braucht.

Die Sägeblattwelle läuft in besten Kugellagern stärkster Abmessung. Die Säge wird mit direktem Motorantrieb oder für Riemenantrieb geliefert. Bei allen Größen ist 100 mm der geringste Abstand von Blatt zu Blatt. Die Tischhöhe beträgt 770 mm; der Kraftbedarf je nach Anzahl der Sägeblätter und Schnitthöhe bis etwa 6 PS; die Touren-

Abb. 333. Bedienungsseite.

zahl 2100 bei 450 mm Blattdurchmesser und 50 m/sek Schnittgeschwindigkeit. Die Mehrfachabkürzsäge wird normal für eine Schnittbreite

Abb. 334. Mit abgeklapptem Riemenschutz.
Abb. 331 bis 334. Hochleistungs-Dicktenhobelmaschine mit 2 Messerwellen und federnder Gliedereinzugswalze.
(Oliver Machinery Company, Grand Rapids, Michigan, U. S. A.)

von 1200 bis 2600 mm und eine Schnittlänge von 500 mm geliefert, auf Wunsch jedoch auch jede andere Größe.

Die in Abb. 331 bis 334 dargestellte Hochleistungs-Dicktenhobelmaschine wird für 30 und 36 Zoll engl. Hobelbreite und bis 8 Zoll

344   Maschinen für Holzbearbeitungsbetriebe und Tischlereien.

engl. Hobeldicke geliefert und arbeitet mit 26, 46, 72 und 108 Fuß engl. Vorschub pro Minute. Der Antrieb der Maschine erfolgt durch zwei direkt mit der Messerwelle gekuppelte Elektromotoren von 25 und 15 PS.

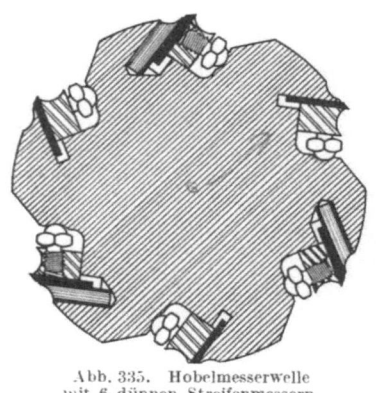

Abb. 335. Hobelmesserwelle mit 6 dünnen Streifenmessern.

Der 25 PS starke Elektromotor treibt die obere Messerwelle und gleichzeitig den Vorschubmechanismus.

Die Messerwellen laufen mit 3600 Touren pro Minute und sind, wie aus Abb. 335 ersichtlich, mit sechs Streifenmessern versehen, wodurch eine äußerst hohe Schnittgeschwindigkeit, Leistung und saubere Hobelarbeit erzielt wird. Die meisten deutschen Hobelmaschinen arbeiten mit den veralteten zweimesserigen Hobelwellen, womit niemals eine Hochleistung erzielt werden kann. Bemerkenswert bei dieser Maschine sind auch die stark gewählten Elektromotoren von 25 und 15 PS. Der praktisch veranlagte Amerikaner weiß, daß bei Holzbearbeitungsmaschinen nur Hochleistungen erzielt werden können,

Abb. 336. Elektrisch angetriebene Schleif- und Abziehmaschine für Hobelmaschinen.

wenn genügend Kraft zur Verfügung steht, da in Amerika vorwiegend harte Hölzer verarbeitet werden, welche bei der Bearbeitung sowieso mehr Kraft benötigen als unsere Kiefer, Tanne und Fichte. Die in Abb. 335 dargestellte Hobelwelle mit sechs Messern leistet das Dreifache der bisher üblichen Hobelwellen mit zwei Messern. Bedingung ist jedoch, daß die Messerschneiden alle haargenau im Flugkreis eingestellt sind. Um dieses zu erreichen, hat die Oliver Machinery Company die untere Hobelwelle, wie aus Abb. 336 ersichtlich, seitlich herausziehbar angeordnet und die Hobelmesser werden in aufgeschraubtem Zustande durch eine elektrisch angetriebene Schleif- und Abziehmaschine innerhalb weniger Minuten sauber geschliffen und abgezogen. Hierdurch wird die volle Gewähr geschaffen, daß alle sechs Schneiden auf ihrer ganzen Länge unbedingt in gleichem Schnittkreis arbeiten. Diese sinnreiche praktische Schärfvorrichtung wird neuerdings auch von einigen schwedischen und deutschen Firmen bei Hobelmaschinen angewandt.

Die obere Messerwelle wird, wie aus Abb. 334 und 341 ersichtlich, direkt in der Maschine geschliffen; dazu ist die auf dem Oberteil der Hobelmaschine angebrachte Supportschlitterbahn zu verwenden. Das Schärfen und Abziehen der oberen Messerwelle erfolgt bei voller Drehzahl der Hobelwelle. Die Messerwellen sind in prima doppelreihigen Kugellagern gelagert.

Abb. 340 zeigt eine zerlegte Gliederwalze, womit die Oliver-Dicktenhobelmaschinen ausgerüstet sind. Um beim Hobeln ungleich starker Bretter und Leisten die volle Hobelbreite ausnützen zu können und wirkliche Hochleistungen zu erzielen, ist unbedingt eine federnde Gliedereinzugswalze erforderlich, da dieselbe, wenn richtig konstruiert, Stärkedifferenzen der zu hobelnden Hölzer bis zu 5 mm zuläßt. Man kann mithin die ganze Hobelbreite ausnützen, auch beim Hobeln von schmalen, ungleich starken Leisten, ohne befürchten zu müssen, daß einzelne zu schwache Leisten nicht vorgeschoben oder zurückgeschleudert werden. Es werden seit mehreren Jahren von verschiedenen deutschen Firmen ebenfalls Dicktenhobelmaschinen mit federnden Gliedereinzugswalzen geliefert, jedoch ist die Konstruktion bei einzelnen Firmen fehlerhaft, so daß die Besitzer solcher Maschinen mit der Arbeitsweise der Gliederwalze nicht zufrieden sind. Ich selbst arbeite schon seit 16 Jahren mit Gliederwalzen und bin mit der Arbeitsweise in jeder Beziehung zufrieden, so daß ich deren Anschaffung dringend empfehlen kann, insofern die Maschine von einer Firma mit den unbedingt erforderlichen praktischen Erfahrungen bezogen wird. Wie aus Abb. 340 ersichtlich, besteht die Einzugswalze aus einzelnen 40 mm breiten, aus Spezialstahlguß hergestellten Gliedern, welche außen gerieft und innen mit vier starken Druckfedern versehen sind. Außer der Gliederwalze muß selbstverständlich auch der sog. Druckbalken gliederförmig und federnd angeordnet sein.

Die in Abb. 337 und 338 dargestellte Hochleistungs-Dicktenhobelmaschine mit elektrischem Antrieb und einer Messerwelle, besitzt einen mit der Messerwelle gekuppelten Elektromotor von 7,5—10 PS, je nach

346 Maschinen für Holzbearbeitungsbetriebe und Tischlereien.

Hobelbreite und läuft mit 3600 Touren pro Minute. Der Vorschub beträgt 14, 18, 24 und 31 Fuß engl. pro Minute.

Die Maschine wird für 24 und 30 Zoll engl. Hobelbreite geliefert und

Abb. 337. Vorderansicht.

besitzt, wie aus Abb. 339 ersichtlich, eine Hobelwelle mit vier Messern. Die Messerwellen sind in doppelreihigen prima Kugellagern gelagert. Ausgerüstet ist obige Maschine ebenfalls mit einer bewährten federn-

Abb. 338. Seitenansicht.
Abb. 337 und 338. Hochleistungs-Dicktenhobelmaschine mit elektrischem Antrieb und 1 Messerwelle. (Oliver Machinery Company, Grand Rapids, Michigan, U. S. A.)

den Gliedereinzugswalze, nach Abb. 340, sowie federnden Gliederdruckbalken.

Das Schärfen und Abziehen der Hobelmesser erfolgt bei dieser Maschine, wie aus Abb. 341 ersichtlich, ebenfalls durch einen elektrisch angetriebenen Schleif- und Abziehapparat, und zwar bei voller Drehzahl der Hobelwelle. Die Schleifvorrichtung wird durch eine Handkurbel in der Längsrichtung der Hobelwelle hin und her bewegt, so daß kein Messer beim Schärfen gelöst zu werden braucht und infolgedessen alle Messerschneiden auf der ganzen Länge unbedingt in gleichem Schnittkreis arbeiten. Die in Abb. 342 dargestellte Schleif- und Abziehvorrichtung dient zum Schärfen der Messer bei Abrichtehobelmaschinen-Messerwellen, und zwar ebenfalls bei voller Drehzahl der Hobelwelle. Die Schleifvorrichtung wird bei Benutzung mittels zweier Schrauben auf dem Tisch der Hobelmaschine befestigt. Der Antrieb der Spezialschleifscheibe erfolgt durch Riemen von der Elektromotorwelle, und die horizontale Bewegung des Motorschlittens mittels Handkurbel.

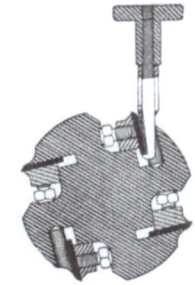

Abb. 339. Hobelwelle der Oliver Machinery Company mit 4 Streifenmessern.

In der Elektro-Dicktenhobelmaschine (Abb. 343) verkörpert sich eine schwere, breite Type neuester Bauart und von höchster technischer Voll-

Abb. 340. Federnde Gliedereinzugswalze für Dicktenhobelmaschinen. (Oliver Machinery Company.)

Abb. 341. Schleif- und Abziehvorrichtung mit elektrischem Antrieb für Dicktenhobelmaschinen. (Oliver Machinery Company.)

endung, die auf Grund fortschrittlichster Neuerungen den weitgehendsten Ansprüchen in bezug auf Leistung und sauberste, genaueste Hobelarbeit genügt. Das besondere Merkmal dieser Maschine ist die Einmotorenbauart unter Verwendung eines besonderen Spiralkegelradgetriebes zur Verbindung der Messerwelle mit der Motorachse. Die Umdrehungen der Messerwelle betragen 4500 in der Minute, da dieselben von der Geschwindigkeit des Antriebsmotors infolge des Spiralkegelrad-

Abb. 342. Schleif- und Abziehvorrichtung mit elektrischem Antrieb für Abrichtehobelmaschinen. (Oliver Machinery Company.)

getriebes vollkommen unabhängig sind. Diese Konstruktion ermöglicht es, die bisher bei Riemenbetrieb üblich gewesenen Arbeitsleistungen nicht nur beizubehalten, sondern sogar noch zu erhöhen.

Abb. 343.
Riemenlose schwere Elektro-Dicktenhobelmaschine. (Böttcher & Geßner, Altona-Bahrenfeld.)

Ein normaler Serienmotor (Senkrechtmotor) ist seitlich an dem schweren Hohlgußgestell der Dicktenhobelmaschine angeordnet und durch das schon erwähnte vollkommen staub- und öldicht eingeschlossene Spiralkegelradgetriebe mit der Messerwelle verbunden. Durch die senkrechte Lage des Motors am Maschinengestell werden die bei anderen Bauarten anzutreffenden weiten und platzraubenden Konsolenbauten und die damit zusammenhängende Vibrationsgefahr ganz vermieden.

Die dabei zur Verwendung gelangenden Kegelräder sind aus gehärtetem Chromnickelstahl hergestellt und mit einer in allen Kulturstaaten patentierten Spiralverzahnung versehen. Diese Räder werden von der Firma Böttcher & Geßner in der eigenen Zahnräderfabrik hergestellt, die seit länger als 10 Jahren mit der Anfertigung derartiger Verzahnungen beschäftigt ist und bereits mehr als 50000 solcher Getriebe geliefert hat, die größtenteils im Automobilbau Verwendung gefunden haben. Das frühere berechtigte Vorurteil gegen die Anwendung von Zahnrädern ist durch den heutigen Stand der Technik unwiederbringlich überholt. Spricht doch für die Berechtigung von Zahnradgetrieben u. a. auch ihre bereits jahrelange Anwendung im Flugzeugwesen und beim Schiffsmaschinenbau, wo schon viele Millionen PS durch Zahnräder mit noch dreimal größerer Umfangsgeschwindigkeit übertragen worden sind. Die Abnutzung der Räder ist selbst nach jahrelangem Gebrauch kaum feststellbar; nach zweijähriger Betriebsdauer wieder ausgebaute Räder zeigten fast keinen Verschleiß. Die Firma Böttcher & Geßner ist bereit, für die Haltbarkeit der Räder volle Garantie zu übernehmen.

Zu den hervorstechendsten Neuerungen dieser Maschine gehört die Anordnung von sechs angetriebenen Vorschubwalzen.

Die beiden oberen Vorschubwalzen vor der Messerwelle sind als Gliederdruckwalzen ausgebildet, um auch ungleich starke Hölzer sowie mehrere schmale und zugleich ungleich dicke Hölzer unter Ausnutzung der ganzen Hobelbreite gleichzeitig durch die Maschine geben zu können. Diese besonders sorgfältige Ausbildung des Vorschubapparates schließt irgendwelche Unregelmäßigkeiten vollkommen aus, so daß ein unbedingt sicherer Vorschub selbst unter den ungünstigsten Bedingungen gewährleistet ist.

Die drei Tischwalzen sind vom Bedienungsstand aus durch eine besonders gut durchkonstruierte, gesetzlich geschützte Vorrichtung nach der jeweils zu hobelnden Holzart gleichzeitig zu heben und zu senken. Der Vorschub wird zwangläufig durch ein staub- und fettsicher gelagertes Sondergetriebe unmittelbar von der Messerwelle abgeleitet. Der Getriebekasten ist denkbar einfach und für vier Geschwindigkeiten eingerichtet. Durch einfachen, von der Bedienungsstelle aus zu betätigenden Hebel läßt sich die Vorschubgeschwindigkeit den jeweiligen Leistungsansprüchen sofort anpassen. Auf Wunsch wird der Vorschubapparat mit Zentralschmierung versehen.

Durch diesen Zwanglauf zwischen Vorschub und Messerwelle bleibt im Gegensatz zu anderen Bauarten selbst bei nachlassender Geschwindigkeit der Messerwelle die Spanleistung jedes einzelnen Messers unverändert, d.h. Schäden, die bei Konstruktionen mit besonderem Vorschubmotor im Falle plötzlichen Aussetzens des Messerwellenantriebes eintreten können, sind bei der in Abb. 343 dargestellten Maschine völlig ausgeschlossen.

Die Messerwelle läuft in gut eingebauten, den besonderen Ansprüchen einer derartigen Hochleistungsmaschine entsprechend reichlich bemessenen prima Kugellagern.

Sie ist mit sechs Messern ausgerüstet, um eine vollkommen saubere Hobelarbeit selbst bei größtem Vorschub sicherzustellen. Auf besonderes Verlangen wird zur Erleichterung des Schärfens eine besondere Vorrichtung zum Schleifen der Messer in der Maschine sowie eine Abziehvorrichtung zum genauen Abziehen sämtlicher Messer bei voller Drehzahl der Messerwelle, ähnlich der in Abb. 341 dargestellten, mitgeliefert. Die Anschaffung dieser Schleif- und Abziehvorrichtung ist dringend zu empfehlen, da man dadurch genau im Schnittkreis geschärfte und eingestellte Hobelmesser erhält, was für eine saubere Hobelarbeit bei Hochleistung unerläßlich ist. Die Maschine besitzt keinen Spanschirm in der herkömmlichen Ausführung, sondern Druckbalken vor und hinter der Messerwelle, um mehr Platz über der Messerwelle für den Späneauswurf und bequemes Schleifen der Messer zu schaffen.

Der vordere Druckbalken ist in vollkommen neuartiger Weise gegliedert ausgeführt, seine Teile sind alle einzeln gefedert und der besonders leichten Beweglichkeit und sicheren Wirkung wegen auf Rollen geführt.

Der Tisch ruht zu absolut sicherer Auflage auf großen, im Maschinengestell horizontal verschiebbaren Keilstücken. Durch einen vom Bedienungsstand zu betätigenden Handhebel läßt sich die selbsttätige Auf- und Abwärtsbewegung des Tisches sehr feinfühlig nach Skala bewerkstelligen.

Die Maschine wird geliefert für 1100 und 1600 mm Hobelbreite und 150 mm Hobeldicke. Der Kraftbedarf ist 10—20 PS, je nach Hobelbreite und Spanstärke.

Außer den vorstehend angegebenen breiten Dicktenhobelmaschinen liefert Böttcher & Geßner auch solche für 400, 600 und 800 mm Hobelbreite und 200 mm Hobeldicke mit eingebautem Elektromotor von 3—5 PS.

Die Abb. 344 zeigt eine nach den modernsten Gesichtspunkten durchgearbeitete, mehrfach geschützte Genauigkeitshobelmaschine. Die Maschine ist schwer gebaut, um bei genauester und sauberster Hobelarbeit höchste Leistungen zu erzielen. Auf vollendete Form ist ebenfalls besonderer Wert gelegt. An Einfacheit und Sicherheit der Bedienung übertrifft sie selbst die neuesten amerikanischen Modelle. Der Antrieb der Maschine erfolgt durch einen etwa 15 PS starken Elektromotor. Die Hobelbreite beträgt bis zu 1200 mm, die Hobeldicke 3—200 mm.

Die Vorzüge bei dieser Maschine sind folgende: Runde Spezialmesserwelle aus hochwertigem Material mit vier dünnen Messern, in außergewöhnlich starken Kugellagern laufend; Schleifen der Messer in der Maschine selbst durch einen aufgesetzten Schleifapparat, der an die Lichtleitung angeschlossen wird. Dadurch ist gleichmäßiges Schneiden aller vier Messer gesichert.

Vier angetriebene große Vorschubwalzen, davon zwei im Tisch; sämtlich mit Kugellagerung. Zwischen den oberen Walzen sind zwei Druckbalken angeordnet.

Vordere Einzugswalzen als Gliederwalze, vorderer Druckbalken als Gliederdruckbalken ausgebildet. Daher können verschieden dicke Hölzer gleichzeitig gehobelt werden und die volle Hobelbreite ist auch beim Hobeln von schmalen, ungleich dicken Hölzern auszunützen. Rückschlagen der Hölzer unmöglich.

Abb. 344. Genauigkeitshobelmaschine mit Gliederwalze und Kugellagerung.
(Adolf Aldinger, Stuttgart-Obertürkheim.)

Einstellen der Walzen und Druckbalken kann an außenliegenden Stellschrauben während des Betriebes erfolgen.

Antrieb der Maschine für schwerste Beanspruchung durchgebildet Große und breite schnellaufende Antriebsscheiben. Antriebswellen in Kugellagerung.

Vier Vorschubgeschwindigkeiten, von 10—20 m/minutlich, erzielt durch Rädergetriebe. Sämtliche Räder aus Stahl. Der Räderantrieb garantiert sicheres, gleichmäßiges Durchziehen des Vorschubs, auch bei der stärksten Spanstärke.

Tisch, 1,50 m lang, führt sich auf langen Keilen, die ihn auf seiner ganzen Länge unterstützen. Er ist genau geschliffen. Heben und Senken des Tisches kann von Hand oder maschinell erfolgen. Feinstellen und Einstellen der Spanstärke durch Handrad. Bequem und

352   Maschinen für Holzbearbeitungsbetriebe und Tischlereien.

sichtbar angebrachter Maßstab. Selbsttätige Endausschaltung sichert den Tisch gegen Anlaufen.

Alle Antriebsteile sind staubdicht eingeschlossen und laufen ständig im Ölbad. Folglich unfallsichere Bedienung und einfache Wartung der Maschine.

Bedienungselemente auf die kleinstmögliche Anzahl beschränkt, sinnfällig angeordnet und am Arbeiterstand in bequemster Lage vereinigt. Der Wechsel der Vorschube erfolgt auch während des Betriebes durch einfaches Umlegen zweier Hebel. Das zeitraubende und lästige Riemenumlegen fällt fort.

Spanabsaugungsanschluß als Bestandteil der Maschine ausgebildet und leicht abnehmbar. Für den Antrieb der 1200 mm breit hobelnden

Abb. 345. GMgM. Elektro-Dicktenhobelmaschine.
(Teichert & Sohn, Liegnitz.)

Maschine ist ein Elektromotor von 15 bis 20 PS erforderlich. Das Gewicht der Maschine beträgt etwa 3000 kg. Mit der Maschine mitgeliefert wird ein Schleifmotor mit Schleifscheibe zum Schärfen der Hobelmesser in der Maschine. Außer der in Abb. 344 dargestellten breiten Hobelmaschine baut die Firma Aldinger auch Dicktenhobelmaschinen für 510, 610 und 710 mm Hobelbreite.

Die in Abb. 345 dargestellte Elektro-Dicktenhobelmaschine mit eingebauten Drehstrommotoren für Messerwelle und Vorschub findet Verwendung in allen Holz verarbeitenden Betrieben zum sauberen Hobeln auf genaue Dicke nach Skala bis zu 2 mm Stärke herab mittels selbsttätigen Vorschubes. Beim Einzeldurchgang von kurzen Stücken müssen dieselben eine Mindestlänge von 320 mm haben. Beim Hobeln von kürzeren Hölzern und schwachen Brettchen empfiehlt es sich, dieselben auf einem stärkeren Brett liegend zu hobeln. Auf Wunsch wird die Maschine auch zum Kehlen bis 22 mm Tiefe eingerichtet. Zu diesem Zweck ist der weit vorstehenden Kehlmesser wegen der Druckbalken herauszunehmen. Der Tisch erhält dann Löcher zur Befestigung des Anschlaglineals und letzteres selbst, sowie 2 Kloben mit seitlichen Druckfedern. Der kräftige Maschinenständer mit großer Grundfläche und langen Tischauflegen gewährleistet ein erschütterungsfreies Arbeiten.

Der Dicktentisch bewegt sich hoch und tief in vierfacher nach allen Seiten nachstellbarer Führung, der sonst üblichen Keilführung überlegen. Kein Lockerwerden und Kippen des Tisches nach längerem Gebrauch. Dauernd absolut sichere und genaue Führung des Tisches und demzufolge auch dauernd genaues, sauberes Hobeln. Auf jeweilige Hobeldicke wird der Tisch durch ein bequemes Handrad nach Skala genau eingestellt. Die Kegelräder dafür haben staubdichten Schutz. Die Messerwelle ist vierkantig, viermesserig, mit Lippen auch zum Gebrauch von Kehlmessern; aus Stahl geschmiedet, auf Spezialdrehbänken vorgearbeitet, auf Schleifmaschinen nach Mikrometer und Grenzrachenlehre bis auf ein hundertstel Millimeter genau auf Maß geschliffen und nach einer neuen Methode mittels Auswuchtmaschine dynamisch ausbalanciert Durch dieses neue Verfahren werden Massenverlagerungen sowohl in der Richtung des Radius als auch in der Richtung der Drehachse allein sicher beseitigt und ein absolut ruhiger Lauf und einwandfreier Schnitt der Messerwelle verbürgt. Kein Heißlaufen der Lager. Einbaufertige austauschbare Werkstücke. Lagerung der Messerwelle in öl- und kraftsparenden, breiten, starken Kugelringen besten Systems für Ölschmierung. Unbegrenzte Lebensdauer der Messerwellenschenkel, da keine Abnutzung. Leichtes Auswechseln eines Kugelringes.

Selbsttätiger Vorschub des Holzes durch geriffelte federnde Glieder-Vorschubwalze und glatte Abzugswalze in zweifacher Geschwindigkeit zu 5,6 und 11,2 m/min. Die Vorschubwalzen werden durch ein Spezialräderwerk angetrieben, welches Zentralölschmierung besitzt. Dieses Spezialräderwerk sichert einen absolut störungsfreien, kräftigen, zwangläufigen Vorschub selbst bei voller Hobelbreite mit starkem Span in härtestem Holz. Räderwerk mit gefrästen Zahnrädern durch gußeisernen Schutz völlig staubdicht gekapselt. Antrieb durch einen eingebauten kugelgelagerten Drehstromasynchronmotor, welcher für wechselnde Geschwindigkeit polumschaltbar und augenblicklich ab- und zuschaltbar ist.

Elastische Druckvorrichtungen vor und hinter der Messerwelle, möglichst nahe zusammengerückt, so daß auch kurze und schwache Hölzer bis 2 mm Stärke tadellos sauber ausfallen, ohne Einreißen des Holzes. Einstellbarer Harzschaber zur Reinigung der glatten Abzugswalze von anhaftendem Schmutz. Wenn die Maschine ohne Gliederwalze geliefert wird, sind Rückschlagklinken nach behördlicher Vorschrift gegen zurückschlagende ungleich starke Hölzer vorgesehen.

Schutzvorrichtungen für Messerwelle und Räderwerk sind in ausreichendem Maße vorgesehen.

Der Antrieb der Messerwelle erfolgt durch direkt eingebauten Asynchrondrehstrommotor ohne Kupplungselemente, der selbst für Spitzenbelastung genügend stark gewählt ist. Bei Drehstrom von 50 Perioden erhält die Messerwelle eine Drehzahl von etwa 2800 minutlich. Durch eine vorgenommene Vergrößerung des Flugkreises und Einbau von 4 Messern wird bei einem günstigsten Schnittwinkel der Messer eine Erhöhung der Schnittzahl und damit ein absolut genaues, sauberes Arbeiten erzielt. Auf Wunsch wird die Messerwelle ähnlich Abb. 335 mit 6 Messern geliefert, wodurch die Leistung und Sauberkeit der Hobelarbeit noch erhöht wird. Falls höhere Umdrehungszahlen gewünscht werden, muß ein Periodenumformer aufgestellt werden. Der Messerwelle wird dann eine Drehzahl von etwa 4200—4500 minutlich gegeben. Bei Anschaffung eines Periodenumformers, empfiehlt es sich, diesen so groß zu bemessen, daß eventuell weitere Werkzeugmaschinen, z. B. Fräsmaschinen, daran gehängt werden können. In diesem Falle verteilen sich besser die Anschaffungskosten des Umformers. Dieser gestattet dann auch die Anwendung noch höherer Umdrehungszahlen, was für Fräsmaschinen einen großen Vorteil bedeutet. Besonders sei hervorgehoben, daß der vollständige elektrische Antrieb mit allem Zubehör, wie Schaltwalze, Widerständen, Sicherungen usw., in die Hobelmaschine staubdicht eingebaut ist. Maschine und Antrieb sind also in geschickter Weise zu einer organischen Einheit verbunden. In einem besonderen Gehäuse des Maschinenständers befindet sich, gegen Staub und mechanische Beschädigungen sicher geschützt, der Schalter zum Motor; Anlasser und Sicherungen sind, jedes für sich getrennt, leicht zugänglich.

Diese riemenlose Maschine ist ein Produkt der Neuzeit und für Betriebe bestimmt, die in Befolgung moderner Grundsätze auf höchste Wirtschaftlichkeit und Betriebskostenersparnisse sehen. Denn dadurch erst wird eine Maschine billig, und die Praxis hat gezeigt, daß nur der riemenlose Antrieb diesen Anforderungen entspricht und die sparsamste, betriebssicherste und leistungsfähigste Maschine darstellt, insofern dieselbe von einer erstklassigen Firma gekauft wird, welche über die erforderlichen Erfahrungen verfügt. Die Ersparnisse an Kraft u. dgl. sind besonders in solchen Betrieben groß, wo die Maschine nicht andauernd benutzt wird. Die hauptsächlichsten Vorzüge dieser riemenlosen Maschinen bestehen, kurz zusammengefaßt, in folgendem:

Wegfall jeglicher Transmissionen und Riemen, daher keine verstärkten Wände und Decken und keine Unfallgefahr durch Riemen, Fortfall von Transmissionskanälen und Riemenschutzvorrichtungen, bessere Raumausnutzung, genauere Beleuchtung des Arbeitstückes und größere Unabhängigkeit in der Aufstellung der Maschinen, größere Durchzugskraft und damit Einhaltung der günstigsten Schnittgeschwindigkeit, keine ungünstige Beeinflussung des Motors bei stärkster Überlastung (nur die Sicherung schlägt heraus); erhöhte Betriebssicherheit durch wesentliche Verminderung der Stillstände infolge Beseitigung der Riemenantriebe; die Ersparnisse an Kraft in der Höhe bis etwa 25 % des bisherigen Verbrauches beruhen auf dem Fortfall der Transmissions- und Leerlaufverluste, ferner erreicht man Ersparnisse an Riemen und Schmieröl für die Lager. Das Mißtrauen, welches heute noch von manchen den riemenlosen Holzbearbeitungsmaschinen entgegengebracht wird, wird genau wie in der Eisenbearbeitungsbranche nach kurzer Zeit verschwinden.

Motordefekte treten bei weitem nicht so häufig auf wie Defekte an Riemen und Transmissionen, wenn wirklich erstklassige und vor allem reichlich dimensionierte Elektromotoren, welche Hochleistungen gewachsen sind, verwendet werden. Die von den Siemens-Schuckert-Werken gelieferten Spezialmotoren, bekanntlich ein Fabrikat allerersten Ranges, sind nach den Regeln des Verbandes deutscher Elektrotechniker konstruiert und durchgebildet und können selbst mit Überlastung für Spitzenleistungen ohne Gefahr verwendet werden. An allen wichtigen Plätzen des In- und Auslandes bestehen Vertretungen und Werkstätten, so daß fachmännischer Rat und Hilfe schnell zur Hand sind.

Teichert liefert Elektro-Dicktenhobelmaschinen für 300—1000 mm Hobelbreite mit 4 Zwischengrößen. Sämtliche Maschinen hobeln Hölzer bis 200 mm stark.

Der Kraftbedarf beträgt etwa 3—15 PS, je nach Hobelbreite und Spanstärke.

Sämtliche in Abb. 346 bis 358 dargestellten Messerwellen und Vorrichtungen werden von der Spezialfabrik Adolf Mohr, Hofheim im Taunus, geliefert. Die in Abb. 346 dargestellte Orginal „Polar", runde Sicherheitsmesserwelle für Holzhobelmaschinen, besitzt das bewährte Klappensystem, ist aus geschmiedetem Spezialmaterial hergestellt, dy-

Abb. 346. Original „Polar", runde Sicherheitswelle für Holzhobelmaschinen. (Adolf Mohr, Hofheim i. Taunus.)

namisch ausgewuchtet und präzis geschliffen und entspricht den Vorschriften der Berufsgenossenschaften und Gewerbebehörden. Es ist die einfachste, solideste Messerbefestigung, die sich in langen Jahren absolut bewährt hat.

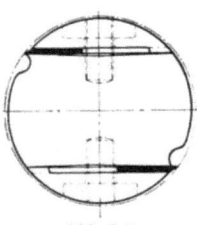

Abb. 347.
Ohne Kehleinrichtung.

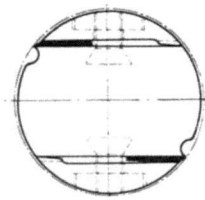

Abb. 348.
Mit Kehleinrichtung unter
Abnahme der Hobelmesser.

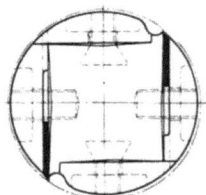

Abb. 349.
Mit Kehleinrichtung unter
Belassung der Hobelmesser.

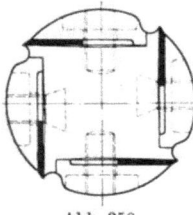

Abb. 350.
Mit 4 Messern.

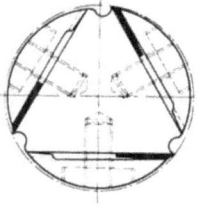

Abb. 351.
Mit 3 Messern.

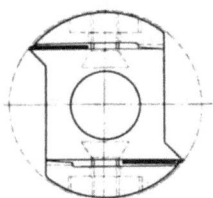

Abb. 352.
Mit 2 Messerklappen und
3 mm starken Messern für
Dicktenhobelmaschinen.

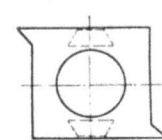

Abb. 353.
Vierkantmesserwelle für
2 starke Hobelmesser.

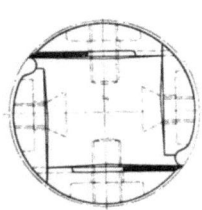

Abb. 354.
Umänderung von Vierkant-
wellen in runde Sicherheitswellen nach den Vorschriften
der Berufsgenossenschaft.

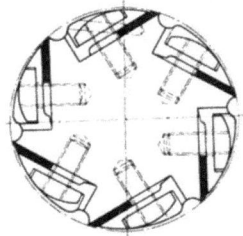

Abb. 355.
Sechsmesserige runde
Messerwelle, 160 mm
Flugkreisdurchmesser.

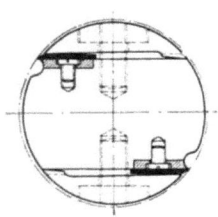

Abb. 356.
Auswechselbare und ver-
stellbare Spanbrecher, System
„Carstens", aus Stahl.

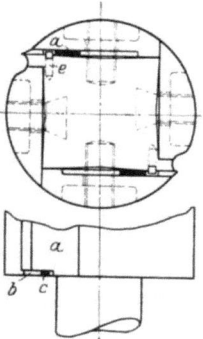

Abb. 357.
Arretiervorrichtung der
Hobelmesser. Sicherung gegen
das Herausfliegen der Messer.

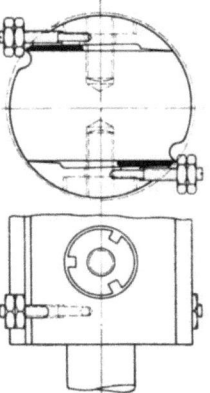

Abb. 358.
Messereinstellvorrichtung.

Abb. 346 bis 358. Runde Sicherheitswellen für Holzhobelmaschinen.
(Adolf Mohr, Hofheim i. Taunus.)

Andere Konstruktionen, besonders das Keilsystem, mag der Keil von innen nach außen oder von außen nach innen drücken, haben in der Praxis mancherlei Mängel gezeigt, die die Polarfabrik vor Jahren veranlaßten, das Keilsystem ganz aufzugeben. Der Hauptnachteil letzteren Systems macht sich bemerkbar bei den unvermeidlichen Stärkedifferenzen der Messer. Der Keil schiebt sich beim Anziehen entweder zu weit vor oder er bleibt weiter zurück, so daß der Flugkreis nicht konstant ist. Die Spanbrecherspitzen bleiben nicht in demselben Kreis. Will man aber absolut genaue Hobelarbeit leisten, so muß die Spanbrecherspitze unter allen Umständen in demselben Kreis liegen, was bei der Klappenmesserwelle „Polar" der Fall ist. Weiter ist das Einsetzen der Messer bei der Klappenmesserwelle einfacher, da sich die Klappen direkt auf das Messer legen, während bei der Keilmesserwelle der Keil das Messer zu verschieben sucht.

Bei Abb. 347, ohne Kehleinrichtung, sind 2 Messerklappen vorhanden, die durch Schraubenbolzen und Rundmuttern angezogen werden. Die Messerauflage ist so geformt, daß das Messer vorne gedrückt wird, so daß ein Stopfen der Späne unmöglich ist.

Bei Abb. 348 können die Messerklappen abgenommen und Kehlmesser eingesetzt werden. Die bewährteste Konstruktion für Kehleinrichtung ist jedoch die in Abb. 349 dargestellte. Hier sind außer den 2 Messerklappen noch 2 Kehlklappen vorgesehen, welche über die ganze Hobelbreite gehen. Dies ist ein sehr bedeutender Vorteil, da man breite Bretter kehlen und außerdem an jeder beliebigen Stelle der Welle ein Kehlmesser einsetzen kann. Die Kehlklappen sind geteilt, so daß der unbenutzte Teil rund bleibt. Die Klappen sind ferner mit Prismaschrauben befestigt, damit die Kehlmesser auch seitlich verschoben werden können.

Die Messerwellen sind aus einem Stück geschmiedet, haben also keine eingesetzten Schenkel. Vor den Messern ist genügend Platz vorhanden, daß die Welle frei arbeitet. Alle Messerwellen werden auf Präzisionsrundschleifmaschinen geschliffen und die Schenkel auf Kugellagersitz in die vorgeschriebene Passung gebracht. Die Auswuchtung gegen Schwerpunkte geschieht nach dem dynamischen Auswuchtverfahren, welches eine absolut ruhiggehende Messerwelle frei von jedem Schwerpunkt gibt. Beim Einbauen der Messerwellen ist darauf zu achten, daß die Kugellager leicht in Öl angewärmt und auf die Schenkel aufgezogen werden. Die Schenkel sind so geschliffen, daß eine Nacharbeit nicht nötig ist. Sollten einmal die zulässigen Toleranzen der Welle und des Kugellagers ungünstig zusammentreffen und trotzdem das Lager nicht auf die Welle gehen, so darf keinesfalls der Kugellagersitz mit der Feile bearbeitet werden. Ein leichtes Überschleifen mit Schmirgelleinen auf der Drehbank genügt in allen Fällen, um einige hundertstel Millimeter abzuschleifen. Beim Schleifen der Hobelmesser sollte ganz besonders darauf gesehen werden, daß die Messer unter allen Umständen gleiches Gewicht behalten und das Messer in sich auf beiden Seiten gleichmäßig wiegt. Zu diesem Zwecke verwendet man am besten die in Abb. 270 dargestellte Hobelmesserbalanciervorrichtung von Schuchardt-Schütte, Berlin, oder in Ermanglung eine Stahlschneide, wobei genau die Mitte des Messers auf die Stahlschneide zu setzen ist. Ist das Messer auf einer Seite schwerer, so ist es so lange abzuschleifen, bis genaues Gleichgewicht vorhanden ist. Eine gewöhnliche Tafelwage ist zur Feststellung von ungleichem Gewicht bei Hobelmessern nicht verwendbar. Das Schleifen der Messer hat mit ganz besonderer Sorgfalt zu geschehen. Ein zu starkes Andrücken an den Schmirgelstein hat das Verbrennen

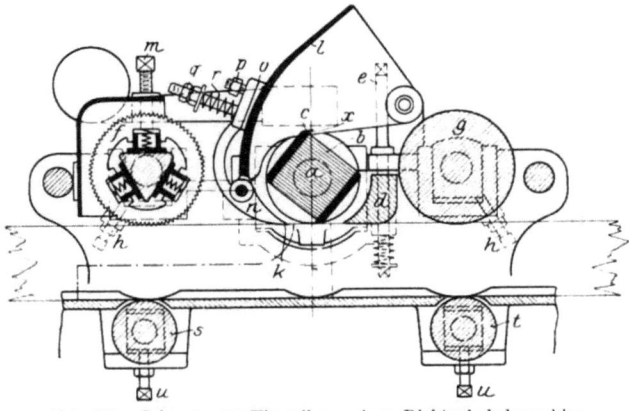

Abb. 359. Schema zur Einstellung einer Dickenhobelmaschine auch mit Gliedervorschubwalze. (Maschinenfabrik Kießling, Leipzig).

der Schneide zur Folge und das Messer wird dadurch unbrauchbar. Ferner muß darauf geachtet werden, daß die Fase des Messers nicht zu breit wird, da sonst die Schneide nicht genügend Widerstand hat.

Die Messerschrauben müssen von Zeit zu Zeit geölt werden. Das Anziehen der Schrauben geschieht mit dem mitgelieferten Schlüssel, und zwar so stark, wie ein Mann mit mittleren Kräften anziehen kann. Ein Überandrehen der Muttern durch Aufsetzen eines Rohres auf dem Schlüssel ist absolut zu verwerfen und nicht notwendig. Es zerstört mit der Zeit die Gewinde, indem sich die Muttern überdrehen. Bei normaler Behandlung ist ein Überdrehen der Muttern ausgeschlossen. Wie schon erwähnt, verwenden die Amerikaner, Schweden und auch neuerdings deutsche Firmen bei Hochleistungshobelmaschinen Hobelmesserwellen mit 4—6 Messern, wie in Abb. 335, 339, 350 und 355 dargestellt. Mit diesen Messerwellen erzielt man große und saubere Hobelleistungen, Voraussetzung ist jedoch, daß die Messerschneiden alle haargenau auf der ganzen Länge in gleichem Schnittkreis arbeiten. Um dieses zu erreichen, bedient man sich der in Abb. 358 dargestellten Messereinstellvorrichtung oder benützt noch besser eine Schleif- und Abziehvorrichtung nach Abb. 341 oder 342. Die Messereinstellvorrichtung nach Abb. 358 besteht aus je 2 Justierschrauben, welche in die Welle eingeschraubt werden und mit den Kontermuttern den genauen Messerkreis der Welle begrenzen. Diese Muttern werden einmal eingestellt und bleiben für immer stehen. Die Vorrichtung kann an jeder runden Messerwelle angebracht werden.

Zur Erzielung einer tadellos sauberen Hobelfläche ist eine Dicktenhobelmaschine nach folgender Anleitung einzustellen:

Man überzeuge sich zunächst, daß die Zapfen a der Messerwelle b gut dicht in den Lagerstellen gehen, jedoch auch nicht zu fest, so daß die Messerwelle immer noch leicht mit der Hand gedreht werden kann. Der Hobeltisch muß sich in den Führungen sicher und exakt bewegen und darf nicht beim Zuführen der Werkstücke wackeln, wie man es leider bei den meisten Dicktenhobelmaschinen antrifft.

Eine Hauptsache für das saubere Arbeiten der Maschine ist das Einsetzen der Hobelmesser c und die Justierung der übrigen Teile, den Hobelmessern entsprechend.

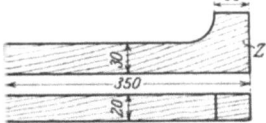

Abb. 360. Hartholzschablone zum Einstellen der Messer bei Dicktenhobelmaschinen.

Beide Messer werden erst leicht angeschraubt, so daß sie sich noch leicht durch Holzhammerschläge verstellen lassen, und so gestellt, daß die Schneiden der Messer etwa $1/4$ mm über die scharfe Kante x des Messerkopfes b vorstehen. Hierauf stellt man den Tisch so weit von der Messerschneide, daß ein Stück Hartholz in den Dimensionen, wie Skizze z Abb. 360 zeigt, unter die Messerschneide geschoben werden kann. Mit der einen Hand hält man nun das Holz auf dem Tisch fest und faßt mit der anderen Hand die Riemenscheibe der Messerwelle (Riemen darf nicht aufliegen), dreht zunächst die Schneide des einen Messers der Holzfläche zu und stellt den Tisch so an, daß das Holz beim Vor- und Rückdrehen der Welle ganz zart von der Messerschneide berührt wird. Diese zarte Berührung muß links- und rechtsseitig gleichmäßig stattfinden und das Messer dementsprechend durch leichten Hammerschlag reguliert werden. Steht das Messer rechts und links richtig und gleichmäßig, so wird das zweite nach dem ersten justiert und dann alle Messerschrauben fest angezogen, und zwar immer die inneren zuerst und dann die äußeren.

Nun wird der Druckbalken d vermittelst der zu beiden Seiten liegenden Stellschrauben e so gestellt, daß das zum Einstellen der Messer benutzte Justierholz z auf beiden Seiten scharf darunter zu schieben ist. Die Transport- oder Vorschubwalzen g und f werden $1/2$ bis höchstens

1 mm tiefer gestellt, als die Messerschneiden. Die Einstellung geschieht durch die Schrauben h. Die Kante k des Spanschirms l muß wieder 1 mm tiefer stehen als die Walzen; das Einstellen wird mittels der Schrauben m bewirkt.

Die gleichmäßige Stellung der einzelnen Klaviaturteile bei dem Punkt k ist durch die Anlage bei o gewährleistet. (Abb. 359 Dicktenhobelmaschinen mit Gliedervorschubwalze und federndem Gliederdruckbalken.) Die Begrenzungsschraube p, welche einen zu großen Ausschlag und damit das Einschlagen der Klaviatur in den Messerkreis verhindert, darf auf keinen Fall verstellt werden, da dieselbe bei Lieferung der Maschine auf dem Prüfstand genau eingestellt ist. Wird bei Dicktenhobelmaschinen mit Gliedervorschubwalze etwas mehr oder weniger Druck in der Klaviatur gewünscht, so kann man dieses durch Ändern der Federspannung bei r vermittelst der Muttern q erzielen.

Die Gliederwalze f bedarf keinerlei Einstellung ihrer einzelnen Teile, sondern wird nur als Ganzes, wie oben angegeben, eingestellt. Es empfiehlt sich jedoch, von Zeit zu Zeit die Walzenringe abzustreifen und die inneren Gleitflächen der Welle und der Ringe zu reinigen. Das Wiederaufsetzen der Ringe geschieht leicht mittels der, der Maschine beigegebenen Aufsteckhülse. Desgleichen müssen auch von Zeit zu Zeit die seitlichen Gleitflächen der einzelnen Gliederwalzenringe der zusammengesetzten Walze f durch Einführen einiger Tropfen Öl zwischen die Gleitflächen geschmiert werden. Die unteren Tischwalzen s und t werden mittels der Stellschrauben u reguliert, und dürfen nur um ein geringes über die Fläche des Tisches vorstehen.

A. Allgemeines über Dicktenhobelmaschinen.

Man trifft in den seltensten Fällen eine Dicktenhobelmaschine an, welche einwandfrei arbeitet und eine saubere wellenfreie Hobelfläche liefert. Eine neuzeitliche, sachgemäß behandelte Dicktenhobelmaschine muß unter allen Umständen auch bei 6—10 m/minutlichem Vorschub völlig glatt und wellenfrei arbeiten. Ich habe neulich eine der größten Tischlereien Deutschlands eingehend besichtigt und mußte leider feststellen, daß von den dort laufenden elf Dicktenhobelmaschinen auch nicht eine einzige einwandfrei arbeitete. Bei den meisten Maschinen war die Führung des Tisches so locker und z. T. so ausgeleiert, daß derselbe bei Zuführung der Werkstücke um etwa 5—10 mm an der Vorderseite nach unten kippte. Die gehobelten Hölzer waren zum größten Teil wellenförmig gehobelt, trotzdem der Vorschub auch bei Weichholz nur 4—6 m/min betrug. Um auf einer Dicktenhobelmaschine einwandfreie Hobelarbeit zu erzielen, ist folgendes zu beachten:

1. Muß die Maschine nach vorstehend beschriebener und in Abb. 359 bildlich dargestellter Anleitung eingestellt sein, vor allem beachte man,

daß die Hobelmesser, Druckbalken und Transportwalzen genau nach Vorschrift justiert sind.

2. Muß die Lagerung der Messerwelle in einem tadellosen Zustande sein, auf keinen Fall darf die Messerwelle, wie man es vielfach antrifft, ausgelaufene Kugel- oder Ringschmierlager haben, da dann unmöglich eine glatte Hobelfläche erzielt werden kann.

3. Müssen die Hobelmesser mit Hilfe einer Gewichtsausgleichvorrichtung, nach Abb. 270, genau ausbalanciert sein. Durch richtig ausbalancierte Messer läuft die Maschine ruhiger, arbeitet sauberer und die Lager und Messerwellen werden nicht ruiniert.

4. In Anbetracht der Genauigkeit, mit der eine Dicktenhobelmaschine arbeiten muß, ist es erforderlich, daß die Führung und Einstellung des Tisches äußerst solide und präzise konstruiert ist und in einem einwandfreien Zustande erhalten bleibt. Vor allem darf die Tischführung nicht ecken, was durch richtiges Einstellen der Führungsleisten vermieden werden kann. Mit einem wackelnden Tisch und ausgeleierten Führungen kann unmöglich eine saubere Hobelfläche erzielt werden.

5. Kaufe man nur die allerbeste Hobelmesserqualität, wenn auch im Einkauf teuer. Prima Hobelmesser liefern eine erstklassige Hobelarbeit, schneiden leichter und bleiben lange scharf. Die beste Hobelmaschine kann nicht befriedigend arbeiten, wenn schlechte, minderwertige Hobelmesser verwandt werden.

6. Ist Sorge zu tragen, daß die Hobelmesser auf einer erstklassigen, automatischen Messerschleifmaschine geschliffen werden, welche Gewähr bietet, daß die Messerschneide genau gerade ist. Für kleinere Betriebe genügt eine solide Schleifmaschine mit Handvorschub und exakter Prismaführung.

7. Bei Neuanschaffung kaufe man nach Möglichkeit nur eine Dicktenhobelmaschine mit einer mindestens viermesserigen Hobelwelle und Schleifvorrichtung, welche es ermöglicht, die Messer in der Hobelmaschine in aufgeschraubtem Zustande zu schärfen und abzuziehen. Bei einer solchen Maschine ist die sichere Gewähr gegeben, daß die Messer alle ganz genau im Schnittkreis eingestellt sind und arbeiten; außerdem wird bei Verwendung von vier Hobelmessern die Leistung der Maschine durch erhöhten Vorschub größer und die Hobelarbeit sauberer als bei Verwendung einer Hobelwelle mit zwei Messern.

8. Empfehle ich, bei Neuanschaffung nur Dicktenhobelmaschinen mit erstklassigen Gliedervorschubwalzen und federnden geteilten Druckbalken zu verwenden.

Ich habe in meinem Betriebe mehrere solcher, wie in Abb. 361 dargestellten, Dicktenhobelmaschinen laufen und bin mit der Arbeitsweise in jeder Beziehung zufrieden.

Die in Abb. 361 dargestellte Dickenhobelmaschine für 1000 mm Hobelbreite läuft bereits seit 1908 in meinem Betriebe und ist mit einer federnden Gliedertransportwalze *a* und federndern, geteilten Druckbalken *b* ausgerüstet. Eine solche Maschine kann die doppelte bis dreifache Leistung einer Hobelmaschine mit fester Zuführungstransportwalze erzielen. Die federnden Gliederzuführungswalzen und Druckbalken haben eine Breite von etwa 40 mm und die ganze Hobeltischbreite kann auch bei schmalen Brettern und Leisten bis zu etwa 4 mm Dickenunterschied voll ausgenutzt werden, ohne daß ein Zurückschleudern zu schwacher Hölzer befürchtet werden müßte. Wie aus Abb. 359

Abb. 361. Dickenhobelmaschine, 1000 mm Hobelbreite mit Gliedertransportwalze und federnden geteilten Druckbalken. (Maschinenfabrik Kießling, Leipzig.)

ersichtlich, hat die Achse der federnden Gliedertransportwalze einen dreieckigen Querschnitt und die Federung der einzelnen Glieder erfolgt durch drei eingebaute Druckfedern. Um den zweiten Bedienungsmann bei einer Dickenhobelmaschine zu sparen, empfehle ich, den Hobeltisch am hinteren Ende durch einen etwa 2—2,5 m langen, etwas nach unten geneigten Holztisch zu verlängern, damit stärkere Bretter und Bohlen, wenn sie die Maschine verlassen, eine Auflage haben. Diese Einrichtung, welche sich als sehr praktisch erwiesen hat, habe ich bei allen in meinem Betriebe laufenden Dickenhobelmaschinen anbringen lassen. Bei Anschaffung einer Dickenhobelmaschine mit Vierkantmesserwelle empfehle ich, darauf zu achten, daß sie mit prismatischen Nuten zur Auf-

Allgemeines über Dicktenhobelmaschinen. 363

nahme der Befestigungsscheiben für die Hobelmesser versehen ist. Auf diese Weise ist man nämlich nicht an bestimmte Abstände der Hobelmesserschlitze untereinander gebunden, sondern kann jedes in der Länge, Breite und Dicke passende Hobelmesser mit beliebigen Schlitzabständen verwenden. Bekanntlich wird von der Berufsgenossenschaft seit 1925 vorgeschrieben, daß an Dicktenhobelmaschinen zur Verhinderung vielfach vorkommender Unfälle sog. Rückschlagsicherungen anzubringen sind. An neuen Maschinen sind die Fabrikanten verpflichtet, falls dieselben nicht mit federnder Gliedervorschubwalze ausgerüstet sind, diese Rückschlagsicherungen einzubauen; dieselbe besteht aus einer je

Abb. 362. Vorschriftsmäßig geschützte Dicktenhobelmaschine.
(Südwestdeutsche Holz-Berufsgenossenschaft, Stuttgart.)

nach Hobelbreite verschiedenen Anzahl gezahnter Glieder oder Sperrhaken von etwa 30—40 mm Breite. Die einzelnen Glieder werden bei Einführung des Arbeitsstückes von diesem hochgehoben und liegen durch ihr Schwergewicht auf dem Arbeitsstück auf. Erfolgt ein Rückschlag zu schwacher Holzstücke, dann bremsen diese Glieder das Holz fest.

Es hat sich im Laufe der Zeit herausgestellt, daß die meisten verwandten breiten Gußglieder beim Hobeln von schmalen Leisten keinen genügenden Schutz gegen Rückschlag gewähren. Kommt es z. B. vor, daß zwischen zwei stärkeren Holzstücken ein schwächeres, schmales gleichzeitig gehobelt wird, dann heben diese die Sperrhaken hoch und das schwächere Holz ist nicht geschützt. Um einen sicheren Schutz gegen Rückschlag zu erreichen, empfehle ich daher, Maschinen mit Gliederwalzen anzuschaffen oder aber Stahlsperrhaken von etwa 10 mm Breite zu verwenden.

B. Schleifen und Abziehen von Hobelmessern.

In Fachkreisen sind die Ansichten, ob Hohl- oder Geradschliff für Hobelmesser der geeignetere ist, verschieden. Nach meinen Erfahrungen ist Hohlschliff speziell für Betriebe, wo vorwiegend Weichholz gehobelt wird, unbedingt vorzuziehen, und zwar aus nachstehend angeführten Gründen: Zieht man ein hohlgeschliffenes Hobelmesser ab, so kann man während des Abziehens den Abziehstein auf der hinteren Kante der Schleiffläche auflegen und dadurch den Stein sicher und gerade führen, d. h. eine saubere Schneide erzielen. Beim Geradschliff ist dies nicht möglich, da ja dann der Stein auf der ganzen Schleiffläche aufliegen würde. Der Stein muß also freihändig geführt werden, so daß die Arbeit längst nicht in dem gleichen Maße sauber ausfallen kann. Da bekanntlich bei den bisher üblichen Hobelmaschinen, welche keine angebaute Schleifvorrichtung haben, die Messer öfter in der Maschine nachgeschärft und abgezogen werden, ehe sie abgeschraubt und auf der Schleifmaschine automatisch geschliffen werden, springt der Vorteil des Hohlschliffes hier ganz besonders ins Auge; denn man hat beim Nachschleifen nur nötig, die kleine vordere Fase nachzuschärfen. Auch beim Abziehen der Messer kommt der Vorteil des Hohlschliffes zur Geltung, da der Abziehstein unbedingt nur die vorderste Schneide des Messers berührt, was ja bekanntlich beim Nachschärfen und Abziehen die Hauptsache ist. Man kann mithin ein hohlgeschliffenes Messer länger in der Maschine belassen und öfters in der Maschine nachschärfen, was unbedingt ein Vorteil ist.

Werden dagegen auf einer Hobelmaschine größtenteils harte, ästige Tropenhölzer mit großem Vorschub und starker Spanstärke gehobelt, ist Geradschliff vorzuziehen, da in diesem Falle die Schärfe länger vorhält und die Gefahr des Ausspringens bei der Messerschneide geringer ist.

Die rationelle Arbeitsweise der Hobelmaschinen hängt in viel höherem Maße von der Beschaffenheit der Hobelmesser ab, als in den meisten Fällen angenommen wird. Es ist deshalb unbedingt erforderlich, daß der Beschaffenheit und dem Schleifen der Messer eine größere Aufmerksamkeit zugewandt wird, als es bisher an vielen Stellen geschieht. Es erscheint fast unglaublich, in welcher primitiven und direkt sinnwidrigen Weise von manchen Hobelmaschinenbesitzern Messer geschliffen werden. Es ist keine Seltenheit, daß kleinere Betriebe die Messer vollständig freihändig am Sandstein schleifen. Auf eine solche Art kann selbstverständlich keine gerade Fase erzielt werden und von einem einwandfreien Arbeiten der Messer kann keine Rede sein. Es befinden sich leider auch eine große Anzahl zu leicht gebauter Hobelmesserschleifmaschinen im Betriebe, auf welchen man nach kurzer Betriebsdauer keine Messer einwandfrei schleifen kann. Ich empfehle zum Schärfen von Hobelmessern, speziell für längere Messer, eine automatische Naßmesserschleifmaschine für Hohlschliff mit besonders schwerem Bett und wagerechter Schlittenbewegung. Mit den billigen, leichtgebauten Maschinen und lotrechter Schlittenführung ist auf die Dauer bei langen Messern kein genauer Schliff zu erzielen, und man soll bei Anschaffung einer solchen Maschine zum Schleifen von langen Hobelmessern nur eine schwere Bauart mit wagerecht gelagertem Schlitten berücksichtigen, denn nur diese bietet allein Gewähr, bei langen Messern dauernd einen einwandfreien Schliff zu erzielen. Bei Trockenschliff ist in erster Linie zu beachten, daß sich beim Schleifen von Hobelmessern keine zu große Hitze entwickelt und die Messer nicht anblauen. Wenn letzteres geschieht, ist die Schnittfähigkeit des Messers sofort verloren und selbst die beste Messerqualität kann dadurch unbrauchbar gemacht werden. Man bevorzuge daher nach Möglichkeit Naßschleifmaschinen. Die Umlaufzahl der Schleifscheibe für Trockenschliff hängt von der Größe und dem Material der betreffenden Schleifscheibe ab. Bei guten Schmirgel- und Korundscheiben rechnet man durchschnittlich mit einer Umfangsgeschwindigkeit von etwa 7—12 m in der Sekunde.

Abb. 363. „Schmaltz", Maschinenmesser-Naßschleifmaschine für Hohlschliff. (Friedrich Schmaltz G. m. b. H.. Offenbach a. Main.)

Die Toleranz von 7—12 m Umfangsgeschwindigkeit ist erforderlich, um den verschiedenen Körnungen der Schleifscheiben, die entsprechend dem Hobelmessermaterial gewählt werden müssen, gerecht zu werden. Man lasse sich ja nicht verleiten, billige, mineralisch gebundene Schleifscheiben zum Schärfen von Hobelmessern zu verwenden, sondern nehme nur erstklassige Korundscheiben mit keramischer Bindung, und zwar von einer Firma, welche über die erforderlichen Erfahrungen verfügt.

Die in Abb. 363 dargestellte Hobelmaschinenmesser - Naßschleifmaschine schleift unter reichlicher Wasserzufuhr. Infolge dieses Naßschleifens gibt es kein Verbrennen bzw. Ausglühen der Messerschneiden auch bei stärkstem Angriff des Schleifrades und somit ist die größte Schonung des Messerstahles, die doppelte Schnittdauer gegenüber Trockenschliff und bedeutend längere Lebensdauer der Messer gewährleistet.

Der schwere Hohlgußständer trägt den horizontal geführten Schlitten; der Längsselbstgang erfolgt durch Räderübersetzung und gefräste Zahnstange. Die Messerauflage ist für jeden Winkel einstellbar und mit rechts- und linksseitiger Zuspannung versehen. Die in prima Weißmetall- oder Bronzelagern laufende Stahlspindel trägt das Schleifrad 500 × 25 mm mit geschlossener Stahlschutzhaube; die Schleifscheibe läuft mit 450 Umdrehungen in der Minute, was einer Umlaufsgeschwindigkeit von 11,77 m/sek entspricht, denn $0{,}5 \times 3{,}14 = 1{,}57 \times 450 = 706{,}5 : 60 = 11{,}77$. Der Kraftbedarf der Maschine beträgt etwa 2—3 PS, je nach Schleiflänge. Die Maschine wird in drei Größen, und zwar für Schleiflängen bis zu 600, 800 und 1000 mm geliefert. Das Gewicht der Maschine beträgt 500—600 kg, je nach Schleiflänge.

Auf einen wichtigen Punkt möchte ich noch hinweisen, und zwar auf das Befestigen der Hobelmesser auf den älteren Vierkantwellen. Viele Reklamationen bei Hobelmessern sind darauf zurückzuführen, daß die Befestigung der Messer nicht in richtiger, sachgemäßer Weise erfolgt. Vor allem gibt es viele Gebraucher von Hobelmessern, welche versäumen, beim Befestigen der Hobelmesser die nötigen Unterlegscheiben zu benutzen. Die Messerbefestigungsschrauben sind in den meisten Fällen so klein, daß sie nur knapp auf die Ränder des Messers übergreifen; es ist infolge der zu kleinen Auflagefläche dann ein gewaltsames Anziehen der Schrauben erforderlich, um die Messer nur einigermaßen festzuhalten.

Es ist unbedingt erforderlich, unter die Befestigungsscheiben reichlich dimensionierte, sauber gedrehte Unterlegscheiben zu legen, um Beschädigungen des Messers zu vermeiden und dem Messer einen sicheren Halt zu geben.

Um zu verhindern, daß sich Späne zwischen der Messerschneide und Welle festsetzen können, wie man es leider öfter antrifft, empfehle ich, Messer zu verwenden, welche innen eine schwache Höhlung aufweisen, so daß die Messerschneide stets fest auf der Hobelwelle aufliegt und dadurch das unangenehme Stopfen der Späne zwischen Messer und Welle vermieden wird.

Die normale Stärke der Hobelmesser für Vierkantwellen beträgt 8—10 mm; diese Art Messer werden meistens mit Stahlauflage geliefert, wogegen dünne Streifenmesser ganz aus Spezialstahl hergestellt sind. Ganz aus Stahl angefertigte Hobelmesser in den Stärken von 8—10 mm sind nicht zu empfehlen, weil bei ihnen die Behandlung eine noch sorgfältigere sein muß und ein durch und durch gehärtetes Stahlmesser viel eher Schaden nimmt, als ein verstähltes Messer, bei welchem der Stahl auf der Schneideseite auf das Eisen aufgeschweißt ist. Durch diese Verwendung von Stahl auf Eisen wird auch eine gewisse Elastizität erzielt und sogar ermöglicht, ein krumm gewordenes Messer geradezurichten.

C. Hobelmaschinen.

Die FDK Universal-Abrichthobel-, Füge-, Kehl- und Dicktenhobelmaschine (Abb. 364), verwendet man mit Vorteil in Betrieben, wo wegen Platzmangels die getrennte Aufstellung je einer Abricht- und Dicktenhobelmaschine nicht möglich ist, oder beide Maschinen nicht voll ausgenützt werden können. Sie dient zum genauen Abrichten, Fügen, Abfasen, Nuten, Spunden, Abplatten, zur Herstellung von Kehlarbeiten sowie zum Dicktenhobeln.

Das kräftige Gestell ist aus einem Stück gegossen, mit großer Grundfläche und langen Tischauflagen versehen, so daß ein erschütterungs-

Abb. 364. FDK, Neueste Universal-Abrichthobel-, Füge-, Kehl- und Dicktenhobelmaschine. (Teichert & Sohn, Liegnitz.)

freies Arbeiten erreicht wird. In den verschiebbar angeordneten Tischrahmen, die durch Knebelschrauben auf dem Gestell festgespannt werden, gleiten in schrägen, nachstellbaren Führungen die durch ein Handrad und Spindel bequem hoch und tief einstellbaren langen Arbeitstische. Diese lassen sich mit dem Rahmen zum bequemen Einsetzen der Messer sowie beim Kehlen auseinanderziehen und sind mit Stahllippen versehen, um die Öffnung über der Messerwelle zur Vermeidung von Unglücksfällen möglichst klein zu erhalten. Auf dem vorderen Tisch ist das über die ganze Tischbreite verstellbare rechtwinklige Lineal angeordnet, an dem der Kehldruckapparat angebracht wird.

Das Lineal kann bis 45° schräg gestellt werden. Die Abrichtetische lassen sich, wie aus Abb. 364 ersichtlich, seitlich hochklappen und bleiben in senkrechter Stellung gesichert stehen, so daß eine vorteilhafte Bedienung beim Dicktenhobeln erreicht wird. Der Dicktenhobeltisch, in dem Gleitwalzen angeordnet sind, gleitet in nachstellbaren Führungen und wird durch ein Handrad, der gewünschten Hobelstärke entsprechend, nach einer Skala eingestellt.

Der selbsttätige, sofort abstellbare Vorschub erfolgt durch je eine geriffelte und glatte Vorschubwalze, die durch kräftige Spiralfedern auf das Holz drücken und vom Vorgelege aus, unter Vermittlung von Zahn- und Kettenrädern, die in einem geschlossenen Schutz laufen, angetrieben werden.

Ein einstellbarer Harzschaber reinigt die glatte Vorschubwalze von anhaftendem Schmutz, und elastische, dicht vor und hinter der Messerwelle einstellbar angeordnete, sicher wirkende Druckvorrichtungen verhindern das Einreißen des Holzes, so daß auch schwache und kurze Hölzer sauber gehobelt werden können. Kehlleisten können entweder auf dem Abrichttisch durch Handvorschub oder auf dem Dicktentisch durch selbsttätigen Vorschub hergestellt werden; erst von 25 mm Kehltiefe ab müssen die Druckbalken herausgenommen werden, was durch Lösen von Schrauben schnell erfolgen kann. Die runde Sicherheitswelle, die in Kugellager mit Ölschmierung läuft, ist zur Erzielung eines ruhigen Ganges so konstruiert, daß die Hobelmesser beim Anspannen der Kehlmesser nicht abgespannt werden müssen. Der Herstellung der Messerwelle wird besondere Sorgfalt gewidmet. Sie wird aus zweckentsprechendem Stahl geschmiedet, auf Spezialdrehbänken vorgearbeitet, dann auf der Rundschleifmaschine nach Mikrometer und Grenzrechenlehre bis auf ein hundertstel Millimeter genau auf Maß geschliffen und zuletzt nach neuer Methode auf der Auswuchtmaschine dynamisch ausbalanciert. Durch dieses Verfahren werden Massenverlagerungen, sowohl in der Richtung des Radius als auch in der Richtung der Drehachse, beseitigt und ein absolut ruhiger Lauf und einwandfreier Schnitt der Messerwelle verbürgt. Der Antrieb der Maschine erfolgt am besten durch einen Elektromotor mit 1000—1400 Umdrehungen in der Minute.

Die Maschine wird geliefert für 400 500 und 600 mm Hobelbreite sowie 180 mm Hobeldicke. Die Gesamtlänge der Abrichtetische beträgt 1600 mm, der Dicktentische dagegen 1100 mm, die Höhe des Abrichtetisches beträgt 815 mm, des Dicktentisches im tiefsten Stand 500 mm. Der Kraftbedarf der Maschine ist etwa $2^1/_2$—5 PS, je nach Hobelbreite und Spanstärke. Die Messerwelle läuft mit 4000 Umdrehungen in der Minute.

Auf Wunsch kann die Maschine auch mit horizontaler Langlochbohrvorrichtung für Zapfenlöcher bis 35 mm Stärke, 150 mm Tiefe und

200 mm Länge geliefert werden; das Bohrfutter wird in diesem Falle am linksseitigen Ende der Messerwelle befestigt.

Die Dickenhobelmaschine mit seitlicher Abrichtmaschine (Abb. 365) eignet sich ebenfalls für Kleinbetriebe mit beschränkten Raumverhältnissen und bietet den Vorteil, daß zwei Mann gleichzeitig daran arbeiten können, ohne daß einer den anderen stört. Man kann zugleich von Dickte hobeln, wie auch Abrichten und Fügen und damit dürfte sie manchem Tischlermeister, dem es an Platz und Ausnutzungsmöglichkeit für zwei einzelne Maschinen fehlt, sehr gelegen sein, zumal sie auch im Preise sehr wohlfeil ist.

Der schwere Gußständer besitzt weit ausladende Füße von genügender Standfestigkeit, um Erschütterungen auszugleichen. Zwischen den bei-

Abb. 365. Dickenhobelmaschine mit seitlicher Abrichtmaschine.
(Teichert & Sohn, Liegnitz.)

den Seitenwänden bewegt sich in doppelter, nachstellbarer Führung der Dicktentisch mittels des vorderen Handrades auf und nieder; die Höhenverstellung läßt sich von einer Skala ablesen. Die mit Lippen nach Art des Doppelhobels versehene Messerwelle läuft in bewährten Kugellagern mit Ölschmierung, welche die gegenwärtig beste Lagerung darstellen und außer bedeutender Kraft- und Ölersparnis das denkbar größte Maß von Lebensdauer, Betriebssicherheit und Bequemlichkeit bieten. Der Transport des Holzes durch den Dicktenhobel geschieht selbsttätig und in einfacher Geschwindigkeit durch elastisch gelagerte Walzen, von denen die vordere gerieffelt, die hintere dagegen glatt ist. Gleitwalzen im Tisch erleichtern das Gleiten des Werkstückes. Man kann den Vorschub während des Ganges anhalten Ein auswechselbares Schabmesser dient zur Beseitigung von im Holz enthaltenem Harz.

Gillrath, Holzbearbeitung. 24

Vor und hinter der Messerwelle sind sinnreiche Druckvorrichtungen angeordnet, um ein Zittern und Einreißen des Holzes zu verhüten. In ähnlicher Weise wirkt vor der Messerwelle der höchst praktische Spanbrecher. Vermöge dieser ausgezeichneten Druckvorrichtungen können selbst Dickten von etwa 2 mm Stärke durchaus sauber gehobelt werden. Der Dicktenhobel besitzt außerdem Kehleinrichtung für Kehlungen bis 20 mm Tiefe und man hat dabei den Vorzug des selbsttätigen Vorschubes gegenüber dem Handvorschub bei gewöhnlichen Abrichtemaschinen. Der Antrieb für die gemeinschaftliche Messerwelle und den Transport liegt auf einer Seite; die Abrichteseite ist daher riemenfrei und gefahrlos zu bedienen. Auf einem Konsol der rechten Seite sind die Abrichtetische von 1600 mm Gesamtlänge mit ihrem Lager angeordnet. Diese Tische lassen sich auf Spanstärke in der Höhe verstellen, jedoch zum

Abb. 366a. CDK. Automatische Leimfügemaschine. (Maschinenfabrik Kießling, Leipzig.)

Kehlen nicht auszuziehen. Die Abrichtemesserwelle ist als runde Sicherheitswelle, gemäß den gesetzlichen Vorschriften, ausgebildet. Zur Führung des Holzes dient ein Anschlaglineal, während ein verschiebbares Schutzblech den Arbeiter vor Verletzungen schützt.

Die Maschine wird geliefert zum Dicktenhobeln von 400 oder 500 mm Breite und 180 mm Stärke sowie zum Abrichten für Hölzer bis 300 mm Breite. Der Kraftbedarf beträgt $3^1/_2$—4 PS.

D. Automatische Leimfügemaschinen.

Alle Großbetriebe, die viel Leimfügen herzustellen haben, möchte ich auf eine noch wenig bekannte selbsttätige Hochleistungs-Leimfügemaschine, nach Abb. 366a und b, aufmerksam machen, die bei sehr hoher Leistung eine einwandfreie Leimfuge liefert und auch zum Spunden benutzt werden kann. Diese Maschine wurde vor dem Kriege nur in Amerika hergestellt, wird jedoch jetzt auch von mehreren deutschen Firmen in einwandfreier Beschaffenheit geliefert und leistet das Vierfache der bisher üblichen Leimfügemaschinen. Aus eigener Erfahrung kann ich diese Maschine als wirkliche Hochleistungsmaschine zur Herstellung einwandfreier Leimfugen bestens empfehlen.

Die Maschine ist mit zwei wagerecht gelagerten, voneinander unabhängig arbeitenden Messerköpfen versehen und erfordert bei richtiger Ausnutzung zwei Mann Bedienung. Sie dient zum genauen Fügen von Hölzern bis 75 mm Stärke. Die Hölzer werden durch eine angetriebene endlose kräftige Gelenkkette a den Werkzeugen zugeführt. Zu beiden Seiten der Transportkette a sind elastisch wirkende Druckvorrichtungen b angebracht, die eine sichere Zuführung und auch eine saubere Fügearbeit gewährleisten. Kette und Druckvorrichtungen sind so angeordnet, daß die Hölzer der Maschine von beiden Seiten, also vor- und rückwärts zugeführt werden können. Die gefrästen Trieb- und Kettenräder so-

Abb. 366b. CDK. Automatische Leimfügemaschine. (Maschinenfabrik Kießling, Leipzig.)

wie die Transportkette a selbst sind mit Schutzvorrichtungen versehen, so daß für die Arbeiter auch eine genügende Sicherheit geboten ist.

Das Gestell ist in Hohlguß ausgeführt, äußerst kräftig gehalten und zum Erreichen eines ruhigen Standes der Maschine beim Arbeiten mit großer Grundfläche versehen.

Die Tische sind reichlich lang, sauber gehobelt und seitlich am Maschinengestell befestigt. Die Aufgabetische sind gegen die Abgabetische auf Spanstärke einstellbar vorgesehen. Die Werkzeugwellen sind in bestem Stahl ausgeführt, laufen in bestbewährten Stahl-Bronze-Ringschmierlagern und tragen für gewöhnlich dreischneidige, abnehmbare Messerköpfe. Letztere in Stahlguß ausgeführt, arbeiten auf beiden Seiten der Maschine infolge des getrennten Antriebes beider Werkzeugwellen gegen das Holz.

Beide Lager für die Werkzeugwellen befinden sich am Maschinengestell, sind in der Höhe und gegen das Werkstück sowie auf der Fuge verstellbar. Sehr sinnreich ist die Anordnung des Supportes für die Arbeitswelle des Messerkopfes; um denselben bequem auswechseln zu können, kann der Support seitlich umgelegt werden.

Die endlose Transportkette ist in Stahl ausgeführt und mit gußeisernen, geriffelten Mitnehmerplatten versehen. Die Kette ist gut geführt und durch ein Kettenrad angetrieben; gespannt wird dieselbe durch eine, auf gußeisernem Schlitten gelagerte Spannrolle. Die Druckvorrichtungen sind beide durch Handräder auf die jeweilige Stärke der Hölzer einstellbar. Für eine leichte Zuführung sind die Druckvorrichtungen mit einer größeren Anzahl federnder Gleitwalzen versehen, welche die Hölzer gegen die Transportkette andrücken. Der Transport der Maschine ist in drei verschiedenen Geschwindigkeiten vorgesehen und beträgt etwa 5, 8 und 10 m in der Minute, auf Wunsch auch 16 m. Der Antrieb der Maschine erfolgt durch ein Vorgelege, welches 800 Umdrehungen in der Minute laufen soll. Die Messerwellen laufen mit etwa 3600—4000 Touren in der Minute. Fest- und Losscheibe besitzen einen Durchmesser von 350 mm und eine Gesamtbreite von 300 mm. Die Messer haben eine Breite von 105 mm, so daß bei schwachen Brettern mehrere der Maschine zugeführt werden können. Der Kraftbedarf der Maschine beträgt etwa $7^1/_2$ PS. Die Bedienung der Maschine ist vollständig gefahrlos und erfordert, abgesehen vom Einstellen, keine gelernten Arbeiter. Die Maschine ersetzt mehrere Abrichte- oder Fügemaschinen und sollte in keinem neuzeitlichen Großbetriebe fehlen. Das Gewicht der Maschine beträgt etwa 1450 kg. Kießling liefert die Maschine neuerdings auch riemenlos mit elektrischem Antrieb.

Die in Abb. 367 dargestellte Schwalbenschwanz-Fügemaschine wird hauptsächlich in Amerika verwandt, jedoch haben auch einzelne deutsche Großbetriebe die Maschine in Betrieb. Da der Anschaffungspreis ein sehr hoher ist, kommt die Maschine nur für solche Großbetriebe in Frage, welche dieselben voll ausnützen können. Durch die vollständig neue Arbeitsweise dieser Fügemaschine wurde in der Möbel-, Piano- und Kistenfabrikation eine große Umwälzung hervorgerufen. Früher war es allgemein üblich, die zu fügenden Bretter mit gerader Fuge zu versehen, und in Fällen, wo diese Fuge nicht genügend Festigkeit gewährleistete, wählte man ein- oder mehrfachen Nut und Spund oder Nut und Feder. Bei allen diesen Fugen ist es aber erforderlich, daß sie umständlich mittels Handpinsels oder auch maschineller Einrichtungen mit Leim versehen und diese Bretter dann in Fugenleimpressen zusammengepreßt werden. Diese Arbeitsweise erfordert in großen Betrieben naturgemäß viel Arbeitskräfte, Fugenleimpressen und große Arbeitsräume.

Durch die neue Schwalbenschwanzfügemaschine wird diese umständliche Arbeitsweise vollständig beseitigt. Die Maschine versieht die Bretter selbsttätig mit schwalbenschwanzförmigen Fugen, gibt Leim an und setzt die Bretter zusammen. Abricht- und Fügmaschine, Leimtrog, Leimangebemaschine und Fugenleimpressen werden infolgedessen überflüssig. Die auf der Schwalbenschwanzfügemaschine erzeugte Fuge hat bedeutend höhere Festigkeit als eine nach der früheren Arbeitsweise hergestellte.

Biegeversuche haben bei Kiefern- und Fichtenholz ergeben, daß mit schwalbenschwanzförmiger Fuge versehene eine etwa 13 % größere Belastung zulassen als solche, die mit gerader Fuge in Leimpressen verleimt werden, und eine 33 % höhere Belastung als ein massives Stück

Abb. 367. Selbsttätige Schwalbenschwanz-Fügemaschine GUa. (Schuchardt & Schütte, Berlin C.)

Holz ohne Fuge von gleichen Abmessungen. Mit gerader Fuge verleimte Hölzer ließen nur eine Mehrbelastung von 18 % gegenüber dem massiven Holz zu.

In der Praxis hat sich ergeben, daß nicht nur die Festigkeit der mit der Schwalbenschwanzfügemaschine hergestellten Fugen eine höhere ist, sondern daß auch die Ersparnisse an Leim, Holz und Arbeitslöhnen ganz bedeutend sind, so daß die Maschine für Großbetriebe, welche dieselbe voll ausnutzen können, in höchstem Grade gewinnbringend arbeitet.

Die Arbeitsweise der Maschine. Zur Bedienung der Maschine sind 3 Arbeiter erforderlich, 1 Maschinenarbeiter und 2 Arbeitsburschen, von denen je einer an jedem Ende und der dritte in der Mitte der Maschine steht. Die beiden an den Enden stehenden Arbeiter legen gleichzeitig je ein Brett auf, das von Vorschubketten durch eingebaute Mitnehmerklauen gefaßt und nach der Maschinenmitte zu bewegt wird. Hierbei wird ein Brett mit Nute, das andere mit Feder versehen (schwalbenschwanzförmig), gleichzeitig wird Leim angegeben und die Bretter selbsttätig zusammengeschoben. Sobald diese nun an einem Ende gleichmäßig miteinander abschneiden, hebt sich das mittlere Druckstück der Maschine, die Mitnehmerklauen senken sich selbsttätig und die gefugten und verleimten Bretter werden herausgeworfen. Hierauf senkt sich das mittlere Druckstück wieder selbsttätig.

Der in der Mitte der Maschine stehende Arbeiter reicht diese Bretter dem am rechten Ende stehenden Arbeiter wieder zu, dieser legt sie wieder auf die Vorschubkette, während der linksstehende Arbeiter gleichzeitig ein neues Brett in die Maschine bringt, das nun mit den vorher gefugten Brettern vereinigt wird. Dieses Verfahren wird fortgesetzt, bis die Platte die gewünschte Breite hat.

In der Maschine sind Sicherheitsvorrichtungen eingebaut, um zeitraubende Störungen, die durch Unachtsamkeit der Bedienung eintreten können, zu vermeiden. Diese Vorrichtung tritt sofort in Wirkung, wenn z. B. nur auf einer Seite Holz eingelassen wird und die andere Seite somit leer läuft.

Auf einer neben der Maschine aufgestellten Kreissäge mit selbsttätigem Vorschub werden die verleimten Platten auf genaue Breite geschnitten. Die hierbei entstehenden Abfälle von 45 mm Breite an, werden bei den nächsten zu fügenden Platten wieder verwendet, wodurch eine bedeutende Holzersparnis erzielt wird.

Auf der rechten und linken Seite der Maschine sind je 2 Frässpindeln angeordnet, die im Winkel zueinanderstehen und die Fräser tragen. Die Spindeln lassen sich einstellen, um die Fuge so herzustellen, daß sie dicht schließt. Die zu fugenden Hölzer werden durch Druckrollen niedergedrückt.

Das Einstellen der Spanstärke geschieht mittels Exzenters, mit dem die Anschlaglineale, gegen die der Arbeiter die Bretter hält, vor- oder rückwärts gestellt werden. Auf der Maschine lassen sich Hölzer von 10 bis 60 mm Stärke fügen und leimen. Die kleinste Breite kann 40 mm betragen, so daß selbst aus Abfalleisten wertvolle Platten hrgestellt werden können.

Auf der einen Maschinenseite ist die größte zulässige Brettbreite 300 mm, während sie auf der anderen Seite unbegrenzt ist.

Jede Vorschubkette kann sich mit zwei Geschwindigkeiten bewegen, mit 6 oder 12 m in der Minute, je nachdem es die Holzart und der Feinheitsgrad des Arbeitsstückes erfordert. Hieraus ergeben sich die Gesamtgeschwindigkeiten der Vorschubketten von 12 oder 24 m in der Minute.

Nach den Frässpindeln folgt auf jeder Seite der Maschine eine Leimvorrichtung, bestehend aus einem Leimtrog, in dem eine kegelförmige Walze läuft, die den Leim an die gefräste Fuge gibt. Hinter jeder Walze ist ein verstellbarer Pinsel angebracht, der den Leim auf der Fuge verteilt, den überschüssigen Leim abstreift und in den Trog zurückbringt.

Die auf der Maschine hergestellte Fuge ist eine Keilfuge, wie die nachstehende Abbildung ersehen läßt. Die schwalbenschwanzförmigen Fugen sind am Anfang weiter als am Ende, und die Federn sind dagegen am Anfang schmäler als am Ende.

Wäre dieses nicht der Fall, also Nute und Feder parallel, so würden beim Zusammenschieben der Bretter die vorderen scharfen Kanten als Schaber wirken und den angegebenen Leim zum größten Teil wieder

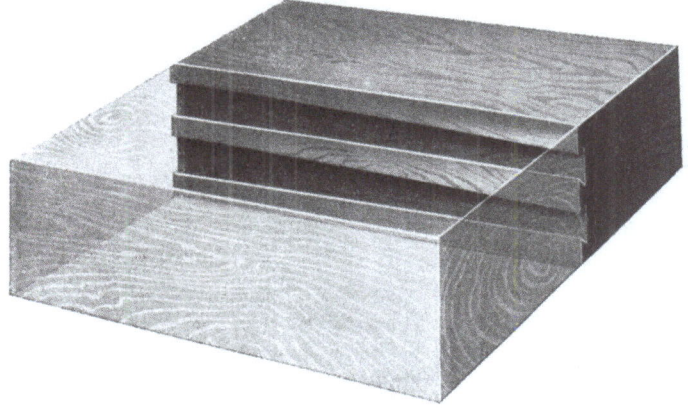

Abb. 368. Die Keilfuge.

entfernen, so daß in den Nuten kein Leim bliebe. Durch die Keilfuge wird dieses vermieden, denn dadurch, daß die Federn anfangs ganz lose in die Nuten hineingehen, kann der Leim nicht abgeschabt werden, sondern bleibt an Nute und Feder haften. Erst kurz ehe die Bretter vollständig zusammengeschoben sind, fängt die Keilform an zu wirken. Die Fugen werden fest zusammengeschoben und der Leim dadurch in die Poren des Holzes getrieben, so daß eine dichte und innige Verbindung erzielt wird.

Sind die zu fügenden Bretter in der Stärke verschieden, so treten diese Unterschiede nur auf der oberen Fläche der Platte hervor, die untere ist

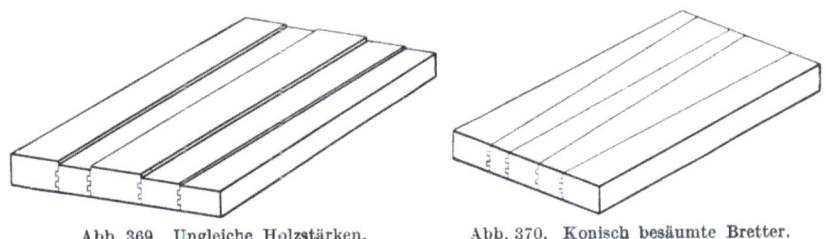

Abb. 369. Ungleiche Holzstärken.   Abb. 370. Konisch besäumte Bretter.

dagegen glatt, wie Abb. 369 erkennen läßt. Es hat dies den großen Vorteil, daß die Platten beim Hobeln von den Vorschubwalzen der Hobelmaschine nicht zerbrochen werden.

Von großem Vorteil ist ferner, daß die Maschine auch konische Bretter fügt (s. Abb. 370). Hierdurch wird eine bedeutende Ersparnis an Holz und Arbeitslöhnen erzielt. Es läßt sich infolgedessen sonst als minderwertig bezeichnetes Holz verwenden, um gute Platten herzustellen.

Zum Ansetzen von Hirnleisten und Umleimern, eine Arbeit, die häufig an Tisch-, Nähmaschinenplatten usw. vorkommt, läßt sich die Maschine sehr gut verwenden. Die Haltbarkeit derartiger, mit der Schwalbenschwanzfügemaschine angesetzten Leisten ist selbstverständlich viel größer, als diejenige der Leisten, die mit einfacher Nut und Feder verleimt werden.

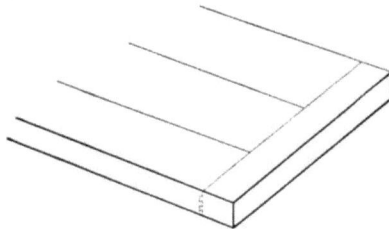

Abb. 371. Hirnleisten und Umleimer.

Die Maschine wird für 4 Holzlängen, und zwar für 1200, 1800, 2400 und 5000 mm geliefert. Die kleinste Holzlänge beträgt 250 mm. Das Gewicht der Maschine beträgt 5000—12000 kg, je nach Arbeitslänge. Das mit 500 Touren pro Minute laufende Vorgelege hat eine Fest- und Losscheibe von 500 mm Durchmesser und 160 mm Gesamtbreite.

E. Abrichtehobelmaschinen.

Mit der schweren Abrichtemaschine (Abb. 372) läßt sich außer Abrichten windschiefer Flächen auch das Fügen, Kehlen, Nuten, Federn und

Abb. 372. Riemenlos elektrisch angetriebene Abrichthobel-, Füge- und Kehlmaschine MDe. (Böttcher & Geßner, Altona-Bahrenfeld.)

Falzen von Hölzern auf vorteilhafte Weise herstellen. Diese riemenlos angetriebene Maschine hat gegenüber der Riemenmaschine mancherlei Vorteile. Die heutige Entwicklungsstufe der Technik fordert mehr und mehr den riemenlosen elektrischen Einzelantrieb, ganz besonders bei schnelllaufenden Arbeitswellen mit kleinen Riemenscheiben, um die ungünstigen Begleitmomente des Riemenantriebes auszuschalten, indem beispielsweise jeder unnötige Kraftverbrauch vermieden wird und man bei der Aufstellung solcher Maschinen vollständig unabhängig ist von den örtlichen Verhältnissen.

Naturgemäß ist mit der riemenlosen Antriebsweise eine wertvolle Platzersparnis verbunden und der störende Charakter des Riemenlaufes, so im besonderen die durch Riemenzüge hervorgerufene Verdunkelung der Arbeitsräume, der mit jedem Riemenantrieb für den Arbeiter verbundene Gefahrenpunkt, das lästige Riemenrutschen und Riemenkürzen usw. ist ganz vermieden.

Bei riemenlosen Antrieben kommt es außerordentlich auf die Art an, in der das Problem gelöst ist und hier ist es nun die hervorzuhebende Eigenart, daß der Senkrechtmotor so nahe wie möglich an das Fundament der Maschine herangebracht und dadurch die denkbar günstigste Lage des Gesamtschwerpunktes erreicht wurde. Bei Horizontalmotoren, die in Verlängerung der Arbeitswelle seitlich verhältnismäßig zum Teil weit hervorragen und dadurch eine Verschwendung an Arbeitsraum bedingen, ist die Gefahr gegeben, daß der schwere Motor eine ungünstige Verlegung des Schwerpunktes der rotierenden Massen bewirkt und dadurch auf den ordnungsmäßigen Gang der Maschine von schädlichem Einfluß ist. Die Verbindung der Motorwelle mit der Arbeitswelle erfolgt bei der hier abgebildeten Abrichtemaschine durch ein besonderes Kegelrädergetriebe. Die Kegelräder sind mit der in allen Kulturstaaten gesetzlich geschützten Spiralverzahnung nach Abb. 288 versehen.

Die Zahnradkörper sind aus hochwertigem, gehärtetem Chromnickelstahl hergestellt, unterliegen praktisch fast keinem Verschleiß und laufen in Fett. Bei Anwendung dieser patentierten Zahnräder scheiden alle Bedenken aus, die im allgemeinen gegen Zahnradantriebe geltend gemacht worden sind. Für die Dauerhaftigkeit und Zuverlässigkeit dieser Antriebsart ist der Beweis auch dadurch erbracht, daß z. B. allein in Deutschland 40000 Automobile mit der Böttcher-Verzahnung laufen, abgesehen von den Millionen amerikanischer Wagen, die mit der gleichen Verzahnung der Kegelräder ausgerüstet sind. Durch diese Antriebsart ist man unabhängig von der Drehzahl des Motors, d. h. es kann jeder normale Motor verwendet werden, ohne daß sich deshalb die Umdrehzahl der Messerwelle verringert. Bei der in Abb. 372 dargestellten Abrichtemaschine wird die in der Praxis als günstig festgestellte Drehzahl der Messerwelle von 4500 in der Minute eingehalten.

Teuere und kraftverzehrende Periodenumformer kommen also nicht in Frage. Die Wirtschaftlichkeit dieser einzigartigen Antriebsart ist auf einen bisher kaum dagewesenen Höchststand gebracht, indem sowohl die gesamten Betriebs- und Unterhaltungskosten der Maschine bei der Einfachheit der ganzen Anordnung, als auch die direkten Stromkosten durch den anerkannt vorzüglichen Wirkungsgrad der spiralförmig verzahnten Räder auf das allerkleinste Maß beschränkt bleiben. Die gesamte elektrische Ausrüstung ist in formvollendeter Weise mit dem Maschinengestell vereinigt, auch die Anlaßapparate sind gut geschützt im Maschinengestell untergebracht. Durch die zweckmäßige Gesamtanordnung ist jede vermehrte Platzbeanspruchung vermieden. Die stählerne runde Sicherheitswelle trägt 4 Klappen, von denen 2 zur Befestigung der Streifenmesser dienen, während die anderen beiden entfernt und durch die Kehlmesser ersetzt werden können.

Abb. 373. MBK. Kehldruckapparat mit Seitenfedern. (Böttcher & Geßner, Altona-Bahrenfeld.)

Die langen Tische sind sauber gehobelt, liegen auf schrägen Auflageflächen und sind durch Handrad und Spindel zur Messerwelle entsprechend der Spandicke einzustellen. Für das Kehlen sind sie mit den verbundenen Kulissenrahmen wagerecht auseinanderzuziehen. Das Anschlaglineal ist über die Breite des Tisches zu verstellen, es kann sowohl rechtwinklig als auch bis zu 45° schräg zur Tischfläche eingestellt werden.

Die Maschine wird für 400 und 600 mm Hobelbreite geliefert. Die Tischlänge beträgt 2500 mm. Der Kraftverbrauch beträgt etwa 3 bis 6 PS, je nach Hobelbreite und Spanstärke. Die Maschine wird auch für Riemenantrieb geliefert.

Bei Kehlarbeiten auf der Abrichtehobelmaschine ist es vorteilhaft für das Niederhalten des Holzes, den in Abb. 373 dargestellten Kehldruckapparat zu benutzen. Die Arbeit wird dadurch sicherer, sauberer und gefahrloser ausgeführt.

Diese Maschine ist ein Produkt der Neuzeit und für Betriebe bestimmt, die in Befolgung moderner Grundsätze auf höchste Wirtschaftlichkeit und Betriebskosten Ersparnisse sehen. Denn dadurch erst wird eine Maschine billig, und die Praxis hat gezeigt, daß nur der riemenlose Antrieb diesen Anforderungen entspricht und die sparsamste, betriebssicherste und leistungsfähigste Maschine darstellt, insofern dieselbe von einer Firma bezogen wird, die über die erforderlichen Erfahrungen verfügt und erstklassige Arbeit liefert. Die hauptsächlichsten Vorzüge dieser riemenlosen Maschinen bestehen, kurz zusammengefaßt, in folgendem:

Wegfall jeglicher Transmissionen und Riemen, daher keine verstärkten Wände und Decken und keine Unfallgefahr durch Riemen, Fortfall von Transmissionskanälen und Riemenschutzvorrichtungen; bessere Zugänglichkeit der Arbeitsmaschinen, bessere Raumausnutzung, größere Unabhängigkeit in der Aufstellung der Maschinen, größere Durchzugskraft und damit Einhaltung der günstigsten Schnittgeschwindigkeit, keine ungünstige Beeinflussung des Motors bei stärkster Überlastung, da nur die Sicherung herausschlägt. Erhöhte Betriebssicherheit durch wesentliche Verminderung der Stillstände infolge Beseitigung der Riementriebe, erheblich bessere Ausnutzung der Arbeitsmaschine und infolgedessen Erhöhung der Produktion.

Die Ersparnisse an Kraft in der Höhe von etwa 20—25% des bisherigen Verbrauches beruhen auf dem Fortfall der Transmissions- und Leerlaufverluste, ferner erreicht man Ersparnisse an Riemen und Schmieröl für die Lager. Bisher wurden die Messerwellen bei Abrichtehobel-

Abb. 374. F40M. Elektro-Abrichte-, Füge- und Kehlmaschine mit eingebautem Drehstrommotor. (Teichert & Sohn, Liegnitz.)

maschinen mit 3600—4000 Umdr./min. betrieben. Da bei Drehstrom von 50 Perioden die höchste Drehzahl 3000 Umdr./min. beträgt, ist die direkte Kupplung der Messerwelle mit der Motorwelle nur möglich, wenn an Stelle der bisher üblichen Zweimesserwelle durch Vergrößerung des Flugkreises und Einbau von 4 oder 6 Messern der Unterschied in der Drehzahl durch erhöhte Schnittzahl ausgeglichen wird oder die Drehzahl der Motoren durch Erhöhung der Periodenzahl des den Motoren zugeführten Drehstromes unter Verwendung von Periodenumformern über 50 Perioden je Sekunde gesteigert wird.

Die in Abb. 374 dargestellte Abrichtehobelmaschine wird mit direkt eingebautem Kugellager-Asynchron-Drehstrommotor ohne jede Kupplungselemente geliefert. Bei Drehstrom von 50 Perioden erhält die Messerwelle eine Drehzahl von etwa 2800 /min. Durch eine vorgenommene Vergrößerung des Flugkreises und Einbau von 4 Messern wird bei dieser Drehzahl ein absolut genaues, sauberes Arbeiten erzielt. Falls höhere Umdrehungszahlen gewünscht werden, muß ein Periodenumformer aufgestellt werden. Die Messerwelle erhält dann wunschgemäß 4200 evtl. auch 5700 Umdr./min. Besonders sei hervorgehoben, daß der vollständige elektrische Antrieb mit allem Zubehör wie Schaltwalze, Widerständen, Sicherungen usw. in die Abrichtemaschine staubdicht eingebaut ist. Maschine und Antrieb sind also in geschickter Weise zu einer organischen Einheit verbunden. In einem besonderen Gehäuse des Maschinenständers befindet sich, gegen Staub und mechanische Beschädigungen sicher geschützt, der Schalter zum Motor; Anlasser und Sicherungen sind, jedes für sich getrennt, leicht zugänglich.

Der Tisch der Maschine ist absolut gerade gehobelt und geschlichtet, die beiden Hälften zum Kehlen weit auseinanderziehbar und jede für sich auf Spanstärke verstellbar. Am Stoß haben die Tischhälften eingesetzte Stahllippen, um die Tischöffnung so eng als möglich zu gestalten und Unglücksfälle durch Ausbrechen, wie bei gußeisernen Lippen, zu verhüten. Über die nutzbare Tischbreite hinweg schiebt sich das Führungslineal; es verbleibt normal rechtwinkliger Anschlag, kann aber auch schräg verstellbar eingerichtet werden. Die weiter auf dem Tisch verschiebbar angeordneten Druckfedern üben beim Kehlen den seitlichen Druck gegen das Holz aus, während der am Lineal praktisch angeordnete Kehldruckapparat das Holz gegen die Messer preßt. Die nicht vom Holz bedeckte Tischöffnung wird durch ein seitlich und in der Höhe verschiebbares Schutzblech geschützt.

Die runde Sicherheitswelle ist nach behördlicher Vorschrift mit besonderer Sorgfalt hergestellt, aus zweckentsprechendem Stahl geschmiedet, auf Spezialdrehbänken vorgearbeitet, dann auf der Rundschleifmaschine nach Mikrometer und Grenzrachenlehre genauest auf Maß geschliffen und zuletzt nach neuer Methode auf der Auswuchtmaschine dynamisch ausbalanciert. Durch dieses Auswuchtverfahren werden Massenverlegungen sowohl in Richtung des Radius als auch in der Richtung der Drehachse beseitigt und ein absolut ruhiger Lauf und einwandfreier Schnitt der Messerwelle verbürgt; letztere ist geeignet für dünne Streifenhobelmesser von etwa 3 mm Stärke. Beim Kehlen brauchen die Hobelmesser nicht abgenommen zu werden. Die Messerwelle ist mit prima Kugellagerung und Ölschmierung versehen, daher keine Abnutzung der Schenkel.

Die Maschine wird auch für Transmissionsantrieb geliefert. Die Tischlänge beträgt 2000, 2500 oder 2900 mm, die Tischbreite 300, 400, 500 oder 600 mm.

Der Kraftverbrauch beträgt etwa 3—6 PS, je nach Hobelbreite und Spanstärke.

Zum Abrichten windschiefer Hölzer sind bei den bisher allgemein Verwendung findenden Abrichtehobelmaschinen gute Arbeiter erforderlich, und da die Arbeiter sehr leicht mit den Messerwellen in Berührung kommen, ziehen sie sich häufig, wenn auch leichtere, Verletzungen zu. Die in Abb. 375 dargestellte Maschine vereinfacht das Abrichten und erhöht die Leistung ganz bedeutend.

Der Apparat hat sich in den Vereinigten Staaten von Amerika in unzähligen Fällen bewährt und wird auch von mehreren deutschen Firmen geliefert. Der Arbeiter hat bei Benutzung des Apparates das Holz nur ein kurzes Stück über die Messerwelle zu schieben, worauf der weitere Vorschub dann selbsttätig erfolgt. Da die Messerwelle vollständig verdeckt wird, ist der Arbeiter gegen Verletzungen geschützt. Die Vorrichtung besteht aus einer Säule, in welcher ein Arm drehbar geführt wird. An letzterem befindet sich der Vorschubmechanismus, der aus zwei Ketten gebildet wird, die miteinander durch Stahlplatten verbunden werden. An diesen Stahlplatten sind federnde Mitnehmer angebracht, die sich in gleicher Weise auf das Holz legen, wie die Finger der Hand, ohne jedoch einen zu starken Druck auszuüben; das Holz wird also nicht gerade gedrückt.

Abb. 375. Vorrichtung zum selbsttätigen Abrichten windschiefer Hölzer auf einer gewöhnlichen Abrichtehobelmaschine. (Schuchardt & Schütte, Berlin C.)

Die Arbeit wird bei Verwendung der Vorrichtung besser als diejenige, welche erzielt wird, wenn der Vorschub von der Hand erfolgt; denn da der Vorschub gleichmäßig vor sich geht, fallen die Absätze weg, welche entstehen, wenn der Arbeiter mit den Händen nachfaßt. Der Antrieb der Vorrichtung erfolgt durch Fest- und Losscheibe am Fuße der Säule und wird von hier durch einen Riemen, der durch eine Rolle gespannt wird, nach oben, wo in dem Arm ein Zahnrädergetriebe staubdicht eingekapselt ist, weiter geleitet. Vom Zahnrädergetriebe aus erfolgt die Übertragung dann auf die Ketten und Mitnehmer. Da die Mitnehmer federnd angeordnet sind, können die Stärken der Bretter ungleich sein und der Arbeiter kann die volle Breite der Maschine aus-

382　Maschinen für Holzbearbeitungsbetriebe und Tischlereien.

nutzen, was speziell bei schmäleren Brettern von großer Wichtigkeit ist, da dadurch die Leistung bedeutend erhöht wird.

Das Oberteil der Vorrichtung läßt sich mittels Handrad in der Höhe verstellen; die größte Entfernung zwischen Tisch und Vorrichtung beträgt etwa 100 mm, so daß auch Kanteln abgerichtet werden können. Um die Hobelmesser leicht in die Welle einsetzen zu können, läßt sich

Abb. 376. Riemenlos elektrisch angetriebene Abrichtehobel-, Füge- u. Kehlmaschine Nr. 166. (Oliver Machinery Company, Grand Rapids, Michigan, U. S. A.)

die Vorrichtung beiseite schwingen. Dies ist von besonderem Vorteil, wenn die Maschine auch für Füge- oder andere Arbeiten verwendet werden soll. Bei manchen Kehlarbeiten läßt sich diese Vorrichtung ebenfalls mit Vorteil verwenden. Die Vorrichtung läßt sich an jeder vorhandenen Abrichtemaschine anbringen; sie wird für jede Hobelbreite geliefert.

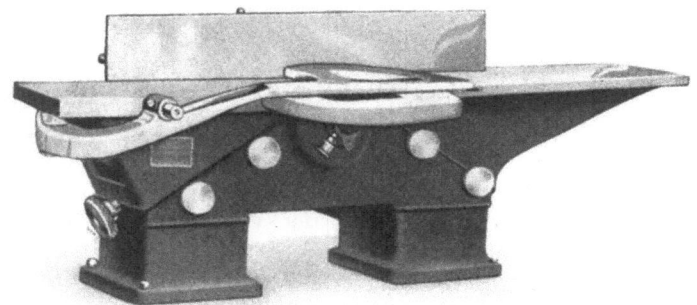

Abb. 377. Riemenlos elektrisch angetriebene Abrichtehobel-, Füge- und Kehlmaschine Nr. 144. (Oliver Machinery Company, Grand Rapids, Michigan, U. S. A.)

Wie aus Abb. 376 ersichtlich, liefern die führenden amerikanischen Firmen ebenfalls riemenlos elektrisch angetriebene Abrichtehobelmaschinen. Die Messerwelle vorstehender Maschine wird entweder nach Abb. 335 mit 6 Messern oder nach Abb. 339 mit 4 Messern geliefert, und läuft mit 4500 Touren pro Minute. Die gesamte Tischlänge beträgt 78 Zoll engl. Die Maschine wird für nachstehende Hobelbreiten geliefert:

9″	engl.,	Motorstärke	1½ PS
12″	,,	,,	2 PS
16″	,,	,,	3 PS
20″	,,	,,	5 PS
24″	,,	,,	7½ PS
30″	,,	,,	10 PS

Die Hobeltische sind ausziehbar und in der Höhe verstellbar angeordnet. Das Schärfen und Abziehen der Hobelmesser erfolgt wie aus Abb. 342 ersichtlich, durch eine elektrisch angetriebene Schleifvorrichtung in der Maschine, und zwar bei voller Drehzahl der Messerwelle. Letztere ist in prima doppelreihigen Kugellagern gelagert und wird mit Kugellagerfett geschmiert.

Das Gewicht der Maschine beträgt je nach Hobelbreite 1475 bis 3100 Pounds, engl.

Abb. 378. Vorteilhaftes Arbeiten an der Abrichte- und Dicktenhobelmaschine.

Die in Abb. 377 dargestellte Abrichtehobelmaschine unterscheidet sich von der vorhergehenden durch die Tischkonstruktion und wird auch für Riemenantrieb geliefert. Bemerkenswert an den amerikanischen Abrichtehobelmaschinen ist der solide weitaustragende Unterbau, wodurch die Maschine einen festen, erschütterungsfreien Stand erhält.

Abb. 378 zeigt, wie an einer Abrichte- und Dicktenhobelmaschine in einem gut geleiteten Betrieb gearbeitet werden soll. Das abzurichtende Holz ist bei der Besäumsäge auf einen in Abb. 379 dargestellten Holztransportwagen zu laden und zur Abrichtehobelmaschine zu fahren;

der Wagen (20a) soll so an der Maschine placiert werden, daß der Arbeiter in der Lage ist, die einzelnen Bretter von seinem Arbeitsplatz ohne jede unnötige Bewegung zu erreichen. Die abgerichteten Bretter sind von dem Maschinenarbeiter ebenfalls, ohne den Arbeitsstand zu verlassen, auf den zweiten, in unmitteblarer Nähe stehenden Wagen (20b) zu legen und von dort, sobald der Wagen voll beladen ist, zur Dicktenhobelmaschine zu fahren, falls dieselbe nicht direkt neben oder hinter der Abrichtehobelmaschine steht. Ein jeder umsichtige Betriebsleiter und Meister soll dafür sorgen, daß eine genügende Anzahl Transportwagen vorhanden ist und dieselben so an der Maschine placieren, daß der in Frage kommende Maschinenarbeiter, ohne seinen Platz zu verlassen, die zu bearbeitenden Werkstücke abnehmen und nach der Bearbeitung ablegen kann. Man trifft sehr wenige Holzbearbeitungswerkstätten und Tischlereien an, wo das vorstehend Gesagte beherzigt wird, und ich hatte öfter Gelegenheit zu beobachten, daß das Heranholen und Ablegen von Werkstücken, falls dieses nicht sachgemäß geschieht, mehr Zeit erfordert, als die reine maschinelle Arbeit. In den meisten Holzbearbeitungswerkstätten sieht man ganze Berge zugeschnittene Hölzer an den einzelnen Bearbeitungsmaschinen am Fußboden aufgestapelt liegen; dieses zeugt davon, daß der Leiter oder Meister von neuzeitlichen, zeitsparenden Arbeitsmethoden keine Ahnung hat. In der amerikanischen Holzindustrie hat man schon längst erkannt, daß jede unnötige Bewegung des Maschinenarbeiters Zeit- und Geldverschwendung ist. Der Arbeiter ermüdet schneller und leistet wenig. Es soll sich daher jeder Leiter und Meister eines holzverarbeitenden Betriebes eingehend mit dieser Frage befassen und energisch eingreifen, wo er unsinnige Transport- und Arbeitsmethoden entdeckt, denn dieselben schädigen den Besitzer, Leiter, und indirekt auch den Arbeiter selbst.

Abb. 379. Holztransportwagen für den Werkstättengebrauch.
(Schuchardt & Schütte, Berlin C 2.)

Vorstehende Abbildung zeigt einen praktischen Holztransportwagen amerikanischen Systems für den Transport der Hölzer innerhalb der Betriebsräume. Die Wagen haben sich im Gebrauch wegen ihrer bequemen handlichen Bedienung bestens bewährt. Ich selbst habe von diesen Wagen eine große Anzahl in Benutzung und kann sie als ein erstklassiges, zeitsparendes Transportmittel innerhalb der Betriebsräume bezeichnen. Der Wagen hat eine Ladefläche von 675×1200 mm, zwei seitliche auf einer festen Achse laufende gußeiserne Laufräder von 300×60 mm, je ein drehbares Lenkrad 140×40 mm vorn und hinten sowie vier abnehmbare Holzrungen. Falls auf den Wagen schwere Lasten gefördert werden sollen, empfehle ich die seitlichen gußeisernen Laufräder nicht unter 300×75×25 mm und die vordere und hintere Lenkrolle nicht unter 140×55 mm zu wählen. Selbstverständlich eignen sich diese Wagen nur für Holz- oder Steinfußboden, dagegen nicht für gepflasterte oder ungepflasterte Wege:

F. Die Fräsmaschinen.

Die Fräsmaschine ist eine der wichtigsten Tischlereimaschinen, wird dieselbe doch von den meisten Tischlern als Universalmaschine benutzt, da auf derselben Arbeiten hergestellt werden, wozu im Großbetriebe eine ganze Anzahl Spezialmaschinen erforderlich sind. Das Hauptorgan der Fräsmaschine ist die in 2 Kugellagern laufende Frässpindel. Infolge der hohen Umdrehungszahl, welche bei den verschiedenen in- und ausländischen Fabrikaten zwischen 1500—7200 pro Minute liegt und sich in erster Linie nach dem Durchmesser der Fräswerkzeuge richtet, erfordert die Lagerung und Frässpindel eine ganz besonders peinlichst genaue Herstellung.

Kleine, selbst kleinste Ungenauigkeiten bei der Herstellung von Spindel und Lagerung führen dazu, daß die Maschine unruhig läuft und zittert, und die Spindel infolge der stets größer werdenden Schwankungen bald unbrauchbar wird.

Es gibt fast keine Holzbearbeitungsmaschine, wo an die Lagerung solche hohe Ansprüche gestellt werden wie gerade bei der Fräsmaschine. Aus diesem Grunde soll man eine Fräsmaschine nur von einer erstklassigen Firma kaufen, welche bereit ist, volle Garantie für die gute Arbeitsweise zu übernehmen. Da die Frässpindel meistens ohne Oberlager, also mit freischwingendem Werkzeug arbeitet, ist die Entfernung von Mitte zu Mitte Lager möglichst groß zu wählen. Je größer der Lagerabstand im Verhältnis zur freitragenden Fräsdornlänge ist, um so weniger können sich etwaige Fehler von Spindel und Lager auswirken. Ein großer Lagerabstand ist bei der Frässpindel auch insofern wünschenswert, als dann der Riemen, der in den meisten Fällen halbgekreuzt ist, unbehinderter laufen kann. Vor allem achte man darauf, daß keine größeren Fräswerkzeuge mit Schwergewicht benutzt werden, da dieselben auch die beste Lagerung bei der hohen Tourenzahl bald ruinieren. Um dieses zu vermeiden, verwende man eine sog. Balancierwelle, welche auf zwei haargenau wagerecht gelagerte prismatische Eisenschienen gelegt wird. Will man nun untersuchen, ob z. B. eine große Schlitzscheibe von etwa 250 mm Durchmesser ein Schwergewicht hat, schiebt man dieselbe auf die Balancierwelle und wird, falls ein Schwergewicht vorhanden ist, die Scheibe so lange rollen, bis das Schwergewicht nach unten zeigt. Es ist selbstverständlich, daß die Bohrung der Schlitzscheibe genau mit dem Wellendurchmesser übereinstimmen muß. Außerdem soll man sich bei Verwendung größerer Werkzeuge die kleine Mühe nicht verdrießen lassen, das Oberlager aufzuspannen bzw. den Fräsdorn auszuwechseln, wenn man nicht will, daß die Maschine Schaden leidet.

Abb. 380. Doppelte Fräsmaschine mit Elektromotorantrieb. (Oliver Machinery Company, Grand Rapids. Michigan, U. S. A.)

Der nächstwichtigste Bestandteil der Fräse ist der Lager- oder Supportschlitten, welcher mittels einer Schraubenspindel in vertikaler Richtung, also höher oder tiefer gestellt werden kann. Es versteht sich von selbst, daß bei der Schraubenspindel absolut kein toter Gang vorhanden sein darf und die Führung des Schlittens reichlich dimensioniert ist, damit sich dieser saugend und ohne Widerstand an den Gleitflächen senkrecht bewegen kann.

Bei Verwendung großer Schlitzscheiben oder sonstigen schweren Fräswerkzeugen soll die minutliche Umdrehungszahl der Fräsmaschine 2250 nicht überschreiten, da andernfalls die Lagerung Schaden leidet.

Die in Abb. 380 dargestellte doppelte Oliver-Fräsmaschine besitzt zwei vertikal gelagerte Elektromotoren je $3-3^1/_2$ PS, die Kraftübertragung erfolgt durch Riemen. Die normale Tourenzahl für kleine Fräswerkzeuge beträgt 7200 pro Minute.

Abb. 381. Oberlager für Oliver-Fräsmaschinen.

Die Maschine wird auf Wunsch für Rechts- und Linksgang geliefert. Wie aus Abb. 380 ersichtlich, ist jeder Motor supportartig an einem Gußgehäuse gelagert, welches in der Riemenrichtung verschiebbar auf einer gußeisernen Fundamentplatte angeordnet ist. Das den Motorsupport tragende Gußgehäuse ist durch ein Handrad in horizontaler Richtung verschiebbar angeordnet, um den Antriebsriemen der Frässpindel die erforderliche Spannung zu geben. Ebenfalls ist der Elektromotor durch Handrad in vertikaler Richtung verstellbar. Der Frässpindelsupport kann ebenfalls durch Handrad in vertikaler Richtung verstellt werden. Die Frässpindeln laufen in prima Kugellagern.

Bei Anwendung schwerer Fräswerkzeuge benutzt Oliver das in Abb. 381 dargestellte, in Kugellagern laufende Oberlager. Dasselbe wird, wie die Abbildung zeigt, auf den Frästisch aufgeschraubt und ist gleichzeitig mit Schutzvorrichtungen versehen

Die in Abb. 382 dargestellte Fräsmaschine für Riemenantrieb besitzt einen langen Supportlagerschlitten und die Frässpindel läuft in prima Kugellagern mit 7200 Touren pro Minute bei Verwendung kleiner Fräswerkzeuge. Der Kraftbedarf beträgt 3 PS, die Tischgröße ist 28×28" engl. Der Riemen bzw. Supportschlitten ist an der Bedienungsseite durch eine Blechhaube mit Tür geschützt. Mitgeliefert wird die in Abb. 382 sichtbare und in der Höhen- und Seitenrichtung verstellbare Schutzvorrichtung.

Abb. 382. Fräsmaschine für Riemenantrieb. (Oliver Machinery Company, Grand Rapids, Michigan, U. S. A.)

Bei der in Abb. 383 dargestellten Fräsmaschine ist der horizontal gelagerte Elektromotor an der Fräsmaschine angebaut; der Antrieb der Frässpindel erfolgt durch einen halbgeschränkten Spezialledertreibriemen. Der 3 PS starke Elektromotor läuft mit 1800 Touren pro Minute, die Frässpindel dagegen bei Verwendung kleiner Werkzeuge mit 7200 Touren pro Minute. Da bei dieser Maschine der Antrieb durch einen halbgeschränkten Riemen erfolgt, kann die Maschine nur für eine Drehrichtung geliefert werden.

Abb. 383. Fräsmaschine mit Elektromotorantrieb. (Oliver Machinery Company, Grand Rapids, Michigan, U. S. A.)

Werden zwei verschiedene Drehzahlen gewünscht, so wird die Maschine mit einem polumschaltbaren, verschiebbaren Motor ausgerüstet.

Die in Abb. 384 dargestellte riemenlose Elektrofräsmaschine wird in verschiedenen Ausführungen geliefert, und zwar als einfache riemenlose

25*

Fräsmaschine mit eingebautem Drehstrommotor oder für Riemenantrieb, als einfache Fräsmaschine mit Klapptisch und als Fräsmaschine mit angebautem Schwenkarm und Schiebetisch zum Anschneiden von Zapfen.

Verwendungsweise: Mit Hilfe von entsprechenden Nebenapparaten und Werkzeugen für alle Fräsarbeiten, wie Abplattungen, Zapfen, Schlitze, Kehlungen, zum Fügen, Nuten, Federn, Kannelieren, Zinkenschneiden usw. von den einfachsten bis zu den kompliziertesten Formen sowohl an geschweiften als auch an geraden Hölzern.

Konstruktion: An dem kräftigen Hohlgußständer mit breiter Grundfläche führt sich in Gleitschienen hoch und tief der Motor, welcher

Abb. 384. H 45 Z M. Elektro-Fräs- und Zapfenschneidmaschine mit Schwenkarm und Schiebetisch. (Teichert & Sohn, Liegnitz.)

an Stelle der üblichen Füße schwalbenschwanzförmige Gleitstücke erhält. Diese vertikale Verschiebung erfolgt durch ein bequem angeordnetes Handrad über Kegelräder.

Eine Feststellvorrichtung sichert den Motor in jeder Höhenlage.

Der Tisch besitzt eine ringförmige Tischnute. Diese erlaubt an jeder beliebigen Seite des Tisches zu arbeiten, wie es das Werkstück erfordert. Anschlaglineal, Einspann- und sonstige Hilfsapparate lassen sich in der schwalbenschwanzförmigen Ringnute an jede beliebige Tischseite verschieben und feststellen. Der sehr kräftige Oberlagerarm besitzt Kugellagerung und kann zur Seite geschwenkt oder leicht abgenommen werden. Grobeinstellung des Oberlagerarmes auf Arbeitshöhe an der Armführung, Feineinstellung der langen Einsatzbolzen in der Kugellagerbüchse des Oberlagerarmes durch seitliches Handrad.

Befestigung der Einsatzdorne durch Überwurfmutter, welche einen sicheren, festen Sitz gewährt und schnelles Auswechseln ohne jeden Schlag gestattet. Die Überwurfmutter hat Differentialgewinde, d. h. Feingewinde mit verschiedener Neigung für Welle und Dorn. Das Lösen der Mutter drückt den Dorn aus dem Kegel heraus. Keine Lagerbeschädigung durch Hammerschlag wie bei der veralteten Keilbefestigung.

Antrieb: Gerade bei Fräsmaschinen mit sperrigem Vorgelege und Riemen ist der direkte Elektromotorantrieb der gegebene. Vorteile desselben: Wegfall jeglicher Transmissionen und Riemen, Fortfall von Transmissionskanälen und Riemenschutz, kein Riemenschlupf, konstante Einschaltung der günstigsten Schnittgeschwindigkeit.

Keine ungünstige Beeinflussung des Motors bei stärkster Überlastung, da nur die Sicherung herausschlägt.

20—25 % Ersparnis an Kraft und ein Mehrfaches an Schmiermaterial, Riemen und Platz.

Motordefekte treten bei weitem nicht so häufig auf wie Defekte an Riemen und Transmissionsanlagen. Defekte sind praktisch nur in der Statorwicklung durch andauernde hohe Überlastung möglich. Ein Austausch des Stators kann sofort an Ort und Stelle erfolgen.

Als Antriebsmotor wird ein normaler Kurzschlußmotor von 2,2 und 4 kW verwandt (0,736 kW = 1 PS). Die Umdrehungszahlen des Motors und dementsprechend der Fräswelle sind normal 3000/min. Auf Wunsch wird dieser Kurzschlußmotor auch polumschaltbar geliefert, so daß sich Umdrehungen von 1500 und 3000 ergeben. Diese Motortype eignet sich bestens für Periodenumformer. Je nach der gewünschten Umdrehungszahl wählt man 75 oder 100 Perioden. Bei 75 Perioden kann die Umdrehungszahl bis zu 4500, bei 100 Perioden bis zu 6000 gesteigert werden.

Der Periodenumformer rentiert sich am besten für mehrere Maschinen.

Falls Antrieb ohne Periodenumformer in Frage kommt, empfiehlt sich bei höherer Umdrehungszahl der Zahnradmotor. Als Übersetzungsräder werden präzis gearbeitete Chromnickelstahl-Schraubenräder verwandt, die im Schmierbad laufen. Eine Abnutzung zeigt sich selbst nach sehr langer Betriebsdauer nicht und dieses Spezialzahnradgetriebe läuft vollständig geräuschlos. Bei einfachem Zahnradmotor ist die Umdrehungszahl 4000, bei polumschaltbarem Motor 2000 und 4000 pro Minute. Um höhere Umdrehungszahlen ohne Periodenumformer zu erzielen, verwendet man vorteilhaft doppelte Fräsmaschinen mit zwei verschiedenen Motoren zu 3—4 PS (s. auch Abb. 380). Mittels dieser Motoren werden einfache Umdrehungszahlen von 3750, 4000, 4500 und 6000 pro Minute, polumschaltbar jedoch von 1500—4500 und 3000—6000 erzielt. Die hohen Touren werden für kleinere Fräswerkzeuge, die niedrigen Touren für schwere, große Werkzeuge, wie Schlitzscheiben u. dgl., genommen. Normale Spannungen sind 110, 220 und 380 Volt. Zu jeder einfachen Maschine gehört ein kurzer Einsatzbolzen 16 mm und ein langer Einsatzbolzen 25 mm Durchmesser mit Kugeloberlager und Anschlaglineal.

Die Tischgröße ist 1000×900 mm und die normale Motorstärke 2,2 kW = 3 PS.

Wie aus der Abb. 384 ersichtlich, befindet sich an der Maschine ein seitlich angebauter Schwenkarm. Auf diesem bewegt sich spielend leicht ein Aufspanntisch mit dem Einspannapparat. Dieser Mechanismus sichert eine bessere Führung der langen Hölzer als der bloße Führungsschlitten einer gewöhnlichen Fräsmaschine. Nach beendeter Arbeit läßt sich der Schwenkarm zurückklappen. Verstellbare Anschläge dienen zur Begrenzung der Schnittiefe und erübrigen ein Anreißen der Hölzer. Die Maschine eignet sich besonders für Bautischlereien, wo keine Zapfenschneidmaschine vorhanden ist; es lassen sich Zapfen und Schlitze bis zur 170 mm Länge unter Benutzung des seitlich angebauten Schwenkarmes mit Schiebetisch infolge der sichern Auflage, auch bei längeren Hölzern, mit Leichtigkeit anschneiden.

Abb. 385. PAe. Hochtourige, riemenlose Elektrofräsmaschine, D. R. P. (Böttcher & Geßner, Altona-Bahrenfeld.)

Elektrofräsmaschinen mit direkt gekuppeltem Motor ergeben bei normaler Stromart eine höchste Umdrehzahl der Frässpindel von 2850—3000 in der Minute. Gegenüber den Fräsmaschinen mit Riemenantrieb und üblichen Drehzahlen der Frässpindel von 4—6000 stellen folglich solche Elektroantriebe in bezug auf die Leistung einen beträchtlichen Rückschritt dar, insofern kein Periodenumformer verwandt wird. Die in Abb. 385 und 386 dargestellte neue riemenlose Fräsmaschine beseitigt diese, der allgemeinen Einführung von Elektrofräsmaschinen entgegenstehenden Nachteile vollständig, indem sie die Geschwindigkeit der Frässpindel von derjenigen des Antriebsmotors vollkommen unabhängig macht, so daß die bisher bei Riemenantrieb üblich gewesenen Arbeitsleistungen nicht nur beibehalten, sondern sogar noch erhöht werden. Gleiche Schneidenzahl der verwendeten Werkzeuge vorausgesetzt, ergibt sich im Vergleich zu den eingangs angedeuteten Konstruktionen mit direkt gekuppeltem Motor ohne Übersetzungselement bei Verwendung von kleinen Fräswerkzeugen eine bis 100% höhere Schnittzahl.

Der Elektromotor sitzt wie aus Abb. 386 ersichtlich, unmittelbar an dem entsprechend kräftigen Frässchlitten und ist durch ein vollkommen staub- und öldicht eingeschlossenes Spiralkegelrädergetriebe mit der Frässpindel verbunden.

Die dabei zur Verwendung gelangenden Kegelräder sind aus gehärtetem Chromnickelstahl hergestellt und mit einer in allen Kulturstaaten patentierten Spiralverzahnung nach Abb. 288 versehen. Die Abnutzung der Räder ist selbst bei jahrelangem Gebrauch kaum feststellbar; nach zweijähriger Betriebsdauer wieder ausgebaute Räder zeigten praktisch keine Abnutzung. Die Firma Böttcher & Geßner übernimmt für die Haltbarkeit dieser Räder volle Garantie.

Während bei Fräsmaschinen mit direkt gekuppeltem Motor ohne Übersetzungselement die Frässpindel in der Stärke entsprechend der verhältnismäßig kleinen Bohrung des aufzusetzenden Rotors gehalten werden muß, kann sie bei der Böttcher-&-Geßner-Bauart durchgehend stark ausgeführt und kräftig gelagert werden. Der Motor verschwindet vollkommen im Hohlraum des Maschinenständers, so daß er gegen äußere Einflüsse oder Beschädigungen in der denkbar günstigsten Weise geschützt ist. Wird nur eine Drehzahl der Frässpindel benötigt, was bei Verwendung von nur kleinen Fräswerkzeugen der Fall ist, so läßt sich die Maschine entweder für 6000 oder für 4500 Umdrehungen in der Minute erreichen.

Abb. 386. Frässpindelrahmen mit Elektromotor und Spiralkegelradgetriebe.
(Böttcher & Geßner, Altona-Bahrenfeld.)

Werden zwei verschiedene Drehzahlen verlangt, so wird die Maschine mit einem polumschaltbaren Motor ausgerüstet für Drehzahlen von 6000—3000 oder 4500—2250.

Durch Wahl entsprechender Anlaßapparate lassen sich sämtliche Maschinen auch für Rechts- und Linkslauf einrichten.

Die zur Anwendung kommenden Anlaßapparate sind in besonders kräftiger Ausführung gehalten und für angestrengten Dauerbetrieb gewählt.

Die stählerne Frässpindel läuft in sehr sorgfältig eingebauten, erstklassigen Kugellagern; die Verstellung des Frässpindelschlittens erfolgt durch ein bequem angeordnetes Handrad, bei dessen Betätigung man das Werkzeug stets im Auge behalten kann.

Die Fräsdorne sind nach den Normen des Vereins deutscher Holzbearbeitungsmaschinenfabriken ausgeführt.

Der Tisch ist mit 4 Schlitzen, 2 Längs- und 2 Quernuten versehen. Für schwere Fräsarbeiten wird ein kräftiges Oberlager geliefert. Das

Anschlaglineal hat eine feste und eine verstellbare Backe, die durch Handrad mit Gewindespindel genau eingestellt werden kann. Nachstehend verzeichnete Apparate und Werkzeuge können zu der Maschine passend mitgeliefert werden:

Doppelte Türfüllungsabplattvorrichtung,
Zapfenschneidschlitten evtl. mit Schwenkarm,
Kannelierapparat,
Apparat zum Fräsen von Pantoffelhölzern,
Apparat zum Fräsen von Bürstenhölzern,
Zinkenfräsapparat,
Kehldruckapparat mit seitlicher Druckvorrichtung,
Selbsttätiger Vorschubapparat für Kehlleisten,
Wellen- oder Rokokoleistenfräsapparat,
Schwenkendes Kreissägeblatt,
Schlitzmesser in S-Form,
Schlitzscheibe,
Doppelter Schlitzmesserkopf,
Vierkantmesserkopf,
Klemmscheibenmesserkopf.

Die Tischplattengröße beträgt 1000×900 mm, die Spindelstärke 50 mm. Die zur Verwendung kommenden Elektromotoren leisten 3—4 PS. Das Gewicht der Maschine beträgt 660—680 kg. Auf Wunsch wird die Maschine auch mit größerem Tisch von 1100×1200, sowie für Riemenantrieb geliefert. Ebenfalls ist die Maschine als Doppelmaschine mit 2 Frässpindeln lieferbar, was für größere Betriebe von Vorteil ist, da dann 4 Tourenzahlen, und zwar 6000—3000 und 4500—2250 zur Anwendung kommen können. Selbstverständlich eignet sich eine doppelspindliche Fräsmaschine nur zur Bearbeitung kleinerer Werkstücke. Zur Bearbeitung von größeren Werkstücken sind zwei einzelne Fräsmaschinen vorteilhafter. Eine doppelte Fräsmaschine kommt vor allem für solche Massenartikel in Frage, welche mehrere Arbeitsgänge mit verschiedenen Werkzeugen erfordern, so daß die beiden Leute Hand in Hand arbeiten.

Abb. 387 und 388 zeigen, wie in einem rationell arbeitenden Holzbearbeitungsbetrieb an der Fräsmaschine gearbeitet werden soll.

Der die Maschine bedienende Arbeiter hat in greifbarer Nähe zwei in Abb. 379 dargestellte Holztransportwagen stehen, und zwar dient der eine Wagen zum Heranschaffen der zu bearbeitenden Werkstücke, wogegen der zweite Wagen mit den auf der Fräsmaschine fertig bearbeiteten Werkstücken beladen wird.

Abb. 387 veranschaulicht, wie Holztafeln an den beiden Hirnseiten mit einer Nute für Hirnleisten versehen werden, und zwar erfolgt diese Arbeit unter Ausschaltung jeder unproduktiven Bewegung des Ma-

Die Fräsmaschinen. 393

Abb. 387. Neuzeitliche Arbeitsmethoden an der Tischfräsmaschine.

Abb. 388. Neuzeitliche Arbeitsmethoden an der Tischfräsmaschine.

schinenarbeiters, wodurch Höchstleistungen erzielt werden, die Herstellungskosten vermindert und der Arbeiter trotzdem bei Akkord den Höchstlohn verdient.

Bei der auf Abb. 388 dargestellten Fräsmaschine werden Eschenholzstege a an den Hirnseiten mittels Fassonfräser gleichzeitig an beiden Seiten abgerundet und mit einem 15 mm breiten Schlitz versehen. Die Holzstege werden bei der Bearbeitung in einen Einspannapparat gespannt und die Bearbeitung erfolgt ebenfalls unter vollständiger Ausschaltung jeder unproduktiven Bewegung. Um jedoch an der Fräsmaschine Höchstleistungen erzielen zu können, ist Bedingung, daß die Frässpindel bei Verwendung von kleinen Fräsern von etwa 60 mm Durchmesser nicht unter 5—6000 Touren läuft, da andernfalls der Vorschub der zu bearbeitenden Hölzer verringert werden muß, um eine saubere Fräsarbeit zu erhalten.

Man merke sich, daß Höchstleistungen von kleinen Fräsern bei sauberer Fräsfläche nur bei hochtourigen Fräsmaschinen zu erzielen sind.

G. Zapfenschneidmaschinen.

Größere Holzbearbeitungsbetriebe, welche Zapfen in Mengen herzustellen haben, verwenden vorteilhaft eine neuzeitliche Zapfenschneidmaschine, da das Anschneiden von Zapfen auf einer solchen Maschine viel schneller und sauberer geschieht als auf der Fräsmaschine oder Kreissäge.

Während die Fräsmaschine nur mit einer vertikalen Arbeitswelle ausgerüstet ist, besitzt die Zapfenschneid- und Schlitzmaschine bis drei horizontal und drei vertikal gelagerte Wellen, die nacheinander einzeln oder paarweise in Funktion treten.

Aus der Reihenfolge der an den Werkstücken vorzunehmenden Einzelarbeiten ergibt sich von selbst die Anordnung der verschiedenen Arbeitswellen und somit der Aufbau der Maschine.

Das Werkstück b wird mittels Druckhebel a auf den Auflegeschiebetisch mit Schwenkarm befestigt und zuerst der Abkürzsäge zugeführt. Hierauf gelangt das Werkstück zu den beiden horizontalen Messerwellen, deren Messerköpfe den Zapfen von oben und unten bearbeiten und deren Höhenstellung mit Rücksicht auf die verschiedenartige Zapfenstärke veränderlich sein muß. Um ferner ungleich abgesetzte Zapfen herstellen zu können, bildet man den oberen Support als Kreuzsupport aus, so daß er seitlich zu der gewünschten Schulterlänge passend eingestellt werden kann. Nachdem nun das Werkstück die horizontalen Messerwellen passiert hat, gelangt es zu den beiden, unmittelbar hinter diesen übereinander gelagerten, vertikalen Messerwellen, die zum Unterschultern der Zapfen dienen; dieselben lassen sich unabhängig voneinander, sowie auch unabhängig von den horizontalen Messerwellen sowohl horizontal als auch vertikal verschieben.

Zum Schlitzen dient die hinten an der Maschine angebrachte vertikale Schlitzwelle, mittels welcher der Schlitz in bekannter Weise ausgeschlagen wird. Bei den neuesten Maschinen ist diese Schlitzwelle schräg stellbar angeordnet, so daß man unter Verwendung von 2 Kreissägeblättern schräge Zapfen anschneiden kann.

Bei Anschaffung einer Zapfenschneid- und Schlitzmaschine rate ich dazu, unbedingt eine schwere Maschine mit Abkürzsäge zu wählen, und

Abb. 389. Eine in voller Arbeit befindliche Zapfenschneidmaschine.

zwar wenn irgend möglich riemenlos, da speziell auf einer solchen Maschine durch die leichte Schrägstellbarkeit der Messerköpfe alle erdenklichen Arten von Zapfen in einmaligem Arbeitsgang hergestellt werden können und die vielen sonst erforderlichen Riemen fortfallen. Von großer Wichtigkeit ist ferner die Verwendung richtig konstruierter Messerköpfe möglichst aus Leichtmetall, da dieses für die Lagerung der Messerwellen von großem Vorteil ist. Die Messerköpfe sollen möglichst mit zwei nebeneinanderliegenden, spiralförmig angeordneten Messern und Ritzvorschneidern ausgeführt sein; dieselben dürfen absolut kein Schwergewicht aufweisen, da die Maschine dann unruhig läuft und die Lager der Messerwellen bald ruiniert sind. Das Anschneiden von Zapfen auf einer Fräsmaschine oder Kreissäge kann immer nur ein

Notbehelf sein; dieselben sollen in einem neuzeitlichen Betriebe nur auf der Zapfenschneidmaschine angeschnitten werden. Nachstehend sollen nun neuzeitliche, riemenlose Elektrozapfenschneidmaschinen eingehend beschrieben und bildlich dargestellt werden.

Mit der in Abb. 390 und 391 dargestellten Neuheit wird eine Maschine geboten, die vermöge ihrer glänzenden Vorzüge sich bald den Markt erobern und ihren Besitzern eine hohe Rentabilität abwerfen wird. Nur der direkte, riemenlose Antrieb, dem die Gegenwart und Zukunft gehört und der in der Metallindustrie und in der amerikanischen Holzindustrie schon seit langen Jahren angewandt wird, kann heute einen modernen Betrieb rationell und übersichtlich gestalten.

Abb. 390. GZKM. Große Elektro-Zapfenschneid- und Schlitzmaschine für riemenlosen Antrieb durch 6 eingebaute Elektromotoren, mit vorderer Abkürzsäge, 2 horizontalen und 2 vertikalen Messerköpfen und hinterer Schlitzscheibe. (Teichert & Sohn, Liegnitz.)

Ersparnis an Riemen, Schmieröl, Transmissionen, Fundamenten, Platz, einfache Bedienung und Handhabung, dadurch Verminderung der Unfallgefahr, größere Durchzugskraft und damit Einhaltung der günstigsten Schnittgeschwindigkeit.

Ersparnis an Kraft in Höhe von etwa 20—25% durch Fortfall der Transmissions- und Leerlaufverluste. Bessere Zugänglichkeit der Maschine und bessere Raumausnützung. Unabhängigkeit in der Aufstellung der Maschine, erhöhte Betriebssicherheit durch wesentliche Verminderung der Stillstände sind die hauptsächlichsten Vorzüge des elektrischen Einzelantriebes.

Die etwas höheren Anschaffungskosten für die Maschine treten gegenüber diesen Vorzügen in den Hintergrund, da sie in kurzer Zeit herausgewirtschaftet werden können. Motordefekte sind bei dieser Maschine bei weitem nicht so häufig zu verzeichnen als Defekte an Riemen und Transmissionsanlagen, zumal erstklassige Spezialmotoren von den Siemens-Schuckert-Werken eingebaut sind.

Abb. 391. GZKM. Große Elektro-Zapfenschneid- und Schlitzmaschine für riemenlosen Antrieb durch 6 eingebaute Elektromotoren, mit vorderer Abkürzsäge, 2 horizontalen und 2 vertikalen Messerköpfen und hinterer Schlitzscheibe. (Teichert & Sohn, Liegnitz.)

Der Arbeitsgang ist folgender:

Mit Messerköpfen und nicht schräg verstellbarer Schlitzscheibenwelle.

1. Mit Abkürzsäge abkürzen (Abb. 392).

2. Mit horizontalen Messerköpfen Zapfen anschlagen (Abb. 393).

3. Mit vertikalen Unterschneidköpfen unterschneiden bzw. profilieren (Abb. 394 u. 395).

4. Mit horizontaler Schlitzscheibe einen oder zwei Schlitze schlagen (Abb. 396 u. 397).

Mit Kreissägeblättern und schräg verstellbarer Schlitzscheibenwelle für den schrägen Zapfen.

1. Mit Abkürzsäge abkürzen (Abb. 398).

2. Mit Kreissägeblättern auf horizontalen Wellen Zapfenbegrenzung einschneiden (Abb. 399).

3. Mit Kreissägeblättern auf vertikaler Schlitzscheibe gerade Zapfenstücke ausschneiden (Abb. 400) oder

3a. mit Kreissägeblättern auf schräggestellter Schlitzscheibenwelle schräge Zapfenstücke ausschneiden (Abb. 401).

398   Maschinen für Holzbearbeitungsbetriebe und Tischlereien.

Der Schenkel ist nun fertig bearbeitet und so sauber und schnell, wie er sich in anderer Weise nicht erzielen läßt.

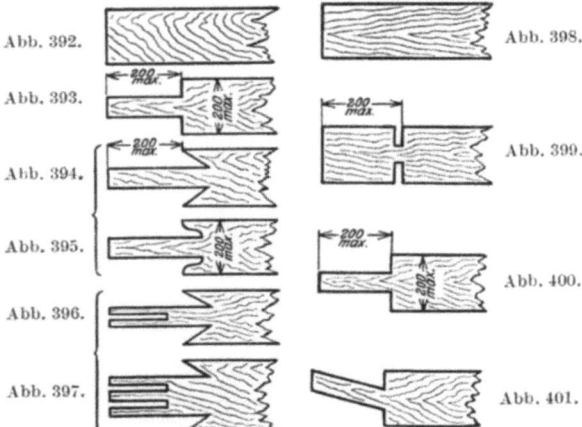

Abb. 392. Abb. 393. Abb. 394. Abb. 395. Abb. 396. Abb. 397. Abb. 398. Abb. 399. Abb. 400. Abb. 401.

Mit schräggestellten Werkzeugwellen.

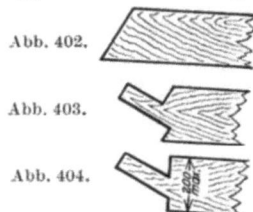

Abb. 402. Abb. 403. Abb. 404.

1. Mit Abkürzsäge abkürzen (Abb. 402).
2. Mit schräggestellten horizontalen Messerköpfen Zapfen anschlagen (Abb. 403).
3. Mit schräggestellten vertikalen Unterschneidköpfen, unterschneiden bzw. profilieren (Abb. 404).

Die in Abb. 392—404 dargestellten Arbeitsmuster sind auf der in Abb. 390 und 391 gezeigten Maschine hergestellt.

Die Maschine findet Verwendung zur Anfertigung von geraden Zapfen in Bau- und Möbeltischlereien, Stuhlfabriken, Waggonfabriken, Schiffswerften, Eisenbahnwerkstätten und sonstigen Holzbearbeitungswerkstätten. Für den Karosseriebau empfiehlt es sich, eine Maschine zu wählen, bei welcher sämtliche Supporte und Werkzeugträger schräg stellbar angeordnet sind. Es können dann auf der Maschine sämtliche vorkommenden schrägen Holzzapfen in einmaligem Arbeitsgange angeschnitten werden.

Die Maschine schneidet Zapfen bis 200 mm Länge an Werkstücken bis 200 mm Stärke. Die Konstruktion der Maschine gestattet aber auch durch Nachschieben des Werkstückes die Herstellung längerer Zapfen, wie ebenso die Hölzer in der Mitte oder an jeder beliebigen Stelle mit Quernuten versehen werden können.

Zur Bearbeitung spannt man das Werkstück auf den seitlichen, spielend leicht beweglichen Schiebetisch. Es wird zunächst an der vorderen Abkürzkreissäge vorbeigeführt, wo die Hölzer absolut genaue Länge, eines wie das andere erhalten. Hiernach geht das Werkstück zwischen den beiden horizontalen Messerköpfen durch, welche den geraden Zapfen anschlagen, passiert alsdann die beiden vertikalen Messerköpfe, um dort die schwalbenschwanzförmige oder profilierte Unterschulter zu erhalten, und endet schließlich an der hinteren Schlitzwelle zur Herstellung des Schlitzes, welcher entweder durch Ausschlagscheibe oder durch eine schwankende Nutkreissäge erzeugt wird.

Der Schenkel bzw. Zapfen ist nun fertig bearbeitet, und zwar so sauber und schnell, wie es sich in anderer Weise nicht erzielen läßt.

Der Maschinenständer, in Hohlguß gehalten, zweiteilig, mit breiten Füßen, ist zur Vermeidung von Erschütterungen und zur Sicherung eines ruhigen Arbeitens außerordentlich kräftig. Das Unterteil des Ständers bietet einen vollkommen staubdicht abgeschlossenen Raum, in welchem der gesamte automatische Schaltmechanismus staubdicht untergebracht ist.

Abkürzsäge. Dieser Motor ist mit einem langgeführten Prismaschlitten starr verbunden und hat eine seitliche Verstellung von 200 mm, die mittels Handrad leicht vorgenommen werden kann. Der ganze Motorsupport und mit ihm die Kreissäge läßt sich weiterhin auch in der Höhe, sowie auf Extrabestellung im Winkel bis 15° nach Skala schräg verstellen.

Sämtliche Bewegungen werden gegen unwillkürliches Losgehen gesichert. Auf der kugelgelagerten Motorwelle sitzt das Kreissägeblatt; es hat oberhalb einen verstellbaren Schutz und unterhalb eine Schutzhaube mit Anschlußstutzen für die Spanabsaugung. Die dreifache Bewegungsmöglichkeit mit Momentverstellung der Abkürzkreissäge, unabhängig von anderen Messerwellen, ist ein besonderer Vorzug dieser Maschine.

Horizontale Messerköpfe. Auch deren Motoren ruhen fest auf einem Schlitten, der jeder für sich horizontal, vertikal und auf Extrabestellung nach Skala bis 15° schräg verstellbar und gegen ungewollte Bewegungen gesichert ist. Sämtliche Verstellungen gehen mit wenigen Handgriffen schnell vor sich. Das Werkzeug ist als Sicherheitsmesserkopf, und zwar mit 4 Stück im Spiralschnitt schneidenden Messern, d. h. je 2 Messer liegen sich gegenüber, und je 2 Ritzmessern ausgebildet. Auf Wunsch werden die Messerköpfe als runde Sicherheitsmesserköpfe in Leichtmetall ausgeführt, wodurch die Motorachse entlastet und ein besonders ruhiger Lauf erzielt wird. Die ganze Schnittbreite wird nicht auf ein einziges, sondern auf 2 Messer mit bogenförmiger Fase verteilt. Die Messer haben infolgedessen eine mehr schälende Wirkung und werden bei sauberstem Schnitt nie einreißen. Die seitlichen vertikalen Ritzmesser am Kopf sichern eine scharfe, saubere Kante des Zapfens.

An Stelle der Messerköpfe wird die Maschine auch mit Kreissägeblättern bis 250 mm Durchmesser geliefert. Bei dieser Ausführung werden ebenfalls an Stelle der Schlitzscheiben 2 Kreissägeblätter aufgesetzt. Mittels der ersten horizontal gelagerten Kreissägeblätter werden die Schultern des Zapfens eingeschnitten (s. Abb. 399), während die hinteren vertikal gelagerten Kreissägeblätter auf der Schlitzwelle angeordnet, das Blatt des Zapfens mit 2 Schnitten herausschneiden (Abb. 400). Der Kraftbedarf bei dieser Arbeitsweise ist bedeutend geringer und ich empfehle diese Arbeitsweise ganz besonders beim Anschneiden von Zapfen an starken Hölzern und im Karosseriebau.

Vertikale Unterschneidmesserköpfe. Unmittelbar auf den Schlitten der horizontalen Messerkopfmotoren sitzen auf demselben Prisma die Schlitten für die Unterschneidkopfmotoren und machen mit jenen dieselben Bewegungen mit. Wird die Maschine mit schräg verstellbaren Horizontalmesserköpfen geliefert, so erhalten auch die Unterschneidmesserköpfe diese Schrägverstellung.

Hintere Schlitzwelle. Dieser Motor hat mit seinem Schlitten Höhen- und Seitenverstellung. Die Höhenverstellung wird mittels Spindeln und Kegelrädern vorgenommen und das Handrad ist bequem für die Bedienung angeordnet. Auf Wunsch erhält auch diese Welle eine Neigbarkeit bis zu 15°. Der Motor und der Zapfen sind so dimensioniert, daß man mit 2 Stück Schlitzscheiben bis 475 mm Durchmesser arbeiten kann.

Aufspannführungsschlitten. Unter Fortfall des sonst üblichen Schwenkarmes ist hier eine neuartige Schiebewagenkonstruktion angewandt, bei welcher sich der Wagen auf einer oberen und unteren Schiebebahn in Kugellagern spielend leicht bewegt, ohne Gefahr für ein Ecken, Verklemmen, Hochschlagen oder Kippen des Tisches. Ein Anreißen der Rahmenhölzer für die verschiedenen Zapfenlängen ist unnötig, da sowohl für lange als auch kurze Zapfen je ein besonderer federnder Anschlag vorgesehen ist. Augenblickliches Ein- und Ausspannen der Hölzer.

Die Inbetriebsetzung der einzelnen Motoren geschieht mittels einer vorn am Arbeiterstand angeordneten, leicht zugänglichen Druckknopfsteuerung. Jeder einzelne Motor läßt sich ganz nach Bedarf durch einen mit entsprechender Bezeichnung markierten Druckknopf in Gang bringen. Ein mit Halt bezeichneter Druckknopf dient zum sofortigen Stillsetzen der Motoren.

Sämtliche Motoren sind kugelgelagerte Kurzschlußläufer (Kugellager-Asynchron-Drehstrommotoren). Am Schaltmechanismus im Ständerunterteil ist ein Hauptschalter vorgesehen, der gestattet, die Maschine direkt vom Netz aus sofort unter Strom zu setzen. Der gesamte Anlaßmechanismus ist gegen Staub und mechanische Beschädigungen vollkommen geschützt. Eine seitlich angeordnete, nach unten aufklappbare große gußeiserne Tür dient dazu, den auf einem Rahmen montierten Schaltmechanismus herauszuziehen, um ihn zum Nachsehen und für

Zapfenschneidmaschinen. 401

Reparaturen zugänglicher zu machen. Außer allen anderen Apparaten ist noch eine Lichtsteckdose direkt an der Maschine angeordnet.

Die Motoren sind selbst für Überlastung mit Spitzenleistungen kräftig genug. Zu ihrer Wartung genügt das Nachfüllen der Schmiervorrichtungen.

Nebenstehende Abbildung zeigt einige auf der Maschine hergestellte Arbeitsmuster.

Abb. 405. Arbeitsmuster der in Abb. 390 und 391 dargestellten Elektro-Zapfenschneid- und Schlitzmaschine.

Die Abmessungen der Maschine sind folgende:

Ganze Breite in Richtung der horizontalen Wellen	2000 mm
Tiefe in der Schnittrichtung	2300 mm
Ganze Höhe	1600 mm
Abkürzsäge: Sägeblattdurchmesser	400 mm
Horizontale Messerköpfe: Flugkreisdurchmesser	200 mm
Unterschneidköpfe: Flugkreisdurchmesser	200 mm
Schlitzscheibe: Durchmesser	475 mm
Umdrehungszahl sämtlicher Werkzeuge außer der Schlitzscheibe, minutlich	3000
Umdrehungszahl der Schlitzscheibe, minutlich	1500
Motorstärken: Abkürzkreissäge	1,5 kW
horizontale Zapfenschneidköpfe je	1,5 kW
vertikale Unterschneidköpfe je	0,5 kW
Schlitzscheibe	1,5 kW

Die Maschine wird vorläufig nur für Drehstrom geliefert, nicht aber für Wechsel- oder Gleichstrom. Normalspannungen sind: 120, 220 und 380 Volt mit 50 Perioden.

Drehstrom 220/380 Volt ist am vorteilhaftesten. Die zulässige Toleranz für Spannung und Periodenzahl ist plus oder minus 5%.

Außer der vorstehend beschriebenen Elektrozapfenschneid- und Schlitzmaschine liefert Teichert & Sohn auch solche für Riemenantrieb.

Die riemenlos angetriebene Zapfenschneid- und Schlitzmaschine Abb. 406 und 407 unterscheidet sich von ähnlichen, auch ausländischen Fabrikaten dadurch, daß nicht jede Welle einen einzelnen Motor hat, sondern ein einziger Motor sämtliche Wellen treibt, die untereinander durch zweckentsprechende Kegelradgetriebe verbunden sind.

Demgemäß ist dieses Modell durch folgende Eigenarten und Vorzüge gekennzeichnet:

Vermeidung einer umfangreichen und kostspieligen Vielmotoranlage mit ihren zahlreichen, komplizierten Schalteinrichtungen, Erzielung der

402　Maschinen für Holzbearbeitungsbetriebe und Tischlereien.

vorschriftsmäßigen Drehzahl aller Arbeitswellen infolge vollkommener Unabhängigkeit von der begrenzten Drehzahl des Motors.

Vermeidung besonders großer und schwerer Messerköpfe auf den horizontalen Wellen. Gegenüber den zahlreichen kleinen Motoren und umfangreichen Schaltvorrichtungen einer Vielmotorenmaschine hat dieses Modell zunächst den Vorzug des einfachen, gemeinsamen Antriebsmotors von größerer Leistung und dementsprechend günstigerem Wir-

Abb. 406. Bedienungsseite.

Abb. 407. Hintere Ansicht der Maschine.
Abb. 406 und 407. RKe. Riemenlose Elektro-Zapfenschneid- und Schlitzmaschine, Einmotorenbauart, D. R. P. (Böttcher & Geßner, Altona-Bahrenfeld.)

kungsgrad. Während bei der Vielmotorenmaschine jeder einzelne Motor so stark bemessen sein muß, daß er der größten vorkommenden Beanspruchung seiner Welle genügt, liegen die Verhältnisse bei der

Einmotorenbauart ganz anders und bedeutend günstiger. Die besondere Arbeitsweise einer Zapfenschneidmaschine ergibt niemals ein gleichzeitiges Arbeiten sämtlicher Wellen. In dem Augenblick, wo die horizontalen Wellen den Zapfen anschneiden, laufen die vertikalen Wellen leer und umgekehrt. Der Gesamtmotor der Einmotorenbauart dagegen braucht nicht größer zu sein, als die gleichzeitig entweder von den horizontalen oder vertikalen Wellen verlangte Höchstleistung es erfordert, da ja höchstens 2 Arbeitswellen zu gleicher Zeit arbeiten. Die gesamte elektrische Installation wird also dadurch nicht nur einfacher und billiger, daß eine Zersplitterung der elektrischen Leistung der Einmotorenart in viele kleine Motoren vermieden ist, sondern auch die Pferdestärkenzahl des Gesamtmotors braucht höchstens die Hälfte der Summe einer Vielmotorenanlage zu sein. An Stromersparnis und elektrischer Installation

Abb. 408. Arbeitsmuster der in Abb. 406 und 407 dargestellten riemenlosen Elektro-Zapfenschneid- und Schlitzmaschine.

stellt somit die Einmotorenbauart gerade bei der Zapfenschneidmaschine einen ganz bedeutenden Fortschritt dar. Durch Anwendung der schon erwähnten Kegelradgetriebe mit der in holzindustriellen Kreisen bestens bekannten Spiralverzahnung nach Abb. 288 ist man vollkommen unabhängig von der begrenzten Drehzahl des Motors, und dadurch kann den Arbeitswellen die in jedem Falle als die günstigste erkannte höchste Drehzahl gegeben werden. Die Abnutzung der Räder ist selbst nach jahrelangem Gebrauch kaum feststellbar; es übernimmt die Firma Böttcher & Geßner für die Haltbarkeit derselben volle Garantie. Die beiden horizontalen Zapfenschneidköpfe haben normal eine Arbeitsbreite von 150 mm; breitere Zapfen lassen sich durch Nachsetzen des Holzes anschneiden. Auf Wunsch werden jedoch auch breitere Messerköpfe angebracht. Die Messerköpfe sind sog. runde Sicherheitsmesserköpfe und zur Aufnahme von je 4 Sparmessern und 2 Ritzern eingerichtet. Die Messer liegen schräg im Kopf, um ziehenden Schnitt und dadurch gewährleistete sauberste Arbeit zu erzielen. Es können jederzeit ohne die geringsten Schwierigkeiten auch nur 2 Messer aufgesetzt werden. Auf Verlangen wird die Maschine an Stelle der Messerköpfe auch mit Kreissägen ausgerüstet, was beim Anschneiden von schrägen Zapfen und Zapfen an starken Hölzern zu empfehlen ist.

Sämtliche Wellen, d. h. nicht nur die horizontalen, sondern auch die vertikalen Arbeitswellen können nach Bedarf durch einen einzigen Handgriff einzeln außer Betrieb gesetzt werden. Falls gewünscht, wird die Maschine so ausgeführt, daß die Wellen mitsamt dem Motor auf einer gemeinsamen Platte um 15° nach oben und unten schräg zu stellen sind, um ohne große Umstände auch schräge Zapfen nicht nur durch Sägenschnitt, sondern mit den Messerköpfen anschneiden, unterschultern und schlitzen zu können.

Auf Wunsch wird eine Abkürzkreissäge angebaut. In diesem Falle sitzt ein besonderer Antriebsmotor unmittelbar auf der Kreissägewelle, die an einem senkrecht und wagerecht verstellbaren Schlitten gelagert ist. Um auch schräge Zapfen abkürzen zu können, kann der ganze Schlitten bis 15° drehbar ausgeführt werden.

Da die Abkürzkreissäge in jedem Betrieb bei gewissen Arbeiten verwandt werden kann, empfehle ich aus eigner Erfahrung, nur eine Zapfenschneid- und Schlitzmaschine mit angebauter Abkürzkreissäge einzubauen. Im Gegensatz zu den meisten bisher üblichen Bauarten läuft der Schiebetischschlitten nicht auf einem Pendel, sondern wird durch große Kugelringe auf einer festen Bahn geführt, die von dem entsprechend ausgebildeten Maschinengestell unmittelbar unterstützt wird. Durch diese Bauweise werden eine besonders sichere Lage und ein spielend leichter Gang des Schlittens gewährleistet sowie ein Ecken und Kippen des letzteren ausgeschlossen. Beim Anschneiden von Zapfen an langen schweren Hölzern ist eine verlängerte Spezialausführung des Schiebetischschlittens zu empfehlen.

Der Kraftverbrauch der Maschine beträgt, da stets nur eine, jedoch höchstens 2 Arbeitswellen zugleich arbeiten, etwa 4 PS.

Die Maschine kann sowohl für Drehstrom als auch für Gleichstrom geliefert werden. Die Maschine schneidet Zapfen bis 150 bzw. 200 mm Länge, bei 400 mm größter Holzbreite. Der Platzbedarf ist etwa 2000×2000 mm. Das Gewicht der Maschine beträgt etwa 1300 kg.

H. Zinkenfräsmaschinen.

Die vier bedeutsamsten Neuerungen und Vorzüge an der in Abb. 409 dargestellten riemenlosen Elektro-Zinkenfräsmaschine mit automatischer Tischbewegung sind:

Vollkommen selbständige Bewegung des Aufspanntisches.
Erstklassige Kugellagerung sämtlicher Frässpindeln.
Drehzahl der Frässpindeln 6000 in der Minute.
Staub- und öldichter Spindelrahmen mit Zentralschmierung.

Mit der Maschine können in 1 Stunde 80 komplette Schubkästen an allen 4 Ecken gezinkt werden bei bisher unerreichter Sauberkeit der Fräsarbeit. Die Erreichung dieser Leistung ist unabhängig von der Geschicklichkeit und dem Kraftaufwand der Bedienung, dieselbe kann mithin von einem Hilfsarbeiter bedient werden.

Durch eine neuartige, zum Patent angemeldete Bauart des Spindelrahmens ist es hier bei einer mehrspindligen Zinkenfräsmaschine zum ersten Male gelungen, außer der selbstverständlich in Kugellagern laufenden Hauptantriebswelle trotz des geringen Abstandes zwischen den Frässpindeln auch jede einzelne der zahlreichen Frässpindeln in hochwertigen normalen Kugellagersystemen dauerhaft zu lagern. Dadurch kommen alle Betriebsstörungen in Wegfall, die bei den bisherigen Modellen durch Heißlaufen der Spindeln und Ausrichten bei Lagerabnützung unververmeidlich waren. Durch diese neue Bauweise wurde es ferner möglich, die Drehzahl der Spindeln ohne irgendwelche Bedenken auf 6000 in der Minute heraufzusetzen und trotzdem den Kraftbedarf der Maschine zu verringern. Sämtliche Spindeln sind durch Spiralverzahnung gruppenweise miteinander verbunden.

 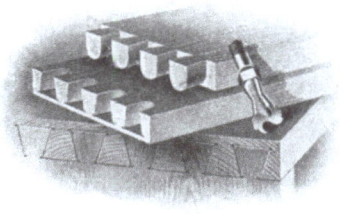

Abb. 409.   Abb. 410.
Abb. 409 und 410. Riemenlose Elektro-Zinkenfräsmaschine mit automatischer Tischbewegung und Arbeitsmuster. (Böttcher & Geßner, Altona-Bahrenfeld.)

Der Antrieb der mittleren Spindelgruppen erfolgt unmittelbar von einer senkrecht darunterliegenden gemeinsamen Antriebswelle unter Anwendung spiralverzahnter Kegelräder aus gehärtetem Chromnickelstahl (Abb. 288).

Die Firma Böttcher & Geßner ist bereit für die Haltbarkeit der Räder volle Garantie zu übernehmen. Die untere Hauptantriebswelle mit den Kegelrädern dient unmittelbar auch als Welle für den eingebauten Antriebsmotor; bei Riemenantrieb wird sie mit einer Antriebsscheibe versehen. Diese neuartige Kraftübertragung mit nur einmaliger Umsetzung der Kraft gestattet es, den Frässpindeln ohne weitere Übertragungselemente oder besondere Zwischenwellen die schon erwähnte hohe Drehzahl von 6000 in der Minute zu erteilen.

Der ganze Antrieb, also Elektromotor, Kegelrädergetriebe, Frässpindeln mit Spiralverzahnung und sämtliche Kugellager, ist in einem gemeinsamen staub- und öldichten Gehäuse vereinigt. Eine in den Spindelrahmen mit eingebaute Ölpumpe sorgt für reichliche Überflutung des Ganzen mit einem starken Ölstrom. Diese selbsttätige Umlaufschmierung ist gerade bei Zinkenfräsmaschinen mit ihren vielen zu bewegenden Einzelteilen von höchster Bedeutung; sie erhöht die Betriebssicherheit der Maschine bei einfachster Wartung sowie die Lebensdauer aller empfindlichen Teile in bisher unbekanntem Maße.

Der ganze Spindelrahmen kann während jedes Arbeitsganges von der Hubseite durch ein Hebelsystem um einen geringen, genau einzustellenden Betrag seitlich hin und her bewegt werden.

Diese Seitenbewegung des Spindelrahmens dient zur genauen Einstellung der Zinkenstärke, um eine mehr oder weniger dichte Packung der Zinkung zu erreichen.

Auch die durch das Kleinwerden der Fräser beim Nachschleifen entstehenden Abweichungen in der Zinkung lassen sich durch diese Vorrichtung vollkommen ausgleichen, so daß von der Maschine eine stets gleichbleibende Arbeit geliefert wird und demnach die Fräser bis zum äußersten Maß abgenutzt werden können. Wohl die wichtigste Neuerung der ganzen Konstruktion besteht in der vollautomatischen Bewegung des Aufspanntisches. Die Arbeitsweise der Maschine ist dadurch von der Geschicklichkeit des Bedienungsmannes vollständig unabhängig geworden, die Leistung hat sich erhöht und der Sauberkeitsgrad der Arbeit ist auf eine bei Handbetätigung nicht erreichbare Stufe gebracht.

Der Antrieb der selbsttätigen Tischbewegung erfolgt zwangsweise von der Motorwelle durch einen Getriebekasten auf eine Hubscheibe, die dem Hebelsystem für die unmittelbare Tischbewegung eine einfache hin und her gehende Bewegung gibt. Die Tischbewegung kann in zwei verschiedenen Geschwindigkeiten erfolgen. Die Bewegung der Hubscheibe wird durch einen Fußhebel eingeleitet und schaltet sich nach einer vollen Umdrehung wieder selbsttätig aus. Während des einmaligen Hin- und Herpendelns des Hebelsystems führt der Aufspanntisch teils eine geradlinige Bewegung quer zur Fräsebene zum Einschneiden der Zinkentiefe aus, teils eine halbkreisförmige Schwingbewegung zur Abrundung der Zinkenecken. Die halbkreisförmige Schwingbewegung erfolgt auf Kurbelzapfen ohne Zuhilfenahme irgendwelcher Schablonen; die Abrundungen fallen daher stets vollkommen rund und sauber aus. Der Übergang von der gradlinigen Tischbewegung zur kreisenden Bewegung erfolgt durch festes Anschlagen der Kurbelwellen an zwei drehbare Anschlagscheiben; irgendwelche komplizierten Steuerungsorgane wie Kurven, Schablonen oder Kupplungen kommen im

Tischmechanismus nirgendwo vor. Demgemäß ist unbedingte Betriebssicherheit gewährleistet. Alle besonders beanspruchten Teile bestehen aus gehärtetem Stahl.

Die ganze Art der Tischbewegung ist zum Patent angemeldet.

Zur Schonung empfindlicherer Teile bei etwaiger Störung der Tischbewegung infolge irgendwelcher Fremdkörper ist eine besondere Sicherheitsvorrichtung in das Antriebsräderwerk eingebaut. Betriebsstörungen sind dadurch auf einfachste Weise zu beseitigen.

Durch Einstellung eines mit Handgriff versehenen Hebels läßt sich die Frästiefe nach einer Skala der jeweiligen Holzstärke entsprechend einstellen, auch die genaue Lage der Abrundung der Zinken ist unter Berücksichtigung der Holzstärke durch einfaches Verschieben eines Schlittens mit den drehbaren Anschlagscheiben vermittels Handrades nach Millimeterskala in denkbar einfachster Weise zu bestimmen.

Die Einspannvorrichtung ist bei der 25spindligen Maschine viermal geteilt, so daß gleichzeitig vier komplette Ecken in einem Arbeitsvorgange fertiggestellt werden und auf diese Weise selbst bei schmäleren Stücken stets die volle Arbeitsbreite der Maschine ausgenutzt wird. Die Einspannung selbst ist trotz größter Zuverlässigkeit sehr einfach und erfolgt in bewährter Art durch bequem zu handhabende Exzenterhebel.

Praktische Anschläge zum erleichterten und schnellen Einspannen der Hölzer werden mit der Maschine geliefert.

Auf Wunsch wird die Maschine auch mit einem zweiteiligen Tisch für die Einspannung gebogener Hölzer ausgeführt. In diesem Falle wird die obere Tischplatte abnehmbar eingerichtet und entsprechende Schablonen auf den unteren Teil des Tisches befestigt. Die Maschine wird entweder für Drehstrom, Gleichstrom oder Einscheibenantrieb gebaut. Die Maschine wird in zwei Größen geliefert, und zwar: mit 15 Spindeln für 360 mm Arbeitsbreite, Motorleistung 4 PS, mit 25 Spindeln für 610 mm Arbeitsbreite, Motorleistung 6 PS. Der Platzbedarf ist 780 $\times$ 1300 bis 1550 mm. Das Gewicht der Maschine ist 930—1150 kg.

Zum absolut gleichmäßigen Schärfen der beiden Schneiden an den Fräsern der in Abb. 409 dargestellten Elektro-Zinkenfräsmaschine dient die Spezialschleifmaschine Abb. 411. Die Schmirgelscheibenwelle läuft in Kugellagern, ist entsprechend dem Schmirgelscheibendurchmesser oder der Fräsergröße in der Höhe genau einstellbar und mit dem Schleifsupport zusammen auf einer gemeinsamen Grundplatte befestigt.

Der Kreuzsupport ist durch das linksseitig zu erkennende Handrad in Verbindung mit Spindel zum Schmirgelstein genau einzustellen. Durch den rechts befindlichen Handhebel erfolgt die eigentliche Schleifbewegung längs der Fräserschneide. Der Weg wird durch Anschläge begrenzt. Der Fräserhalter ist mit Rücksicht auf die Schräglage der

Fräserschneide zur Längsachse drehbar angeordnet und in jeder beliebigen Lage festzustellen. Um die beiden gegenüberliegenden Schneiden des Fräsers genau zu schleifen, ist das Einspannfutter um 180° zu drehen und in beiden Stellungen durch eine Rast gehalten. Die Hülse im vorderen Teil des Einspannfutters ist umkehrbar und trägt einerseits linkes, andererseits rechtes Muttergewinde zur Aufnahme des Fräsers. Der Antrieb erfolgt durch Riemenscheibe. Die Maschine kann auf einem Werkzeugtisch oder Holzgestell befestigt werden.

Zum Anschneiden von geraden Zinken an Brettern bis 450 mm Breite und beliebigen Längen und Stärken ist die in Abb. 412 dargestellte

Abb. 411. Zinkenfräserschleifmaschine. (Böttcher & Geßner, Altona-Bahrenfeld.)

Maschine vorzüglich geeignet. Es kann gleichzeitig ein Stoß Bretter bis 300 mm Gesamthöhe, 450 mm Breite und unbegrenzter Länge in einem Arbeitsgang gezinkt werden. Auf der wagerecht gelagerten Fräswelle befinden sich 16 Zinkenfräser mit 250 mm Durchmesser und 15 mm Stärke mit entsprechenden Zwischenringen; diese Welle läuft mit etwa 3000 Touren in der Minute.

Die Konstruktion der Maschine ist wie folgt: Der schwere gußeiserne Maschinenständer trägt rückwärts den durch kräftige Gewindespindel betätigten selbsttätig auf- und abwärtsgehenden Fräsersupportschlitten. Die Fräserwelle ist dreifach gelagert und das rechte Außenlager kann zum Auswechseln der Frässcheiben a abgezogen werden. Der Auflagetisch für die Werkstücke ist kreuzsupportartig gelagert und kann infolgedessen nach vier Richtungen durch Handräder verstellt werden. Die Werkstücke werden, wie aus der Abbildung ersichtlich, an den rechtsseitigen Anschlag angelegt und mittels Schraubspindel festgespannt. Nachdem die Werkstücke festgespannt sind, wird mittels Hebel der selbsttätige Auf- und Niedergang der Fräserwelle eingeschaltet, worauf die Abwärtsbewegung der letzteren erfolgt und der bis 300 mm hohe und bis 450 mm breite Stoß Werkstücke vollständig selbsttätig an dem

Abb. 412. Selbsttätig arbeitende Zinkenfräsmaschine mit wagerecht liegender Fräswelle für gerade Zinken. (Maschinenfabrik Kiessling, Leipzig.)

einen Ende fertiggezinkt wird. Hierauf erfolgt die Aufrechtbewegung der Fräserwelle und die Werkstücke werden, ohne die Maschine auszurücken, umgedreht, um am anderen Ende gezinkt zu werden. Der Antrieb der Maschine erfolgt durch ein Vorgelege und der 140 mm breite Antriebsriemen der Fräserwelle wird durch eine Spannwelle gespannt. Das Vorgelege der Maschine läuft mit 700 Touren, die Fräserwelle mit 3000 pro Minute und der Kräfteverbrauch beträgt 6—12 PS, je nach Arbeitsbreite. Allen Betrieben, welche gerade Zinken in großen Mengen herzustellen haben, kann ich diese Maschine als äußerst leistungsfähig aus langjähriger eigener Erfahrung bestens empfehlen. Die Leistung derselben ist geradezu verblüffend.

Bedingung ist nur, daß die Messer der Frässcheiben peinlichst sauber geschliffen und haargenau eingestellt werden.

Das festere oder losere Zusammenpassen der Zinken erreicht man durch entsprechendes Zwischenlegen von Zeichenpapierscheiben zwischen die Zwischenringe der Fräserscheiben.

Die in Abb. 413 gezeigte Maschine dient dazu, bei Massenherstellung Hölzer bis zu 2000 mm Länge, 150 mm Breite und beliebiger Dicke in Packen von 250 mm Dicke gleichzeitig an beiden Enden auf genaue Länge zu schneiden und so sauber zu zinken, daß jede Nacharbeit überflüssig ist. Die Leistung der Maschine ist enorm und dieselbe kommt infolgedessen nur für solche Großbetriebe in Frage, welche dauernd Hölzer bis zu

Abb. 413. Doppelte Zinkenfräsmaschine mit Abkürzsägen für gerade Zinken.
(Heckner & Co., Braunschweig.)

2000 mm Länge und 150 mm Breite in großen Mengen an beiden Enden zu zinken haben. Die Maschine arbeitet in etwa $1/25$ der Zeit, die für Handarbeit gebraucht wird. An dem schweren gußeisernen Ständer sind zwei kugelgelagerte Frässupporte angebracht, welche durch Rechts- und Linksspindeln gleichmäßig zusammen- oder auseinandergerückt werden können. Die Supporte haben außerdem eine zweifache Verstellung, und zwar eine Längs- und eine Höhenverstellung, so daß eine genaue Einstellung der Frässpindeln und Kreissägen erzielt werden kann. Der Schlitten, auf dem die Hölzer packweise bis zu 250 mm Breite durch Hebeldruck festgespannt werden, hat seitlich genaue Führung und läuft auf Kugellagern, so daß er sich leicht bedienen läßt. Die Arbeitsweise an der Maschine ist folgende: Nehmen wir an, es sollen Erlenleisten von etwa 1600 mm Länge, 150 mm Breite und 15 mm Stärke an beiden Enden mit 8—10 mm breiten geraden Zinken versehen werden. Der Maschinenarbeiter nimmt in diesem Falle 16 solcher Erlenleisten, legt dieselben hochkantig auf den Schiebetisch der Maschine und drückt den Packen mittels zweier Druckhebel zusammen, hierauf schiebt der Arbeiter, wie aus Abb. 413 ersichtlich, den auf Kugellager laufenden Schiebetisch vor und schneidet den festeingespannten Holzpacken mittels zwei Hobelkreissägeblättern a von genauer Länge, beim Weiterschieben werden dann durch die rechts- und linksseitigen Zinkenfräser die geraden Zinken angeschnitten, worauf der Schiebetisch vom Arbeiter zurückgezogen, entleert und von neuem vollgepackt wird.

Ein Anreißen der Werkstücke ist nicht erforderlich. Der Kraftverbrauch der Maschine beträgt etwa 5—6 PS. Die Frässpindeln laufen mit etwa 3600 Uml./min., die Hobelkreissägeblätter dagegen mit 2400 Uml./min.

Die Instandhaltung der mit vier spitzwinkligen Schneiden versehenen Zinkenfräser von 125 mm Durchmesser und 8—10 mm Stärke, nach Abb. 414, erfordert allerdings einen tüchtigen Fachmann, da sie stets einwandfrei geschliffen sein müssen, um wirklich saubere exakte Zinken zu erhalten. Die Zinkenfräser sind nicht hinterdreht, sondern nur nach innen zu schwächer gehalten, so daß durch Abnutzung der Fräser sich die Zinkenstärke nicht ändert, was von großer Wichtigkeit ist. Sogenannte Ritzer sind bei den Fräsern, da überflüssig, nicht angebracht.

Abb. 414. Sehr sauber und leicht arbeitende Zinkenfräser zum Anschneiden von geraden Zinken. Durchmesser 125 mm, Stärke 10 mm, Bohrung 30 mm, Umdrehungen 3600 in der Minute.

Eine neue billige Maschine zum Zinken von Holzteilen für Kleinbetriebe ist die in Abb. 415 dargestellte Elektro-Zinkenmaschine.

Seit langem schon war es das Bestreben der Möbeltischlereien, an Stelle des zeitraubenden und daher kostspieligen Zinkens von Hand die Maschinenarbeit zu setzen. Es entstanden auch im Laufe der Zeit mehrere Arten von Zinkmaschinen und sog. Hilfsapparate zum Zinken von Holzteilen. Während sich aber die Zinkmaschinen nur für ganz große Betriebe eigneten, blieben für die weniger großen Betriebe nur die Hilfsapparate. Diese aber hatten den Nachteil, daß sie, abgesehen von dem verhältnismäßig hohen Anschaffungspreis und der meist nicht einwandfreien Arbeit, stets die Fräsmaschine beanspruchten und diese so während des Zinkens anderen Arbeitszwecken entzogen. Auch lohnte sich meist die zeitraubende Umstellung der Fräsmaschine zum Zinken mit dem Hilfsapparat nicht, wenn es galt, nur einzelne Möbelstücke zu zinken.

Die neuerdings von der Firma Julius Richter, Berg.-Gladbach, herausgebrachte Zinkmaschine Abb. 415 beseitigt alle vorgenannten Mißstände vollkommen. Zunächst ist der Anschaffungspreis, im Gegensatz zu der großen mehrspindeligen Zinkenfräsmaschine, auch selbst für den kleinsten Betrieb durchaus tragbar, obwohl die Arbeitsleistung beim Zinken von schmalen Werkstücken nur mit wenigen Zinken nicht wesentlich hinter ihr zurücksteht, dafür ist sie aber im Gebrauch, was Kraftbedarf anbelangt, bedeutend wirtschaftlicher, indem zu ihrem Antrieb nur ein 0,5—0,6-PS-Motor genügt.

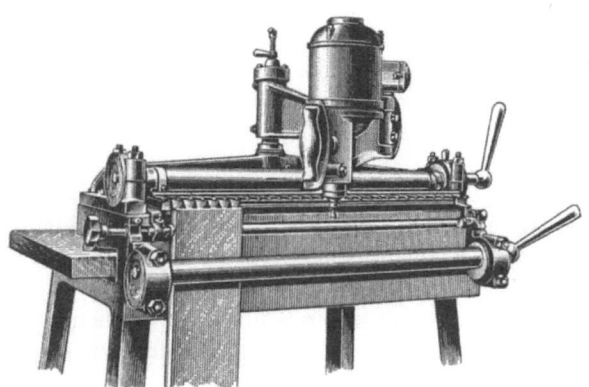

Abb. 415. Elektro-Zinkenmaschine für Kleinbetriebe.

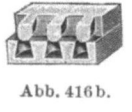

Abb. 416 b.

Abb. 416 a.

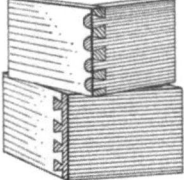

Abb. 416 c.

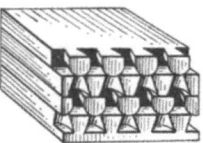

Abb. 416 d.

Abb. 416 a—d. Zinkenmuster von obiger Maschine.
(Julius Richter, Berg.-Gladbach.)

Das Einspannen der Bretter geschieht durch eine exzentrische Einspannvorrichtung innerhalb weniger Sekunden. Die Maschine wird in zwei verschiedenen Größen hergestellt, und zwar Größe I für eine Arbeitsbreite von 360 mm und Größe II für eine Arbeitsbreite von 720 mm.

Bei der Maschine Größe I können Bretter mit einer Holzstärke von 8—30 mm und bei Größe II Bretter mit einer Holzstärke von 8—40 mm durch eine Skala, die sich auf jedem Exzenter befindet, haarscharf und fest eingespannt werden. Durch Auswechseln des Fräsers und der Schablone können verdeckte, offene, konische und zylindrische Zinken gefräst werden, und zwar mit 13-, 25- und 35-mm-Teilung. Die Maschine zinkt zwei zueinandergehörige Bretter in einem Arbeitsgang zugleich. Der Fräser läuft mit etwa 6000 Touren pro Minute, gewährleistet daher größte Leistung und saubere Arbeit.

Das Anschlagsystem ist in seiner Einfachheit verblüffend; lediglich durch eine Hebeldrehung werden sowohl die Seitenanschläge betätigt, als auch die Zinkentiefe eingestellt, ohne daß ein Maß benötigt wird.

Die Einstellung ist so einfach, daß es sich lohnt, schon bei einer Schublade zum Zinken die Maschine zu benutzen.

Das zeitraubende Anreißen fällt natürlich ebenfalls vollständig weg. Die Bedienung der Maschine kann durch eine angelernte Hilfskraft erfolgen. Die Präzision und Sauberkeit der Arbeit, die mit der Maschine erzielt wird, übertrifft jede Handarbeit bei weitem; jedes Nacharbeiten ist überflüssig. Kugellager ermöglichen ein leichtes Führen des Fräsers.

Abb. 417. S U Ziehklingenmaschine. (Maschinenfabrik Kiessling, Leipzig.)

Auch die Frässpindel ist mit Kugellagern versehen. Alles in allem: diese Zinkenfräsmaschine ist nach einstimmigem Urteil aller Fachkreise das Beste und Vollkommenste, was es bisher auf dem Gebiete kleinerer Zinkenfräsmaschinen gibt. Der sog. Hilfsapparat kann mit ihr überhaupt nicht verglichen werden, da dessen Benutzung sich bei Einzelarbeiten infolge der zeitraubenden Einstellung nicht lohnt, wogegen die in Abb. 415 dargestellte Maschine stets betriebsfertig ist. Der Anschluß des kleinen Elektromotors kann durch Stecker an jeder Lichtleitung erfolgen. Es ist nur bei Bestellung die Stromart und Spannung anzugeben.

J. Ziehklingenmaschinen.

Zum Putzen gehobelter Laubhölzer, welche später geleimt werden sollen, dient die Ziehklingenmaschine Abb. 417. Auch furnierte Hölzer, die gut vorgerichtet und deren Furniere nicht unter 0,4 mm stark sind, lassen sich in vorteilhafter Weise mit der Maschine putzen. Weichhölzer eignen sich dagegen nicht zum Putzen auf der Ziehklingenmaschine; dieselben werden am vorteilhaftesten auf einer Dreizylinder-Sandpapierschleifmaschine geputzt.

Die Maschine ist äußerst leistungsfähig, sie putzt durchschnittlich etwa fünfzigmal mehr als wie durch Hand, und dabei werden breite Flächen sauberer und gleichmäßiger; ich kann diese infolgedessen allen Großfirmen, speziell Klavierfabriken, die Hölzer zum Polieren in großen Massen verarbeiten, bestens empfehlen.

Mit der Maschine lassen sich Hölzer von 5—100 mm Stärke putzen.

Das gußeiserne Maschinengestell ist seinem Zweck entsprechend äußerst kräftig gehalten und in der Form so gewählt, daß die Spänemassen leicht aus der Maschine entfernt werden können. Die Flächen,

Abb. 418. Messerkasten für die in Abb. 417 dargestellte Ziehklingenmaschine.

an denen sich der Tisch und die beiden Stellkeile führen, sind äußerst genau gehobelt.

Der Tisch mit dem ausziehbaren Messerkasten und seinen vier angetriebenen Walzen ruht zu beiden Seiten auf langen verstellbaren Keilen und führt sich innerhalb der beiden Gestellwände an sauber gehobelten Führungsflächen, so daß eine sichere Auflage gegeben und ein Ecken und Vibrieren ausgeschlossen ist. Das Hoch- und Tiefstellen des Tisches für die verschiedenen Stärken der Werkstücke erfolgt mittels eines Handhebels automatisch. Die Höhenverstellung wird an einer an der Maschine angebrachten Skala angezeigt. Der Druckapparat oberhalb des Tisches ist mit den beiden Gestellwänden festverbunden, besitzt vier einstellbare angetriebene Transportwalzen von 175 mm Durchmesser und eine Druckwalze von 130 mm Durchmesser direkt über dem Putzmesser. Letztere Walze ist ebenfalls angetrieben, läßt sich aber auch mittels eines Handhebels abstellen, so daß sie gewissermaßen nur noch als Gleitwalze dient. Alle Transportwalzen sind gegeneinander einzeln einstellbar. Die Regulierung des Druckes der Druckwalze erfolgt unabhängig von den Transportwalzen mittels Stellräder. Durch das oben seitlich an der Maschine angeordnete Handrad lassen sich die

Transportwalzen für mehr oder weniger Druck auf das Werkstück einstellen. Der Transportwalzenabstand beträgt etwa 180 mm.

Der Messerkasten in einer besonderen gesetzl. gesch. Ausführung, die wesentlichen Einfluß auf ein sauberes Putzen hat, ist im Tische in einer entsprechenden Aussperrung seitlich ausziehbar gelagert. An der Oberfläche des Messerkastens, unmittelbar vor und hinter dem Ziehklingenputzmesser, befinden sich auswechselbare, glasharte Stahlauflagen. Die Lage des Kastens im Tische wird durch einen Handhebel mittels Keilen gesichert. Zum bequemen Auswechseln der Messer ist der Kasten zweiteilig gehalten; beide Teile werden nach dem Einsetzen des Putzmessers durch zwei Schrauben zusammengehalten.

Das Ziehklingenputzmesser ist aus Spezialstahl hergestellt und gehärtet, wird auf der in Abb. 419 dargestellten Schleifmaschine geschlif-

Abb. 419. SVIII. Automatische Schleifmaschine zum Schleifen der Ziehklingenputzmesser. (Maschinenfabrik Kiessling, Leipzig.)

fen und gleichzeitig mit dem erforderlichen Grat versehen. Das Messer wird mittels Messerklappe und Messerschrauben am Hauptteil des Messerkastens befestigt, nachdem wird der zweite Kastenteil angesetzt und durch die beiden Seitenschrauben verbunden. Die Regulierung des Messers bzw. des Kastens zur Tischfläche erfolgt durch die beiden seitlich im Kasten senkrecht stehenden Schrauben.

Der Vorschub des Holzes beträgt in der Minute 20 m und erfolgt, wie schon erwähnt, durch vier angetriebene Transport- und vier angetriebene Tischwalzen. Die Leistung der Maschine ist mithin eine enorme und es wird kaum einen Betrieb geben, welcher in der Lage ist, dieselbe andauernd zu beschäftigen.

Für den Antrieb der Maschine ist ein besonderes Vorgelege nicht erforderlich. Antriebswelle mit Fest- und Losscheibe von 500 mm Durchmesser und einer Gesamtbreite von 300 mm befindet sich an der Maschine und sollen in der Minute 500 Umdrehungen machen.

Sämtliche Triebräder sind gefräst und durch eine eiserne Haube abgeschützt, so daß Unglücksfälle an der Maschine so gut wie ausgeschlossen sind. Auf besonderen Wunsch wird die Maschine auch zum Aufrauhen eingerichtet, um Hölzer, welche die Hobelmaschine passiert haben, und deren Flächen mit Furnieren versehen werden sollen, aufzurauhen. Es gehört dazu ein zweiter Messerkasten mit einem gezahnten Messer. Beide Kasten sind für Putz- und gezahnte Messer verwendbar.

Die Maschine wird folgenden Größen gebaut:

Nr.								
„	I	für Hölzer bis	700 mm	breit,	Kraftverbrauch	etwa	6	PS
„	II	„	„	„	800 mm	„	„	„	7	PS
„	III	„	„	„	900 mm	„	„	„	7,5	PS
„	IV	„	„	„	1000 mm	„	„	„	8	PS
„	V	„	„	„	1100 mm	„	„	„	9	PS
„	VI	„	„	„	1300 mm	„	„	„	10	PS
„	VII	„	„	„	1500 mm	„	„	„	12	PS
„	VIII	„	„	„	1700 mm	„	„	„	15	PS

Die in Abb. 419 dargestellte Schleifmaschine dient zum Schärfen der Ziehklingenputzmesser und arbeitet mit zwei Schmirgelscheiben von 75 mm Durchmesser und 20 mm Breite. Das Schleifen der Messer geschieht automatisch.

An der Maschine ist ein kleiner Exhaustor zum Wegziehen des Schleifstaubes angebracht, außerdem befindet sich ein einstellbarer Gratendruckapparat daran.

Nach der Beendigung des Schleifens wird der Schleifsupport etwas von der Messerschneide abgestellt und dafür der Gratendruckapparat angestellt, daß er die Messerschneide sanft berührt. Durch Weiterdrehen der Stellspindel gibt man unter Beobachtung der angebrachten Skala etwa um fünf Striche Druck zum Andrücken des Grates.

Handhabungsbeschreibung
zur SU-Ziehklingenputzmaschine und der dazugehörigen
SV-Ziehklingenschleifmaschine.

I. Putzmaschine.

Wesentlich für ein sauberes Abziehen der Hölzer auf der Maschine ist:
1. Das Einsetzen der Messer in den gußeisernen Messerkasten (Abb. 418)
2. Das Einstellen des Druckapparates.
3. Das Schleifen der Messer und das Andrücken des Grates.

Für die Bedienung der Maschine wird sich der betreffende Arbeiter die Vorteile bei einigermaßen Interesse und Verständnis für die Maschine sehr bald aneignen; auch wird er ja durch den Monteur, der mit der Aufstellung der Maschine beauftragt ist, dahingehend informiert.

Das Auswechseln und Einstellen der Messer geschieht außerhalb der Maschine; zu diesem Zwecke wird der Messerkasten aus der Maschine herausgezogen. Um dieses auf leichte und bequeme Art bewerkstelligen zu können, baut man sich rechtsseitig der Maschine, also da, wo der Kasten herausgezogen wird, einen kräftigen Holzbock mit Tisch auf. Die Höhe soll vom Fußboden bis zur Oberkante Holztisch zirka 700 mm betragen (Abb. 420). Zum Festhalten des Messerkastens in der Maschine ist eine Feststellvorrichtung angebracht, die durch den neben der Kastenführung angebrachten Handhebel betätigt wird. Durch Drehung des Hebels nach unten wird die Vorrichtung gelöst und der Kasten kann nun heraus auf den Holztisch gezogen werden. Um diese Arbeit zu erleichtern, empfiehlt es sich sehr, zwei Rundeisenstäbe oder Rohrstücke auf den Tisch zu legen und den Kasten darauf rollen zu lassen.

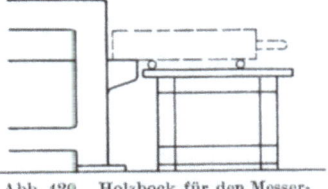

Abb. 420. Holzbock für den Messerkasten der Ziehklingen-Putzmaschine.

Für ein bequemes Lösen der Messerschrauben und Wechseln der Messer kippt man den Messerkasten in nebenstehend skizzierte Lage um. Ist dieses geschehen, so schiebt man rechts und links des Kastens, unterhalb der Messerklappe und der unteren Kastenwand, je einen Holzstab ein, damit beim Herausschrauben der Messerschrauben die Klappe nicht abfallen kann (Abb. 421). Das Messer läßt sich dann durch Vorstoßen leicht entfernen und ein geschärftes Messer einsetzen.

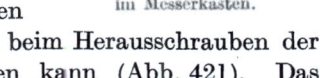

Abb. 421. Einsetzen des Messers im Messerkasten.

Um beim Einsetzen der Messer eine Garantie zu haben, daß diese gleichmäßig über die ganze Kastenbreite vorstehen, bedient man sich beim Einsetzen zweier kleiner Holzklötze in den Maßen 30 × 25 × 75 mm (Abb. 422). Diese Klötze sind auf einer oder zwei Längsseiten mit schwachem Papier (Pauspapier) in einer Unterbrechung von etwa 10 mm zu bekleben. Die Stärke des Papiers gibt den erforderlichen Vorsprung der Messer zum Abziehen der Hölzer an. Die Papierstärke auf der zweiten Seite wählt man gewöhnlich eine Kleinigkeit stärker als die auf der ersten Seite.

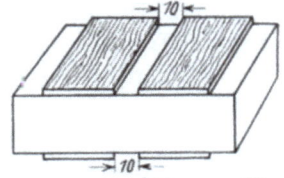

Abb. 422. Holzklötze zum Einstellen der Ziehklingen-Putzmesser.

Das Messer wird beim Einsetzen von vorn in den Kasten eingeführt, und zwar so, daß es zwischen oberer Kastenwand und Messerklappe zu liegen kommt.

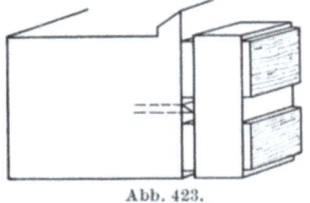

Abb. 423.

Nachdem man die Messerklappenschrauben leicht eingeschraubt hat, nimmt man die Klötzchen zur Hand, legt diese mit der papierfreien

Stelle an die Enden des Messers auf die Messerschneide und schiebt damit sacht das Messer so weit zurück, bis der Papierbezug der Klötzchen an der Fläche des gußeisernen Messerkastens zur Anlage kommt. (Abb. 423.) Ist nun das geschehen, dann werden die Schrauben mit dem Schlüssel fest angezogen, um Klappe und Messer im Kasten festzuhalten.

Nachdem der Kasten zum Einsetzen in die Maschine durch Kippen wieder in seine ursprüngliche Lage gebracht worden ist, stellt man den Tisch mittels der automatischen Stellvorrichtung so ein, daß die Gleitbahn bzw. die Führung des Kastens eine Kleinigkeit tiefer zu stehen kommt, als die untere Fläche des einzuschiebenden Kastens. Das Einschieben wird auf diese Art bedeutend erleichtert. Der eingeschobene Kasten ist mittels der Feststellvorrichtung an der Maschine festzuhalten und das geschieht, indem man den seitlich an der Maschine angebrachten Handhebel nach oben zieht.

Druckapparat betreffend: derselbe besitzt fünf angetriebene starke Druckwalzen, wovon die mittlere durch den senkrecht stehenden Handhebel, der durch die gußeiserne Räderschutzkappe (links der Maschine) greift, abgestellt werden kann. Das Abstellen dieser Walze macht sich bei einigen Arbeiten, besonders bei schwachen Werkstücken, notwendig.

Das Einstellen der vier Transportwalzen auf Druck geschieht gleichzeitig durch das oben an der rechten Seite der Maschine angeordnete Handrad. Die mittlere Walze, die sog. Druckwalze, ist unabhängig von den vier Transportwalzen für sich allein auf Druck einstellbar. Auf dem Probierstand werden die Transportwalzen gegeneinander auf genaue Höhe reguliert und man hat beim Arbeiten mit der Maschine nur nötig, den erforderlichen Druck für das Durchtransportieren der Werkstücke einzustellen; das geschieht durch entsprechende Drehung an dem obenerwähnten Handrad. Hinter letzterem ist ein Zeiger an der Maschine angebracht. Dieser zeigt in normaler Stellung auf eine Marke (kreisrunder Riß) an der Stellspindel der ersten Druckwalze. Genügenden Druck erhält man schon für das Durchtransportieren, wenn der Druckapparat so eingestellt worden ist, daß der Zeiger 2 mm oberhalb der Marke zu stehen kommt.

II. Schleifmaschine.

Das Schleifen der Messer erfolgt automatisch. Das zu schärfende Messer wird vorn an der Maschine in den Führungsrahmen eingesetzt und durch die beiden Klemmbacken mittels einiger angeordneter Stellschrauben gehalten.

Im Rahmen selbst ruht das Messer mit der unteren Kante auf einer Aufschlagschiene, die sich durch eine Keilschiene heben oder senken läßt, so daß man in der Lage ist, die Messer vor dem Einspannen in der Höhe zu regulieren. Befindet sich das Messer in der erforderlichen Höhe, so wird die Keilschiene durch die unterhalb liegende Stellschraube festgezogen und erst hierauf zieht man die oberhalb liegenden Schrauben zum Festspannen der Messer an. Ist das Messer eingesetzt und befestigt, so reguliert man den Schleifspindelsupport durch die auf diesem oberhalb angebrachte Stellspindel und rückt dann den Transport des Führungsrahmens bzw. für das zu schleifende Messer ein. Die Schleifspindeln waren schon vordem in Betrieb gesetzt.

Der Schleifspindelsupport muß so ein- und nachgestellt werden, daß die Messer auf ihrer ganzen Länge genau gerade durchgeschliffen werden. Man erkennt das am besten daran, wenn sich beim Schleifen eine gleichmäßige Funkenbildung über die ganze Schleiflänge herausgebildet und dann verloren hat.

Ist das Ausschleifen der Messer beendet, so rückt man den Schleifsupport von der Messerschneide etwas ab und stellt dafür den Gratdrückstempel ein. Man beachte aber dabei die Skala an dem Stellspindelbund und gibt, wenn der Stempel die Messerschneide sanft berührt, durch Weiterdrehen der Spindel um vier Striche Druck zum Andrücken des Grates an die Messerschneide.

Der Druck für das Andrücken des Grates beträgt gewöhnlich 9 bis 10 Striche für Furniere und etwa 12 Striche für massive Hölzer.

K. Sandpapierschleifmaschinen.

Eine nach neuzeitlichen, zeitsparenden Grundsätzen arbeitende Tischlerei ist ohne Schleifmaschinen nicht denkbar, denn das Abputzen und Schleifen der Werkstücke von Hand ist unrationell und verteuert die Arbeit. Wer heute konkurrenzfähig bleiben will muß sich unbedingt zur Anschaffung einer oder mehrerer passender Schleifmaschinen entschließen. Leider sind in Deutschland sogar heute noch Mittel- und Großbetriebe vorhanden, welche den Wert der Sandpapierschleifmaschine für den Tischlereibetrieb noch nicht in dem richtigen Maße erkannt haben.

Die hauptsächlich für Tischlereibetriebe in Frage kommenden Sandpapierschleifmaschinen sind folgende:

1. Schleifmaschinen mit 1—3 horizontal gelagerten Schleifzylindern.
2. Schleifmaschinen mit vertikal gelagertem Schleifzylinder.
3. Kombinierte Schleifmaschinen.
4. Maschinen mit Schleifbändern.
5. Maschinen mit Schleifscheiben.

Die in Abb. 424 dargestellte Sandpapierschleifmaschine mit drei rotierenden und oszillierenden Schleifzylindern von 1065 mm Breite und selbsttätigem Vorschub der Werkstücke, arbeitet seit dem Jahre 1907 ununterbrochen in meinem Betriebe, und zwar noch immer zur Zufriedenheit, insofern die Transportdruck- und Schleifwalzen sachgemäß eingestellt sind und prima Rotschleifpapier in passender Körnung verwandt wird. Die Maschine hat drei Schleifzylinder, von denen der erste mit grobem, der zweite mit mittlerem und der dritte mit feinem Granat- oder Rotschleifpapier bespannt wird. Alle Zylinder haben zwei Bewegungen: die rotierende und die seitlich oszillierende, wodurch der Schliff ein äußerst wirksamer und die erzielte Schleiffläche völlig eben ist, also keine wellenförmigen Vertiefungen aufweisen kann, insofern die

Abb. 424. Sandpapierschleifmaschine „Royal" mit 3 Schleifzylindern, Fabrikat der Berlin Machine Works, New York, U. S. A., geliefert von Schuchardt & Schütte, Berlin C.

Einstellung richtig erfolgt und die Hobelfläche vollständig wellenfrei ist. Jeder Zylinder läßt sich unabhängig vom anderen einstellen.

Hinter dem dritten Schleifzylinder ist eine Bürstenwalze angebracht, die den Zweck hat, die benutzte Vorschubwalze rein zu halten, so daß das fertige Material nicht etwa durch Staubteilchen verdrückt werden kann.

Es sind acht sehr kräftige Vorschubwalzen vorhanden — vier oben und vier unten — und alle können unabhängig voneinander ein- und festgestellt werden. Der obere Rahmen, welcher die oberen Vorschub- und Druckrollen trägt, läßt sich schnell durch Kraft hoch und tief stellen und mit großer Genauigkeit adjustieren, durch teilweise Umdrehung eines Handrades, welches für den Arbeiter sehr bequem angebracht ist. Der Vorschub kann augenblicklich angehalten oder angelassen werden durch Betätigung eines der Druckknöpfe, die sich unterhalb des Einzugstisches befinden, oder auch durch einen Hebel an der Rückseite der Maschine. Die Knöpfe sowohl als auch der Hebel setzen eine Kupplung auf der Vorschubwelle in Tätigkeit.

Wie aus Abb. 425 ersichtlich, wird das Rotschleifpapier spiralförmig auf dem Schleifzylinder befestigt; diese Anordnung hat sich seit langen Jahren bestens bewährt, so daß sie bei den Neukonstruktionen auch jetzt noch angewandt wird. Infolge der spiralförmigen Aufspannung des 61 cm breiten Rotschleifpapieres ist die Schleiffläche des Zylinders vollständig geschlossen; die Schleiffläche besitzt also keine Längsnute als Unterbrechung. Der Zylinder wird aus einer Anzahl schmaler Teile hergestellt. Diese werden sowohl innen als auch außen bearbeitet und einzeln sorgfältig ausgewuchtet. Hierauf werden die Teile zu einem langen Zylinder vereinigt. Durch dieses Verfahren läuft der Schleifzylinder ohne Vibration und gewährleistet tadellose Arbeit. Die Schleifzylinder werden mit Filz überzogen, der besonders für diesen Zweck hergestellt wird. Der Filz muß überall gleichmäßig dicht aufliegen und soll nicht zu hart, aber auch nicht zu weich sein, denn jede zu harte oder zu weiche Stelle würde sich auf der

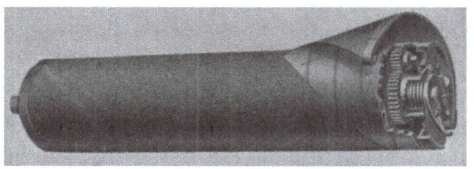

Abb. 425. Schleifzylinder für die Sandpapierschleifmaschine „Royal".

geschliffenen Fläche bemerkbar machen. Der erste Zylinder ist mit einem starken, der zweite und dritte Zylinder dagegen je mit einem starken und einem schwachen Filzbezug versehen, wodurch das Sandpapier eine elastische Unterlage erhält.

Bei Sandpapierschleifmaschinen, bei denen das Papier die ganze Schleifbreite haben muß, also nicht spiralförmig aufgezogen wird, bildet der Schleifzylinder an der Stelle, wo die beiden Papierkanten zusammenstoßen und durch einen im Zylinder liegenden Mechanismus zusammengehalten werden, eine breite Rille. In dieser Rille sammelt sich während der Bearbeitung der Schleifstaub und stopft sich dort fest. Es tritt nun während der Bearbeitung der Übelstand ein, daß diese mit Schleifstaub vollgestopfte Stelle die erzielte Schleiffläche beschädigt. Außerdem wird das Papier an den beiden Rollenkanten außerordentlich stark abgenutzt und muß bald erneuert werden. Ich empfehle aus diesem Grunde, nur Zylinderschleifmaschinen mit spiralförmiger Papieraufspannung anzuschaffen.

Der Vorschub der Maschine kann bei der neuesten Konstruktion mit drei Geschwindigkeiten erfolgen, die sämtlich durch einen Hebel eingestellt werden. Der Wechsel erfolgt durch Verschieben des Hebels, wodurch dann ein anderes Zahnräderpaar zum Eingriff gelangt. Durch diese Vorrichtungen können die Vorschubgeschwindigkeiten so eingestellt werden, daß sie 3,6, 5 oder 6,7 m in der Minute betragen, auch kann der Vorschub durch diesen Hebel abgestellt werden. Durch diese neue Anordnung zur Regelung der Vorschubgeschwindigkeiten wird die Leistungsfähigkeit der Maschine ganz bedeutend erhöht. Es kommen in jedem Betriebe Teile vor, die nicht den feinsten Schliff erfordern. Bei derartigen Stücken hat man es ganz in der Hand, diese durch Einschaltung einer größeren Vorschubgeschwindigkeit schneller durch die Maschine laufen zu lassen. Dort wo Hölzer furniert werden, wird die Maschine mit großem Vorteil auch zum Zahnen benutzt, indem man den ersten Zylinder mit ganz grobem Sandpapier bespannt, die beiden hinteren Zylinder senkt und die Oszillation abstellt. Zu letzterem Zweck ist eine ein- und ausschaltbare Kuppelung vorhanden. Die mit der Maschine gezahnten Flächen sind vollständig eben, was bei den mit der Hand gezahnten Flächen fast nie der Fall ist. Platten, die auf diese Weise vorbereitet sind, lassen sich bei guter Holzpflege und richtiger Einstellung der Schleifzylinder und Vorschubwalzen nach dem Furnieren auf dieser Maschine politurfähig schleifen, insofern die richtige Körnungsnummer von Rotschleifpapier verwendet wird.

Ich verwende die Maschine zum Schleifen von auf der Dickenhobelmaschine gehobelten Platten und sonstigen Weich- und Harthölzern, welche naturlackiert werden, und verwende dazu prima Rotschleifpapier in den Körnungen Nr. 2—0. Der erste der 3 Schleifzylinder ist mit grobem Rotschleifpapier Nr. $1^1/_2$ bis höchstens 2, der zweite mit mittlerem Nr. 1 und der dritte mit feinkörnigem Rotschleifpapier Nr. 0 bis höchstens $^1/_2$ zu bespannen. Es ist dringend zu empfehlen, zum Bespannen der Schleifzylinder nur bestes Rotschleifpapier zu verwenden und minderwertige Erzeugnisse zurückzuweisen, da mit diesen billigen aber schlechten Papieren niemals einwandfreie Schleifarbeit erzielt werden kann und außerdem durch das häufigere Neubespannen der Schleifzylinder die Betriebsunkosten vermehrt werden. Nach der neuen Numerierung haben sich nachstehende Rotschleifpapier-Körnungen in der Praxis bestens bewährt:

Für den ersten Schleifzylinder Nr. 6 = grob,
„ „ zweiten „ Nr. 4 = mittel,
„ „ dritten „ Nr. 2 = fein.

Die Maschine schleift Hölzer von 500 mm geringster Länge bis 200 mm Dicke und bis zu 1600 mm Breite.

Das zur Verwendung kommende Rotschleifpapier wird von der Firma S c h r ö d e r sowie P a n n e r t z in Hannöversch-Münden hergestellt und in Rollen von etwa 50 m Länge und 61 cm Breite gehandelt.

Beim Schleifen von harzfreien Hölzern müssen die Schleifzylinder bei Dauerbetrieb täglich zweimal mit Rotschleifpapier bezogen werden, was jedesmal etwa 30 Minuten Arbeitszeit erfordert. Wird hingegen viel harziges Holz geschliffen, muß das Schleifpapier täglich drei- bis viermal erneuert werden.

Da beim Schleifen des Holzes viel Staub erzeugt wird, ist die Maschine unbedingt an eine scharfwirkende Späneabsauganlage anzuschließen. Schuchardt & Schütte liefert die Maschine neuerdings für 1150 und 1600 mm Schleifbreite; der Kraftverbrauch beträgt etwa 10 bis 18 PS, je nach Schleifbreite. Die Schleifzylinder haben 300 mm Durchmesser und laufen mit 1050—1450 Umdrehungen in der Minute. Um bei vorstehender Maschine eine tadellos saubere Schleiffläche zu erzielen, ist Bedingung, daß die Schleif-, Transport- und Druckwalzen wie nachstehend eingestellt werden:

1. Die unteren 4 Transport- und 3 Schleifwalzen sind 0,3 mm höher zu stellen als der untere mittlere Tisch.

2. Die erste obere Transportwalze ist 1 mm höher zu stellen als die hintere vierte. Die dritte obere Transportwalze ist 0,4 mm höher zu stellen als die hintere vierte. Die letzte obere kleine Druckwalze ist 0,7 m höher zu stellen als die hintere vierte Transportwalze.

3. Die drei großen oberen Druckwalzen müssen so eingestellt werden, daß man dieselben während des Betriebes mit den Händen festhalten kann.

4. Falls die Schleifwalzen nicht genau parallel zum Tisch eingestellt sind, muß man das rechte konische Zahnrad der senkrechten Schleifwalzenwelle lösen und die Schleifwalzen durch die an dieser Stelle befindliche Stellschraube an der einen Seite höher oder tiefer drehen. Hierauf wird das konische Rad wieder festgeschraubt.

Die Druckvorrichtung und die oberen Vorschubwalzen sind in einem Rahmen gelagert, der sich selbsttätig heben und senken läßt, und zwar läßt sich der Rahmen so hoch heben, daß die Schleifzylinder frei liegen und evtl. aus der Maschine herausgenommen werden können.

Die in Abb. 426 dargestellte Maschine ist mit den neuesten erdenkbaren Verbesserungen ausgerüstet und wird auch auf Wunsch als riemenlose Elektromaschine geliefert.

Verwendung findet diese Hochleistungsmaschine zum raschen und sauberen Nachschleifen großer Mengen gehobelter Bretter, Tischplatten, Türen u. dgl. Daher für große Tischlereien, Bau-, Möbel- und Waggonfabriken, in denen tadellose Arbeit bei geringstem Zeitaufwand verlangt wird, unentbehrlich. Die Ersparnis an Arbeitskräften ist gewaltig. Auch kann diese Maschine zum Aufrauhen der später zu verleimenden oder zu furnierenden Hölzer dienen. In letzterem Falle muß entsprechend grobkörnigeres Sandpapier auf den vorderen Schleifzylinder gespannt, die hinteren Zylinder außer Betrieb und unter Tischfläche gestellt werden.

Für derartige Aufrauharbeiten ist eine momentane Ausschaltung der seitlichen Bewegung sämtlicher 3 Schleifzylinder vorgesehen. Das Gestell, massiv Gußeisen, trägt die Lagerungen der 3 Schleiftrommeln, welche mit Sandpapier verschiedener Körnung überzogen werden und außer der rotierenden auch seitliche Bewegung erhalten.

Abb. 426. OQA. Schleifmaschine mit 3 Sandpapierschleifzylindern und selbsttätigem Werkstückvor- und -rücktransport durch 8 angetriebene Vorschubwalzen. (Kirchner & Co., A.-G., Leipzig.)

Der vordere Auflegetisch ist in der Höhe verstellbar, um den genauen Abschliff des Holzes zu bestimmen.

Die Schleifzylinder rotieren in besten abgedichteten Bronzeringschmierlagern, auf Wunsch Kugellager, wobei jeder gesonderten Riemenantrieb besitzt und sämtliche Antriebe auf einer Seite sitzen, wodurch eine bequeme Bedienung und Übersicht geschaffen ist.

Abb. 427 zeigt Schleifzylinder mit Anfangswicklung des Sandpapiers.

Das Sandpapier wird, wie aus Abb. 425 und 427 ersichtlich, auf die mit einem elastischen, durch feinen Stahldraht befestigten Filzüberzug versehene Trommeln spiralförmig aufgelegt, wodurch ein gleichmäßiger Schliff und beste Abnutzung des Sandpapieres erzielt wird. Ein Lockern der Filzunterlagen auf den Zylindern infolge Temperaturveränderungen, wie es bei aufgeleimtem Filzbelag öfters vorkommt, ist bei dieser Konstruktion ausgeschlossen. Das Aufziehen des Sandpapieres erfolgt sehr schnell und einfach, und zwar mit hochgestelltem Oberteil bzw. freigelegten Schleifzylindern nach Abb. 428.

Bevor man das Sandpapier spiralförmig auf die Schleifzylinder aufspannen kann, muß dasselbe mittels geeigneter Blech- und Holzschablone trapezförmig, wie aus Abb. 427 ersichtlich, zugeschnitten werden. Der Anfang der Wicklung erfolgt nach Abb. 427, rechts vom Holzeinzug.

Durch langsames Drehen wickelt sich das Schleifpapier weiter auf den Zylinder und wird am Ende durch ein Stahlband befestigt.

Abb. 428 zeigt Schleifmaschine OQA mit hochgestelltem Oberteil bzw. freigelegten Schleifzylindern. (Kirchner & Co., A.-G., Leipzig.)

Ist das Sandpapier durch feuchte Witterung locker oder faltig geworden, so kann man es mittels Steckschlüssel nachspannen. Um beim Aufspannen des Sandpapieres bequem an die Schleifzylinder zu gelangen, wird das gesamte obere Walzenbett mit dem Aufgabetisch zusammengekuppelt und durch einfachen Hebeldruck automatisch in seine höchste Stellung transportiert (Abb. 428). Hoch- und Tiefverstellung ist außerdem durch Handrad vorgesehen.

Im Oberteil der Maschine befinden sich 4 Vorschubwalzen, welche unter Spiralfederdruck laufen und mittels Zahnräderantrieb zwangsmäßig in Bewegung gesetzt werden. Zwischen diesen ruhen in Kugellagern die 3 Druckwalzen, welche direkt über den 3 Schleifzylindern liegen. Der Druck der Walzen kann einzeln durch Handräder, welche durch Drehung nach rechts mittels Schnecke und Schneckenrad die im Gehäuse befindlichen starken Spiralfedern spannen, reguliert werden.

Die 4 unteren Transportwalzen werden durch Zahnräder angetrieben und lagern im Maschinengestell.

Der Vorschub kann in 3, durch Umschalten eines Räderpaares jedoch in 6 Geschwindigkeiten erfolgen und sofort ein- und ausgeschaltet werden. Der normale Vorschub beträgt etwa 3—6 m pro Minute.

Sämtliche zum Vor- und Rücktransport erforderlichen Zahnräder sind in einem besonderen Räderumschaltkasten vorn in der Maschine gelagert. Eine am Räderkasten befindliche Skala gibt die verschiedenen Vorschubgeschwindigkeiten, Leerlauf und Rücktransport mit den dazu erforderlichen Hebelstellungen an. Besonders zu erwähnen ist, daß bei evtl. Stockung der Maschine während des Schliffes das Werkstück durch einfachen Hebeldruck rückwärts transportiert werden kann.

Eine Bürstenwalze ist am Auslaufe der Werkstücke zum Entfernen des auf den zu bearbeitenden Brettern befindlichen Schleifstaubes vorgesehen. Die Bedienung der Maschine und des Vorgeleges ist eine äußerst einfache, indem sämtliche Hebel, Stellräder u. dgl. praktisch angeordnet, deutlich markiert und vom Arbeiterstande aus betätigt werden können.

Der unter dem mittleren Schleifzylinder angeordnete Anschlußstutzen für die Staubabsaugung ist so konstruiert, daß derselbe den Schleifstaub von allen drei Zylindern abfängt und von dort weiter leitet. Infolge der großen Staubentwicklung ist der Anschluß an eine scharfwirkende Späneabsauganlage unbedingt erforderlich. Der erste und zweite Schleifzylinder läuft mit etwa 1200 und der letzte mit etwa 1500 Umdrehungen in der Minute. Kirchner liefert die Maschine in den nachstehend aufgeführten 5 Größen:

Größte Schleifbreite in mm	Kraftbedarf in PS bei Gruppenantrieb etwa	bei elektr. Einzelantrieb etwa	Nettogewicht in kg
765	6	10	3100
915	8	12	3450
1065	10	15	3650
1275	14	20	4200
1500	18	25	5000

Die Schleifzylinder haben alle 300 mm Durchmesser. Die Maschine schleift Hölzer bis zu 200 mm Dicke und 400 mm kürzester Länge.

Sollen Hölzer von 200—400 mm Länge geschliffen werden, so sind dieselben hintereinander nachzuschieben, vorausgesetzt, daß es sich hierbei um gleichstarke Hölzer handelt. Zur Aufstellung und Inbetriebsetzung der Maschine sowie zum Anlernen eines Maschinenarbeiters empfehle ich, unbedingt einen Spezialmonteur von der Lieferfirma anzufordern, denn gerade die Dreizylinderschleifmaschine erfordert eine ganz gewissenhafte Behandlung, falls das Schleifresultat einwandfrei sein soll.

Versteht der die Maschine bedienende Arbeiter dieselbe richtig einzustellen und fachgemäß zu behandeln, so ist die von der Maschine geleistete Schleifarbeit enorm groß und was die Hauptsache ist, erstklassig. Es gibt keine andere Schleifmaschine, welche der neuzeitlichen automatischen Dreizylinderschleifmaschine an Leistung ebenbürtig ist.

Leider trifft man viele Dreizylinderschleifmaschinen an, welche nicht einwandfrei arbeiten, z. B. einen wellenförmigen Schliff erzeugen oder bei Weichholz die Holzfasern im Holz hereindrücken, so daß solche Hölzer nach dem Streichen oder Lackieren rauh und wellenförmig aussehen.

Es ist dieses nur auf die verkehrte Behandlungsweise und Einstellung der Schleifmaschine zurückzuführen; betreue man darum mit der Bedienung der Maschine einen äußerst intelligenten und zuverlässigen Mann, dann wird die Leistung der Maschine und Qualität der Schleifarbeit stets befriedigen, insofern erstklassiges Schleifpapier in der richtigen Körnung verwandt wird. Man merke sich vor allem, mit stumpfem und von Harz verschmiertem Papier läßt sich niemals eine saubere, einwandfreie Schleiffläche erzielen.

Abb. 429.

Abb. 430.

Abb. 429 u. 430. Neueste Dreizylinder-Hochleistungs-Sandpapierschleifmaschine „Viktoria" mit automatischem Vorschub vermittels eines endlosen Transportbandes.
(Ernst Carstens, Nürnberg.)

Die Viktoria-Schleifmaschine, Abb. 429 und 430, eignet sich vorzüglich zum Egalisieren, Verputzen, Abzahnen und Feinschleifen von auf der Dicktenhobelmaschine gehobelten Brettern, flachen Holztafeln, Türen, Rahmen, Kanthölzern, Holzwaren verschiedenster Art und Abmessungen, sowie in besonders hervorragendem Maße zum Bearbeiten von Sperrhölzern und von ähnlich schwach bemessenen Teilen bis herab zu $1^1/_2$ mm Stärke und 100 mm Länge. Bezüglich der zulässigen Minimalabmessungen der Arbeitsstärke ist die Viktoria-Schleifmaschine unerreicht.

Zur Bearbeitung eignet sich gleich gut sowohl Weich- als auch Hartholz. Die erzielte Arbeit ist so fein, daß geschliffene Teile ohne jede Nacharbeit naturlackiert werden können, insofern die Maschine richtig eingestellt ist und passendes Glaspapier verwendet wird; bei sachgemäßer Behandlung ist das Heraustreten der Jahresringe und Holzfasern ausgeschlossen.

Außerordentlich vorteilhaft dient sie zum Abzahnen und Aufrauhen zu furnierender Flächen und zum Schleifen der alsdann furnierten Teile, und zwar ohne Gefahr des Durchschleifens bei normaler Furnierstärke. Durch die Vielseitigkeit und große Leistung eignet sich die Viktoria-Schleifmaschine speziell für größere Betriebe mit Serien- oder Massenherstellung.

Als enormer Zeit- und Lohnersparer verringert sie die Gestehungskosten erheblich, steigert die Produktion und damit die Leistungsfähigkeit des Betriebes. Die Viktoria-Schleifmaschine vereinigt in sich eine Anzahl wichtiger Verbesserungen auf Grund langjähriger Erfahrungen, welche sämtlich auf gute Arbeit und hohe Leistungsfähigkeit hinzielen; dabei ist eine ihrer wichtigsten Vorzüge Einfachheit der Bedienung. Hierdurch unterscheidet sie sich besonders vorteilhaft von den meisten übrigen auf dem Markt befindlichen komplizierten Dreizylindermaschinen. Folgende Einzelheiten der Viktoria-Schleifmaschine verdienen besondere Beachtung:

Das ganze Gestell sowie die über dem Auflagetisch angeordnete Druckbalkenanlage ist entsprechend stark gehalten, so daß selbst erheblich verzogene stärkere Stücke, wie die Versuche im praktischen Betriebe ergeben haben, während des Schleifens geradegedrückt und sauber geschliffen werden.

Der Auflage- oder Schleiftisch ist nicht ganz starr, sondern sich selbsteinstellend unter starkem Federdruck angeordnet. Hierdurch wird es möglich, in beschränkten Grenzen voneinander abweichende Holzstärken unmittelbar nacheinander zu bearbeiten ohne Verstellung des Tisches. Je nach Art der Arbeit kann dieser durch Federdruck reguliert werden, und zwar sowohl an der Einschub- als auch an der Ausgangsseite. Die Schliffstärke wird beliebig eingestellt durch die Lage einer dem ersten, also dem Schroppzylinder direkt vorgelagerten, auch als Druckbalken dienenden Schleifzunge durch vertikale Verstellung vermittels eines rechts an der Einschubseite befindlichen Handhebels. (Dies entspricht der Spanstellung bei einer Abrichtemaschine.) Die Höhenstellung der einzelnen Schleifzylinder erfolgt sehr bequem durch Handräder vom Arbeiterstand beim Einschub aus.

Korrekturen in der wagerechten Lage der einzelnen Schleifwalzen sind durch einige Handgriffe leicht auszuführen.

Die Lagerung der Schleifzylinder erfolgt zur Erzielung eines leichten, möglichst reibungslosen Ganges in erstklassigen, sehr reichlich bemessenen patentamtlich geschützten Kugellagern. Sowohl die drehende als auch die seitliche Bewegung der Schleifwalzen vollzieht sich auf großen Stahlkugeln zwischen Innen- und Außenhülse der Kugellager, so daß die Lagerschenkel weder rotierend noch oszillierend irgendwelcher Abnützung ausgesetzt sind; daher ist ihre Lebensdauer unbegrenzt. Die verbesserte Konstruktion und besonders genaue Ausbalancierung der Zylinder in Zusammenwirkung mit der vorzüglichen Kugellagerung gestattet eine sehr hohe Tourenzahl der Schleifzylinder. — Dies bedeutet eine außergewöhnliche Schnittgeschwindigkeit des Schleifmaterials und damit eine erhebliche Steigerung der Leistungsfähigkeit der Maschine. Für den ersten sog. Schroppzylinder sowie den nachfolgenden Mittelzylinder sind 1200 Umdrehungen, für den letzten sog. Schlichtzylinder 1600 Touren in der Minute vorgesehen. Um die Spuren der Schleifkörner restlos zu beseitigen, findet neben der drehenden auch gleichzeitig eine seitliche Bewegung der Schleifzylinder auf Kugellagerung statt. Die Abstellung und Einschaltung der seitlichen Bewegung der Schleifwalzen erfolgt in Ruhestellung der Maschine lediglich durch Verstellung des Handhebels bequem und sehr schnell. Dieser Vorgang ist wichtig, wenn die Maschine zum Abzahnen vorbereitet wird, bei welcher Arbeit lediglich ein einziger Zylinder, bei ungehobeltem oder schlechtem Material auch zwei Zylinder, ohne Seitenbewegung, mit grobkörnigem Papier Verwendung finden. Das Aufhalten der übrigen zwei Zylinder geschieht durch Hebung derselben vermittels der dafür vorgesehenen Handräder.

Der Bearbeitung der Schleifzylinder wird besondere Sorgfalt zugewendet, so daß dieselben genau rund und erschütterungsfrei laufen. Bei dem Schropp- und dem Mittelzylinder soll der Schleifbelag direkt auf den sauber bearbeiteten Eisenmantel aufgelegt werden. Durch die starre Auflage des Schleifpapiers soll eine genau gerade Fläche erzielt werden, so daß diese beiden ersten Zylinder jede Unebenheit der Schleiffläche beseitigen. Schropp- und Mittelzylinder können daher auch ohne Bedenken unter stärkerem Druck arbeiten, ohne die nachteiligen Folgen anderer Zylindersysteme zu zeigen, deren Filzunterlagen teilweise in das weiche Splintholz bei Weichhölzern eindringen und die Jahresringe hervortreten lassen. Der Schlichtzylinder dagegen ist mit einem gleichmäßig starken geeigneten Filzüberzug bedeckt, um mit Hilfe des feinkörnigen Sand- oder Rotschleifpapiers Nr. 0—$^1/_2$ eine vollständig glatte, weiche spurenlose Schleiffläche hervorzubringen. Hierzu benötigt es keines nennenswerten Druckes, weshalb der filzüberzogene Schlichtzylinder stets fein eingestellt werden muß.

Das Auflegen des Schleifpapieres erfolgt wie bereits in Abb. 425 und 427 dargestellt, spiralförmig in der denkbar einfachsten und schnellsten Weise, ohne daß an der Maschine oder den Schleifwalzen etwas verstellt werden muß. Die spiralförmige Anordnung gestattet die Verwendung des bedeutend praktischeren normalisierten schmäleren Schleifpapieres; es wird auf diese bestbewährte Weise jede Unterbrechung des Belages am ganzen Umfange und an der vollen Breite des Zylinders vermieden und ein vollkommen stoßfreier Gang erzielt. Letzteres ist unmöglich bei den von einzelnen Fabriken noch verwendeten geschlitzten Walzen mit gerader Klemmspannung des Schleifpapieres.

Sicher wirkende selbsttätige Nachspannung und Festhaltung des Papieres ist infolge einer sinnreichen Vorrichtung an jedem Zylinder vorgesehen. Diese wirkt auch während des Betriebes. Der Transport des Holzes erfolgt durch ein extra starkes Gummitransportband, wodurch ermöglicht wird, auch kurze Hölzer von 100 mm Länge zu schleifen. Um den verschiedenartigsten Arbeiten Rechnung zu tragen, sind 2 Vorschubmöglichkeiten von 4 und 5 m in der Minute vorgesehen. Das Einstellen des gewünschten Vorschubes erfolgt sehr einfach durch Umlegen eines Treibriemens auf einen zweistufigen Stufenkonus, der vom vorgebauten Vorgelege aus angetrieben wird. Das Ein- und Ausschalten des Vorschubes erfolgt durch Spannung bzw. Entspannung des Treibriemens vermittels eines Handrades infolge Verstellung der als Wippe angeordneten Stufenscheibe. Der Antrieb der drei Schleifwalzen erfolgt durch einen einzigen, über eine besondere Leit- und Spannrolle geführten gekitteten Kernledertreibriemen. Auf diese Weise wird ein guter Durchzug gewährleistet. Sowohl die Leit- als auch die Spannscheibe laufen in erstklassigen Kugellagern.

Durch Hebelstellung wird die Wirkung der Spannrolle unverzüglich aufgehoben. Es tritt dadurch eine vollständige Entlastung des Treibriemens, der Walzenschenkel und der Kugellagerung der Zylinder beim Stillstand der Maschine ein, was natürlich von außerordentlich günstiger Wirkung auf die entlasteten Teile ist. Das Vorgelege ist direkt an die Maschine angebaut, und zwar so günstig, daß der Antrieb der Maschine ohne irgendwelche Behinderung von allen Seiten erfolgen kann. Die Welle sowie die Losscheibe laufen in prima Kugellagern. Das Vorgelege ist mit einer schnell und sicher wirkenden Fußtrittbremse versehen, so daß sämtliche Walzen und der Vorschub nach dem Austritt schnell zum Stillstand kommen können.

Der Antrieb kann unmittelbar vom Elektromotor oder von der Transmission erfolgen. Jeder Schleifzylinder erhält einen besonderen Staubsaugtrichter, dieselben sind so angeordnet, daß der Staub möglichst nahe an der Staubquelle und daher restlos erfaßt wird. Die drei Staubtrichter werden durch eine sachgemäß ausgebildete Verbindungshose zu einem Anschlußstutzen von 250 mm Durchmesser vereinigt, so daß für den unbedingt nötigen guten Staubabzug vorgesorgt ist. Es ist selbstverständlich, daß der Anschlußstutzen an eine scharf wirkende Luftleitung anzuschließen ist, welche in einen Staubabscheider oder Zyklon mündet, wo der Staub abgefangen wird, und die Luft staubfrei ins Freie treten kann. Außer der vorstehend beschriebenen Dreizylinderschleifmaschine liefert die Firma Carstens für kleinere Betriebe auch Ein- und Zweizylinderschleifmaschinen in ähnlicher Ausführung. Die Maschine wird geliefert für 650—1250 mm Schleifbreite und 140 mm größte Holzdicke. Der Kraftbedarf beträgt etwa 7—12 PS, je nach Schleifbreite. Das Gewicht der Maschine beträgt 2150—3000 kg. Die Fest- und Losscheibe vom Vorgelege hat 300 mm Durchmesser bei 325 mm Gesamtbreite und läuft mit 640 Touren pro Minute.

L. Bandschleifmaschinen.

Bandschleifmaschinen beruhen auf dem Prinzip, ein endloses über zwei Scheiben und Spannrolle laufendes Schleifband, das entweder ober- oder unterhalb des Werkstückes läuft, als Schleifwerkzeug zu verwenden und dadurch das Schleifen von Hand auszuschalten. Diese Art Maschinen werden in den verschiedenartigsten Ausführungen gebaut, und zwar mit horizontal oder vertikal laufendem Band. Kleinere Betriebe, welche nicht in der Lage sind, eine Zwei- oder Dreizylinderschleifmaschine infolge des hohen Anschaffungspreises zu kaufen, da eine solche Maschine auch in kleinen Abmessungen immerhin 4000—7000 Mark kostet, ist die Anschaffung einer Bandschleifmaschine dringend zu empfehlen, denn ohne eine solche Maschine kann heute keine Tischlerei konkurrenzfähige Arbeit liefern. Am gebräuchlichsten ist die Maschinenform mit über dem Werkstück laufenden Schleifend (Abb. 431), sie eignet sich speziell für Arbeiten, welche poliert werden sollen, und man erzielt mit dieser Maschinenart bei Verwendung passender Schleifbänder eine wirklich erstklassige, saubere, polierfähige Schleiffläche. Infolgedessen ist diese Maschine auch in jeder neuzeitlich eingerichteten Möbel- und Pianofabrik anzutreffen. Da Bandschleifmaschinen, wie überhaupt alle Sandpapierschleifmaschinen, kolossal viel Staub entwickeln, ist der Anschluß an eine scharf wirkende Staubabsaugungsanlage unbedingt erforderlich. Außerdem verhindert man dadurch, daß sich der Schleifstaub in den Poren des Holzes festsetzt und diese verstopft, wodurch erklärlicherweise das Schleifen beeinträchtigt und die Schleifarbeit minderwertig wird.

Die sekundliche Umfangsgeschwindigkeit der Schleifbänder beträgt etwa 10—12 m.

Die in Abb. 431 dargestellte, mit vielen Verbesserungen versehene Bandschleifmaschine ist neuester Konstruktion und zeichnet sich durch außerordentliche Vielseitigkeit aus. Gleich vorteilhaft dient sie zum Schleifen und Verputzen von massiven wie furnierten Teilen aus Hart- oder Weichholz jeder Art. Mit der Maschine können sowohl gröbere Schleifarbeiten als auch die feinsten Schleifarbeiten für Luxusmöbel

Abb. 431. Die neue Universal-Bandschleifmaschine Ideal mit selbsttätiger Bewegung und Druck des Schleifschuhes. (Ernst Carstens, Nürnberg.)

hergestellt werden. Bedingung ist nur die Verwendung erstklassiger Schleifbänder in der richtigen Körnung.

Das Gestell der Maschine ist sehr stabil gehalten und besitzt eine starke gußeiserne Fundamentplatte mit kräftigem Kopfstück. Runde Führungssäulen, an denen die 700 mm langen Tischführungen gehalten werden. Die Höhenstellung des Tisches erfolgt mittels Zahngetriebe und Handrad.

In erstklassigen Kugellagern laufen die Bandscheiben, der Schleifschuh sowie der Tisch; letzterer auf Rundstangen, daher leichteste Beweglichkeit. Die horizontale Seitenbewegung des Tisches ist erforderlich, um breitere Flächen schleifen zu können, da das Schleifband sich nicht seitlich bewegen darf.

Der Schleifschuh wird in einer rechteckigen, starken Schiene geführt, ist handlich ausgebildet, nach allen Seiten sehr leicht beweglich und gehorcht daher dem Gefühl des Arbeiters aufs feinste. Durch einfache Hebelstellung kann sowohl die selbsttätige Druckwirkung als auch die automatische Seitenbewegung des Schleifschuhes einzeln ein- und ausgeschaltet werden. Der Idealautomat kann also ohne Veränderung der Maschine ganz von Hand bedient werden oder die seitliche Bewegung des Schleifschuhes kann automatisch bei gleichzeitiger Druckwirkung durch Hand erfolgen; daher sehr leistungsfähig und außerordentlich vielseitig in der Verwendung. Bewegungsgrenzen des selbsttätig arbeitenden Schleifschuhes, je nach Lage und Länge des Arbeitsstückes, können durch Handräder während des Betriebes eingestellt werden.

Der Antrieb erfolgt, wie in Abb. 431 ersichtlich, durch einen auf dem oberen Verbindungssteg eingebauten Elektromotor, auf Wunsch kann der Antrieb jedoch auch von der Transmission erfolgen.

Wie aus der Abbildung ersichtlich, wird das zu schleifende Werkstück auf den Tisch, und zwar gegen einen verstellbaren Anschlag

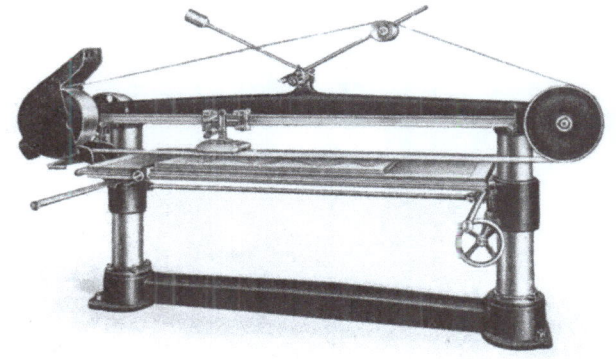

Abb. 432. Universal-Bandschleifmaschine „Ideal". Einfache Ausführung.
Bedienung des Schleifschuhes wag- und senkrecht von Hand.
(Ernst Carstens, Nürnberg.)

gelegt. Der Arbeiter hat jetzt lediglich die seitliche horizontale Tischbewegung auszuführen. Die Längs- und Seitenbewegung sowie Druckwirkung des Schleifschuhes erfolgt vollständig automatisch. Die Spannung des Schleifbandes wird, wie aus Abb. 431 ersichtlich, durch eine oben an der Maschine angebrachte Spannrolle mit Gegengewicht erzielt.

Die Bedienung vorstehender Maschine (Abb. 432) erfolgt vollständig von Hand. Das zu bearbeitende Werkstück wird gegen den auf dem Tisch links angebrachten Anschlag gelegt, worauf der Arbeiter mit der rechten Hand den Griff des Schleifschuhes erfaßt und den erforderlichen Druck, sowie die horizontale Längsbewegung ausführt. Mit der linken Hand führt dagegen der Arbeiter die horizontale Seitenbewegung des Tisches aus, so daß das Werkstück auf der ganzen Fläche geschliffen werden kann. Die Höhenverstellung des Tisches beträgt bei beiden Maschinen 550 mm, die Schleiflänge 2250 mm. Die Schleifbänder sind 150 mm breit und bestehen aus prima Rotschleifpapier oder Rotschleifleinen. Die Tourenzahl der Schleifwelle beträgt 750 in der Minute, der Kraftverbrauch 3 PS.

Auf Wunsch werden die Maschinen mit angebautem Exhaustor geliefert.

Die Schleifbänder können entweder endlos bezogen werden, oder man bezieht das Glas- oder Rotschleifpapier in Rollen und leimt das Papier an der Stoßstelle zusammen. Neuerdings gibt es einfache Stanzapparate, um die Stoßenden des Schleifbandes schwalbenschwanzähnlich zusammenzustanzen; diese Apparate haben sich bewährt.

Abb. 433. Abb. 434.
Abb. 433 und 434. Zylinder-Schleifmaschine „Union" für gebogene und geschweifte Holzteile zur Stuhlfabrikation und ähnlicher Teile. (Ernst Carstens, Nürnberg.)

Ausführung als einfache Zylinderschleifmaschine oder mit Zusatzapparaten: Bandschleifapparat und Innenschleifapparat, prima Kugellagerung, Walzenbreite 450 mm, Papieraufspannung spiralförmig und selbsttätig nachspannend. Der Bandschleifapparat ist verstellbar, mit zwei regulierbaren Auflagen versehen, um mannigfaltigste Teile schleifen zu können. Die auf Kugellager laufende auswechselbare Bandleitrolle gestattet die Verwendung von Schleifbändern bis 70 mm Breite. Um Bänder bis 150 mm Breite verwenden zu können, wird auf Bestellung gegen Berechnung eine weitere Leitrolle 150 mm breit mit Träger geliefert. Innenschleifapparat für auswechselbare Schleifhülsen verschiedenen Durchmessers, Staubabsaugungsstutzen am Ständer. Antrieb: Tourenzahl 1500 in der Minute. Durch Fest- und Losscheibe 150 mm Durchmesser, Fest- und Losscheibe Gesamtbreite 160 mm oder riemenlos durch Drehstrom-Aufsteckmotor, Kraftbedarf ca. 2 PS.

Zubehör: Zur einfachen Maschine: 1 Belag auf dem Zylinder, die abnormalen Schraubenschlüssel und Hilfswerkzeuge. Zum Bandschleifapparat: 1 Leinenschleifband, 2 verstellbare Bandunterlagen, 1 Leitrolle 70 mm Breite. Zum Innenschleifapparat: 1 Schleifzylinder 80 mm Durchmesser.

Die in Abb. 435 dargestellte elektrisch angetriebene Bandschleifmaschine kann zu allen möglichen Schleifarbeiten verwendet werden. Das 150 mm breite Schleifband kann durch die obere Bandrolle mittels Handrad nachgespannt werden. Der Auflagetisch ist in jedem Winkel verstellbar, so daß auch schräge Gegenstände genau und sauber ge-

Abb. 435. Bandschleifmaschine „Rapid" mit einem senkrecht laufenden Schleifband, 150 mm breit, und eingebautem Elektromotor. (Ernst Carstens, Nürnberg.)

schliffen werden können. Der elektrische Schalter ist an handlicher Stelle angebracht.

Die in Abb. 436 und 437 dargestellte Maschine dient speziell zum Verputzen, Schleifen und Abzahnen unfurnierter Flächen und hat sich hierfür seit langen Jahren in Tischlereibetrieben bestens bewährt. Die Maschine eignet sich jedoch nicht zum Fertigschleifen großer furnierter Flächen, welche poliert werden sollen, für diese Arbeiten ist die in Abb. 431 und 432 dargestellte Maschine die gegebene.

Durch einfaches kurzes Auflegen der Werkstücke (s. Abb. 437) auf das rotierende Band erhält man bei Verwendung passender Schleifbänder

28*

einen sauberen, genau ebenen Flächen- und geraden Kantenschliff. Werkstücke, welche wie Türen, Fenster, Treppenwangen, Wandverkleidungen usw. breiter als das Band sind, werden an dem Führungs-

Abb. 436. Bandschleifmaschine Modell NH4. (Fritz Landsberger, Mannheim.)

anschlag entlang quer über das Band geführt (Abb. 437), so daß auf diese Weise auf der Maschine beliebig lange Gegenstände bis zu 1500 mm Breite einwandfrei bearbeitet werden können. Geschweifte Gegenstände,

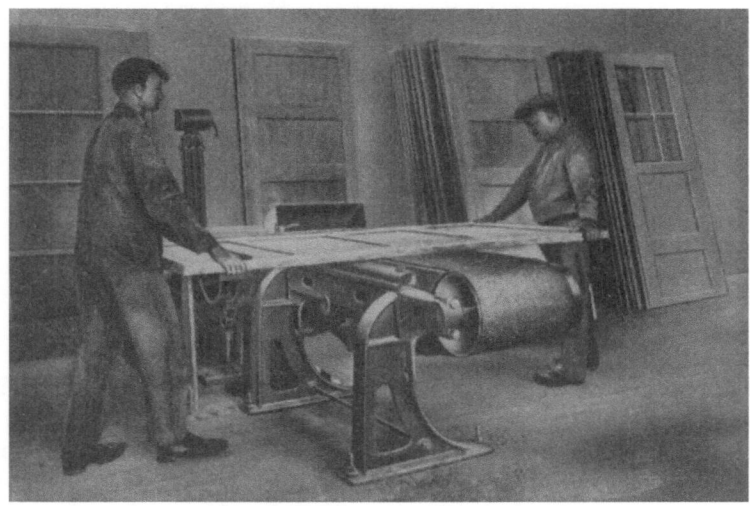

Abb. 437. Bandschleifmaschine Modell NH4. (Fritz Landsberger, Mannheim.)

wie Stuhlbeine, runde Zargen usw., werden auf der vorderen Bandwalze geschliffen. Das zur Verwendung kommende Schleifband hat eine Länge von 4220 mm und eine Breite von 410 mm. Infolge ihrer größeren Arbeitsbreite und Schnelligkeit erreicht die Maschine natürlich das Vielfache des Handarbeit; selbstverständlich übertrifft sie auch diejenige der Oberbandschleifmaschinen, bei welchen das unter dem Band befindliche Werkstück jeweils nur der Einwirkung eines etwa 450 qcm großen, beweglichen Schleifkissens unterliegt, nicht unerheblich, da bei vorstehender Maschine bis zu 6000 qcm auf einmal der Schleifwirkung des Bandes ausgesetzt werden können. Die größere Wirtschaftlichkeit der in Abb. 436 und 437 dargestellten Maschine gegenüber anderen ähnlichen Konstruktionen beruht vor allem auf ihrem geringen Bandverbrauch. Durch Anordnung einer besonderen, gesetzlich geschützten Spannrolle konnten sämtliche Bedienungsorgane so am Platze des Arbeiters vereinigt werden, daß Einrücken und Regulieren des Bandlaufes auf die Tischmitte zu gleicher Zeit erfolgen können. Auf diese Weise wurde die Möglichkeit vorzeitigen seitlichen Anlaufs und dadurch bedingten Reißens schiefgeleimter Bänder ausgeschlossen.

Abb. 438. Bandschleifmaschine Modell EM, mit abnehmbarem Winkel und vertikal laufendem Schleifband. (Fritz Landsberger, Mannheim.)

Die Maschine zeichnet sich im übrigen durch eine äußerst solide und zweckmäßige Konstruktion aus. Ihre Bedienung ist denkbar einfach und kann durch einen Ungelernten erfolgen.

Sämtliche Wellen sind geschliffen und laufen in staubdicht gekapselten großdimensionierten Kugellagern. Die Schleifbandwalzen sind genau ausgewuchtet.

Der eiserne, genau eben gehobelte Schleiftisch ist mit 5 mm starkem Filz beklebt.

Das Spannen des Bandes geschieht durch Senken des durch einen besonderen Klemmhebel feststellbaren Scherenhebels. Zur Regulierung des Bandlaufes auf die Tischmitte läßt sich die Spannrolle außerdem seitlich heben, senken und feststellen; zur bequemen Handhabung wurde ihre Welle seitlich verlängert und als Griff ausgebildet. Der obere Teil der Staubhaube läßt sich in einem Scharnier nach hinten klappen, der abnehmbare Anschlag seitlich ausschwenken.

Sollen zwei Arbeiter zugleich an der Maschine arbeiten (Massenartikel), so kann diese auch noch mit einem zweiten Anschlag versehen werden. Für Betriebe, bei welchen Anschluß an eine zentrale Absaugeanlage nicht in Frage kommt, wird ein besonderer Exhaustor in der Maschine eingebaut. Die Maschine wird auf Wunsch mit eingebautem Elektromotor geliefert.

438　Maschinen für Holzbearbeitungsbetriebe und Tischlereien.

Die Tischplatte hat eine Größe von 1500×475 mm. Die Länge und Breite des Schleifbandes ist 4220×410 mm, die größte zu schleifende Breite 1420 mm. Der Kraftbedarf beträgt etwa 4 PS. Die Umdrehungen der Schleifbandwalzen sind 500—700 in der Minute und richten sich nach der Schleifart. Regel ist für grobes Korn langsamer, für feines Korn schnellerer Lauf. Die Schleifbänder werden aus besonders haltbaren Geweben hergestellt, und zwar zum Schleifen von Holz, aus

Abb. 439. Rundstabschleifmaschine „Superior", zum Schleifen beliebig langer und ebenso ganz kurzer Rundstäbe mit Spann- und Reguliervorrichtung.
(Ernst Carstens, Nürnberg.)

weißem Schleifleinen mit prima Flintbelag. Sie bestehen aus einem an den Enden schräg geschnittenen und stumpf aneinander gestoßenen Bandstreifen, welcher entweder an der Stoßstelle mit einem etwa 100 mm breiten Leinwandstreifen oder aber auf seiner ganzen Länge mit einem besonderen Futterstoff unterklebt wird.

Die in Abb. 438 dargestellte Bandschleifmaschine, welche sich sowohl stehend als auch liegend benutzen läßt, wird mit eingebautem Elektromotor oder auch für Transmissionsantrieb geliefert. Sie findet mit Vorliebe da Anwendung, wo viele kleine Holzteile unter Zuhilfenahme von geeigneten Einspannvorrichtungen auf einmal an das Schleifband herangebracht werden sollen. Ihres geringen Platzbedarfs wegen eignet sich diese Maschine auch besonders für beschränkte Raumverhältnisse. Die Bauart ist patentamtlich geschützt. Die Maschine wird in 3 Größen gebaut, und zwar:

Tischgröße: 245×110, 460×190 und 600×220 mm.

Breite und Länge des Schleifbandes: 100×915, 150×1428 und 200×1815 mm. Die Maschine läuft mit 500—700 Touren pro Minute; der Kraftverbrauch beträgt etwa 0,3—1 PS.

Die Rundschleifmaschine „Superior" (Abb. 439) besitzt selbsttätigen Vorschub einstellbar bis 12 m pro Minute für Stäbe von 6—100 mm Durchmesser.

Abb. 440. Bandschleifmaschine mit elektrischem Antrieb der Oliver Machinery Company. (Grand Rapids, Michigan, U. S. A.)

Auch für konische Stäbe bei einer Konizität zwischen der schwächsten und stärksten Stelle von 15 mm. Durch die gegenseitig gleichmäßige Zustellung des Schleifmateriales wird ein genau runder Schliff erzielt. Für riemenlosen Antrieb wird die Maschine mit einem als treibende Bandrolle (oben) eingebauten Drehstrommotor ausgerüstet (siehe Abb. 439).

Abb. 440 zeigt eine in einer amerikanischen Tischlerei arbeitende Bandschleifmaschine. Der die Maschine bedienende Arbeiter faßt mit der rechten Hand den Schleifschuh und mit der linken die an der Längsseite des Tisches angebrachte Rundeisenstange und bewegt den Tisch in horizontaler Richtung quer zu Laufrichtung des Schleifbandes, wodurch auch breite Platten geschliffen werden können. Die rechts befindliche Bandrolle wird durch einen angebauten Elektromotor angetrieben, wogegen die linke Bandrolle mit einer Spannvorrichtung versehen ist. Die Tischplatte ist durch ein an der Bedienungsseite angebrachtes Handrad verstellbar. Ebenfalls sind beide Bandrollen durch Handräder in der Höhe verstellbar. Man ersieht aus vorstehender Abbildung, daß die Bandschleifmaschine auch drüben in Amerika zum Schleifen von Holzplatten, Türen u. dgl. verwandt wird; es sollte diese billige, praktische Maschine auch von jeder deutschen Tischlerei, welche größere Holzflächen polierfähig zu schleifen hat, verwendet werden.

Abb. 441. Oliver-Sandpapierschleifmaschine mit zwei Schleifscheiben und einer senkrechten Schleifspindel. (Oliver Machinery Company, Grand Rapids, Michigan, U. S. A.)

Die Umlaufgeschwindigkeit des Schleifbandes ist in Amerika bedeutend höher als bei uns und dieses ist vor allem auf die Verwendung erstklassiger Schleifbänder zurückzuführen, die bekanntlich drüben bedeutend besser sind als bei uns in Deutschland. Die Schleifbandrollen haben 24″ engl. = 610 mm Durchmesser und laufen mit 600 Touren pro Minute. Es können auf der Maschine Holzplatten bis 96″ engl. lang und 32″ engl. breit geschliffen werden.

M. Scheiben- und Spindel-Schleifmaschinen.

Die Oliver-Sandpapierschleifmaschine (Abb. 441), welche seit dem Jahre 1912 in meinem Betriebe zur vollsten Zufriedenheit arbeitet, besitzt zwei etwa 950 mm große, horizontal gelagerte Schleifscheiben und

Scheiben- und Spindel-Schleifmaschinen.

eine senkrecht angeordnete Schleifspindel mit auswechselbaren Schleifzylindern verschiedener Durchmesser.

Zum Beziehen der Schleifscheiben sind gute Rotschleifpapierscheiben von 1000 mm Durchmesser Körnung Nr. 2 zu verwenden, die mittels eines Drahtseiles von 3 mm Durchmesser in einfachster Weise auf den Schleifscheiben zu befestigen und auszuwechseln sind. Die Maschine kann, wie aus Abb. 441 ersichtlich, zugleich von 3 Arbeitern benutzt werden; sämtliche 3 Arbeitstische lassen sich durch Handräder leicht in jedem Winkel einstellen, so daß jeder Schrägschliff auf der Maschine ausgeführt werden kann; infolgedessen fällt das Bearbeiten der rohen, besonders der Hirnholzflächen durch Hobeln fort. Geschweifte Stücke können vorteilhaft mit dem senkrecht stehenden Schleifzylinder a in jeder gewünschten Neigung bearbeitet werden. Infolge der großen Staubentwicklung beim Schleifen der Werkstücke ist die Maschine an eine scharfwirkende Staubabsaugeleitung anzuschließen.

Abb. 442.

Abb. 443.

Abb. 442 und 443. Oliver-Sandpapierschleifmaschine Nr. 34, mit einer Schleifscheibe und einer Schleifspindel. (Oliver Machinery Company, Grand Rapids.)

Die in Abb. 442 und 443 dargestellte Oliver-Sandpapierschleifmaschine Nr. 34 ist allerneuester Konstruktion und mit einem angebauten 5-PS-Elektromotor versehen, welcher in der Minute 1800 Touren macht. Die Übertragung vom Motor zur wagerecht gelagerten Schleifscheibe von 30″ engl. Durchmesser erfolgt mittels Lederriemen, der vertikal gelagerte Schleif-

442   Maschinen für Holzbearbeitungsbetriebe und Tischlereien.

zylinder wird dagegen durch ein spiralverzahntes Rädervorgelege angetrieben. Die horizontal gelagerte Schleifscheibe läuft mit 600 Touren pro Minute, so daß zwischen Motor und Schleifscheibe ein Übersetzungsverhältnis von 1 : 3 vorhanden ist.

Die vertikale Schleifwelle läuft mit 1800 Touren pro Minute und macht außerdem eine auf- und abwärtsgehende Bewegung. Sämtliche

Abb. 444. Schleifmuster, auf der Oliver-Sandpapierschleifmaschine Nr. 34 geschliffen.

Wellen sind in doppelreihigen, prima Kugellagern gelagert. Überaus praktisch sind die im Schleifscheibentisch angebrachten Führungsnuten (Abb. 442) für die in Abb. 445 dargestellte Führung mit Andruckhebel und Skala. Mittels dieser Führung mit Andruckhebel lassen sich viele Arbeiten leichter und exakter schleifen als wie freihändig.

Wie überaus reichhaltig die verschiedenen Arbeiten sind, die auf der Oliver-Sandpapierschleifmaschine Nr. 34 geschliffen werden können, zeigt Abb. 444. Unter Verwendung der auf Abb. 443 unten links sichtbaren gelochten Eisenplatte mit oberem Zentrierstift und unterer Führungsschiene, lassen sich runde Holzscheiben und bogenförmige Werkstücke genau kreisrund, und zwar winkelrecht oder schräg schleifen. Die Schleifscheibe der in Abb. 442 und 443 dargestellten Maschine hat 30″ engl. = 762 mm Durchmesser, das Rotschleifpapier wird mittels eines 3 mm starken Drahtseiles mühelos aufgespannt. Die erforderlichen Rotschleifpapierscheiben haben einen Durchmesser von etwa 810 mm.

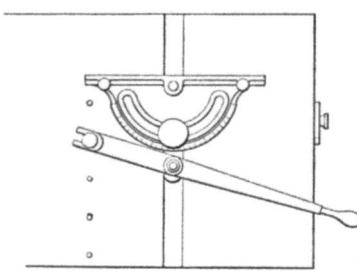

Abb. 445. Führung für die Oliver-Sandpapierschleifmaschine Nr. 34.
(Oliver Machinery Company, Grand Rapids.)

Beide Auflegetische sind in jedem beliebigen Winkel verstellbar, und zwar durch leicht bedienbare Handräder.

Die Maschine eignet sich infolge ihrer Vielseitigkeit besonders für Modelltischlereien, da gerade in der Modelltischlerei mit dieser Maschine viele Arbeiten in einem kleinen Bruchteil der Zeit verrichtet werden können, die Handarbeit erfordert.

Die in Abb. 446 dargestellte Spindelschleifmaschine mit eingebautem Elektromotor und schrägstellbarem Tisch eignet sich zum Schleifen von runden und bogenförmigen Werkstücken. Man kann auf dieser Maschine die Kanten der Werkstücke sowohl winkelrecht als auch in jedem beliebigen Winkel schleifen. Der Schleifzylinder ist mit Granatschleifpapier bezogen, welches sich leicht befestigen und auswechseln läßt. Eine seitlich am Tisch angebrachte Skala zeigt die Schrägstellung des Auflagetisches an. Die Schleifspindel läuft mit 1725 Touren pro

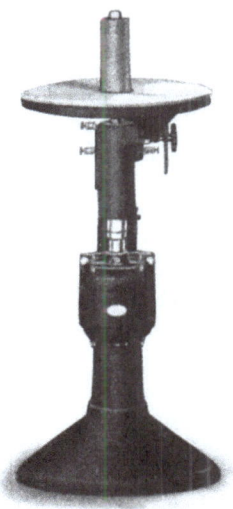

Abb. 446. Elektro-Spindelsandpapierschleifmaschine Nr. 181.
(Oliver Machinery Company, Grand Rapids, Michigan, U. S. A.)

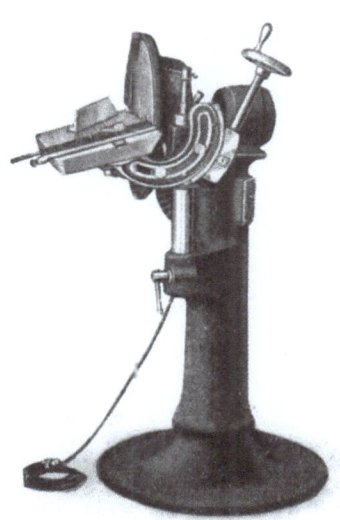

Abb. 447. Elektro-Sandpapierschleifmaschine Nr. 182 mit einer Schleifscheibe 15" engl. Durchmesser. (Oliver Machinery Company, Grand Rapids, Michigan, U. S. A.)

Minute und ist mit der Motorwelle gekuppelt. Da die Schleifspindel außer der rotierenden auch eine auf- und abwärtsgehende Bewegung machen muß, ist in der Spindellagerung eine einfache sinnreiche Vorrichtung angebracht, welche dieses ermöglicht. Es können Schleifzylinder mit verschiedenem Durchmesser verwandt werden, und zwar von 2—3" engl. Durchmesser. Der Tischdurchmesser beträgt 20" engl. Sämtliche Spindeln laufen in prima Kugellagern.

Die Oliver-Elektro-Sandpapierschleifmaschine Nr. 182 (Abb. 447) ist mit einer Schleifscheibe versehen, welche mit der Elektromotorwelle direkt gekuppelt ist. Die Schleifscheibe hat einen Durchmesser von 15" engl. = 381 mm und die größte Schleifhöhe beträgt 7" engl. = 178 mm.

Der in jedem beliebigen Winkel verstellbare Tisch ist $9^1/_4 \times 21''$ engl. groß; die Schrägstellung ist an einer seitlich angebrachten Skala in Graden abzulesen.

Im Auflegetisch befindet sich eine schwalbenschwanzförmige Nute zur Aufnahme des verstellbaren Anschlagelineals, welches ebenfalls mit einer Skala versehen ist, um auch die Schrägstellung des Anschlagelineals in Graden ablesen zu können.

Sämtliche Lager sind mit doppelreihigen, prima Kugelringen versehen. Die Schrägstellung des Tisches erfolgt durch ein bequem und handlich angebrachtes Handrad.

Die in Abb. 448 dargestellte Sandpapierschleifmaschine, welche auf Wunsch auch mit eingebautem Elektromotor geliefert wird, kann in allen Betrieben vielseitig verwandt werden. Sie wird mit einer oder zwei Schleifscheiben geliefert, jedoch rate ich dazu, bei Anschaffung einer solchen Maschine zwei Schleifscheiben zu wählen, da der Preisunterschied ganz minimal ist und eine Zweischeibenmaschine im praktischen Betriebe mancherlei Vorteile bietet. Es können nicht allein zwei Mann zugleich an der Maschine arbeiten, sondern man ist auch in der Lage, die Schleifscheiben für die verschiedenen Arbeiten mit verschiedenem Rotschleifpapier zu bespannen. Bei der Maschine ist besondere Sorgfalt auf die Schleifscheiben und die Lagerung gelegt. Das Maschinengestell ist ein äußerst kräftig gehaltener Hohlgußständer mit großer Grundfläche, auf welchem die Lager befestigt und Tischkonsolträger angebaut sind.

Abb. 448. LNE Sandpapierschleifmaschine mit 2 Schleifscheiben. (Maschinenfabrik Kiessling, Leipzig.)

Die Schleifscheibenwelle aus bestem Stahl trägt an den Enden die Schleifscheiben und läuft in gut ausprobierten und bewährten Präzisionskugellagern. Auf Wunsch wird die Maschine auch mit prima Bronzeringschmierlager ausgeführt. Fest- und Losscheibe befinden sich auf der Welle; ebenso ist ein handlicher Ausrücker an der Maschine vorhanden, so daß die Maschine direkt von der Transmission oder aber vom Elektromotor angetrieben werden kann.

Die Schleifscheiben aus Gußeisen sind entsprechend bearbeitet und sorgfältig ausbalanciert und besitzen eine einfache und handliche Vorrichtung zum Aufspannen des Sandpapiers. Die Schleifscheiben laufen, wie aus Abb. 448 ersichtlich, in zweiteiligen schmiedeeisernen Staubmänteln. Letztere umkleiden die Schleifscheiben bis auf die erforderliche Schleiffläche vollständig und lassen sich direkt an einen Exhaustor oder an eine pneumatische Späneabsauganlage anschließen. Zu diesem Zwecke sind die Winkel mit Anschlußstutzen versehen.

Die Auflegetische, ebenfalls in Gußeisen ausgeführt, sind sauber plangehobelt und durch eine Handradspindel schräg stellbar.

Die Maschine wird in nachstehend aufgeführter 4 Größen ausgeführt:

Größe	Schleifscheibendurchmesser in mm	Nutzbare Schleifbreite in mm	Tischgröße in mm	Touren pro Minute	Kraftverbrauch in PS etwa
0	650	570	675 × 325	1000	2
I	825	760	825 × 400	775	$2^1/_2$
II	1050	980	1150 × 400	575	$3^1/_2$
III	1370	1300	1470 × 400	400	5

N. Kettenfräsmaschinen.

Kettenfräsmaschinen werden in der Hauptsache zur Herstellung von rechtwinkligen und keilförmigen Zapfenlöchern, Schlitzen u. dgl. verwandt und eine solche Maschine darf in keinem neuzeitlich, d. h. nach zeitsparendem System arbeitenden Betriebe fehlen. Es gibt heute so viel Arten von Kettenfräsmaschinen, daß es auch dem kleinen Tischlereibesitzer möglich ist, sich eine solche Maschine für wenig Geld anzuschaffen. Die Maschine unterscheidet sich von der Fräsmaschine dadurch, daß sie nicht mit Fräser, sondern mit Fräsketten arbeitet. Fräsketten bestehen aus einer Anzahl fräserförmig ausgebildeter Stahlglieder, welche zu einer endlosen Kette zusammengesetzt werden. Die Anordnung bzw. Arbeitsweise der Fräskette erfolgt stets, wie aus Abb. 449 und 459 ersichtlich, indem ein oberes treibendes Kettenrad den Umlauf der über eine Führungsschiene und untere Führungsrolle laufenden Fräskette bewirkt. Die Führungsschiene hat, abgesehen von der Lagerung der unteren Führungsrolle, auch den Zweck, die Kette nach drei Seiten zu führen. Um auf der Kettenfräsmaschine saubere Zapfenlöcher herstellen zu können, ist Bedingung, sauber geschliffene und richtig gespannte Fräsketten zu verwenden. Das Spannen der Kette erfolgt durch die an jeder Maschine angebrachte Kettenspannvorrichtung. Man spanne jedoch die Kette nie zu straff, da dadurch ein Heißlaufen der unteren Führungsrolle bewirkt wird. Eine richtig gespannte Kette soll man in der Längsmitte noch etwa 5 mm von der Führungsschiene abheben können. Ist die Fräskette dagegen zu locker gespannt, werden die Zapfenlöcher unsauber. Der die Maschine bedienende Arbeiter wird schnell mit deren Arbeitsweise vertraut, so daß er bald die erforderliche Gewandtheit besitzt. Sehr wesentlich ist für die Lebensdauer der Fräskette eine gute Schmierung zwischen Kettenglied und Niete. Eine solche wird vollkommen erreicht, wenn man die Ketten, während sie in der Maschine nicht benutzt werden, in einem mit Petroleum vermischten Ölbade aufbewahrt. An den neueren Kettenfräsmaschinen ist zu diesem Zwecke ein Ölkasten angebracht. Zum Ausfräsen von konischen Zapfenlöchern verwendet man, um das schräge Einspannen der Werkstücke zu vermeiden, Fräsketten mit konischer Führungsschiene, d. h. dieselbe ist oben breiter als unten bei der Führungsrolle.

Abb. 449. IKstM. Vollautomatische Elektro-Zapfenloch-Kettenfräsmaschine mit Hohlmeißelstemmapparat. (Teichert & Sohn, Liegnitz.)

Es befinden sich heute verschiedene Arten Kettenfräsmaschinen am Markte, und zwar solche mit feststehendem Werkzeug, wobei das Werkstück gegen die Fräskette selbsttätig gehoben wird, und solche, wo das Werkstück in dem festgelagerten Tisch eingespannt und die Fräskette selbsttätig oder von Hand die auf- und niedergehende Bewegung ausführt. Ich empfehle allen Betrieben, welche schwere Werkstücke mit Zapfenlöchern zu versehen haben, die letztere Art zu wählen, da bei dieser Konstruktion schwere Hölzer nicht gehoben zu werden brauchen, sondern auf dem festgelagerten Tisch aufliegen.

Außerdem werden heute kombinierte Kettenfräsmaschinen mit Hohlmeißelstemmapparat oder Bohrmaschine gebaut, sowie leichte Maschinen für kleinere Betriebe mit Handvorschub.

Die Kettenfräsmaschine ist etwa vor 25 Jahren von Amerika zu uns herübergekommen und ist heute eine unentbehrliche Maschine. Die deutsche Holzbearbeitungsmaschinenindustrie hat diese Maschine in den letzten Jahren so verbessert, daß die deutschen Kettenfräsmaschinen erster Firmen den amerikanischen überlegen sind.

Nachstehend soll die Konstruktion und Arbeitsweise dieser wichtigen Holzbearbeitungsmaschine eingehend geschildert werden.

Die in Abb. 449 dargestellte vollautomatische Elektro-Zapfenloch-Kettenfräsmaschine mit Hohlmeißelstemmapparat und eingebautem Elektromotor besitzt einen festen Tisch und ein niedergehendes Werkzeug. Infolge der besonders kräftigen Bauart ist die Maschine hauptsächlich für lange, schwere Hölzer geeignet, welche eine leichtere Maschine mit auf- und abwärts gehendem Tisch zu schnell ruinieren. Es können auf dieser Maschine aber auch die leichtesten Hölzer bearbeitet werden; dieselbe arbeitet so genau, daß die Stemmlöcher bei vollster Tiefe etwa 2 mm nebeneinander liegen können.

Der Arbeitsgang vollzieht sich völlig selbsttätig. Nachdem das Werkstück auf dem Tisch eingespannt und die Frästiefe eingestellt ist, genügt ein Druck auf den Fußhebel, um den Motor einzuschalten und ihn zugleich mit dem angebauten Fräskettenschlitten gegen das Holz niedergehen zu lassen. Loslassen des Fußtritts bewirkt Ausschalten des Motors und gleichzeitigen beschleunigten Hochgang des ganzen Supports. Der Arbeiter hat also beide Hände zur Führung des Tisches frei.

An dem kräftigen Maschinenständer mit breiter Basis, welche ein erschütterungsfreies Arbeiten verbürgt, ist der Gesamtmechanismus eingebaut. Der Fräskettensupport bewegt sich in nachstellbarer prismatischer Führung hoch und tief gegen das Holz. Dieses ist ein Vorzug gegenüber dem amerikanischen System mit festem Support und hochgehendem Tisch, da bei diesem letzteren mit der Zeit die Genauigkeit der Arbeit leidet und der Arbeitsgang schlecht beobachtet werden kann; außerdem erschweren die häufig vorkommenden unhandlichen und schweren Werkstücke nur unnötig die Beweglichkeit des Tisches. Zur Verhütung des Aussplitterns des Holzes ist vor demselben ein verstellbarer Druckapparat angeordnet.

Der Aufspanntisch ist hoch, tief, längs, quer, sowie in der Längsrichtung nach beiden Seiten hin um 30° schräg stellbar. Die Höhenverstellung geschieht durch Kurbel, die Momentschrägverstellung durch sauber gefräste Zahnräder nach Skala genau auf den gewünschten jeweiligen Winkel. Drehbarkeit um einen sauber gedrehten Zylinder, welcher große Sicherheit gegen Erschütterung bietet und daher die schwersten Arbeiten zuläßt. Längsbewegung des Tisches wird mittels Anschlagstift begrenzt; Querbewegung durch Handrad und Schraubspindel. Für besonders hohe Hölzer erhält der hintere Anschlag eine Verlängerung nach oben.

Sämtliche Lagerstellen sind mit prima Kugellagern ausgeführt, dadurch wird nicht allein der Kraftbedarf auf das denkbar geringste herabgedrückt, sondern neben Schonung der Wellen ist auch eine bequemere Ersatzmöglichkeit für defekte Lager gegeben.

Auf die Durchbildung der Fräskette ist besonders Wert gelegt. Hat sich der Arbeiter erst mit der Maschine vertraut gemacht, so ist das von anderen Maschinen und Fräsketten her gefürchtete Reißen der Kette nahezu ausgeschlossen. Reißt aus irgendwelchen Gründen doch einmal die Kette, so ist sie schnell durch eine andere ausgewechselt und man kann das gerissene Werkzeug entweder durch Einsetzen eines neuen Gliedes wieder auf volle Länge bringen, oder einfach durch Einziehen einer Niete schließen.

Eine angebrachte Spannvorrichtung spannt auch die verkürzte Kette. Die einzelnen Teile des Fräskettenmechanismus, wie Kette, Führungsschiene und Führungsrolle, sind leicht und schnell auswechselbar.

Die Zapfenlochfräskette ist keine Transmissionskette, sondern ein bewegliches gehärtetes Schneidewerkzeug und muß daher angemessen gehandhabt werden, und zwar unter Beobachtung folgender Regeln:

Drehe oder biege die Kette nicht seitwärts. Benutze die richtige Radgröße für die Länge des zu schneidenden Zapfens, da sonst Führungsschiene und Kette beschädigt werden.

Verwende mit jeder Kette die richtige Radbreite, andernfalls nutzen sich die schmäleren Radzähne bei der schweren Arbeit sehr schnell ab. Spanne die Kette nicht zu straff, der Wellenabstand soll so reguliert sein, daß die Kette ungefähr 5 mm von der Führungsschiene abgezogen werden kann. Eine neue oder reparierte Kette sollte einige Minuten leerlaufen und die Wellenabstände vor deren Benutzung reguliert werden.

Presse die Kette nicht in das Holz hinein, sondern führe dieselbe leicht und sanft ein. Der Tisch darf bei breiten Zapfenlöchern und Hartholz, wenn die Kette arbeitet, nicht seitwärts bewegt werden, da sonst Reißen erfolgen kann. Öle die Kette und Führungsleiste häufig. Nach Arbeitsschluß sollen die Werkzeuge in ein mit Petroleum vermischtes Ölbad gelegt werden; nur damit wird die richtige Schmierung erzielt. Gelegentlich entferne man den Deckel an der Führungsleistenrolle, um zu sehen, ob das Öl das Rollenkugellager erreicht hat, und jedesmal vor Benutzung tauche man die Führungsschiene in ein Ölbad.

Halte die Kette immer scharf. Die Zähne können durch leichtes Abziehen mit einem schmalen Ölstein in guter Schärfe gehalten werden. Dieses darf jedoch nur an der inneren Fläche der Zähne geschehen und sollte, wenn die Kette ununterbrochen arbeitet, täglich einmal vorgenommen werden. Wird eine Kette für den Abziehstein zu stumpf, so muß die innere Zahnfläche jedes Gliedes auf einer Schmirgelscheibe geschliffen werden.

Die Abbildungen 450 und 451 zeigen eine Fräskettenschleifmaschine und sachgemäß geschliffene Fräsketten der größten amerikanischen Spezialfabrik für Kettenfräsmaschinen, Fräsketten und Fräskettenschleifmaschinen. Man soll niemals einen Schliff des Zahnrückens oder der Seiten versuchen, denn diese sind so geformt, daß sie nicht nur den geeignetsten Schneidewinkel ergeben, sondern auch den Schneidekanten beim Eindringen in das Holz die nötige Widerstandskraft verleihen.

Der ursprüngliche in Abb. 451 dargestellte Zahnwinkel muß unter allen Umständen beibehalten werden, da sonst der Zahn Stärke und Schneidkraft verliert und die Kette unbrauchbar gemacht wird. Wenn die Innenseite des Zahnes bei der Behandlung nur leicht berührt wird, besteht keine Gefahr und die Kette kann Dutzende von Malen geschliffen werden, bis sie abgenutzt ist. Man verwende, wie auf Abb. 450 ersichtlich, eine beiderseitig abgerundete Schmirgelscheibe und schleife quer auf der Innenseite der Glieder. Vor allem hüte man sich, die Rückenschneidkante zu schleifen.

Abb. 450. Fräskettenschleifmaschine.

Herausnahme eines Kettengliedes. Die Reparaturwerkzeuge für die Fräskette bestehen aus 1 Gabelplatte, 1 Treibstahl und 1 Nietklammer. Will man eine Kette auseinandernehmen oder die Endglieder einer gerissenen Kette entfernen, so ist es nötig, einen oder mehrere Stifte herauszuhämmern. Zu diesem Zwecke müssen die Stiftenden mit Hilfe einer Schmirgelscheibe von kleinem Durchmesser bis unter die Oberfläche des Seitengliedes abgeschliffen werden, um den aufgetriebenen Stiftkopf, der die Versenkung ausfüllt, zu beseitigen. Hierauf führt man die Gabel derart in die Kette ein, daß die Mittelzinke den Außenblock, welchen man zu entfernen wünscht, stützt. Dann lege man die Gabelplatte mit Kette auf die ungefähr einen halben Zoll weit geöffneten Backen eines Schraubstockes und treibe die Stifte mittels des hierzu bestimmten Treibstahles heraus.

Abb. 451. Richtig geschliffene Fräsketten. (The New Britain Machine Co., New Britain, Conn., U. S. A.)

Zusammensetzen der Kette. Die Blöcke bzw. Einzelglieder für alle Ketten werden fertig geschärft und gehärtet geliefert. Eine gerissene Kette muß mittels dieser Blöcke wieder in ihrer korrekten Länge zu-

Gillrath, Holzbearbeitung. 29

sammengesetzt und die neuen Stifte in die Löcher geschoben werden. Dann wird die Nietklammer mit dem untersten Ende ungefähr 1 Zoll in den Schraubstock gespannt, der federnde Handgriff herausgezogen und die Kette dann in den Schlitz geschoben, so daß ihre Zähne an dem Lederbeschlage ruhen und ihre obere Seite mit der oberen Fläche des Leders abschneidet. Die Amboßplatte wird dann zu der Unterseite der Kette hinaufgeschoben und die ganze Nietklammer im Schraubstock so tief heruntergelassen, daß die Amboßplatte auf einer Backe desselben ruhen kann. Die Kette liegt somit mit einer Seite auf der Amboßplatte, die, von den Schraubstockbacken gestützt, durch die federnde Klammer in dieser Lage gehalten wird. Der Nietenkopf kann durch Hämmern auf den im Führungsloch gleitenden Punzen aufgetrieben werden. Die Spitze des letzteren ist im Winkel geschliffen und muß daher gedreht werden, um die Niete gleichmäßig zu runden. Vor Vernietung des nächsten Stiftes bewege man die Fräskette durch Herausziehen des Griffes weiter. Die vorstehend beschriebenen Nietwerkzeuge können von der Firma Teichert & Sohn, Liegnitz, bezogen werden, ebenfalls nebenstehend abgebildete JKS.-Schleifmaschine für Fräsketten.

Abb. 452. Schleifmaschine für Fräsketten. (Teichert & Sohn, Liegnitz.)

Die in Abb. 449 dargestellte Elektro-Zapfenloch-Kettenfräsmaschine mit Hohlmeißelstemmapparat erhält je einen kugelgelagerten Drehstrom-Asynchron-Kurzschlußmotor Siemens-Schuckert von 1,5 kW für Fräskette und Vorschub und für den Hohlmeißelstemmapparat einen gleichen Motor von 0,7 kW. Der Vorschubmotor ist polumschaltbar für zweierlei Vorschubgeschwindigkeiten und für beschleunigten Rückgang des Kettensupports. Davon trägt der 3000-tourige Fräskettenmotor auf der Achse, ohne Vermittlung von Zwischenelementen, die Fräskette. Die Motoren sind für Spitzenbelastung reichlich stark, im Betrieb unempfindlich und gegen Stöße und Überlastung gesichert.

Hohlmeißelstemmapparat.

Der rechts an der in Abb. 449 dargestellten Elektro-Zapfenloch-Kettenfräsmaschine angebrachte Hohlmeißelstemmapparat dient zur Herstellung von Vierkantlöchern von 8—25 mm im Quadrat und kurzen Schlitzen.

Der Apparat besteht aus dem in Abb. 460 dargestellten auswechselbaren Hohlmeißel mit darin sich drehendem Schlangenbohrer. Bei Druck auf den Stemmhebel wird das Werkzeug mittels der Patrone in das Holz eingeführt. Während der Bohrer das Loch vollständig ausbohrt, stemmt der Hohlstemmer das Loch gleichzeitig auf allen 4 Seiten sauber aus. Der Stemmsupport ist 50 mm quer, d. h. auf den Arbeiter zu verschiebbar, so daß zum Kettenschlitz versetzte Stemmlöcher erzeugt werden können. Die Begrenzung des Tiefganges erfolgt durch Feststellring.

Konstruktionselemente der Elektroantriebe.

Der Kurzschluß-Einbau-Motor. Abb. 453 und 454 besteht aus nachstehenden 3 Hauptbestandteilen:

Abb. 453. Stator (links), Rotor (rechts).

Abb. 454. Rotor mit eingebauter Arbeitswelle.

Der Antrieb des Bohrers geschieht unabhängig von der Fräskette durch eigenen Motor von 0,7 kW derselben Bauart, wie der Fräskettenmotor. Hier ist der Motor jedoch fest angeordnet und hat Hohlwelle, die Werkzeugspindel macht die Bewegung gegen das Holz.

Dort wo Drehstrom vorhanden ist, kann der riemenlose Antrieb nur warm empfohlen werden. Er allein macht die Maschine unabhängig von Transmissionen und Platzverhältnissen, er bietet beträchtliche Ersparnisse an Kraft, Schmiermaterial, Riemen und Platz durch Fortfall von Zwischengliedern und Reibungsflächen, ist stets betriebsbereit, vermindert Unfallgefahr, verhütet Funkenbildung durch Wahl zweckmäßiger Motoren, sichert stets gleichbleibende Schnittgeschwindigkeit und bietet in dem vorliegenden, genügend erprobten Spezialmotorfabrikat absolute Gewähr für völlige Betriebszuverlässigkeit und lange Lebensdauer. Die Maschine wird mit und ohne Hohlmeißelstemmapparat geliefert, ebenfalls auch für Riemenantrieb.

Die Fräskettenbreite beträgt 6—25 mm.

Die schmalste Schlitzlänge 40—50 mm.

Es können auf der Maschine Schlitze von 400 mm Länge und 200 mm Tiefe hergestellt werden. Die größte Holzbreite beträgt 200 mm.

Der Hohlmeißel stemmt Löcher von 8—25 mm im Quadrat. Für ganz leichte Arbeiten können auch Spezialfräsketten bis 30 mm Minimalschlitzlänge geliefert werden. Diese sind schwach konisch und nur für

452 Maschinen für Holzbearbeitungsbetriebe und Tischlereien.

geringe Schlitztiefen anwendbar. Auf Wunsch wird die Maschine mit einem Einstemmapparat für Radnaben bis 300 mm Durchmesser geliefert.

Ein Exhaustor zum Absaugen der Späne ist in der Maschine eingebaut und der Anschlußstutzen desselben muß an eine Späneabsaugeanlage angeschlossen werden. Ein Versacken oder Festsetzen der Späne im Zapfloch, wie bei Stemmaschinen, ist ausgeschlossen. Die Bauart der Maschine ist äußerst kräftig, sie genügt allen Zwecken und Beanspru-

Abb. 455 zeigt einen normalen Schleifringläufer.

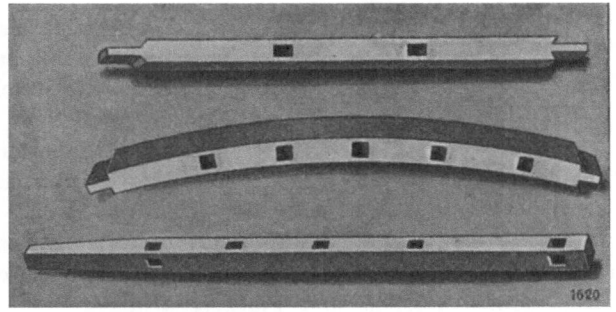

Abb. 456. Stemmuster, hergestellt auf dem Hohlmeißelstemmapparat (Abb. 449).

chungen. Kein leichtes Spielzeug, wie viele im Handel befindliche Systeme, welche durch ihren billigen Preis bestechen, jedoch nach kurzer Zeit klappern und dann ins alte Eisen kommen. Da zum Bau einer erstklassigen Kettenfräsmaschine große Erfahrung gehört, rate ich beim Kauf einer solchen Maschine zur Vorsicht; man berücksichtige nur solche Firmen, die gute Referenzen aufgeben können und volle Garantie für die Maschine übernehmen.

Maße und Abbildungen von Teichert & Sohn, Liegnitz.
Abbildungen und Leistungsdarstellung einiger auf der Kettenfräse erzeugter Arbeitsstücke.

Die hölzernen Blöcke sind genau in dem Zustande wiedergegeben, wie sie aus der Maschine gekommen sind.

Kettenfräsmaschinen.

Leistungstabelle.

	Fig. 1		Fig. 2		Fig. 3	
	Fichte	Eiche	Fichte	Eiche	Fichte	Eiche
a	40 mm	40 mm	50 mm	50 mm	50 mm	50 mm
b	6 mm	6 mm	12 mm	12 mm	20 mm	20 mm
c	125 mm	125 mm	175 mm	175 mm	200 mm	200 mm
d	42	42	25	25	9	9
e	8,8 Minuten	9,7 Minuten	7 Minuten	8,4 Minuten	4,1 Minuten	4,7 Minuten
f	12,5 Sekund.	13,8 Sekund.	17 Sekund.	20 Sekund.	27 Sekund.	31 Sekund.
g	schnell	schnell	schnell	schnell	schnell	langsam

Die angegebenen Werte der Arbeitszeit verstehen sich einschließlich Griffzeiten. Davon bedeutet:

a = Schlitzlänge   e = Arbeitszeit für sämtliche Schlitze
b = Schlitzbreite   f = Arbeitszeit für 1 Schlitz
c = Schlitztiefe   g = Vorschubgeschwindigkeit
d = Anzahl der Schlitze

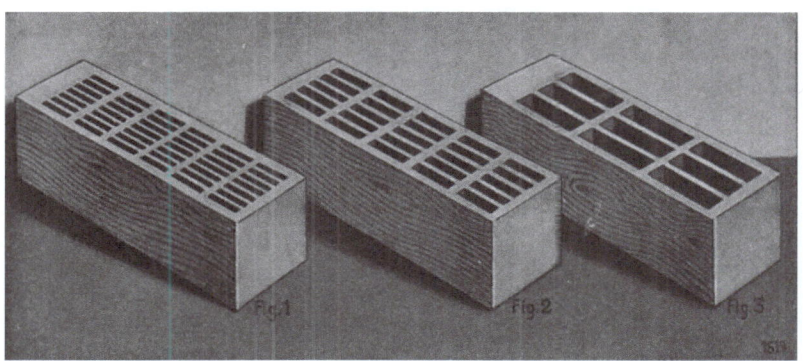

Abb. 457. Arbeitsmuster, hergestellt auf der Kettenfräsmaschine (Abb. 449).

Die Fräskette ist ein aus feinstem Stahl hergestelltes Schneidewerkzeug, das im Gegensatz zu anderen Werkzeugen in sich bewegbar ist und eine sachkundige Handhabung erfordert.

Die Kette darf nie seitlich gebogen werden.

Spanne die Kette nie zu straff. Neue oder reparierte Ketten sollen erst einige Minuten leer laufen. Kette und Führungsleiste sollen alle halben Stunden einige Tropfen Öl erhalten. Nach Gebrauch ins Ölbad hängen.

Gegen einen Mehrpreis wird der Steg mit Staufferbüchsenschmierung versehen, welche Ausführung überall zu empfehlen ist.

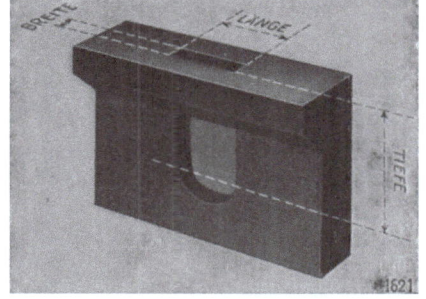

Abb. 458. Arbeitsmuster, hergestellt auf der Kettenfräsmaschine (Abb. 449).

Maße für Fräsketten.

Schlitz mm			Anzahl der Doppelglieder	Stichmaße mm		Zähnezahl des Kettenrades
Breite	Tiefe	Länge		A	B	
6—7	125	40	36	180	358	4
6—7	125	50	36	170	348	5
8—9	125	40	36	180	358	4
8—9	125	50	36	170	348	5
10—11	150	50	38	167	370	5
12—14	175	50	40	165	393	5
15—17	175	50	40	165	393	5
18—20	200	50	42	162	415	5
21—23	200	50	42	162	415	5
24—25	200	50	42	162	415	5

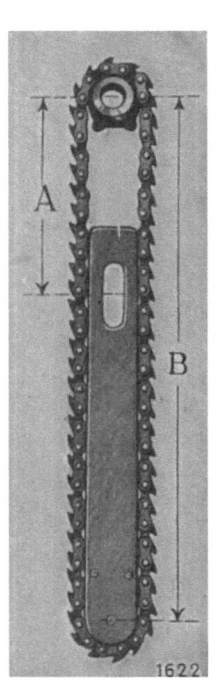
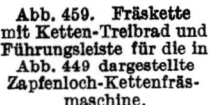

Abb. 459. Fräskette mit Ketten-Treibrad und Führungsleiste für die in Abb. 449 dargestellte Zapfenloch-Kettenfräsmaschine.

Abb. 460. Hohlmeißel mit Bohrer.

Abb. 461. I K H st M. Halbautomatische Elektro-Zapfenloch-Kettenfräsmaschine mit Hohlmeißelstemmapparat. (Teichert & Sohn, Liegnitz.)

Tischlereien, denen die in Abb. 449 dargestellte vollautomatische Elektro-Zapfenloch-Kettenfräsmaschine zu teuer ist, oder die vielmehr nicht in der Lage sind, dieselbe richtig auszunutzen, wird in vorstehender halbautomatischer Maschine Abb. 461 vollwertiger Ersatz geboten.

Es können auf der Maschine Ketten 6—25 mm breit für Schlitzlängen von 40—60 mm verwandt werden (s. Abb. 458). Für ganz leichte Arbeiten werden Spezialketten bis 30 mm Minimalschlitzlänge geliefert. Diese sind schwach konisch und nur für geringe Schlitztiefen verwendbar. Es können auf der Maschine Stemmschlitze bis 300 mm Länge und 200 mm Tiefe ohne Ausspannen des Holzes hergestellt werden. Quer-

Maße für Hohlmeißel mit Bohrer.

Stemm-		Stemmer-		Bohrer	
Breite a mm²	Tiefe mm	Schaft ⌀ mm	Länge ohne Schaft L1 mm	ganze Länge L mm	Schaft ⌀ d mm
8, 9, 10	60	30	$\frac{100}{=4''}$	215	5,5
11, 12, 13	75	30	$\frac{115}{=4^{1}/_{2}''}$	230	7
14, 15, 16	90	30	$\frac{130}{=5''}$	245	10
17, 18, 19, 20	105	30	$\frac{145}{=5^{1}/_{2}''}$	260	10
21, 22, 23, 24, 25	125 oder 150	30	$\frac{165}{=6^{1}/_{2}''}$ oder 205 $=8''$	280 oder 320	16 oder 16

bewegung des Tisches zur Fräskette bis 350 mm. Höchstes Holz bei Kette für 200 mm Frästiefe ist gleich 280 mm. Größte Holzbreite 175 mm.

Die Maschine wird mit und ohne Hohlmeißelstemmapparat sowie auch für Riemenantrieb geliefert. Sämtliche Motorwellen laufen in Kugellagern. Auf Wunsch wird die Maschine mit einem Einspannapparat für Radnaben bis 300 mm Durchmesser geliefert.

Konstruktion.

In den kräftigen Ständer mit breiter Grundfläche, welche ein erschütterungsfreies Arbeiten verbürgt, ist der Gesamtmechanismus eingebaut. Der Motor mit dem Fräskettensupport, beides zu einem Ganzen verbunden, bewegt sich in nachstellbarer prismatischer Führung hoch und tief gegen das Holz. Dies ist ein Vorzug gegenüber anderen Systemen mit festem Support und hochgehendem Tisch, da bei letzterem mit der Zeit die Genauigkeit der Arbeit leidet und der Arbeitsgang schlecht beobachtet werden kann; außerdem beeinträchtigen die häufig vorkommenden unhandlichen und schweren Werkstücke nur unnötig die Beweglichkeit des Tisches.

Die Höhenbewegung des Motorschlittens, dessen Gewicht durch ein Gegengewicht ausgeglichen wird, erfolgt spielend leicht durch den oberen Handhebel. In dessen vorderem Handgriff befindet sich die gesetzlich geschützte Motorschaltvorrichtung. Drehung nach rechts schaltet den

Motor sofort ein, Linksdrehung sofort aus. Der Arbeiter kann also die rechte Hand dauernd am Steuerhebel lassen und mit der linken Hand den Aufspanntisch leiten. Daher keine unnötigen, hindernden Handgriffe.

Der zur Verwendung kommende 3000 tourige Kugellager-Asynchron-Drehstromkurzschlußmotor von 1,5 kW, Fabrikat Siemens-Schuckert, trägt auf der Achse, ohne Vermittlung von Zwischenelementen, die Fräskette; er ist für Spitzenbelastung reichlich stark, im Betrieb unempfindlich und gegen Stöße gesichert. Der Aufspanntisch ist hoch-, tief-, längs-, quer-, sowie in der Längsrichtung nach beiden Seiten hin um 30^0 schräg stellbar. Die Höhenverstellung geschieht durch Kegelräder und abnehmbare Kurbel, die Momentschrägverstellung durch sauber gefräste Zahnräder nach Skala genau auf den jeweiligen Winkel. Drehbarkeit um einen sauber gedrehten Zylinder, welcher große Sicherheit gegen Erschütterungen bietet und daher die schwersten Arbeiten zuläßt. Längsbewegung des Tisches wird mittels Anschlagstift begrenzt, Querbewegung durch Handrad und Schraubspindel. Sämtliche Wellen sind mit Kugellager versehen. Die Vertikalspindel für den Tisch ist mit einem Druckkugellagerring ausgerüstet, um den vertikalen Druck aufzunehmen. Betreffs Fräsketten ist das vorher Gesagte zu beachten.

Abb. 462. NDE. Selbsttätige Zapfenloch-Kettenfräsmaschine mit direktem elektrischen Antrieb. (Gebr. Schmaltz, Offenbach a. Main.)

Die in Abb. 462 dargestellte und in einer großen Anzahl von Ausführungen vorzüglich bewährte schwere Maschine dient zur raschen, sauberen und exakten Herstellung von rechteckigen durchgehenden oder „blinden" Zapfenlöchern, sowie Stemmschlitzen (s. Abb. 463) und findet namentlich bei der Tür- und Fensterfabrikation, bei der Herstellung von Möbeln aller Art, im Waggonbau und im Bau von Müllerei- und landwirtschaftlichen Maschinen vorteilhafte Verwendung.

Beschreibung.

Diese Neukonstruktion weist gegenüber den bisherigen Ausführungen folgende namhafte Vorteile auf:

1. Antrieb durch eigenen Motor. Die Aufstellung der Maschine ist mithin unabhängig von der Transmission. Fortfall der drei Antriebsriemen bei den älteren Konstruktionen, von denen einer zwecks Umsteuerung dauernd hin und her bewegt werden mußte. Ersparnis des Riemenverschleißes.

2. Das Antriebsrad der rotierenden Fräskette sitzt direkt auf der Motorwelle. Hierdurch sind alle Antriebsverluste vollständig vermieden.

3. Vertikale hydraulische Ab- und Aufwärtsbewegung des gesamten Frässchlittens.

4. Die Maschine arbeitet durch Fortfall der verschiedenen Riemenantriebe vollständig stoßfrei.

Diese Vorzüge bedingen eine bedeutend höhere Leistungsfähig-

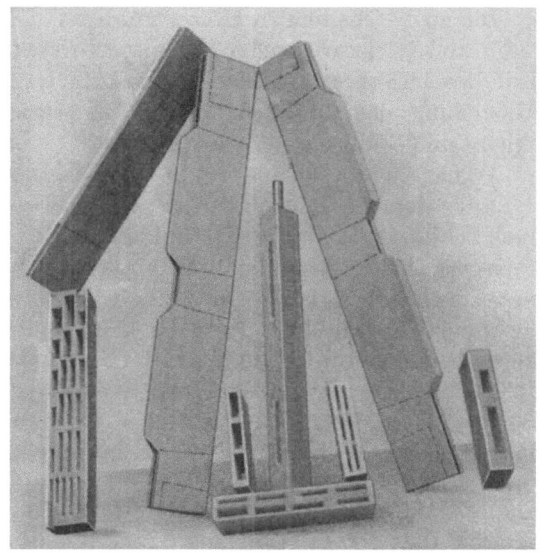

Abb. 463. Muster von Zapfenlöchern und Stemmschlitzen.

keit gegenüber derjenigen der älteren Langlochbohr- und Stemmaschinen. Zu denselben ist im einzelnen noch folgendes zu bemerken. Der Antriebsmotor ist auf den Kopf des Frässchlittens aufmontiert. Die über ein auf der Verlängerung der Motorwelle sitzendes Kettenrad laufende Fräskette erhält infolge der geringen Widerstände in kürzester Zeit ihre Maximalgeschwindigkeit. Gegenüber den von mehreren anderen Seiten angebotenen Kettenfräsmaschinen ist als wesentlicher Vorteil zu betrachten, daß bei dieser Konstruktion die Fräskette die für die jeweilige Tiefe der herzustellenden Schlitze erforderliche vertikale Bewegung ausführt und nicht dem Tisch mit dem Arbeitsstück die vertikale Bewegung erteilt wird. Die als Werkzeug dienende raschlaufende Gußstahlkette ohne Ende, deren einzelne Glieder mit nach außen gerichteten scharfen Fräszähnen versehen sind, und deren Breite der gewünschten Schlitzbreite entspricht, wird in sehr genauer Weise durch eine vertikale, ebenfalls aus feinstem Gußstahl hergestellte flache Schiene geführt, welche unten eine kugelgelagerte Stütz- und Führungsrolle trägt. Dieser äußerst exakten und sicheren Führung der Fräskette entspricht auch vollkommen die absolute Genauigkeit der auf der Maschine hergestellten Arbeit, die beispielsweise ermöglicht, ohne jede Schwierigkeit zwei Zapfenlöcher nebeneinander mit einer Zwischenwand von etwa 2 mm zu erzeugen. Besonderer Wert ist auf die leichte und rasche Auswechselbarkeit der Fräskette nebst Kettenrad, Führungsschiene und Führungswelle gelegt.

Die zu bearbeitenden Hölzer werden auf einem Tische mittels einer rasch und sicher wirkenden Aufspannvorrichtung befestigt. Der obere Teil dieses Tisches mit dem Arbeitsstück ist zur genauen und raschen Einstellung des letzteren in der Längenrichtung mittels Handrad, Trieb- und Zahnstange verschiebbar.

Ferner ist der obere Teil des Tisches auch quer verschiebbar.

Außerdem ist er noch mit Momentschrägstellung versehen, so daß auch Schlitze, die nicht rechtwinklig zum Holze stehen, sowie ein- oder zweiseitig keilförmige Schlitze ausgefräst werden können. Ebenso lassen sich auch abgesetzte Schlitze herstellen.

Um eine Anzahl Schlitze in der Längsrichtung schnell hintereinander fräsen zu können, wird auf Wunsch eine Anzahl abklappbare Anschläge, die am Tisch leicht anzubringen sind, mitgeliefert.

Besonderer Wert wurde bei der Umkonstruktion dieser Maschine darauf gelegt, daß der Arbeiter alle vorgenannten Betätigungen des Arbeitstisches ohne seinen Platz zu verlassen ausführen kann. Die Steuerung der Maschine erfolgt durch Bewegung eines einzigen Fußhebels. Durch Heruntertreten dieses Hebels wird zuerst die Fräskette in Bewegung gesetzt. Tritt der Arbeiter weiter auf diesen Hebel, so kann er hiermit die hydraulische Auf- und Abwärtsbewegung des Fräsapparates betätigen. Der ganzen Steuerung ist eine möglichst einfache und größte Sicherheit für den Betrieb bietende Schaltung zugrunde gelegt. Zum Beispiel ist eine Abwärtsbewegung des Frässupportes bei stehender Kette automatisch verhindert.

Der Arbeiter hat es vollkommen in der Hand, die Geschwindigkeit der Abwärtsbewegung je nach der Breite der herzustellenden Schlitze sowie der Härte des Holzes zu regulieren. Die Steuerung arbeitet wie bei jeder hydraulischen Maschine und wird durch eine kleine, vom Motor angetriebene Ölpumpe gespeist. Die Aufwärtsbewegung des Frässchlittens erfolgt mit erhöhter Geschwindigkeit, so daß für die Leerlaufbewegung der Fräskette möglichst jeder Zeitverlust vermieden ist.

Behufs Entfernung der während der Arbeit sich bildenden, nach oben austretenden feinen Holzspäne ist über der Fräskette ein kleiner Exhaustor angebracht, der an eine Saugleitung angeschlossen werden kann. Ein Feststecken der Späne in dem hergestellten Zapfenloch, wie es bei den Stemmaschinen üblich ist, findet nicht statt, der Schlitz ist vielmehr sofort ganz frei von Spänen, was ebenfalls ein großer Vorzug der Maschine ist.

Auf der Maschine können Hölzer bis zu 350 mm Höhe, 175 mm Stärke und beliebiger Länge mit Zapfenlöchern bzw. Schlitzen versehen werden. Die herzustellenden Zapfenlöcher bzw. -schlitze können 38 bis 300 mm lang, 6—25 mm breit und bis 175 bzw. 350 mm tief sein. Der eingebaute Elektromotor ist 4 PS stark. Das Gewicht der Maschine beträgt 750 kg. Die Fräsketten werden in folgenden Abmessungen geliefert: Zahnbreite 6 bis 25 mm.

Für kleinste Schlitzlängen von 38, 50, 58 und 64 mm. Schlitztiefe 150 bis bis 175 mm.

Um auf der in Abb. 462 dargestellten Zapfenlochkettenfräsmaschine auch quadratische Löcher oder ganz kurze Schlitze er-

Abb. 464. NDHE. Bohr- und Hohlmeißelstemmapparat mit direktem elektrischen Antrieb.
(Gebr. Schmaltz, Offenbach a. Main.)

zeugen, sowie Löcher bis 35 mm Durchmesser und 175 mm Tiefe bohren zu können, kann der in Abb. 464 dargestellte Apparat auch nachträglich in die Maschine eingebaut werden. Durch Verwendung desselben lassen sich bedeutende Ersparnisse in der Fabrikation erzielen. Transportkosten der Arbeitsstücke zur Bohrmaschine, und falls eine solche nicht vorhanden, die Herstellung der Bohr- und quadratischen Stemmlöcher mit der Hand werden vermieden. Wie bei der Zapfenlochkettenfräse ist auch hier der verlustreiche Riemenantrieb fortgefallen. Die Bohrwelle ist direkt mit der Motorwelle gekuppelt. Die Auf- und Abwärtsbewegung des gesamten Bohrapparates erfolgt durch die hydraulische Hebung und Senkung der Kettenfräse. Die Übertragung dieser Bewegung von der Kettenfräse auf den Bohrapparat erfolgt durch ein zwischen zwei Zahnstangen eingeschaltetes Zahnrad. Durch diese Konstruktion wird ein langsames selbsttätiges Eindringen des Hohlmeißels bewirkt. Der aus bestem Qualitätsstahl hergestellte hohle quadratische Meißel (Abb. 460), in dessen Innern ein Schlangenbohrer als Vorschneider geführt wird, ist leicht auswechselbar in einem stählernen Werkzeugträger befestigt.

Abb. 465. Original-Zapfenlochkettenfräsmaschine.
(The New Britain Machine Co., New Britain, Conn., U. S. A.)

Der Arbeitsgang ist folgender: Die Bohrwelle wird durch Drehung eines Handrades vertikal bis direkt vor das zu bearbeitende Holz geführt. Die weitere Ab- und Aufwärtsbewegung erfolgt durch Bedienung des Steuerungsfußhebels der Kettenfräse selbsttätig. Selbstverständlich lassen sich auch alle gewöhnlichen Bohrarbeiten mit dieser Maschine selbsttätig ausführen. Die automatische Auf- und Abwärtsbewegung des Hohlmeißels ist von großer Wichtigkeit, denn bei Maschinen mit Handbedienung erfordert der Hohlmeißel, wenn Löcher über 15 mm im Quadrat hergestellt werden sollen, bekanntlich einen erheblichen Kraftaufwand speziell bei Hartholz und ich kann aus eigener Erfahrung, wenn Löcher über 15 mm im Quadrat hergestellt werden sollen, nur einen selbsttätigen Hohlmeißelstemmapparat empfehlen.

Der Apparat dient zur Herstellung quadratischer Löcher von 8 bis 20 mm, bis zu 150 mm Tiefe. Bohrlöcher können bis zu 35 mm Durchmesser und 175 mm Tiefe hergestellt werden.

Der Antriebsmotor der Spindel hat eine Stärke von 1 PS. Der Apparat wiegt 180 kg.

Aus den beiden Abb. 465 und 466 ist ersichtlich, daß die größte Spezialfabrik der Welt für automatische Zapfenlochketten-

fräsmaschinen „The New Britain Machine Co., Britain, Conn., U. S. A."
heute noch, von unwesentlichen Änderungen abgesehen, genau dieselbe Maschine baut wie vor 21 Jahren. Ich selbst habe die in Abb. 466 dargestellte Zapfenlochkettenfräsmaschine seit 1907 ununterbrochen in meinem Betriebe laufen. Die Arbeitsweise der Maschine ist heute nach 20 jähriger Betriebsdauer noch in jeder Weise befriedigend,

Abb. 466. Original-Zapfenlochkettenfräsmaschine.
(The New Britain Machine Co., New Britain, Conn., U. S. A.)

nennungswerte Reparaturen sind bis heute nicht erforderlich gewesen. Es ist dieses ein Zeichen, wie hoch die amerikanische Holzbearbeitungsmaschinenindustrie bereits im Jahre 1906 entwickelt war, wo man in Deutschland kaum daran dachte, solche Maschinen zu bauen. Noch erfreulicher ist es jedoch, daß unsere führenden deutschen Holzbearbeitungsmaschinenfabriken heute Kettenfräsmaschinen bauen, welche den amerikanischen Maschinen überlegen sind. Zum Beispiel haben die amerikanischen Maschinen alle eine festgelagerte Fräskette und auf-

und abwärtsgehenden Tisch, wogegen bei den deutschen Maschinen der Tisch fest und der Fräskettensupport beweglich ist. Das letztere ist unbedingt ein Fortschritt, denn bei der Bearbeitung schwerer Werkstücke brauchen dieselben nicht gehoben zu werden. Außerdem ist der elektrische Antrieb bei den deutschen Maschinen ein Fortschritt, wohingegen die Kettenfräsmaschinen der The New Britain Machine Company auch heute noch mit Riemenantrieb geliefert werden. Wie aus Abb. 465 ersichtlich, sind zum Antrieb der Maschine vier Riemen erforderlich, was nicht mehr neuzeitlich ist. Bei der in Abb. 466 dargestellten Zapfenlochkettenfräsmaschine sind bei der photographischen Aufnahme die Schutzvorrichtungen entfernt. Das Arbeitsprinzip der in Abb. 465 und 466 dargestellten Zapfenlochkettenfräsmaschine beruht darauf, bei der Herstellung von Zapfenlöchern und Schlitzen eine endlose Fräskette nach Abb. 459 zu benutzen, deren einzelne Glieder, wie Abb. 451 zeigt, mit Fräszähnen versehen sind. Dadurch, daß die Kette eine besonders hohe Geschwindigkeit beim Arbeiten erhält, hat jeder Zahn nur wenig Material wegzunehmen, denn in der Minute kommen etwa 40000 Zähne mit dem Arbeitsstück in Berührung. Infolgedessen ist die aufzuwendende Arbeitskraft eine verhältnismäßig sehr geringe, die Sauberkeit und Leistung dagegen eine viel größere als bei den veralteten Stemmaschinen. Die Maschine erzeugt saubere, spanfreie Stemmschlitze gleich gut in hartem, weichem oder verwachsenem Holz bei größter Leistung und geringem Kraftverbrauch. Sie leistet zehn- bis zwanzigmal mehr als eine vertikale Stemmaschine und zwanzig- bis dreißigmal mehr als eine horizontale Langlochbohrmaschine. Sie ist bei größerer Leistung in der Handhabung bequemer und für den bedienenden Arbeiter ungefährlicher als eine Stemmaschine, sie arbeitet fast geräuschlos und vollständig stoßfrei, wodurch die Aufstellung auch in Etagenräumen möglich wird.

Das kräftige, eine breite Auflagefläche besitzende Gestell trägt in seinem unteren Teil die Antriebswelle mit Fest- und Losscheibe, in seinem oberen Teil die Triebwelle für die Fräskette, sowie den in sauber gehobelten Führungen gleitenden Tisch.

Der Tisch ist mit Aufspannvorrichtung versehen, welche schrägstellbar ist. Die horizontale Verschiebung des Tisches erfolgt durch Handrad, während die vertikale Bewegung selbsttätig durch Fußhebel erfolgt. Die Fräskette erhält ihren Antrieb von der festgelagerten Triebwelle; durch diese Anordnung wird der Lauf der Kette ein besonders ruhiger und die Stemmschlitze außerordentlich sauber, so daß sie, wenn evtl. nötig, in Abständen von nur 1 mm voneinander gefertigt werden können. Der Kettenantrieb ist von einem Exhaustorgehäuse umschlossen, alle erzeugten Späne werden kräftig abgesaugt. Die Kettenführungschiene trägt die auf Rollenlagern laufende Kettenleitrolle.

Rechts und links von der Kette sind verschiebbare Schutzstangen angebracht, die linke Stange trägt einen Holzschuh, welcher als Spanbrecher wirkt. Die Tiefe der Stemmschlitze ist leicht fixierbar. Wie schon erwähnt, erfolgt das Auf- und Abbewegen des Tisches automatisch durch ein Riemengetriebe, welches mittels Zahnrädern auf eine Gewindespindel einwirkt. Tritt der Arbeiter auf den Fräshebel, so hebt sich der Tisch so hoch, bis das Werkzeug auf die eingestellte Lochtiefe in das Holz eingedrungen ist; in diesem Augenblicke wird das Getriebe automatisch umgesteuert und der Tisch senkt sich, um am tiefsten Punkte stehenzubleiben.

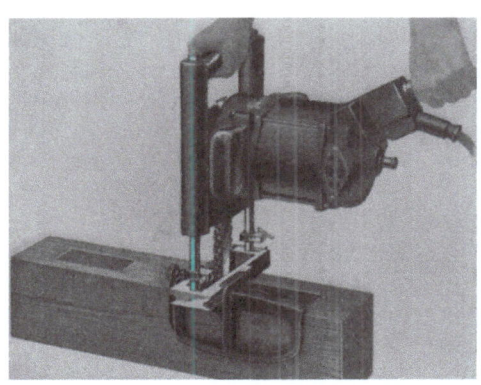 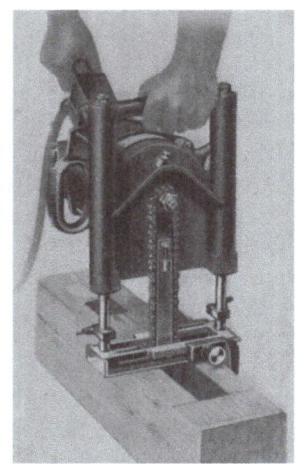

Abb. 467.   Abb. 468.
Abb. 467 und 468. N D Z. Elektrischer Handkettenstemmapparat.
(Gebr. Schmaltz, Offenbach a. Main.)

Die selbsttätige Vertikalbewegung des Tisches beträgt 610 mm. Die horizontale Längsbewegung 280 mm. Die horizontale Querverstellbarkeit 63 mm. Das kürzeste Zapfenloch, was auf der Maschine hergestellt werden kann, ist 25 mm; jedoch eignen sich die hierfür verwendeten Fräsketten nur für ganz leichte Arbeiten.

Das längste Zapfenloch, was mit einem Schnitt hergestellt werden kann, ist 90 mm. Das längste Zapfenloch, was ohne Umspannen hergestellt werden kann, ist 330 mm. Die Schlitzbreite bei einem Schnitt (entspricht Fräskettenbreite) beträgt 6,5—25,5 mm. Tiefstes Zapfenloch mit einem Schnitt 165 mm. Die Gesamthöhe der Maschine ist 1720 mm. Die Fest- und Losscheibe hat 230 mm Durchmesser und 300 mm Gesamtbreite. Das Gewicht der Maschine beträgt 720 kg, der Kraftverbrauch 3—5 PS. Die in Abb. 465 und 466 dargestellte Zapfenlochkettenfräsmaschine wird auch von der Firma Schuchardt & Schütte, Berlin, geliefert.

Der in Abb. 467 und 468 wiedergegebene Handkettenstemmapparat ist auch als elektrische Bohrmaschine verwendbar. Mit der Konstruktion dieses Apparates ist einem lange gehegten Wunsche der Zimmereien, Bau- und Montagetischlereien Rechnung getragen. Der im nachstehenden beschriebene, in der Praxis ausprobierte und von ersten Fachleuten glänzend bewertete Apparat dient nicht nur zur Herstellung von Stemmschlitzen, sondern wird auch als elektrische Handbohrmaschine mit großem Vorteil verwendet. Für einen Schlitz von 100×50 mm, von 65 mm Tiefe, welcher von Hand in etwa 15 Minuten ausgearbeitet wird, benötigt dieser Apparat nur etwa 45 Sekunden oder $^3/_4$ Minuten; ein Beweis, wie groß die Arbeitsersparnis dieser Neuerung ist.

Beschreibung des Apparates.

Der Apparat besteht im wesentlichen aus einem kräftigen Elektromotor mit Aluminiumgehäuse, an dessen Vorderseite das Kettenfräswerkzeug angebracht ist. Der Apparat wird mit Hilfe federnder Stützen auf das Holz aufgesetzt und mit einem seitlich verstellbaren Anschlag an dem Holz entlang verschoben, wodurch die richtige Form der Schlitze entsteht. Außerdem ist der Apparat so eingerichtet, daß er auch als Bohrmaschine Verwendung finden kann.

Das vordere Lagerschild ist zur Befestigung der Kette und deren Antrieb ausgebildet. Auf der verlängerten Motorwelle sitzt ein leicht auswechselbares Kettenrad, während die Kette in der bekannten Art über eine ebenfalls auswechselbare und nachstellbare Führungsleiste gleitet. Quer zur Längsachse des Motors, in gleicher Ebene mit der Kettenbahn, befinden sich an diesem Lagerschild zwei Gehäuse, in welche federnde Stützstangen gleiten. Diese Stangen sind am unteren Ende durch einen genau rechtwinklig gearbeiteten Schuh, durch welchen die Kette hindurch in das Holz dringt, verbunden. Dieser Schuh ist mit einer Prismaführung versehen, auf welcher ein Anschlag seitlich je nach der gewünschten Entfernung des Schlitzes von der Balkenkante eingestellt werden kann. Die Schlitzlänge ist unbegrenzt, während sich die Schlitztiefe bequem durch auf den Stützstangen verschiebbar angeordnete Stellringe einstellen läßt. Recht vorteilhaft arbeitet die Fräskette quer zur Holzfaser. Die Schlitzbreite wird dann bestimmt durch die Breite der Führungsleiste plus doppelter Dicke der Kettenglieder.

Um den Apparat möglichst leicht zu gestalten, sind sämtliche Bestandteile desselben, mit Ausnahme der Werkzeuge und der Teile, welche zum Motor gehören und besonders beansprucht werden, aus Leichtmetall ausgeführt. Bequem angebrachte Handgriffe erleichtern die Handhabung des Apparates. Ein Bedienungsschalter ist in einem der Handgriffe eingebaut, so daß während der Arbeit bequem aus- und eingeschaltet werden kann. Das Gesamtgewicht beträgt nur 18—20 kg, je nachdem, ob Gleichstrom oder Drehstrom zur Verwendung gelangt.

Ein Mann ist also in der Lage, ohne Anstrengung mit dem Apparat zu arbeiten.

Das Zuleitungskabel kann an jeden Kraftstecker angeschlossen werden. Daß der Apparat auch als Handbohrmaschine verwendet werden kann, wurde eingangs schon erwähnt. Abb. 469 zeigt ihn in dieser Ausführung. Statt des Kettenrades schraubt man in diesem Falle auf die Motorwelle ein Zweibackenfutter zur Aufnahme der verschiedensten Bohrer. Zur bequemen Handhabung beim Bohren dienen zwei handlich angebrachte Griffe.

Die Ausführung des Apparates ist äußerst solid. Die stählerne Welle läuft in erstklassigen Kugellagern. Auf einfache Kettenspannung und Auswechselbarkeit ist Rücksicht genommen. Die Form der Vertiefung, in welcher Kette und Kettenrad laufen, ist derart ausgebildet, daß die Späne ohne Behinderung des Arbeiters ausgeworfen werden.

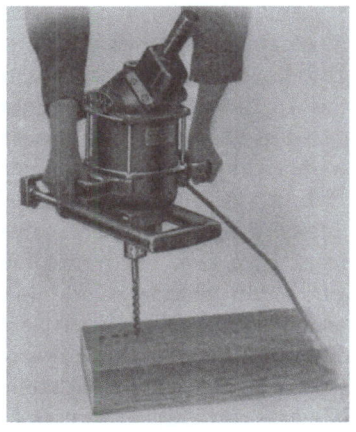

Abb. 469.
Elektrischer Handkettenstemmapparat als Handbohrmaschine verwendet.

Der Apparat wird geliefert bis zu 18 mm Kettenbreite und 30, 35, 40, 45, 50, 55 und 60 mm kleinste Schlitzlänge. Die Schlitztiefe kann bis zu 100 mm betragen.

Abb. 470. Apparat zum Fräsen von Treppenwangen.

Zum Schleifen der Fräskettenzähne wird eine zum Befestigen auf der Werkbank eingerichtete Schleifvorrichtung, evtl. mit elektrischem Antrieb, geliefert.

Der in Abb. 467 bis 469 dargestellte Apparat läßt sich ohne weiteres und sehr vorteilhaft auch zum Fräsen der Schlitze in Treppenwangen verwenden. Derselbe wird durch diese weitere Benutzung noch universeller und daher wesentlich vorteilhafter im Gebrauch für kleinere Betriebe und Zimmereien.

Anstatt des Antriebsrades für die Fräskette schraubt man auf die Motorspindel auswechselbare Fräser, welche für jeden gewünschten Durchmesser geliefert werden können. An dem vorderen Lagerschild des Apparates sind Bronzeführungen angebracht, welche Längsbewegungen desselben auf einer sauber bearbeiteten langen Bahn aus Formstahl gestatten. Diese Führung ist scherenartig mit einem kräftigen unteren Rahmen verbunden; derselbe ist mit Hilfe eines verstellbaren Gehrungsanschlages nach jeder gewünschten Schräge der Treppentritte einstellbar. Zum genauen Einstellen des gewünschten Winkels nach dem angerissenen Schlitz dient eine auf der Führung verschiebbare Zeigervorrichtung. Nachdem das Gehrungslineal richtig eingestellt ist, bedient man sich normaler Schraubzwingen zum Festspannen der Führung.

Zu Beginn der Arbeit steht die obere Führungsbahn in einem spitzen Winkel zur Treppenwange, so daß der Fräser mit einem leichten Span seine Arbeit beginnt, wodurch ein Ausreißen des Holzes vermieden wird und der fertige Schlitz ein vollkommen sauberes Äußeres zeigt. Mit Hilfe eines Handrades und einer Gewindespindel wird die obere Bahn nach einem jedesmaligen Arbeitsgang tiefer gestellt, so daß dieselbe bei richtiger Schlitztiefe parallel zur Holzbohle liegt, der Schlitz also vollkommen gleichmäßig tief eingefräst ist. Die Verwendung des Apparates für den vorgenannten Zweck ist äußerst einfach und handlich.

O. Bohrmaschinen.

Die in Tischlereibetrieben am meisten zur Verwendung kommenden Bohrmaschinen sind die Horizontallanglochbohrmaschine mit horizontal gelagerter Welle und die Vertikalbohrmaschine mit vertikal gelagerter Welle. Auf Grund meiner langjährigen Erfahrungen bin ich zu der Überzeugung gekommen, daß die Vertikalbohrmaschine, bei welcher die Bohrspindel mittels Fußhebels auf das Werkstück niedergedrückt und nach beendeter Arbeit durch Gewichtshebel selbsttätig in ihre frühere Stellung zurückbewegt wird, die beste und leistungsfähigste Bohrmaschine ist, und zwar aus dem Grunde, weil die Bohrspindel von dem Maschinenarbeiter mittels Fußhebels gesteuert wird, so daß er die Hände zum Bewegen des Arbeitsstückes frei hat. Außerdem kann der Maschinenarbeiter das Arbeitsstück bzw. die Arbeitsweise besser beobachten als bei einer Horizontalbohrmaschine. Das Bohren von kleinen Löchern kann bei dieser Maschine ohne Festspannen des Werkstückes erfolgen, was bei einer Horizontalbohrmaschine meistens nicht der Fall ist. Speziell das Bohren von Löchern in breiten Brettern oder Holztafeln geht auf der Vertikalbohrmaschine mit Fußhebelbedienung viel schneller und bequemer als auf einer horizontal gelagerten Langlochbohrmaschine. Man muß sich wundern, daß selbst Fachleute heute noch Horizontalbohrmaschinen als beste Bohrmaschine für Holzbearbeitungsbetriebe empfehlen. Es zeugt dieses von großer Unkenntnis und Unerfahrenheit in der neuzeitlichen und zeitsparenden maschinellen Holzbearbeitung. Es gibt selbstverständlich einzelne Arbeiten, welche sich auf einer Vertikalbohrmaschine nicht verrichten lassen, z. B. können auf derselben bei langen Maschinengestellhölzern für Müllerei- und landwirtschaftliche Maschinen an Hirnholz oder Stirnseiten keine Löcher für Gestellschrauben eingebohrt werden; es ist zu diesen Arbeiten eine horizontal gelagerte Langlochbohrmaschine erforderlich, da auf derselben Hirnholzlöcher in jeder beliebigen Holzlänge gebohrt werden können, was bei einer Vertikalbohrmaschine nicht der Fall ist. Ich habe z. B. in meinem Betrieb 8 Vertikalbohrmaschinen und nur 2 horizontal gelagerte Langlochbohrmaschinen laufen, und zwar aus dem Grunde, weil die meisten vorkommenden Bohrarbeiten auf der Vertikalbohrmaschine mit Fußhebelbedienung viel schneller und übersichtlicher ausgeführt werden können als mit der Horizontalbohrmaschine. Drüben in Amerika hat man schon längst erkannt, daß die Vertikalbohrmaschine sich in Holzbearbeitungsbetrieben für die meisten Bohrarbeiten vorteilhafter verwenden läßt als die Horizontalbohrmaschine, und zwar wird die Maschine dort mit Vorliebe gebraucht.

Die in Abb. 471 dargestellte Vertikalbohrmaschine wird in zwei Größen geliefert, und zwar eine leichte Ausführung mit einer Bohrspindelausladung von 250 mm zum Bohren von Löchern bis 50 mm Durchmesser und 250 mm Bohrtiefe, sowie eine schwere Ausführung mit einer Bohrspindelausladung von 350—500 mm zum Bohren von Löchern bis 70 mm bei 280 mm Bohrtiefe und zum Ausschneiden von Löchern mittels Trommel- oder Zylindersägen von 75—400 mm Durchmesser. Die Bohrspindel der schweren Maschine hat 60 mm Durchmesser. Der Ständer der Maschine ist sehr kräftig in Hohlguß ausgeführt und mit großer Grundfläche versehen, so daß ein erschütterungsfreier Gang gewährleistet ist. Die starke Bohrspindel ist von Stahl und sorgfältig gelagert und wird mittels Fußhebels auf das zu bohrende Holz niedergedrückt, der Rückgang der Bohrspindel in die Anfangsstellung erfolgt selbsttätig durch Gewichtshebel.

Die Begrenzung der Bohrspindel erfolgt durch einen Stellring. Der Tisch ist durch ein Handrad in der senkrechten Richtung verstellbar, wird jedoch auf Wunsch auch schräg stellbar und mit Kreuzsupport geliefert. Die schwere Maschine wird mit einer Stufenscheibe für 3 Geschwindigkeiten der Bohrspindel geliefert, und zwar für 1000, 1500 und

468   Maschinen für Holzbearbeitungsbetriebe und Tischlereien.

2000 Touren pro Minute. Soll auf der Maschine mit Trommel- oder Zylindersägen, nach Abb. 472, gearbeitet werden, empfehle ich, den Antriebsriemen nicht unter 110 mm zu nehmen. Der Kraftbedarf schwankt zwischen 2—6 PS. Die Bohrspindel ist mit Morsekonus Nr. 4 versehen. Bei Bohrarbeiten wird ein zentrisch spannendes Zweibacken-

Abb. 471.   Vertikalbohrmaschine mit Fußhebelbedienung.
(Heckner & Co., Braunschweig, und Maschinenfabrik Kießling, Leipzig.)

bohrfutter in die Bohrspindel eingesetzt, dagegen bei Verwendung von Trommelsägen der Morsekonus Nr. 4 verwandt. Wie schon erwähnt, wird auf diesen Vertikalbohrmaschinen, weil die Bedienung durch Fußhebel erfolgt und der Maschinenarbeiter die Hände zum Bewegen des Werkstückes frei hat, eine hohe Leistung erzielt. Außerdem kann der Arbeitsvorgang vom Arbeiter besser beobachtet werden, wie bei der Horizontalbohrmaschine.

Nachstehende Zylindersägen bestehen, wie aus Abb. 472 ersichtlich, aus einen mit Morsekonus versehenem Eisenboden, um dessen Umfang ein sägenartiges endloses Stahlband 70—110 mm breit und 1,5—2,5 mm dick geschraubt ist. Diese Sägen können auch mit innerem Federdruck zum Herauswerfen der ausgeschnittenen Deckel angefertigt werden.

Abb. 472. Trommel- oder Zylindersägen, 75—400 mm Durchmesser.
(Arthur Serre, Leipzig-Lindenau.)

Die günstigsten Umdrehungszahlen sind für Zylindersägen bis etwa 130 mm Durchmesser 1500—1600, über 130—400 mm Durchmesser 900—1000 pro Minute.

In den meisten Tischlereien ist es üblich, größere kreisrunde Löcher auf der Dekupiersäge und kreisrunde Holzscheiben auf der Bandsäge zu schneiden. Es sind dieses jedoch veraltete Arbeitsmethoden, welche nicht

Abb. 473. Nr. 97 mit Irwinform.

Abb. 474. Nr. 92a mit Kröllmesser.
Abb. 473 und 474. Anker-Maschinenschlangenbohrer
(Gebrüder Heller, Schmalkalden i. Th.)

in die heutige Zeit passen. Eine richtig hergerichtete und sauber geschärfte und geschränkte Zylindersäge schneidet z. B. in einem amerikanischen Kiefernbrett, 22 mm stark, bei 1500 Umdrehungen in der Minute, ein Loch in 5 Sekunden. Ein jeder Fachmann muß zugeben, daß diese erstaunliche Leistung mit keinem anderen Werkzeug in dieser kurzen Arbeitszeit erzielt werden kann, und dabei sind die Löcher, sowie auch die ausgeschnittenen Holzscheiben, bei Verwendung richtig geschärfter und geschränkter Zylindersägen, sauber. Am größten ist die Zeitsparnis bei großen Löchern oder Holzscheiben, da zum Ausschneiden eines Loches von 400 mm Durchmesser ebenfalls an Zeit nur ein Bruchteil von einer Minute benötigt wird. Im Tisch der Bohrmaschine ist ein entsprechend großes Loch mit Einlegedeckel vorhanden, damit die mit der Zylindersäge ausgeschnittenen Holzscheiben durchfallen können.

Die in Abb. 473 und 474 dargestellten Maschinenschlangenbohrer, welche sowohl mit zylindrischem Kolben als auch mit Morsekonus geliefert werden, eignen sich besonders zum Bohren von langen Löchern in Hart- oder Weichholz. Ich habe z. B. beim Bohren von 180 mm langen Löchern, 14 mm Durchmesser, in Rotbuchenholz, wo alle anderen Bohrer versagten, d. h. das 180 mm tiefe Loch nicht in einem Arbeitsgang durchbohrten, mit diesen Bohrern auf einer Horizontalbohrmaschine mit 3000 Touren pro Minute glänzende Resultate erzielt. Die totale Länge der Bohrer war 275 mm, die Gewindelänge 200 mm; dieselben bohrten ein 14 mm großes Loch in 180 mm starkes Rotbuchenholz in einem Arbeitsgang ohne jeden Druck in 8 Sekunden. Die Gewindespitze zieht den Bohrer selbsttätig ein. Der Arbeiter braucht mithin den Bohrer nur anzusetzen und dann erfolgt das Bohren vollständig selbsttätig. Die Arbeitszeiten an der Bohrmaschine können in den meisten Fällen, speziell beim Bohren von langen Löchern, bedeutend abgekürzt werden bei Verwendung richtig passender, erstklassiger Bohrer.

Der in Abb. 475 dargestellte neue Anker-Langlochbohrer „Rapid" liefert bei 4000—6000 Touren pro Minute außerordentlich saubere und präzise Schlitze in jeder Holzart bei größter Arbeitsleistung. Es darf jedoch die Tourenzahl von 4000 pro Minute nicht unterschritten werden.

Abb. 475. 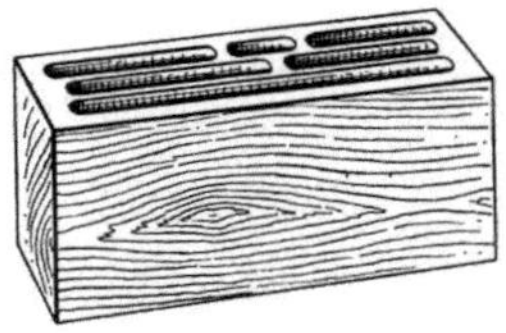   Abb 475a.
Abb. 475 und 475a. Anker-Langlochbohrer „Rapid" Nr. 280 und Arbeitsmuster.
(Gebrüder Heller, Schmalkalden i. Th.)

Die in Abb. 476 dargestellte riemenlose Horizontalbohrmaschine bohrt auch Stemmlöcher vom kleinsten bis zu 30 mm Breite, 200 mm Tiefe und 200 mm Länge. Die Höhenbewegung des Tisches beträgt 165 mm. Bei einer Langlochbohrmaschine ist riemenloser Antrieb ganz besonders zu empfehlen. Der eingebaute Kugellagermotor, welcher dem Bohrer eine Umdrehungszahl von etwa 2800 pro Min. gibt und für Löcher bis 25 mm ohne Vorbohren geeignet ist, ersetzt das oberhalb der Maschine unbequem liegende Vorgelege bzw. den Motor mit Riemen und gestattet einen viel leichteren bequemeren Antrieb. Der Motor ist also für den sonst üblichen Bohrsupport eingebaut, vorn auf seiner Achse mit Bohrfutter für den Bohrer versehen und mit schwalbenschwanzförmigen Gleitstücken ausgebildet, die sich in Prismanuten führen. Mittels Handhebels erhält der Motor seine Längsbewegung gegen das Arbeitsstück.

Der auch für schwere Hölzer genügend kräftige Einspanntisch bewegt sich in breiten Prismaführungen quer zur Bohrspindel und durch Handrad in der Höhe; er besitzt umsteckbare Festspannspindel und verschiebbaren Anschlag, um das Holz in jeder beliebigen Höhe schnell und sicher einspannen zu können. Feststellstifte ermöglichen die Einstellung auf jeweilig gewünschte Bohrtiefe und -länge. Ein praktisches Bohrfutter verleiht dem Bohrer einen absolut sicheren und zentrischen Sitz und gestattet ein schnelles Umspannen. Für den axialen Druck des Bohrers ist der Motor entsprechend vorgesehen. Da der Arbeiter zur Bedienung der Maschine vor dem Werkstück steht und die beiden Hebel handgerecht von einer Stelle aus betätigt, kann er den Arbeitsgang bequem verfolgen, ohne sich über den Tisch zu bücken. Das für den elektrischen Antrieb erforderliche Zubehör, wie Schalter, Sicherungen usw., ist in der Bohrmaschine staubdicht und vor mechanischen Beschädigungen geschützt eingebaut, so daß Bohrmaschine und Antrieb zu einer organischen Einheit verbunden sind. Das Anlassen des Motors geschieht durch einfaches Drehen am Drehschalter.

Abb. 476. I6M. Schwere Elektro-Zapfenlochbohrmaschine. (Teichert & Sohn, Liegnitz.)

Die Ersparnisse an Kraft in Höhe von etwa 20—25% des bisherigen Verbrauches beruhen auf dem Fortfall der Transmissions- und Leerlaufverluste, ferner erreicht man Ersparnisse an Riemen und Schmieröl für die Lager. Motordefekte treten bei weitem nicht so häufig auf als Defekte an Riemen und Transmissionsanlagen.

Die von den Siemens-Schuckert-Werken gelieferten Spezialmotoren, bekanntlich ein Fabrikat allerersten Ranges, können selbst mit Überlastung für Spitzenleistungen ohne Gefahr verwendet werden.

Die Motorstärke beträgt 0,55 kW.

Die Langlochbohrmaschine Abb. 477 ist in der Konstruktion dieselbe wie die in Abb. 476 dargestellte, jedoch mit einem Stemmapparat versehen, welcher benutzt wird, wenn man die an den Enden rundlichen

Schlitzlöcher noch eckig haben will. Die horizontale Bewegung des Stemmstößels erfolgt durch einen Handhebel. Außerdem ist die Maschine mit einer Einspannvorrichtung für Radnaben bis 420 mm Durchmesser und 540 mm Länge nebst Aufspanntisch für Felgen versehen. Beide Maschinen (Abb. 476 und 477) werden für Drehstrom von 220—380 Volt Spannung oder Riemenantrieb geliefert.

Die in Abb. 478 dargestellte Maschine ist für mittelschwere Arbeiten bestimmt und eingerichtet zum Bohren und Stemmen von Löchern bis 30 mm Durchmesser, 150 mm Tiefe und 250 mm Länge. Tischlereien, welche keine Zapfenlochkettenfräsmaschine besitzen, können auf dieser Horizontalbohrmaschine sämtliche Zapfenlöcher herstellen. Wie schon erwähnt, werden dieselben in einer neuzeitlichen Tischlerei auf der Kettenfräsmaschine hergestellt; da jedoch jede Tischlerei, wenn auch keine Kettenfräsmaschine, doch wenigstens eine Langlochbohrmaschine hat, kann dieselbe dazu benutzt werden.

Abb. 477. I 6 n. Horizontal- und Langlochbohrmaschine mit Stemmapparat für Radnaben und Felgen. (Teichert & Sohn, Liegnitz.)

Abb. 478. GFel. Horizontal-Langlochbohr- und Stemm-Maschine mit eingebautem Drehstrommotor. (Maschinenfabrik Kießling, Leipzig.)

Das Maschinengestell ist ein kräftiger Hohlgußständer, an welchem die Führungen für Motorschlitten sowie Stemmschlitten angegossen sind.

Der Bohrtisch, 530×300 mm groß, ist mit Einspannvorrichtung versehen. Mittels Handhebels, Segment und Zahnstange ist er nach beiden Seiten verschiebbar und in der Höhe durch Handrad und Spindel um 125 mm verstellbar. Ein verstellbares Anschlaglineal sowie verstellbare Anschläge gewährleisten eine genaue Begrenzung der Lochdimensionen.

Der Bohrschlitten ist sauber eingepaßt und trägt den Drehstrommotor. Derselbe ist vollständig gekapselt ausgeführt, hat 1,5 PS, Kurzschlußanker, 220—380 Volt Spannung, 50 Perioden und läuft mit 3000 Umdrehungen in der Minute. Die Ankerwelle ist gleichzeitig Bohrspindel, und trägt am vorderen Ende ein zentrisch spannendes Zweibackenbohrfutter zur Aufnahme der Bohrer. Der Stemmschlitten wird durch Handhebel in genau sauber gehobelten Führungen gegen das Werkstück bewegt und die gebohrten Löcher können sofort kantig nachgestemmt werden. Zur Begrenzung der Stemmtiefe ist auch hier ein vertikaler Anschlag angebracht.

Die gleiche Maschine wird auch ohne Stemmapparat, sowie auch für Riemenantrieb geliefert. Ich empfehle jedoch, wenn Drehstrom vorhanden, nur Horizontalbohrmaschinen mit eingebautem Elektromotor zu verwenden, da gerade bei dieser Maschine der elektrische Antrieb viele Vorteile bietet.

Das Gewicht der Maschine beträgt 420 kg.

Nebenstehende Universal-Langlochbohr- und -fräsmaschine eignet sich besonders für Bohr- und Fräsarbeiten an schweren Bau-, Maschinen- und Montagehölzern und sie ist die erste dieser Art, auf der die schwersten Kanthölzer, Pfosten, Bohlen usw. spielend leicht bearbeitet werden können. Auf allen bisherigen Maschinen müssen z. B. beim Anschneiden von Zapfen an schweren Werkstücken die letzteren

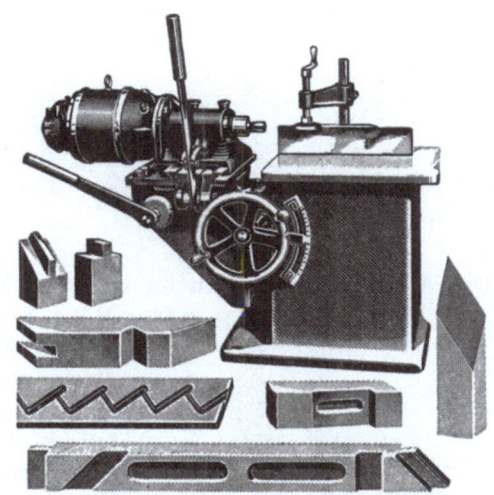

Abb. 479. Elektro-Langlochbohr- und -fräsmaschine.
(K. M. Reich, Nürtingen a. N.)

bewegt werden, während bei Herstellung von Zapfen u. dgl. auf vorstehender Maschine das Holzstück bis zur vollständigen Fertigung in der gleichen Lage bleibt. Bei vorstehender Maschine ist die Bohr- und Frässpindel direkt mit dem Motor gekuppelt und durch Handhebel leicht beweglich. Der Gedanke, die Zapfen an schweren Kanthölzern anzufräsen anstatt anzuschneiden, ließ zur Verwirklichung lange auf sich warten. Durch Verwendung erstklassiger dreischneidiger Fräser ist es möglich, diese Arbeit auf vorstehender Maschine leicht und sauber auszuführen. Neu an der Maschine ist, daß nicht der Tisch, auf dem das zu bearbeitende Holz aufliegt, sondern der Schlitten mit dem Motor und der Frässpindel nach beiden Richtungen beweglich ist. Das zu bearbeitende Kantholz wird mittels Druckspindel auf dem Tisch festgespannt und mit der Frässpindel kann nach links und rechts, vor- und rückwärts gefahren werden. Mittels des auf der Seite befindlichen Handrades wird der Motorschlitten auf- und abwärts bewegt. Das Gewicht des Motorschlittens und der Frässpindel ist durch ein Gegengewicht ausgeglichen, wodurch es möglich ist, den Motorschlitten mühelos zu heben und zu senken. Die verlängerte Elektromotorwelle bildet die Bohr- und Frässpindel und die Handhabung der Maschine ist leicht und sicher. Diese Bohr- und Zapfenfräsmaschine bietet gegenüber den bisherigen Maschinen bei schweren Bauarbeiten wesentliche Vorteile.

Die hauptsächlichsten Arbeitsgänge beim Fräsen.

Es können, wie aus Abb. 480 bis 484 ersichtlich, auf der Maschine alle möglichen Fräsarbeiten, besonders für Bauzwecke, ausgeführt werden.

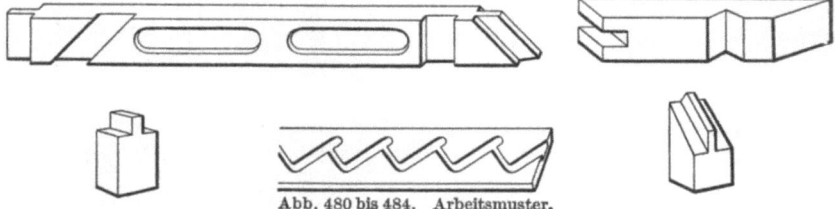

Abb. 480 bis 484. Arbeitsmuster.

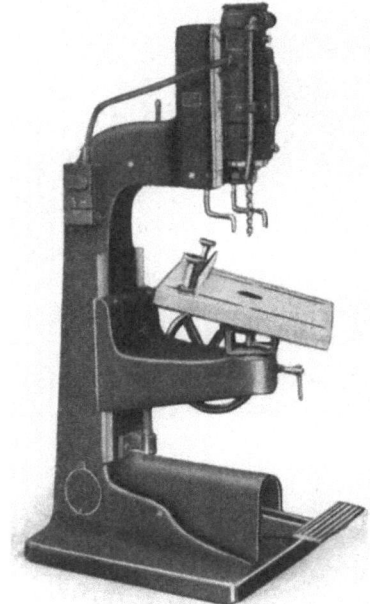

Abb. 485. „Oliver", Vertikal-Elektrobohrmaschine Nr. 72. (Oliver Machinery Company, Grand Rapids, Michigan, U. S. A.)

Das Anfräsen der Zapfen an schweren Kanthölzern erfordert wenig Mühe. Ist z. B. das Kantholz, das einen Zapfen bekommen soll, auf den dem Motor gegenüberliegenden Tisch festgespannt, so wird die Frässpindel mittels Hebels auf die Zapfenlänge vorgeschoben und mittels des zweiten Handhebels die Frässpindel in der Zapfenbreitenrichtung bewegt. Nachdem jetzt die eine Zapfenseite fertig angefräst ist, wird entweder das Kantholz gekantet oder der Motorschlitten mittels Handrads um die Zapfenstärke gesenkt, worauf die zweite Zapfenhälfte angefräst wird. Noch einfacher gestaltet sich das Einbohren der Zapfenlöcher; infolge der leicht schneidenden Fräserkonstruktion ist es nicht nötig, in der ganzen Länge des Zapfenloches Löcher zu bohren und dann auszuräumen, sondern es genügt, ein Loch auf Zapfenlochtiefe zu bohren und dann den Motorschlitten mittels

Handhebels in der Zapfenlochlängsrichtung zu bewegen. Die Tiefe und Länge des Zapfenloches wird mittels Anschlags eingestellt. Beim Einfräsen der Nuten in Treppenwangen (Abb. 483) wird der gesamte Motorsupport schräg gestellt, so daß bei wagerecht eingespannter Treppenwange schräglaufende Schlitze erzeugt werden können.

Die Maschine ist äußerst stabil konstruiert, das Gewicht beträgt 880 kg. Die Motorstärke beträgt 3 PS; die Maschine läuft bei Gleichstrom mit 3600 Touren pro Minute.

Infolge der stabilen Bauart ist die Maschine besonders auch großen Holzbearbeitungsbetrieben, wo viel schwere Hölzer gebohrt werden müssen, als Horizontalbohrmaschine zu empfehlen. Für Bohrarbeiten bis 50 mm Durchmesser werden dreischneidige Bohrer verwandt, zum Anfräsen von Zapfen dagegen Fräser mit auswechselbaren Messern.

Die in Abb. 485 dargestellte „Oliver" Vertikal-Elektrobohrmaschine Nr. 72 ist allerneuester Konstruktion und eignet sich besonders für alle vorkommenden Bohrarbeiten an Langholz. Die

Abb. 486. Vertikale Hohlmeißelstemmaschine. (Maschinenfabrik Kießling, Leipzig.)

Maschine besitzt einen schweren gußeisernen Hohlgußständer, welcher ein erschütterungsfreies Arbeiten verbürgt. In dem Oberteil der Maschine ist der $1^1/_4$ PS starke Elektromotor, welcher mit 3600 Touren minutlich läuft, in den supportartigen Bohrspindelschlitten eingebaut; letzterer bewegt sich in sauber gehobelten prismatischen Führungen. Die Bedienung der Bohrspindel erfolgt durch Fußhebel, so daß der die Maschine bedienende Arbeiter die Hände zum Bewegen und Festhalten des Werkstückes frei hat. Nach Loslassen des Fußhebels geht die Bohrspindel selbsttätig in ihre Ursprungsstellung zurück. Der Bohrtisch kann durch ein seitlich angebrachtes Handrad in der Höhenrichtung verstellt werden. Außer-

476   Maschinen für Holzbearbeitungsbetriebe und Tischlereien.

dem ist, wie aus Abb. 485 ersichtlich, eine Schrägstellung des Tisches möglich. Es können auf der Maschine Löcher bis 2″ engl. im Durchmesser und 6″ engl. tief gebohrt werden. Die Tischgröße ist $20\times 24″$ engl. Der Ständerfuß ist 31″ engl. tief und 24″ engl. breit. Das Gewicht der Maschine beträgt 1200 engl. Pfund.

Die in Abb. 486 gezeigte Maschine dient hauptsächlich zur Herstellung quadratischer Löcher von 10—15 mm Größe und geringer Tiefe. Die Bedienung der Maschine erfolgt durch Fußhebel, so daß der die Maschine

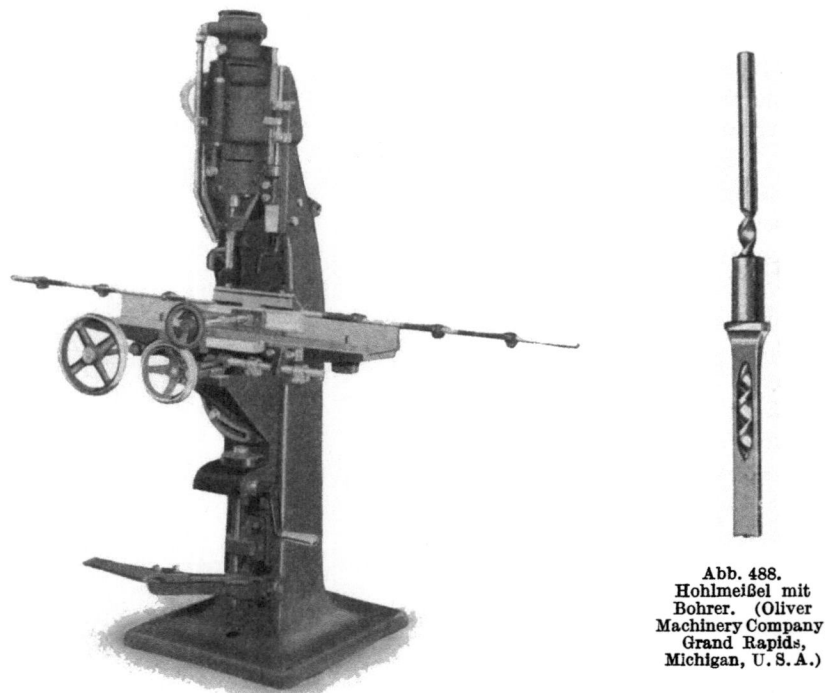

Abb. 488. Hohlmeißel mit Bohrer. (Oliver Machinery Company, Grand Rapids, Michigan, U.S.A.)

Abb. 487. Nr. 91 „Oliver", Vertikal-Elektrohohlmeißelstemmmaschine.

bedienende Arbeiter die Hände zum Fortbewegen bzw. Festhalten des Werkstückes frei hat. Ich stemme auf dieser Maschine quadratische Löcher von 15 mm in Erlenholz, ein Fußdruck des Arbeiters genügt, um ein Loch von 15 mm im Quadrat und 12 mm tief herzustellen. Als Werkzeug wird der in Abb. 460 und 488 dargestellte Hohlstemmer verwandt. Der Arbeitsgang ist folgender: der in dem Hohlstemmer mit mindestens 3500 Touren rotierende Spezialschlangenbohrer bohrt das Loch vor und der Hohlstemmer drückt die stehengebliebenen 4 Ecken fort. Um auf der Maschine zufriedenstellende, saubere Stemmlöcher bei kürzestem Zeitaufwand zu erzielen, ist Grundbedingung, daß erstklassige sauber geschärfte Hohlstemmer und Bohrer verwandt werden. Ist dieses der Fall, so leistet die Maschine das Zehnfache von Handarbeit. Damit beim Hochgehen des Hohlmeißels das Arbeitsstück nicht gehoben wird, sind vorn am Ständer justierbare Druckbolzen angebracht. Die Ausladung vom Gestell bis Mitte Bohrer beträgt 250 mm. Der Auflagetisch ist in der Höhenrichtung mittels Handrads verstellbar. Falls quadratische Stemmlöcher von über 15 mm hergestellt werden sollen und speziell tiefe Löcher, empfehle ich, eine Hohlmeißelstemmaschine mit selbsttätigem Vorschub zu wählen, da dann die Kraft bzw. das Gewicht des Arbeiters nicht ausreicht, den Hohlstemmer in das Holz einzudrücken. Abb. 486 zeigt ferner, wie der Maschinenarbeiter in einem neuzeitlichen zeitsparenden Betrieb arbeiten soll, um höchste

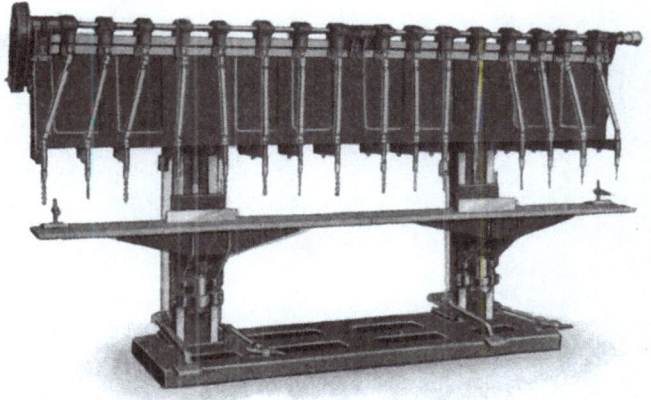

Abb. 489. Nr. 69 „Oliver". Vertikal-Elektrobohrmaschine mit 16 Spindeln.
(Oliver Machinery Company, Grand Rapids, Michigan, U. S. A.)

Arbeitsleistungen zu erzielen. Die beiden mit 20a bezeichneten Holztransportwagen sind so an der Hohlmeißelstemmaschine placiert, daß der Arbeiter, ohne seinen Platz zu verlassen, die zu bearbeitenden Werkstücke vom Wagen fortnehmen und nach der Bearbeitung auf den zweiten Wagen legen kann.

Die in Abb. 487 dargestellte Hohlmeißelstemmaschine ist ebenfalls eine neue Oliverkonstruktion mit Fußhebelbedienung. Im oberen Maschinenständer ist der in einen Supportschlitten eingebaute Elektromotor mit Bohrspindel gelagert; der Supportschlitten wird durch den Fußhebel auf das Werkstück zu bewegt. Der eingebaute $1^1/_2$—2 PS starke Elektromotor läuft mit 3600 Touren pro Minute; es können auf der Maschine quadratische Löcher von $^1/_4$ bis $^5/_8''$ engl., in Weichholz jedoch bis zu $^3/_4''$ engl. hergestellt werden.

Der Arbeitstisch ist in horizontaler Richtung nach beiden Seiten durch Handräder verschiebbar und schrägstellbar. Oben im Motor-

478 Maschinen für Holzbearbeitungsbetriebe und Tischlereien.

gehäuse ist ein kleiner Exhaustor angebracht, welcher durch ein Rohr mit dem Hohlmeißel verbunden ist und das Werkstück von Bohrspänen befreit.

Die in Abb. 489 und 490 dargestellte Vertikal-Elektrobohrmaschine mit 16 Bohrspindeln zeigt uns, auf welcher hohen Stufe die Olivermaschinen stehen und daß der amerikanische Industrielle keine Kosten scheut, wenn durch eine neue Maschine Zeit und Löhne gespart werden können.

Abb. 490. Seitenansicht der „Oliver" Nr. 69.
(Oliver Machinery Company, Grand Rapids, Michigan, U. S. A.)

Abb. 491. Nr. 68 „Oliver". Vertikalbohrmaschine mit 4—30 Bohrspindeln.
(Oliver Machinery Company, Grand Rapids, Michigan, U. S. A.)

Wir Deutschen sind leider zu arm, um uns solche zeitsparende Maschinen, welche sich speziell für größere Betriebe und Massenfabrikation eignen, anzuschaffen. Man muß sich überlegen, was für enorme Zeit gespart wird, wenn man in Massenartikeln 8 Löcher, unter Umständen verschiedener Größe, einzubohren hat, und kann diese Arbeit in einem Arbeitsgang verrichten. Oliver baut diese Bohrmaschinen mit 4 bis 30 Bohrspindeln; es können Bohrer bis zu 50 mm Durchmesser verwendet werden.

Wie aus Abb. 489 und 490 ersichtlich, besteht die Bohrmaschine aus einer schweren gußeisernen Fundamentplatte mit zwei aufgeschraubten gußeisernen Säulen, woran das Oberteil der Maschine mit eingebautem Elektromotor und der Spindelantriebsmechanismus befestigt ist. Der Antrieb der gemeinschaftlichen Spindelvorgelegewelle erfolgt durch Riemenübertragung vom Elektromotor. Die gelenkartigen verstellbaren Bohrspindeln werden von der wagerecht gelagerten Vorgelegewelle durch Spezialzahnräderübersetzung angetrieben.

Die einzelnen Bohrspindeln können in der Längsrichtung der Maschine bis auf etwa 3″ engl. zusammengerückt werden.

Der Arbeitstisch der Maschine ist 144″ engl. lang und 10″ engl. breit bzw. tief und bewegt sich mit dem daraufliegenden Werkstück durch Betätigung des linksseitigen Fußhebels selbsttätig gegen die

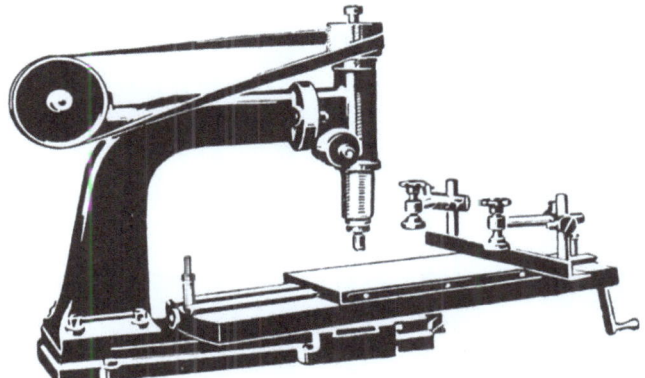

Abb. 492. Universal-Bohr-, Fräs- und Graviermaschine „Scalfra"
(Fritz Kaeser, Zürich I.)

Bohrspindeln. Da der Arbeitstisch in der Mitte geteilt ist und jede Tischhälfte ihren eigenen Bewegungsmechanismus hat, können bei vorstehender Maschine 8 Löcher in einem Arbeitsgang hergestellt werden.

Die in Abb. 491 dargestellte Oliver-Vertikalbohrmaschine wird mit 4—30 Spindeln gebaut, und zwar für kürzere, jedoch breite Werkstücke; infolgedessen ist der Antrieb der Maschine und Bohrspindel anders angeordnet. Die Bohrspindeln werden bei dieser Konstruktion durch eine senkrecht und zentral gelagerte Welle durch Spezialzahnräder angetrieben; der Elektromotor befindet sich auf der Fundamentplatte der Maschine. Die selbsttätige Aufwärtsbewegung des Arbeitstisches erfolgt bei dieser Maschine ebenfalls durch Betätigung des linksseitigen Fußhebels.

Der Elektromotor läuft mit 1200 Touren pro Minute und ist je nach Spindelanzahl 3—15 PS stark.

Die durch einen angebauten Elektromotor angetriebene Universal-Bohr-, Fräs- und Graviermaschine „Scalfra" (Abb. 492), die Erfindung eines Schweizers, ist eine wirkliche Universalmaschine, da man auf derselben, wie Abb. 493—496 zeigt, alle möglichen Bohr- und Fräsarbeiten auch für die Modelltischlerei und Bildhauerei verrichten kann.

Abb. 493.

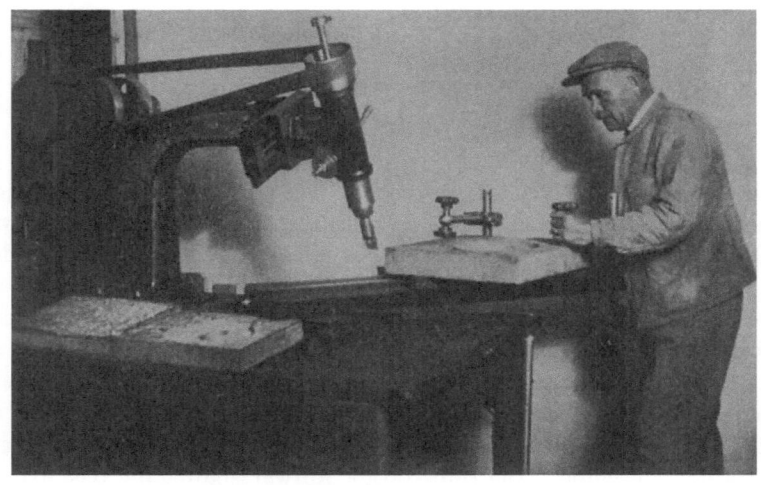

Abb. 494.
Abb. 493 u. 494. Universal-Bohr-, Fräs- und Graviermaschine „Scalfra".
(Fritz Kaeser, Zürich I.)

Der Antrieb der Maschine erfolgt durch einen angebauten Elektromotor; sämtliche Wellen sind in Spezialkugellagern gelagert, daher leichter Gang und geringer Kraftverbrauch.

Von besonderer Wichtigkeit ist, daß sich der Tisch in horizontaler Richtung nach vier Seiten durch Handkurbeln verstellen läßt, und außerdem im Kreise bewegt werden kann, so daß man auch kreisrunde Ausfräsungen in allen möglichen Formarten ausführen kann. Die Fräs-

Abb. 495.

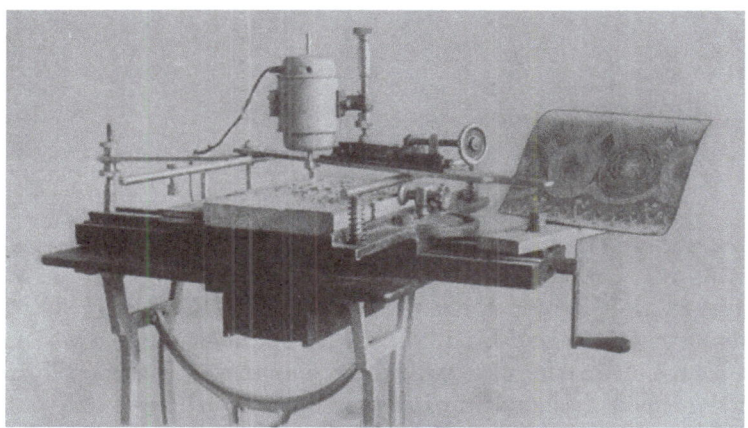

Abb. 496.
Abb. 495 und 496. Universal-Bohr-, Fräs- und Graviermaschine „Scalfra".
(Fritz Kaeser, Zürich.)

spindel ist, wie aus Abb. 494 ersichtlich, nach allen Richtungen schräg stellbar und kann mittels Handrad gehoben und gesenkt werden. Bei Bohr- und Fräsarbeiten in Werkstücken mit großem Flächenmaß, wo eine hohe Tourenzahl des Fräsers verlangt wird, ist, wie Abb. 493 zeigt, eine besondere Fräsvorrichtung mit Zwischenvorgelege vorgesehen.

Gillrath, Holzbearbeitung.

482   Maschinen für Holzbearbeitungsbetriebe und Tischlereien.

Man kann z. B. in Treppenwangen 6 Tritte mit Fußbrett und Karnies herausfräsen, ohne die Treppenwangen losspannen zu müssen.

In der Modelltischlerei können auf dieser Maschine jede Art Ornamente und Kreislinien, von den kleinsten Dimensionen bis zu 1600 mm Durchmesser, mit erstaunlicher Leichtigkeit sauber und exakt ausgefräst werden.

Für das vielseitige Kunstgewerbe der Holzbildhauerei ist die Scalfra-Maschine das berufene Hilfsmittel, um durch maschinelle Betätigung

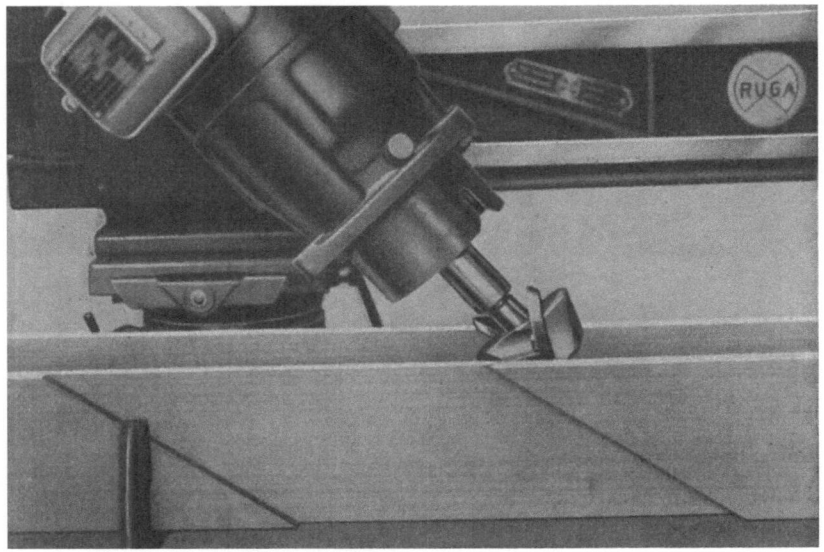

Abb. 497. Die „Ruga" beim Kehlen.

die zeitraubende Handarbeit zu erleichtern und die Produktion zu erhöhen (s. Abb. 495 und 496).

Die Herstellung der Holzmodelle für die Stoffdruckerei erforderte bis dahin großen Zeitaufwand, weshalb sie mit hohen Kosten verbunden war. Durch die in Abb. 496 dargestellte Maschine wird ermöglicht, jede, auch die feinste Zeichnung, in Holz auszufräsen, und zwar so, daß nach aufgelegter Zeichnung das Holzmodell direkt sauber und exakt gestrichen werden kann. Aus vorstehendem ist zu ersehen, daß die „Scalfra"-Maschine, von einem alten praktischen Schweizer Fachmann konstruiert, sich zu unendlich vielen Arbeiten verwenden läßt, welche bisher von Hand ausgeführt werden mußten. Ich habe diese Maschine im Betrieb besichtigt und kann dieselbe als eine wirkliche Universalmaschine bestens empfehlen.

Die Universal-Bohr- und Fräsmaschine „Ruga" der Firma Ernst A.

Rüeger & Co., Basel (Schweiz), eignet sich besonders zum schnellen zeitsparenden Herstellen von:
Ausfräsen der Einschnitte in Treppenwangen,
Fräsen der Zapfenlöcher in Kanthölzer und Balken,
Einziehen von Schwalbenschwanznuten,
Kehlarbeiten verschiedener Art (s. Abb. 497),
gewöhnlichen Bohrarbeiten usw.

Abb. 498. Die „Ruga" als Besäumsäge mit Laufwagen und Zapfenschneidemaschine.

Die Maschine ist auf einem gußeisernen Ständer drehbar angeordnet. An der am Ständer angebrachten, nach allen Richtungen drehbaren Führungstraverse wird ein verstellbarer Supportschlitten mit eingebautem Elektromotor mittels Handrads in horizontaler Richtung hin und her bewegt. Der Support ermöglicht Hoch- und Tiefstellung des Motors durch Handgriff. Jede beliebige Tiefe kann augenblicklich genau fixiert werden. Da die Arbeit direkt von der Motorwelle geleistet wird, so fallen kostspielige und umständliche Riemen und Transmissionen fort. Es wird also jeder Kraftverlust vermieden. Der Anschluß erfolgt mittels Kabels an jede Kraftleitung.

Am Gußständer ist ein Holztisch von zweckmäßiger Länge und Breite angeschraubt zur Aufnahme der zu bearbeitenden Werkstücke. Die Maschine ist leicht transportabel und kann ohne große Mühe an jeder beliebigen Stelle aufgestellt werden.

Der Motor ist durch ein Aluminiumgehäuse gegen Staub und Spritzwasser geschützt und trotzdem gut ventiliert. Ein großdimensioniertes,

Abb. 499. Die „Ruga" beim Ausfräsen der Einschnitte in Treppenwangen.

Abb. 500. Die „Ruga" als Quersäge mit feststellbarem Lauftisch.

doppelreihiges Kugellager gewährleistet einen tadellosen, absolut sicheren Gang der Frässpindel. Die während der Arbeit auftretenden Späne werden durch einen mit der Motorspindel verbundenen Ventilator fortgeblasen, so daß der Riß gut sichtbar bleibt. Für das Herausfräsen der Einschnitte an Treppenwangen ist sowohl Rechts- als auch Linksgang des Motors erforderlich. Beide Drehrichtungen können direkt am Motorschalter augenblicklich erwirkt werden.

Die Leistung als Treppenwangenmaschine. Die „Ruga" leistet derart saubere Arbeit, daß ein Nacharbeiten der ausgefrästen Einschnitte vollständig wegfällt. Mit einer Einstellung können Schlitze bis 1,20 m Länge von beliebiger Breite und Tiefe hergestellt werden. Auch die Einschnitte in Futterbrettern lassen sich mit entsprechenden Fräsern rasch, rationell und sauber ausfräsen, und zwar ohne Gefahr des Ausbrechens der Ecken, was bei Handarbeit oft nicht zu vermeiden ist.

Mit der Maschine erzielt man die drei- bis vierfache Leistung gegenüber derjenigen eines geübten Treppenbauers.

Die „Ruga" fräst Zapfenlöcher von 6 cm Tiefe und Länge und 4 cm Breite in 40—50 Sekunden. Sie fräst Schlitze

Abb. 501. Die Universal-Bohr- und Fräsmaschine „Ruga".
(Ernst A. Rüeger & Co., Basel.)

von 22 cm Tiefe und 1,20 m Länge und beliebiger Breite bei einer vierfachen Mehrleistung gegenüber Handarbeit.

Ich hatte wiederholt Gelegenheit, die Maschine arbeiten zu sehen, und war erstaunt über Leistung und Vielseitigkeit derselben.

P. Elektrische Hilfsmaschinen.

Derjenige, welcher regelmäßig die Leipziger Messe und sonstige Fachausstellungen besucht, wird erstaunt darüber sein, was in den letzten Jahren an elektrischen Kleinholzbearbeitungsmaschinen konstruiert worden ist und sich in der Praxis zum größten Teil bewährt hat. Der Hauptzweck dieser Kleinmaschinen, die sehr leicht und handlich sind, ist, sie zu verwenden, wo eine Großmaschine nicht in Frage kommt. Als wichtigste Kleinmaschine ist wohl die elektrische Handbohrmaschine zu betrachten, die in jedem Holzbearbeitungsbetrieb zu allen möglichen Bohrarbeiten verwendet werden kann. Sie ist leicht, handlich und kann an jede Lichtleitung (Steckkontakt oder Glühbirnfassung) angeschlossen werden. Bei Verwendung eines langen Kabels besitzt diese Maschine eine große Bewegungsfreiheit, so daß man dieselben an jeder, sonst unzugänglichen Stelle verwenden kann. Eine neu-

486   Maschinen für Holzbearbeitungsbetriebe und Tischlereien.

Abb. 502. Elektrische Handholzbohrmaschine für Löcher bis 10 mm Durchmesser. (Paul Schachel, Berlin.)

Abb. 503. Elektrische Handbohrmaschine für Löcher bis 15 mm Durchmesser. (Paul Schachel, Berlin.)

Abb. 504. Elektrische Handholzbohrmaschine für Löcher bis 30 und 50 mm Durchmesser. (Paul Schachel, Berlin.)

zeitlich eingerichtete Tischlerei oder Stellmacherei ist ohne elektrische Bohrmaschine nicht denkbar. Abb. 502—506 zeigt neuzeitliche leichte Handbohrmaschinen, welche für holzverarbeitende Betriebe in Frage kommen. Bei der Konstruktion dieser Maschinen ist bei kräftiger Ausführung besonders Wert auf größte Handlichkeit und geringstes Gewicht gelegt. Das Gehäuse besteht aus zähem Aluminiumguß, die Betriebsteile aus hochwertigem Tiegelstahl. Der Getriebskasten ist gegen das Motorgehäuse sorgfältig abgedichtet, so daß die Benutzung der Maschine in jeder Lage möglich ist. Die Bohrspindel ist bei den größeren Maschinen seitlich gelagert, damit auch an Ecken und anderen schwer zugänglichen Stellen gebohrt werden kann. Der Bohrdruck wird durch ein kräftiges Kugellager aufgenommen.

Der ventiliert gekapselte Antriebsmotor ist ein Universalmotor für Gleich- und Wechselstrom, so daß die Maschinen sowohl an Gleichstromnetzen als auch an Einphasen- oder Mehrphasennetzen an jede Lichtleitung angeschlossen werden können, vorausgesetzt, daß die Spannungen ungefähr die gleichen

Elektrische Hilfsmaschinen.

sind. Der zweipolige Momentschalter befindet sich im Handgriff. Die Maschinen haben eine fest anmontierte Zuleitung.

Zur Aufnahme des Bohrers dient ein zentrisch spannendes Zweibackenbohrfutter.

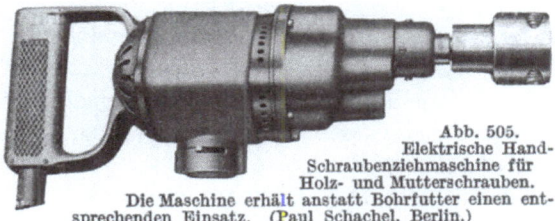

Abb. 505. Elektrische Hand-Schraubenziehmaschine für Holz- und Mutterschrauben. Die Maschine erhält anstatt Bohrfutter einen entsprechenden Einsatz. (Paul Schachel, Berlin.)

Den äußeren, oben beschriebenen Formen der Bohrmaschine ist der in Abb. 505 dargestellte elektrische Schraubenzieher nachgebildet. Er ist mit einer Kupplung ausgestattet, die den Zweck hat, ein Überdrehen der Schraube zu verhindern. Es können mit der Maschine Holz-, Eisengewinde und Mutterschrauben eingezogen werden.

Abb. 506. In diesem Bohrstativ kann eine elektrische Handbohrmaschine eingesetzt werden, um als Tischbohrmaschine Verwendung zu finden. (Paul Schachel, Berlin.)

Abb. 507. Elektrischer Universal-Hand- und Tischhobel mit rundgestellter Sohle. (Paul Schachel, Berlin.)

Der in Abb. 507 und 508 dargestellte elektrische Hand- und Tischhobel ist eine Neuerung auf dem Gebiete der Holzbearbeitung und hat sich in der Praxis infolge seiner vielseitigen Verwendungsmöglichkeit

Abb. 508. Elektrischer Universal-Hand- und Tischhobel mit verstellbarer Kurvenführung. (Paul Schachel, Berlin.)

bei passenden Hobelarbeiten gut bewährt. Die äußerst leichte

Maschine besitzt einen Faust- und einen Handgriff und ist wie ein gewöhnlicher Tischlerhobel verwendbar. Die Sohle besteht aus einer nach oben und unten leicht verstellbaren Stahlplatte, so daß auch runde Flächen, z. B. Waggondächer, Schiffsdecks und -wände, Bottiche und andere Hohlkörper damit gehobelt werden können. Da die Sohlplatte bis auf einen Radius von 210 mm herumgezogen werden kann, eignet sich die Maschine auch besonders zur Herstellung von Schneeschuhen sowie Radfelgen, Modellen usw., überhaupt allen kleineren Schweifarbeiten, die bisher mit den Handhobel geputzt werden mußten. Durch die Ausrüstung der Lagerhalter mit kräftigen Füßen ist die Maschine auf jeder Werkbank zu befestigen und leistet als kleine stationäre Hobelmaschine bei kleinen Hobelarbeiten unschätzbare Dienste. Die Spaneinstellung geschieht durch einfaches Verstellen der Sohlplatte. Die Messerwalze besitzt zwei leicht nachstellbare Messer aus bestem Stahl.

Abb. 509. Elektrischer Universal-Hobel, verwendbar als Rauhbank und Abrichtemaschine für kleine Hölzer. (Paul Schachel, Berlin.)

Der eingebaute ventiliert gekapselte Motor ist mit einer Spezialwicklung versehen; die Maschine ist an jede Lichtleitung anzuschließen, ob Gleich- oder Wechselstrom. Der Schalter ist als zweipoliger Momentschalter ausgebildet und wird durch Flügelhebel betätigt. Das Nachsehen und Reinigen der Maschine erfolgt durch Lösen der beiden die Einzelteile zusammenhaltenden Bolzen. Elektrische Verbindungen bleiben hierbei unberührt, so daß diese Arbeiten auch von ungeschultem Personal vorgenommen werden können.

Abb. 509 zeigt einen elektrischen Universalhobel als Rauhbank und kleine Abrichtehobelmaschine. Infolge des geringen Gewichtes ist dieselbe bequem zu handhaben. Der Anschlag zum Abrichten ist leicht abnehmbar. Eine Kraftanspannung beim Hobeln, wie dies beim Handhobel erforderlich, kommt ganz in Fortfall; der notwendige Druck wird durch die eigene Schwere der Maschine erzeugt, so daß dieselbe nur zu führen ist. Die Einstellung der Spanstärke geschieht durch einfaches Verstellen der kräftig ausgeführten Tischplatten. Die Messerwelle ist aus bestem Stahl hergestellt und in gehärteten Zapfen gelagert. Dieselbe besitzt 2 Messer von 100 mm Länge, die, wie bei den großen Maschinen, nachstellbar und schnell herauszunehmen sind. Der eingebaute Kollektormotor ist Spezialausführung, die Maschine kann ebenfalls an jede Lichtleitung angeschlossen werden.

Die Inbetriebsetzung geschieht durch Betätigung des im Handgriff eingebauten Schalters. Die Schmierung erfolgt an den rot bezeichneten Stellen durch Staufferfett. Die Maschine kann als Rauhbank und auch als kleine Abrichtemaschine verwendet werden.

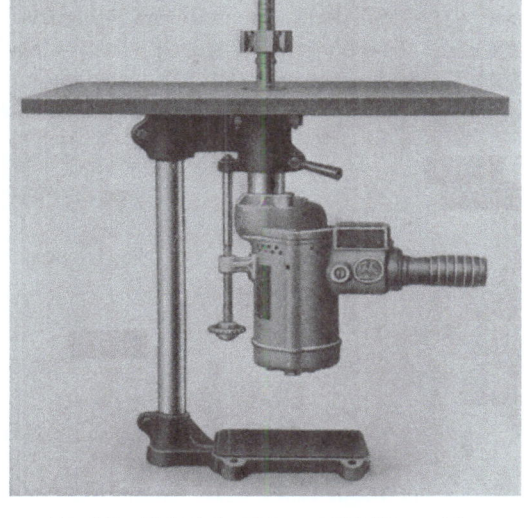

Abb. 510. Elektrische Universal-Holzfräsmaschine. (Paul Schachel, Berlin.)

Abb. 506 zeigt, wie die elektrische Handbohrmaschine durch Befestigung an einem Bohrstativ als Tischbohrmaschine Verwendung finden kann. Die Betätigung der Bohrspindel erfolgt hierbei durch Handhebel.

Abb. 510 zeigt, wie die elektrische Handbohrmaschine als kleine Tischfräse für leichte Fräsarbeiten verwendet werden kann. Die vertikale Verstellung der Frässpindel erfolgt durch eine unterhalb des Tisches angebrachte Gewindespindel mittels Handrads. Die Frässpindel läuft mit 4000 Touren pro Minute.

Abb. 511 zeigt eine elektrisch angetriebene Kleinbandsäge für Schweifarbeiten. Der Sägerollendurchmesser beträgt 350 mm und die Maschine läuft mit 1200 Touren pro Minute.

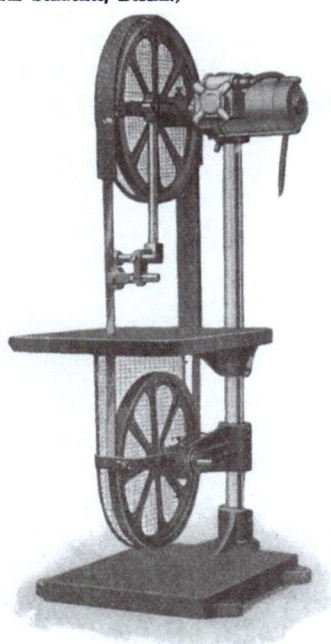

Abb. 511. Elektrische Universal-Tischkleinbandsäge. (Paul Schachel, Berlin.)

490   Maschinen für Holzbearbeitungsbetriebe und Tischlereien.

Die in Abb. 512 und 513 dargestellte elektrische Bandschleifmaschine kann als Schleifhobel wie auch als stationäre Kleinschleifmaschine verwendet werden. Die Maschine besitzt, wie aus Abb. 512 und 513 ersichtlich, ein endloses Schleifband von 715 mm Länge und 100 mm Breite, welches durch einen eingebauten Elektromotor mit 1500 Umdrehungen pro Minute angetrieben wird. Unter der Arbeitsfläche des Schleifbandes befindet sich eine eiserne Widerlagerplatte, über

Abb. 512. Elektrische Hand- und Tischbandschleifmaschine.
(Paul Schachel, Berlin.)

welche das Band läuft. Die Spannung des Schleifbandes erfolgt durch Verschiebung der beweglich gelagerten zweiten Bandrolle mittels Gewindespindel und Handrad. Durch die vielen Verwendungsmöglichkeiten als Schleifhobel wie auch als Kleinsandpapierschleifmaschine ist diese Maschine speziell für Kleinbetriebe besonders geeignet, zumal der Anschaffungspreis ein geringer ist.

Abb. 513. Elektrische Hand- und Tischbandschleifmaschine.
(Paul Schachel, Berlin.)

Der in Abb. 514 und 515 dargestellte Elektroschleifhobel besitzt eine ebene Schleiffläche, die ungefähr die gleiche Größe einer Oberbandschleifmaschine besitzt. Das Maschinchen hat einen eingebauten Elektromotor, welcher durch eine Antriebswelle ein endloses Schleifband antreibt. Die Anwendungsweite ist derart, daß der Apparat über die zu schleifende Fläche lediglich geführt wird, wobei der Schliff eine durchaus präziser ist und für alle vorkommenden Schleifarbeiten völlig genügt. Die Leistungsfähigkeit des Elektroschleifhobels ist bei verschiedenen Arbeiten der der Oberbandschleifmaschine gleich. Es erübrigt sich bei diesem Apparat das umständliche Hin- und Hertransportieren der Werkstücke zur großen Maschine. Der Elektroschleifhobel besitzt außerdem den weiteren Vorteil, daß er durch einen handlich angebrachten Schalter direkt in und außer Betrieb gesetzt werden kann. Die Maschine besitzt ein 5 m langes Kabel, welches sich durch Stecker überall an Steckdosen, die in der Werkstätte bei den verschiedenen Werkbänken, an denen Schleifarbeiten verrichtet werden, vorhan-

Abb. 514.

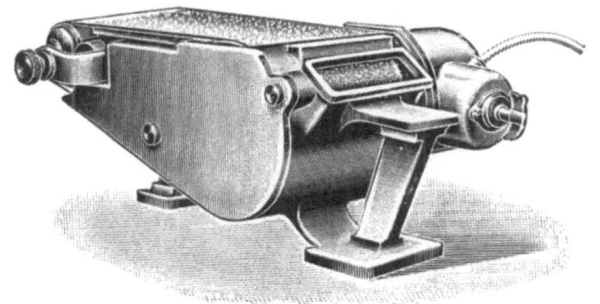

Abb. 515.

Abb. 514 und 515. Elektro-Schleifhobel mit endlosem Schleifband und eingebautem Elektromotor. (Schleifhobel-G. m. b. H., Mannheim.)

den sind, anschließen läßt. Infolgedessen besitzt der Elektroschleifhobel ungeahnte Anwendungsmöglichkeiten. Um ein Beispiel anzuführen, sei erwähnt, daß sich eine Tür von normaler Größe von beiden Seiten, ohne mit dem Putzhobel vorher abgeputzt zu werden, in etwa 10 Minuten vollständig einwandfrei schleifen läßt. Dabei ist zu erwähnen, daß der Schliff entschieden besser als beim Abputzen mit der Hand ist, da man bei letzterem unter Umständen noch Hobelstöße feststellen kann. Es sei ferner erwähnt, daß bei Anwendung von feinkörnigen Schleifbändern sich ebenfalls Furniere einwandfrei bearbeiten lassen.

Die holzverarbeitenden Betriebe werden sich in Zukunft, um konkurrenzfähig zu bleiben, entschieden mehr als bisher neuzeitlicher

Arbeitsmethoden bedienen müssen; dieser Elektroschleifhobel eignet sich speziell für Kleinbetriebe, da er auch als stationäre Schleifmaschine verwandt werden kann. Jedoch auch in Großbetrieben gibt es manche Arbeiten, die sich vorteilhaft mit dieser kleinen Maschine verrichten lassen, weil sie von einer großen stationären Maschine nicht ausgeführt werden können.

Das Gehäuse der Maschine mit dem eingebauten Motor trägt an der unteren Seite eine Widerlagerplatte, über welche das Schleifband läuft. An den Motor ist direkt eine Antriebsscheibe für das endlose Schleifband angeschlossen. Vorn ist die Regulier- und Spannrolle, welche mittels eines konischen Regulierstiftes einen genauen und geraden Bandlauf ermöglicht. Der ganze Apparat wird an den beiden Handhaben gefaßt. Dieselben sind oben entsprechend verbreitert, damit der Apparat auch umgekehrt als kleine Bandschleifmaschine Verwendung finden kann. Sämtliche Rollen sind doppelt kugelgelagert. Bei Dehnung des Bandes während des Laufes erfolgt die Spannung selbsttätig. Hinter der Antriebswalze befindet sich eine besondere Öffnung zur Absonderung des Staubes in einen daran zu hängenden Staubsack. Die Anwendung der Maschine ist einfach. Es ist genau zu beachten, daß der Motor, von der Motorschaltungsseite aus gesehen, sich im Gegensinne der Uhrzeigerrichtung dreht. Die Laufrichtung des Schleifbandes ist im Apparat durch einen Pfeil angegeben.

Bei Inbetriebnahme des Apparates schaltet man den Motor mittels des im Motorgehäuse befindlichen Schalters ein, und reguliert den Bandlauf. Dieses geschieht mittels der an der rechten Seite des Apparates befindlichen Regulierschraube. Beim Auflegen eines neuen Bandes drückt man die vordere Rolle zurück und stellt diese mit der Stellschraube fest. Sobald das Band aufgelegt ist, löst man die Feststellschraube, das Schleifband spannt sich dann selbsttätig. Bei Linksdrehung der Regulierschraube erfolgt Rechtslauf, bei Rechtsdrehung der Regulierschraube erfolgt Linkslauf des Schleifbandes.

Je nach Art und Feinheit der Schleifbänder können sowohl rohe ungehobelte Hölzer, als auch die feinsten Furniere einwandfrei geschliffen werden. Einen Druck auf den Apparat auszuüben, ist nicht notwendig, da das Eigengewicht völlig genügt. Das rotierende Schleifband zieht den Elektroschleifhobel von selbst, so daß derselbe nur zu führen ist.

Eine weitere sehr praktische Anwendungsart des Elektroschleifhobels ist folgende: Man stellt denselben auf die an den Handhaben angeordneten Flanschen, wodurch die Widerlagerplatte mit dem darüberlaufenden Schleifband frei nach oben gekehrt wird, und führt dann das Werkstück mit den Händen über das Schleifband. Bei dieser Anordnung lassen sich auch geschweifte Werkstücke unter Benutzung der vorderen Rollenrundung zurechtschleifen. Je nach Art der Werkstücke kann man ebene und leicht gewölbte Widerlagerplatten einsetzen.

Die größte Schleiffläche beträgt 140×120 mm. Der Apparat ist 400 mm lang, 220 mm breit und 150 mm hoch. Das Gewicht beträgt

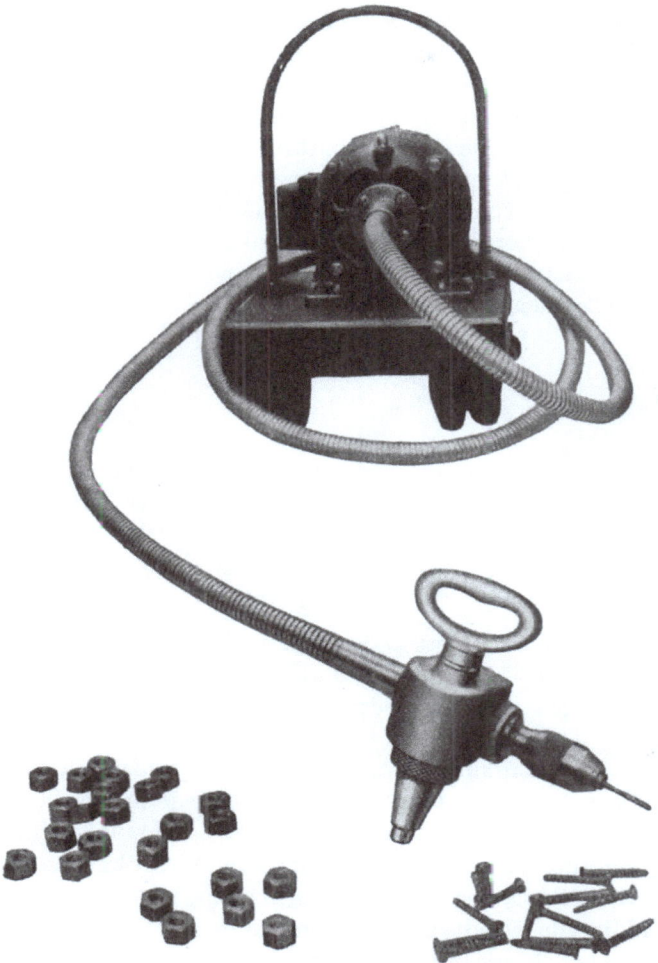

Abb. 516. Elektrische Schraubenziehmaschine „Biax" D. R. P. (Schmid & Wezel, Stuttgart.)

15 kg. Der Apparat ist aus einer Spezialaluminiumlegierung hergestellt.

Der niedrige Preis der Maschine ermöglicht es auch dem kleinen Tischlermeister, sich diese überaus praktische Schleifmaschine anzuschaffen.

Auf der letzten deutschen Schreinerei-Ausstellung in Mannheim wurde der Apparat prämiert.

Zum Einziehen von Holz- und Eisengewindeschrauben, sowie zum Andrehen von Muttern in großen Mengen, also bei Massenfabrikation, eignet sich die Elektrische Schraubenziehmaschine „Biax", die in Abb. 516 und 517 gezeigt wird, vorzüglich. Die Maschine ist jedoch nicht geeignet zum Eindrehen von Holzschrauben in sauberen Werkstücken, welche naturlackiert oder poliert werden, da es, wie ich mich wiederholt überzeugen konnte, sich nicht ganz vermeiden läßt, daß der Schraubenzieher unter Umständen aus dem Holzschraubenschlitz herausspringt und das Holz verletzt.

Beim Einziehen von Schrauben und Anziehen von Muttern in rohen Gegenständen bei Serien- oder Massenfabrikation sind diese elektrischen Schraubenziehmaschinen jedoch sehr geeignet, vorausgesetzt, daß es sich um große Mengen handelt.

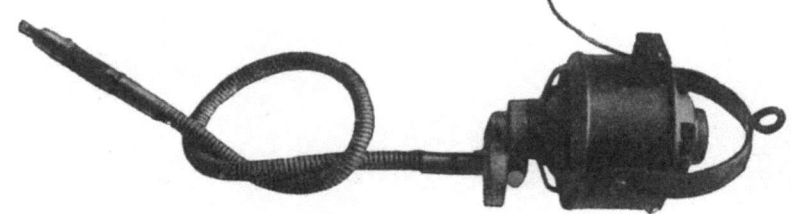

Abb. 517. Kleine und mittlere elektrische Schraubenziehmaschine „Biax".
(Schmid & Wezel, Stuttgart.)

Durch Verwendung erstklassiger biegsamer Wellen ist es bei dieser Maschine möglich, den Motor entweder, wie aus Abb. 516 ersichtlich, auf den Fußboden zu stellen, oder aber nach Abb. 517 an die Decke zu hängen.

Durch diese Anordnung ist die „Biax"-Schraubenziehmaschine leicht und handlich — die bevorzugte Eigenschaft biegsamer Wellenantriebe.

Durch die hochleistungsfähige „Biax"-Schraubenziehmaschine D. R. P. mit automatischer Ausrückkupplung ist mithin das schwierige Problem des frei beweglichen Kraftschraubenziehers gelöst; die anschließend für alle Modelle zutreffenden Eigenschaften lassen ihren Nutzwert erkennen. Keine Ermüdung wie bei Maschinen mit direkt eingebautem Motor, da die Betätigungsapparate bei kleinstem Gewicht mit größtmöglicher Antriebsleistung ausgestattet sind. Beim Eindrehen von Holzschrauben kann der elektrische Schraubenzieher durch Aufsetzen einer Bohrvorrichtung auf die Schraubenzieherklinge auch gleichzeitig als Bohrmaschine verwendet werden.

Beim Anziehen der Muttern bei Mutterschrauben wird an Stelle der Schraubenzieherklinge ein Muttersteckschlüssel verwandt.

Elektrische Hilfsmaschinen.

Eine eingebaute Auslösevorrichtung zum Schutz gegen Überdrehen kann durch Handdruck aufs feinste abgestimmt werden. Sämtliche Modelle können ebenso als Bohr- wie als Schraubenziehermaschine verwandt werden, außerdem mit hängendem oder fahrbarem Antriebsmotor.

Die Stärke des Antriebsmotors ist je nach Größe der Maschine $^1/_{10}$ bis $^1/_2$ PS. Die normale Länge der biegsamen Welle für hängende Ausführung beträgt 2 m, für fahrbare Ausführung 3 m.

Abb. 518 und 519 zeigt die „Biax"-Maschine als Poliermaschine in einer Möbelfabrik. Diese Maschine eignet sich infolge ihrer leichten Beweglichkeit und ihrer bedeutenden Mehrleistung gegenüber Handarbeit

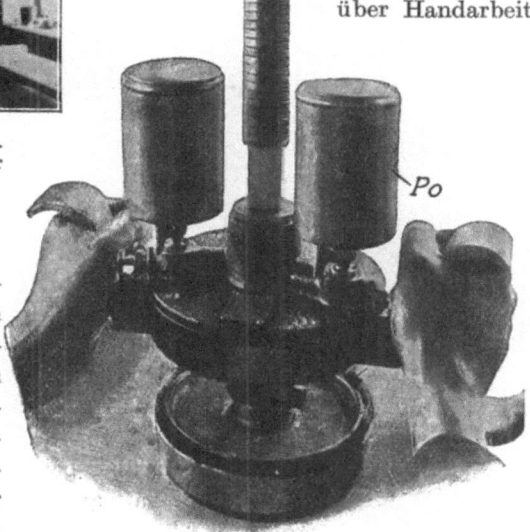

Abb. 518. Zwei elektrische Poliermaschinen im Betrieb in einer der bedeutendsten Qualitätsmöbelfabriken.
(Schmid & Wezel, Stuttgart.)

für die Möbel- und Pianoindustrie zum Polieren von ebenen und gekrümmten Flächen nach dem Schellackverfahren (Polierleistung bei Verwendung echter Schellackpolitur 3—4 qm per Stunde zum Grundieren und 4 qm per Stunde zum Decken), nach dem amerikanischen Lack-

Abb. 519 zeigt, wie der Polierkorb geführt wird. Man beachte die leichte Steuerbarkeit der Flüssigkeiten.

schleifverfahren, sowie bei Verwendung eines Schleifeinsatzes an Stelle des Polierbausches zum Furnierschleifen nach besonderem Verfahren.

Durch verblüffend leichte Beweglichkeit und einfachste Regulierbarkeit der Polierflüssigkeiten während des Betriebes, sowie durch bequeme

Handgriffe des im Gewicht durch Federn ausgeglichenen Polierkorbs nimmt diese Maschine wie keine andere Rücksicht auf die individuelle Bearbeitungsart beim Polieren. Neben erhöhter Leistung gegenüber dem Handgrundieren wurde außerdem eine Ersparnis an Poliermaterial bis zu 50% festgestellt. An Stelle des Polierballens kann in den Korb der Maschine auch ein Planeinsatz für amerikanisches Lackschleifen sowie zum Holznachschleifen eingesetzt werden.

Aus der Abb. 520 ist die praktische Handhabung des gegen den Polierkorb auswechselbaren Bohreinsatzes mit Handstück ersichtlich. Es wurden mit dieser

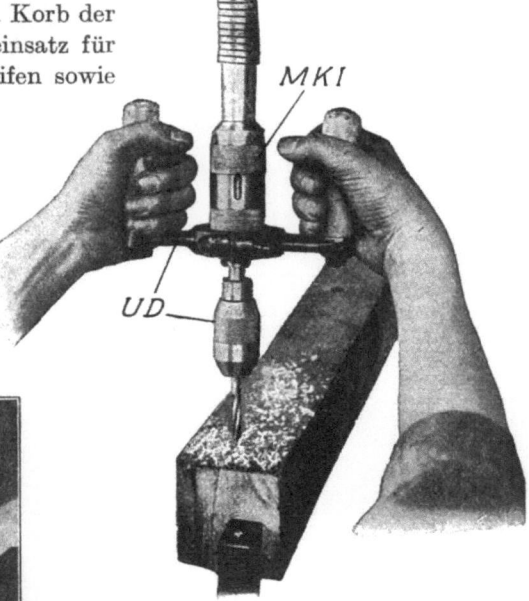

Abb. 520. Die „Biax" als Bohrmaschine.

Maschine in der Praxis 900 Löcher, 6 mm Durchmesser, in 60 mm starkem Rotbuchenholz, stündlich gebohrt.

Bei der Menge der anfallenden Putz- und Schleifarbeiten in der Möbelindustrie wird für den Fachmann kein Zweifel darüber bestehen, daß eine gute, durch Kraft angetriebene, frei bewegliche und handliche Schleifwalze, wie sie in Abb. 521 gezeigt wird, bedeutende Ersparnisse an Arbeitslohn bringen wird. Die Schleifwalzen werden in allen gewünschten Dimensionen geliefert. Die normale Größe beträgt 170 mm Länge und 50—84 mm Durchmesser. Es können auch Bürstenwalzen verwendet werden. Das Gewicht der kompletten Schleifwalze beträgt 1,3—1,8 kg, sie ist mithin sehr handlich.

Abb. 521. Die „Biax" als Rundschleifmaschine. Ein roh ausgesägter Barokfuß wird mit der Biax-Schleifmaschine fix und fertig bearbeitet.

Q. Spezialmaschinen.

Die Elektrische Oberfräse und Bohrmaschine Modell FOE, Abb. 522, dient zu den verschiedensten Bohr- und Fräsarbeiten, welche auf einer normalen Maschine schwer auszuführen sind. Abb. 523—526 zeigen Arbeitsmuster, welche auf dieser Maschine in der kürzesten Zeit sauber und exakt hergestellt werden können. Es ist hierbei zu bemerken, daß die in den Abb. 523 und 525 dargestellten quadratischen Löcher, nicht mittels Fräser, sondern durch Hohlstemmer hergestellt sind. Der Antrieb der Maschine erfolgt durch Elektromotor für jede Stromart. Tourenzahl und Leistung sind regulierbar durch einen Widerstand in Form einer Glühlampe. Die normale Tourenzahl des Motors ist 6000 in der Minute, kann jedoch bis 10 000 Touren gesteigert werden. Die hohe Tourenzahl und die Verwendung sauber schneidender Spezialfräser tragen dazu bei, daß die Maschine eine außergewöhnlich saubere Fräsarbeit bei höchster Leistung liefert. Der Schalter befindet sich am Motor und wird mit Kabelschnur, Steckdose und Fassung zur Regulierlampe gebrauchsfähig aufmontiert.

Abb. 522. Elektrische Oberfräse und Bohrmaschine, Modell FOE. (Elze & Hess, Gera-Reuß.)

Der Anschluß kann an jede Lichtleitung mittels Steckkontakt erfolgen, ohne Rücksicht auf die Stromart.

Die Bohrspindel ist an den Motor gekuppelt und zum Aufnehmen der Werkzeugklemmfutter mit Morsekonus 2 ausgerüstet.

Der Support ist mit konischer Stelleiste versehen und hat einen Hub von 120 mm, Durchgang normal 500 mm. Die Bewegung des Supportes erfolgt durch einen Fußtritt und kann auf höchste Stellung arretiert werden. Die Einstellung der Fräs- bzw. Bohrtiefe erfolgt durch Handschrauben.

Der Tisch, je nach Bedarf bis 1500×400 mm, auf welchem das Werkstück mit Spannvorrichtung befestigt wird, hat eine Längsverschiebung von 1400 mm und eine Seitenverschiebung von 240 mm.

Der Tiefenanschlag gestattet eine schematische Einstellung für Seitenbewegung (Langlöcher); der Hebel bewegt den Längstisch vorwärts und hält ihn in bestimmten, durch eine Teilleiste vor-

498　Maschinen für Holzbearbeitungsbetriebe und Tischlereien.

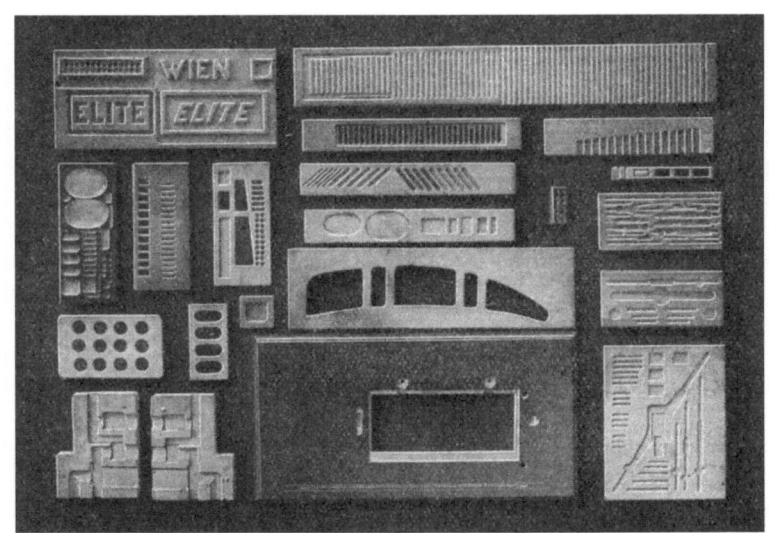

Abb. 523.

Abb. 524.

Abb. 525.

Abb. 526.
Abb. 523 bis 526. Arbeitsmuster, welche durch die in Abb. 522 dargestellte Oberfräse hergestellt sind.

Spezialmaschinen.

geschriebenen Abständen fest. Das Feststellen und Lösen geschieht automatisch durch Hebel.

Die Seitenverschiebung des Tisches erfolgt von einer Stelle aus durch einen Hebel.

Die Teilstange ist durch einen Griff umschaltbar, so daß ohne Auswechseln vier verschiedene Teilungen gefräst bzw. gebohrt werden können.

Das Handrad bewegt den Tisch bei Fräsarbeiten hin und her und wird bei Benutzung der Teilstange ausgekuppelt.

Der Elektromotor ist 0,5 PS stark und die Maschine wiegt 640 kg.

Mit der verhältnismäßig sehr billigen elektrischen Oberfräse, Modell WFO, Abb. 527, lassen sich außer den in Abb. 523—526 dargestellten Fräsarbeiten alle möglichen Oberfräsarbeiten herstellen, wie Treppenwangen, Schwalbenschwanznuten usw. und kann diese Maschine als Universaloberfräse bezeichnet werden.

Der Antrieb erfolgt ebenfalls durch einen 0,5 PS starken Elektromotor mit 6000—10000 Touren pro Minute.

Der Schalter befindet sich am Motor und wird mit Kabelschnur, Steckdose und Fassung zur Regulierlampe gebrauchsfähig aufmontiert. Der Anschluß kann an jede Lichtleitung mittels Steckkontakt erfolgen, ohne Rücksicht auf die Stromart.

Abb. 527. Elektrische Oberfräse, Modell WFO. (Elze & Hess, Gera-Reuß.)

Die Frässpindel ist ebenfalls mit dem Motor gekuppelt und zur Aufnahme der Werkzeugklemmfutter mit Morsekonus versehen.

Die Maschine ist, um Platz zu gewinnen, auf ein starkes Untergestell drehbar aufmontiert. Selbst beim Fräsen von langen Treppenwangen kann die Maschine dicht an der Wand stehen. Die Ausladung der Maschine beträgt 1 m und die Längsbewegung des Motors bzw. der Frässpindel 800 mm. Dadurch läßt sich auch jede Wange für Wendeltreppen ausfräsen. Die Frästiefe läßt sich durch Stellschraube, die Stufenbreite und die Stufenstärke durch Anschlag regulieren.

Die Steigerung wird durch Anschlaglineale eingestellt und durch Exzenterhebel wird die Wange festgeklemmt.

Der Motor kann durch einen Knopf in der höchsten Stellung arretiert werden.

Abb. 528. Kernkastenfräsmaschine für Modelltischlereien.
(Franz Küstner, Dresden-N.)

Die Maschine eignet sich vorzüglich zum Einfräsen von Schwalbenschwanznuten bis 800 mm Länge und 60 mm Breite in einem Arbeitsgang. Desgleichen zum Nuten von Brettern u. dgl.

Für größere Modelltischlereien, die viel Kernkasten mit rundem und bogenförmigem Kern herzustellen haben, ist die Kernkasten-Fräsmaschine, Abb. 528, sehr geeignet. Mit ihr lassen sich nicht nur gerade Kernkasten bis zu 600 mm Kerndurchmesser, sondern auch abgesetzte, gebogene in vielerlei Formen und kugelförmige herstellen. Die Zeitersparnis gegenüber Handarbeit ist dabei ganz bedeutend, viele Arbeiten liefert die Maschine im zehnten Teile der Zeit, die bei Handarbeit aufzuwenden wäre. Dabei sind die Arbeiten besser und genauer als von Hand.

Abb. 529. „Oliver"-Modell- und Kernkastenfräsmaschine Nr. 75.
(Oliver Machinery Company, Grand Rapids, Michigan, U. S. A.)

Wie aus Abb. 528 ersichtlich, ist die Arbeitswelle horizontal gelagert und der Antrieb erfolgt durch ein in der Maschine eingebautes, gekapseltes Übersetzungsgetriebe. Durch dieses Getriebe wird der Mittelpunkt der Arbeitswelle nach oben verlegt und dadurch ermöglicht, auch Kerne von 20 mm Durchmesser auszufräsen.

Der Kraftbetrieb beträgt etwa $1—2^{1}/_{2}$ PS, je nach Größe der Arbeiten.

Abb. 530. Werkzeugkasten für die in Abb. 529 dargestellte „Oliver"-Modell- und Kernkastenfräsmaschine.

Die größeren amerikanischen Maschinen- und Modellfabriken verwenden zur Anfertigung von Kernkasten die durch einen 5 PS starken Elektromotor angetriebene „Oliver"-Modell- und Kernkastenfräsmaschine Nr. 75 (Abb. 529) mit einer horizontalen und einer vertikalen Arbeitswelle, welche mit 1250—5000 Touren pro Minute arbeiten.

Wie aus Abb. 529 ersichtlich, läßt sich der als Arbeitstisch ausgebildete Supportschlitten nach jeder Richtung, und zwar auch schräg verstellen. Außerdem läßt sich der Arbeitstisch im Kreise drehen. Infolge dieser praktischen nach allen Seiten beweglichen Tischanordnung

502   Maschinen für Holzbearbeitungsbetriebe und Tischlereien.

und 2 Arbeitswellen kann die Maschine nicht nur für die Modellfabrikation, sondern zu allen möglichen Bohr- und Fräsarbeiten verwandt werden. Das Gewicht der Maschine beträgt etwa 3950 engl. Pfund.

Abb. 533 zeigt eine automatisch arbeitende Bildschnitzmaschine, die von Oliver bis zu 16 Spindeln gebaut wird.

Die Frässpindeln laufen mit 10 500 Touren pro Minute; Oliver erzielt bei dieser hohen Tourenzahl unter Verwendung erstklassiger Fräswerkzeuge eine äußerst saubere Bildhauerarbeit.

Von diesen Maschinen sind bereits eine größere Anzahl an amerikanische Möbelfabriken geliefert; sie arbeiten dort zur vollsten Zufriedenheit.

Das Gewicht der Maschine beträgt 6000 engl. Pfund.

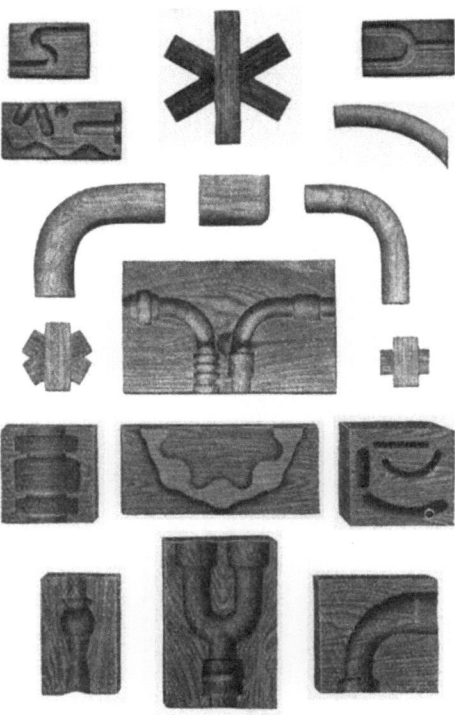

Abb. 531. Arbeitsmuster, auf der in Abb. 529 dargestellten „Oliver"-Modell- und Kernkastenfräsmaschine hergestellt.

Abb. 532. Arbeitzeiten in Minuten für Arbeitsmuster, auf der in Abb. 529 dargestellten „Oliver"-Modell- und Kernkastenfräsmaschine hergestellt.

Nummer 1 2 3 4 5 6 7 8 9 10 11 12 13 14
Minuten 4 3 6 10 4 3 8 5 6 30 15 30 25 20

Die in Abb. 534 dargestellte halbautomatisch arbeitende Poliermaschine arbeitet in vielen Exemplaren in in- und ausländischen Möbel- und Pianofabriken. Wie aus Abb. 534 ersichtlich, arbeitet die Maschine mit einem freischwingenden elektrisch angetriebenen Polierballen. Die Polierflüssigkeit wird selbsttätig und regulierbar zugeführt.

Die Bedienung der Maschine erfolgt seitlich durch einen Arbeiter. Der auf Rollen laufende Polierwagen wird in der Längsrichtung des Poliertisches mittels Handgriffs vom

Arbeiter geführt; die Querbewegung des Motorschlittens mit Polierballen erfolgt durch Handrad und Kettentransport.

Abb. 533. „Oliver"-Bildschnitzmaschine Nr. 308 mit 12 Spindeln. (Oliver Machinery Co., Grand Rapids, Michigan, U. S. A.)

Die Druckregulierung des Polierballens ist jederzeit vom Stande des Arbeiters aus möglich, was besonders bei verzogenen Arbeitsstücken wichtig ist. Es können auch unregelmäßige Flächen sowie Rahmen jeder Art bearbeitet werden.

Das Auflegen und Abnehmen der Arbeitsstücke ist bequem. Die von der Maschine beherrschte Arbeitsfläche kann beliebig groß gehalten werden.

Die Maschine eignet sich in gleicher Weise vorzüglich zum:

Abb. 534. Halbautomatische elektrische Kettentransport-Poliermaschine.
(Steingässer & Co., Mainz.)

1. Porenschließen (Grundieren) der Hölzer.

2. Zum Polieren (Nachdecken) bis zum Auspolieren,

Abb. 535. Fünfspindelige Bohrmaschine,
Modell Ferdinand Ruckdeschel, Zeulenroda i. Th.

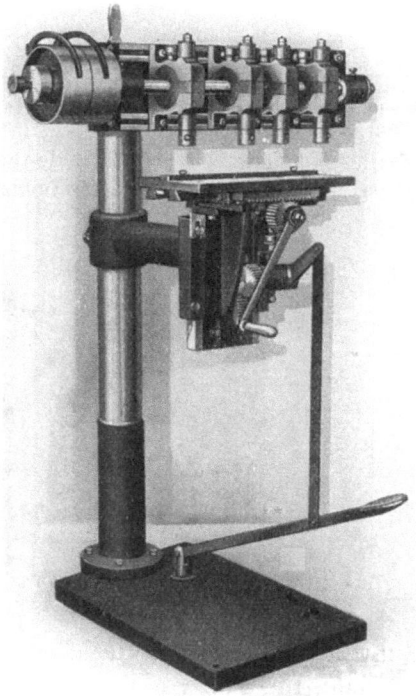

Abb. 536. Neueste verstellbare vielspindelige
Holzbohrmaschine, D. R. P.
(C. W. Kreher Söhne, Olbernhau i. Sa.)

3. Zum Schleifen der Fläche bei Arbeitsweise nach dem amerikanischen Lack oder Spritzverfahren.

4. Zum Abputzen oder Schleifen der Hölzer.

Die in Abb. 535 dargestellte fünfspindelige Bohrmaschine, welche bis zu 12, in Präzisionskugellagern laufenden Bohrspindeln gebaut wird, eignet sich besonders für Betriebe mit Serien- oder Massenfabrikation, da dieselbe sehr leistungsfähig ist. Auf einer gemeinschaftlichen Grundplatte sind 5—12 seitlich verstellbare Bohrspindeln gelagert. Der engste Zwischenraum der Bohrspindeln ist 90 mm.

Es können Löcher bis zu 25 mm Durchmesser und 150 mm Tiefe gebohrt werden.

Der Antrieb der Bohrspindeln erfolgt durch eine unten in die Maschine eingebaute lange Trommelriemenscheibe.

Der Auflegetisch ist bei 5 Spindeln 1250 mm lang und 250 mm breit, durch ein Handrad vertikal, sowie durch einen Handhebel in Richtung der Bohrer verstellbar.

Die verstellbare vielspindelige Holz-Bohrmaschine, die in Abb. 536 abgebildet ist, ist überall da von Vorteil, wo bei Serienfabrikation mehrerer Löcher in verschiedenen Entfernungen in einer

Richtung gebohrt werden sollen. Aber nicht nur zum Bohren runder Löcher, sondern auch zum Bohren mehrerer Langlöcher zu gleicher Zeit ist diese Maschine mit Vorteil zu verwenden, da im Tisch der Maschine ein Längssupport eingebaut ist. Die Bohrspindelstöcke sind in beliebiger Entfernung voneinander einstellbar. Die kleinste Entfernung von Lochmitte zu Lochmitte beträgt 37 mm; die äußerste Entfernung ist 750 mm. Es können bis 15 Bohrspindelstöcke angebracht werden. Je nach Bedarf können solche Bohrspindelstöcke angeschraubt oder abgezogen werden, um nicht mehr als nötig Bohrspindeln laufen zu lassen, die zum Werkstück benötigt werden. Der Antrieb der Bohrspindeln erfolgt durch Spezialzahnradgetriebe, und zwar geräuschlos. Die Bohrspindeln laufen mit 3000 Touren pro Minute. Der Auflegetisch wird mittels Fußtritt hoch gegen die Bohrer gedrückt und ist verstellbar. Die größte Entfernung vom Bohrer bis zur Tischauflage beträgt 350 mm und kann beliebig näher gestellt werden.

Abb. 537 zeigt eine billige Universaldrehbank, die zur serienmäßigen Herstellung von Artikeln in gedrehtem und gebohrtem Zustande, wie

Abb. 537. Neueste Universal-Drehbank für Holzdrechslerei, D. R. P.
(C. W. Kreher Söhne, Olbernhau i. Sa.)

Hefte, Griffe, Rädchen, Eierbecher, Schach- und Spielfiguren, Kegel, Zwirnrollen usw. dient.

Die Universalfassondrehbank läßt sich im Gegensatz zu allen anderen Drehautomaten für die verschiedensten Artikel verwenden. Man braucht nicht erst Rundstäbe zu ziehen, sondern verarbeitet gleich Vier- resp. Achtkantstäbe, je nach Stärke. Auch kann man tiefe und schwache Bohrungen herstellen, da der Hebel, welcher den Bohrfutterbolzen bewegt, mit der Hand betätigt wird und man so das Gefühl besser hat, wie es das Werkzeug bzw. Holz verlangt. Mittels eines zweiten Hebels, welcher am unteren Supportteil drehbar ist, kann das Fassonmesser beim Drehen gehoben werden, so daß die ganze Tiefe nicht auf einmal herausgedreht werden muß.

Abb. 538. Selbsttätige Rundfräse GAa mit sechsfacher Einspannung. (Schuchardt & Schütte, Berlin C 2.)

Das Messer kommt dadurch richtig zum Schneiden und es kann mehr mit Gefühl gearbeitet werden. Durch den nach oben stehenden Hebel läßt sich beim Schieben desselben vom Stande des Arbeiters aus nach vorn das Fassonmesser gegen das Holz drücken, während beim Zurückziehen desselben der Abstecher in Funktion tritt. Die Abstecherführung läßt sich verschieden schräg einstellen, sowie auch hoch und tief, so daß Gegenstände, die gut stehen müssen, wie Eierbecher, Schachfiguren, Kegel usw. hohl abgestochen werden können, ohne daß das Abstechmesser brennt. Auch können die Artikel, welche poliert werden müssen, vor dem Abstechen mit Sandpapier nachgeschliffen werden, soweit das überhaupt nötig ist. Das Einspannen der Vier- bzw. Achtkantstäbe wird während des Ganges vorgenommen. Das Einspannfutter ist ein mit trichterförmigem, scharfem Innengewinde versehener Kopf. Der einzuspannende Stab wird mittels Hand mit dem einen Ende gegen die Stabführung gedrückt und dann der Support durch die an demselben befindliche Kurbel nach dem Spindelstock zu gedreht, bis das andere Ende des Stabes das Innere des Futters erreicht hat. In demselben Augenblick wird der Stab losgelassen und von der Spindel mitgenommen. Beim Weiterdrehen tritt das Rundstabmesser in Tätigkeit, und der Stab schiebt sich durch die Stabführung soweit hindurch, wie zu einem zu drehenden Gegenstand benötigt wird. Alsdann wird mit dem Bohr- und Fassonmesser gearbeitet. Durch einen leichten Schlag auf den übriggebliebenen Rest des Holzes fällt dasselbe aus dem Futter. Die Drehspindel ist bis auf 30—50 mm durchgebohrt. Durch Einschrauben von Rundstabfräsköpfen und Abziehen der Bohreinrichtung können Rundstäbe von 8—45 mm in beliebigen Längen hergestellt werden.

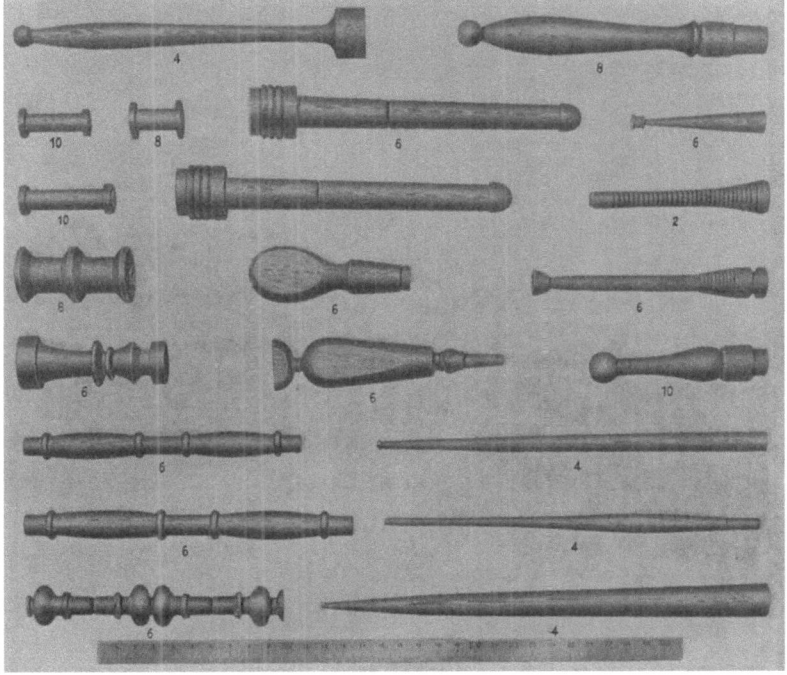

Abb. 539. Muster von Arbeiten, die auf der selbsttätigen Rundfräsmaschine Abb. 538 hergestellt sind. Die eingedruckten Zahlen geben die ungefähre Arbeitsleistung in der Minute an.

Die übriggebliebenen Reste des Holzes können auf dieser Maschine mittels besonderer Einspannwerkzeuge restlos verarbeitet werden.

Der größte Drehdurchmesser ist 90 mm, die größte Drehlänge ist 160 mm, das Gewicht der Maschine ist 250 kg.

Die selbsttätige Rundfräse GAa (Abb. 538) ist ganz besonders vorteilhaft geeignet zur Massenanfertigung der in Abb. 539 und 540 dargestellten runden Gegenstände bis zu 36 mm Durchmesser; die minutliche Leistung ist bei Verwendung von passendem Holz, wie aus den in den Abbildungen angegebenen Zahlen ersichtlich, enorm hoch.

508 Maschinen für Holzbearbeitungsbetriebe und Tischlereien.

Durch Anordnung einer sich drehenden Einspanntrommel wird die Bedienung der Maschine ganz bedeutend erleichtert und die hohe Leistung erzielt.

Der die Maschine bedienende Arbeiter hat nur die zu bearbeitenden Kanteln in eine Einlegevorrichtung zu bringen. Bewegt er dann den Hebel, durch den die Trommel betätigt wird, so fassen Zentrierspitzen das Holz selbsttätig. Bei weiterer Drehung der Trommel wird das Holz der Messerwelle zugeführt und bearbeitet, wobei es sich langsam entgegengesetzt der Drehrichtung der Messer-

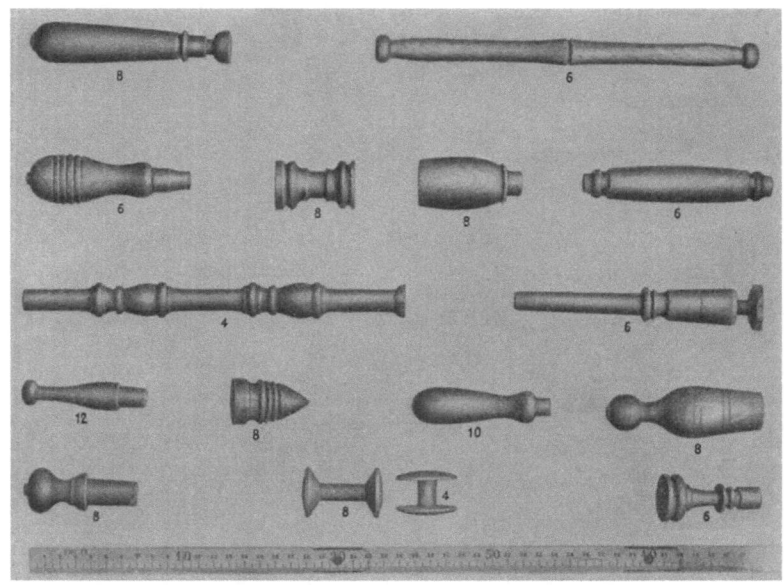

Abb. 540. Muster von Arbeiten, die auf der selbsttätigen Rundfräsmaschine Abb. 538 hergestellt sind. Die eingedruckten Zahlen geben die ungefähre Arbeitsleistung in der Minute an.

wellen dreht. Ist das Holz fertig bearbeitet, so wird es selbsttätig ausgeworfen.

Da der Arbeiter nur die Hölzer in der Einlegevorrichtung zu legen und einen Hebel zu bewegen hat, ist die Arbeitsweise eine ununterbrochene. Die Messerwelle ist aus prima Stahl angefertigt, sechseckig und läuft in Kugellagern.

Die größte Arbeitslänge ist 300 mm.

Die größte Abmessung des zu bearbeitenden Vierkantholzes ist 40×40 mm.

Die kleinste Abmessung des zu bearbeitenden Vierkantholzes ist 8×8 mm.

Größter Durchmesser des zu bearbeitenden Holzes 36 mm.
Kleinster Durchmesser des zu bearbeitenden Holzes 5 mm.
Das Gewicht der Maschine ohne Vorgelege beträgt 375 kg.

Zur vorteilhaften Herstellung von Speichen, Stielen, Tisch- und Stuhlfüßen usw. in großen Mengen wird die in Abb. 541 dargestellte Maschine verwendet.

Die von der Maschine gelieferte Arbeit ist infolge des ziehenden Schnittes der Messer trotz der großen Leistung so sauber, daß keine

Abb. 541. Selbsttätige Speichen- und Stieldrehbank GAHa.
(Schuchardt & Schütte, Berlin C 2.)

Nacharbeit, allenfalls nur ein geringes Nachschleifen der hergestellten Gegenstände erforderlich ist. Die Arbeitsstücke fallen genau und gleichmäßig aus, was ebenfalls besondere Vorzüge dieser Maschine sind. Für Speichen und Stielfabrikation sind 2 Messerwellen vorhanden, von denen die obere in einem schwingenden Rahmen gelagert ist und dazu dient, an Speichen und Stielen den kantigen Teil des Arbeitsstückes zu bearbeiten.

Mit der Hauptmesserwelle werden die ovalen oder runden Teile der Speichen und Stiele angefertigt. Bei Verwendung entsprechender

510   Maschinen für Holzbearbeitungsbetriebe und Tischlereien.

Formstücke lassen sich außer ovalen und runden Gegenständen auch solche mit vier- oder mehrkantigem Querschnitt anfertigen. Mit dem schwingenden Messerkopf können außer Stücken mit viereckigem Quer-

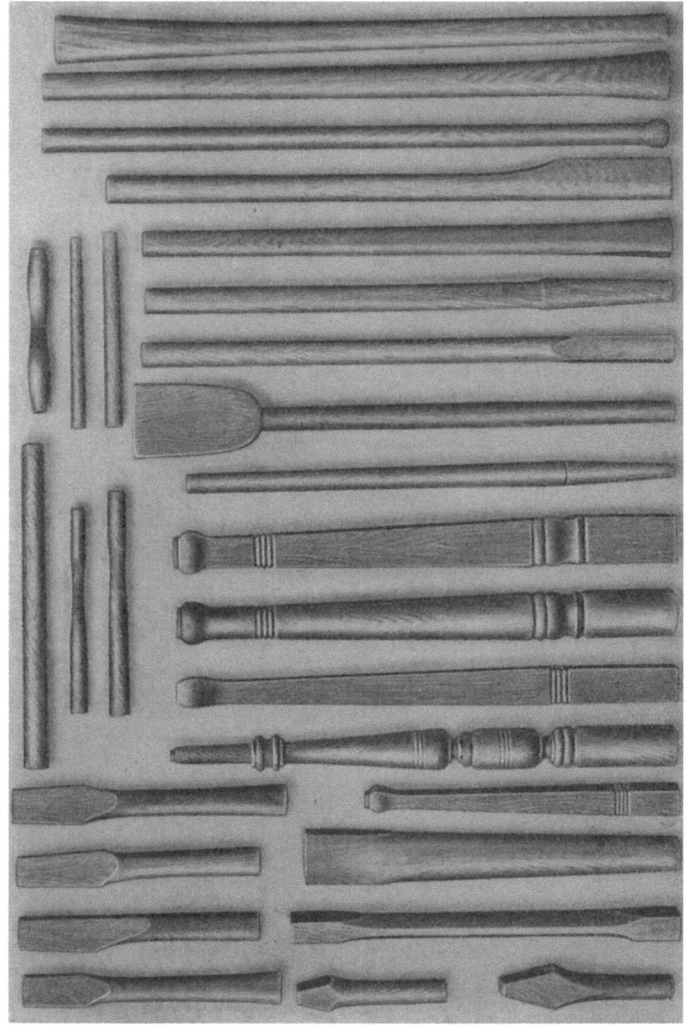

Abb. 542. Arbeitsmuster, hergestellt auf der selbsttätigen Speichen- und Stieldrehbank GAHa.

schnitt auch oval und anders geformte Teile hergestellt werden, z. B. an Axt-, Beil- und Pickenstiele. Der Tisch besteht aus 2 Teilen. Der obere Teil ruht auf dem unteren und dreht sich um einen verstellbaren Bolzen.

Durch diese Anordnung ist es möglich, Gegenstände herzustellen, die an einem Ende rund und an dem anderen oval sind, oder auch solche, die an einem Ende weniger oval sind als an dem anderen.

Mittels einer besonderen Einrichtung kann der obere Teil mit dem unteren starr verbunden werden. Das ist erforderlich, wenn Gegenstände hergestellt werden sollen, die gleichzeitig oval, kegelig oder zylindrisch sein müssen.

Zur Herstellung von vierkantigen Tisch- und Stuhlfüßen wird eine besondere Vorrichtung angebracht, die das Drehen dieser Füße ganz bedeutend erleichtert und die Leistung der Maschine erhöht.

Mittels Handhebels wird der Tisch auf die Messerwelle zu oder von derselben abbewegt.

Schiebt der Arbeiter den Tisch gegen die Messerwelle, so erhält das zu bearbeitende Holz selbsttätig eine drehende Bewegung; diese wird selbsttätig wieder ausgeschaltet, sobald der Tisch zurückgezogen wird.

Durch zwei verstellbare Anschlagschrauben wird die Bewegung des Tisches begrenzt und der Durchmesser der Arbeitsstücke eingestellt. Bei einigen Stielsorten ist es erforderlich, daß die Maschine mit einem großen schwingenden Messerkopf ausgerüstet wird.

Die größte Drehlänge beträgt 1065 mm.

Der größte Drehdurchmesser beträgt 150 mm.

Abb. 543. Automatische Rundstabhobelmaschine mit verstellbarem Messerkopf, Modell GAX. (Schuchardt & Schütte, Berlin C 2.)

Das Gewicht der Maschine beträgt 1430 kg.

Abweichend von den bisher allgemein gebräuchlichen Rundstabhobelmaschinen, bei welchen für jeden Stabdurchmesser ein besonderer Messerkopf erforderlich ist, besitzt die automatische Rundstab-Hobelmaschine, Abb. 543, einen verstellbaren Messerkopf. Dieser ist mit 4 Messern ausgerüstet, welche für die verschiedenen Stabdurchmesser nach einer Skala eingestellt werden.

Durch die Verwendung von 4 Messern wird das wegzubearbeitende Material besser verteilt und die Beanspruchung der Stäbe auf Verdrehung ist geringer, infolgedessen kann die Vorschubgeschwindigkeit des Holzes bedeutend erhöht werden und die Leistung der Maschine ist daher auch viel größer als bei einer solchen mit auswechselbaren Messerköpfen, die nur 2 Messer besitzen.

Der Vorschub des Holzes erfolgt durch 4 Walzen, welche alle durch Zahnräder angetrieben werden. Zwei der Walzen sind scharfkantig ausgedreht zur Führung der Kanteln, während die beiden anderen, die Auszugswalzen, dem Stabdurchmesser entsprechend rund ausgedreht sind, um eine Beschädigung des fertigen Stabes zu vermeiden. Der Vorschubmechanismus läßt sich momentan umsteuern, so daß das Holz wieder zurückkommt. Das Holz kann der Maschine von der Vorder- oder Rückseite zugeführt werden.

Dieses ist von besonderem Vorteil bei der Fabrikation von schwachen Stäben, welche am besten von der Rückseite der Maschine dem Messerkopf zugeführt werden.

Es werden dann die Vorschub- und Auszugswalzen sowie Messer ausgewechselt und eine Büchse eingesetzt, welche mit einem der Stärke des Vierkantstabes entsprechendem Loche versehen ist. Durch diese Büchse wird der Stab bis kurz vor den Messerkopf geführt, und das häufige Abdrehen der schwachen Stäbe vermieden. Diese Anordnung gestattet aber auch, daß kurze Abfallstücke verwendet werden können, um aus denselben Rundstäbe herzustellen. Die Vorschubwalzen sind selbstzentrierend angeordnet, so daß das Holz dem Messerkopf stets in richtiger Weise zugeführt wird. Die Belastung der Vorschubwalzen erfolgt durch Federn; die ersteren passen sich den Ungleichheiten der Stäbe an, auch lassen sich die Walzen zur Seite schwingen, um die Maschine gut reinigen zu können. Die Zahnräder sind sämtlich im Gestell und Gehäuse eingeschlossen, so daß sie gegen Späne geschützt sind.

Der Messerkopf ist ebenfalls durch eine Schutzhaube, deren obere Hälfte sich leicht entfernen läßt, umschlossen. Die Schutzhaube ist mit einem Stutzen versehen, der an eine Späneabsaugungsleitung angeschlossen werden kann.

Die Maschine wird in 5 Größen gebaut, und zwar für Stabdurchmesser von 6—150 mm. Die Maschine hat 3 Vorschubgeschwindigkeiten, und zwar zwischen 3—27 m in der Minute, je nach Stabdurchmesser.

Die Leimauftragmaschine „Glutina", Abb. 544, besitzt drei gegeneinander verstellbare Walzen. Der Leim befindet sich in einem Kupferbehälter, welcher in einem mit Wasser gefüllten eisernen Trog hängt. Die Erwärmung des Wassers erfolgt durch eine Dampfheizschlange, welche einfach an die vorhandene Dampfleitung angeschlossen wird. Auf diese Weise wird der Leim auf gleichmäßiger, bestgeeigneter Wärme erhalten. Eine in den Leim tauchende, sich langsam drehende Stoffwalze überführt den Leim auf die mittlere eigentliche Auftragwalze. Durch Regulieren der Stoffwalze wird die Stärke der Leimschicht bestimmt. Die Stoffwalze wird mittels Zahnrades von der Auftragwalze aus

Spezialmaschinen. 513

zwangläufig angetrieben, und zwar durch geeignete Wahl der Zahnräder; ist die Umdrehungsgeschwindigkeit sehr klein, so ist ein Schäumen des Leimes ausgeschlossen. Die zur Führung langer Hölzer dienenden beiden Auflegestangen können nach unten geklappt werden.

Die Stärke der aufzutragenden Leimschicht ist genau einstellbar.

Diese Maschine eignet sich besonders für große Möbel- und Pianofabriken, sowie Sperrholzwerke. Die Arbeitsbreite der Maschine ist 210 bis 1650 mm.

Abb. 544. Neue verbesserte Flächen-Leimauftragmaschine „Glutina". (Ernst Carstens, Nürnberg.)

Großtischlereien, welche viel Leimfugen, auch in großen Längen, herzustellen haben, ist die in Abb. 545 dargestellte Maschine zu empfehlen.

Der Leim befindet sich bei dieser Maschine ebenfalls in einem Kupferbehälter, welcher in einem mit Wasser gefüllten Trog hängt. Die Erwärmung des Wassers erfolgt durch eine Dampfheizschlange, welche an eine Dampfleitung angeschlossen wird. Der Leim wird auf diese Weise gleichmäßig warm erhalten. Eine in den Leim tauchende und sich langsam drehende Zuführungswalze bringt den Leim an die Leimfuge. Die Stärke der Leimschicht wird durch einen nachstellbaren Abstreicher reguliert, infolgedessen ist Leimvergeudung ausgeschlossen. Diese Maschine wird für 210—1650 mm Arbeitsbreite geliefert.

Abb. 545. Neue verbesserte Fugen-Leimauftragmaschine „Triumph". (Ernst Carstens, Nürnberg.)

Die Fugenleimmaschine, Abb. 546, welche für Nutzflächen von 1600×160 bis 2500×160 gebaut wird, ermöglicht das Verleimen der Fugen in wirtschaftlichster Weise. Die Maschine besteht aus einem langen Trog

Gillrath, Holzbearbeitung. 33

514 Maschinen für Holzbearbeitungsbetriebe und Tischlereien.

mit doppelter Wandung. Das Erwärmen des Leimes geschieht mittels Niederdruckdampfes, indem der Trog an eine Niederdruckdampfleitung angeschlossen wird. Der Dampf durchstreicht den Hohlraum zwischen den beiden Wandungen. Im Leimraum des Troges befindet sich eine lange gelochte Auftragsplatte, die selbsttätig im Leim untertaucht.

Der Arbeiter nimmt so viel Bretter in die Hände, als er fassen kann, drückt mittels Fußhebels die Auftragsplatte hoch und stellt die Bretter mit der Fuge darauf. Die Auftragsplatte ist verzinkt und mit einer großen Anzahl Löcher versehen, durch die der überschüssige Leim abfließt. Die Bretter werden dann etwas hin und her gerieben, wodurch der Leim gleichmäßig auf den

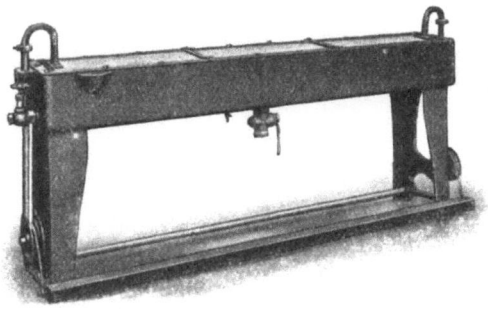

Abb. 546. Moment-Fugenleimauftragmaschine „Rekord".
(Adolf Friz, Stuttgart-Cannstatt.)

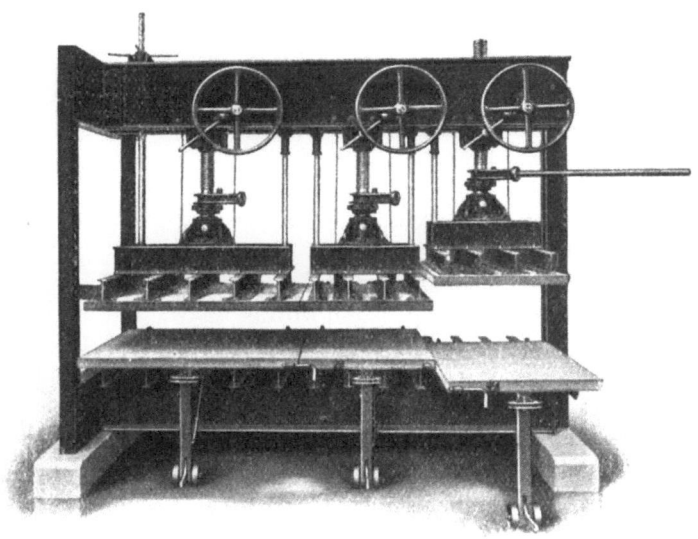

Abb. 547. Furnierpresse „Rekord", Modell F S O. (Adolf Friz, Stuttgart-Cannstatt.)

Fugen verteilt wird. Nachdem der Arbeiter die Bretter abgehoben hat, läßt er den Fußhebel los, worauf sich die Auftragsplatte selbsttätig senkt und den Leim für den nächsten Arbeitsgang aufnimmt.

Da die Fugen nicht mehr Leim aufnehmen als erforderlich, fällt das Abtropfen des Leims fort, außerdem werden die Seiten der Bretter nicht durch Leim verunreinigt, wie dies beim Angeben mit dem Pinsel von Hand unausbleiblich ist. Das Leimschiff ist aus Kupfer angefertigt.

Zur Steigerung der Leistung soll bei einer Furnierpresse, bei möglichst leichter, handlicher und rascher Bedienung, während des Be- und Entladens eine tadellose Arbeit erzielt werden. Kürschner und Blasen müssen unbedingt vermieden werden. Dies ist nur möglich, wenn eine Presse schwer genug und in allen, selbst den kleinsten Teilen zweckentsprechend durchkonstruiert ist. Diese Grundsätze allein schon und die Verwendung von nur erstklassigem Material bedingen hohe Lebensdauer und Vermeidung aller Reparaturen. Eine Presse, nach diesen Grundsätzen gekauft, ist auf die Länge der Zeit bezogen weitaus die billigste. Große Möbel- und Pianofabriken verwenden die in Abb. 249—255 dargestellten hydraulischen Pressen, jedoch benutzen kleinere Betriebe die in

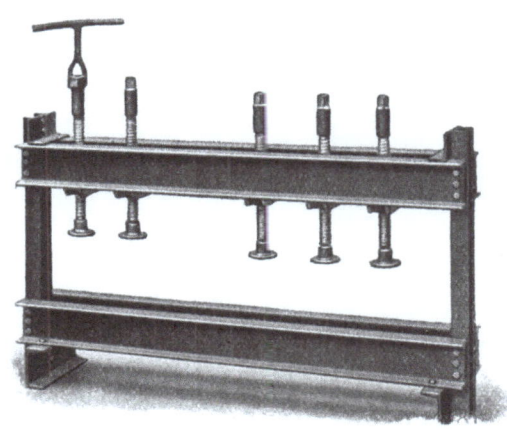

Abb. 548. Furnierbock „Rekord" Nr. 40.
(Adolf Friz, Stuttgart-Cannstatt.)

Abb. 547 dargestellte Presse, welche in allen gewünschten Größen und auch mehrspindlich hergestellt wird. Von größter Wichtigkeit ist bei diesen Pressen, daß der Druck zuerst in der Mitte erfolgt und mit zunehmendem Druck der Spindel sich langsam nach außen fortpflanzt, bis die Presse ganz geschlossen ist. Auf diese Weise wird der überschüssige Leim sicher herausgepreßt und die Furniere gestreckt und geglättet. Ein Entstehen von sog. Kürschnern ist dann unmöglich. Man wende sich daher bei Anschaffung solcher Pressen an eine erstklassige Firma, welche über die erforderlichen Erfahrungen verfügt und Qualitätsarbeit liefert.

Für kleinere Furnier- und Tafelverleimung verwendet man in Kleinbetrieben die aus Schmiedeeisen hergestellten Furnierböcke mit 4 bis 5 Spindeln, Abb. 548.

Diese Furnierböcke werden für 900—1150 Spannweite geliefert; der Druck erfolgt, wie aus der Abbildung ersichtlich, durch Steckschlüssel

33*

und Schraubenspindeln. Furnierböcke mit gußeisernen Muttern, wie sie von einzelnen Firmen angeboten werden, sind unbrauchbar.

Die überaus praktischen Fugenleimapparate nach Abb. 549 werden verwandt zum Verleimen von Holztafeln usw. für jede Breite, Länge und Stärke. Die Querstäbe aus T-Eisen werden in den aufrechten Ständer nach Bedarf eingehängt und halten mit ihren Zapfen den als Widerlager für die Hartholzspannkeile dienenden Spannbacken fest. Die Länge, Breite und Dicke der zu leimenden Tafeln kann eine beliebige sein, da die Apparate in sich selbst Unterschiede zulassen und längere Stäbe sowie höhere Spannbacken verwendet werden können. Bei längeren Holztafeln werden mehrere Apparate nebeneinandergestellt. Mit dem Fugenleimapparat „Rekord" können bis zu 10 Holztafeln zugleich verleimt werden. Die Apparate werden in 5 Größen für 600—1400 mm Spannweite geliefert.

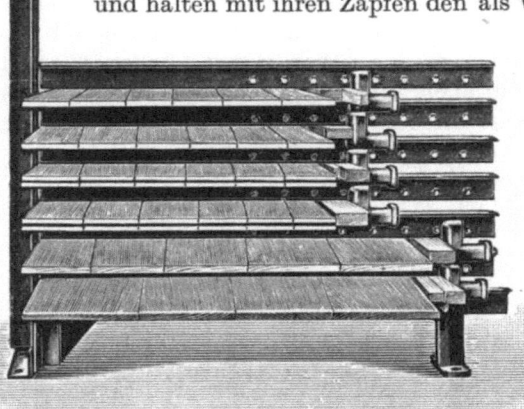

Abb. 549. Fugenleimapparat „Rekord" (Keilsystem). (Adolf Friz, Stuttgart-Cannstatt.)

Abb. 550. Fugenleimzwinge „Rekord" zum Schrauben. (Adolf Friz, Stuttgart-Cannstatt.)

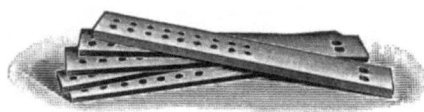

Abb. 551. Hölzerne Querstäbe für die Fugenleimzwinge „Rekord" zum Schrauben.

Abb. 552a. Eisernes Spindeldruckstück für die Fugenleimzwinge „Rekord".

Abb. 552b. Eisernes Gegendruckstück für die Fugenleimzwinge „Rekord".

Die Fugenleimzwinge (Abb. 550—552) ist überaus praktisch und billig und dient ebenfalls zur Massenverleimung von Holztafeln in allen Längen, Breiten und Stärken.

Spezialmaschinen. 517

Handhabung: Der erste hölzerne Querstab wird auf einen Bock oder dergleichen gelegt und das eiserne Spindelstück in einen der ovalen Schlitze gesteckt. Das eiserne Gegenstück wird in eines der runden Löcher gesteckt, dann werden die zu verleimenden Bretter eingelegt, der nächste Querstab aufgelegt und nun mittels der Spindel gespannt. Mit dem Leimen der nächsten Tafel wird ebenso verfahren usw. Die Querstäbe sind von der Tischlerei aus Hartholz anzufertigen.

Die rotierende Fugenleimpresse G B Y z eignet sich für solche Großbetriebe, welche Holztafeln in großen Mengen zu leimen haben. Wie aus Abb. 553 ersichtlich, erfolgt die Einspannung der zu verleimenden

Abb. 553. Rotierende Fugenleimpresse G B Y z.
(Schuchardt & Schütte, Berlin C 2.)

Holztafeln durch den Arbeiter mittels Schraubspindel. Dadurch, daß ein ununterbrochenes Leimen möglich ist, ist die Leistungsfähigkeit des Apparates eine große.

Der Arbeiter hat nur nötig, die angewärmten Bretter auf der neben dem Apparat stehenden Fugen-Leimauftragemaschine mit Leim zu versehen und dieselben in der rotierenden Fugenleimpresse einzuspannen.

Die Maschine wird für jede beliebige Leimlänge, Breite und Stärke gebaut.

Die Rotationsfugenleimmaschine „Constantia" arbeitet nach demselben Prinzip wie die in Abb. 553 dargestellte. Die einzelnen Leimzwingen sind zwischen den drehbaren Trommelscheiben beliebig verschiebbar, so daß Holzplatten in allen möglichen Längen verleimt werden können. Das Anpressen der Holzplatten geschieht bei dieser

Maschine ebenfalls durch Gewindespindeln. Die Maschine wird gleichfalls in jeder gewünschten Größe geliefert. Selbstverständlich können

Abb. 554. Rotationsfugenleimmaschine „Constantia".
(A.-G. für Maschinenbau, vorm. Adolf Graf, Konstanz.)

nur Großbetriebe mit Serienfabrikation eine solche Maschine rationell ausnutzen.

Für die Rahmenindustrie zur Herstellung von Massenrahmen ist der in Abb. 555 dargestellte 30 kg schwere Apparat besonders von Vorteil und macht sich in allerkürzester Zeit bezahlt. Mit einem Hebeldruck bzw. Schnitt wird die ganze Gehrung aus dem Leistenstück so genau geschnitten, daß die erzielten beiden Gehrungsflächen ohne jede Nacharbeit haargenau zusammenpassen. Der verstellbare Falzhalter ermöglicht das einwandfreie Schneiden aller Bilderleisten, ohne daß das Holz über dem

Abb. 555. Präzisionsgehrungsstanze für Massenrahmen.
(Hans Friedrich, Dresden-A. 19.)

Falz herabbricht, da der Apparat auch mit verstellbarem Anschlag mit Millimeterskala versehen ist, geht die Fabrikation bei Massen-

Abb. 556. „Bavaria" betriebsfertig zur Herstellung von Kreuzsprossen durch Ausstanzen der Gehrungen und Durchfräsen der Mittelnute. (Ernst Carstens, Nürnberg.)

Abb. 557. „Bavaria" betriebsfertig zur Herstellung von Kreuzsprossen in jedem beliebigen Winkel durch Verwendung des neuen drehbaren Universalanschlages. (Ernst Carstens, Nürnberg.)

anfertigung bei Verwendung dieser Gehrungsstanze bedeutend schneller als bei den bisher üblichen Methoden. Diese Gehrungsstanze ist selbstverständlich auch ohne weiteres zum Schneiden aller Leisten und Zierstäbchen ohne Falz verwendbar. Es können Leisten bis 25 mm Stärke und 45 mm Breite geschnitten werden.

„Bavaria"-Maschine zur Herstellung der Gehrungen und Überplattungen von hölzernen Fenstersprossen (Kreuzsprossen), Glasabschlüssen u. dgl. Ausführung für Kraft- und Handbetrieb. (Ernst Carstens, Nürnberg.)

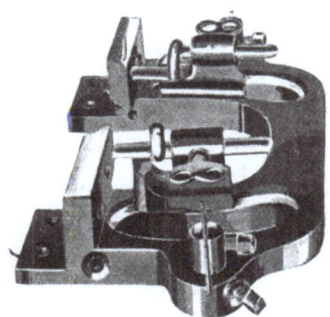

Abb. 558. Universalanschlag für Maschine Abb. 557. (Ernst Carstens, Nürnberg.)

Die unter Abb. 556 bis 562 abgebildete Maschine „Bavaria" ist vollständig aus der Praxis hervorgegangen und befriedigt ein längst gefühltes Bedürfnis. Die Maschine findet in der Hauptsache Verwendung zur Herstellung der kompletten Verbindung von Kreuzsprossen für Fenster, Türen und Glasabschlüsse in normalen Abmessungen, kann jedoch auch für viele andere Ausstoßarbeiten, wie z. B. Ausstoßen von Gehrungen bei Türen mit erhabenem Profil usw., mit großem Vorteil benutzt werden.

Die „Bavaria" ist eine Maschine, welche Kreuzsprossen fix und fertig überplattet, und welche sämtliche Kreuzverbindungen sowohl rechtwinklig wie in jedem beliebigen schiefen Winkel herstellt.

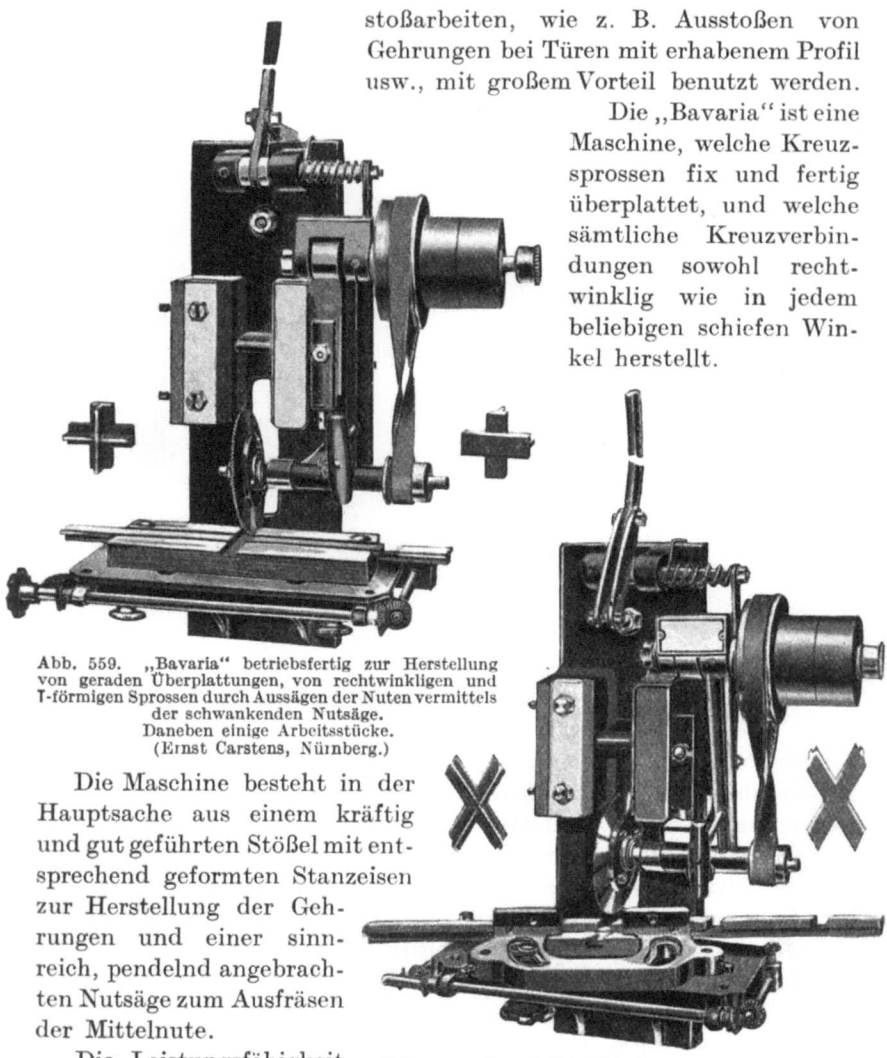

Abb. 559. „Bavaria" betriebsfertig zur Herstellung von geraden Überplattungen, von rechtwinkligen und T-förmigen Sprossen durch Aussägen der Nuten vermittels der schwankenden Nutsäge.
Daneben einige Arbeitsstücke.
(Ernst Carstens, Nürnberg.)

Die Maschine besteht in der Hauptsache aus einem kräftig und gut geführten Stößel mit entsprechend geformten Stanzeisen zur Herstellung der Gehrungen und einer sinnreich, pendelnd angebrachten Nutsäge zum Ausfräsen der Mittelnute.

Die Leistungsfähigkeit der Maschine ist ganz außerordentlich. Mit derselben kann man in einer

Abb. 560. „Bavaria" betriebsfertig zur Herstellung von geraden Überplattungen und T-förmigen Sprossen durch die schwankende Nutsäge in jedem beliebigen Winkel durch Verwendung des neuen drehbaren Universalanschlages.
Daneben Arbeitsmuster.
(Ernst Carstens, Nürnberg.)

Minute sechs vollständige Gehrungen einschließlich der Mittelnute, also drei fertige Kreuzstellen herstellen. Die Art des Holzes, ob hart oder weich, spielt keine Rolle. Die Maschine arbeitet so genau und sauber, daß ein Nacharbeiten ganz unnötig. Bruchstellen oder Splitterungen sind ausgeschlossen. Die Kreuzstellen können, wie solche aus der Maschine kommen, ohne weiteres zusammengefügt werden.

Infolge der bedeutenden Arbeitsersparnis und der hohen Leistungsfähigkeit sollte die Maschine in keinem neuzeitlichen Betrieb der Holzbearbeitungsbranche, wie Fenster- und Türenfabrik, Bauschreinerei, Glaserei, Möbelfabrik, Spielwarenfabrik usw., fehlen.

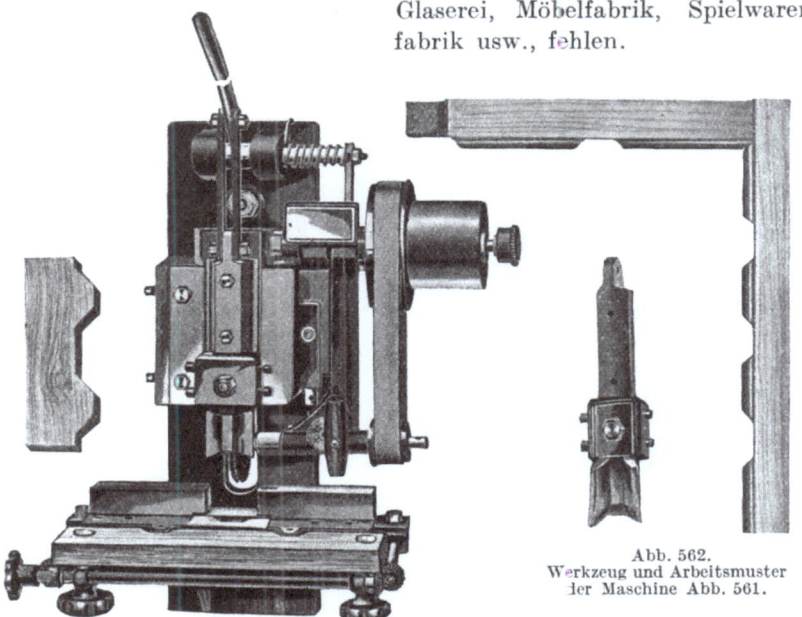

Abb. 562. Werkzeug und Arbeitsmuster der Maschine Abb. 561.

Abb. 561. „Bavaria" betriebsfertig zur Herstellung von Türgehrungen. (Ernst Carstens, Nürnberg.)

Die Maschine, welche für Kraft- und Handbetrieb gebaut wird, benötigt sehr wenig Platz und kann an jedem Pfeiler, an der Wand oder in der Mitte der Werkstätte angebracht werden.

Bei Verwendung des Universalanschlages muß der gewöhnliche Anschlag entfernt werden. Der Universalanschlag wird durch eine einzige Schraube, welche zu diesem Zwecke mit geliefert wird, auf dem Tisch befestigt und hierzu wird einer der beiden vorn im Tische befindlichen Schlitze benutzt. Um den beliebigen Winkel zu erzielen, wird der Anschlag entsprechend verdreht.

Anwendung genau wie vorstehend, jedoch muß bei Herstellung gerader Überplattungen und T-förmiger Sprossen am Anschlag ein entsprechendes Führungsholz befestigt werden, wofür verschiedene Befestigungsstellen vorgesehen sind.

522 Maschinen für Holzbearbeitungsbetriebe und Tischlereien.

Abmessungen:

GrößteHöhe der Sprossen	Größte Breite der Sprossen	Fest- und Losscheibe			Kraftbedarf	Gewicht netto
		Durchmesser	Ges. Breite ca.	Umdrehungen in der Minute		
50 mm	35 mm	110 mm	etwa 100 mm	etwa 700	etwa $\frac{1}{4}$ PS	etwa 95 kg

Die billige und dabei sauber arbeitende Gehrungsstanze „Noris", Abb. 563—565, ist besonders Bautischlereien zur schnellen Herstellung von hölzernen Kreuzsprossen zu empfehlen. Der den Messerkopf haltende Stößel läuft in einer nachstellbaren Prismaführung, so daß selbst nach jahrelangem Gebrauch absolute Genauigkeit der Gehrungen erzielt wird. Die Maschine arbeitet sowohl recht- wie auch schiefwinklig. Durch Verdrehen des Messerkopfes können schiefwinklige Kreuze erzielt werden.

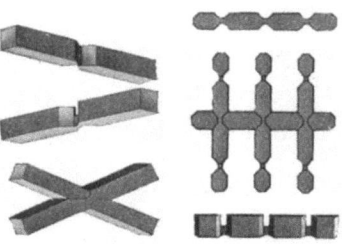

Abb. 563.   Abb. 564.   Abb. 565.
Abb. 563 bis 565. Gehrungsstanze für hölzerne Kreuzsprossen „Noris" und einige Arbeitsmuster derselben.
(Ernst Carstens, Nürnberg.)

Die „Frommia"-Bestoßmaschine, den besten amerikanischen ebenbürtig, eignet sich, wie aus Abb. 566 und 567 ersichtlich, zum Bestoßen aller Winkelschnitte, und darf diese wirklich praktische Maschine in keiner neuzeitlichen Tischlerei fehlen. Die Maschinen werden mit und ohne Gußständer geliefert, und zwar in mehreren Größen. Die Schnittgröße bei der kleineren Maschine beträgt 170 × 100, dagegen schneidet die größere Maschine bis zu 430 mm Länge und 180 mm Höhe. Der Messerschlitten, welcher mittels Handhebel betätigt wird, ist an beiden Seiten offen und gestattet eine beliebige Spanstärke.

Auf der Tischplatte ist eine Gradskala angebracht und läßt sich die Führung in jeder beliebigen Gradstellung feststellen. Auf beiden Seiten der Maschine sind zum Schutz gegen die hervortretenden Messer Schutzvorrichtungen angebracht. Beim Schleifen der Messer ist insofern Sorgfalt zu verwenden, als nur die Fase nachgeschliffen werden darf, die Schräge der Fase darf jedoch keine Änderung erfahren; ferner darf die gerade Oberfläche des Messers niemals angeschliffen, sondern es soll nur der beim Schleifen der Fase entstandene Grat mit einem feinen Abziehstein abgezogen werden.

Die Nagelmaschine GAN*l* findet Verwendung zum Zusammennageln der Kistenrahmen, Aufnageln der Böden und auch zum Aufnageln der Deckel auf gefüllte Kisten. Für letztere Arbeit wird sie auf Wunsch mit einem abnehmbaren Rollentisch versehen, in dem Lenkrollen eingebaut sind; diese stehen etwas über der Tischfläche vor. Infolgedessen können die gefüllten Kisten leicht auf dem Tisch gedreht werden.

Da die Maschine mit einem Seitenarm ausgerüstet ist, können beim Boden- und Deckelaufnageln die Nägel gleichzeitig in eine Längs- und eine Kopfseite eingetrieben werden. Der Seitenarm trägt zwei verstellbare Zuführungen. Der Nagelkasten und Kopf sind geteilt, so daß mit dem Seitenarm stärkere oder schwächere Nägel eingetrieben werden können als mit den übrigen Zuführungen.

Abb. 566.

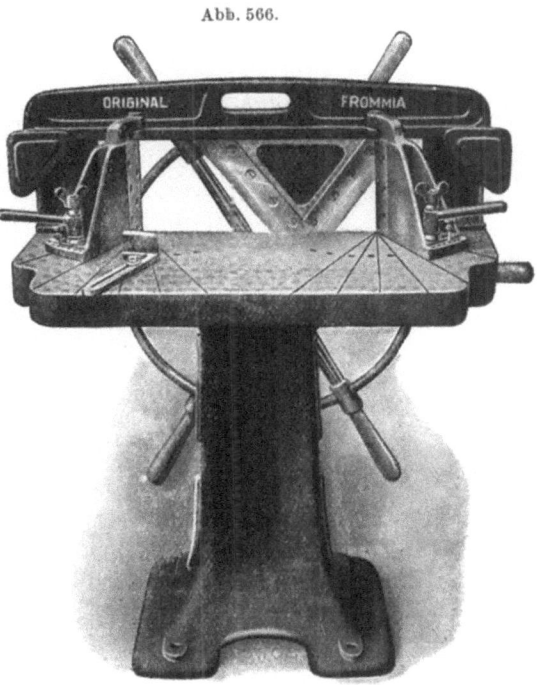

Abb. 567.
Abb. 566 und 567. „Frommia"-Bestoßmaschinen Modell A und C (sog. Trimmer).
(Ferdinand Fromm, Cannstatt.)

Die Zuführungen am Gestell können eingestellt werden, um versetzt oder geradlinig zu nageln.

Die Nägel werden in einen Kasten mit Schüttelbewegung geworfen und fallen mit der Spitze nach unten in Schlitze, die nach der Nagelstärke einzustellen sind. Dann rutschen sie eine schiefe Ebene hinab und werden von Zuführungsscheiben gefaßt, die sie in Trichter und Rohre fallen lassen. Durch diese gleiten sie in die Nagelzuführungen, wo sie mit der Spitze nach unten stehenbleiben.

Das Eintreiben der Nägel erfolgt nur dann, wenn ein Fußhebel betätigt wird. Hierdurch wird ein Zahnradgetriebe eingeschaltet, das mittels Kurbel und Pleuelstange einen Kreuzkopf bewegt. An diesem sind Nageltreiber verstellbar befestigt, welche die Nägel in das Holz treiben.

Die Nägel werden sicher geführt. Wird der Fußhebel losgelassen, so bleibt der Kreuzkopf selbsttätig in der höchsten Stellung stehen und neue Nägel fallen nach.

Abb. 568. Nagelmaschine GAN*l*
(Schuchardt & Schütte, Berlin C.)

Es sind Vorrichtungen vorhanden, um einzelne Zuführungen abzusperren; auch können durch Auswechseln von Zuführungsscheiben abwechselnd mehr oder weniger Nägel eingetrieben werden.

Die Nagelzuführungen sind gegeneinander verstellbar und lassen sich bis auf 38 mm Entfernung zusammenschieben.

Die größte Entfernung zwischen den beiden äußeren Nagelzuführungen beträgt 555 mm.

Der Tisch ist in der Höhe verstellbar; die größte Entfernung zwischen Tisch und Nagelzuführungen beträgt 890 mm.

Hinter den Nagelzuführungen und auf dem Tisch sind Anschläge vorhanden, gegen die das Holz gelegt werden kann.

Bezeichnung	GANl
Anzahl der Nagelzuführungen	8
Kleinste verwendbare Nagellänge, normal . . . . mm	25
Größte verwendbare Nagellänge, normal . . . . mm	55
Kleinster Nagelabstand . . . . mm	38
Größte Entfernung zwischen den beiden äußeren Nagelzuführungen . . . . mm	555
Größte Entfernung zwischen den Reihen bei versetzter Nagelzuführung . . . . mm	38
Größte Entfernung zwischen den Nagelzuführungen und Tisch mm	890
Größte Ausladung des Seitenarmes . . . . mm	440
Anzahl der Zuführungen am Seitenarm	2
Fest- und Losscheibe:	
Durchmesser . . . . mm	400
Breite . . . . mm	100
Umdrehungen . . . . in der Minute	260
Erforderliche Bodenfläche . . . . mm	1000 × 1000
Größte Höhe der Maschine . . . . mm	2300
Gewicht, unverpackt . . . . etwa kg	800

Die unter Nummer 569 abgebildete Holzdrehbank QBEP ist für leichte und schwere Arbeiten geeignet, wie sie in der Modelltischlerei

Abb. 569. QBEP. Holzdrehbank mit gekröpftem Brett, äußerer Planscheibe und elektrischem Antrieb. (Gebrüder Schmaltz, Offenbach a. M.)

öfters vorkommen. Demgemäß sind alle Teile kräftig konstruiert und das Bett der Maschine gekröpft, um auch Stücke von größerem Durchmesser, wie beispielsweise Deckenrosetten oder Räder-, Flanschen- und Zylinderdeckelmodelle u. dgl., bearbeiten zu können.

526   Maschinen für Holzbearbeitungsbetriebe und Tischlereien.

Der wesentliche Vorteil dieser Neukonstruktion gegenüber den bisherigen Ausführungen von Drehbänken liegt darin, daß diese Bank ihren eigenen Antriebsmotor besitzt. Die Aufstellung wird hierdurch unabhängig von der Transmission. Die durch diese Antriebsart bedingten Riemenübertragungsverluste kommen in Fortfall. Das Umlegen des Antriebsriemen auf die verschiedenen Stufenscheiben zur Regelung der Drehgeschwindigkeit wird erspart. Die Maschine hat also keine Stufenscheiben, sondern ist mit einem im Ständer eingebauten Friktionsantrieb versehen. Mit diesem ist es dem Arbeiter möglich, vermittels eines Griffrades mit Leichtigkeit kontinuierlich und lückenlos jede benötigte Drehgeschwindigkeit einzustellen. Des weiteren gestattet eine sinnreiche Konstruktion dem Arbeiter von seinem Arbeitsplatz am Support aus den Antrieb an der Friktionsscheibe, unter gleichzeitiger Bremsung derselben, aus- und einzuschalten, ohne eine Abstellung des Motors vornehmen zu müssen.

Die Bank besteht aus dem Ständer und einem sauber abgehobelten gekröpften Bett, auf welchen der Reitstock und ein Support befestigt sind. Im Ständer läuft die stählerne, die Friktionsscheibe tragende Drehspindel in einem Kugellager. Der Kopf derselben ist konisch ausgebohrt, sowie außen mit Gewinde versehen. Derselbe dient zur Aufnahme von Körner und Dreizack, von Plan- und Mitnehmerscheiben, Bohrfuttern und ähnlichen Vorrichtungen.

Für den Fall, daß Gegenstände bearbeitet werden sollen, deren Durchmesser auch unter Benutzung der Kröpfung nicht mehr auf der Bank gedreht werden können, ist die Spindel an ihrem hinteren Ende mit Gewindekopf versehen. Hierzu wird eine zweite (mit Linksgewinde versehene) Planscheibe geliefert. An dieser werden zu bearbeitende Gegenstände aufgespannt, während ein ebenfalls mitgelieferter, säulenförmiger, auf einer verankerten Grundplatte montierter Ständer zur Befestigung des Drehbankkreuzsupports oder einer Handauflage dient. — An Stelle der Planscheibe kann auch ein Ovalwerk auf der Spindel befestigt werden.

Spitzenhöhe	Größte Drehlänge [1]	Mittlerer Kraftbedarf etwa	Maschine Nettogewicht
mm	mm	PS.	kg
315	2000	2,5	1600

Die Bank ist außerdem noch mit einem Schlitten ausgerüstet, der durch Handkurbel, Getriebe und Zahnstange auf dem Bett der Maschine verschoben werden kann, wobei er an den genau gearbeiteten Prismaleisten desselben seine Führung findet. An der oberen Fläche ist dieser Schlitten mit Aufspann-Nuten versehen, so daß man auf demselben nach Bedarf entweder den mitgelieferten, drehbaren Kreuzsupport oder

---

[1] Die Drehbänke werden auch länger oder kürzer geliefert.

Spezialmaschinen.

Abb. 570. QAE. Holzdrehbank mit eingebautem Elektromotor auf federnder Wippe. (Gebrüder Schmaltz, Offenbach a. M.)

Abb. 571. Kistennagelmaschine „Triumph" mit selbsttätiger Nagelzuführung und Nietapparat. Riemenantrieb.
(Wilh. Fredenhagen, Offenbach a. M.)

eine einfache Handauflage befestigen kann. Der Reitstock ist, wie üblich, auf dem Bett der Maschine verschiebbar und kann an jeder Stelle leicht festgestellt werden.

Die Elektroholzdrehbank QAE eignet sich für solche Betriebe, welche keine äußere Planscheibe benötigen.

Abb. 572. Kistennagelmaschine „Triumph". Direkter Antrieb durch Elektromotor.
(Wilh. Fredenhagen, Offenbach a. M.)

An der Maschine ist eine Vorrichtung angebracht, um jede gewünschte Drehgeschwindigkeit einzuschalten. Die Drehspindel ist in prima Kugellager gelagert.

Nagelmaschinen mit offenem Gestell finden in umfangreichem Maße Verwendung, da sie für die verschiedensten Zwecke geeignet sind und wohl als Universalmaschinen bezeichnet werden können. Die Maschinen eignen sich besonders für die Herstellung von großen Kisten, bei denen auf Kopfstück oder Deckel Leisten aufzunageln sind. Sie bieten gegenüber den Maschinen mit geschlossenem Gestell viele Vorteile. Die Ma-

Spezialmaschinen. 529

schinen werden je nach Wunsch für Riemenantrieb vorgerichtet oder zum direkten Aufsetzen eines Elektromotors geliefert.

Die Triumphnagelmaschinen sind auf Grund der neuesten Erfahrungen auf diesem Gebiet durchgebildet. Besondere Sorgfalt ist auf die Nagelzuführungen verwandt. Dieselben sind so gestaltet, daß niemals Nägel kippen oder gleichzeitig zwei Nägel fallen können. Die Nagelzufuhr erfolgt gleichmäßig und exakt. Jeder Nagel wird absolut gerade geführt, ein seitliches Ausweichen ist ausgeschlossen. Die Nagelrevolver, welche die Nägel führen, sind in einfacher Weise so einzustellen, daß entweder alle Nägel gleichmäßig in einer Reihe oder in sogenannter Zickzacknagelung, d. h. doppelreihig eingetrieben werden. Die beiden Reihen können dabei beliebig, und zwar bis zu 40 mm, auseinandergesetzt werden.

Abb. 573. Einige Anwendungsmöglichkeiten der Kistennagelmaschine „Triumph".
(Wilh. Fredenhagen, Offenbach a. M.)

Alle Maschinen sind mit Nietapparat versehen. Dieser dient dazu, die aus dem Holz herausragenden Nagelspitzen umzubiegen bzw. zu vernieten. Dadurch wird auch die Rückseite des Holzes glatt und erfordert kein Nacharbeiten. Bei der Herstellung von Rahmen wird der Nietapparat ausgeschaltet.

Wie aus der Tabelle ersichtlich, baut die Firma Nagelmaschinen dieser Art mit 9, 12 oder 18 Nagelzuführungen. Die größeren Modelle SN 12 und 18 werden mit zwei Nagelkästen ausgeführt. Sämtliche Nägel werden mit einem einzigen Hub eingetrieben. Jede Nagelzuführung ist einzeln für sich in einfacher Weise einschaltbar, so daß jede beliebige Anzahl von Nägeln eingestellt werden kann. Auf Wunsch werden die Maschinen mit Seitenarmen versehen. Dieser treibt gleichzeitig bis zu zwei Nägel seitlich in das Holz und ermöglicht es, in einem Hub zwei Seiten von Böden oder Deckeln zu nageln, wodurch die Arbeit sehr erheblich beschleunigt wird.

Gillrath, Holzbearbeitung. 34

Maschinen für Holzbearbeitungsbetriebe und Tischlereien.

Heben und Senken des Arbeitstisches entsprechend der zu verarbeitenden Kistengröße erfolgt bei der Maschine mechanisch. Die Bedienung der Maschine ist überaus leicht und erfordert keine Fachkenntnis. Die Maschinen können daher von angelernten Arbeitern benutzt werden. Es ist weitestgehende Einstellbarkeit für die verschiedensten vorkommenden Arbeiten gegeben. Die erforderlichen Anschläge werden nebst ausführlicher Beschreibung mit geliefert.

Die maschinelle Nagelung bietet gegenüber der Handarbeit so große Vorteile, daß die Anschaffungskosten der Maschine in kurzer Zeit durch die Lohnersparnisse ausgeglichen werden. Der Arbeiter leistet ein Vielfaches des bei Handarbeit Möglichen.

Modell	SN 9	SN 12	SN 18
Kraftbedarf . . . . etwa PS	2,5	2,5	3
Anzahl der Nagelzuführungen	9	12	18
Kleinste verwendbare Nagellänge . . . . mm	30	30	30
Größte verwendbare Nagellänge . . . . mm	65	65	65
Kleinster Nagelabstand . . . . mm	35	35	35
Größter Nagelabstand . . . . mm	760	760	1060
Größte Entfernung zwischen Nagelhaltern und Tisch in tiefster Stellung . . . . mm	750	750	750
Größte Entfernung zwischen Nagelreihen bei Zickzacknagelung . . . . mm	40	40	40
Größte Durchlaßbreite des Gestells . . . . . mm	760	760	1060
Riemenscheiben:			
Durchmesser . . . . mm	400	400	400
Breite . . . . mm	125	125	125
Umdrehungen . . . . in der Minute	240	240	240
Äußere Abmessungen der Maschinen:			
Länge . . . . etwa mm	1450	1450	1550
Breite . . . . etwa mm	1850	1850	2150
Höhe . . . . etwa mm	2450	2450	2450
Gewicht:			
Netto . . . . etwa kg	1900	2100	2400
Brutto . . . . etwa kg	2100	2400	2750

Der in Abb. 574 gezeigte „Blitz"-Astlochbohrer ist ein Werkzeug für die gesamte Holzindustrie und eignet sich ganz speziell zum Ausbohren von Astlöchern, sowie auch anderen Löchern.

Infolge seiner Konstruktion als Hohlbohrer ist derselbe geeignet, beim Ausbohren von Astlöchern gerade in Föhrenholz (Kiefernholz) die anfallenden Harz- und Spänemassen durch seinen Innenraum abzuführen. Der Bohrer besitzt auf seiner ganzen Außenfläche leicht gewölbte, messerartige Schneiden, unter welchen sich Öffnungen befinden, die Harz und Späne nach dem Innenraum des Bohrers durchlassen, um von da selbst herauszufallen. Außerdem sind am unteren Ende Zähne angebracht, so daß bei einem kleinen Ast ohne weiteres vorgebohrt oder festsitzende Äste herausgestochen werden können.

Diese Vorzüge ermöglichen das unausgesetzte Arbeiten, ohne daß ein Reinigen des Bohrers notwendig wird. Die mit „Blitz" ausgebohrten Astlöcher passen für die sich im Handel befindlichen Querholzzapfen auf das genaueste und werden so vollständig sauber (ohne jedes Aussprengen des Holzes), so daß nach dem Einsetzen des Dübels keine Fuge sichtbar ist.

Der Bohrer wird aus prima Stahlblech hergestellt und ist gehärtet. Der Kopf ist so gehalten, daß er in jede Bohrwinde eingespannt werden

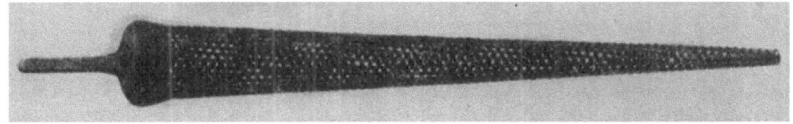

Abb. 574. „Blitz" Astlochbohrer. (Wilhelm Dosch, München.)

kann. „Blitz" kann, nachdem seine Schneiden durch jahrelangen Gebrauch stumpf geworden, immer wieder frisch geschärft werden.

R. Das Dämpfen und Biegen des Holzes.

Die Kunst des Holzbiegens ist schon seit vielen Jahrhunderten bekannt. Sie wurde besonders von Böttchern und Wagenbauern geübt, und zwar in der Weise, daß sie saftfrisches Holz an der Innenkante der beabsichtigten Krümmung über offenem Feuer erwärmten, die Außenkante des Holzes mit kaltem Wasser anfeuchteten und dann ohne weitere Hilfsmittel von Hand bogen. Bei dieser Methode konnte man nur verhältnismäßig geringe Krümmungen herstellen und mußte mit großen Bruchverlusten rechnen; man konnte es auch nicht erreichen, daß das gebogene Holz durchaus formbeständig blieb, denn diese Biegebehandlung brachte ungleiche Spannungen in das Holz, die bei späteren Temperaturschwankungen unter teilweise bedeutenden Veränderungen der gewollten Form einen Ausgleich suchten.

Seit der Mitte des vergangenen Jahrhunderts wurde diese Arbeitsweise wissenschaftlich erforscht und bearbeitet. Aus dieser Zeit stammen auch die ersten Holzbiegemaschinen, welche allerdings, an dem heutigen Stande der Technik gemessen, recht primitiv anmuten.

Auf neuzeitlichen Biegemaschinen kann man nicht nur Stäbe und Stämmchen biegen, sondern auch Furniere, Dickten, Bretter usw. Man erzielt formgenaue und formhaltbare Biegungen und hat ganz wesentlich größere Möglichkeiten in bezug auf die Holzstärke und den Biegeradius. Biegen läßt sich jedes Laubholz; auch manche Nadelhölzer und verschiedene exotische Hölzer lassen sich unter gewissen Bedingungen biegen.

Das Holz, welches gebogen werden soll, muß gesund, möglichst astfrei und von geradem Wuchs sein. Der Wuchsort des Holzes ist für die Biegefähigkeit von großer Bedeutung: im allgemeinen läßt sich an Nordhängen von Berglehnen gewachsenes Holz besser biegen als solches von den südlichen Berghängen oder aus Niederungen; auf Kalk- oder Lehmboden gewachsenes Holz weist ebenfalls meistenteils bessere Biegefähigkeit auf als Holz aus sandigem Untergrund. Feinjähriges Holz läßt sich fast immer besser biegen als grobjähriges. Nasser Boden erzeugt meistens sprödes Holz, trockener oder mäßig feuchter Boden bringt mehr zähes Holz hervor. Besonders gut biegen lassen sich junge Triebe von Hasel, Birke, Ulme, Waldrebe, Hainbuche, Esche, Eiche usw.

Der Einschnitt des Holzes soll bald nach dem Fällen stattfinden, das Holz soll also nicht längere Monate ungesägt oder an ungünstigen Lagerplätzen bleiben. Es soll nicht zu sehr ausgetrocknet sein, weil alsdann verschiedene chemische Bestandteile im Holz gewisse Veränderungen erfahren und sich durch das Dämpfen nicht mehr genügend auflockern und aufschließen lassen. Beim Einschnitt ist darauf zu achten, daß die Hölzer möglichst sauber geschnitten und rechtwinklig abgekürzt werden.

Um den grundlegenden Gedanken des Holzbiegens zu erfassen, muß man sich folgendes vor Augen halten: Jeder Holzstab, welchen man an den Enden anfaßt und biegen will, krümmt sich ein wenig und bricht alsdann an der Außenkante der Biegung ein. Das kommt daher, daß die an der Außenkante der Biegung liegende Längsfaser des Holzes sich nicht dehnen kann und infolgedessen zerreißt. Um dieses zu vermeiden, muß man die an der Innenkante liegende Holzfaser einstauchen; dann braucht sich die Außenseite nicht zu längen, zu dehnen und reißt nicht ein, bricht nicht. Zu diesem Ziele gelangt man, wenn man das in geradem Zustande befindliche Holz zwischen zwei starke Winkel legt, welche durch ein biegsames Stahlband verbunden sind, und alsdann biegt. Die Außenkante wird sich nun nicht dehnen können, weil die Winkel sie daran hindern, und die Innenkante wird durch die Winkel gezwungen, sich einzustauchen.

In ursprünglichem Zustande läßt sich das Holz nun allerdings nicht stauchen; es muß hierfür durch Dampf und Hitze von etwa 105—115° erweicht werden. Das Kochen des Holzes empfiehlt sich nicht, weil das Holz dabei sich zu sehr voll Wasser saugt und infolgedessen leichter bricht und langsamer trocknet. Neuzeitliche Holzbiegereien erweichen das Holz daher ausschließlich durch Dampf. Hohen Dampfdruckes bedarf es nicht, um das Holz biegefähig zu machen, denn schon 1 Atm. Überdruck ergibt 119° C, und bei 140° liegt bereits die höchste Grenze vor dem Verbrennen des Materials; bei dieser Temperatur färbt sich das Holz braun und wird mürbe. Mit einem Dampfdruck von $1/2$ bis

1 Atm. Überdruck erreicht man genügende Aufschließung der Holzfasern, ohne befürchten zu müssen, daß wichtige Bestandteile des Holzes verloren oder verdorben werden. Die Dauer der Dämpfung richtet sich nach der Art und der Stärke des Holzes und nach dem Dampfdruck; Normalien lassen sich nicht aufstellen, die Erfahrung spielt hierbei die maßgebende Rolle.

Eine gute Dämpfanlage besteht aus dem Kessel, in welchem der Dampf erzeugt wird, und dem Dämpfer, in welchem das Holz gedämpft wird. Man wird verlangen, daß der Kessel recht schnell genügend Dampf erzeugt und daß der Dampf nicht zu hohe Spannung hat. Außerdem sollte der Kessel keine besondere Bedienung erfordern, explosionssicher sein und mit Holzabfällen beheizt werden können. Wenn Abdampf aus Antriebsmaschinen oder ähnlicher Dampfquelle zur Verfügung steht, dann kann man diesen benutzen und auf die Aufstellung des besonderen Kessels verzichten. Etwa zu hohe Dampfspannung wird durch ein Reduzierventil auf den zulässigen Druck zurückgeführt.

Der Dämpfer soll das Holz allseitig vom Dampf umspülen lassen, soll vermeiden, daß Saft- und Kondenswasser wieder in das Holz eintritt, er soll eine zuverlässige Überwachung der Dämpfdauer ermöglichen und recht wenig Dampf ausströmen lassen, damit der Arbeiter nicht belästigt wird.

Das Holz wird sofort aus dem Dämpfer heraus gebogen, bevor es erkaltet und dadurch wieder ungeeignet wird zum Biegen. Dämpfer und Biegemaschine müssen also dicht nebeneinander stehen. Man spannt das Holz in eine Biegeschiene zwischen die beiden Winkel, wie solche vorher beschrieben wurden, legt es in die Maschine und läßt es von dieser um eine Form von den gewünschten Abmessungen herumdrücken. Nach beendeter Biegung wird das Holz mit Klammern an der Form befestigt, damit es während des nun folgenden Trockenprozesses formgenau gehalten ist, und so aus der Biegemaschine genommen, um es im Trockenraum trocknen und erhärten zu lassen. Nimmt man nach beendeter Trocknung die Biegeschiene und die Klammern ab und entfernt die Form, dann bleibt das Holz in der gebogenen Form bestehen, weil die durch den Dampf aufgeschlossenen Bestandteile nun in der neuen Form erhärtet sind.

Wenn die Form, über welcher das Holz gebogen wird, erhitzt werden kann, dann ist das in sehr vielen Fällen angenehm. Hiervon wird man z. B. in der Fabrikation von Spazierstöcken, Möbelteilen oder Kleiderbügeln, Gebrauch machen, weil das gebogene Holz durch die Hitze der Form an der Innenkante gewissermaßen abgetötet wird und sich nicht wieder verwerfen kann, und weil die Wärme der erhitzten Form den Trockenprozeß beschleunigt. Für Hölzer, bei denen man auf ganz besondere Elastizität sieht, wie z. B. bei Tennisschlägern oder Rodelkufen, wird man von der Erhitzung der Form Abstand nehmen, um sicher zu vermeiden, daß bei etwa zu großer Erhitzung der Form das Holz einbrennt und spröde wird. Für andere Zwecke, besonders für größere Modelle in der Möbelfabrikation, dem Mühlenbau, dem Wagenbau usw., macht man die Form nicht aus Eisen, sondern aus Holz und bezieht sie der besseren Haltbarkeit wegen mit Eisenblech. Bei diesen Formen kommt natürlich ein Erhitzen nicht in Frage.

Die Vervollkommnung der Holzbiegemaschinen hat in den letzten Jahren so bedeutende Fortschritte gemacht, daß allmählich auch diejenigen Betriebe zur Biegerei übergehen, welche bislang dieser Arbeitsweise ablehnend gegenüberstanden.

Die Vorteile, welche formgerecht gebogenes Holz bietet gegenüber dem formgerecht zugeschnittenen Holz, sind in der Tat bedeutend; sie liegen vor allen Dingen auf folgenden Gebieten:

Der Zuschnitt ist einfacher und sparsamer, weil das Anreißen und Ausschneiden von Formen fast vollkommen fortfällt und fast kein Abfall entsteht.

Die Haltbarkeit und Elastizität des gebogenen Arbeitsstückes ist ganz wesentlich größer als die des geschnittenen Stückes, weil die natürliche Struktur des Holzes nicht durchschnitten wird.

Die Weiterbearbeitung und Polierfähigkeit ist aus dem gleichen Grunde leichter und angenehmer und das Aussehen des fertigen Stückes ist schöner und sauberer.

Der Dämpfer besteht, wie Abb. 575 zeigt, aus einem zylindrischen Mantel von starkem Kesselblech. In demselben befindet sich eine drehbare Trommel mit sternförmig angeordneten Längsfächern. In der Stirnwand des Dämpfers ist eine durch Klappe verschließbare Öffnung von der Größe eines Längsfaches. Zum Arbeiten wird bei geöffnetem Dampfventil das vor der Öffnung stehende Trommelfach gefüllt, die Trommel dann mittels des außen sichtbaren Hebels um ein Fach herumgedrückt, das dann vor die Öffnung kommende Fach gefüllt und so fort, bis alle Fächer gefüllt sind. Ist das letzte Fach gefüllt, dann

Abb. 575. Holzdämpfer für 1 Atm. Überdruck.
(Maschinenfabrik „Agra" F. & E. Lampe, Coswig i. Sa.)

Das Dämpfen und Biegen des Holzes. 535

ist der Inhalt des erstgefüllten Faches biegefertig gedämpft. Es kann also an dem Dämpfer ununterbrochen gearbeitet werden.

Der Dämpfer wird in verschiedenen Längen, Durchmessern und Fächereinteilungen gearbeitet, je nach Stärke und Länge der zu biegenden Hölzer.

Der Dämpfer wird betriebsfertig geliefert mit Untergestell, wie Abbildung, oder mit angeschweißtem Wasserschiff und vollständiger Feuerungsgarnitur zur direkten Beheizung.

Die Maschine „Sedi" eignet sich zum Biegen von allen nach einer Seite offenen Formen, wie Stuhlsitze, Stuhllehnen, Kummethölzer, Halbbügel usw. Sie kann auch einseitig, für Schlitterkufen usw., verwendet werden.

Abb. 576. Holzbiegemaschine „Sedi".
(Maschinenfabrik „Agra" F. & E. Lampe, Coswig i. Sa.)

Das zu biegende Holz sollte in der Stärke 40—50 mm, in der Breite etwa 120 mm nicht überschreiten.

Abb. 577. Holzbiegemaschine „Pedi".
(Maschinenfabrik „Agra" F. & E. Lampe, Coswig i. Sa.)

536   Maschinen für Holzbearbeitungsbetriebe und Tischlereien.

Zum Biegen wird das gedämpfte und in die Biegeschiene eingespannte Holz an die Form gelegt und mit dem Handrad festgeschraubt. Alsdann zieht man vermittels der Ketten das Holz um die Form, setzt nach vollendeter Biegung die Halteklammern auf, entfernt das obere Sperrstück und nimmt das Holz mit der Form zusammen aus der Maschine zum Trocknen.

Die Maschine ist mit starkem Schneckenantrieb und bester Federstahlschiene ausgerüstet und zeichnet sich durch ruhigen, leichten Gang

Abb. 578. Holzbiegemaschine „Dobri".
(Maschinenfabrik „Agra" F. & E. Lampe, Coswig i. Sa.)

aus. Sie wird unter dem Namen „Sedi" für Handantrieb und — für schnellere Leistung — unter dem Namen „Sedofor" für Kraftantrieb, mit Los- und Festscheibe und Ausrücker geliefert.

Kraftbedarf	etwa PS	—	2
Tourenzahl	etwa	—	200
Reingewicht	etwa kg	410	530

Die Holzbiegemaschine „Pedi" eignet sich zum Biegen von Stuhlfüßen, Schaufelstielen usw. Sie wird auf beiden Seiten mit Holz bespannt und hat daher große Leistungsfähigkeit bei geringem Raumbedarf.

Das Dämpfen und Biegen des Holzes. 537

Zum Arbeiten werden die gedämpften Hölzer in die Biegeschienen eingespannt und durch die oberen Spannschrauben mit dem Schlüssel festgezogen. Alsdann drückt man die Biegeschienen mit dem Holz gegen die Kesselwandung und hakt die Kralle ein, welche nun das Holz beim Trocknen in dieser Lage festhält. Nach etwa 1½ bis 2 Stunden kann das Holz abgenommen und der Kessel neu bespannt werden.

Anzahl der Biegemaschinen	40	80
Länge der Maschine . . . . etwa mm	1000	2000
Breite der Maschine . . . . etwa mm	900	900
Reingewicht . . . . etwa kg	450	860

Abb. 579. Holzbiegemaschine „Carrun" für Holzstärken bis 90 × 200 mm. (Maschinenfabrik „Agra" F. & E. Lampe, Coswig i. Sa.)

Die Holzbiegemaschine „Dobri", Abb. 578, eignet sich zum Biegen von starken Halbbügeln für Stühle, Sessel, Radfelgen, für den Wagen-, Waggon- und Bootsbau usw. Sie kann auch einseitig beansprucht werden für Schlittenkufen, Hockeyschläger usw.

Zum Biegen wird das gedämpfte Holz in die Biegeschiene gelegt, Handrad und Spannbolzen angezogen und der Antrieb eingerückt. Die Maschine drückt dann das Holz fest um die Form herum. Nach vollendeter Biegung setzt man die Halteklammern auf und nimmt das Holz mit dem oberen Sperrstück aus der Maschine zum Trocknen. Der

538 Maschinen für Holzbearbeitungsbetriebe und Tischlereien.

Rückgang der Biegebalken erfolgt beschleunigt mittels der kleineren Riemscheiben. Die Maschine zeichnet sich durch ruhigen Gang und bruchfreie Arbeitsleistung aus. Sie wird in zwei Größen hergestellt, je nach Holzabmessung.

Holzabmessung . . . . bis etwa mm	60 × 200	75 × 200
Kraftbedarf . . . . etwa PS	2—3	3—4
Tourenzahl . . . . . . in der Minute	100	100
Reingewicht . . . . etwa kg	580	700

S. Maschinen für Brennholz-Zerkleinerung.

Die patentierte Holzspaltmaschine arbeitet, wie aus Abb. 580 ersichtlich, vollständig automatisch. Der die Maschine bedienende Arbeiter braucht nur die auf der Brennholzsäge abgelängten Rundhölzer auf das Kettentransportband zu setzen, worauf die Hölzer durch das

Abb. 580. Automatisch arbeitende Holzspaltmaschine mit Kettentransport.
(H. Sorge, Vieselbach, Thür.)

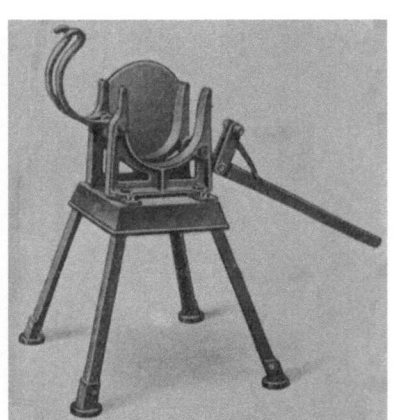

Abb. 581. Hebelpresse für Brennholzbündel.

Transportband der doppelseitig arbeitenden Spaltmaschine zugeführt werden. Durch die patentierte Anordnung des Spaltbeiles wird das Rundholz selbsttätig in ofenfertiges Kleinholz gespalten und weiter transportiert, um an die Hebelpresse (Abb. 581) gebündelt und mit Draht gebunden zu werden.

Die Brennholzspaltmaschine „Stuttgart" (Abb. 582) besitzt zur Aufnahme des Rund- und Scheitholzes einen beweglichen Tisch, der vom Arbeiter durch Handgriff gegen das rotierende Kreissägeblatt geführt wird. Sämtliche gefährlichen Stellen sind an der Kreissäge durch

Schutzvorrichtungen geschützt, so daß die Bedienung fast gefahrlos ist. Das auf der Säge von Länge geschnittene Holz kann bei dieser Maschine gleich zu ofenfertigem Brennholz gespalten werden.

Der Spaltmaschinentisch ist verstellbar.

Abb. 582. Brennholzspaltmaschine „Stuttgart", kombiniert mit Kreissäge. (H. Sorge, Vieselbach, Thür.).

VIII. Holzpflege.

Die sachgemäße Behandlung der Nutzhölzer von der Lieferung bis zur Verarbeitung in der Tischlerei spielt in Tischlereigroßbetrieben eine große Rolle und eine nicht sachgemäße Behandlung kann große Verluste verursachen.

Bei der Anlage eines Holzlagerplatzes und Lagerschuppens ist vor allem zu beachten, daß eine hohe luftige Stelle gewählt wird und der Wind sämtliche Holzstapel auf der ganzen Länge und Breite bestreichen kann.

Um die Abladung der ankommenden Hölzer rationell zu gestalten, wähle man nach Möglichkeit Doppelschuppen mit Gleisanschluß nach

Abb. 583 und 584. Der linksseitige untere Lagerschuppen a dient zum Lagern von stärkeren Brettern und leichten Bohlen bis zu 6,5 m Länge, die beiden oberen Etagen b und e dahingegen zum Lagern von dünnen Brettern von 4 bis 6,5 m Länge und können die Hölzer direkt vom Waggon in die Schuppen a, b und e entladen werden.

Die rechtsseitige Lagerstelle c dient zum Lagern von starken, schweren Bohlen bis 8 m Länge; dieselben können mittels fahrbaren elektrischen Kranes d und Greifzange direkt vom Waggon durch zwei bis drei Arbeiter entladen und gestapelt werden.

Der Lagerschuppen nach Abb. 584 ist ohne elektrischen Laufkran ausgeführt und eignet sich für solche Betriebe, wo wenig schwere Bohlen verarbeitet werden. Die beiden unteren Lagerstellen dienen zum Einlagern von 8 m langen Brettern und Bohlen, die beiden oberen Etagen von leichten Brettern bis zu 6 m Länge. Die Hölzer

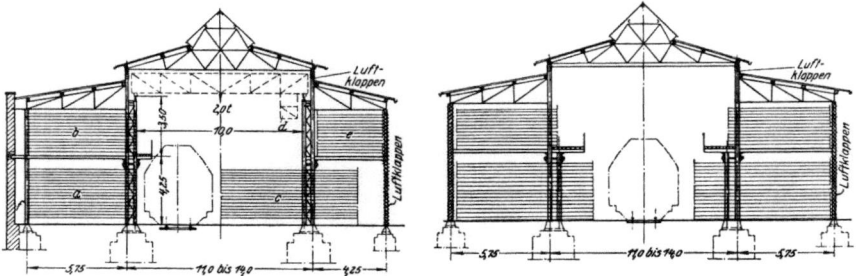

Abb. 583 und 584. Holzlagerschuppen.

können, wie schon oben erwähnt, bei diesem Schuppen ebenfalls mit den niedrigsten Unkosten direkt vom Waggon an die Lagerstelle gelangen.

Beim Bau von Holzlagerschuppen ist unbedingt erforderlich und zu beachten, daß der Wind sämtliche Holzstapel bestreichen kann. Es ist deshalb Sorge zu tragen, daß die Luft an möglichst vielen Stellen Zutritt hat, was, um im Winter den Schneezutritt zu vermeiden, durch jalousieartige Öffnungen geschehen kann.

Ist man beim Bau eines Holzlagerschuppens gezwungen, denselben an der Brandmauer eines Nachbargrundstücks hochzuführen, so beachte man, daß derselbe nicht direkt an der Brandmauer hochgeführt wird, sondern schaffe, wie bei Abb. 583 einen Luftschacht von ca. 1 m Breite. Ebenfalls sorge man dafür, daß zwischen Außenwand und Holzstapel ein Zwischenraum von möglichst nicht unter 60 cm bleibt.

A. Holz-Verlade- und Stapelvorrichtungen.

Um das Verladen und Stapeln von Bohlen, Brettern u. dgl. auf großen Sägewerken und Holzlagerplätzen mit möglichst niedrigen Unkosten durchzuführen, verwendet man in Amerika und den nordischen

Ländern schon seit langen Jahren mechanische Transport- und Verladevorrichtungen, wodurch die Betriebskosten bedeutend vermindert und den Arbeitern die schwere körperliche Arbeit erleichtert wird. Selbstverständlich eignen sich diese Vorrichtungen nur für größere Betriebe, welche in der Lage sind, dieselben voll auszunutzen.

Bei richtiger Anwendungsweise lassen sich durch mechanische Transport- und Verladevorrichtungen in größeren Säge- und Hobelwerken erhebliche Lohnersparnisse erzielen. Das Verladen von Hobeldielen von einer mit 30—90 m/min Vorschub arbeitenden vierseitigen Schwedenhobelmaschine direkt im Waggon, erfolgt z. B. bei Verwendung neuzeitlicher Transportvorrichtungen durch einen bis höchstens zwei Arbeiter.

Abb. 585 zeigt eine elektrisch angetriebene Verlademaschine beim Verladen von Eisenbahnschwellen im Waggon.

Abb. 586 zeigt die Maschine in voller Tätigkeit

Abb. 585. Elektrische Verlademaschine für Schwellen, Bohlen, Bretter, Gruben- und Papierholz.
(Jul. Wolff & Co., G.m.b.H., Heilbronn a. N.)

Abb. 586. Elektrische Stapelmaschine zum Stapeln und Verladen vom Stapel für Bohlen, Bretter, Gruben- und Papierholz. (Jul. Wolff & Co., G.m.b.H., Heilbronn a. N.)

beim Stapeln von Brettern auf dem Holzlagerplatz. Die Maschine findet da vorteilhaft Verwendung, wo man infolge Platzmangels gezwungen ist, abnorm hohe Bretterstapel auf Holzlagerplätzen zu unterhalten.

B. Behandlung der Hölzer vom Einschnitt bis zur Verarbeitung.

Weichhölzer, das sind Kiefern, Fichten und Tannen, werden sowohl in der Beschaffenheit als auch in der Blockstärke nach Klassen gehandelt.

Die 1. Klasse enthält Blöcke über   2 fm Inhalt
,, 2. ,,   ,,   ,,   ,, 1,01 bis 2 ,,   ,,
,, 3. ,,   ,,   ,,   ,, 0,51 ,, 1 ,,   ,,
,, 4. ,,   ,,   ,,   bis 0,50   ,,   ,,

Die Ansichten über die Qualität des Holzes sind selbst unter Fachleuten grundverschieden, denn was der eine Holzhändler an Qualität unter 1. Klasse versteht, betrachtet der andere unter 2. Klasse. Man kann im allgemeinen annehmen, daß beim Kauf von geschlossenen Blöcken in Kiefern 1. Klasse, frei von 3. Klasse, 60 % Bretter resp. Bohlen enthalten sein müssen, welche mindestens bis zur Hälfte der Länge astrein sind.

Harthölzer, wie Buche, Eiche, Esche, Rüster, Ahorn u. dgl., werden in der Blockstärke ebenfalls nach Klassen gehandelt:

Die 1. Klasse enthält Blöcke von 60 cm Durchmesser an aufwärts
,, 2. ,,   ,,   ,,   ,, 50 bis 59 cm ,,
,, 3. ,,   ,,   ,,   ,, 40 ,, 49 ,,   ,,
,, 4. ,,   ,,   ,,   ,, 30 ,, 39 ,,   ,,
,, 5. ,,   ,,   ,,   unter 30 ,,   ,,

Die Qualitätsbestimmung erfolgt durch die Bezeichnung A und B. Unter A-Blöcken sind äußerlich ast- und beulenfreie Blöcke zu verstehen.

Eine der empfindlichsten Holzarten, welche eine ganz besonders sorgfältige Pflege erfordert, ist die Rot- und Weißbuche und dieses Holz ist nur in den seltensten Fällen beim Holzhändler in einer wirklich einwandfreien nichtstockigen Qualität zu erhalten.

Wegen seiner großen Härte findet Rotbuche vor allem Verwendung in den landwirtschaftlichen Maschinenfabriken, in Mühlenbauanstalten, zu Maschinengestellen, in Stuhlfabriken sowie im Lastwagenbau. Außerdem ist Rotbuchenholz mit Vorteil zu Wasserbauten zu verwenden, insofern dasselbe stets naß bleibt. Ich selbst hatte öfter Gelegenheit, zu beobachten, daß bei alten oberschlächtigen Wasserrädern, bei welchen die Arme aus Eichen- und die Felgen aus Rotbuchenholz angefertigt waren, die ersteren ganz abgenutzt, dahingegen die Rotbuchenfelgen noch tadellos erhalten waren.

Um ein einwandfreies Rotbuchenschnittmaterial zu erhalten, empfehle ich allen größeren Tischlereibetrieben, welche Wert auf nicht angestocktes Holz legen, Rotbuchenbohlen nur frischeingeschnitten zu kaufen und unbedingt zu verlangen, daß die Blöcke in den

Monaten November bis Dezember gefällt und spätestens bis Mitte Mai alles auf Stapel steht.

Wenn irgend möglich, soll der Einschnitt in den Wintermonaten erfolgen, damit ein langsames Austrocknen der gestapelten Blöcke auf luftigen Plätzen unter freiem Himmel im Winter und zeitigem Frühjahr oder noch besser unter einem offenen gedeckten Holzschuppen erfolgen kann, denn solches ist in späteren Monaten mit kräftigem Sonnenschein nur nachteilig.

Nachdem die vorbezeichnete natürliche Pflege erfolgt ist, darf nicht angenommen werden, daß damit das Holz nun schon für eine Verarbeitung genügt, nein, es wird nun erst eine sorgfältige Stapelung in einem geeigneten, überdachten Schuppen mit starkem Luftzug nötig. Neben einem verhältnismäßig großen Wassergehalt befinden sich im frischen Rotbuchenholz auch noch die bekannten Säuren, welche beide einen Gärungsprozeß dann veranlassen, wenn zu dessen Beseitigung bzw. Verhütung nicht eine genügende Luftzirkulation im Schuppen stetig in Tätigkeit ist; aber um letztere vorteilhaft auszunützen, müssen die Bohlen sehr luftig gestapelt sein und das Volumen des vorhandenen Holzes muß daher dem Luftraum im Schuppen angepaßt sein, um dadurch eine möglichst große Verdunstmöglichkeit zu erreichen.

Die vorbezeichneten Manipulationen müssen sich annähernd auf 3 bis 4 Monate im Winter und Frühjahr nach dem Einschnitt im Freien und daraufhin noch auf eine 12—24 monatige luftige Stapelung, je nach Bohlenstärke, im Trockenschuppen erstrecken; geschieht solches nicht, so bilden sich an den Bohlen ätzende Pilze, welche Stockflecken erzeugen und dadurch wertvolle Nutzhölzer für bessere Werkstücke unbrauchbar machen.

Leider gibt es unzählige Sägewerke und Großholzhandlungen, welche obiges nicht beachten, sieht man doch, daß im Winter gefällte Rotbuchen noch am darauffolgenden Sommer im Walde liegen und erst nach einem Jahre zum Einschnitt kommen. Die Folge davon ist, daß das Holz schon im Stamm, d. h. vor dem Einschnitt verstockt. Für Betriebe, welche gezwungen sind, prima Rotbuchenbretter und Bohlen in größeren Breiten rißfrei zu verarbeiten, kommt nur gedämpfte Buche in Frage. Das Dämpfen hat auf dem Sägemarkt sofort nach dem Einschnitt zu erfolgen und die Bretter oder Bohlen müssen, um Risse zu vermeiden, anschließend in einer modernen Trockenanlage zuerst mit Feuchtluft und hierauf mit Warmluft getrocknet werden, worauf die Hölzer verarbeitet werden können, ohne befürchten zu müssen, daß sich dieselben werfen oder rissig werden.

Die Dauer des Trockenprozesses richtet sich nach der Holzstärke und dem System der Trockenanlage und man kann im allgemeinen mit einer 10—20 tägigen Trockenzeit rechnen.

Ich hatte öfters Gelegenheit, auf Sägewerken zu beobachten, daß frischeingeschnittene Rotbuchenbohlen nach dem Einschnitt 2 bis 3 Monate ungestapelt aufeinanderlagen; das Holz muß bei einer solchen Behandlung verderben.

Es ist unbedingt erforderlich, daß Rotbuchenbohlen bei natürlicher Trocknung sofort nach dem Einschnitt von Sägespänen gesäubert und mit 40 mm starken Stapelhölzern an einer luftigen Stelle mit genügenden Zwischenräumen gestapelt werden. Noch besser ist selbstverständlich, wenn das Holz nach dem Einschneiden gedämpft wird, da dieses die natürliche Trocknung beschleunigt.

In der Qualität fällt Rotbuche sehr verschieden aus, es gibt Rotbuchenwälder, in denen Stämme wachsen, welche auch nach dem Trocknen durchweg noch eine weiße Farbe und hellen Kern haben, dahingegen liefern andere Gegenden wieder Stämme mit großem, dunkelbraunem Kern und nur ca. 10 cm breitem, hellem Splint. Das letztere Holz ist für Betriebe, welche naturlackierte Arbeiten liefern, wie Mühlenbauanstalten u. dgl., ungeeignet. Die Behandlung der übrigen Holzarten hat mehr oder weniger wie bei Rotbuchen zu erfolgen.

Die zweite Holzart, welche eine sorgfältige Pflege verlangt und in großen Mengen verarbeitet wird, ist Kiefernholz. Man unterscheidet Bork und Wasserholz. Unter Borkware versteht man Kieferstämme, welche im Spätherbst und Winter gefällt und gleich darauf eingeschnitten sind, wohingegen Wasserholz nach dem Fällen bis zum Einschnitt vollständig unter fließendem Wasser liegenbleibt.

Die beste Kiefer ist die ostpreußische aus dem Johannisburger Forst, aus welcher fast stets Borkware erzeugt wird. Aus polnischer Kiefer dahingegen fast nur Wasserholz. Borkholz, Winterfällung, das, um der Gefahr des Verblauens vorzubeugen, bis spätestens Anfang März eingeschnitten werden muß, enthält bei der Fällung bis 45 Gewichtsprozente Feuchtigkeit.

Wasserholz, Winterfällung, das durch die Flößung gewöhnlich verspätet zur Mühle kommt und in einem rationellen Betrieb daher erst im Herbst eingeschnitten wird, weil es, wenn es im Hochsommer geschnitten, der Gefahr des Verblauens ausgesetzt ist, hat durch die Lagerung im Wasser den größten Teil der Eiweiß- sowie Gerbstoffe bis auf einen ganz geringen Prozentsatz verloren. Daher trocknet es an sich leichter, trotzdem seine Feuchtigkeit beim Einschnitt natürlich noch größer ist als die Feuchtigkeit frischgefällten Borkholzes. Borkholz muß, wenn es geschnitten ist, sofort gestapelt werden, und zwar müssen, je stärker die Bohlen sind, um so stärker die Zwischenlager genommen werden. Man legt den Stapelplatz auf dem Sägewerk für das im Spätwinter zum Einschnitt kommende Kiefernholz nach Möglichkeit dahin, wo es vor allzu scharfem Winde etwas geschützt ist, damit das Holz im Frühjahr nicht reißt. Das Trocknen erfolgt durch allmähliches Entweichen der Feuchtigkeit, und zwar beginnt dieses in der äußeren Holzschicht. Wenn die Bretter bzw. Bohlen von außen sehr schnell trocknen, d. h. bei zu hoher Temperatur und starkem Luftzug, dann wird der äußeren Schicht die Feuchtigkeit zu schnell entzogen, die Oberfläche verhärtet sich, die innen eingeschlossene Feuchtigkeit hat dadurch keinen Ausweg zum Verdunsten und sprengt daher die äußere Schicht. Die so entstandenen Risse werden meistens Windrisse genannt.

Das zu schnelle Trocknen von verspätet eingeschnittenem Kiefernholz zieht in den meisten Fällen Verblauen nach sich. Es kann nämlich vorkommen, daß äußerlich vollständig blankes Schnittmaterial einige Millimeter unter der Schnittfläche total verblaut ist und infolgedessen zu naturlackierten Arbeiten keine Verwendung finden kann. Dieses ist auf eine nicht sachgemäße Behandlung des Holzes zurückzuführen.

Die Haltbarkeit des Holzes dahingegen leidet durch Verblauen nicht. Das Verblauen hat nichts zu tun mit Selbstzersetzung der Säfte, Oxydation, Ersticken u. dgl., sondern die blaue Farbe wird durch den Blaupilz hervorgerufen. Sie ist etwas ganz anderes als die auf den äußersten Schichten von Holz, das längere Zeit im Freien gelegen hat, meist zu beobachtende bläulich-graue Farbe. Diese stammt nur von dem Ruß und eisenhaltigen Teilen der Luft und läßt sich gewöhnlich durch einen Hobelstrich gut entfernen.

Die Bläue dahingegen dringt meistens tief in das Innere. Unerwartet ist sie nur dann, wenn man bei einer äußerlich erstklassigen blanken Ware die Bläue erst in gewisser Tiefe unter den oberen Schichten antrifft. Diejenigen, die vermuten, daß die Trocknungsweise des Holzes hiermit im Zusammenhange steht, haben zweifellos recht. Die Aufklärung gibt uns die Lebensweise der Pilze. Wir müssen annehmen, daß auf fast allen Holzplätzen die Keime der Blaupilze vorhanden sind und in der Luft herumfliegen. Aber ebensowenig wie auf dem trockenen Acker unter Sonnenbrand oder unter Eis und Schnee das Samenkorn auskeimen kann, so wenig kann es der Blaupilz auf dem Holze, dazu muß Feuchtigkeit und Wärme vorhanden sein.

Schwüle, feuchte Gewittertage, wie sie im Mai und Juni häufig vorkommen, bieten die besten Lebens- und Entwicklungsbedingungen für den Blaupilz und aus diesem Grunde muß die Verladung unterbleiben, da andernfalls die beste blanke Ware auf einem längeren Bahntransport verblaut, wenn dieselbe nicht vollständig trocken ist.

Nehmen wir nun an, daß Kiefernholz frisch geschnitten ist und in solcher Witterung vom Blaupilz befallen wird. Dieser hat die Eigentümlichkeit, außerordentlich schnell durch die feinen Kanäle des Holzes weiterzuwuchern. Er unterscheidet sich dadurch von den bekannten holzzerstörenden Pilzen (Hausschwamm), da diese die Zellenwände des Holzes selbst befallen und infolgedessen viel langsamer fortschreiten.

Die Pilzfäden des Blaupilzes selbst sind fast farblos, die Färbung wird zum großen Teil durch besondere Lichtbrechungserscheinungen bewirkt. Ihre Beseitigung durch chemische Mittel ist praktisch kaum durchführbar, jedoch ist das Verblauen von frischer Ware durch Behandlung mit dem Blauschutzmittel „Fungimors" (D. R. P.) durch Streich- oder Tauchverfahren sicher zu verhüten, insofern die Anwendung richtig erfolgt.

Wenn nun der Pilz ein frisches Stück Holz befällt und die ersten Fäden in die Tiefe gesenkt hat, das Holz unmittelbar darauf einer scharfen Trocknung ausgesetzt ist, so ist es klar, daß an den oberen Schichten des Holzes, soweit die Einwirkung der Trocknung reicht, das Pilzwachstum aufhören muß.

Wenn dieses nun so gering war, daß noch keine Farbenwirkung, wenigstens keine dem Auge sichtbare, bewirkt wurde, so ist es sehr verständlich, daß dieses Holz äußerlich einen tadellosen, blanken Eindruck macht. Wenn aber der Trocknungsprozeß nicht so geleitet wird, daß die Trocknung gleichmäßig und verhältnismäßig schnell durch das ganze Holz weiterschreitet, das Holz vielmehr an der oberen Schicht so scharf getrocknet ist, daß die Feuchtigkeit aus dem Innern nicht gut entweichen kann, so hat der Pilz im Innern vollständig seine Lebensbedingungen behalten und er wird millimeterweise unter der Oberfläche sich ungestört weiter ausbreiten.

Die Ursache kann in diesem Falle entweder ein zu scharfes, kurzes Trocknen sein, wodurch die Oberfläche gewissermaßen gefärbt wird, oder aber ein zu kurzes Trocknen, das nur die Weiterentwicklung des Pilzes in den oberen Schichten verhindert. Das Verblauen des Holzes kann außerdem durch eine zu frühzeitige Einschoberung im Holzlagerschuppen ohne Stapelung hervorgerufen werden, oder aber es wird erstklassiges Material, welches auf der Bahnfahrt naß geworden ist, umgestapelt in einen dumpfen Lagerschuppen gebracht. Derjenige, welcher gezwungen ist, in seinem Betriebe viel Kiefernholz zu naturlackierten Arbeiten zu verwenden, weiß zu beurteilen, wie schwierig es, speziell nach dem Kriege, geworden ist, blankes Material zu beschaffen, und ich bin zu der Überzeugung gekommen, daß die in Trockenkammern künstlich getrockneten und gegen Verblauen behandelten amerikanischen Kiefernarten, wie Texas-Carolina-pine bzw. Shortleaf-pine und Red-pine, für solche Arbeiten der Vorzug zu geben ist. Man erspart beim Verarbeiten von amerikanischer Kiefer zu naturlackierten Arbeiten viel Ärger und Verdruß, da dieselbe, parallel besäumt, in fast ast- und blaufreier Qualität geliefert wird, und dieselbe stellt sich unter Berücksichtigung vorstehender Eigenschaften und des geringen Verschnitts billiger als gute Johannisburger Kiefer.

Außer den vorgenannten amerikanischen Kieferarten, welche ca. 90 % astrein und blaufrei gehandelt werden, ist noch Pitch-pine, auch Longleaf-Yellow-Pine genannt, zu erwähnen, welches jedoch meistens in Balken und Bohlen gehandelt wird. Pitch-pine wird ohne Splint, Longleaf-Yellow-Pine dahingegen mit Splint gehandelt. Red-pine wird hauptsächlich von den Alabama- und Florida-Häfen eingeführt und ist nichts anderes als Seitenholz von Longleaf-Yellow-Pine, welches meist bei der Produzierung von gesägten Balken entsteht.

Pitch-pine, Longleaf-Yellow-Pine, auch kurz Yellow-pine genannt, sowie Red-pine sind alle drei Produkte eines und desselben Baumes und nicht, wie mancher Händler heute noch glaubt, drei verschiedene Arten oder gar Gattungen von Pine, sondern im Grunde genommen nur Qualitätsbezeichnungen.

Shortleaf-pine ist eine Kiefer mit kurzen Nadeln und kommt an Aussehen wohl der ostpreußischen Johannisburger Kiefer am nächsten, denn sie ist von schöner heller Farbe und wird in der besten Qualität aus Texas unter dem Namen Carolina-pine garantiert einseitig astrein, blank und ohne Harzstellen geliefert.

Aus den Wäldern von Oregon wird ein Weichholz in astreiner, blanker Qualität in unheimlich großen Bohlendimensionen unter dem Namen Oregon-pine geliefert. Unter den in Hamburg ankommenden Partien befinden sich parallelbesäumte Bohlen von 12 m Länge, 650 mm Breite und 135 mm Stärke, ohne auch nur einen einzigen Ast aufzuweisen. Oregon-pine ist keine Kiefer, sondern eine Tannenart, ist weich, grobadrig und hat eine noch etwas dunklere, ins Rötliche schimmernde Farbe wie Red-pine. Der einzige Fehler bei diesem Holze ist, daß es weich und zum Teil mit Luftrissen versehen ist.

Jedenfalls ist Red-pine und Oregon-pine das billigste und minderwertigste amerikanische Kiefern- bzw. Tannenholz.

Über die drei in Deutschland hauptsächlich zur Verarbeitung kommenden Kiefernarten, wie:

Ostpreußisches Borkholz,
Polnisches Wasserholz und
Amerikanische Kiefer,

ist noch folgendes zu bemerken:

Ostpreußisches Borkholz hat, falls gut behandelt, eine schöne, helle Farbe und hält, wo es auf Bruch und Festigkeit ankommt, etwa 30 % mehr aus als Wasserholz.

Polnisches Wasserholz ist meistens nicht so feinjährig und hell wie ostpreußisches Borkholz, ist jedoch leichter zu behandeln, da wie schon erwähnt durch die Lagerung im Wasser das Eiweiß und der Gerbstoff zum größten Teil ausgelaugt sind. Die Poren dieses Holzes sind dadurch ausgeweitet und können sich nicht so leicht schließen, so daß die nachdringende Feuchtigkeit immer noch Durchlaß findet. Dieses Holz ist, wie es in Fachkreisen benannt wird, ,,tot" und arbeitet nicht oder doch nur noch sehr wenig, d. h. es dehnt sich und wirft sich fast nicht und wird daher von den Tischlern mit Vorliebe zu Furnierzwecken verwandt.

Amerikanische Kiefer ist stets parallel besäumt, mindestens 90% astrein, hart, spröde und teilweise mit Harzstellen versehen.

Als letzte Holzart, welche in großen Mengen in Leistenfabriken, Modelltischlereien und Mühlenbauanstalten Verwendung findet, ist Erle zu erwähnen.

Schon lange vor dem Kriege deckte die deutsche Produktion bei weitem nicht den vorliegenden Bedarf, es mußte daher auf ausländische Erle zurückgegriffen werden. Hauptlieferant war Rußland. Die russische Erle im allgemeinen und die wolhynische im besonderen erfreut sich steigender Beliebtheit, weil sie schlichter und schlanker gewachsen ist als die deutsche Erle. Damit soll jedoch nicht gesagt sein, daß die deutsche Erle durchweg schlechter ist als die russische. Im allgemeinen wird jedoch für Ia wolhynische Erle 25% mehr gezahlt als für deutsche Ware.

Leider hält es nach dem Kriege sehr schwer, Erlenschnittware zu erhalten, welche sich für naturlackierte Sachen eignet, da die Behandlung der Hölzer vom Fällen bis zum Einschneiden nach dem Kriege nicht mehr so gewissenhaft ausgeführt wird, wie es vor demselben üblich war. Sämtliche russischen Erlenblöcke kommen geflößt nach Deutschland und werden hier eingeschnitten.

Da nun die russische Erle in Sumpfgebieten wächst und die Fällung im Winter erfolgt, kann es bei einem gelinden Winter vorkommen, daß die gefällten Blöcke nicht abtransportiert werden können, da der Transport in dem Sumpfgebiete nur auf hartgefrorenem Boden erfolgen kann. Die Folge davon ist, daß die Blöcke unter Umständen nach der Fällung ein volles Jahr im Walde liegenbleiben und mitunter ein weiteres Jahr im Wasser zubringen. Daß das Aussehen und die Farbe solches Holzes leiden muß, liegt klar auf der Hand und außerdem tragen die ungünstigen Transportverhältnisse und sonstigen Zustände in Rußland dazu bei, daß die wolhynische Erle fast stets zu spät zum Einschnitt gelangt und dadurch die Farbe und Qualität des Holzes leidet.

Für naturlackierte Arbeiten, wie das Außenholz für Plansichter der Mühlenbauindustrie, kommt nur kernfreies, hellfarbiges Seitenmaterial in Frage, welches weder dunkelstreifig noch scheckig sein darf; dieses Material war direkt nach dem Kriege vom Markte verschwunden, was nur auf die verkehrte Behandlungsweise und verspäteten Einschnitt zurückzuführen ist.

Wer Wert auf ein gutes Erlenschnittholzmaterial legt, verlange, daß die Blöcke nach der Fällung, also im Winter, eingeschnitten und sofort nach dem Einschnitt, von Sägespänen gesäubert, an luftiger Stelle gestapelt werden. Der Versand der Blöcke darf nicht vor vollständiger Trocknung, das ist je nach Stärke des Materials ab Juni, erfolgen.

Vor dem Kriege lieferte die Königsberger Gegend ein wunderbares, ungeflößtes Erlenseitenmaterial in hellgelber, astreiner Qualität; leider hat der Krieg auch hier seinen zerstörenden Einfluß ausgeübt und dieses Material ist dort nicht mehr zu erhalten.

Für Modelltischlereien sowie zu Innenarbeiten, wo die Farbe des Holzes keine Rolle spielt, ist geflößte Erle vorzuziehen, da die Werkstücke durch die lange Lagerung im Wasser besser stehen, bzw. sich weniger werfen als ungeflößte Erle.

Zum Schluß möchte ich auf einen wichtigen Punkt hinweisen, und zwar auf den Holzverschnitt und die Verschnittberechnung.

Vor allem kaufe man für naturlackierte Arbeiten nur Hölzer in möglichst astreiner, blau- und stockfreier, prima Qualität, da andernfalls der Verschnitt ins Unermeßliche steigt, was durch nachstehendes Beispiel bewiesen wird:

Es handelt sich um zwei Rotbuchenbohlen, und zwar um eine gute und eine ästige, gerissene Mittelbohle. Die erstere war 7300 × 480 × 100 mm und enthielt 0,350 cbm Bruttoholz. Aus dieser Bohle wurden 0,192 cbm Gestellhölzer hergestellt (fertigbearbeitete Masse), so daß diese Bohle 45,15% Verschnitt oder 82,29% Zuschlag zum Nettoholz ergibt.

Die zweite ästige Bohle war 5300 × 610 × 110 mm und enthielt 0,356 cbm Bruttoholz. Aus dieser Bohle wurden nur 0,105 cbm Gestellhölzer hergestellt (ebenfalls fertigbearbeitete Masse), so daß diese Bohle den unheimlich hohen Verschnitt von 70,5% oder 239,04% Zuschlag zum Nettoholz ergibt.

Aus vorstehendem Beispiel ist klar ersichtlich, daß das gute teuere Schnittmaterial immer billiger ist als das schlechte, billige.

Bei Verschnittberechnungen werden ebenfalls, selbst von Fachleuten, grobe Fehler gemacht. Nehmen wir an, ich habe bei einer Holzart, welche roh, also unbearbeitet, pro cbm 140,— M. kostet, 45% Verschnitt, was kostet nun 1 cbm fertigbearbeitetes Nettoholz exklusiv der Löhne?

Ein großer Prozentsatz Kaufleute rechnet wie folgt:

```
1 cbm Rohholz kostet . . . . . . . . . . . . . .   140,— M.
45% Verschnitt (0,45 × 140) . . . . . . . . . . .    63,— „
                                                   _____
1 cbm fertigbearbeitetes Nettoholz kostet exklusive
    Löhne . . . . . . . . . . . . . . . . . . . .  203,— M.
```

Vorstehende Rechnungsmethode ist jedoch falsch, was an nachstehendem Beispiel ersichtlich ist.

Wenn ich bei 1 cbm Holz 45% Verschnitt, also Verlust habe, so bleiben mir noch 0,55 cbm und diese 0,55 cbm kosten 140,— M. 1 cbm fertigbearbeitetes Nettoholz kostet dann $140:0{,}55 \times 100 = 254{,}55$ M. und nicht, wie oben errechnet 203,— M.

Es leuchtet wohl einem jeden ein, was für Verluste einem Werke entstehen können, wenn in einem Holz verarbeitenden Großbetriebe nach der verkehrten Methode gerechnet wird.

IX. Künstliche Holztrocknung.

Für Groß- und Kleinbetriebe der Holzindustrie ist bei der heutigen Holzknappheit und den hohen Holzpreisen die Lösung der Trocknungsfrage von größter wirtschaftlicher Bedeutung. Holz durch Stapelung im Freien, unter Einwirkung von Sonne und Wind, oder in allseitig offenen, jedoch gegen Regen durch Pappdach geschützten Schuppen zu trocknen, kommt bei der jetzigen Massenverarbeitung des Holzes in den meisten Fällen nicht mehr in Betracht wegen der langwierigen Dauer dieses Trockenverfahrens und der hierdurch bedingten Festlegung bedeutender Kapitalien.

Die jahrzehntelangen Bemühungen der Trockenindustrie, eine Methode oder Einrichtung zu schaffen, mit der es ermöglicht werden kann, das in seiner Beschaffenheit so verschiedenartige Holz einwandfrei zu trocknen, sind endlich von Erfolg gekrönt. Es werden heute von einzelnen Spezialfirmen Trockenanlagen geliefert, womit man, fachgemäße Behandlung vorausgesetzt, tatsächlich in der Lage ist, auch dicke Hartholzbohlen, ganz gleich ob frisch eingeschnitten oder lufttrocken, einwandfrei und vor allem rißfrei bis auf 6—15% Wassergehalt herunter trocknen zu können.

Das Problem der Holztrocknung ist zweifellos eins der schwierigsten in der Trockenindustrie.

Die ungleichmäßige Struktur des Holzes in allen seinen Teilen, sowohl diametral als auch der Länge nach, das ungleiche oder gewundene Wachstum, die verschiedenen im Holze enthaltenen Salze haben ihr Wort bei der Trocknung hineinzureden; alle diese Momente führen dazu, daß Spannungen bei unsachgemäßer Trocknung auftreten, die zur Rissebildung und zum Werfen des Holzes führen und wodurch größere Verluste entstehen.

Infolge der allgemeinen Geldknappheit ist für jeden mittleren und Großbetrieb die Anlage einer neuzeitlichen Holztrockenanlage unerläßlich, da bei der natürlichen Trocknung, wie schon erwähnt, erhebliche

Werte, je nach Holzart und -stärke, jahrelang festgelegt werden und selbstverständlich das Betriebskapital wesentlich belasten.

Die verschiedenen Hölzer weisen etwa folgenden Wassergehalt auf:

	Nadelholz	Laubholz
frisch gefällt	45—52%	35—40%
waldtrocken	15—35%	25—30%
lufttrocken	15—20%	15—20%

Ich habe durch Versuche festgestellt, daß man in einer neuzeitlichen künstlichen Trockenanlage für schwächere Weichhölzer 1—1$^1/_2$ Std. wirkliche Trockenzeit (reine Arbeitszeit) pro Millimeter Schnittstärke benötigt, dagegen muß man bei stärkeren Harthölzern, z. B. Rotbuche, mit etwa 3—4$^1/_2$ Std. Trockenzeit pro Millimeter Schnittstärke rechnen, um von etwa 35% auf 12% Wassergehalt rißfrei herunter zu trocknen. Die angegebene Holzfeuchtigkeit bzw. der Wassergehalt bezieht sich auf das Naßgewicht des Holzes und nicht auf das Trockengewicht bzw. auf die feste, trockene Holzsubstanz.

Einen Versuch, die Trockenzeit zu verkürzen, hat bei den mir unterstellten neuzeitlichen Trockenanlagen auch der alte erfahrene Reise-Trockenmeister der Lieferfirma nicht fertiggebracht, insofern die Hölzer rißfrei getrocknet waren.

Die bei den meisten Holztrocknungsanlagen zur Verwendung gelangenden Mittel sind Luft, Wärme und Dampffeuchtigkeit. Die abwechselnde Anwendung von trockner und feuchter Luft ist bei der Holztrocknung notwendig, um stets einen Ausgleich zwischen den äußeren Holzschichten und dem Holzkern zu erhalten. Dies ist namentlich bei frisch geschnittenen Hölzern mit größerem Feuchtigkeitsgehalt wichtig, um ein schnelles Ab- und Eintrocknen der Holzfläche zu vermeiden, damit die Trocknung bis auf den Holzkern vordringen kann und nicht nur die äußere Holzschicht getrocknet wird.

Für diesen Zweck werden die meisten Holztrocknungsanlagen in Verbindung mit einer Dämpfungseinrichtung ausgeführt.

Die Dämpfung in direkter Verbindung mit der Trocknung kürzt nicht nur die Trocknungsdauer ab, sondern gewährt auch hinreichenden Schutz gegen eine übermäßige Entlaugung und bewahrt dem Holz die gleiche Widerstandsfähigkeit und Elastizität wie bei der natürlichen Trocknung. Bei lufttrocknen Hölzern, welche bereits eine längere Naturtrocknung im Schuppen durchgemacht haben, also nur nachzutrocknen sind, empfiehlt es sich, beispielsweise bei farbempfindlichen Hölzern, wie Eiche u. dgl., von einer gründlichen Dämpfung Abstand zu nehmen und an deren Stelle die Trocknung bei höheren Temperaturen mit künstlich angefeuchteter Warmluft durchzuführen.

Zur Anwärmung lufttrockner Hölzer bis auf den Kern ist es ratsam, die Temperatursteigerung allmählich vorzunehmen, das heißt, man beginnt die Trocknung mit etwa 30⁰ C und steigert in einigen Tagen die Temperatur bis auf etwa 45⁰ C, bei einem Feuchtigkeitsgehalt von etwa 60—65% in der ersten Zeit, um durch allmähliche Erwärmung des Holzinnern die hierin noch vorhandenen geringen Feuchtigkeitsmengen durch die Lösung der an den Oberflächen in den Holzporen eingetrockneten Säftesubstanzen besser entfernen zu können.

Eine einfache, zuverlässige Methode zur Feststellung des Wassergehaltes der zu trocknenden Hölzer ist folgende:

Man schneidet von einem Brett oder Bohle einen Hirnholzstreifen von etwa 2—3 mm Stärke im Gewicht von 100 g, legt denselben in einen Wärme- oder Dörrofen von etwa 100⁰ Celsius, bis das Holz eine leicht bräunliche Farbe annimmt, ein Zeichen, daß der Wassergehalt verdunstet und der Probeholzstreifen vollständig von Wasser bzw. Feuchtigkeit befreit ist.

Zur Feststellung des Wassergehaltes eignet sich noch besser ein kleiner, mit Asbest ausgefütterter elektrischer Wärmeofen.

Das Auflegen des Probeholzstreifens auf eine normale Wärmeplatte genügt nicht, da in diesem Falle die Feuchtigkeit nicht ganz aus dem Holze verschwindet.

Nehmen wir an, der 100 g schwere Probeholzstreifen wog nach der Entnahme aus dem Trockenofen noch 75 g, so hatte das Holz einen Wassergehalt von 25%, muß mithin in der Trockenkammer von 25% auf 6—12% herunter getrocknet werden, um in der Möbel- oder Bautischlerei Verwendung finden zu können. Nach derselben Methode kontrolliert man den Fortgang des Trockenprozesses in der Trockenkammer, nur mit dem Unterschiede, daß man zur Gewichtsprobe ein größeres Holzstück von etwa 5—10 kg in der vollen Brett- oder Bohlenstärke verwendet und an Hand dieses Holzstückes täglich morgens die Wasserabnahme des ganzen in der Kammer befindlichen Trockengutes feststellt.

Nachstehende Tabelle zeigt den Verlauf des Trockenprozesses bei Fichtenbrettern, 35 mm stark, mit 26,09% Holzfeuchtigkeit bzw. Wassergehalt, welcher in einer Trockenkammer von Dannenberg & Quandt in 37 Betriebsstunden auf 15,76% vermindert wurde. Hierzu ist zu bemerken, daß die 35 mm starken Fichtenbretter in 37 Betriebsstunden rißfrei getrocknet wurden.

Prozentuale Berechnung der Gewichts- und Feuchtigkeitsverminderung von dem Probeholzstück beim Trockenprozeß (Fichte 35 mm stark).

Darrprobe ungetrocknet   92 g
Darrprobe völlig trocken   68 g
Gewichtsverlust 24 g = 26,09 % Holzfeuchtigkeit bzw. Wassergehalt, denn $100 \times 24 = 2400 : 92 = 26{,}09\%$. Der prozentuale Wassergehalt bezieht sich auf 100 Teile des nassen, zu trocknenden Holzes.

Gewichts- und Feuchtigkeitskontrolle:

Datum	Gewicht vom Probeholzstück	Gewichtsverminderung in %	Holzfeuchtigkeit vom Probeholzstück		
18.11.26	3580 g		26,09 %		
19.11.26	3517 g	1,76 %	24,33 %	$\begin{array}{r}3580\\-3517\\\hline 63\end{array}\times 100 = 6300:3580 = 1,76$	$\begin{array}{r}26,09\\-1,76\\\hline 24,33\end{array}$
20.11.26	3415 g	4,60 %	21,49 %	$\begin{array}{r}3580\\-3415\\\hline 165\end{array}\times 100 = 16500:3580 = 4,60$	$\begin{array}{r}26,09\\-4,60\\\hline 21,49\end{array}$
22.11.26	3358 g	6,20 %	19,89 %	$\begin{array}{r}3580\\-3358\\\hline 222\end{array}\times 100 = 22200:3580 = 6,20$	$\begin{array}{r}26,09\\-6,20\\\hline 19,89\end{array}$
23.11.26	3285 g	8,24 %	17,85 %	$\begin{array}{r}3580\\-3285\\\hline 295\end{array}\times 100 = 29500:3580 = 8,24$	$\begin{array}{r}26,09\\-8,24\\\hline 17,85\end{array}$
24.11.26	3210 g	10,33 %	15,76 %	$\begin{array}{r}3580\\-3210\\\hline 370\end{array}\times 100 = 37000:3580 = 10,33$	$\begin{array}{r}26,09\\-10,33\\\hline 15,76\end{array}$

Beim Beginn der Trocknung wog das Probeholzstück 3580 g am 18.11.26.
Bei Beendigung der Trocknung wog das Probeholzstück 3210 g am 24.11.26.
Es ist mithin 10,33 % leichter geworden, und man muß bei den täglichen Kontrollwiegungen stets das Gewicht vom ersten Tage, d. i. in diesem Falle 3580 g, zugrunde legen. Ebenso muß man bei Feststellung der Holzfeuchtigkeit verfahren. Das Holz hatte, als es in die Kammer gebracht wurde, 26,09 % Holzfeuchtigkeit, und ich muß bei der Gewichtsprobe täglich festgestellte prozentuale Gewichtsverminderung von 26,09 % abziehen, wie bei obigen Beispielen angegeben.

Trockentabelle für vorstehende 35 mm starke Fichtenbretter, getrocknet in 37 Betriebsstunden.

Datum	Luftfeuchtigkeit in der Kammer in % Cels. nach Tab. T 162	Wärmetemperatur in der Kammer in ° Cels.	Holzfeuchtigkeit in %	Gewichtsabnahme in %	Gewicht des Probeholzstückes in Gramm
18.11.26	88	62	26,09		3580
19.11.26	75	70	24,33	1,76	3517
20.11.26	65	72	21,49	4,60	3415
22.11.26	66	71	19,89	6,20	3358
23.11.26	58	81	17,85	8,24	3285
24.11.26			15,76	10,33	3210

Nachstehende vier Rotbuchen-Trockentabellen von 70—130 mm starken Rotbuchenbohlen mit 30—35 % Wassergehalt zeigen den Verlauf des Trockenprozesses in drei Trockenkammern von Danneberg & Quandt bei 2,88—4,93 Std. Trockenzeit pro Millimeter Holzstärke, wobei zu bemerken ist, daß die Rotbuchenbohlen etwa 1—6 Monate nach dem Einschnitt rißfrei bis auf 10,80—14,49 % Wassergehalt getrocknet wurden.

Um Nutzhölzer rißfrei und ohne Verluste künstlich trocknen zu können, ist außer einer guten Trockenanlage ein gewissenhafter, intelligenter Mann erforderlich, welcher versteht, die Anlage zu behandeln, denn manche Trockenanlage arbeitet nicht zur Zufriedenheit, weil sie verkehrt behandelt wird und man zu schnell trocknet.

Man verwendet Kammer- und Kanaltrocknungsanlagen. Von diesen sind die Kammertrocknungsanlagen für Möbel-, Pianoforte- und Maschinenfabriken, sowie überall wo weiche und harte Hölzer in verschiedenen Dimensionen getrocknet werden sollen, am gebräuchlichsten, während Kanaltrocknungsanlagen hauptsächlich nur zur künstlichen Trocknung von gleich lang geschnittenen Hölzern Anwendung finden.

Kammer 1. In Betrieb gesetzt am 14. September 1927, nachmittags 3 Uhr
Rotbuchen, 70, 80 und 90 mm stark, Einschnitt Frühjahr 1927

Datum 1927	Betriebs-stunden	Gewicht des Probestückes	Gewichts-abnahme in %	Holzfeuchtigkeit bzw. Wassergehalt	Luftfeuchtigkeit in der Kammer
14. 9.		6390	—	30 %	—
15. 9.	15	—	—	—	100 %
16. 9.	20	7200	+11,25%	42,68%	100 %
17. 9.	24	5975	—6,49 %	23,51%	87 %
18. 9.	24	5850	8,45 %	21,55%	82 %
19. 9.	Sonntag	5820	8,92 %	21,06%	82 %
20. 9.	24	5725	10,40 %	19,59%	78 %
21. 9.	24	5645	11,65 %	18,34%	76 %
22. 9.	24	5555	13,06 %	16,93%	73 %
23. 9.	24	5470	14,40 %	15,60%	66 %
24. 9.	24	5405	15,41 %	14,59%	62 %
25. 9.	24	—	—	—	—
26. 9.	Sonntag	5375	15,88 %	14,12%	62 %
27. 9.	24	5425	15,10 %	14,90%	74 %
28. 9.	24	5385	15,72 %	14,27%	58 %
29. 9.	12	5370	15,96 %	14,04%	58 %

Rißfrei getrocknet in 287 Betriebsstunden, dieses ist pro Millimeter Holzstärke 3,18 Betriebsstunden.

Kammer 2. In Betrieb gesetzt am 6. August 1927, nachmittags 1 Uhr
Rotbuchen, 80, 90 und 130 mm stark, Einschnitt Frühjahr 1927

Datum 1927	Betriebs-stunden	Gewicht des Probestückes	Gewichts-abnahme in %	Holzfeuchtigkeit bzw. Wassergehalt	Luftfeuchtigkeit in der Kammer
6. 8.	17	12750	—	33,00%	100 %
7. 8.	24	—	—	—	100 %
8. 8.	Sonntag	12530	1,72%	31,27%	95 %
9. 8.	24	12360	3,05 %	29,94%	95 %
10. 8.	24	12130	4,86 %	28,14%	95 %
11. 8.	24	11850	7,13 %	25,86%	86 %
12. 8.	24	11650	8,62 %	24,37%	86 %
13. 8.	24	11540	9,49 %	23,51%	85 %
14. 9.	16	11420	10,43%	22,57%	83 %

Künstliche Holztrocknung.

Fortsetzung der Tabelle Kammer 2.

Datum 1927	Betriebsstunden	Gewicht des Probestückes	Gewichtsabnahme in %	Holzfeuchtigkeit bzw. Wassergehalt	Luftfeuchtigkeit in der Kammer
15. 8.	Sonntag	11310	11,29 %	21,71 %	83 %
16. 8.	23	11260	11,68 %	21,31 %	82 %
17. 8.	24	11150	12,54 %	20,45 %	82 %
18. 8.	24	11000	13,72 %	19,27 %	82 %
19. 8.	24	10900	14,51 %	18,49 %	82 %
20. 8.	22	10800	15,29 %	17,71 %	82 %
21. 8.	24	10670	16,31 %	16,69 %	82 %
22. 8.	Sonntag	10630	16,62 %	16,37 %	77 %
23. 8.	24	10530	17,41 %	15,59 %	77 %
24. 8.	24	10440	18,11 %	14,88 %	77 %
25. 8.	24	10380	18,58 %	14,41 %	74 %
26. 8.	24	10280	19,37 %	13,63 %	74 %
27. 8.	24	10160	20,31 %	12,69 %	69 %
28. 8.	24	10110	20,70 %	12,29 %	69 %
29. 8.	Sonntag	10000	21,56 %	12,14 %	66 %
30. 8.	24	9990	21,64 %	11,35 %	66 %
31. 8.	12	9920	22,19 %	10,80 %	62 %

Rißfrei getrocknet in 498 Betriebsstunden, dieses ist pro Millimeter Holzstärke 3,83 Betriebsstunden.

Kammer 2. In Betrieb gesetzt am 15. Juni 1927, mittags 1 Uhr
Rotbuchen, 75 und 80 mm stark, Einschnitt: Frühjahr 1927

Datum 1927	Betriebsstunden	Gewicht des Probestückes	Gewichtsabnahme in %	Holzfeuchtigkeit bzw. Wassergehalt	Luftfeuchtigkeit in der Kammer
15. 6.	—	12800	—	35,00 %	100 %
16. 6.	17	—	—	—	100 %
17. 6.	24	12250	4,29 %	31,48 %	87 %
18. 6.	24	11800	7,81 %	27,19 %	79 %
19. 6.	24	11430	10,70 %	24,30 %	74 %
20. 6.	Sonntag	11180	12,63 %	22,34 %	72 %
21. 6.	24	10970	14,29 %	20,70 %	69 %
22. 6.	24	10720	16,25 %	18,75 %	65 %
23. 6.	24	10550	17,57 %	17,42 %	62 %
24. 6.	22	10380	18,98 %	16,10 %	60 %
25. 6.	24	10230	20,07 %	14,92 %	58 %
26. 6.	24	10070	21,32 %	13,67 %	56 %
27. 6.	Sonntag	9965	22,14 %	12,85 %	56 %

Rißfrei getrocknet in 231 Betriebsstunden, dieses ist pro Millimeter Holzstärke 2,88 Betriebsstunden.

Kammer 3. In Betrieb gesetzt am 30. August 1927, vormittags 11 Uhr
Rotbuchen 70 und 80 mm stark, Einschnitt: Frühjahr 1927

Datum 1927	Betriebsstunden	Gewicht des Probestückes	Gewichtsabnahme in %	Holzfeuchtigkeit bzw. Wassergehalt	Luftfeuchtigkeit in der Kammer
30. 8.	—	12930	—	30,00 %	100 %
31. 8.	19	—	—	—	100 %
1. 9.	24	—	—	—	90 %
2. 9.	24	12670	2,01 %	27,99 %	82 %
3. 9.	24	12360	4,40 %	25,99 %	77 %
4. 9.	24	12130	6,18 %	23,81 %	77 %

Fortsetzung der Tabelle Kammer 3.

Datum 1927	Betriebsstunden	Gewicht des Probestückes	Gewichtsabnahme in %	Holzfeuchtigkeit bzw. Wassergehalt	Luftfeuchtigkeit in der Kammer
5. 9.	Sonntag	12050	6,80 %	23,19 %	74 %
6. 9.	22	11940	7,65 %	22,34 %	73 %
7. 9.	24	11760	9,04 %	20,95 %	73 %
8. 9.	24	11600	10,28 %	19,71 %	71 %
9. 9.	22	11510	10,98 %	19,02 %	69 %
10. 9.	24	11400	11,83 %	18,17 %	65 %
11. 9.	24	11270	12,83 %	17,16 %	59 %
12. 9.	Sonntag	11240	13,07 %	16,88 %	60 %
13. 9.	24	11155	13,72 %	16,27 %	60 %
14. 9.	24	11060	14,46 %	15,54 %	60 %
15. 9.	24	10990	15,00 %	15,00 %	58 %
16. 9.	20	10960	15,23 %	14,76 %	58 %
17. 9.	24	10925	15,50 %	14,49 %	58 %
18. 9.	24	10925	15,50 %	14,49 %	58 %

Rißfrei getrocknet in 395 Betriebsstunden, dieses ist pro Millimeter Holzstärke 4,93 Betriebsstunden.

Schwindung von Rotbuchenholz.

Nachstehende frisch eingeschnittene Rotbuchenbohlen mit 30 % Feuchtigkeit sind in einer Trockenkammer, von Danneberg u. Quandt, in 450 Stunden (reine Arbeitszeit) auf 12 % Feuchtigkeit rißfrei getrocknet. Dieses ergibt pro mm 3 Stunden reine Trockenzeit (Arbeitszeit).

	Frischmaß:	Trockenmaß:	Stärkeverlust %	Breiteverlust (Schwindung) %
1 Seitenbohle 6160 mm lang	Frischmaß: 337 mm, 98 mm, 450 mm	Trockenmaß: 320 mm, 98 mm, 430 mm	1. 5 2. 5	5 4,4
1 Mittelbohle 5450 mm lang	644 mm, 147 mm, 640 mm	635 mm, 147 mm, 630 mm	1. 3,4 2. 3,4	1,3 1,5
1 Seitenbohle 4456 mm lang	447 mm, 147 mm, 667 mm	437 mm, 148 mm, 651 mm	1. 3,2 2. 3,3	2,2 2,3
1 Seitenbohle 4433 mm lang	375 mm, 99 mm, 515 mm	356 mm, 95/101 mm, 490 mm	1. 4 2. 5,9	5 4,8
1 Mittelbohle 4017 mm lang	550 mm, 107 mm, 568 mm	537 mm, 99/105 mm, 556 mm	1. 5,6 2. 5,7	2,3 2,1

Künstliche Holztrocknung. 557

Fortsetzung der Tabelle: **Schwindung von Rotbuchenholz.**

	Frischmaß:	Trockenmaß:	Stärkeverlust %	Breiteverlust (Schwindung) %
1 Seitenbohle 6560 mm lang	448 mm / 174 mm / 105%/116 mm / 500 mm	428 mm / 106%/116 mm / 480 mm	1. 7,8 2. 7,7	4,4 4
1 Mittelbohle 6560 mm lang	592 mm / 128%/133 mm / 653 mm	577 mm / 126%/133 mm / 645 mm	1. 3 2. 3	2,5 1,2
		Gesamt-% Durchschnitt	66% : 14 = 4,7%	43% : 14 = 3%

Schnittabelle und Vorratsausweis eines der größten deutschen Laubholzsägewerke, Georg Zscheile & Co., Dampfsägewerk, Rottleberode a. Südharz. Vorratsausweis über Laubholzschnittware am 1. April 1928.

Schnittstärke in mm	8	10	12	13	15	18	20	23	24	25	26	28	30	33	35	40
Rotbu.-Blockz.	—	5	8	—	23	—	48	92	156	145	348	62	343	107	375	311
Eichen- „	66	45	224	—	562	140	306	140	122	—	695	—	850	13	737	117
Erlen- „	14	21	13	49	84	55	148	—	149	—	195	—	198	—	112	160
Weißbu.- „	—	—	—	—	200	—	649	—	—	—	818	—	91	—	103	133

42	45	50	52	55	60	65	70	75	80	85	90	100	105	110	120	130	150	Summe der Blöcke
129	346	164	—	127	46	221	68	25	227	6	22	12	65	23	22	—	—	3526
83	160	221	29	70	63	97	151	—	91	—	89	13	20	17	1	—	—	5072
—	80	268	—	265	156	2	261	—	240	43	1	5	25	—	23	—	3	2570
—	262	495	—	203	429	106	188	—	410	—	55	122	—	59	30	161	14	4528

Differenz zwischen unbesäumten und parallelbesäumten Fichtenbrettern 35 mm stark.

1 Fichtenbrett unbesäumt, schmale Seite in der Mitte gemessen
    $6000 \times 350 \times 35$ mm . . . . = 0,074 cbm
Vorstehendes Fichtenbrett parallelbesäumt $6000 \times 300 \times 35$ mm = 0,063 cbm
                                                                             Verlust = 0,011 cbm

        Verlust resp. Verschnitt 14,9%.
    14,9% Verschnitt erfordern 17,5% Zuschlag.

Ausrechnung:
    Bei einem Verlust von 0,011 cbm ergeben sich die vorstehenden 14,9% Verschnitt wie folgt:
                $0,01100 : 74 = 14,9.$

    Bei einem Verschnitt von 14,9% ergeben sich die 17,5% Zuschlag für einen Kubikmeter wie folgt:
                1,000 cbm
             —0,149 cbm
              0,851 cbm
           14900 : 851 = 17,5.

Differenz zwischen unbesäumten und besäumten Fichtenbrettern.

Aus einem Block bayrischer Fichte 5100 lang, 510 Ø, schmale Seite unbesäumt, in der Mitte gemessen, wurden folgende Bretter geschnitten:

Maße der unbesäumten Bretter:				Maße der besäumten Bretter:		
Länge mm	Breite mm	Stärke mm	Inhalt cbm	Länge und Stärke wie nebenstehend	Breite mm	Inhalt cbm
5100	170	20	0,017		120	0,012
5100	360	40	0,073		230	0,047
5100	430	40	0,088		360	0,073
5100	500	40	0,102		460	0,094
5100	510	40	0,104		490	0,100
5100	510	40	0,104		490	0,100
5100	490	40	0,100		470	0,096
5100	460	40	0,094		440	0,090
5100	410	40	0,084		390	0,080
5100	330	40	0,067		300	0,061
5100	190	35	0,034		160	0,029
5100	470	40	0,096		420	0,086
			0,963			0,868

abzüglich besäumte Bretter 0,868
ergibt eine Verlustdifferenz von 0,095 cbm
unbesäumte Bretter minus 9,86 % ergeben besäumte Bretter,
besäumte Bretter plus 10,94 % ergeben unbesäumte Bretter.

Ausrechnung: 9500 : 963 = $\overline{9,86\,\%}$,
9500 : 868 = $\overline{10,94\,\%}$.

Zuschlag- und Verschnittabelle.

Es erfordert z. B. 50% Verschnitt, 100% Zuschlag zum fertigbearbeiteten Nettoholz.

Zuschlag %	Verschnitt %	Zuschlag %	Verschnitt %	Zuschlag %	Verschnitt %	Zuschlag %	Verschnitt %
17	14,53	41	29,08	65	39,39	89	47,09
18	15,25	42	29,58	66	39,76	90	47,37
19	15,97	43	30,07	67	40,12	91	47,64
20	16,67	44	30,56	68	40,48	92	47,92
21	17,36	45	31,03	69	40,83	93	48,19
22	18,03	46	31,51	70	41,18	94	48,45
23	18,70	47	31,97	71	41,52	95	48,72
24	19,35	48	32,43	72	41,86	96	48,98
25	20,00	49	32,89	73	42,20	97	49,24
26	20,63	50	33,33	74	42,53	98	49,49
27	21,26	51	33,77	75	42,86	99	49,75
28	21,88	52	34,21	76	43,18	100	50,00
29	22,48	53	34,64	77	43,50	101	50,25
30	23,08	54	35,06	78	43,82	102	50,50
31	23,66	55	35,48	79	44,13	103	50,74
32	24,24	56	35,90	80	44,44	104	50,98
33	24,81	57	36,31	81	44,75	105	51,22
34	25,37	58	36,71	82	45,05	106	51,46
35	25,93	59	37,11	83	45,36	107	51,69
36	26,47	60	37,5	84	45,65	108	51,92
37	27,07	61	37,89	85	45,95	109	52,15
38	27,54	62	38,27	86	46,24	110	52,38
39	28,06	63	38,65	87	46,52	111	52,61
40	28,57	64	39,02	88	46,81	112	52,83

Zuschlag- und Verschnittabelle. Fortsetzung.

Zuschlag %	Verschnitt %	Zuschlag %	Verschnitt %	Zuschlag %	Verschnitt %	Zuschlag %	Verschnitt %
113	53,05	119	54,34	125	55,56	140	58,33
114	53,27	120	54,55	126	55,75	150	60,00
115	53,49	121	54,75	127	55,95	160	61,54
116	53,70	122	54,95	128	56,14	170	62,96
117	53,92	123	55,16	129	56,33	180	64,29
118	54,13	124	55,36	130	56,52	190	65,52
						200	66,67

Vergleich zwischen Block- und Würfelmaß.
Berechnung von Blockmaß: Halbmesser × Halbmesser × 3,14 × Länge.
Berechnung von Würfelmaß: Länge × Breite × Stärke.

a) Wenn bei Würfelmaß ohne Baumkante, d. h. die schmale Seite gemessen wird, ergibt

1 Kubikmeter Blockmaß minus 23—25 % = 1 Kubikmeter Würfelmaß,
1 Kubikmeter Würfelmaß plus 30—33$^1/_3$ % = 1 Kubikmeter Blockmaß,
Blockmaßpreis plus . . . . . 30—33$^1/_3$ % = Würfelmaßpreis,
Würfelmaßpreis minus . . . . 23—25 % = Blockmaßpreis.

b) Wenn bei Würfelmaß eine Baumkante mitgemessen wird, ergibt

1 Kubikmeter Blockmaß minus 13—15 % = 1 Kubikmeter Würfelmaß,
1 Kubikmeter Würfelmaß plus 16—19 % = 1 Kubikmeter Blockmaß.
Blockmaßpreis plus . . . . . 16—19 % = Würfelmaßpreis,
Würfelmaßpreis minus . . . . 13—15 % = Blockmaßpreis.

Vergleich zwischen Block- und Würfelmaß.
I.
1 Ladung Rotbuchenbohlen, geliefert am 13. Februar 1927.
Würfelmaß mit 1 Baumkante gemessen.

Block-Nr.	Länge des Blocks	Durchmesser	Bohlenstärke	Block-Aufmaß	Würfel-Aufmaß	Blockmaß −%-Würfelmaß %	Würfelmaß +%-Blockmaß %
26	5600	460	70	0,931	0,795	14,6	17,1
8	7200	520	80	1,529	1,464	4,1	4,4
32	2800	530	70	0,618	0,596	3,6	3,7
15	5000	560	80	1,232	1,112	9,7	10,8
27	7000	570	80	1,786	1,567	12,3	14,0
25	7500	550	80	1,782	1,308	26,6	36,2
9	8000	540	80	1,832	1,402	23,5	30,7
19	3000	570	80	0,766	0,647	15,6	18,4
34	3500	490	70	0,660	0,627	5,0	5,3
18	3200	510	80	0,654	0,645	1,4	1,4
20	6000	490	80	1,131	1,006	11,2	12,4
21	6800	490	70	1,282	1,012	21,1	26,7
35	4600	610	80	1,344	1,038	22,8	29,5
33	5700	540	90	1,305	1,118	14,3	16,7
30	4500	470	70	0,781	0,663	15,1	17,8
						200,9%	245,1%

Durchschnittszahlen in % 200,9 : 15 = 13,4 %, 245,1 : 15 = 16,3 %.

Künstliche Holztrocknung.

II.
1 Ladung Rotbuchenbohlen, geliefert am 17. Februar 1927.
Würfelmaß mit 1 Baumkante gemessen.

Block-Nr.	Länge	Durchmesser des Blocks	Bohlenstärke	Block-Aufmaß	Würfel-Aufmaß	Blockmaß −%-Würfelmaß %	Würfelmaß +%-Blockmaß %
1	4200	560	70	1,034	0,790	23,6	30,9
2	4000	480	70	0,724	0,609	15,9	18,9
42	4000	470	70	0,694	0,645	7,1	7,6
7	5000	570	70	1,276	0,975	23,6	30,9
4	7000	530	70	1,544	1,291	16,3	19,6
38	7000	550	90	1,663	1,461	12,1	13,8
16	4000	570	90	1,021	0,913	10,6	11,8
17	4100	670	90	1,446	1,229	15,0	17,7
36	5000	570	90	1,276	0,989	22,5	29,0
3	3000	530	90	0,662	0,603	8,9	9,8
14	4000	600	80	1,131	0,913	19,3	23,9
44	4000	470	80	0,694	0,642	7,5	8,1
43	4800	510	80	0,981	0,868	11,5	13,1
5	5000	490	80	0,943	0,881	6,6	7,0
6	8000	530	80	1,765	1,558	11,7	13,3
39	6200	530	80	1,368	1,265	7,5	8,1
						219,7%	263,5%

Durchschnittszahlen in %   219,7 : 16 = 13,1 %,   263,5 : 16 = 16,5 %.

Handelsübliche, lufttrockene Holzstärken.
1. **Polnische Kiefern-Stammware:**
   10 12/13 15/16 20 23/24 26 30 35/36 42/43 50/52 65 80 90 105/110 mm.
2. **Geflößte wolhynische Erlen-Stammware:**
   12/13 15/16 20 23/24 26 28/30 35/36 40/42 45/46 50/55 80/85 mm.
3. **North-Caroline-Pine:**
   1 × 4″ und aufwärts mit 6—7″ Durchschnittsbreite
   1 × 6″ und 8″
   1 × 10″ und 12″
   ⁵/₄ × 6″ und 8″
   ⁵/₄ × 4″ und aufwärts mit 6—7″ Durchschnittsbreite
   ⁵/₄ × 10″ und 12″
   1¹/₂ × 4″ und aufwärts mit 6—7″ Durchschnittsbreite
   1¹/₂ × 6″ und 8″
   1¹/₂ × 10″ und 12″
   in Längen von 10—16′, viel 16′, einige kurze Bretter mitgehend.
4. **Red-Pine:**
   (Long Leaf oder Short Leaf Pine oder Kiln Dried Saps)
   1 × 4″
   1 × 6″
   1 × 8″
   1 × 8″ und aufwärts mit 9—10″ Durchschnittsbreite
   ⁵/₄ × 4″
   ⁵/₄ × 6″
   ⁵/₄ × 8″
   ⁵/₄ × 8″ und aufwärts mit 9—10″ Durchschnittsbreite
   1¹/₂ × 4″
   1¹/₂ × 6″
   1¹/₂ × 8″
   1¹/₂ × 8″ ⎫
   2 × 8″   ⎭ und aufwärts mit 9—10″ Durchschnittsbreite
   in Längen von 10′ aufwärts mit 14 bis 15′ Durchschnittslänge.
5. **Oregon-Pine:**
   1 × 4″
   1 × 6″
   1 × 8″
   1 × 10″
   ⁵/₄ × 10″
   ⁶/₄ × 10″
   ⁷/₄ × 10″   und aufwärts
   ⁸/₄ × 10″
   3 × 10″
   4 × 10″   in Längen von 10′ aufwärts mit 15—16′ Durchschnittslänge.
   5 × 10″

Bemerkung: Die unterstrichenen Schnittstärken bei Kiefern und Erlen werden in größeren Mengen normalerweise eingeschnitten. Amerikanische Hölzer werden hauptsächlich in geraden engl. Zollbreiten und geraden engl. Fußlängen gehandelt, wie z. B. 4, 6, 8″ usw. breit und 10. 12, 14, 16′ engl. lang; Breiten und Längen in ungeraden Zahlen werden nur etwa 20% mitgeliefert.
″ bedeutet Zoll engl.   ′ bedeutet Fuß engl.

Trocken- und Schwindtabelle von Bukowina-Fichten- und Tannenbretter.

Bukowina-Fichten- und Tannenbretter 33—34 mm stark mit 23 % Wassergehalt bzw. Feuchtigkeit sind in 48 Betriebsstunden in einer Trockenkammer von Danneberg & Quandt getrocknet, und zwar bis auf 12,27 %.

Datum	Betriebs-stunden	Gewicht des Probestückes in Gramm	Tägliche Abnahme in %	Holzfeuchtigkeit in %	Luftfeuchtigkeit d. Kammer in %
29. 11.	4	1165	—	23,00	80
30. 11.	8	—	—	—	77
1. 12.	8	1150	1,28	21,71	72
2. 12.	6	1120	3,86	19,14	69
3. 12.	6	1080	7,30	15,70	62
5. 12.	8	1075	7,72	15,27	60
6. 12.	8	1055	9,44	13,56	56
7. 12.	—	1040	10,73	12,27	55
Summa: 48					

Trockenergebnis bzw. Schwindung.

Breite der Bretter vor dem Trocknen mit 23 % Feuchtigkeit in mm	Breite der Bretter nach dem Trocknen m. 12,27% Feuchtigkeit in mm	Schwindung %	Stärke der Bretter vor dem Trocknen mit 23 % Feuchtigkeit in mm	Stärke der Bretter nach dem Trocknen m. 12,27% Feuchtigkeit in mm	Schwindung %	Bemerkung
250	245	2	33	31,3	5,1	Seitenbrett, lose Tanne
250	245	2	34	33	2,9	,, fest Fichte
250	245	2	33	31,9	3,3	Mittelbrett, lose ,,
285	280	1,7	33,5	31,9	4,7	,, ,, ,,
227	221	2,6	34	31,9	6,1	,, ,, ,,
253	245	3,1	33	32	3	Seitenbrett, ,, ,,
222	216	2,7	33	30	9	,, ,, ,,
195	187	4,1	34	32	5,8	,, fest ,,
252	248	1,5	34	32,5	4,4	Kernseite, ,, ,,
255	247	3,1	33	31,6	4,2	,, ,, ,,
200	195	2,5	33	31	6	Mittelbrett, ,, ,,
250	242	3,2	34	32,5	4,4	Seitenbrett, lose ,,
256	250	2,3	33	31	6	Kernseite, fest ,,
245	237	3,2	33	31	6	Seitenbrett, lose Tanne
253	247	2,3	33	31	6	Kernseite, ,, ,,
220	214	2,7	33	31	6	,, ,, ,,
225	218	3,1	33	32,7	0	Seitenbrett, fest und feinjährig, Fichte
222	219	1,3	33	32	3	,, ,, Fichte
192	187	2,6	33	31	6	,, ,, ,,
254	248	2,3	33	31	6	Mittelbrett, ,, ,,
Gesamt: 50,3%			Gesamt: 97,9%			
Durchschnitt: 2,5%			Durchschnitt: 4,8%			

Abb. 587 zeigt einen Daqua-Heizapparat mit vorgeschaltetem Ventilator, wie ihn die Firma Danneberg & Quandt, Berlin W 35, bei Holztrockenanlagen verwendet.

Gillrath, Holzbearbeitung.

Abb. 588 veranschaulicht eine Daqua-Holztrocknungsanlage in einem Säge- und Hobelwerk.

Abb. 589 zeigt die schematische Darstellung einer Daqua-Kanal-Trocknungsanlage.

Kammertrocknungsanlagen werden zweckmäßig in einer Länge von etwa 7—15 m und in einer Breite von nicht mehr als 4 m, bei einer lichten Höhe von 2,50 m ausgeführt. Bei einer Länge von 15 m können verschieden lange Bretter hintereinander bequem gestapelt werden. Da man einerseits weiche und harte Hölzer nicht zusammen in einer Trockenkammer einstapeln bzw. trocknen kann und andererseits aber auch immer annähernd gleiche Holzstücke dem Trocknungsprozeß aus-

Abb. 587. Daqua-Heizapparat mit vorgeschaltetem Ventilator.
(Danneberg & Quandt, Berlin.)

gesetzt werden sollen, so ergibt sich hierdurch eine Mehrteilung von Trocknungskammern, und zwar für mittlere Betriebe mindestens zwei Kammern. Um in jeder Kammer unabhängig voneinander trocknen zu können, empfiehlt es sich, möglichst jede Kammer mit eigenen Apparaten auszurüsten. Die wesentlichen Apparate einer Kammertrocknungsanlage sind:

Ein Heizapparat und Ventilator mit eigenem Rückluftsaugrohr nach Abb. 587 und den notwendigen Regelorganen, sowie die Kontrollapparate.

Der wichtigste Bestandteil hiervon, von dessen guter Wirkung viel für die Leistung der ganzen Trocknungsanlage abhängt, ist der Heizapparat mit vorgeschaltetem Ventilator. Als Heizfläche sind bei diesem, in Abb. 587 dargestellten Apparat schmiedeeiserne, feuerverzinkte Lamellenrohre verwendet. Zum Betriebe des Daqua-Heizapparates D. R. P. kann Abdampf oder Frischdampf Verwendung finden.

Künstliche Holztrocknung. 563

Die Wirkungsweise der maschinellen Anlage einer Daqua-Kammertrocknungsanlage ist folgende: der Ventilator saugt einen Luftstrom an und drückt ihn über die Heizfläche des Lufterwärmungsapparates durch Warmluftkanäle und eine Warmluftverteilungswand in die

Abb. 588. Daqua-Holztrocknungsanlage in einem Säge- und Hobelwerk.
Man beachte die bequeme Beschickung der Kammer durch Stapelwagen.

Trockenkammer. Hier umspült und durchstreicht der Warmluftstrom die Holzstapel und entweicht durch eine Abluftsammelwand in den an diese anschließenden Abzugsschacht.

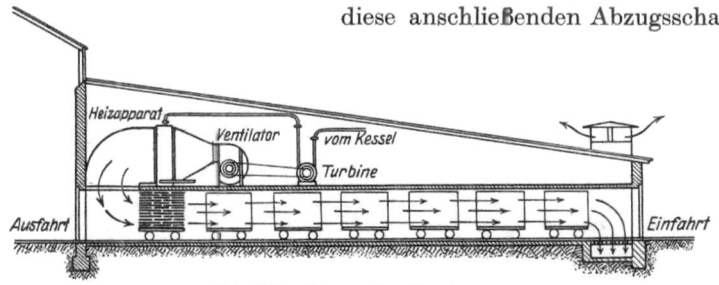

Abb. 589. Daqua-Kanaltrocknung.

Von wesentlichem Einfluß auf die Trocknung ist die Stapelung der Hölzer. In eine Trockenkammer sind möglichst Hölzer von annähernd gleichen Stärken und Härtegraden zu bringen.

Bretter und Bohlen sind so zu stapeln, daß die Stapelhölzer senkrecht untereinander kommen und in der Kammer so unterzubringen,

36*

daß man an den Längsseiten zur Not noch vorbeigehen kann. Auf keinen Fall dürfen die Bretter bis dicht an die Längswand herangestapelt werden, denn für die Verteilung der für die Trocknung nötigen Luftmenge ist es erforderlich, einen entsprechenden Verteilungsraum für die Luftbewegung zu schaffen.

Die Bretter werden durch die langen Stapelhölzer zu Stößen vereinigt, und zwar nicht direkt auf den Lattenfußboden, sondern auf etwa 10—12 cm breite Kanthölzer gelegt. Als Stapelhölzer bzw. Stapellatten sind Stärken von 25—30 mm zu wählen, wobei die schwache Dickte bei Brettern und die größeren Stärken bei Bohlen angewendet wird. Die Stapellatten sind in Abständen von 1—1,5 m zu legen und übereinander anzuordnen.

Abb. 590. Daqua-Luftfeuchtigkeitsmesser D. R. G. M. für Holztrocknungsanlagen. (Danneberg & Quandt, Berlin.)

Wichtig ist es, daß das zu trocknende Holz bis zur Decke gestapelt wird, damit der Querschnitt sowohl in der Länge als auch in der Höhe der Trockenkammer ausgefüllt wird, um überall die gleichen Luftwiderstände zu schaffen, andererseits wird hierdurch auch eine bessere Ausnützung der Trockenkammer erzielt. Bei ungenügender Holzmenge sind die entstandenen Hohlräume abzudecken, damit die Luft immer nur durch die Stapel und nicht daneben zirkuliert. Bei ungleichen Dimensionen sind die starken Hölzer unten, die schwächeren oben zu stapeln und darauf zu achten, daß bei empfindlichem Material die Kernseite immer nach unten zu liegen kommt. Da die freien Enden der Bretter und Bohlen bekanntlich bis zur ersten Stapellatte zuerst reißen, sind die Stapellatten möglichst bis an die Enden der Stirnseiten zu legen. Es ist besonders darauf zu achten, daß die an den Enden befindlichen Stapellatten übereinander zu liegen kommen, so daß der auf die Latten wirkende Druck senkrecht in einer Linie nach unten erfolgt.

Da es bei jeder künstlichen Trocknung zur Erzielung eines guten Trockenergebnisses wichtig ist, den Feuchtigkeitsgehalt der zuströmenden Warmluft und Abluft zu beobachten, ist der in Abb. 590 dargestellte Feuchtigkeitsmesser geschaffen, mit dem der Feuchtigkeitsgehalt der Luft auf einfachste Weise festgestellt werden kann. Zu diesem Zweck ist bei dem Meßinstrument eine mittels Zentrumknopf hinter dem Instrument leicht drehbare Skalenscheibe angeordnet, von welcher man den Feuchtigkeitsgehalt der Luft in Prozenten unmittelbar ablesen kann, wenn man sie auf die jeweilige Temperatur des Trockenthermometers und die zugehörige Differenz zwischen Trocken- und Naßthermometer eingestellt hat. Das Instrument ist ausreichend für die Temperaturen von 2 bis 80°C und Differenzen von 1 bis 25°C. Auf der Skalenscheibe des Instruments sind mehr als 800 Zahlen für die verschiedenen Feuchtigkeitsgehalte vorhanden. Ferner ist auf dem Instrument eine Tabelle enthalten für die Ermittlung des Wassergewichts des abgelesenen Feuchtigkeitsgehaltes zur Feststellung des in der Luft pro Kubikmeter enthaltenen Wassers.

Kanaltrocknung.

Die Kanaltrocknungsanlagen nach Abb. 589 sind so eingerichtet, daß die zu trocknenden Hölzer zunächst nur mäßiger Wärme ausgesetzt werden und einen feuchten Luftstrom passieren, wodurch die Poren der Hölzer geöffnet werden, ähnlich wie bei der Kammertrocknung.

Die Trocknung erfolgt also hier nur allmählich. Das nasse Material wird anfänglich einer niedrigen Temperatur, mit 30—35° C beginnend, ausgesetzt und erwärmt sich nach dem Trocknungskanalausgang zu auf ungefähr 60° C. Bei schwachgeschnittenen Hölzern, wie solche speziell bei Faßfabriken benötigt werden, läßt sich daher auch ganz frisches Material ohne vorheriges Dämpfen schnell und gleichmäßig ohne besonderen Ausfall trocknen.

Die Warmluft wird, wie aus Abb. 589 ersichtlich, gleichmäßig verteilt in den Trocknungskanal eingeführt und durchstreicht ihn in horizontaler Richtung, überall das Material oben und unten umspülend. Ein frühzeitiges Niederschlagen der Feuchtigkeit aus dem Holze in den unteren Partien wird durch besondere Vorrichtungen vermieden.

Die Trocknung erfolgt bei der Kanaltrocknung gleichmäßig und vor allen Dingen allmählich mit ständig zunehmender Temperatur nach der Ausgangsseite zu. Die Entnahme der Hölzer findet auf der dem Zuführungsgleis entgegengesetzten Seite statt. Zu diesem Zweck besitzt jeder Trockenkanal auf beiden Seiten Türen.

Die Holztrockenanlagen der Firma Hampe & Hartwig, A.-G., Hamburg, arbeiten ohne Exhaustoren; es genügt zum Betrieb derselben Abdampf oder Niederdruckdampf von 0,2 bis 0,5 Atm. Überdruck.

Ich selbst hatte wiederholt Gelegenheit, mich von der guten Arbeitsweise dieses Systems zu überzeugen; der Arbeitsgang ist folgender:

Das zu trocknende Holz wird in der Kammer gestapelt oder entsprechend den jeweiligen Betriebsverhältnissen auf Trockenwagen in die Kammer eingefahren.

Die Türen werden vermittels der dichtenden Verschlüsse gegen Eintritt fremder atmosphärischer Luft verschlossen, die Frischluftschieber zunächst geschlossen gehalten, die Dampfheizung angestellt und das bzgl. Dampfeintrittsventil der Sprührohrleitung geöffnet, bis das Holz durch die Holzporen selbsttätig zu arbeiten beginnt. Bei der nun steigenden Hitze in der Kammer, die luftdicht verschlossen ist, dehnt sich die Luft innerhalb des Trockenraumes aus, und da sich kein anderer Aus-

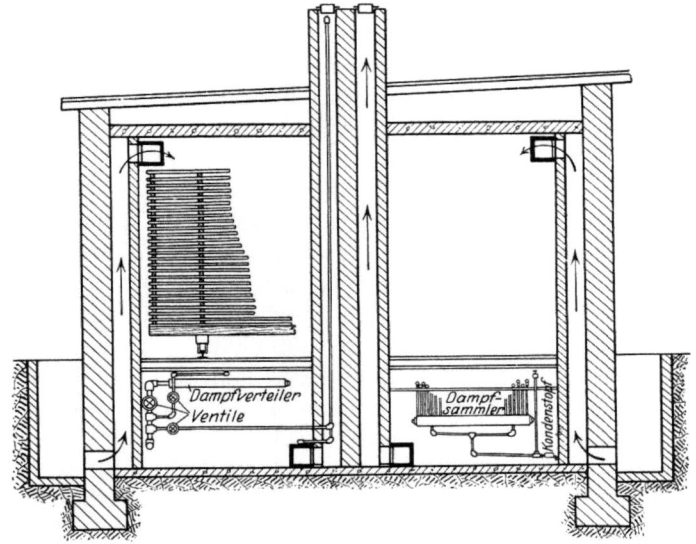

Abb. 591. Schematische Darstellung einer Luftfeuchtigkeits-Reguliertrockenkammer.
(Hampe & Hartwig, A.-G., Hamburg.)

weg bietet, dringt anhaltend feuchte Hitze durch die Holzporen in das Innere des Holzes und bewirkt so mit sicherem Erfolge das Öffnen der inneren Zellen. Die warme Kammerluft sättigt sich immer mehr mit der Holzfeuchtigkeit. Die gesättigte und daher schwere Luft fällt nach unten auf den Boden der Kammer, von wo aus diese einen sich selbsttätig einstellbaren Ausweg durch die senkrechten Abluftschächte ins Freie findet.

Die erste Periode umfaßt den wichtigsten Zeitabschnitt des ganzen Trockenvorganges; es werden die Holzporen geöffnet, und das Holz beginnt, was von allergrößter Wichtigkeit ist, von innen nach außen zu trocknen. Auch werden alle gefährlichen Spannungen und Kräfte innerhalb des Holzes aufgehoben.

Die Temperatur innerhalb der Kammer steigt naturgemäß schnell auf die erreichbare Höhe unter Aufrechterhaltung des konstanten niedrigen Sättigungsdefizits. Es ist absolut falsch, zu glauben, daß hohe Wärmegrade in allen Fällen ein Allheilmittel sind; es ist ratsam, die von der Lieferfirma herausgegebenen Betriebsanweisungen für die verschiedenen Holzarten zu beachten zur Schonung und Veredelung des Holzes.

Es ist grundfalsch, Holz mit nur heißer Luft und Ventilator zu trocknen, denn dadurch wird bewirkt, daß die Hölzer plötzlich mit zu trockner, heißer Luft in Berührung kommen. Die unausbleibliche Folge ist plötzliches Abtrocknen der Oberflächen und Krustenbildung. Kurz, alle jene Mißhelligkeiten, die gegen die Erfahrungen und Errungenschaften der neuzeitlichen Holztrocknungstechnik verstoßen, treten ein und das ist ein gefährlicher Gewaltakt, der unbedingt vermieden werden muß. Ohne Sprühdampf bzw. Feuchtluft ist eine sachgemäße künstliche Trocknung von Holz nicht möglich, es sei denn, daß der Trockenprozeß übermäßig lange ausgedehnt wird und auch in diesem Falle ist die äußere Holzschicht verhärtet bzw. verkrustet.

Es wird also nach der Bauart der „Luftfeuchtigkeits-Reguliertrockenkammer" Hampe & Hartwig vielmehr ständig dafür Sorge getragen, daß nur mit Holzfeuchtigkeit gesättigte Luft die Kammer verläßt. Nur so schafft man ein gleichmäßiges Feuchtigkeitsgefälle und regelt die Feuchtigkeitsentziehung planmäßig. Der Holzstapel in der Kammer ist stets von warmer Luft umgeben, die Feuchtigkeit aufzunehmen vermag, also die Feuchtigkeit nur aus den Holzporen heraussaugt, ohne die Holzoberfläche vorzeitig auszutrocknen, was leider bei vielen älteren Anlagen der Fall ist.

Bei richtiger Durchführung des Trockenverfahrens müssen die Temperaturen der Trockenluft, die mittels der Meßapparate kontrolliert werden, auch im richtigen Verhältnis zum Feuchtigkeitsgehalt der Trockenluft stehen. Diese Daten für alle Holzarten und -stärken sind tabellarisch auf Grund langjähriger, praktischer Erfahrungen von der Lieferfirma zusammengestellt.

Die Zeit der Erfüllung des ersten Trockenprozesses ergeben die Holzproben, sowie auch die Meßapparate und Betriebsanweisungen. Nach Beendigung dieser wird das Sprührohrventil geschlossen und die zweite Periode des Trockenvorganges, in der das Holz fertig bis zur unmittelbaren Verwendung getrocknet wird, schließt sich unmittelbar der ersten Periode an.

Eine plötzliche Einwirkung zu trockener Luft auf das Holz wirkt ebenso zerstörend wie die natürlichen und künstlichen Luftströme durch Ventilatoren erzeugt, die bekanntlich eine plötzliche, zu schnelle Oberflächentrocknung und damit eine zu schnelle Zusammenziehung der äußeren Holzflächen bewirken, während die inneren nicht so schnell folgen können. Auch wird dadurch die Verdunstung erschwert, ja evtl.

sogar unterbrochen durch Porenverstopfungen u. dgl., woraus, wie oben bereits erklärt, empfindliche Schäden für das Holz erwachsen. Der Feuchtigkeitsgehalt der Trockenluft muß auch in der zweiten Periode stets im richtigen Verhältnis zur Trockenkammertemperatur stehen. Nach Öffnung der Frischluftschieber, der Abluftschächte und deren Heizungsventile setzt der gänzlich automatische Betrieb der zweiten Periode ein.

Die feuchte, mit Holzfeuchtigkeit geschwängerte, dem Holze schädliche und spezifisch schwere Luft wird auf schnellstem Wege von dem zu trocknenden Holze getrennt und tritt auch nicht in kleinsten Mengen mehr mit dem Holze in Berührung. Die Entfernung erfolgt auf automatischem, selbsttätigem, sicherem Wege ohne Kraftaufwand. Die zeitlich zu entfernende Luftmenge ändert sich dauernd und nur diese entweicht vollkommen, während die Frischluft mit der warmfeuchten, leichten Trockenluft, die nicht entweichen kann, ein Mischungsverhältnis eingeht derart, daß ein vollkommener, den jeweiligen Verhältnissen angepaßter, dem Holze unschädlicher, regulierter Luftwechsel innerhalb der Kammer, wie oben beschrieben, stattfindet.

Die Leistungsfähigkeit einer Luftfeuchtigkeits-Reguliertrockenkammer, System Hampe & Hartwig, in bezug auf Luftwechsel bzw. Ableitung von mit Feuchtigkeit gesättigter Luft, ist überraschend groß. Eine Kammer von 32 m Länge, 6,50 m Breite und 4,50 m Höhe, über Kammersohle gemessen, enthält 936 cbm Luft. In dieser Kammer wurden 14 Abluftschächte von etwa 7000 qcm Querschnitt vorgesehen, in welchen bei einer Wärme von $60°$ C eine Luftbewegung von 150 min/m erzeugt wurde. Bei einer Holzbeschickung von einem Drittel des Rauminhaltes waren etwa 624 cbm Luft zu entfernen, wozu 5—6 Min. erforderlich waren, um einen Luftwechsel herbeizuführen.

Werden nun in vorstehender Kammer 100 cbm Kiefernholz eingestapelt, welche in frischem Zustand 38400 kg Wasser enthalten, so ergibt sich bei $60°$ Wärme und $128°$ Feuchtigkeit in 1 cbm Luft, daß 13,44 kg Wasser in der Minute entfernt werden müssen. Zu entfernen sind 38400 kg; demnach ergibt sich das erstaunliche Ergebnis, daß bei dünnen Brettern nur $47^1/_2$ Std. erforderlich sind, um diese große Wassermenge in Dampfform aus der Trockenkammer ohne Kraftaufwand zu entfernen.

Dieses hervorragende Resultat erklärt sich nur dadurch, daß das Trockensystem der Firma Hampe & Hartwig, A.-G., auch darauf beruht, daß aus der Kammer nur die schwere, gesättigte Luft entfernt wird, während keine Möglichkeit besteht, daß auch die leichte und wertvolle trockene Luft entfernt werden kann.

Steht eine, wie vorstehend beschriebene, erstklassige Anlage zur Verfügung, so sind weitere volkswirtschaftliche und persönliche Vorteile unausbleiblich. Durch bedeutende Einschränkung des Holzlagers werden tote Betriebsmittel, Lagerplatz, Zinsen u. dgl. gespart und Holzschäden durch Reißen, Werfen, Stockigwerden, Wurmstich u. v. a. m., sind ausgeschlossen. Die Holzvorräte können in geringsten Grenzen gehalten werden dank der Betriebssicherheit und Leistungsfähigkeit der Hampe & Hartwig-Anlagen, die, wie die langjährige Erfahrung gelehrt hat, gänzlich unabhängig von äußeren atmosphärischen Verhältnissen sind und gleichmäßig arbeiten bei jeder Temperatur, bei jedem beliebigen Feuchtigkeitsgrad der äußeren atmosphärischen Luft und in jeder Höhenlage des Bauplatzes. In strenger Befolgung des Gesetzes der Schwere, auf der die Konstruktion basiert, sind die Anlagen immer betriebsfähig und infolge der Güte des Trockenverfahrens ist die Holzqualität stets die gleich gute.

Abb. 592. Luftfeuchtigkeits-Regulier-Trockenanlage mit 20 Kammern.
(Hampe & Hartwig, A.-G., Hamburg.)

Im Vordergrund der in Abb. 592 dargestellten Luftfeuchtigkeits-Regulier-Trockenanlage liegen acht von zwanzig Kammern in einem Werke, nach dem System Hampe & Hartwig erbaut. Aus den Abluftschächten der dem Betriebe übergebenen zweitletzten Kammer entweicht automatisch und deutlich die große Menge Feuchtigkeit, in Form von Wasserdämpfen, während die anderen Kammern sich noch in Montage befinden. Jahreszeit: Herbst, Außenluft sehr feucht, Himmel bedeckt, zeitweise Sonnenschein.

Die Abb. 593 zeigt eine angebaute Kammer während des Vergrößerungsbaues. Blick in die Schwadengrube, drei Schienenanordnungen bei ausgenommenem Lattenrost. Holzstapelung auf Trucks in der Breitenrichtung der Kammer. Bauausführung einer Luftfeuchtigkeits-Regulier-Trockenkammeranlage.

Im Interesse des Bauherrn liegt es, wenn er bei Errichtung einer Anlage nicht zu sehr auf den Anschaffungspreis sieht, sondern in erster Linie sich die Gewähr verschafft, das Beste zu erhalten, was die moderne Wärme- und Holztrocknungstechnik, auch in bezug auf die innere Einrichtung zu bieten in der Lage ist. Durch die geringen Betriebskosten einer solchen Anlage werden die Anschaffungskosten in kürzester Zeit amortisiert. Man lasse sich deshalb nicht von irgendeinem Reisenden unter allen möglichen Versprechungen eine Dörrkammer aufschwätzen, worin nur das Äußere des Holzes getrocknet wird, sondern man scheue die Kosten und Mühe nicht und besichtige, ehe man den Auftrag erteilt, mehrere Anlagen, um sich zu überzeugen, ob das von der Lieferfirma Versprochene auch wirklich gehalten werden kann.

Abb. 593. Luftfeuchtigkeits-Regulier-Trockenanlage mit 26 Kammern.
(Hampe & Hartwig, A.-G., Hamburg.)

Mancher würde vor bitteren Enttäuschungen bewahrt worden sein, wenn er, wie vorstehend angegeben, gehandelt hätte. Die Baulichkeiten der Trockenanlage sollen auch wärmewirtschaftlich auf der höchsten Stufe stehen, und um auch diesen Anforderungen zu genügen, liefert die Firma Hampe & Hartwig auch die Bau- und Detailzeichnungen, sowie die Bauanweisungen und auf Wunsch sonstige Materialien.

Die Trockenanlagen können im Keller, zur ebenen Erde und in Stockwerken eingebaut werden, sie können je nach Wunsch und Verhältnissen in massivem Mauerwerk oder in Fachwerk oder in Holzkonstruktion ausgeführt werden. Die Trockenluft wärmt sich wiederholt selbsttätig an, ohne Kostenaufwand, sie wird dadurch weiter aufnahmefähig bis zur vollen Sättigung. Alle Kanäle und Türen werden gegen Wärmeverluste gesichert. Die Verteilung der Trockenluft ist überall eine gleichmäßige bei vollständiger Ausnützung der erzeugten Warmluft. Die Anlagen werden auch fahrbar und transportabel geliefert. Die Wahl von mehreren Kammern ist in den meisten Fällen anzuraten und einer großen Kammer vorzuziehen. Holz- und Luftfeuchtigkeit in der Kammer, Temperaturverhältnisse und Aufnahmefähigkeit der Trockenluft spielen bei einer Holztrockenanlage eine sehr große Rolle. Die Aufrechterhaltung der Unterschiede ist von größter Bedeutung, wenn man eine fehlerfreie Trocknung von Holz erzielen will.

Oft ist zu beobachten, daß in einer großen Kammer Holz von verschiedenen Stärken und Härten getrocknet wird. Auf diese Fehler sind große Verluste zurückzuführen. Es dürfte aus diesem Grunde auch vorzuziehen sein, mehrere Kammern anzulegen, in denen eine Luftfeuchtigkeit und Temperatur herrschen, die dem jeweilig zu trocknenden Holze entsprechen. Das mehrfache Öffnen einer großen Holzkammer etwa zur Herausnahme von weniger starkem Holz, das früher trocken ist als der übrige Kammerinhalt, ist fehlerhaft. Die Trocknung soll stets so vorgenommen werden, daß das gesamte in der Kammer befindliche Holz nach sachgemäßer Trocknung zusammen herausgenommen und die Kammer dann von neuem gefüllt wird. Sonst ändern sich bei jeder Öffnung Temperatur, Luft- und Holzfeuchtigkeit so sehr, daß es 2—3 Std. dauert, bis in der Kammer der richtige Trockenzustand und das richtige Verhältnis zwischen Luftfeuchtigkeit und Temperatur wieder hergestellt ist. Verfährt man nicht danach, so leidet das in der Kammer verbleibende Holz durch die einströmende kalte Luft. Es sei denn, daß die Anlage als Kanalkammer für kontinuierlichen Betrieb gebaut ist. Obiges trifft dann nicht zu.

Stehen mehrere kleinere Kammern zur Verfügung, so wird man in jede nur Holz einbringen mit gleicher Trockenzeit; die Trockenkammer bleibt geschlossen und man hat es vermittels der entsprechenden Überwachungsmessungen in der Hand, den Inhalt der Kammer je nach Bedarf zu behandeln. Bei Kanalkammern mit kontinuierlichem Betrieb werden die grünen Hölzer am Kopfende der Kammer eingefahren und die getrockneten Hölzer am anderen Ende kontinuierlich ausgefahren.

Um nun wegen des Dampfverbrauches weitere Anhaltspunkte zu haben, soll folgendes Beispiel herangezogen werden:

Der für nachfolgende Kammer zur Ausnutzung gelangte Abdampf hatte einen Überdruck von $1/6$ Atm. am Tage, nach Betriebsschluß wurde nur Frischdampf obiger Spannung benutzt, solange als er noch erhältlich war. Die Messungen wurden stündlich vorgenommen unter Benutzung von zwei Sätzen Meßinstrumenten, um ein sicheres Ergebnis zu erhalten.

Die Kammer hatte eine Länge von 18,75 m, eine Breite von 5,20 m und eine Höhe von 3 m über dem Lattenrost, mithin eine Trockenfläche von 97,50 qm und einen Luftinhalt von 292,50 cbm.

An Heizfläche standen zur Verfügung 130 qm, mithin kam auf 1 qm 2,25 cbm Trockenraum.

Die Verdichtung von 1 qm Heizfläche und Stunde betrug 0,97 kg Wasser.

Da der Dampfdruck des Abdampfes durchschnittlich $1/_6$ Atm. betrug, so wurde während des vollen Betriebes 1,47 cbm oder nur 0,73 kg Dampf auf 1 qm Heizfläche und Stunde verbraucht. Wie aus vorstehendem ersichtlich, ist auch der Dampfverbrauch der Hampe & Hartwig-Anlagen ein äußerst geringer, so daß dieselben als mustergültig bezeichnet werden können. Selbstverständlich ist eine sachgemäße Bedienung Voraussetzung, denn ohne eine solche ist auch mit der besten Holztrockenanlage kein befriedigendes Resultat zu erzielen. Um die Betriebsunkosten so niedrig wie möglich zu gestalten, empfiehlt es sich, Holztrockenanlagen nur mit Wagenbeschickung nach Abb. 588 einzurichten, da das Einstapeln der Hölzer zuviel Zeit beansprucht.

X. Die Wälzlager.

Die ständig zunehmende Verwendung der Wälzlager im Holzbearbeitungsmaschinenbau läßt es zweckmäßig erscheinen, das Wesen dieser Lagerkonstruktionen in einer besonderen Abhandlung hervorzuheben. Die Wälzlager stellen an Wartung und Schmierung weit geringere Ansprüche als Ringschmierlager, nur muß man ihren besonderen Eigenheiten gerecht werden.

Das Prinzip der Wälzlager ist, gegenüber den Gleitlagern die beim Drehen der Welle auftretende gleitende Reibung durch das Zwischenlegen von Rollen oder Kugeln in eine rollende Reibung zu verwandeln.

Die Welle selbst wird durch den sog. Innenring, das Gehäuse durch den Außenring des Rollen- oder Kugellagers gegen Berührung mit den Kugeln bzw. Rollen geschützt. Innen- und Außenring, Kugeln und Rollen, bzw. bei den Längs- und Wechsellagern die sog. Laufringe, sind aus einem Spezial-Chromstahl hergestellt, der in einem besonderen Verfahren gehärtet wird.

Die langjährigen Erfahrungen der in der Deutschen Kugellager- und Deutschen Rollenlager-Konvention vereinigten Firmen haben zur Ausbildung von Lagertypen und deren Präzisionsbearbeitung geführt, die für alle Zwecke des Holzbearbeitungsmaschinenbaus geeignete Wälzlager zur Verfügung stellen. Die Grenzen in der Genauigkeit, mit der die einzelnen Elemente der Wälzlager jetzt hergestellt werden, beschränken sich tatsächlich auf einige tausendstel Millimeter.

Die Wälzlager zerfallen in zwei große Gruppen, in Kugellager und in Rollenlager.

Die Kugellager selbst umfassen drei Sondergruppen. 1. Querkugellager, 2. Längslager und 3. Wechsellager.

A. Querkugellager, kurz Querlager genannt.

Diese sind zur Aufnahme von Drücken, die quer zur Wellenachse auftreten, bestimmt. Sollen daneben noch Längsdrücke aufgenommen werden, sind dieselben in Querbelastung umzurechnen. Die Längsdrücke sind in dreifacher Größe der Querbelastung zuzuzählen und danach das Lager zu wählen. Handelt es sich um die Aufnahme größerer und dauernd auftretender Längsdrücke, so kommen Längs- oder Wechsellager zusätzlich in Frage.

Die Kugeln werden im Lager durch einen Käfig geführt bzw. getrennt. Durch elastische Formänderungen während des Betriebes, durch stoßweise Belastung treten Verzögerungen und Beschleunigungen für die Kugeln ein. Auch diese schädlichen Wirkungen werden durch die Käfige aufgehoben. Der Käfig muß, da er in den meisten Fällen von den Kugeln getragen wird, so leicht wie möglich sein und eine bestimmte Elastizität besitzen. Die Herstellung des Käfigs geschieht im allgemeinen aus Stahlblech oder Massivkäfige aus Bronze, Eisen, Duraluminium oder ähnlichen Werkstoffen.

Ausführungsform der Querlager. Die Firmen der Deutschen Kugellager- und Rollenlagerkonvention haben eine Reihe von Normalien aufgestellt, deren Normung restlos durchgeführt ist.

Abb. 594.   Abb. 595.

Die in den Katalogen der genannten Firma angegebenen Belastungszahlen berücksichtigen Stöße und sonstige im Betriebe auftretende Erschütterungen. Weiter ist der Einfluß der Drehzahlen ebenfalls berücksichtigt worden.

Die Belastungen sind daneben noch abhängig von der Art der Kraftübertragung.

Die Belastung selbst muß für die einzelnen Größen Änderungen erfahren, wenn es sich um Übertragungen durch Riemen, Zahnräder oder andere Elemente handelt.

Die Querkugellager werden als ein- und zweireihige hergestellt.

Ein einreihiges Querkugellager mit Schultern am Innen- und Außenring zeigt Abb. 594. Zum Einbringen der Kugeln wird der Innen- und Außenring mit Einfüllnuten versehen von verschiedener Form, so daß es möglich ist, eine verhältnismäßig große Anzahl von Kugeln einzubringen.

Eine andere Ausführungsform dieser Querlager sind die sog. hochschultrigen Lager. Hier können nur so viel Kugeln eingebracht werden, wie durch exzentrisches Verschieben des Innenringes gegenüber dem Außenring möglich ist.

Ein zweireihiges Kugellager ist in Abb. 595 dargestellt. Auch hier sind am Innen- und Außenring Einfüllöffnungen vorhanden, durch welche die Kugeln zwischen die Laufbahnen gebracht werden.

Schulterlager dürften mit wenigen Ausnahmen kaum Verwendung im Holzbearbeitungsmaschinenbau finden. Bei derartigen Lagern besitzt der Innenring normale Schultern an beiden Seiten der Laufbahn, der Außenring besitzt nur eine Schulter. Die Laufbahn läuft in eine zylindrische Fläche über.

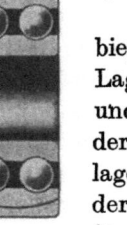

Abb. 596 u. 597.

Wenn während des Betriebes größere Durchbiegungen der Wellen bzw. Veränderungen der Lagerstellen durch Versacken der Fundamente und ähnliche Vorgänge zu erwarten sind, wird der Außenring der ein- und zweireihigen Querlager mit einer kugelförmigen Oberfläche an Stelle der zylindrischen versehen. Über diese kugelförmige Oberfläche kommt der sog. Einstellring, der gestattet, daß sich das Lager mit der Welle innerhalb des im Gehäuse festliegenden Einstellringes verstellen kann. (Abb. 596 und 597.)

Die Pendelkugellager werden stets zweireihig ausgeführt. Der Innenring hat die normale ausgerundete Laufbahn mit zwei Schultern. Der Außenring besitzt eine kugelförmig ausgebildete Laufbahn, hergestellt nach einem Kreise um den Mittelpunkt des Lagers. Die Welle mit dem Innenring ist imstande, Schwankungen, die etwa auftreten sollen, mit den Kugeln im Außenringe folgen zu können. (Abb. 598.)

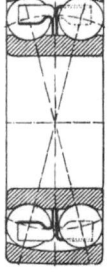

Abb. 598.

Alle diese Lagertypen sind in den DIN-Normen festgelegt.

Der Innenring muß mit einer bestimmten Spannung auf die Welle gebracht werden. Diese Spannung muß so groß sein, daß sich bei der Belastung zwischen Bohrung des Ringes und der Wellenoberfläche keine Luft bildet. Wenn dieses geschieht, treten Relativbewegungen beim Drehen der Welle auf zwischen dieser und der Bohrung des Innenringes. In den meisten Fällen wird schon in kurzer Zeit durch diesen Vorgang die Oberfläche der Welle beschädigt.

Zur Erreichung des Festsitzes müssen die Wellen mit einem bestimmten Übermaß je nach ihrem Durchmesser versehen werden. Neben dem Aufbringen mit Festsitz, der in der Regel anzuwenden ist, empfiehlt es sich, die Innenringe entweder gegen Wellenbunde oder durch Anbringung zwischen Distanzbüchsen auch in axialer Richtung festzulegen.

Der Sitz der Außenringe in den Gehäusen muß in den meisten Fällen ein Gleit- bzw. Schiebesitz sein. Auch hier kommen für die verschiedenen Gehäusedurchmesser verschiedene Abmaße in Frage.

Alle Abmessungen für die verschiedenen Passungen sind in den DIN-Normen festgelegt. Genaue Angaben über die Passungen der Rollen- sowohl als auch der Kugellager befinden sich in dem Buche von Dr.-Ing. J. Kirner „Die Passung der Wälzlager".

In Bearbeitung befinden sich zur Zeit neue Grenzmaße für sog. Edelpassung. In einigen Fällen würden diese auch für Holzbearbeitungsmaschinen in Frage kommen.

Das Aufbringen der Innenringe mit Haft- oder Festsitz ist in manchen Fällen besonders bei der Verwendung an Transmissionswellen nicht möglich oder nur sehr schwer durchführbar. Bei diesen Anwendungen verwendet man am zweckmäßigsten die sog. Spannhülse (Abb. 599). Dieselbe besteht aus einer geschlitzten Hülse, die innen eine zylindrische Bohrung hat und vorne ein Gewinde trägt. Der äußere Durchmesser der Spannhülse bildet einen Konus, der durch die Mutter in den konisch ausgebildeten Innenring so scharf hineingezogen wird, bis der Innenring den notwendigen Sitz auf der Transmissionswelle erhalten hat. Um Lockerwerden der Spannhülse zu vermeiden, besonders bei Betrieben, in denen heftigere Erschütterungen auftreten, wird die Mutter auf der Spannhülse gesichert.

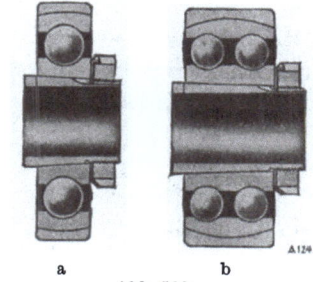

Abb. 599.

Die Spannhülsen gestatten im allgemeinen einen Ausgleich von Durchmesserungenauigkeiten bis zu 0,2 mm. Für höhere Drehzahlen, d. h. im Verhältnis zum Durchmesser der Wellen, werden Spannhülsen zweckmäßigerweise nicht verwendet.

B. Längslager.

Müssen erheblichere Drücke während längerer Zeit in Richtung der Achse aufgenommen werden, so werden Längslager verwendet. Diese sind imstande, Drücke in einer Richtung der Welle aufzunehmen.

Ist es möglich die Wellenachse genau senkrecht zum Lagergehäuse zu führen, bzw. handelt es sich um untergeordnete Anwendungszwecke, so können Längslager nach Abb. 600 verwendet werden. Bei dieser Lagersorte hat sowohl der treibende als auch der getriebene Laufring flache Auflageflächen.

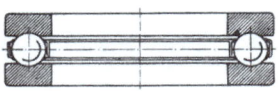

Abb. 600.

Besteht die Gefahr, daß Gehäuse und Wellenachse nicht zusammenfallen bzw. während des Betriebes ihre Lage zueinander ändern, so empfiehlt es sich, den unteren stillstehenden Ring mit einer kugelförmigen Auflagefläche zu versehen (Abb. 601). Dieser Auflagering ist dann imstande, bei Schwankungen der Wellenachse derselben zusammen mit dem oberen Laufring und den Kugeln folgen zu können.

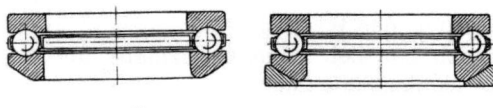

Abb. 601.   Abb. 602.

Ist die Herstellung der entsprechenden kugeligen Auflagefläche im Gehäuse mit Schwierigkeiten verbunden, so empfiehlt sich die Verwendung eines Einsatzringes (Abb. 602).

C. Wechsellager.

Treten Drücke in beiden Richtungen der Wellenachse auf, so muß ein Wechsellager nach Abb. 603 zur Anwendung kommen. Auch diese Wechsellager werden je nach dem Verwendungszweck mit flachen bzw. kugelig ausgebildeten Laufringen oder mit Unterlegeringen versehen. Bei größeren Wechsellagern, die bei hohen Tourenzahlen verhältnismäßig hohe Drücke zu übertragen haben, ist es zweckmäßig, dieselben von den Fabriken mit Gehäuse zu beziehen. Es ist nämlich notwendig, daß die einzelnen Elemente des Wechsellagers

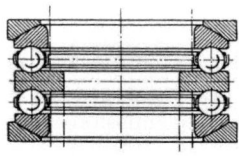

Abb. 603.

innerhalb des Gehäuses eine bestimmte axiale Luft haben. Wechsellager werden auch als einreihige Lager ausgeführt, wie in Abb. 604 dargestellt. Auf der Welle befindet sich eine quergeteilte Buchse, die den Druck nach der einen oder der anderen Richtung auf den in Frage kommenden Laufring überträgt. Das äußere Gehäuse dient zur Übertragung dieser Drücke auf die Lagerstelle, ist ebenfalls quergeteilt und durch Schrauben zusammengehalten.

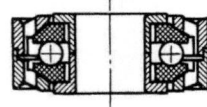

Abb. 604.

Sämtliche bisher angeführten Querlager, Längslager und Wechsellager werden in drei verschiedenen Dimensionsreihen, die alle genormt sind, ausgeführt.

D. Rollenlager.

Dieselben dienen in der Hauptsache zur Aufnahme von Querkräften. Bei einer Anzahl von Ausführungen können auch Längsdrücke nach einer oder nach beiden Richtungen aufgenommen werden.

Die Konstruktion des Käfigs muß dieselben Bedingungen erfüllen wie bei den Querkugellagern. Der Käfig soll die Rollen in dem notwendigen Abstand halten und eine bestimmte Führung derselben bewirken.

Die Abmessungen der Rollenlager stimmen in weitgehendstem Maße mit denjenigen der Querkugellager überein.

Rollenlager.

Die Firmen der Deutschen Kugel- und Rollenlager-Konvention haben bei den Angaben über Belastung und Tourenzahlen alle in Frage kommenden Verhältnisse des Betriebes berücksichtigt. Die Rollenlager bilden in bezug auf Belastungsmöglichkeit gewissermaßen eine Fortsetzung der Kugellager. Die Verwendung derselben ist auch immer dann zweckmäßig, wenn sich in Rücksicht auf die zu übertragenden Kräfte die Außendimensionen der Querkugellager zu groß bauen sollten.

Zylinderrollenlager.
Abb. 605 stellt die Grundform der Rollenlager dar. Die Rollen sind außer in dem Käfig durch zwei Schultern des Innenringes gegen Schränken geführt. Der Außenring besitzt keine Schultern.

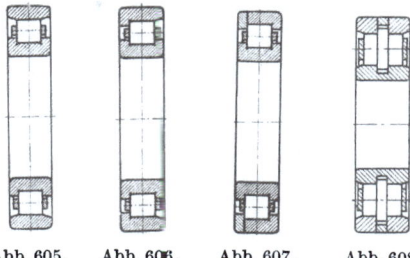

Abb. 605. Abb. 606. Abb. 607. Abb. 608.

Es ist also eine bestimmte Einstellmöglichkeit des Innenringes mit den Rollen im Außenring möglich.

Die Ausführung nach Abb. 606 ist infolge der einen Schulter am Außenring in der Lage, auch bestimmte Längsdrücke aufzunehmen bzw. eine Fixierung der Welle innerhalb des Gehäuses in Längsrichtung nach einer Seite hin zu bewirken.

In der Ausführung nach Abb. 607 besitzt der Außenring noch einen abnehmbaren Schulterring. Hierdurch ist das Rollenlager befähigt, die Fixierung der Welle nach beiden Richtungen hin vorzunehmen.

Die Lager nach Abb. 606 und 607 werden auch mit sog. langen Rollen angefertigt.

In Abb. 608 ist ein Bundrollenlager dargestellt. Die Rollen tragen in der Mitte einen Bund, der mit denselben aus einem Stück hergestellt ist. Der Innenring besteht aus einem Teil, der Außenring dagegen ist, wie die Abb. 608 zeigt, aus drei Teilen zusammengesetzt. Rechts und links vom Zwischenring befinden sich die eigentlichen Laufringe. Diese Lager sind imstande, Längsbelastungen nach beiden Richtungen dauernd aufzunehmen.

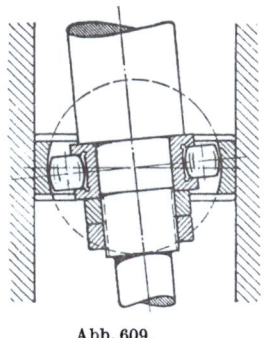

Abb. 609.

Für eine Reihe von Zwecken im Holzbearbeitungsmaschinenbau kommen auch Tonnenlager in Frage. Abb. 609 zeigt ein solches Lager. Die Rollen haben tonnenförmige Gestalt und werden an den Schultern des Innenringes geführt. Der Außenring hat eine kugelförmige Laufbahn, so daß sich Welle mit Innenring und Rollen in demselben einstellen kann. Stöße können bei diesem Lager in erheblichem Umfange aufgenommen werden.

In Abb. 610 ist ein Pendelrollenlager dargestellt. Die Belastung erzeugt durch die Laufbahn des äußeren Ringes eine Komponente auf die Rollen. Dieselbe hat das Bestreben, die Rollen an den mittleren Bund des Innenringes zur Anlage zu bringen. Durch besondere Ausbildung dieses Bundes werden die Rollen gut geführt. Durch die Ausbildung der Laufbahn des äußeren Ringes als Kugelkalotte ist die Einstellbarmöglichkeit dieser Lagerkonstruktion gegeben. Stärkere Längsdrücke können ebenfalls aufgenommen werden, neben verhältnismäßig großer Querbelastung.

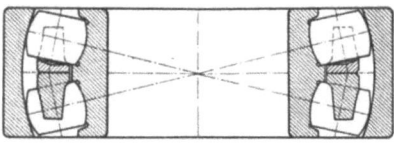

Abb. 610.

Alle bisher angeführten Rollenlager werden in drei Dimensionsreihen ausgeführt, die alle genormt sind. Notwendigenfalls erhalten verschiedene Rollenlager, wie sie bisher besprochen wurden, auch Ausrüstung mit Spannhülse oder Einstellring, so daß dieselben für Transmissionswellen und überall da benutzt werden können, wo ein notwendiges strammes Aufbringen des Innenringes aus bestimmten Gründen nicht möglich ist, oder erhebliche Schwankungen der Welle auszugleichen sind.

Federrollenlager und Kegelrollenlager, sog. Schrägrollenlager, kommen für die Verwendung im Holzbearbeitungsmaschinenbau kaum in Betracht, sie seien nur der Vollständigkeit wegen hier angeführt.

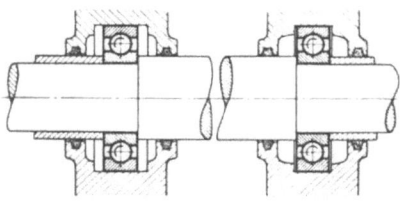

Abb. 611.

Bei der Montage der Kugel- und Rollenlager sind einige Bedingungen zu erfüllen, um ein einwandfreies Arbeiten der Wälzlager zu ermöglichen.

Sitzen mehrere Querkugellager auf einer Welle, so ist nur eines dieser Lager in axialer Richtung, d. h. mit seinem Außenring im Gehäuse festzuhalten, die übrigen Außenringe der Lager müssen genügend Luft haben, um bei Montageungenauigkeiten, Wärmeausdehnungen usw. der veränderten Lage der Welle folgen zu können (Abb. 611).

Bei Rollenlagern sind im allgemeinen dieselben Gesichtspunkte zu befolgen. Man wird hier in den meisten Fällen ein Lager mit Schultern am Innen- und Außenring ausführen und den übrigen Lagern nur Schultern am Innenringe geben, so daß sich hier der Innenring mit den Rollen um das notwendige Maß im Außenring verschieben kann.

Werden zweiteilige Gehäuse verwendet, so ist darauf zu achten, daß der Hohlraum des Gehäuses genügend groß ist, damit nicht beim Anziehen der beiden Teile ein Quetschen der Kugel- oder Rollenlager stattfindet.

Für die Schmierung kommt zweckmäßigerweise bei geringeren Tourenzahlen Starrfett in Frage. Bei höheren Tourenzahlen ist Öl und bei sehr hohen Tourenzahlen leichtflüssiges Öl zu verwenden. In allen Fällen muß streng darauf geachtet werden, daß die zur Verwendung kommenden Schmiermaterialien keinerlei Harz und besonders keine Säure enthalten. Wenn Öl verwendet wird, besonders bei hohen Tourenzahlen dünnflüssiges Öl, empfiehlt sich die Zuführung desselben zum Lager durch einen Tropföler.

Bei geringen und mittleren Tourenzahlen kann das Lagergehäuse am unteren Teil etwa bis zur Mitte der untersten Kugel mit Öl gefüllt werden. Kommen höhere und höchste Tourenzahlen in Frage, so ist dieser Zustand zu vermeiden. Das im Lager befindliche Öl würde in heftige Bewegung geraten, anfangen zu schäumen und durch die Berührung mit dem Sauerstoff der Luft bald seine Schmierfähigkeit verlieren. Aus diesem Grunde ist, wie oben erwähnt, in solchem Falle die Anwendung von Tropfölern zweckmäßig.

Die Erneuerung des Schmiermaterials braucht nur in großen Zwischenräumen je nach der Art der Benutzung vorgenommen zu werden. Bei Holzbearbeitungsmaschinen empfiehlt sich das Erneuern alle 1 bis 5 Monate. Zeigt sich bei der Revision der Lager, daß das im Lager vorhandene Fett oder Öl schmutzig geworden ist, so ist dasselbe abzulassen, die Lager auszuwaschen, und zwar mit Benzol oder mit Benzin, auszutrocknen und hierauf mit neuem sauberen Schmiermaterial zu versehen. Im allgemeinen läßt sich der mehr oder weniger gute Zustand des Lagers aus den durch dasselbe erzeugten Geräuschen bzw. aus seiner Temperatur beurteilen. Scharfe zischende Geräusche deuten im allgemeinen auf mangelhafte Schmierung. Wenn durch falsche Montage Verklemmen oder Verquetschen der Lager herbeigeführt worden ist, treten im Betriebe meistens starke Erschütterungen auf. Sind harte Fremdkörper im Lager, so zeigt sich dieses meistens durch rasselndes Geräusch an.

Besonders bei staubigen Betrieben, wie dieses in der Holzbearbeitung allgemein der Fall ist, empfiehlt sich eine sorgfältige Abdichtung der Lagergehäuse. Filzringe bzw. Asbestringe müssen in erwärmten Rindertalg getaucht werden und es muß weiter darauf geachtet werden, daß dieselben nicht zu scharf an der Welle anliegen. In solchen Fällen wird hauptsächlich unter dem Einfluß des Staubes ein Polieren der Welle und ein Hartwerden der obersten zylindrischen Bohrung des Filzringes stattfinden. In solchen Fällen erfüllt dann der Filzring nicht mehr seinen Zweck als Abdichtungsorgan.

Empfehlenswert ist neben dem Filzring die weitere Anbringung einer sog. Labyrinthdichtung. Hier wird, besonders wenn sich diese Labyrinthdichtung einige Male wiederholt, durch wirbelnde Luftströme das Eintreten von Staubteilen überhaupt verhindert. Die Firmen der Deutschen Kugellager und der Deutschen Rollenlager-Konvention haben auch für diese Abdichtungsarten eine Reihe von Normalien ausgearbeitet, deren Zweckmäßigkeit sich in jahrelanger Erfahrung durchaus bewährt hat.

Sachverzeichnis.

Abkürzsägen 3, 7, 69—72.
Abrichtehobelmaschinen 376—383.
Abtransport der gefällten Holzstämme in den Urwäldern 20.
Abzieh- und Schleifvorrichtungen für Hobelmaschinen 344, 347, 348.
Amerikanische Abrichtehobelmaschinen 382, 383.
— Bandschleifmaschine 439.
— Bildschnitzmaschine 502, 503.
— Dicktenhobelmaschinen 342—348.
— Holztransportwagen für die Werkstatt 384.
— Modell- und Kernkastenfräsmaschine 500—502.
— Pinehölzer 1—2, 154—156, 546—547.
— Sägewerke 154.
— Sägewerksleistung 155.
— Scheiben- u. Spindelschleifmaschinen 440—443.
— Tischfräsmaschinen 386—387.
— — Oberlager 386.
— Tischlerkreissägen 318, 323.
— Vertikal-Blockbandsäge 111.
— vielspindelige Bohrmaschinen 477 bis 478.
— Vollgattersäge 154.
— Zylinderschleifmaschinen 420—423.
Anlage einer Fuhrwerksbahn 37.
— eines Sägewerkes für Weich- und Laubholz 75, 145—153.
— eines Wasser-Holzsägewerkes 65, 145—153.
Apparat zum Fräsen von Treppenwangen 465, 473, 479—485, 497—500.
Arbeitsmethoden, neuzeitliche, an der Tischfräsmaschine 393—394.
Arbeitsmuster einer Elektro-Zinkenmaschine 412.
— einer Gehrungsstanze 522.
— einer vierseitigen Hobelmaschine 271.
— einer Horizontalbohrmaschine 470, 473, 474.
— der Kettenfräsmaschine 452, 453, 457.
— einer Modell- und Kernkastenfräsmaschine 502.

Arbeitsmuster von automatischen Nagelmaschinen 529.
— einer elektrischen Oberfräse 498.
— einer selbsttätigen Rundfräse 507 bis 508.
— der Scheiben- und Spindelschleifmaschine 442.
— einer selbsttätigen Speichen- und Stieldrehbank 510.
— von Sperrholz 240—241.
— von Zapfenschneidemaschinen 398, 401, 403.
Arbeitszeiten einer Modell- und Kernkastenfräsmaschine 502.
Astlochbohrer „Blitz" 530—531.
Aufspannapparate, doppelte, für Horizontalgatter 97.
Aufzugkette für Blockelevatoren 66—67.
Automatische Leimauftragemaschine 267, 513.
— Leimfügemaschinen 370—376.
— Nagelmaschinen 523—524, 527—530.
— Rundfräse 506—509.
— Rundstabhobelmaschine 511—512.
— Sägeschärfmaschinen 177—202.
— Sägespäne- und Holzabfällefeuerung 78—82.
— — — — an einer Lokomobile 80.
— Speichen- und Stieldrehbank 509 bis 511.
— Trennkreissägen 118—129.
— — doppelt 127.

Balanciervorrichtung für Hobelmesser 272.
Bandsäge, elektrische Kleinbandsäge 489.
— zum automatischen Trennen 114.
Bandsägeblätter 161—163.
Bandsägeführungen 330—333.
Bandsägen 325—339.
— amerikanische 337—339
Bandsägenschleifapparat für den Sägerücken 210, 211.
Bandsägenschränkmaschine 202, 203.
Bandschleifmaschinen 431—439.
Baumfällmaschine „Rinco" 7—10.
— „Sector" 2—7.

Behandlung von Rotbuchenholz 542 bis 544.
Beladegrube einer Fuhrwerksbahn 37.
Belade- und Winkelstation bei Drahtseilbahnen 28.
Berechnung von Block- und Würfelmaß 559—560.
— vom Verschnitt und Zuschlag bei Holz 549—550.
Berechnungsformel für die Umdrehungszahlen von Holzbearbeitungsmaschinen 169—170.
Besäumkreissägen, doppelte mit automatischem Vorschub 130—133.
— mit Kettenvorschub, selbsttätige 315—317.
— mit Rollenschiebetisch 314.
Beschickungsvorrichtungen hydraulischer Furnierpressen 262.
Bestoßmaschinen, sog. Trimmer 522 bis 523.
Biegemaschinen für Holz 535—538.
Biegen und Dämpfen von Holz 531 bis 538.
Bildschnitzmaschine, amerikanische 502—503.
Bläue von Holz 544—546.
Blaupilz 545—546.
Blauschutzmittel „Fungimors" 546.
Blockaufzugwinde 67.
Blockbandsägen, horizontale 107.
— vertikale 103, 109—111.
Blockelevator für Rundholz 68.
Blockwagen, Bolinders Schnellspannwagen 84.
— von Kirchner 90—91.
Blockwagen von Gebr. Linck 152—153.
Bockkran, fahrbarer, elektrischer 76.
Bohrer für Astlöcher 530—531.
— für Bohrmaschinen 469—470.
Bohrmaschinen 466—485.
— vielspindelige 477—478, 504—505.
Bolinders Standard-Gatter 85.
Brennholz-Bündelpresse 138, 538.
Brennholz-Pendelsäge, hängend, mit Büschelwagen 137.
— liegend, mit Büschelwagen 136.
Brennholz-Spaltmaschinen 538—539.
Brennholz-Zerkleinerungsmaschinen 538—539.
Buchenholz, Rotbuche 542—544.

Dämpfen und Biegen von Holz 531—538.
Dekupiersäge 339—340.
Deutsche Vollgatter oder Schwedengatter 82.
Diagramm über Schnittgeschwindigkeiten verschiedener Universalschnellgatter von Gebr. Linck 151.

Dicktenhobelmaschine, Gliedertransportwalzen 347, 362.
— Schema zum Einstellen der Messer 358—360.
Dicktenhobelmaschinen, Allgemeines 360—361.
— amerikanische 342—348.
Differenz zwischen unbesäumten und parallel besäumten Fichtenbrettern 557—558.
Doppelbauholzkreissäge mit Kettenvorschub 134—136.
Doppelbesäumkreissäge mit automatischer Holzzuführung 130—133.
Doppelte Aufspannapparate für Horizontalgatter 97.
— automatische Präzisions-Trennkreissäge 127.
— Trenngattersäge, Kirchner 94.
Dörrprobe bei Holz 552.
Douglas-Fir (Oregon-Pine) im Urwald 156.
Douglas-Tanne, Abtransport auf einer Waldeisenbahn in den U. S. A. 45.
Drahtseilbahnen 21—36.
Drahtseilbahnstrecke in 2000 m Höhe 28.
Drahtseile, Querschnitte 23.
Drechsler-Universaldrehbank 505—506.
Drehbänke für Holz 525—528.
Druckwerke für Sperrholzpressen 259.

Eichen-Schnittabelle 557.
Einlenker-Hochleistungsgatter, Gebr. Linck 150.
Einspannvorrichtung für mehrere Sägeblätter beim Horizontalgatter 97.
Elektrische Handbohrmaschinen 486, 487, 496.
— Hand- und Tischbandschleifmaschinen 490—493.
— Hilfsmaschinen 485—496.
— Holzdrehbänke 525—528.
— Lötapparate für Bandsägen 205 bis 209.
— Oberfräsen 497—500.
— Poliermaschine 495—496 und 502 bis 503.
— Rauhbank 488.
— Rundschleifmaschine 496.
— Schraubenziehmaschine 487, 493 bis 495.
— Universal-Kleinholzfräsmaschine 489.
— Universal-Tischkleinbandsäge. 489.
— Verlade- und Stapelmaschinen für Holz 541—542.
Elektrischer Handkettenstemmapparat 463.

Elektrischer Universal-Hand- und Tischhobel 487.
Elektro-Abrichtehobelmaschinen 376 bis 383.
Elektro-Bandsägen 325—338.
— amerikanische 337—339.
Elektro-Bohrmaschinen 471—485.
Elektro-Dicktenhobelmaschine 342 bis 355.
Elektro-Fräs- und Zapfenschneidemaschine mit Schwenkarm 388.
Elektro-Kettenfräsmaschinen 445—459.
Elektro-Nut- und Spundmaschine 305.
Elektro-Sandpapierschleifmaschinen, amerikanische 441—444.
Elektro-Tischfräsmaschinen 386—392.
Elektro-Tischlerkreissägen 319—323.
Elektro-Winkelkreissäge für Sperrholzplatten 268.
Elektro-Zapfenschneidemaschinen 396 bis 404.
Elektro-Zinkenfräsmaschine 405—407.
Elektro-Zinkenmaschine für Kleinbetriebe 412.
Elektroantriebe, Konstruktionselemente 451—452.
Endlose Spezialkette mit Laufwagen für Blockaufzüge 67.
Entladegrube einer Fuhrwerksbahn 37.
Entladen der Baumstämme bei Drahtseilbahnen 34.
Erlen-Schnittabelle 557.

Fahrbare Kappsäge 71.
— Vollgattersäge mit Walzenvorschub, Kirchner 92.
Fahrbarer Blockelevator für Rundholz 68.
— Bockkran mit elektrischem Antrieb 76.
— elektrischer Hebekran 77.
Fällen der Bäume mit Axt und Schrotsäge 1.
— — — mit der Motorsäge „Rinco" 8.
— — — mit der Motorsäge „Sector" 2.
Feilmaschine für Band- und Kreissägen 202.
Feststellung der Holzfeuchtigkeit bzw. Wassergehalt 552.
Feuerung für Dampfkessel (Sägespäne und Abfälle) 78.
Fließarbeit im Sägewerk 58, 145.
Flößen von Holz 15.
Fräser für gerade Zinken 411.
— für Nut- und Federprofil, Bolinders Standard 283.
Fräsketten mit Treibrad und Führungsschiene 454.
— richtig geschliffene 449.

Fräskettenschleifmaschinen 448—450.
Fräskettenstemmapparat, elektrischer 463.
Fräsmaschine, selbsttätige Rundfräse 506—509.
Fräsmaschinen, neuzeitliche Arbeitsmethoden 393—394.
— Tischfräsen 385—394.
Fuchsschwanz-Abkürzsäge 69, 72.
Fugenleimapparat 516.
Fugen-Leimauftragemaschinen 513 bis 514.
Fugenleimpressen, rotierende 517—518.
Fugenleimzwinge 516.
Fuhrwerksbahn 36.
Fungimors, Blauschutzmittel 546.
Furnierbandkürzer, automatischer 227.
Furnier-Beizmaschine 232.
Furnierbeschneidemaschine 228.
Furnierbock 515—516.
Furnier-Glättmaschine 231.
Furnier-Imitiermaschine 233.
Furniermesser-Schleifmaschinen 229 bis 230.
Furnierpresse für Handbetrieb 514—515.
Furnier- und Dicktenmessermaschinen 218—220.
Furnier- und Dicktensägen 215—217.
Furnier- und Holzschere, selbsttätige 227.
Furnier-Rundschälmaschinen 221—226.
Furniersägeblätter 174, 177, 212.
Furnierfügemaschine 231.
Furnier-Trockenanlage 266.

Gatter 82—103.
— Einlenker-Hochleistungsgatter, Gebr. Linck 150.
Gatter-Hilfswagen 152—153.
Gatter-Schnellspannwagen 152—153.
Gatter, Ursachen des Krummschneidens 143.
Gattersäge zum Trennen, Kirchner 94.
Gattersägeblätter, Auswahl und Behandlung 171—177.
— Schrägschliff oder Geradschliff 175.
Gattersägenblätter 158—161.
Gehänge für Schnittholzförderung bei Drahtseilbahnen 36.
Gehrungsstanze f. Gehrungen 518 bis 519.
— für Kreuzsprossen 519—522.
— — — Arbeitsmuster 522.
Genauigkeitshobelmaschine 351.
Geradschliff-Sägenselbstschärfer 200.
Gerät zum Aufstapeln von Holzstämmen 19.
Geschränkte Sägenzähne 177.
Gestauchte Sägenzähne 177.

Gewichts- und Feuchtigkeitskontrolle beim Trocknen von Holz 552—556.
Gliedertransportwalzen bei Dicktenhobelmaschinen 347, 362.
Graviermaschine „Scalfra" 479—482.
Greiferzangen für Rundholz 77.
Grubenholzförderung bei einer Drahtseilbahn 36.

Handelsübliche Holzstärken von Erle 560.
— — von Kiefernstammware 560.
— — von Pinehölzer 560.
Handschleifmaschinen, elektrische 490 bis 493.
Hanibalsägen 167.
Hasenmaul zum Ausziehen von Nägeln aus Rundholz 68.
Hebelpresse für Brennholz 138, 538.
Heizapparat für Holztrockenanlagen 562.
Hilfswagen für Vertikalgatter 152, 153.
Hobelbretter und -dielen, Profile derselben 271.
Hobel, elektrischer Hand- und Tischhobel 487, 488.
Hobelkreissägenblätter 170.
Hobelmaschinen, Abrichte 376—383.
Hobelmaschinen, Dickten 342—364.
Hobelmaschinenmesserwellen 344, 347, 355—357.
Hobelmaschinen, Universal 367—369.
— vierseitige 274—303.
Hobelmesserbalanciervorrichtung 272.
Hobelwerke, Maschinen für 270.
Hochleistungsvollgatter „Gigant", Kirchner 88.
Hohlmeißel mit Bohrer 454, 476.
Hohlmeißelstemmvorrichtung an Kreissägen 323.
Hohlstemmer 324.
Holzabfällefeuerung für Dampfkessel und Lokomobile 78—82.
Holz, Amerikanische Pinehölzer 1—2, 154—156, 546—547.
— Behandlung der Hölzer vom Einschnitt bis zur Verarbeitung 542 bis 572.
— Das Dämpfen und Biegen 531—538.
— Erlen 548—549.
— Holzeinfuhr bzw. Import 62—63.
— Kiefern, Fichten und Tannen 542 bis 548.
— Klassenbezeichnung 542—549.
— Ostpreußische Kiefer 544—547.
— Polnische Kiefer 547—548.
— rechte und linke Brettseite, Jahresringe 273.
— Rotbuchen 542—544.

Holz, Vergleich zwischen Block- und Würfelmaß 559—560.
— Verlade- und Stapelvorrichtungen 16—20, 33, 46, 540—542.
Holzbiegemaschinen 535—538.
Holzblockwagen 16.
Holzdämpfer 534—535.
Holzdifferenz zwischen unbesäumten und besäumten Fichtenbrettern 557 bis 558.
Holzdrehbank mit gekröpftem Bett 525 bis 528.
— mit eingebautem Elektromotor 527 bis 528.
Holzdrechsler-Universal-Drehbank 505 bis 506.
Holzfeuchtigkeit, Feststellung derselben 552.
Holzheber Herkules 17.
Holzlagerschuppen 540.
Holzpflege 539—550.
Holzstütze für Drahtseilbahnen, 6 bis 45 m hoch 24, 35.
Holztransport durch Flößen 15.
— im Walde 16.
— vom Walde zum Sägewerk 38—43.
Holztransportwagen 16.
— für Trockenanlagen 563.
— für den Werkstättengebrauch 384.
Holztrockenanlage mit Wagenbeschikkung 563.
Holztrockenanlagen ohne Exhaustorbetrieb 565—572.
Holztrocknung, künstliche 550—572.
— natürliche 539—546.
— Tabellen 552—561.
Holzzuschlag und Verschnittabellen 558 bis 559.
Horizontalbohrmaschinen 470—474.
Horizontale Blockbandsäge 107.
— Gattersäge, Kirchner 95.
Horizontalgatter oder Vertikalgatter 98.
Horizontalgattersägeblätter 160.
Hubtische für Schnellbetrieb hydraulischer Furnierpressen 262.
Hydraulische Laboratoriumspresse 246.
— Pieron-Pressen für Sperrholz 248 bis 265.
— Presse für Stuhlsitze, Formhölzer u. dgl. 257.
— Rahmenpresse für Sperrholz 249.

Imitiermaschine für Holzbrettchen 233.

Kabelkrane für Holzförderung 47—53.
Kanaltrockenanlagen für Holz 563, 565.
Kanthaken zum bequemen Kanten von Rundholz 69.
Kappsäge, fahrbare 71.

Kegelräder mit Spiralverzahnung 296.
Kehldruckapparat für Abrichtehobelmaschinen 378.
Keil-Leimfugen 375.
Kernkastenfräsmaschinen 500—502.
Kettenfräsmaschinen 445—463.
Kettensägen 2—10.
Kiefern-, Wasser- und Borkholz 544, 547, 548.
Kiefernhölzer 542—548.
Kistennagelmaschinen 523—524, 527 bis 530.
— Arbeitsmuster von 529.
Kleinbandsäge 337.
Kombinierte Hobelmaschinen 367 bis 369.
— Presse für Stuhlsitze u. dgl. 257.
Konisch geschliffene Spaltkreissägeblätter 170.
Konstruktion der Bolinders Standard-Gatter 85—88.
— der Drahtseilbahnen 21—36.
— der Horizontalgatter 100.
— der Sägeschärfmaschinen 180—200.
— einer Fuhrwerksbahn 37.
Konstruktionselemente der Elektroantriebe 451—452.
Kraftverbrauch von Bandsägen 329.
— amerikanischer Abrichtehobelmaschinen 383.
— — Dicktenhobelmaschinen 344 bis 345.
Kreissäge, doppelte, für Bauholz mit Kettenvorschub 134—136.
— Elektro-Winkelkreissäge für Sperrholzplatten 268.
— kombiniert mit Brennholzspaltmaschine 539.
— Mehrfach-Abkürzsäge 341.
— Spezialausführung mit Schwenkarm 341.
— Spezial-Parallelkreissäge für Sperrholzplatten 269.
Kreissägeblätter 163.
— gleich starke für Trennkreissägen 121.
— konische, für Trennkreissägen 121, 170.
— Tabelle 168.
Kreissägen, automatische, zum Trennen 118—129.
— Universal-Tischler- 318—323.
Kreuzsprossen- und Gehrungsstanzmaschine 519—522.
Krummschneiden eines Gatters, Ursachen 143.
Kugellager 572—580.
Künstliche Holztrocknung 550—571.
Kuppelstelle von Drahtseilbahnen 33.

Lattenkreissäge, automatische 132.
Laufwagen für Blockaufzüge 67.
Laufwerk, vierrädriges für Drahtseilbahnen 27.
Längskugellager 575.
Leimauftragemaschinen, automatische 267, 513.
— für Fugen 513—514.
Leimen, richtiges, von Brettafeln 234.
Leimfügemaschinen, automatische 370 bis 376.
Leimpresse für Fugen (Keilsystem) 516.
Leimstreckungsmittel 235.
Leimzwingen für Fugen zum Schrauben 516—517.
Lokomotiven für Holztransport 43—44.
Lötapparate für Bandsägen 205—209.
Luftfeuchtigkeitsmesser 564.
Luftfeuchtigkeits-Regulier-Trockenanlage 535—572.

Maschinen für Brennholzzerkleinerung 538, 539.
— für Furnier- und Sperrholzwerke 211 bis 269.
— für Hobelwerke 270—307.
— für Holzbearbeitungsbetriebe und Tischlereien 307—539.
Mechanisch-automatische Sägespäne- und Holzabfällefeuerung 78.
Messerschleifmaschine für Ziehklingenmesser 415—419.
Messerwellen für Hobelmaschinen 344, 347, 355—357.
Maßtabelle für Hohlmeißel mit Bohrer 455.
— von Kreissägeblättern 168.
Mitnehmerhaken für Blockaufzugketten 67.
Modellfräsmaschinen 500—502.
Motorlokomotive 43.
Muffenverbindung für Drahtseile 24.

Nagelmaschinen, Arbeitsmuster von 529.
— automatische 523—525, 527—530.
Neuzeitliche Arbeitsmethoden an der Tischfräsmaschine 393.
Nut- und Spundmaschine, doppelte, selbsttätige 304—307.

Oberfräsen, elektrische 497—500.
Oberlager für amerikanische Tischfräsmaschinen 386.
Oregon-Pine, dichter Stand von Douglas Fir im Urwald 156.
— — Schneiden von, auf einer amerikanischen Vollgattersäge 154.

Pendelsäge, hängend, für Brennholz mit Büschelwagen 137.
— liegend, für Brennholz mit Büschelwagen 136.
Pendelsägeblätter 168—169.
Pendelsägen 307—313.
Planschema einer Drahtseilbahn von Bleichert 31—32.
Plattform für Grubenholzförderung bei Drahtseilbahnen 36.
Poliermaschine, elektrische Handpoliermaschine 495—496.
— halbautomatische 502—503.
Polnisches Kiefernholz 547—548.
Portalstütze, 45 m hoch, für Drahtseilbahnen 35.
Präzisionsgehrungsstanze für Gehrungen 518—519.
Preßanlage für Spezialzwecke 250.
Preßpumpen für Sperrholzpressen 259.
Profile von Hobelbrettern 271.
Projekt eines nach dem Fließsystem arbeitenden Sägewerks 147.
Pumpe für Sperrholzpressen 258.
Putzbrücke bei einem Wasser-Holzsägewerk 66.
Putzkasten bei vierseitigen Hobelmaschinen 280—281.

Querkugellager 573.
Quersägen mit angebautem Elektromotor 307—308.
— — — und Ausleger 309—313.
Querschnitte von verschlossenen Drahtseilen 23.

Redpine 546—547.
Rahmenpresse für Sperrholz 249.
Rauhbank, elektrische 488.
Rentabilitätsberechnung einer Baumfällmaschine 6—10.
Richtlichtapparat am Vollgatter 140.
— an der Kreissäge 139, 141.
„Rinco", Baumfällmaschine 7—10.
Rollenführungen bei Bandsägen 330 bis 333.
Rollenlager 576.
Rotationsfugenleimpresse 517—518.
Rotbuchenholz und seine Behandlung 542—544.
Rotbuchen-Schnittabelle 557.
Rotierende Fugenleimpresse 517.
Rundfräse, selbsttätige 506—509.
— — Arbeitsmuster 507—508.
Rundschälmaschinen für Furniere 221 bis 226.
Rundstabhobelmaschine, automatische 511—512.

Sägeangeln für Gattersägen 176.
Sägeblätter, Bolinders-Standard für Kreissägen 121.
Sägen sowie Maschinen und Apparate zum Schärfen, Schränken und Löten derselben 157.
Sägeschärfmaschinen und Automaten 177—202.
Sägespänefeuerung, automatische für Dampfkessel 78.
Sägewerke, amerikanische 154.
Sägewerkgebäude 78.
Sandpapierschleifmaschinen 419—445.
Säulenpresse für Sperrholz 252.
— mit Wagen und Spannschlössern 256.
Schema zum Einstellen der Messer bei Dickenhobelmaschinen 358—360.
Schleifmaschine für Bolinders patentierte Fräser 285.
— für Hobelmaschinenmesser 364 bis 366.
— Zylinder 419—431.
Schleifmaschinen (Bandschleifmaschinen) 431—439.
— elektrische Handschleifmaschinen 490—493.
— für Fräsketten 448—450.
— für Furniermesser 229—230.
Schleifvorrichtungen für Hobelmaschinen 344, 347, 348.
Schmalspurlokomotive für Holzfeuerung 44.
Schnellspann-Blockwagen, Bolinders 84.
Schnellspannwagen für Gatter 152—153.
Schnittgeschwindigkeit bei Bandsägen 329.
— Berechnung bei Bandsägen 329.
— verschiedener Schnellgatter 151.
Schnittabelle von Rotbuche, Weißbuche, Eiche und Erle 557.
Schränkmaschinen für Bandsägen 182, 193, 202, 203.
Schraubenziehmaschinen, elektrische 487, 493—495.
Schwindtabelle von Bukowina-Fichten- und Tannenbrettern 561.
— von Rotbuchenholz 556—557.
Schutzvorrichtung für Dickenhobelmaschinen 363.
Schwalbenschwanz-Leimfügemaschine 372—376.
Schwedengatter 82—88.
Schwenkbarer Kabelkran 47.
Sector, Baumfällmaschine 2—7.
Seildrehschuh für Drahtseilbahnen 25.
Selbsttätige Leimfügemaschine 370 bis 376.
— Rundfräse 506—509.

Selbsttätiger Trennapparat für Bandsägen 117.
Spaltkeil für Kreissägen 166.
— zum Spalten von Holz 14.
Spaltkreissägeblätter 170, 171.
Spaltmaschinen für Holz und Brennholz 538—539.
Spanschneider für Putzspäne bei vierseitigen Hobelmaschinen 282.
Speichen- und Stieldrehbank, Arbeitsmuster 510.
— — — selbsttätige 509—511.
Sperrholz, seine Fabrikation 234—269.
— Handelsusancen 236—238.
Spezialpresse mit Serienheizung für Sperrholz 253.
Spezialpumpe mit 3 Kolben für Sperrholzpressen 258.
Spiralseile für Drahtseilbahnen 23.
Spundmaschine, doppelseitige, selbsttätige 304—307.
Spundwelle mit besonderer Hilfswelle bei vierseitigen Hobelmaschinen 298.
Stäbchensperrplatte 241.
Stammquersäge 69—75.
Standard-Gatter-Bolinders 85.
Stapelmaschinen für Holz 541.
Stationäre Stammquersäge 69.
Stelzenkopf-Tonnenlager 102.
Stockgewinnung 10.
Stockrodemaschine „Belzebub" 11.
Streckenbild einer Drahtseilbahn mit 86% Steigung 30.
Stubbenrodemaschine „Hexe" 12.

Tabelle über Block- und Würfelmaß 559 bis 560.
— über die Differenz zwischen unbesäumten und besäumten Fichtenbrettern 557—558.
— über Kreis- und Pendelsägeblätter 168.
— über Schwindung von Rotbuchenholz 556—557.
Tischlerkreissägen 318—323.
Tonnenlager für den Gatterstelzenkopf 102.
Tourenberechnungsformel 169—170.
Tragseile für Drahtseilbahnen 23.
Transport der gefällten Holzstämme in den Urwäldern 20.
— von Knüppeln durch eine Waldbahn 40.
Transportabler Kran zum Beladen von Waldbahnwagen 40.
Transporteur einer Fuhrwerksbahn 38.
Transportwagen für Holz in der Werkstatt 384.

Trennapparat, selbsttätiger, für Tischbandsägen 117.
Trennbandsäge mit selbsttätigem Vorschub 114.
Trennkreissägen, automatische 118 bis 129.
Treppenwangen-Fräsmaschine 465, 473, 479—485, 497—500.
Trimmer bzw. Bestoßmaschinen 522 bis 523.
Trockenanlagen für Holz 550—572.
Trocken- und Schwindtabelle von Bukowina-Fichten- und Tannenbrettern 561.
Trommel- und Zylindersägen 469.

Umdrehungszahlen von Kreissägeblättern sowie die Berechnungsformel 168—170.
Umladen von Stammholz von den Doppeltruckwagen in Güterwagen 41.
Umlaufgeschwindigkeit von Kappsägen 70.
— von Kreissägeblättern 168—169.
Universal-Bohr-, Fräs- und Graviermaschine 479—482.
Universal-Bohr- und Fräsmaschine „Ruga" 482—485.
Universal-Drehbank für Holzdrechslerei 505—506.
Universal-Hobelmaschinen 367—369.
Ursachen des Krummschneiden eines Gatters 143.

Verbindung von Drahtseilen 24.
Verblauen von Holz 544—546.
Vergleichstabellen zwischen Block- und Würfelmaß 559—560.
Verhältnis zwischen Block- und Würfelmaß 559—560.
Verlade- und Stapelvorrichtungen für Holz 540—542.
Verladen schwerer Baumstämme mit Hilfe eines Ladewagens bei einer Drahtseilbahn 33.
— von Oregon-Pine im Holzhafen Seattle 46.
Verladewinde für Rundholz 16.
Verleimen, richtig verleimte Brettafel 234.
— unrichtig verleimte Brettafel 234.
Verschnitt- und Zuschlag bei Rotbuchenholz 549—550.
Verschnitt- und Zuschlagtabelle für Holz 558—559.
Vertikalbohrmaschinen 468, 474—479.
Vertikale Blockbandsägen 103—106, 109—112.

Vertikalgatter oder Horizontalgatter 98.
Vielspindelige Bohrmaschinen 477—478, 504—505.
Vierrad-Laufwerke für Drahtseilbahnen 27.
Vollgatter 82—94, 140, 150—155.
Vorteilhaftes Arbeiten an Hobelmaschinen 383—384.
Vorzüge des selbsttätigen Maschinenschärfens, verglichen mit Handfeilerei 181.

Waldbahn mit Lokomotivbetrieb 42 bis 43.
— mit Pferdebetrieb 38—40.
Waldbahnen 39.
Wassergehalt bei Holz, Feststellung desselben 552.
Wasserholz 544, 547—548.
Wasser-Holzsägewerk 65.
Wälzlager 572—580.
Wechselkugellager 576.
Weißbuchen-Schnittabelle 557.
Werkzeugkasten einer amerikanischen Modell- und Kernkastenfräsmaschine 501.

Winden, Verladewinde für Holz 16.

Zahnformen für Gattersägen 174 bis 177.
— für Kreis- und Pendelsägeblätter 164—169.
— welche automatisch geschärft werden können 201.
Zapfenschneidemaschinen 394—404.
Ziehklingen-Maschine 413.
Ziehklingen-Messerkasten 414.
Ziehklingen-Messerschleifmaschine 415.
Zinkenfräser für gerade Zinken 411.
Zinkenfräserschleifmaschine 407—408.
Zinkenfräsmaschine, doppelte, mit Abkürzsägen für gerade Zinken 410.
— selbsttätige, für gerade Zinken 409.
Zinkenfräsmaschinen 404—413.
Zuschlag- und Verschnittberechnung für Holz 549—550.
Zuschlag- und Verschnittabelle für Holz 558—559.
Zweisäulenpresse für Sperrholz 255.
Zylindersägen 469.
Zylinderschleifmaschinen mit Rotschleifpapierbespannung 419—431.

Seit Jahren bewährt haben sich die
Original Vollmer
Schränkmaschinen und Schärfautomaten
für Gerad- und Schrägschliff für
alle Sägenarten und Zahnformen

Weitere Spezialitäten:
Hobelmesserschleifmaschinen
Bandsägenfeilmaschinen
Schränkzangen und Bandsägenführungen

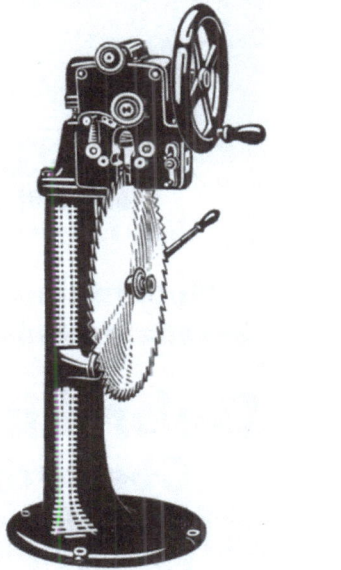
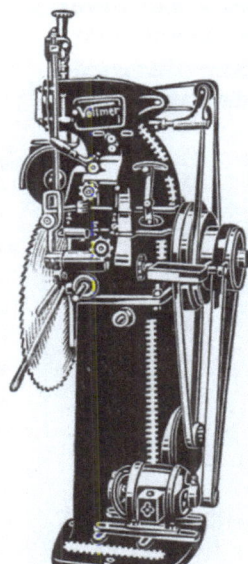

Sie erhöhen die Schnittleistung der Sägen ganz
bedeutend und ersparen viel an Kraft und Löhnen.

VOLLMER=WERKE A.=G.
BIBERACH=RIES
Spezialfabrik für Sägenschärf- u. Schränkmaschinen

Die Universal-Schnellgattersäge
Modell SS

mit automatisch arbeitenden Schnellspannwagen

leistet garantiert **72 Festmeter** in 8 Stunden bei geringstem Schnittverlust und geringster Bedienungsmannschaft

Restlose Ausnutzung der Arbeitszeit, daher niedrigste Gestehungskosten

Verlangen Sie kostenlose Auskunft auch über **Fließarbeit** im Sägewerk

Modernisierung veralteter Anlagen

Gebr. Linck
Oberkirch
in Baden

Spezialfabrik für moderne **Sägewerkseinrichtungen, Kistenfabriken und Förderanlagen** für Sägewerke, Hobelwerke, Kistenfabriken, Sperrholzfabriken und die übrige Holzindustrie

QUALITÄTS-
KNOCHEN-, HAUT- u. LEDER-
LEIME
IN TAFELN ODER ALS
PERLENLEIM

AKTIENGESELLSCHAFT FÜR CHEMISCHE PRODUKTE
vormals H. SCHEIDEMANDEL
BERLIN NW7, DOROTHEENSTR. 35

FRIEDRICH SCHMALTZ G.M.B.H.

Schleifmaschinen- und Schleifräderwerke
Offenbach am Main (Postfach 608)
Drahtanschrift: Autoschmaltz Offenbachmain

Original „Schmaltz" Sägenschärf=Automaten

Auf dem Weltmarkt als vollendet anerkannt!
Über 10000 in allen Erdteilen im Betrieb.

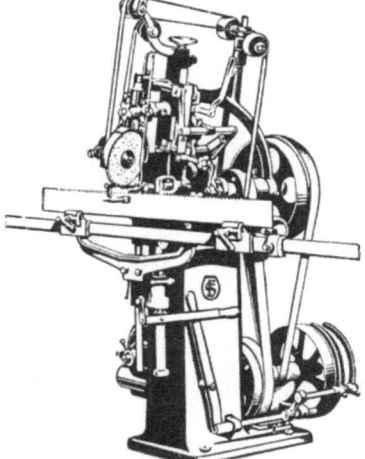

Außerordentliche Leistungsfähigkeit und Wirtschaftlichkeit beim Schärfen aller Sägenarten und Zahnformen.

Hochleistungs=Sägenschärfscheiben Marke: „Para=Zenit"

Schon von 0,3 mm Scheibendicke stets kurzfristig lieferbar und hergestellt aus hochwertigen Elektro-Korunden, in widerstandsfähigster, elastischer Bindung. Sie sind genau ausbalanziert, also schwerpunktfrei, und sollen, zwecks Erzielung eines zarten Schliffs, während der Arbeit nicht fest an die Sägen angedrückt werden.

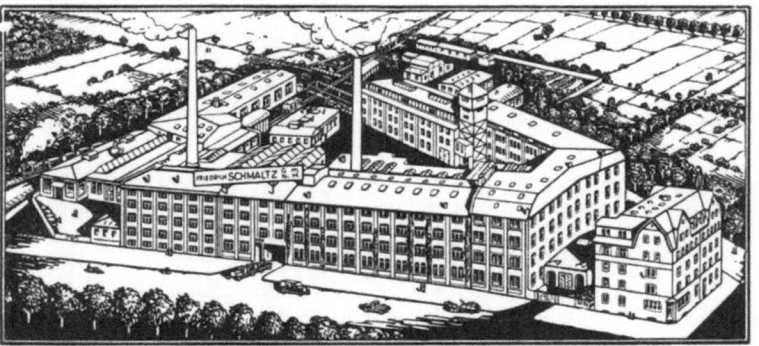

Krane
und
Transportanlagen
für
Langholzlagerplätze

Sägewerke, Furnierfabriken, Holz-
verarbeitungsfabriken usw.

Verladewinden
Drehkrane
Verlade- und
Stapelmaschinen
für Schnittwaren
jeder Dimension,
Bauhölzer,
Gruben- und
Papierhölzer

bauen als Spezialität

Jul. Wolff & Co. G. m. b. H.
Maschinenfabrik und Eisengießerei
Heilbronn a. N.

Verlag von Julius Springer / Berlin

Mahlke-Troschel, Handbuch der Holzkonservierung. Unter Mitwirkung zahlreicher Fachleute herausgegeben von Privatdozent Oberbaurat **Friedrich Mahlke,** Berlin. Zweite, völlig neubearbeitete Auflage. Mit 191 Abbildungen im Text. VII, 434 Seiten. 1928.   Gebunden RM 29.—

Aus den Besprechungen:
Vor kurzem ist die zweite Auflage des bekannten großen Werkes von Mahlke-Troschel, völlig neu bearbeitet, erschienen, herausgegeben von Oberbaurat Friedrich Mahlke, unter Mitwirkung einer Reihe hervorragender Fachautoritäten. Die Frage der Holzkonservierung wird von Jahr zu Jahr wichtiger, weil das Verhältnis der Holzproduktion zum Holzverbrauch immer ungünstiger wird, und daher alles getan werden muß, um dem Holze eine tunlichst lange Lebensdauer zu geben. Diesem Zweck zu dienen ist das Buch bestimmt, und dementsprechend ist der Hauptteil „Die Konservierung des Holzes" ausgestaltet worden. Es ist ein überaus inhaltsreiches Buch, dabei — soweit es der schwierige Stoff zuläßt — leicht verständlich geschrieben. Der 1. Teil behandelt das rohe Holz, seinen Aufbau, seine chemische Zusammensetzung, die Zerstörung durch Holzschädlinge (Pilze und Tiere). Der 2. Teil gibt eine umfassende Darstellung der Konservierung des Holzes, und zwar zunächst der Vorbehandlung und dann der verschiedenen Konservierungsverfahren, soweit sie praktische Bedeutung haben. Der 3. Teil enthält eine Übersicht über die verschiedenen Anwendungsgebiete der Holzkonservierung und Imprägnierung (Eisenbahnoberbau, Stangen und Leitungsmasten, Grubenbau, Wasserbau und Schiffbau, Hochbau und Straßenbau). Zum Schluß ist ein vollständiges Namen- und Sachverzeichnis beigefügt. Wir können das Buch allen unseren an der Holzkonservierung und Imprägnierung interessierten Lesern aufs beste empfehlen.
„Der Holzmarkt".

Das Holz als Baustoff. Aufbau, Wachstum, Behandlung und Verwendung für Bauteile. Zweite, vollständig umgearbeitete Auflage des gleichnamigen Werkes von **Gustav Lang** unter Mitarbeit von Professor **Otto Graf,** Oberforstrat Dr. **Harsch,** Dr. **Fritz Himmelsbach-Noël,** herausgegeben von Dr.-Ing. e. h. **Richard Baumann,** Professor, Vorstand der Materialprüfungsanstalt an der Technischen Hochschule Stuttgart. Mit 177 Textabbildungen. VIII, 170 Seiten. 1927. RM 16.50; gebunden RM 18.—
(C. W. Kreidel's Verlag / München.)

Die Trockentechnik. Grundlagen, Berechnung, Ausführung und Betrieb der Trockeneinrichtungen. Von Dipl.-Ing. **M. Hirsch,** berat. Ing. V. B. I. Mit 234 Textabbildungen, einer schwarzen und 2 farbigen i-x-Tafeln für feuchte Luft. XIV, 366 Seiten. 1927.   Gebunden RM 31.80

Lastenbewegung. Bauarten, Betrieb, Wirtschaftlichkeit der Lasthebemaschinen. Leichtfaßlich dargestellt von Ing. **Josef Schoenecker.** Mit 245 Abbildungen im Text nach Zeichnungen des Verfassers. VI, 160 Seiten. 1926.   (Verlag von Julius Springer / Wien.)   RM 5.70

Billig Verladen und Fördern. Die maßgebenden Gesichtspunkte für die Schaffung von Neuanlagen nebst Beschreibung und Beurteilung der bestehenden Verlade- und Fördermittel unter besonderer Berücksichtigung ihrer Wirtschaftlichkeit. Von Prof. Dipl.-Ing. **Georg v. Hanffstengel,** Charlottenburg. Dritte, neubearbeitete Auflage. Mit 190 Textabbildungen. VIII, 178 Seiten. 1926.   RM 6.—

Die Förderung von Massengütern. Von Prof. Dipl.-Ing. **Georg v. Hanffstengel,** Charlottenburg.
Erster Band: Bau und Berechnung der stetig arbeitenden Förderer. Dritte, umgearbeitete und vermehrte Auflage. Mit 531 Textfiguren. VIII, 306 Seiten. 1921. Unveränderter Neudruck 1922. Gebunden RM 11.—
Zweiter Band: I. Teil: Bahnen (Wagen für Massengüter, Wagenkipper, Zweischienige Bahnen, Hängebahnen). Dritte, vollständig umgearbeitete Auflage. Mit 555 Textabbildungen. VIII, 348 Seiten. 1926.
Gebunden RM 24.—
II. Teil: Krane (einschließlich Kabelkrane) und Anlagen, die aus Kranen und anderen Fördermitteln zusammengesetzt sind. Dritte, vollständig umgearbeitete Auflage. Mit etwa 400 Textabbildungen. Etwa 400 Seiten.
Erscheint im März 1929.

Sandpapier-Schleifmaschinen

und zwar:

Selbsttätige Zylinderschleifmaschinen
Horizontal- und Vertikalbandschleifmaschinen
Selbsttätige Rundstabschleifmaschinen
Scheibenschleifmaschinen

Ernst Carstens, Nürnberg
Maschinenfabrik

Hahag-Holztrocknungs-Anlagen

Die Betriebswirtschaftlichkeit gibt den Ausschlag!

Prüfen Sie, ob Ihre Holztrocknungs-Anlage rationell arbeitet! Wir stellen Ihnen unsere jahrzehntelangen Erfahrungen zur Verfügung.

HAMPE & HARTWIG
AKTIEN-GESELLSCHAFT
Berlin W 62, Kleiststraße 34

„Holz-Her"
die stabile und leistungsfähigste
Zimmereimaschine
für die Praxis

Fräsen von
Zapfen, Zapfenlöchern, Kerven, Versatzungen, Sparrenscheren, Geissfüsse, Schrägschnitte, Abplattungen, Gratnuten, Treppenwangen.

Alleiniger Hersteller:

Karl M. Reich, Nürtingen a. N.

Prämiiert mit goldener Medaille.

Überragend
in Wirkungsgrad und Leistung ist die

Sparfeuerung Döllken
D.R.P. u. Ausl.-Pat.

für Späne und Holzabfälle ohne und mit Zusatz von Kohle und Staubkohle

W. Döllken & Co. G.m.b.H.
Werden-Ruhr
Säge- und Holzbearbeitungswerke
Abt. Sparfeuerungsbau

Der Holzbau. Grundlagen der Berechnung und Ausbildung von Holzkonstruktionen des Hoch- und Ingenieurbaues. Von Dr.-Ing. **Theodor Gesteschi,** beratender Ingenieur in Berlin. (Handbibliothek für Bauingenieure, IV. Teil, 2. Band, herausgegeben von Robert Otzen.) Mit 533 Textabbildungen. X, 421 Seiten. 1926. Gebunden RM 45.—

Holz im Hochbau. Ein neuzeitliches Hilfsbuch für den Entwurf, die Berechnung und Ausführung zimmermanns- und ingenieurmäßiger Holzwerke im Hochbau. Von Ingenieur **Hugo Bronneck,** behördl. autor. Zivilingenieur für das Bauwesen in Wien. Mit 415 Abbildungen, zahlreichen Tafeln und Zahlenbeispielen. XVI, 388 Seiten. 1927.
Gebunden RM 22.20
(Verlag von Julius Springer / Wien.)

Grundlagen des Ingenieurholzbaus. Von Regierungsbaumeister Dr.-Ing. **Hugo Seitz,** Stuttgart. Mit 48 Textabbildungen. IV, 120 Seiten. 1925. RM 5.70; gebunden RM 6.90

Freitragende Holzbauten. Ein Lehrbuch für Schule und Praxis. Von **C. Kersten,** vorm. Oberingenieur, Studienrat an der Städtischen Baugewerkschule Berlin. Zweite, völlig umgearbeitete und stark erweiterte Auflage. Mit 742 Textabbildungen. VIII, 340 Seiten. 1926.
Gebunden RM 36.—

Handbuch der Holzkonstruktionen des Zimmermanns mit besonderer Berücksichtigung des Hochbaus. Von Professor **Th. Böhm,** Dresden. Mit 1056 Textfiguren. VII, 704 Seiten. 1911.
Gebunden RM 22.—

Der Zimmerermeister. Ein bautechnisches Konstruktionswerk, enthaltend die gesamten Zimmerungen von Professor **Andreas Baudouin,** Wien. Zweite, ergänzte und verbesserte Auflage. Zwei Mappen mit 1171 Tafeln. 1926. RM 114.—
Das Werk wird nur vollständig abgegeben.
(Verlag von Julius Springer / Wien.)

Der Bauratgeber. Handbuch für das gesamte Baugewerbe und seine Grenzgebiete. Herausgegeben unter Mitwirkung hervorragender Fachleute aus der Praxis von Ing. **Leopold Herzka,** Wien. Achte, vollständig neubearbeitete und wesentlich erweiterte Auflage von Junk, „Wiener Bauratgeber". Mit zahlreichen Tabellen und 752 Abbildungen im Text. XIV, 780 Seiten. 1927. Gebunden RM 38.50

(Verlag von Julius Springer / Wien.)

Arbeite mit „DICK=" Sägefeilen!

Achte auf die Marke

F.D.

Überall erhältlich!

Prima Schnitt!

Friedr. DICK
G. m. b. H.
Eßlingen
a. N.

Feilenfabrik

Gegründet 1778

ANTON ZAHORANSKY
TODTNAU (Baden)

Spezialfabrik moderner Werkzeuge und Maschinen zur Holzbearbeitung und für die Bürstenhölzer-Fabrikation

Neuheit:
Fasson=Fräsmaschine „Reform"
D. R. G. M.

Bestgeeignetste Maschine für alle Fassonarbeiten, wie Profilieren, Abschrägen, Abrunden, Hohlkehlen, Hinterfräsen, Langlochbohren usw. Für Bürstenhölzer und viele andere Massenartikel, wie Galanteriewaren, Möbelverzierung, Uhrenkästen, Spiegel usw. vorzüglich geeignet.

Kein Ausschleißen des Holzes wie bei anderen Fräsmaschinen. Bedeutende Kraft- und Raumersparnis.

Bohrmaschinen
(gewöhnliche, mehrspindlige und automatisch arbeitende)

Schleifmaschinen + Poliermaschinen + Hobelmaschinen
Für Bürstenhölzer-, Spielwaren- und Holzwarenfabriken usw.
Erstklassige Fabrikate

Ausgewählte Arbeiten des Lehrstuhles für Betriebswissenschaften in Dresden. Herausgegeben von Prof. Dr.-Ing. E. Sachsenberg.
Erster Band: Prof. Dr. E. **Sachsenberg,** Neuere Versuche auf arbeitstechnischem Gebiet. Dr. W. **Fehse,** Grenzen der Wirtschaftlichkeit bei der Vorkalkulation im Maschinenbau. Dr. K. H. **Schmidt,** Organisation und Grenzen der Arbeitszerlegung im fließenden Zusammenbau. Mit 58 Abbildungen im Text. VI, 180 Seiten. 1924. RM 7.50; gebunden RM 9.—
Zweiter Band: Dr.-Ing. H. **Brasch,** Die Bearbeitungsvorrichtungen für die spanabhebende Metallfertigung. (Eine Systematik des Vorrichtungswesens.) Dr.-Ing. G. **Oehler,** Beiträge zur Wirtschaftlichkeit im Vorrichtungsbau unter besonderer Berücksichtigung der Herstellungsmenge und Art der Vorrichtung selbst. Prof. Dr.-Ing. E. **Sachsenberg,** Versuche über die Wirksamkeit und Konstruktion von Räumnadeln. Mit 248 Abbildungen im Text. VI, 184 Seiten. 1926. RM 14.40; gebunden RM 15.60
Dritter Band: Prof. Dr.-Ing. E. **Sachsenberg,** Neuere Versuche auf arbeitstechnischem Gebiet. (Zweiter Teil.) Dr.-Ing. E. **Möhler,** Beurteilung der Tagesbeleuchtung in Werkstätten vom Standpunkt des Betriebsingenieurs aus. Dr.-Ing. M. **Meyer,** Untersuchungen über die den Zerspanungsvorgang mittels Holzkreissägen beeinflussenden Faktoren. Mit 76 Abbildungen im Text und auf 2 Tafeln. VI, 118 Seiten. 1926.
RM 9.60; gebunden RM 10.80
Vierter Band: Dr.-Ing. Otto **Hebenstreit,** Untersuchungen an einem Lauf-Thoma-Getriebe zur Klarstellung der Betriebsverhältnisse und des Wirkungsgrades von Kolbenflüssigkeitsgetrieben. Dr.-Ing. **Conrad Hildebrandt,** Das Arbeiten der Feilen und ihr Verhalten während der Abnutzung. Dr.-Ing. Werner **Osenberg,** Untersuchungen über die den Zerspanungsvorgang mittels Holzbohrern beeinflussenden Faktoren. Mit 196 Textabbildungen. VI, 167 Seiten. 1927. RM 18.—; gebunden RM 19.50

Rationelle Betriebsführung in Säge- und Holzbearbeitungsbetrieben. Von Ing. **Fritz Braunshirn,** Wien. Mit zahlreichen Abbildungen. Etwa 190 Seiten. In Vorbereitung.
(Verlag von Julius Springer / Wien.)

Handbuch der Fräserei. Kurzgefaßtes Lehr- und Nachschlagebuch für den allgemeinen Gebrauch. Gemeinverständlich bearbeitet von **Emil Jurthe** und **Otto Mietzschke,** Ingenieure. Sechste, durchgesehene und vermehrte Auflage. Mit 351 Abbildungen, 42 Tabellen und einem Anhang über Konstruktion der gebräuchlichsten Zahnformen an Stirn-, Spiralzahn-, Schnecken- und Kegelrädern. VIII, 334 Seiten. 1923.
Gebunden RM 11.—

Die Dreherei und ihre Werkzeuge. Handbuch für Werkstatt, Büro und Schule. Von Betriebsdirektor **Willy Hippler.** Dritte, umgearbeitete und erweiterte Auflage.
Erster Teil: **Wirtschaftliche Ausnutzung der Drehbank.** Mit 136 Abbildungen im Text und auf 2 Tafeln. VII, 259 Seiten. 1923.
Gebunden RM 13.50

Hochleistungs-Werkzeuge

Qualitäts- Zeichen

für maschinelle Holzbearbeitung

Bohrer, Langlochfräser und Stemmer

Spezialität: Hohlstemmer
aus Kohlenstoffstahl und Schnellschnittstahl.

Lieferung durch die Werkzeughandlungen

Gebrüder Heller • Schmalkalden

Adolf Mohr, Maschinenfabrik
Hofheim am Taunus

Älteste deutsche Spezialfabrik für Messerwellen

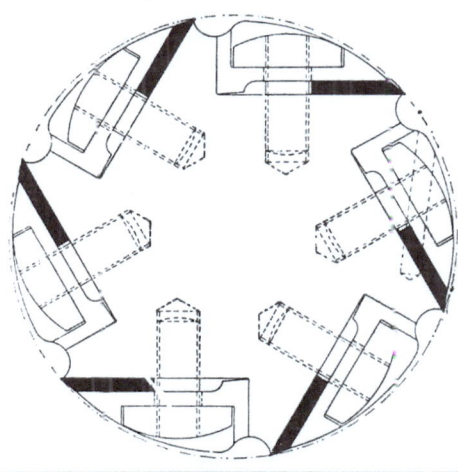

2, 3 u. 4-
messrige
runde
Sicher-
heits-
Messer-
wellen
„Polar"

6-
messrige
runde
Hoch-
leistungs-
Messer-
wellen
„Polar"

Die Maschinenelemente. Ein Lehr- und Handbuch für Studierende, Konstrukteure und Ingenieure von Prof. Dr.-Ing. **Felix Rötscher,** Aachen. In zwei Bänden.
Erster Band: Mit Abbildung 1—1042 und einer Tafel. XX, 600 Seiten. 1927. Gebunden RM 41.—
Zweiter Band: Mit Abbildung 1043—2296. XX, 754 Seiten. 1929. Gebunden RM 48.—

Die Arbeitsgenauigkeit der Werkzeugmaschinen. (Prüfbuch für Werkzeugmaschinen.) Von Dr. Ing. **G. Schlesinger,** Professor an der Technischen Hochschule zu Berlin. Mit 31 Abbildungsgruppen. 40 Seiten. 1927. Gebunden RM 6.—; durchschossen RM 7.—

Vorrichtungen im Maschinenbau nebst Anwendungsbeispielen aus der Praxis. Von **Otto Lich,** Oberingenieur. Zweite, vollständig umgearbeitete Auflage. Mit 656 Abbildungen im Text. VII, 500 Seiten. 1927. Gebunden RM 26.—

Zeitsparende Vorrichtungen im Maschinen- und Apparatebau. Von **O. M. Müller,** Beratender Ingenieur, Berlin. Mit 987 Abbildungen. VIII, 357 Seiten. 1926. Gebunden RM 27.90

Elemente des Vorrichtungsbaues. Von Oberingenieur **E. Gempe.** Mit 727 Textabbildungen. IV, 132 Seiten. 1927.
RM 6.75; gebunden RM 7.75

Elemente des Werkzeugmaschinenbaues. Ihre Berechnung und Konstruktion. Von Prof. Dipl.-Ing. **Max Coenen,** Chemnitz. Mit 297 Abbildungen im Text. IV, 146 Seiten. 1927. RM 10.—

Kugel- und Rollenlager (Wälzlager) unter besonderer Berücksichtigung des Einbauens. Von **H. Behr.** (Bildet Heft 29 der „Werkstattbücher", herausgegeben von Eugen Simon.) Mit 197 Figuren im Text. 64 Seiten. 1927. RM 2.—

Die Teilung der Zahnräder und ihre einfachste rechnerische Bestimmung. Von Ingenieur **G. Hönnicke.** Mit 26 Textabbildungen. IV, 115 Seiten. 1927. RM 6.—

Die Satzrädersysteme der Evolventenverzahnung. Grundlagen und Anleitung zu ihrer Berechnung. Von Dr.-Ing. **Paul Krüger.** Mit 30 Abbildungen. VI, 88 Seiten. 1926. RM 8.40

Das ist die richtige

automatische
Besäum- u. Zuschneide-Kreissäge
für wirtschaftliche Betriebsweise!

Verlangen Sie bitte sofort kostenlos Angebot oder Ingenieur-Besuch über diese und alle anderen neuen Kirchner-Modelle für Höchstleistungen

Kirchner & Co. A.-G.
Leipzig O 28 y

Bedeutendste Spezialfabrik für
Sägewerks- und
Holzbearbeitungs-Maschinen

Tel.-Adr.: Kirchnerco Leipzig
Fernsprecher Nr. 643 21

Modell LAB. Riemenantrieb oder riemenlos

Hunderte von Zeugnissen erster Firmen beweisen die Überlegenheit der

LAFÖ-FEUERUNGS-ANLAGEN

für Sägespäne, Holzabfälle und andere minderwertige Brennstoffe

LAFÖ-FEUERUNGSBAU
EISENACH 10

DAQUA
HOLZTROCKNUNG

DAQUA-Holztrocknungsanlagen D. R. P. a.
für Umluft-Stufen-Trocknung mit selbsttätiger Feuchtluftregulierung werden mit gutem Grund bevorzugt, denn eine

DAQUA-Anlage gewährleistet:

Schonendste Trocknung ohne Reißen und Werfen der Hölzer — Keine Verfärbung der Oberflächen — Kurze Trockenzeit — Große Leistung bei kleiner Raumbeanspruchung — Niedrigster Dampf- und Kraftverbrauch und somit geringste Betriebskosten — Größte Anpassungsfähigkeit an bestehende Räume bei billigster Bauausführung.

SPÄNETRANSPORT · HEIZUNG

Verlangen Sie Spezialkatalog 311/G

DANNEBERG & QUANDT / BERLIN-LICHTENBERG
INSTALLATIONS-ABTEILUNG

SCHUCHARDT & SCHÜTTE A.G.
BERLIN C 2 ✶ SPANDAUER STR.

Niederlassung in Köln a. Rh., Gereonshaus + Eigene Häuser in Wien/Budapest Prag/Kopenhagen/Stockholm/Mailand/Amsterdam/Soerabaia/New-York

✶

Hochleistungs=Sondermaschinen für die Holzbearbeitung

Sandpapier-Schleifmaschine mit 3 Schleifzylindern D.R.P.

Fügemaschinen

Trennbandsägen

Besäum- und Zuschneidemaschinen usw.

Sondermaschinen für die Sperrplattenfabrikation

Werkzeuge

MIX
Papier aus verantwortungsvollen Quellen
Paper from responsible sources
FSC® C105338

If you have any concerns about our products,
you can contact us on
ProductSafety@springernature.com

In case Publisher is established outside the EU,
the EU authorized representative is:
**Springer Nature Customer Service Center GmbH
Europaplatz 3, 69115 Heidelberg, Germany**

Printed by Libri Plureos GmbH
in Hamburg, Germany